THE CONCISE ANIMAL ENCYCLOPEDIA
简明动物百科

THE CONCISE ANIMAL ENCYCLOPEDIA

简明动物百科

澳大利亚韦尔登·欧文公司　编

徐来　译

北京出版集团

北京出版社

Original Title:The Concise Animal Encyclopedia
Copyright © Weldon Owen
本作品简体中文专有出版权经由Chapter Three Culture独家授权

图书在版编目（CIP）数据

简明动物百科 / 澳大利亚韦尔登·欧文公司编 ； 徐来译 ． — 北京 ： 北京出版社，2023.7

书名原文：THE CONCISE ANIMAL ENCYCLOPEDIA
ISBN 978-7-200-17301-7

Ⅰ．①简… Ⅱ．①澳… ②徐… Ⅲ．①动物 — 普及读物 Ⅳ．①Q95-49

中国版本图书馆 CIP 数据核字（2022）第 115665 号

版权合同登记号　图字：01-2022-2348 号
审图号：GS 京（2022）0097 号

简明动物百科
JIANMING DONGWU BAIKE
澳大利亚韦尔登·欧文公司　编
徐来　译
＊
北 京 出 版 集 团
北 京 出 版 社 出版
（北京北三环中路6号）
邮政编码：100120
网址：www.bph.com.cn
北京出版集团总发行
新华书店经销
深圳市福圣印刷有限公司印刷
＊
238毫米×308毫米　65.5印张　458千字
2023年7月第1版　2023年7月第1次印刷
ISBN 978-7-200-17301-7
定价：358.00元
如有印装质量问题，由本社负责调换
质量监督电话：010-58572393
责任编辑电话：010-58572417

声明：本书插图系原文插图，本书部分物种的拉丁文名存在争议或不明确，采纳原文使用的拉丁文名。

咨询顾问

弗雷·库迪博士［英国］
Dr. Fred Cooke
全美鸟类学家协会
当选主席

休·丁格博士［美国］
Dr. Hugh Dingle
加州大学
荣誉教授

史蒂芬·哈钦森博士［英国］
Dr. Stephen Hutchinson
南安普顿海洋学中心
资深访问学者

乔治·麦凯博士［澳大利亚］
Dr. George Mckay
生物保护学顾问

理查德·斯科迪博士［澳大利亚］
Dr. Richard Schodde
澳大利亚国家野生生物保护组织
澳大利亚科学界及工业调研组织
研究学者

诺埃尔·泰特博士［澳大利亚］
Dr. Noel Tait
无脊椎动物学研究顾问

理查德·沃格特博士［巴西］
Dr. Richard Vogt
爬行动物博物馆馆长及教授
巴西国家亚马孙研究学院

目 录

如何使用本书

本书共分7章，介绍了动物界中的6类主要动物，分别为哺乳动物、鸟类、爬行动物、两栖动物、鱼类和无脊椎动物。每一章首先介绍该类动物的基本共同特征，然后逐节介绍其中的各个分支，每一节按照该类动物特有的特征介绍，因此各节之间所涵盖的内容不尽相同，比如无脊椎动物一章比哺乳类动物一章所涉及的动物种类要多。此外，本书还附有详尽的名词解释。

栖息地标识

本书包含19种栖息地分类标识，并且标识的使用在各章节完全一致。

- 热带雨林
- 热带季雨林
- 温带森林
- 针叶林
- 沼泽和荒地
- 共同栖息地，包括热带稀树草原、草地、田野、南美大草原和西伯利亚无树草原
- 沙漠和半沙漠
- 山区及高地
- 苔原冻土地带
- 极地
- 海洋
- 珊瑚礁
- 红树林湿地
- 海岸地带，包括海滩、海峡、沙丘、潮间岩生境或近海域
- 河流
- 湿地，包括沼泽、沼池、漫滩、三角洲和泥泽
- 湖泊
- 城市地区
- 寄生态

物种分类说明

依照科学分类法详尽罗列出该动物所属的分类层级

全球分布说明

该动物的全球分布情况

海豹和海狮

纲：	哺乳纲
目：	食肉目
科：	3
属：	21
种：	36

海豹、海狮和海象有着灵活的鱼雷形身体、鳍状四肢以及有隔温功能的脂肪层和毛发，这使得它们非常适应在水中的生活。但它们并没有完全脱离陆地生活，必须上岸进行交配。海豹、海狮和海象所属的鳍足亚目曾被划为独立在食肉目之外的目，但现在已被证明属于食肉目。它们多以鱼类、乌贼和甲壳动物为食，但有的也会吃企鹅、腐肉和其他同类的幼崽。它们可以潜入非常深的海中搜寻猎物，例如象海豹就可以待在海底长达2小时以上。

冷水域动物：尽管僧海豹生活在温暖的水中，大部分海豹、海狮、海象却完全生活在冷水域，特别是极地海域或是温带海域。化石研究表明，这三科动物均起源于北太平洋海域。

鳍足亚目动物

鳍足亚目动物共分三个科。海豹科也被称为真海豹。它们主要靠拍打后鳍来游水，后鳍已经不能向前弯成脚，因此它们在陆地上行走的姿态比较难看。虽然没有外耳，但它们在水中却有超强的听力。

海狮和海狗属于海狮科。这类"有耳海豹"长有小小的外耳。它们只需靠前鳍来游水，后鳍可以向前弯成脚。所以仍然可以"四脚"前行。另外，它们也可以竖起身体坐着。

第三科是海象科，下属只有一个物种——海象。海象有着显眼的长牙，长在嘴外。和真海豹一样，海象也用后鳍划水，缺少外耳；但它们却像海狮一样可以将后鳍向前弯成脚来行走。

海狮的生活：生活在澳大利亚海域的海狮以章鱼和鱼类为食。它们出生一个月后就会游泳。当它们潜入深海时，心跳可以从100次每分钟降到10次每分钟。

世界自然保护级别分类

本书参照国际自然保护联盟（IUCN）所颁布的濒危物种保护级别分类和其他动物保护级别的设立，将本书所介绍的各类动物按照以下保护级别分类。

✝表示物种按照以下级别分类：

灭绝：某支生物谱系完全消失。

野外灭绝：某支生物谱系内的唯一成员现在保持圈养或作为其历史范围以外的生活方式存活，是一种保护生存状态。

↯ 表示物种按照以下级别分类：

极危：在野外生存面临灭绝的危险极高。

濒危：在野外生存面临灭绝的危险高。

其他参考级别分类：

易危：在野外生存受到危害的物种。

近危：在不久的将来可能成为在野外生存受危害的物种。

依赖保护：依靠物种保护体制或栖息地保护体系来免除上述危害的物种。

数据缺乏：没有足够的数据来评估其是否面临灭绝的危险。

未知：未被评估过或较少被研究的物种。

普遍：广泛和丰富的类群。

栖息地内普遍：只在栖息地内广泛和丰富的类群。

稀少：在指定栖息地内的稀有物种。

罕见：只在某些指定栖息地或者某些保护区内生存的物种。

动物名称
包括该动物的中文名和拉丁文名，有的还介绍了其所属科（目、纲等）

哺乳动物 | 99

新西兰海狗
Arctocephalus forsteri

雄性长2.2米，雌性长1.7米

雄性长有悬眼的鬓毛

雄性身长可以达到雌性的3倍

南美海狮
Otaria byronia

南非海狗
Arctocephalus pusillus

北海狗
Callorhinus ursinus

雄性长约2.1米，雌性长约1.5米

雄性长2.5米，雌性长1.8米

雄性颈部粗大，长有须毛

加州海狮
Zatophus califomianus

是最大的海狮

后鳍上长有短毛

北海狮
Eumetopias jubatus

新西兰海狗：进入晚春，雄性海狗就开始在礁岩上筑巢，准备迎接雌海狗来交配。等幼海狗出生后，雌海狗出海捕食，而雄海狗会留在巢内照顾幼崽，直至交配期结束。由于被大量捕杀，目前新西兰海狗只生活在新西兰附近的南澳大利亚海域中。

▲雄性360千克
▲雌性110千克
▲▲▲群居，母系社会
● 普遍
澳大利亚西南部至新西兰

雄性间的争斗：海狗群数目巨大，一般可以达到上千头。在交配期内，雄性海狗为了争夺交配权会产生激烈的争斗，在争斗开始前它们会大声咆哮并摆好战斗姿势。

栖息地标识
显示该动物所处的栖息地

分布图
显示该物种或种群的全球分布情况（包括环境适宜时的历史分布区域）

图例

长度

🐾 哺乳动物：从头到身体

🐾 哺乳动物：尾长

🐦 鸟类：从喙尖到尾尖

爬行动物：

🦎 蛇和蜥蜴：从嘴到肛门

其他爬行动物：从头到尾

🐢 海龟：甲壳长度

🐸 两栖动物：从头到身体，包括尾巴的长度

🐟 鱼类：从头到尾鳍

高度

🐾 哺乳动物：肩高

🐦 鸟类：头到身体躯干的高度

鸟类的翼展：

🐦 鸟类双翼完全展开的长度

体重/质量

🛍 身体的重量

哺乳动物的社会性：

🐾 独居

🐾🐾 结伴居住

🐾🐾🐾 群居

🐾🐾 混居（以上形式中的几种）

鸟类的羽毛：

🪶 雌雄相同

🪶 雌雄不同

鸟类和爬行动物的繁殖：

● 产卵个数

鸟类的迁徙：

↻ 常年迁徙

↻ 偶尔迁徙

⊘ 不迁徙

〜 游牧式

爬行动物和两栖动物的生活习性：

⬭ 陆栖型

⬭ 水栖型

⬭ 穴居型

⬭ 树栖型

⬭ 杂栖型（以上形式中的几种）

两栖动物的繁殖季节：

⬭ 开始繁殖的时间，例如春季

爬行动物和鱼类的生殖：

🦎 胎生：在母体内发育到一定阶段后才脱离母体

○ 卵生：由脱离母体的卵孵化出来

🥚 卵胎生：卵在母体内发育成新的个体后才产出母体的生殖方式

爬行动物和鱼类的性别：

♀♂ 爬行动物：包括温度依赖型性别决定（TSD）和基因依赖型性别决定（GSD）；鱼类：雌雄异体、雌雄同体或者顺序雌雄同体

鸟类、爬行动物和无脊椎动物的属、种数量统计：

以其所属种群的数量为准

动物

本书在生物分类学上，采用"五界系统"，即将地球上的生物分为五大界：原核生物界、原生生物界、菌物界、植物界和动物界。原核生物指没有细胞核的单细胞生物，如蓝藻和细菌；原生生物指大型单细胞生物，如变形虫和草履虫；菌物一度被错划入动物界或植物界，现在成为独立的界，最常见的菌物有霉菌、真菌和蘑菇；植物界包含所有植物；动物界则是这五界中物种数量最多且物种多样性最丰富的界。在已命名的170多万种物种中有超过100万种是动物。多数动物我们很容易识别其为动物，而有些生物可能会让我们有点迷惑它是不是动物。动物界又可简单划分为脊椎动物和无脊椎动物。大部分动物都是无脊椎动物，但脊椎动物却是我们生活中最常见到的动物，例如鱼、两栖动物、爬行动物、鸟、哺乳动物等，而我们人类正是脊椎动物中最高级别的哺乳类动物。

动物特征

动物界均为后生动物，也就是说动物界的所有成员都为多细胞生物。与植物相同，动物的身体组织均由真核细胞组成，但是动物的细胞没有细胞壁，作为替代，由含有胶原质的细胞外基质把细胞约束起来，它提供了一个富有弹性的框架结构，确保细胞各就其位。

动物的另一关键特征是其所有物种都是他食异养的生物。不同于植物可以自身合成其生存所需的食品，动物必须靠捕食其他生物来生存。这种捕食可以是直接的也可以是间接的。这种他食性为动物的物种多样性提供了更大的发展空间。

动物对食物的要求也使其身体发生了相应的变化。多数动物因此具有主消化系统，可以将食物吞入身体并将之分解。

动物觅食和向食物源靠近的需求激发了它们的运动功能。运动性是用来区分大部分动植物的依据，但也有例外。在过去，许多科学家对某些种群，尤其是海绵这种有漫长进化史的动物的运动性不是很确定。海绵是唯一一类活着的，但是除了细胞没有器官等更高一层组织的动物——这种独一无二的特点就是导致过去的科学家分不清它们属于植物还是动物的根源。但是它们的细胞本身具有微小的运动能力，而且大多会经历能够自由游动的幼年阶段；现在，人们毫无疑问地确定了它们属于动物。

动物的独立运动功能也促使大多数动物产生了神经系统来帮助其协调完成整个运动动作。此外，多数动物还具有一些躯体组织，比如肌肉，来进一步促进其自身的运动发展。

动物还有一个重要的特征是具有繁殖功能。几乎所有的动物物种都会在它的生命周期内通过有性生殖产下幼崽；也有一些动物可以采用无性生殖的方式来繁衍后代。

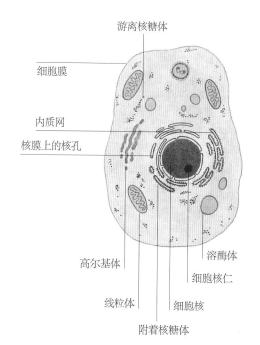

食物提供热能：棕熊是熊科中最大的动物之一。它们以各种植物的根茎或块茎、果实及腐肉为食。在冬季到来之前，地处北温带的棕熊就开始大量增加身体脂肪并找好巢穴，等冬季到来，它们就躲在巢穴内大睡。不过这种冬季睡眠并非人们所认为的冬眠，因为棕熊新陈代谢的速率并不像真正冬眠的动物那样下降至很低，它们的体温恒定，但体内的脂肪却会被逐渐消耗掉。

组织构建：除病毒以外的所有生物都是由细胞构成的。最基本的细胞就是原核细胞，细菌是原核细胞最典型的代表。原核细胞是由细胞壁包裹的遗传物质的简单集合。由原核细胞发展而来的更大、更复杂的真核细胞是支撑所有动植物进化的基础。真核细胞的遗传物质包含在一个膜结合细胞核和一些用于执行特定代谢功能的独立细胞器当中。

游离核糖体
细胞膜
内质网
核膜上的核孔
高尔基体
溶酶体
细胞核仁
线粒体
细胞核
附着核糖体

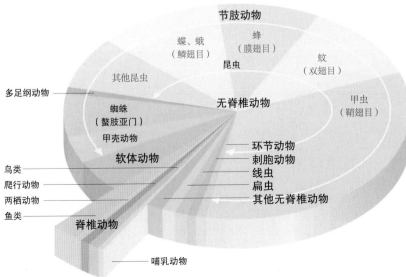

节肢动物

蝶、蛾
（鳞翅目）

蜂
（膜翅目）

蚊
（双翅目）

昆虫

其他昆虫

多足纲动物

蜘蛛
（螯肢亚门）

甲壳动物

无脊椎动物

甲虫
（鞘翅目）

软体动物

环节动物
刺胞动物
线虫
扁虫
其他无脊椎动物

鸟类
爬行动物
两栖动物
鱼类

脊椎动物

哺乳动物

物种统计：虽然科学家已命名170多万种物种，然而这一数字可能与实际的数据还相去甚远。据不同的预测，地球上可能生活着500万～1亿物种，即使是已命名的物种数量也在随着新物种的出现而不断被更新。例如脊椎动物（左图）是迄今为止被最广泛研究过的物种，然而脊椎动物的数量只占动物界的5%左右；同样，尽管人们已知的昆虫种类多达100万种，但实际的种类可能多达3000万种以上。

动物分类

分类和归纳研究是人类与生俱来的本能。早在古希腊时期，哲学家亚里士多德就已经开始研究与我们生活在同一个地球上的其他生物。生物学家至今已经发现并研究了至少170万种植物、动物和微生物，然而这一数字却是生存在地球上的全部生物中很少的一部分。同时，生物学家也研究了很多已经灭绝的物种。现代分类学尝试着用一定的顺序和结构把不同物种的多样性进行分类归纳，而最好的顺序就是按照生物的进化过程，用统一的名称来逐级区分每一个物种与其他物种之间的共性和异性。同时这种分类方法可以最大限度地吸收和包含更多不断出现的新物种。另外，最近几年涌现的用DNA比对法进行物种分类的方法，也迫使科学家们重新思考更完备的物种分类方法。

造成错觉的动物外表：物种的进化并不一定总是保持外形上的一致。例如亚洲或非洲的蹄兔（左图）是蹄兔科动物，但它们的近亲却是非洲象（右图）和海牛。绝大多数蹄兔科动物都是像兔子的啮齿动物，但整个蹄兔科是指所有具有蹄状趾甲的小型陆栖或树栖兽类，只有蹄兔属的动物才具体到树栖的亚洲或非洲蹄兔。

种：猫种——家猫

属：猫属——猫、沙猫、丛林猫、黑足猫、荒漠猫

科：猫科——猫属、猎豹属、兔狲属、豹猫属、猞猁属、狞猫属

目：食肉目——猫科、犬科、熊科、鼬科、獴科、海豹科

纲：哺乳纲——食肉目、灵长目、食虫目、有袋目、单孔目、兔形目

门：脊索动物门——哺乳纲、爬行纲、鸟纲、两栖纲

界：动物界——脊索动物门、半索动物门、软体动物门、节肢动物门

林奈分类法则：每一大类生物下面都有众多小的分支，组成了一个网状结构，每个分支下面的所有物种在生物进化发展上都有某种共性。例如家猫属于动物界脊索动物门（脊索动物指具有中枢神经带的动物）脊椎动物亚门（脊椎动物指动物的中枢神经带包裹于连接其头部和躯干的骨腔内）哺乳纲（哺乳动物指温血的脊椎动物，具有毛发、乳腺和四心房室的心脏），同样这样划分还可以细致到真兽亚纲（胎生且具有真正的胎盘）食肉目（具有撕扯肉的牙齿）猫科（所有猫）猫属（所有小猫），最后，家猫（*Felis catus*）为其具有专有唯一特性，区别于其他动物的名称。

科学分类

指生物分类学中一种应用于区别生物演变过程中的异同的分类方法。根据生物分类学，最小的分类单位是种，比种更高级别的单位则要包含其种的祖先和后裔的信息。采取这样的物种分类方法是因为同一类别的生物之间必然会有一定的生物共性和异性，而这正是生物的进化发展过程。

命名法则

每种动物在不同的国家都会有不同的名字和叫法；有时，即使是在同一个国家，有些动物也可能有几个不同的名字。为了避免因叫法不同所产生的歧义，科学家决定使用拉丁语来为动物命名，这样既可以避免翻译带来的麻烦，又可以保证名称的准确性。

动物最基本的名字就是其所在种的名称，这样可以完全与其他任何一个动物区分开。动物的种名一般是参照其遗传特性来命名的，以确保其物种的绝对唯一性，当然，有些极其相近的近缘物种偶尔也会发生重名的现象。

林奈的"双名制命名法"

早在18世纪，瑞典生物学家卡尔·林奈首先构想出了定义生物属种的原则，根据现存生物的特征或已灭绝生物近亲的特征创造出统一的生物命名系统。这一命名系统最早收录在林奈于1735年出版的《自然系统》一书中，随后他又多次完善该命名系统，并将之称为"双名制命名法"。

双名制命名法为近代生物分类学提供了最基础的元素，因此被各国生物学家广泛接受，林奈也因此被称作"生物分类学之父"。

双名制命名法的基本原理就是任何一个物种的名字都由两个名字共同组成，第一个名字为其所属的属名，属名一般是该物种的遗传基因名称，物种的遗传基因名称可以将其与近缘物种（无论现存还是灭绝）的遗传关系表示出来。第二个名字是物种自身的种名，科学家们意识到，只有谈到物种的种名时他们才有可能最终确定所谈的物种是什么。

物种的属名的第一个字母必须大写而种名要全部小写。两个名字都必须用斜体字书写。

当某一物种在全球范围内得到更广泛的繁殖和生存后，其相对不同地域的差异性就会越来越明显，因此，有些物种还可能会有第三个名字——亚种。物种的第三个名字也要全部是小写的斜体字。

可跳跃性：蛙和蟾蜍区别于其他两栖类动物的特点是它们的距骨较长，使得它们的弹跳能力大大增加。这是无尾目动物所特有的功能。蛙和蟾蜍的另外一个可以帮助其实现跳跃的身体结构是其短的脊柱，它们的脊柱只连接着不到10块脊椎骨，尾椎骨愈合成尾杆骨。

哺乳动物

哺乳动物按照其生育方式可大致分为3类26目，其中最原始的一类是卵生哺乳动物，其下只含有1个目——单孔目。第二类是有袋类哺乳动物，共有7个目，其特征是早产，幼崽会待在母体的育儿袋中直至发育成熟。最后一类哺乳动物是胎盘哺乳动物，共有18个目，近期的DNA研究显示，鲸和偶蹄动物有更近的血缘关系；DNA研究也证实，胎盘哺乳动物大致分布在非洲、南美洲和北温带。

哺乳纲

卵生哺乳动物
单孔目
单孔类动物

有袋类哺乳动物
负鼠目
美洲负鼠

鼩负鼠目
鼩负鼠

智鲁负鼠目
智鲁负鼠

袋鼬目
袋鼬、狭足袋鼬、袋狼、袋食蚁兽，及其近亲

袋狸目
袋狸

袋鼹目
袋鼹

袋鼠目
负鼠、大袋鼠、树袋熊、袋熊，及其近亲

胎盘哺乳动物
贫齿总目
树懒、食蚁兽和犰狳

鳞甲目
穿山甲

食虫目
食虫动物

皮翼目
鼯猴

树鼩目
树鼩

翼手目
蝙蝠

灵长目
灵长类动物

    原猴亚目
    原猴类

    类人猿亚目
    猴和猿

食肉目
食肉类动物

    犬科
    狗和狐狸

    熊科
    熊和大熊猫

    鼬科
    鼬

    海豹科
    海豹

    海狮科
    海狮和海狗

    海象科
    海象

    浣熊科
    浣熊

    鬣狗科
    鬣狗和土狼

    灵猫科

    灵猫和狸

    獴科
    獴

    猫科
    猫

长鼻目
大象

海牛目
儒艮和海牛

    海牛科
    海牛

    儒艮科
    儒艮

奇蹄目
奇蹄类动物

    马科
    马、斑马、驴

    貘科
    貘

    犀牛科
    犀牛

蹄兔目
蹄兔

管齿目
土豚

偶蹄目
偶蹄类动物

    牛科
    牛、羚羊和绵羊

    鹿科
    鹿

    鼷鹿科
    鼷香鹿

    麝科
    麝

    叉角羚科
    叉角羚

    长颈鹿科
    长颈鹿和㺢㹢狓

    骆驼科
    骆驼和美洲驼

    猪科
    猪

    西貒科
    西貒

    河马科
    河马

鲸目
鲸类

    齿鲸亚目
    齿鲸

    须鲸亚目
    须鲸

啮齿目
啮齿动物

    松形亚目
    松鼠形啮齿动物、鼠形啮齿动物和梳趾鼠

    豪猪形亚目
    豚鼠形啮齿动物

兔形目
野兔、家兔和鼠兔

象鼩目
象鼩

鹿科，第142页

鸟类

自查尔斯·达尔文起，直接观察鸟类形态一直是鸟类分类的重要依据。这种分类方法集中研究鸟类外形的相似度，物种之间的繁殖情况——相关联或有近亲在同一属、同一科，甚至有近亲在同一目——来描述鸟类进化树状图。

目前，我们发现外形相似的生物体之间可以自由交配繁殖。属、科、目的划分以鸟类肢翼、骨骼和羽毛等结构的相似度为依据。因此，鹦鹉属动物的每只脚上各有向前和向后的两个脚趾，尖喙，有垂直交错的上颌骨。

20世纪30年代，美国人亚历山大·韦特莫尔在研究了大量资料的基础上归纳出鸟类属和目的分类方法。这一方法成为20世纪的标准分类法。随后的数年里，DNA和分子研究发现，韦特莫尔的分类法存在大量错误，特别是雀形目鸟类，而这一目鸟类数量约占了鸟类总数的一半以上。例如，澳大利亚的鹪鹩、鸲、捕蝇鸟和涉禽与其欧洲的相似者们没有任何基因联系。现代研究表明，澳大利亚的这些鸟类是冈瓦纳超大陆鸣禽的后代。

本书所采用的鸟类分类法结合了以上提到的多种分类法则。关于科、属、种级别的分类规则以目前全球最权威的鸟类检索词典《世界鸟类检索大词典》（由哈佛和莫尔于2003年编撰）为依据，然而《世界鸟类检索大词典》中并不包括"目"这一分类级别，因此本书将词典中的科和韦特莫尔归类的科相比较，按照韦特莫尔的目级分类。

鸟纲

鹬形目
鹬鸟

鸵鸟目
非洲鸵鸟

美洲鸵目
美洲鸵

鹤鸵目
鹤鸵和鸸鹋

无翼目
几维鸟

鸡形目
陆禽

雁形目
水禽

企鹅目
企鹅

潜鸟目
潜鸟

鹏鹏目
鹏鹏

鹱形目
信天翁和海燕

鹳形目
红鹳、鹭，及其近亲

鹈形目
鹈鹕及其近亲

隼形目
猛禽

鹤形目
鹤及其近亲

鸻形目
涉禽和滨鸟

鸽形目
鸽子和沙鸡

鹦形目
鹦鹉

鹃形目
杜鹃和蕉鹃

鸮形目
猫头鹰

夜鹰目
夜鹰及其近亲

雨燕目
蜂鸟和雨燕

无翼鸟目，第199页

鹈形目，第219页

鼠鸟目
鼠鸟

咬鹃目
咬鹃

佛法僧目
翠鸟及其近亲

䴕形目
啄木鸟及其近亲

雀形目
鸣禽

雀形目，第270页

爬行动物

传统意义上的现存爬行动物包括海龟、鳄、楔齿蜥和有鳞目动物（包括蜥蜴、蛇和蚓蜥）。研究表明，鳄是鸟类的近亲，但本书将鸟类作为独立的章节进行介绍，因此本书中所介绍的爬行动物更准确地讲是非鸟类的爬行动物。另外，海龟的分类也存在一定的争议。有研究发现，海龟和有鳞目动物应该属于完全不同的纲。同样，研究也发现，蛇、无足蜥蜴，或者蚓蜥亚目动物是蜥蜴的四肢退化产生的新物种，因此，将蚓蜥亚目作为有鳞目的下一级分类是相互矛盾的。相对而言，只有楔齿蜥的分类一直被认为是正确的。本书依然沿用了传统方式的分类方法，因此读者应小心这些人为分类所产生的矛盾。

爬行纲

龟鳖目
龟

鳄目
鳄鱼

喙头目
楔齿蜥

有鳞目
蜥蜴和蛇

蚓蜥亚目
蚓蜥

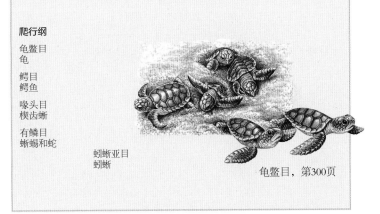

龟鳖目，第300页

两栖动物

现存的两栖类动物包含3个目：青蛙和蟾蜍所属的无尾目、鲵和蝾螈所属的有尾目，蚓螈所属的蚓螈目。研究表明，两栖类动物都从同一祖先演变而来，并且所有两栖类动物所共有的特征就是皮肤光滑。本书沿用网络版两栖动物学的分类方式来划定科、属、种，而其他动物名称的命名则借鉴了各地的研究资料。

两栖纲

有尾目
鲵和蝾螈

蚓螈目
蚓螈

无尾目
青蛙和蟾蜍

无尾目，第366页

鱼类

　　研究表明，鱼类与其他动物的相似度最低，这种巨大的差异性不仅来自鱼类栖息地的多样性，更主要是因为鱼类体形和生活习性的巨大演变。因此，生物学家认为，"鱼类"的名称更多的是因为称呼指代方面的便捷，而并不是因为其涵盖了所有水生脊椎动物的分类学意义。特别是盲鳗、七鳃鳗、鲨鱼、鳐鱼、肺鱼、鲟鱼、雀鳝以及高级鳍刺鱼，与我们通常所见到的鱼差异非常大。鱼类分类级别的设定方法有很多，其中被广泛接受的是鱼类共分为现存的5纲和已经灭绝的3纲。现存的5纲包括盲鳗纲、七鳃鳗纲、软骨鱼纲、肉鳍鱼纲和辐鳍鱼纲，这5纲又分别归属于无颌总纲和有颌总纲。已灭绝的3纲鱼类包括无颌的甲胄鱼纲，有颌的盾皮鱼纲，它们均属于硬骨鱼；此外还有棘鱼纲，一种长有两条长背棘的小型真骨鱼。

无颌总纲

（无颌鱼，包括以下种类）
盲鳗纲
盲鳗
七鳃鳗纲
七鳃鳗

有颌总纲
（有颌鱼，包括以下种类）
软骨鱼纲
软骨鱼
　　板鳃亚纲
　　鲨鱼
　　鳐鱼及其近亲

　　全头亚纲
　　银鲛

硬骨鱼纲
肉鳍鱼纲
肺鱼及其近亲
辐鳍鱼纲
　　软骨硬鳞亚纲
　　鲟鱼及其近亲

　　新鳍亚纲
　　新鳍亚纲鱼类
　　（弓鳍鱼和雀鳝）
　　　　真骨鱼部
　　　　骨舌鱼亚部
　　　　骨舌鱼及其近亲

　　　　海鲢亚部
　　　　鳗及其近亲

　　　　鲱形亚部
　　　　沙丁鱼及其近亲

　　　　真骨鱼亚部
　　　　（包含以下全部）

　　　　　　骨鳔总目
　　　　　　鲇鱼及其近亲

　　　　　　原棘鳍总目
　　　　　　鲑鱼及其近亲

　　　　　　巨口鱼总目
　　　　　　巨口鱼及其近亲

　　　　　　圆鳞总目
　　　　　　蜥鱼及其近亲

　　　　　　灯笼鱼总目
　　　　　　灯笼鱼

　　　　　　须鳂总目
　　　　　　须鳂

　　　　　　月鱼总目
　　　　　　月鱼及其近亲

　　　　　　副棘鳍总目
　　　　　　鳕鱼及其近亲

　　　　　　棘鳍总目
　　　　　　棘鳍鱼

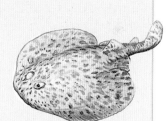

板鳃亚纲，第398页

棘鳍总目，第434页

无脊椎动物

　　地球上95%的动物是无脊椎动物。顾名思义，无脊椎动物都没有脊椎。无脊椎动物被分为30多个门，其中每一门的动物都具完全独特的身体形态。无脊椎动物的进化过程比较复杂，很多与其先祖的形态已迥然不同，因此，其分类的确定基本上依赖分子、DNA及基因图谱分析。纲与纲之间的分类特征主要以其躯体组织器官的构成为准，从单一的细胞类（多孔动物门）、组织类（刺胞动物门），到高级的器官类（扁形动物门）。动物躯体组织器官最具代表性的标志就是其体内是否能形成腔肠，比如线虫动物、环节动物和其他门的虫类等通过水压的方式产生运动。然而，动物体内腔肠的结构和功能却不尽相同，因此刺胞动物又被分成了若干个门。有的刺胞动物的躯体是流质柔软的；有的却拥有壳甲的保护，比如软体动物的外壳或者节肢动物坚硬的节外壳等。这种可以将身体分成若干节的进化也促进了其附属器官发展出更多的功能，例如感觉器官、消化器官和运动器官的发展。同样，早期的胚胎发育也使得高级的门类动物分成了两个发展方向：一个方向是从棘皮动物门到脊索动物门，脊椎动物都属于这一门；另一个方向包括了大部分动物门类。尽管分子学研究印证了从解剖学发展得出的生物进化发展关系，但分子学同样发现了很多单凭解剖学得出的生物进化规律具有错误和局限性。因此，有关动物的分类也在不断被更新，而且新物种的发现和研究也不断推进着更精准的科学分类的形成。

刺胞动物门，第454页

多孔动物门
海绵

刺胞动物门
刺胞动物（海葵、珊瑚虫、水母、水螅虫等）

扁形动物门
扁虫

线虫动物门
线虫

软体动物门
软体动物（蛤蜊、蜗牛、鱿鱼等）

环节动物门
环节动物

节肢动物门
节肢动物

　　螯肢亚门
　　螯肢动物

　　　　蛛形纲
　　　　蛛形动物

　　　　肢口纲
　　　　鲎

　　　　海蜘蛛纲
　　　　海蜘蛛

蛛形纲，第470页

多足亚门
多足类动物（蜈蚣、马陆等）

甲壳亚门
甲壳动物

六足亚门
六足动物

昆虫纲
昆虫

蜻蜓目
蜻蜓、豆娘

蜻蜓目，第488页

螳螂目
螳螂

蜚蠊目
蟑螂

等翅目
白蚁

直翅目
蟋蟀、蝗虫

半翅目
潜蝽

鞘翅目
甲虫

鞘翅目，第497页

双翅目
帕氏蛉

鳞翅目
蝶和蛾

膜翅目
蜜蜂、胡蜂

纺足目
足丝蚁

革翅目
蠼螋

缨尾目
衣鱼

竹节虫目
竹节虫和叶虫

石蛃目
石蛃

蛇蛉目
蛇蛉

蜉蝣目
蜉蝣

广翅目
泥蛉和鱼蛉

虱毛目
寄生虱

啮虫目
书虱和黑虱

蚤目
跳蚤

鳞翅目，第504页

缨翅目
蓟马

脉翅目
草蛉，蚁蛉及其近亲

长翅目
蝎蛉

襀翅目
石蝇

毛翅目
石蛾

缺翅目
缺翅虫

蛩蠊目
蛩蠊

捻翅目
捻翅虫

蚤目，第514页

弹尾纲
跳虫

原尾纲
原尾虫

双尾纲
双尾虫

棘皮动物门

棘皮动物（海星、海胆、海参、海百合、海蛇尾等）

纽形动物门
带虫

内肛动物门
节虫

缓步动物门
水熊

栉板动物门
栉水母

轮虫动物门
轮虫

半索动物门
半索动物（柱头虫）

毛颚动物门
锄虫

腹毛动物门
鼬虫

动吻动物门
动吻虫

帚虫动物门
沙帚虫

有爪动物门
绒虫

腕足动物门
腕足动物

外肛动物门
苔藓虫

星虫动物门
星虫

螠虫动物门
匙虫

铠甲动物门
铠甲虫

鳃曳动物门
鳃曳虫

线形动物门
铁线虫

棘头动物门
棘头虫

须腕动物门
有须虫

颚口动物门
沙虫

环口动物门
环口动物

扁盘动物门
丝盘虫

直泳动物门
直泳虫

菱形动物门
菱形虫

棘皮动物门，第517页

有爪动物门，第521页

棘皮动物门，第517页

栖息地和环境适应性

栖息地是指生物可以生存的居住地，栖息地可以给生物提供所需食物，以及栖息和其他生存所必需的条件。栖息地的不同主要是指其所处的地理环境和气候条件的不同，但有时也指该地所栖息的物种的特性。例如珊瑚礁就是在热带海域的阴暗环境下由造礁及喜礁生物的骨骼或壳体所构成的钙质堆积体。而不同类别的森林主要由其所处的纬度总降水量、常年降水量、固定季节内的降水量以及所覆盖的主体植物决定。

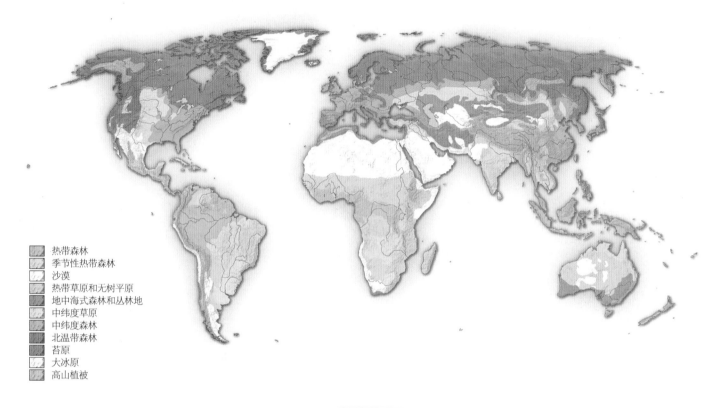

热带森林
季节性热带森林
沙漠
热带草原和无树平原
地中海式森林和丛林地
中纬度草原
中纬度森林
北温带森林
苔原
大冰原
高山植被

自然植被：上图为地球上的主要自然植被分布情况，气候和土壤是决定一个地区植被的主要因素，而植被又决定了动物分布的广阔性和广泛性。同一区域内的植物和动物共同缔造了一个完整的生物群系。降水量充沛且温暖的热带是地球上生物多样性最丰富的地区。淡水和海洋中的生物群系也十分复杂和多元，比如，海洋中的生物种类包括从小到肉眼都难以看见的浮游生物到体形巨大的鲸。

广阔的自然空间：经度和纬度同样对一个栖息地的形成有着重要作用。积雪覆盖的乞力马扎罗山下就是广阔的半干旱的稀树草原。作为非洲最高点，乞力马扎罗山是由于火山爆发而形成的海拔5895米的高山。

树栖动物：树栖的树袋熊既不在树上筑巢也不挖洞，而且只有桉树才可以为其提供吃和住的条件。桉树是一类高纤维但有毒的植物，但树袋熊可以通过自体滤毒来食用大量桉树叶，满足其所需营养。

动物迁移

尽管大部分物种一般都生存在一个固定的栖息地，但也有很多物种有规律地在多个栖息地之间迁移。在南极寒冷的冬天，帝企鹅在内陆繁殖地的冰盖上挤成一团，却于千里之外的宽阔的太平洋海域捕食鱼类。同样，迁徙物种有时是因为栖息地环境的改变而从一个栖息地迁移到另外的栖息地。在任意一个栖息地，动物创造并保持着一定的生态平衡，这种生态平衡包括动物很清楚自己的食物是什么，哪些动物是自己的天敌，哪里可以栖息，以及如何与其他物种共同生存。而这种生态平衡需要动物具有一定的环境适应性。例如，树袋熊就必须生活在桉树上，因为只有桉树叶能提供给它所必需的食物。

其他一些动物，比如蟑螂，具有更强大的适应性，其适应性还可以通过遗传基因的方式延续，因此蟑螂可生存于多种栖息地。

环境的改变

栖息地不是静止的、一成不变的死环境，它会随时间变化而变化。很多栖息地可能是由于地质结构的剧变（例如地震、火山爆发）形成的，还有些则会逐渐被自然条件的改变腐蚀。气候的转变就属于季节性的长期环境转换。另外，有些栖息地也会因生长和生活在其中的植物和动物的共同作用发生变化。

然而，更多栖息地的退化和缩小是因为人类活动造成的。栖息地的退化主要表现为土地荒漠化、半荒漠化和城市化。

曾经被认为对环境的适应性极强的雨林和珊瑚礁也被证实有退化的迹象。

栖息地的划分

有的栖息地之间并没有明确的界限，比如，很多森林的外围逐渐过渡到草原。但也有一些栖息地之间有明显的界限，如洞穴环境受地质条件的影响很大，洞穴入口处和深处的环境条件截然不同，因此洞穴深处的生物对光线和食物非常敏感。同样，深海下的火山岩浆附近的栖息地只存在于火山休眠期，而火山一旦喷发，原栖息地就必然消失。

哺乳动物

| 纲：哺乳纲 |
| 目：26 |
| 科：137 |
| 属：1142 |
| 种：4785 |

哺乳动物具有最复杂的多样性，包括只有顶针大小的田鼠到体重是普通人1750倍的巨大蓝鲸。哺乳动物多具有强大的环境适应性和高智力，使其可以生活在地球上任意大洲的任意栖息地，适应任何一种生存环境。他们会开发地表、地下、树木、空中、淡水、海水。尽管哺乳动物外形多样，但它们的共同特征是齿骨或下颌骨是由单一骨头构成，使它们的牙齿具有了更强大的咀嚼功能。哺乳动物都是恒温动物，并且可以用乳汁哺育后代，一般都长有毛发。

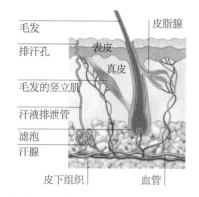

皮肤： 哺乳纲动物的皮肤一般有两层——表皮层和真皮层。表皮层由死皮细胞构成，真皮层则含有血管、神经末梢和各类腺体。同时肌肉可以使毛发竖起或平倒来适应外界空气的变化。

物种起源及生理结构

哺乳动物由一组似哺乳爬行动物进化而成，其牙齿的形状和功能都很复杂，具有强大的撕咬能力。真正的哺乳动物出现在1.95亿年前，它们特殊的颌部连接着齿骨和颅骨。第一个哺乳动物物种是一种小型鼩类动物，以夜间捕食昆虫为生。其后1.3亿年间，恐龙统治了地球，哺乳动物只是很少的一群。大约6500万年前，全球气候剧变导致包括恐龙在内的约70%的物种灭绝，哺乳动物得以幸存并迅速繁衍，遍布全球。正是这一巨大的发展，创造出我们今日所见的多样的物种。

哺乳动物之所以能在骤变的严寒气候下生存，主要因为哺乳动物可以通过改变自身新陈代谢的速度、血流速度、打战、排汗和大口喘气等方式调节自身体温以保持恒定。这样无论栖息地温度如何，它们都可以自如地生活。

皮肤表面覆有毛发是哺乳动物独有的特征。很多哺乳动物有两层毛发：一层柔软的绒毛，一层粗大的鬃

皮鬃毛和须发： 几乎所有的哺乳动物（包括袋鼠和海豹）的皮肤上都覆有一层皮毛来感知外界的变化。毛发由角质细胞构成，可以进一步演化成功能更专一的鼻毛或须。有着强大触感的须可给哺乳动物提供重要的触觉信息，帮助它判断其他生物的情况。

毛。这种双层毛发可有效御寒保暖。外毛发可进一步分成须发或鼻毛，均具有极强的触感。毛发层不但具有伪装功能，还可以用来传递信息。同时，脊椎和刚毛都可通过肌肉来指挥毛皮形成一个防御层来保护自己。

另外，哺乳动物的皮肤下有大量腺体。例如雌性哺乳动物的乳腺可产生哺育后代的乳汁；皮脂腺可以分泌皮脂来保护和护理皮毛；汗腺是哺乳动物调节自身体温的重要组织，通过排泄汗液达到蒸发水分以降温的目的；体腺则可以产生多种复杂的气味来表明哺乳动物的状态、性别等信息，臭鼬就用体腺排泄体液的方式御敌。

哺乳动物的大脑（相对其身长）大且复杂，嗅觉发达。一些哺乳动物还可区分色彩，立体视觉也大大提升了灵长动物判断距离的能力。所有哺乳动物的中耳都有三块骨头，而且大部分都由外耳郭来帮助接收声音。

水生： 海豚等鲸类哺乳动物因长期生活在水中，皮毛受水的冲击而退化，取而代之的是一层具有感觉功能，可感受外界刺激的鲸脂。

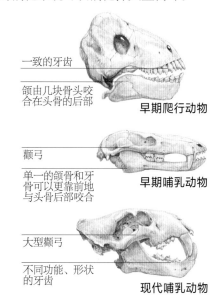

以树叶为食的猴子：白臀叶猴生活在雨林的树冠上，靠强有力的四肢攀荡于树冠之间。其复杂的消化系统可以消化掉大量树叶。

一致的牙齿

颌由几块骨头咬合在头骨的后部

早期爬行动物

颧弓

单一的颌骨和牙骨可以更靠前地与头骨后部咬合

早期哺乳动物

大型颧弓

不同功能、形状的牙齿

现代哺乳动物

下颌和牙齿：哺乳动物是唯一可以咀嚼食物的动物，它们与其爬行先祖的显著不同就是它们的下颌骨是一块完整的骨头，颧弓处长有强有力的颌部肌肉，并长有复杂的牙齿。

生活方式的多样性

生活在不同栖息地的哺乳动物会依照生活环境的独特性来调整自己的生理结构、运动、饮食和社交习性。大部分陆栖哺乳动物用四脚行走，但也有的用双脚行走。有的动物用脚掌着地（如熊），有的仅用趾部着地（猪或鹿）。很多生活在地下的哺乳动物，如鼹鼠等，常年栖息在其洞穴内。同样，树也是灵长类等哺乳动物的家，它们一般用有抓握功能的四肢在树上攀爬，有的还可用具有抓附功能的尾巴充当第五只脚来帮助保持平衡。也有一些哺乳动物的肢体上有可延展的膜来帮助其实现在树木之间的跳跃，比如蝙蝠进化成了可以飞行的哺乳动物。很多水栖哺乳动物，如鲸、海豚、海豹和海牛，拥有强大的游泳能力，可以自如地生活在水中；它们的肢体呈流线型，四肢退化或演化成鳍状肢。

为保持体温恒定，哺乳动物必须保证充足的饮食。下颌骨和肌肉为其提供了强大的撕咬、切割和咀嚼食物的能力，因此它们的牙齿分化很细。例如食肉的哺乳动物犬齿非常锋利，可以切肉和咬断骨头；食草的臼齿异常发达；杂食的犬齿多尖顶，动植物都可以吃。一些食肉的哺乳动物以昆虫、其他无脊椎动物或脊椎动物为食，食草的则只吃果实、树叶或草。食草动物的消化系统大多较复杂，且依靠寄生在其内脏中的微生物帮助分解植物的纤维素。

哺乳动物的适应性还体现在种群成员间的关系上。成年哺乳动物可以独居、结伴居住、小群居住，甚至形成阶级和殖民统治；这些群体可能是松散和临时性的，也可能是长期甚至永久的。所有哺乳动物的幼崽都靠母亲的乳汁长大。比如，树鼩会在幼崽出生后的几天来看望并哺乳幼崽；一些啮齿目动物会持续数周哺乳幼崽，而很多灵长类动物以及大象和鲸会维持长达数月或数年的哺育关系。这种喂养关系可以说是最初级的社会关系。

哺乳动物靠气味、声音、姿势和手势来与其他动物沟通。很多高级哺乳动物之间甚至产生了竞争和合作的关系。同种类动物之间会因领地、食物、配偶权和社会地位等产生竞争，它们之间的社会关系也可能因分工哺育幼崽、协力捕食、预警和竞争而产生。

哺乳动物的繁殖

所有哺乳动物都是由受精卵发育而成的。单孔目动物产卵并孵化幼崽，有袋类动物和胎生动物直接产崽。有袋类动物的幼崽因发育时间短，出生时发育不完善，因此需要在母体的袋囊中靠母亲的乳汁喂养。胎生动物的胎儿发育时间相对有袋类动物要长，且胎儿可以直接从胎盘中吸收营养，所以其出生时已经发育得相当成熟。

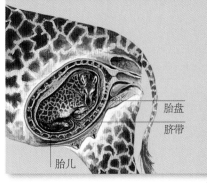

胎盘
脐带
胎儿

单孔目动物

纲:	哺乳纲
目:	单孔目
科:	2
属:	3
种:	3

和其他哺乳动物一样，单孔目动物长有皮毛，可分泌乳汁哺育后代，有四房室的心脏、整块下颌骨和由三块骨头构成的中耳。但它们也有其独有的特征：单孔目动物是卵生动物，而且它们和爬行动物一样，肩部比其他哺乳动物多一块骨头。单孔目动物分为两个科：针鼹科和鸭嘴兽科，针鼹科下有两种针鼹，而鸭嘴兽科下只有鸭嘴兽一种动物。鸭嘴兽因其具有像鸭喙一样的扁嘴、长有脚蹼的白爪、光滑的狐狸般的尾巴等特征，自1799年在英国第一次展出标本开始，一直受到科学家们的关注。

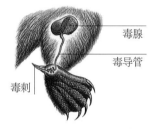

毒腺
毒导管
毒刺

毒刺：鸭嘴兽是世界上为数不多的有毒哺乳动物。成年雄鸭嘴兽可以用其藏于后脚踝内的毒刺攻击猎物，并释放毒液使其全身瘫痪，鸭嘴兽的这一功能也是其在繁殖期内与其他雄鸭嘴兽争夺交配权的主要"武器"。

针刺防御：为了躲避其天敌澳洲野犬，短吻针鼹可以迅速将鼻子直插入土中，只露出其锋利的背刺。如果危险发生在坚硬地面无法钻洞时，短吻针鼹会迅速团成一个刺球。短吻针鼹以蚂蚁为食，它细窄的口鼻和长舌头可伸入狭窄的蚁穴够到蚂蚁。

卵生哺乳动物

单孔目动物的卵是软壳的，大约需要10天孵化。孵出的幼崽要靠母亲的乳汁喂养数月才能长大。

鸭嘴兽在春季产卵。雌鸭嘴兽一般一次产3枚卵，它会将卵产于其地下洞穴的后侧，夹在尾巴和身体之间孵化。孵化的幼崽仍需在洞穴中生活3～4个月，这期间，它们靠吮吸母亲的乳汁长大。雌鸭嘴兽没有乳房和乳头，在腹部两侧分泌乳汁，幼崽伏在母兽腹部舔食。野生鸭嘴兽可以存活15年。

短吻针鼹在冬季产卵。产卵期间，多只雄针鼹可能尾随一只雌针鼹长达两周。这些雄针鼹不断比赛挖洞表演给雌针鼹来争夺配偶权。雌针鼹与胜出的雄针鼹交配后，会在其袋囊中产下一枚卵，孵化出的幼崽会一直待在母亲的袋囊中，直至其背刺长出，才搬入洞穴中居住。雌针鼹没有乳头，而是从腹部的乳孔流出乳汁。哺乳期长达7个月。

长吻针鼹的产卵期不定，但大多数科学家认为其繁殖方式与短吻针鼹相似。

厚尾中贮存了
大量脂肪

后肢的半蹼可作舵使

有蹼的前爪可以前后自
由摆动来行走或挖洞

鸭嘴兽
Ornithorhynchus anatinus

每一根背刺都是一根独立
深入肌肉组织的毛发

鸭嘴兽光滑且触觉灵
敏的扁嘴可以帮助其
觅食并辨别方向

长长的口鼻部可以在其
穿越河流时当作呼吸管

短吻针鼹
Tachyglossus aculeatus

长吻针鼹
Zaglossus bruijnii

嘴位于口鼻部的末端

步态摇摇摆摆

鸭嘴兽：被认为是最奇特的动物之一。这种两栖哺乳动物有着圆滑扁平的鸭子嘴、厚硬的皮毛和带蹼的四爪。鸭嘴兽栖息在河岸边的洞穴中，以昆虫幼虫和其他无脊椎动物为食。

🐾40厘米
📏15厘米
⚖️2.4千克
👤独居
↯栖息地内普遍

澳大利亚东部、塔斯马尼亚岛、袋鼠岛、国王岛

短吻针鼹：短粗的身体上包裹着一层长满背刺的短皮毛，短吻针鼹步态摇摆，以蚂蚁和白蚁为食。其栖息地的范围非常广泛，从半干旱地区到高山植被区域均可见。

🐾35厘米
📏10厘米
⚖️7千克
👤独居
↯栖息地内普遍

澳大利亚、塔斯马尼亚岛、新几内亚

长吻针鼹：与短吻针鼹相比，长吻针鼹的背刺短而少，但皮毛更厚密，长吻针鼹的舌上布满小小的刺，可以帮助它们捕食到蚯蚓——这是它们的主要食物。

🐾80厘米
📏不确定
⚖️10千克
👤独居
↯濒危

新几内亚

有袋类动物

纲:	哺乳纲
目:	7
科:	19
属:	83
种:	295

有袋类动物是胎生哺乳动物，但雌性没有胎盘，幼崽一出生就要在母亲的袋囊中找到乳头并开始吮吸乳汁。幼崽会在几周或几个月内都牢牢叼住乳头，直到它们发育到与那些在子宫胎盘滋养的新生哺乳动物发育水平相当后，才会离开育儿袋。大多数有袋类动物与真兽亚纲动物（即有胎盘的胎生哺乳动物）的区别还在于它们有更多的切牙、较小的脑容量、弯曲的后脚趾、较低的体温和较慢的新陈代谢率。

有袋动物的大量繁殖：尽管在美洲和东南亚也生存着少量有袋动物，但绝大多数有袋类动物生活在澳大利亚和新几内亚，上述地区基本没有真兽亚纲动物存在。目前，新西兰、美国的夏威夷和英国都引进了有袋类动物。

寻找栖息地

目前已确定的有袋类动物有7个目，分别是：负鼠目、鼩负鼠目、智鲁负鼠目等生存在美洲的有袋动物及分布于澳大利亚和新几内亚地域的袋鼬目、袋狸目、袋鼹目和袋鼠目。

生物化石研究表明，有袋类动物和真兽亚纲动物是在1亿年前开始分化的。由于真兽亚纲动物的大量繁殖，有袋类动物在北美、欧洲基本灭绝。

南美洲大陆与北美洲大陆分离的约6000万年时间给有袋类动物提供了广阔的生存空间，而当500万～200万年前美洲大陆再次合并时，美洲豹等北美食肉动物迅速取代了南美洲的大型食肉有袋类动物；但有些小型杂食有袋类动物存活了下来，其中包括生活在北美的普通负鼠。由于澳大利亚和新几内亚缺少与有袋类动物竞争的真兽亚纲动物，使得有袋类动物得到了最大限度的繁殖和进化。

树袋熊：因其食用的桉树叶含有大量有毒物质，尽管自体具有解毒的能力，但解毒会消耗大量精力，因而树袋熊经常"精神不济"。树袋熊并不在树上筑巢，而是直接抱着树干睡。

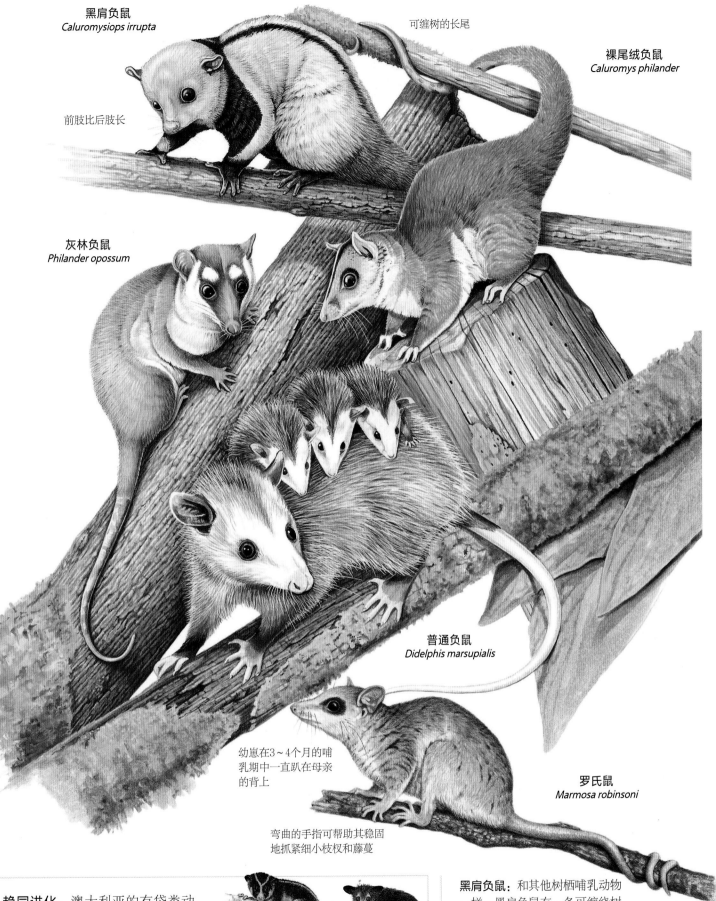

黑肩负鼠
Caluromysiops irrupta

可缠树的长尾

裸尾绒负鼠
Caluromys philander

前肢比后肢长

灰林负鼠
Philander opossum

普通负鼠
Didelphis marsupialis

幼崽在3～4个月的哺
乳期中一直趴在母亲
的背上

罗氏鼠
Marmosa robinsoni

弯曲的手指可帮助其稳固
地抓紧细小枝杈和藤蔓

趋同进化： 澳大利亚的有袋类动物与其他地域的真兽亚纲动物具有很多相似性。这种相似性称为趋同进化。例如澳大利亚的斑纹负鼠就被发现和马达加斯加指猴的前肢极其相似，都有一个具有可挖树洞功能的长趾。

斑纹负鼠　　　　　指猴

黑肩负鼠： 和其他树栖哺乳动物一样，黑肩负鼠有一条可缠绕树枝的长尾和外突的大眼睛。黑肩负鼠以热带水果和花蜜为食。

🐄 30厘米
🐃 40厘米
🏛 不确定
🧍 独居
🔨 易危

南美洲西北部

南貂
Dromiciops gliroides

眼睛上方的白斑是四
眼负鼠名字的由来

有鳞的长尾比其
身体还长

棕四眼负鼠
Metachirus nudicaudatus

用来抵御寒冬的脂肪
一般贮存在尾部

粗尾负鼠
Lutreolina crassicaudata

三带短尾负鼠
Monodelphis americana

蹼足负鼠（水负鼠）
Chironectes minimus

草地负鼠
Lestodelphys halli

南短尾负鼠
Monodelphis dimidiata

烟色鼩负鼠
Caenolestes fuliginosus

少毛的尾巴比身体短

有袋动物的起源：DNA检测证实，生活在阿根廷和智利的南貂是世界上仅存的智鲁负鼠目动物，智鲁负鼠目动物与南美洲的有袋类动物是近亲。对南极洲发现的有袋类动物化石的研究和对南貂的研究表明，1亿～6500万年前，有袋类动物是由南美洲经南极大陆迁徙至澳大利亚的。同时，对南貂的研究也间接验证了各大洲是由一整块地质板块分裂而来的理论。

北美洲

南美洲　南极洲　澳大利亚

物种总数的变更：有袋动物的化石从南美洲到南极大陆再到澳大利亚均可见。如今它们已经完全从南极大陆灭绝，但在澳大利亚得到快速繁衍。

南貂：南貂又被称为"智鲁负鼠"，是澳大利亚有袋类动物的近亲。

袋狼（塔斯马尼亚虎）
Thylacinus cynocephalus

背部一般有13~19道黑色竖条纹

尾巴僵硬，根部较粗逐渐延长变细

五趾，有脚垫

头部巨大，有着坚硬的颌骨和能够咬碎骨头的臼齿

袋獾
Sarcophilus harrisii

袋食蚁兽
Myrmecobius fasciatus

黏黏的、圆柱形的舌头可以伸出嘴外，长达10厘米

背部是白黑相间的皮毛

长长的、毛茸茸的尾巴

缺少耳郭，细小的眼睛已经完全丧失了视觉功能，因而长在皮毛内；鼻子的厚垫具有保护功能

袋鼹
Notoryctes typhlops

铲刀状的前爪可以在沙土地上挖洞

光滑的毛皮经常会因沾到铁红色的泥土而呈现出粉红色

袋狼：是最大的食肉有袋类动物，但目前已经灭绝。根据灭绝前的资料，袋狼长得更像狼，但其背部有独特的条纹。3000年前，袋狼与澳洲野犬在澳大利亚的竞争，导致袋狼从澳大利亚主岛逐渐消退到边缘地区。

🐾130厘米
📏68厘米
⚖35千克
🐾混居，独居或小群居住
✝灭绝物种

塔斯马尼亚岛（1930年） •灭绝前的分布区域

袋獾：大约有梗犬一般长，是现存最大的食肉有袋动物。袋獾会伤害其他动物，像负鼠和沙袋鼠，却以腐肉为食。袋獾在遇到危险时会大叫。

🐾65厘米
📏26厘米
⚖9千克
🐾混居
🔻稀少

塔斯马尼亚岛

袋食蚁兽：以白蚁为食，每天要花大量时间搜寻白蚁。袋食蚁兽会用其前爪扒开蚁穴入口处的土，然后用硬舌头舔食白蚁。

🐾27.5厘米
📏21厘米
⚖700克
🐾独居
🔻易危

澳大利亚西南部 •早期分布区域

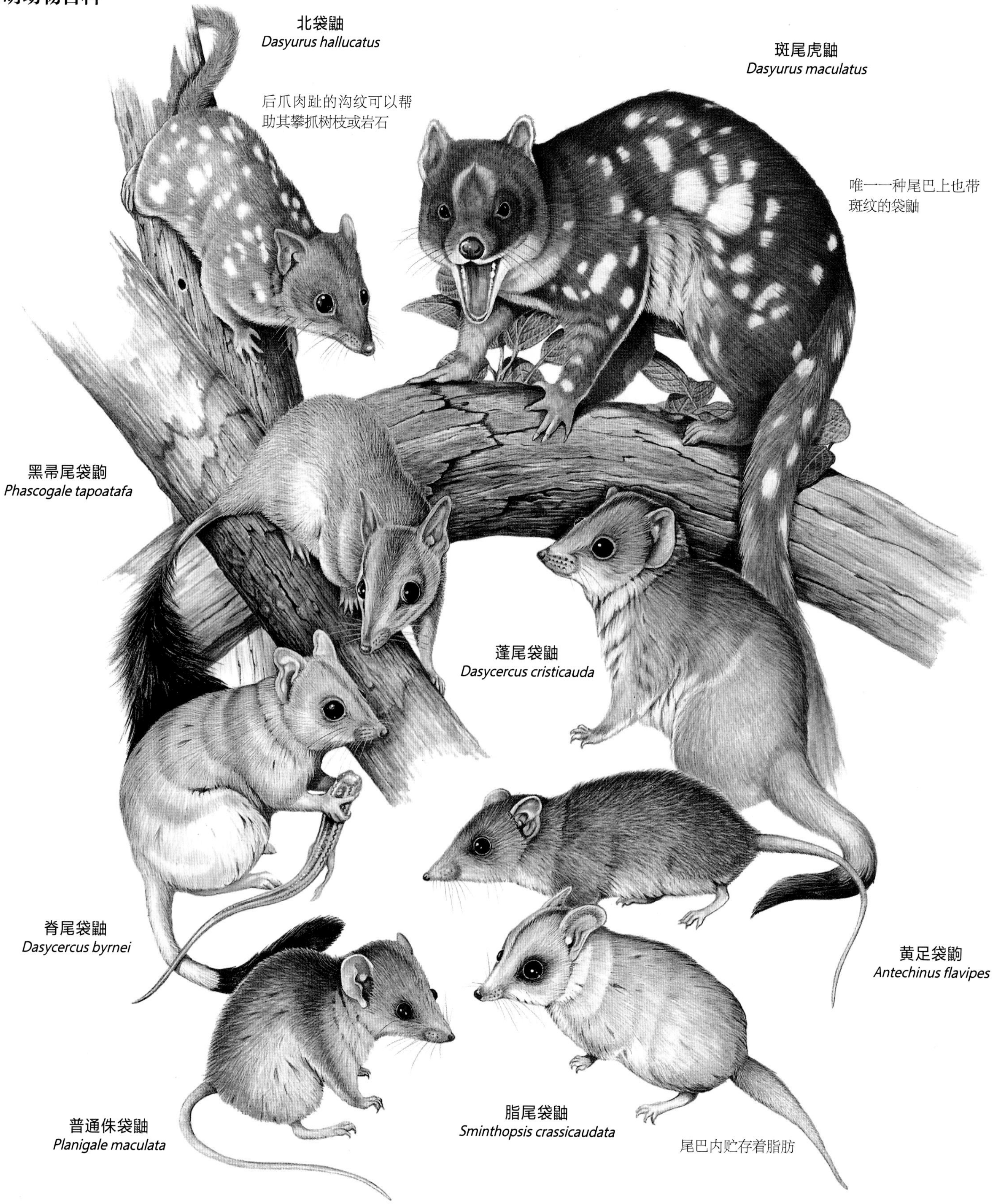
北袋鼬
Dasyurus hallucatus
后爪肉趾的沟纹可以帮助其攀抓树枝或岩石
斑尾虎鼬
Dasyurus maculatus
唯一一种尾巴上也带斑纹的袋鼬
黑帚尾袋鼩
Phascogale tapoatafa
蓬尾袋鼬
Dasycercus cristicauda
脊尾袋鼬
Dasycercus byrnei
黄足袋鼩
Antechinus flavipes
普通侏袋鼬
Planigale maculata
脂尾袋鼬
Sminthopsis crassicaudata
尾巴内贮存着脂肪

减缓生命活动：袋鼬和其他一些食虫的有袋类动物都有休眠期。在休眠期内，它们的新陈代谢率、心脏系统和呼吸系统的工作频率都会明显减慢。这段减缓生命运动的休眠期可以大大降低袋鼬的食物需求，以便帮助它们顺利度过食物匮乏的严冬。休眠期可持续几小时，至多数天。

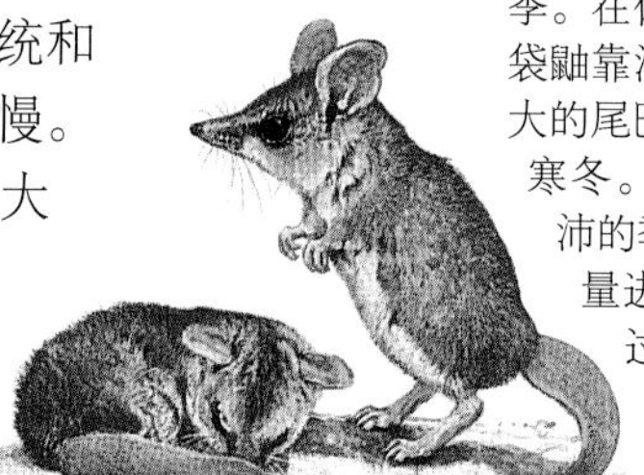

“过冬的尾巴”：脂尾袋鼬的休眠期也在冬季。在休眠期内，脂尾袋鼬靠消耗贮存在其肥大的尾巴中的脂肪度过寒冬。而到了食物充沛的季节，它又会大量进食来重新贮存过冬用的脂肪。

脊尾袋鼬：这种小型食肉有袋类动物以昆虫、小鸟、小型爬行动物和其他小型哺乳动物为食。在干旱季节，脊尾袋鼬躲在洞穴中，所有水分都从食物中摄取，避免饮水的需求。

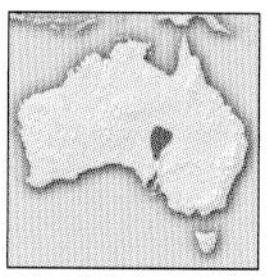

澳大利亚中部

- 18厘米
- 14厘米
- 140克
- 独居
- 易危

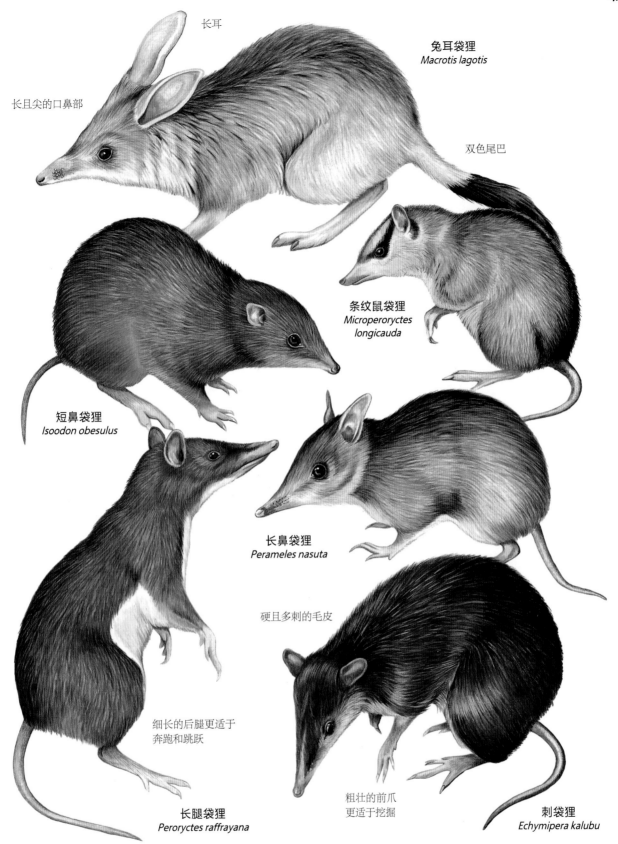

长耳

兔耳袋狸
Macrotis lagotis

长且尖的口鼻部

双色尾巴

条纹鼠袋狸
Microperoryctes longicauda

短鼻袋狸
Isoodon obesulus

长鼻袋狸
Perameles nasuta

硬且多刺的毛皮

细长的后腿更适于
奔跑和跳跃

长腿袋狸
Peroryctes raffrayana

粗壮的前爪
更适于挖掘

刺袋狸
Echymipera kalubu

兔耳袋狸：具有很强的挖洞本领。它可以在其居住领域建造多达12个洞穴，与其他袋狸的最大不同在于，兔耳袋狸有着一对长耳朵。它们以昆虫、植物种子和水果为食。

- 55厘米
- 29厘米
- 2.5千克
- 独居
- 易受危

澳大利亚中部 ● 早期分布区域

袋狸：杂食的袋狸与其他有袋类动物之间的关系目前还不清楚。它们的牙齿更像肉食有袋类动物，但它们的并趾后爪却与食草的大袋鼠和袋熊近似。袋狸主要包括澳大利亚的袋狸科（包括袋狸属和短鼻袋狸属）和新几内亚的新几内亚袋狸科。

高速繁殖：袋狸的妊娠期只有短短的12天左右，其幼崽发育迅速，大约90天便可达到性成熟。

短耳帚尾袋貂
Trichosurus caninus

灰袋貂
Phalanger orientalis

斑袋貂
Spilocuscus maculatus

帚尾袋貂
Trichosurus vulpecula

树顶袋貂
Acrobates pygmaeus

鳞尾袋貂
Wyulda squamicaudata

其滑翔膜由腰部一直延伸到膝部

羽毛状结构的毛尾巴在哺乳动物中独一无二

善抓握的尾巴上覆盖着厚厚的鳞片

山袋貂
Burramys parvus

高山食物： 山袋貂是澳大利亚境内唯一一种生活在高山雪线以上的有袋类动物。它可以根据季节来调整自己的食物类型。在温暖的季节，它以亚澳褐夜蛾和其他小型昆虫为食；等进入7月的夏季时，亚澳褐夜蛾的数量减少，山袋貂开始大量食用植物的浆果和种子来囤积足够的热量以备过冬。

美味的亚澳褐夜蛾： 在温暖的季节里，亚澳褐夜蛾成为山袋貂的主要食物，亚澳褐夜蛾约占它全部食物的1/3。

斑袋貂： 这种雨林有袋类动物大部分时间都待在树上。白天睡在它们用树叶做成的小窝中，晚上出来活动，斑袋貂以水果、花和树叶为食。目前，对雨林的过度开采和对农业的过度开发，令斑袋貂的栖息地受到了威胁。

🗎 58厘米
🗎 45厘米
🐾 4.9千克
👤 独居
⚡ 易危

澳大利亚北部、新几内亚、一些岛屿

岩卷尾袋貂
Petropseudes dahlii

绿环尾袋貂
Pseudochirops archeri

粗卷尾袋貂
Hemibelideus lemuroides

普通假掌袋貂
Pseudocheirus peregrinus

每只前爪上都
有两根可外张
的爪趾

昆士兰假掌袋貂
Pseudochirulus herbertensis

终年生活在树上，几乎不出现在
地面上

尾巴不用时会紧紧
地卷住树枝

岩卷尾袋貂：白天它们一般待在舒适
安全的岩洞里，等到晚上才爬到树上
觅食。雌性和雄性共同承担抚养幼崽
的工作，这一点在其他有袋类动物中
比较罕见。

- 39厘米
- 27厘米
- 2千克
- 结伴居住
- 栖息地内普遍

澳大利亚北部

有毒的食物：普通假掌袋貂主要以桉树叶为
食，但桉树叶有毒且缺乏营养。它们的消化
系统中具有一个加大的盲肠（类似大肠中的
一个大袋囊），可以分解掉桉树叶中的毒素
并排出柔软的粪便丸供自己食用（未消化物
质则变成硬粪便丸排出体外）。由于桉树叶
能提供的能量比较低，因此普通假掌袋貂的
新陈代谢率也比较低。

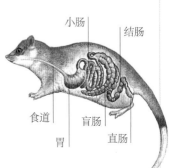

小肠　结肠
食道　盲肠
胃　直肠

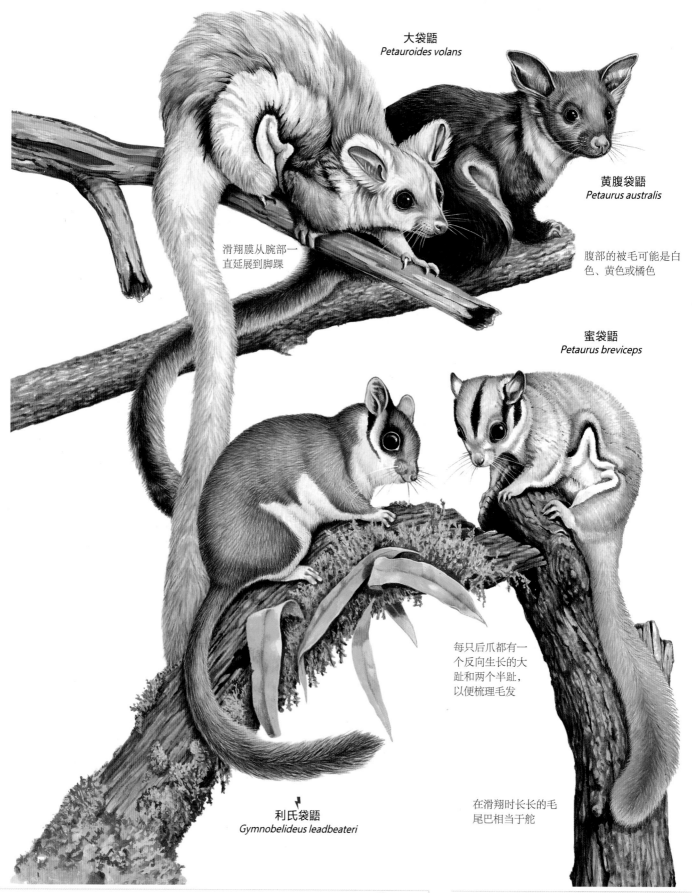

大袋鼯
Petauroides volans

黄腹袋鼯
Petaurus australis

滑翔膜从腕部一直延展到脚踝

腹部的被毛可能是白色、黄色或橘色

蜜袋鼯
Petaurus breviceps

每只后爪都有一个反向生长的大趾和两个半趾，以便梳理毛发

在滑翔时长长的毛尾巴相当于舵

利氏袋鼯
Gymnobelideus leadbeateri

吮吸树汁的袋鼯： 袋鼯的滑翔膜从腕部一直延伸到脚踝，这就让它们能够在相距很远的树木之间滑翔觅食。一旦夜间出来觅食的袋鼯着陆在树上，它会用其锋利的牙齿咬开树皮舐食树汁和树脂。黄腹袋鼯喜欢各种桉树，而小型的蜜袋鼯更喜欢树胶桉树。

顽强的抢食者： 黄腹袋鼯之间会因为一个有汁液流出的桉树裂口拼命争抢。

利氏袋鼯： 这类鼯鼠可以在野火烧过的高原森林中栖息，野火会摧毁一些旧的树木，却有利于金合欢树的生长。

🐾 17厘米
🐾 18厘米
⚖ 160克
🐾 结伴居住或家庭式群居
⚡ 濒危

澳大利亚东南部

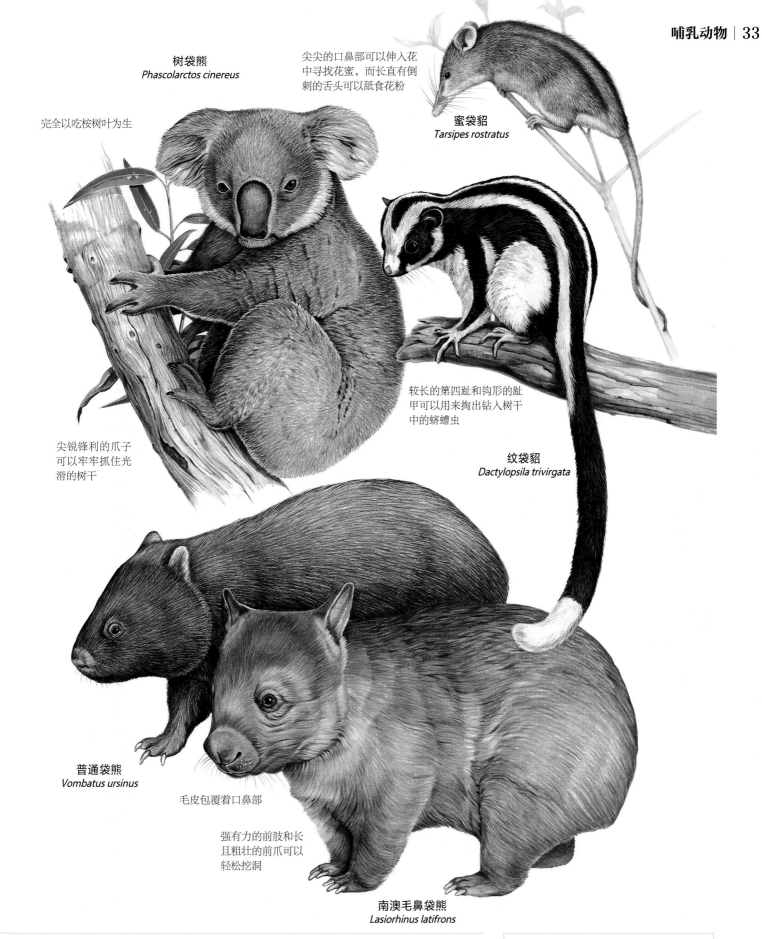

树袋熊
Phascolarctos cinereus

完全以吃桉树叶为生

尖尖的口鼻部可以伸入花
中寻找花蜜，而长直有倒
刺的舌头可以舐食花粉

蜜袋貂
Tarsipes rostratus

尖锐锋利的爪子
可以牢牢抓住光
滑的树干

较长的第四趾和钩形的趾
甲可以用来掏出钻入树干
中的蛴螬虫

纹袋貂
Dactylopsila trivirgata

普通袋熊
Vombatus ursinus

毛皮包覆着口鼻部

强有力的前肢和长
且粗壮的前爪可以
轻松挖洞

南澳毛鼻袋熊
Lasiorhinus latifrons

树袋熊：也叫考拉，一生都住在树上。一般每天睡18小时左右，只在晚上出来觅食。树袋熊只能吃5种桉树的树叶，在繁殖季节，雄性树袋熊之间会为争夺交配权而整夜争斗。

🦘 82厘米
🐾 不确定
⚖ 15千克
👤 独居
📉 近危

澳大利亚东部和南部

南澳毛鼻袋熊：南澳毛鼻袋熊的昵称是"带毛的恐吓者"，这种袋熊可以快速奔跑。白天为了躲避高温它们一般躲在灌木丛中，晚上则出来觅食，南澳毛鼻袋熊的食物以草、树根、树皮和菌类为主。

🦘 94厘米
🐾 不确定
⚖ 32千克
👤 独居
📉 栖息地内普遍

澳大利亚南部

地下王国：普通袋熊的前腿和前爪极其发达。它可以建造一个庞大的地下洞穴王国，洞穴直径50厘米，总长度可达30米。

出口：袋熊的洞穴可以有多个出口、侧道和休息的穴洞。

袋鼠幼崽会一直待在育儿袋内，直到其可以独立生活

斑氏树袋鼠
Dendrolagus bennettianus

丽树袋鼠
Dendrolagus goodfellowi

四肢的长度基本一致

长鼻袋鼠
Potorous tridactylus

北甲尾袋鼠
Onychogalea unguifera

毛尾鼠袋鼠
Bettongia penicillata

红腿丛林袋鼠
Thylogale stigmatica

赤褐鼠袋鼠
Aepyprymnus rufescens

麝鼠袋鼠
Hypsiprymnodon moschatus

丽树袋鼠：四肢等长。锋利的爪可以帮助它在热带雨林中穿梭。丽树袋鼠一般以树叶和水果为食。

🐃63厘米
🦎76厘米
⚖8.5千克
独居
濒危

新几内亚

北甲尾袋鼠：因其尾巴上长有角质的刺而得名。北甲尾袋鼠生活在热带稀树草原，白天一般躲在树丛下的窝内，等到晚上出来活动，以草根为食。

🐃70厘米
🦎74厘米
⚖9千克
独居
栖息地内普遍

澳大利亚北部

红腿丛林袋鼠：这是唯一一种地栖的沙袋鼠，其栖息地一般在热带雨林。同样红腿丛林袋鼠也在夜间觅食，主要以树叶、水果、树枝和蝉为食。

🐃54厘米
🦎47厘米
⚖6.5千克
独居
栖息地内普遍

澳大利亚东部、新几内亚

有袋类动物的繁殖

　　有袋类动物特有的繁殖方式与其个体的独特生殖结构密切相关。从外表上看，雌性有袋类动物的生殖系统比真兽亚纲动物的生殖系统简单。雌性有袋类动物只有一个泄殖腔，既是消化排便的通道也是其生殖通道。但在生殖系统内部存在两个生殖通道，每个生殖通道都会连着独立的子宫和阴道。而雄性有袋类动物有一个叉子形状的阴茎，可以直接在两个阴道内都射入精子。受孕后的雌性有袋类动物会再产生第三个阴道作为产道。有袋类动物的整个妊娠期非常短，袋狸大约12天，而东灰大袋鼠也不过38天左右。几乎所有胚胎状的幼崽都会在出生后立即爬到母亲的育儿袋内，吮吸或舔舐母亲的乳汁。等幼崽成熟到可以爬离育儿袋后再逐步断奶。

多样的栖息地：有袋类动物栖息在很多不同的栖息地。树是负鼠、袋鼯和树袋熊的栖息地及主要食物来源；岩石斜坡则为岩沙袋鼠和岩大袋鼠提供了家园；棕袋狸一般躲藏在草丛中的窝内；而头脑简单的袋鼹喜欢随便在松软的沙地打洞，却没有一个固定居所。

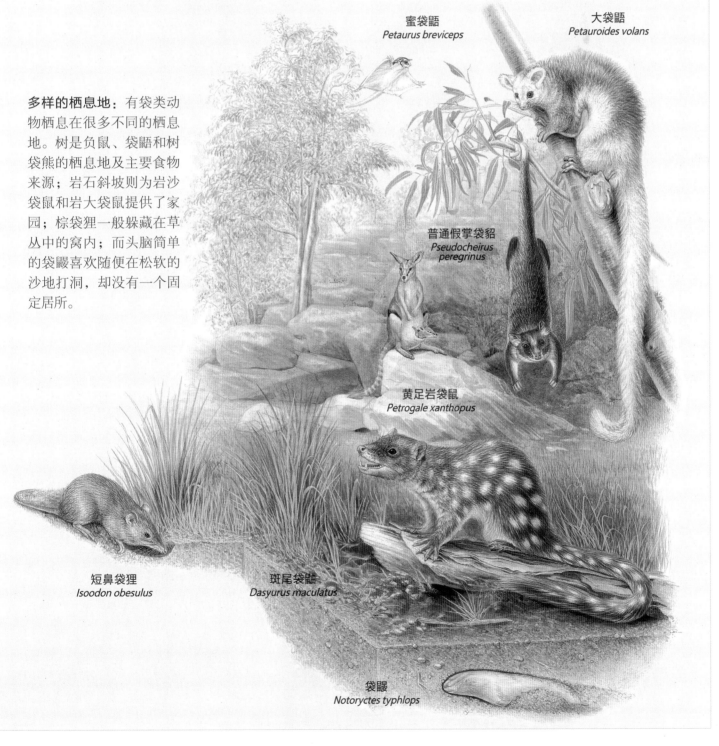

蜜袋鼯
Petaurus breviceps

大袋鼯
Petauroides volans

普通假掌袋貂
Pseudocheirus peregrinus

黄足岩袋鼠
Petrogale xanthopus

短鼻袋狸
Isoodon obesulus

斑尾袋鼬
Dasyurus maculatus

袋鼹
Notoryctes typhlops

黄足岩袋鼠
Petrogale xanthopus

从深红渐变为黄色的四肢
和有条纹的尾巴，是其外
表的明显特征

小岩袋鼠
Petrogale concinna

后脚底的硬脚垫可
以帮助其抓牢岩石

帚尾岩袋鼠
Petrogale penicillata

圆盾大袋鼠
Macropus parma

眼镜兔袋鼠
Lagorchestes conspicillatus

赤大袋鼠
Macropus rufus

东灰大袋鼠
Macropus giganteus

用后脚的第四
和第五个脚趾
跳跃

短尾矮袋鼠
Setonix brachyurus

群居关系：大袋鼠结群居住，成
员数量甚至可达到50只左右，这种群居行
为可以帮助它们有效抵御天敌（如澳洲野
犬）的袭击。大袋鼠群中的雄性根据其在
种群中的地位得到交配权，黄袋鼠的地位
主要依据其个子的大小而定，比如东灰大
袋鼠。处在统治地位的东灰大袋鼠很可能
在一个繁殖期内成为30多只幼袋鼠的爸
爸，而处在最低地位的雄袋鼠可能永远也
没有交配权。

袋鼠拳击：雄性
大袋鼠之间会因
争夺领导地位打
架，袋鼠最主要
的斯打方式就
是用它们强
有力的后脚
去踢对方。

赤大袋鼠：是现存最大的有袋类动物。尽管赤
大袋鼠不常跳跃，但其跳跃的速度可达55～70
千米每小时。雄性赤大袋鼠的外层皮毛是红
色，雌性的是灰色。

🦘 140厘米
📏 99厘米
⚖️ 85千克
👥 群居
📊 普遍

澳大利亚

贫齿类动物

纲:	哺乳纲
目:	贫齿总目
科:	3
属:	13
种:	29

贫齿类动物最早发源于美洲，是一种很奇特的动物，包括食蚁兽科、树懒科和犰狳科。贫齿总目动物曾经种类丰富，有比大象还大的大地懒和比北极熊还大的类犰狳哺乳动物。所有贫齿总目动物脊柱后部的胸椎和腰椎上都有附加关节，这限制了其转身的灵活性，但大大加强了其后背和臀部的力量，使得贫齿类动物非常善于挖洞。贫齿类动物的脑容量比较小，牙齿的发育也很简单和低级，食蚁兽甚至没有牙齿。相对缓慢的新陈代谢率使之更适合单一的生态系统。

安全地休息：大食蚁兽每天约有15小时待在巢内休息。它们在地上挖出一个凹坑，然后用毛茸茸的、像掸子一样的长尾巴裹住自己卧在里面，这样不仅可以保温，也能起到伪装的作用，因为大食蚁兽在休息时最容易受到攻击。

挖洞高手：食蚁兽锋利的前爪可以瞬间撕开白蚁坚固的蚁穴。一旦蚁穴被打开，食蚁兽会用它长且布满黏液的舌头舐食白蚁。尽管食蚁兽的攻击很迅速，但只能持续几分钟，因此这些攻击不会对蚁穴造成致命损害，同时只有很少的白蚁被卷食。蚁穴会在短时间内就被剩下的白蚁修复好。

稳定而缓慢地生活

食蚁兽和树懒的新陈代谢率很低，体温都比较低，因此它们的食物来源非常单一。这样的食物来源一般会大量存在，但所提供的能量却极为有限。犰狳的食物来源则非常多元化。犰狳生活在深入地下的通道里。地下的低温可以帮助它们降低代谢功能、避免过热。

食蚁兽科包括陆栖的大食蚁兽、树栖的侏食蚁兽和小食蚁兽，它们都有丰富的嗅觉，可以探测到蚂蚁和白蚁。一旦发现猎物，食蚁兽会从其长管状的口鼻部中伸出比口鼻更长的舌头，舌头上布满小刺和丰富的黏液，可以轻易地舐走猎物。

超级懒惰的树懒在其清醒时会吃掉接近自己体重1/3的树叶，树懒的胃有多个室来分解消化食物。

犰狳的背甲由角质化的硬壳构成，可以抵御袭击者的进攻。强壮的四肢和锋利的爪子则能帮助它在自己的领域内挖出20多个洞穴。

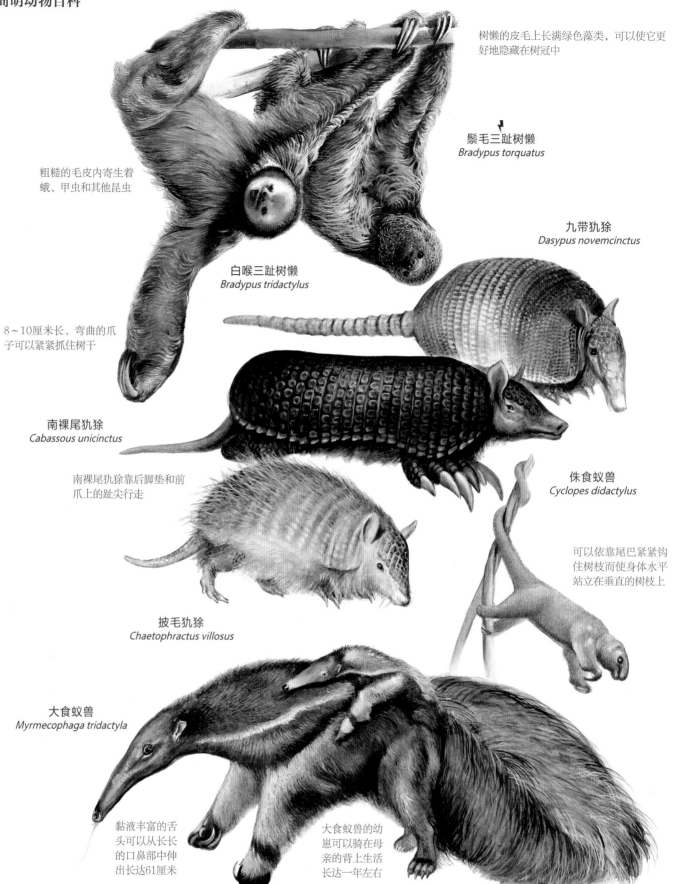

树懒的皮毛上长满绿色藻类，可以使它更好地隐藏在树冠中

鬃毛三趾树懒
Bradypus torquatus

粗糙的毛皮内寄生着蛾、甲虫和其他昆虫

白喉三趾树懒
Bradypus tridactylus

8~10厘米长、弯曲的爪子可以紧紧抓住树干

九带犰狳
Dasypus novemcinctus

南裸尾犰狳
Cabassous unicinctus

南裸尾犰狳靠后脚垫和前爪上的趾尖行走

侏食蚁兽
Cyclopes didactylus

可以依靠尾巴紧紧钩住树枝而使身体水平站立在垂直的树枝上

披毛犰狳
Chaetophractus villosus

大食蚁兽
Myrmecophaga tridactyla

黏液丰富的舌头可以从长长的口鼻部中伸出长达61厘米

大食蚁兽的幼崽可以骑在母亲的背上生活长达一年左右

独特的四足动物：九带犰狳是唯一一种生活在美国的贫齿类动物。在过去的150年间，九带犰狳得到快速繁殖和发展，目前这种动物分布于从美国中部直至南美洲北部的广大区域。九带犰狳是唯一一种雌性只产一枚受精卵，但这枚受精卵可以分化成多胞胎的脊椎动物。

孪生现象：九带犰狳的受精卵一般可发育成四胞胎。

🐐57厘米
🐁45厘米
⚖6千克
独居
普遍

北美洲和南美洲

鬃毛三趾树懒：双肩处各有一块黑色鬃毛，其他部位的粗毛都是黄褐色。由于温湿的毛发上长满藻类，因此其被毛上也泛着绿色。这种绿色可以帮助行动缓慢的树懒更好地隐藏在自己位于树冠的家中。

🐐50厘米
🐁5厘米
⚖4.2千克
独居
濒危

南美洲东北部

大犰狳
Priodontes maximus

为了防御天敌和多刺的植物，其角质的外表上长满骨质鳞甲

锋利的大前爪更利于挖洞

南三带犰狳
Tolypeutes matacus

南三带犰狳在遇到危险时会缩成一个球

倭犰狳
Chlamyphorus truncatus

穿山甲

纲：	哺乳纲
目：	鳞甲目
科：	穿山甲科
属：	穿山甲属
种：	7

亚洲和非洲的分布情况：穿山甲大多栖息在东南亚和非洲的亚热带地区。亚洲穿山甲一般都长有外耳，其鳞甲根部长有毛发；非洲穿山甲则没有外耳，尾巴下侧没有硬鳞。

穿山甲的最大特点就是其坚硬的角质外皮上的硬鳞甲。它们的舌头比其身体和头部还要长。平时，穿山甲的长舌头卷缩在口中，觅食时会瞬间射入蚁穴中卷走蚂蚁或白蚁。穿山甲都没有牙齿，因此不具有咀嚼功能，只能够通过肌肉调节和胃中的小卵石来磨碎食物。穿山甲一般各自占有一定的生活领域：例如大穿山甲，白天会在其领域内挖洞来休息；而树栖的穿山甲，会用尾巴卷紧树干，将身体蜷成球卧在树木的凹洞中休息。

大穿山甲
Smutsia gigantea

身体布满排列有序的鳞甲

错叠的鳞甲可以将穿山甲严密地包裹住，只暴露腹部、四肢根部和尾巴背面

食虫类动物

| 纲：哺乳纲 |
| 目：食虫目 |
| 科：7 |
| 属：68 |
| 种：428 |

食虫类动物一般都非常小，长有长且窄的口鼻部，比如鼩鼱、鼹鼠和刺猬等。食虫类动物的种类十分丰富，它们的共同特征是脑容量都比较小，中耳只有一块骨头，牙齿发育比较低级；另外，很多食虫类动物还具有适于挖洞的四肢、防御性的硬刺或者有毒的唾液。如今学界对一些食虫类动物的分类仍然有争议。食虫类这一名称是因为它们都以昆虫为主要食物，实际上，食虫类动物的食物来源大都十分丰富，它们可以直接食用植物和其他动物。食虫类动物一般天生胆小，多在夜间活动，它们拥有发达的嗅觉和触觉，但视力非常弱，大多数食虫类动物的眼睛都比较小，甚至很微小。

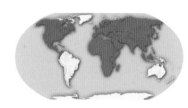

全球分布：刺猬、鼹、鼩鼱3个科的动物遍布全球，而沟齿鼩鼠科则更多地集中在其固定的栖息地内。

食物种类广泛：食虫类动物的食物种类非常广泛，可以是多种植物和动物。欧鼹可以不停打洞直到找到它们的食物——蚯蚓，欧鼹在表层地下挖的洞穴主要用来捕食，而其居住的洞穴则在更深的地下。

物种的共通性

食虫类动物有着极其相似的共通性，表现为共通的习性，或是相同的环境适应性，即使它们之间并不存在很近的亲缘关系。

一些食虫类动物生活在水中，例如生活在欧洲的麝鼹和蹼足鼩，它们分属不同的科，但都拥有密实且适合游泳的被毛、流线型的身体、半蹼化的脚、具有舵功能的长尾和适应水中生活的呼吸方式、捕猎方法。

欧鼹和非洲金鼹是近亲，是由鼩类或类似鼩的哺乳动物进化而来，然而非洲金鼹却与蹼足鼩更像。它们不仅长得很像对方，而且都是穴居动物；四肢同样短小强壮，且长有适于挖洞的爪；另外，它们的视觉都很弱，眼睛也都藏在皮肤或毛皮内。

欧洲的刺猬与非洲的无尾猬都拥有长满硬刺的表皮，在受到威胁时都会采用团成刺球来吓跑敌人的自卫防御方式。

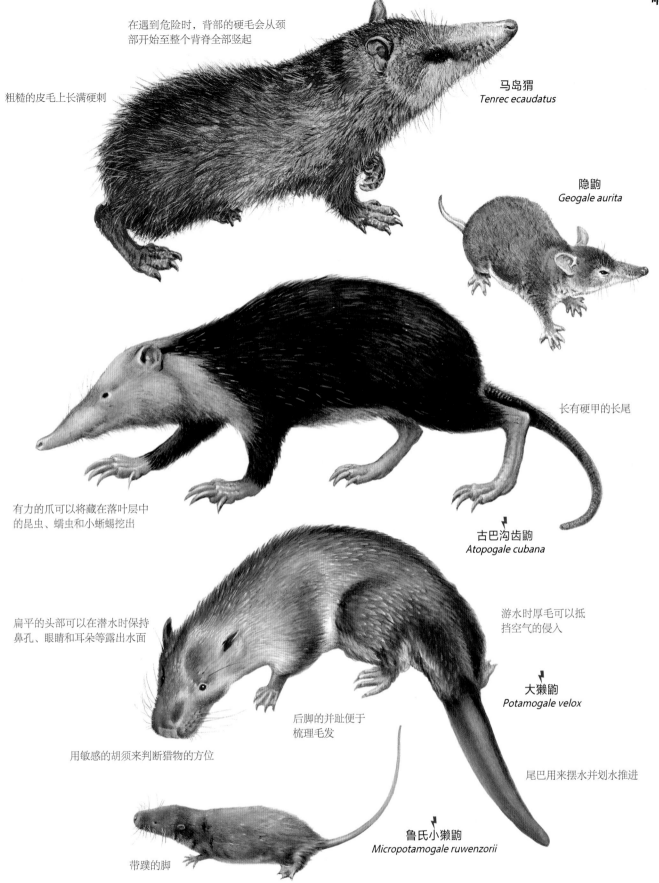

在遇到危险时，背部的硬毛会从颈部开始至整个背脊全部竖起

粗糙的皮毛上长满硬刺

马岛猬
Tenrec ecaudatus

隐䶄
Geogale aurita

长有硬甲的长尾

有力的爪可以将藏在落叶层中的昆虫、蠕虫和小蜥蜴挖出

古巴沟齿鼩
Atopogale cubana

扁平的头部可以在潜水时保持鼻孔、眼睛和耳朵等露出水面

游水时厚毛可以抵挡空气的侵入

大獭鼩
Potamogale velox

后脚的并趾便于梳理毛发

用敏感的胡须来判断猎物的方位

尾巴用来摆水并划水推进

带蹼的脚

鲁氏小獭鼩
Micropotamogale ruwenzorii

古巴沟齿鼩：和伊斯帕尼奥拉岛的海地沟齿鼩（*Solenodon paradoxus*）一样，古巴沟齿鼩的下门牙内含有毒液，可以在咬住猎物的时候将之毒昏。它的毒液可以毒杀青蛙大小的猎物。

🐃 39厘米
🔼 24厘米
⚖ 1千克
👤 独居
⚡ 濒危

古巴东部

大獭鼩：可以用侧面扁平的大尾巴快速游水。大獭鼩夜间出来捕食螃蟹、青蛙、鱼和昆虫等。敏锐的嗅觉和触觉可以帮助它们迅速发现猎物。

🐃 35厘米
🔼 29厘米
⚖ 400克
👤 独居
⚡ 濒危

非洲中部

马岛猬：在多种栖息地都可以生存，它们可以水栖、陆栖、树栖甚至穴居。

椎骨组成的尾巴：小型的长尾缳猬（*Microgale lon-gicandata*）的尾巴共由47块椎骨组成。

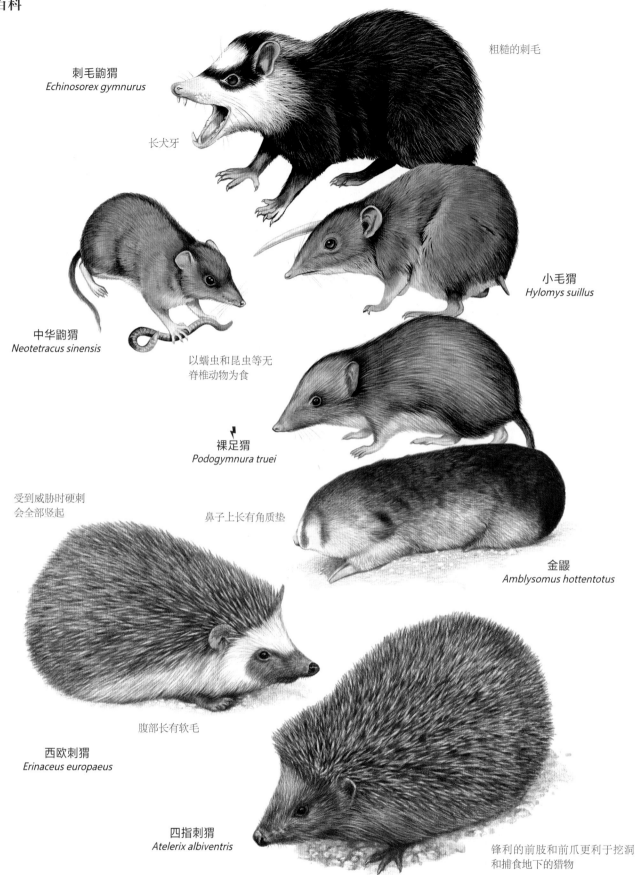

刺毛鼩猬
Echinosorex gymnurus

长犬牙

粗糙的刺毛

中华鼩猬
Neotetracus sinensis

以蠕虫和昆虫等无
脊椎动物为食

小毛猬
Hylomys suillus

裸足猬
Podogymnura truei

受到威胁时硬刺
会全部竖起

鼻子上长有角质垫

金鼹
Amblysomus hottentotus

西欧刺猬
Erinaceus europaeus

腹部长有软毛

四指刺猬
Atelerix albiventris

锋利的前肢和前爪更利于挖洞
和捕食地下的猎物

刺猬的冬眠：为了避免寒冬带来的食物匮乏，刺猬会进入冬眠状态，体温、心跳和呼吸都会降低，以节省自身能量的消耗。它们的新陈代谢率可降低为平时的1/100，甚至可以停止呼吸2小时以上。冬眠会耗尽刺猬在夏天储存的多余脂肪。它们一般每隔几周才会醒来一次，以便进食、排泄。

准备冬眠：尽管西欧刺猬对夏天时的巢穴很不在意，对其冬眠的巢穴却是精心准备。

刺毛鼩猬：身体具有强烈的腐烂洋葱味、难闻的汗尿味和刺鼻的氨水味，这些气味是从其肛门附近的两个腺体排出的。它们用这样强烈的气味来宣告自己的领地。

🐎 46厘米
🐃 30厘米
📦 2千克
🐾 独居
🚩 栖息地内普遍
⚞ ⚘

马来西亚半岛、苏门答腊岛及加里曼丹岛

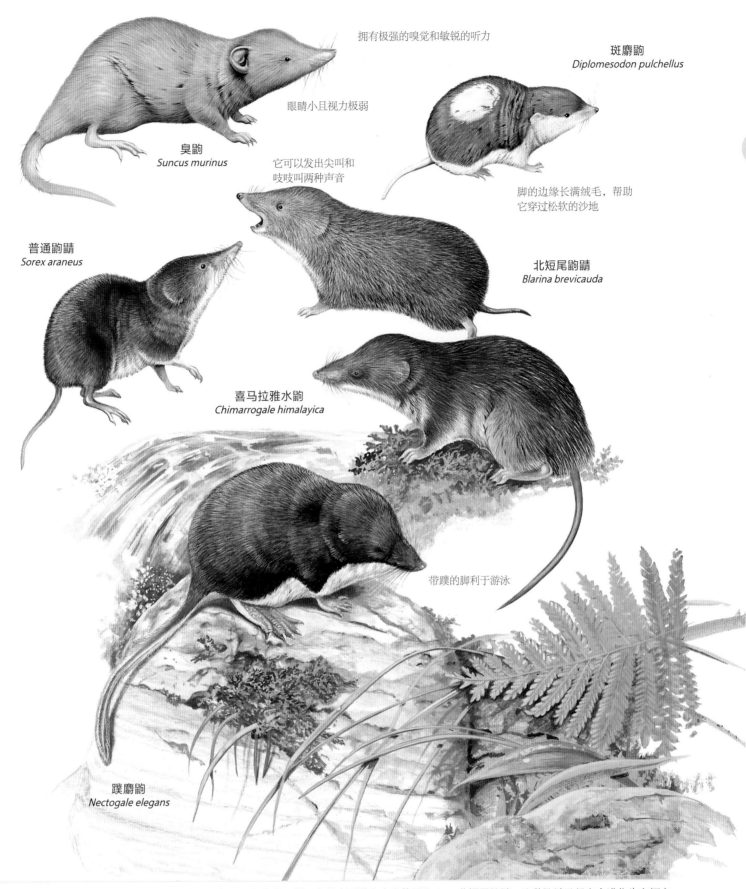

拥有极强的嗅觉和敏锐的听力

斑麝鼩
Diplomesodon pulchellus

臭鼩
Suncus murinus

眼睛小且视力极弱

它可以发出尖叫和
吱吱叫两种声音

脚的边缘长满绒毛，帮助
它穿过松软的沙地

普通鼩鼱
Sorex araneus

北短尾鼩鼱
Blarina brevicauda

喜马拉雅水鼩
Chimarrogale himalayica

带蹼的脚利于游泳

蹼麝鼩
Nectogale elegans

西欧刺猬： 和其他刺猬一样，西欧刺猬可以自由竖起或收拢它的硬刺，并在受到威胁时团成一个刺球来保护自己。它们一般晚上出来活动，以昆虫、蠕虫、蚕和腐肉为食。

🐂 26厘米
🐖 3厘米
⚖ 1.6千克
👤 独居
↯ 普遍

欧洲北部及西部

臭鼩： 和家鼠一样，臭鼩也可以和人类共同生活。它们大量分布于东南亚。臭鼩也被称作"猴鼩"，因为它们在捕食时会像猴子一样发出吱吱的叫声。

🐂 16厘米
🐖 9厘米
⚖ 90克
👤 独居
↯ 普遍

亚洲南部及东南部

北短尾鼩鼱： 这种鼩鼱已经完全进化为穴栖方式，其身体形状也更接近鼹鼠，在捕食如田鼠或家鼠等大型动物时，北短尾鼩鼱会在咬住对方的时候释放毒液来麻痹对方。

🐂 8厘米
🐖 3厘米
⚖ 30克
👤 独居
↯ 普遍

北美洲东部

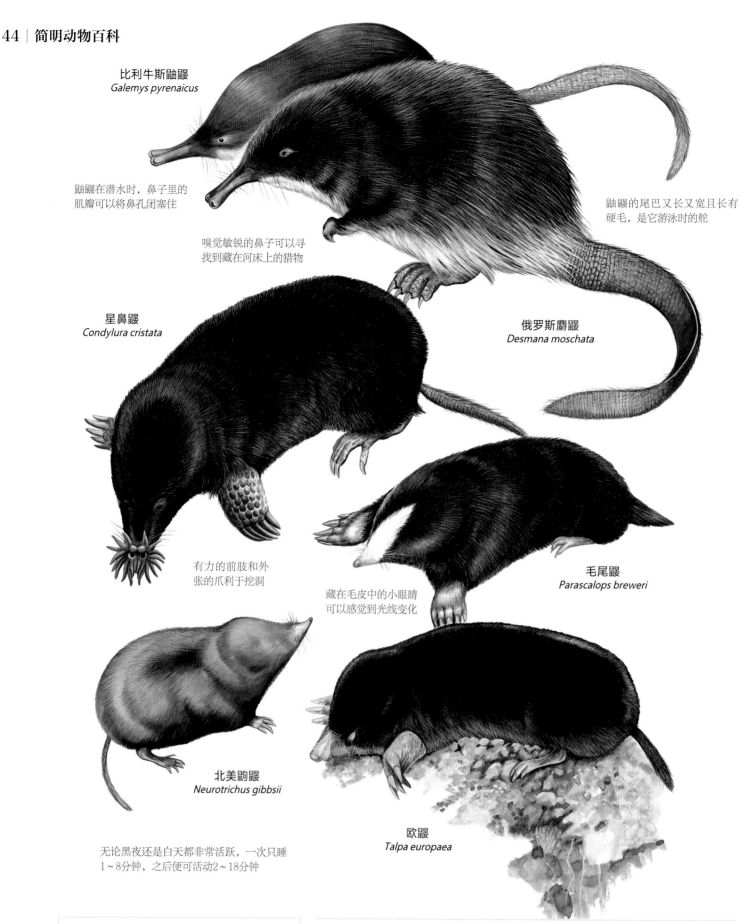

比利牛斯鼬鼹
Galemys pyrenaicus

鼬鼹在潜水时，鼻子里的肌瓣可以将鼻孔闭塞住

嗅觉敏锐的鼻子可以寻找到藏在河床上的猎物

鼬鼹的尾巴又长又宽且长有硬毛，是它游泳时的舵

星鼻鼹
Condylura cristata

俄罗斯麝鼹
Desmana moschata

有力的前肢和外张的爪利于挖洞

藏在毛皮中的小眼睛可以感觉到光线变化

毛尾鼹
Parascalops breweri

北美駒鼹
Neurotrichus gibbsii

无论黑夜还是白天都非常活跃，一次只睡1~8分钟，之后便可活动2~18分钟

欧鼹
Talpa europaea

星状触须： 星鼻鼹的鼻子周围长有一丛星状的触须，可以帮助它找到小鱼、水蛭、蜗牛和其他水生生物。星鼻鼹游泳速度非常快，可自由来往于其多个洞穴之间。

感觉触须： 星鼻鼹有约22根触须，每根触须中都有上千个触觉器官。

俄罗斯麝鼹： 其活动范围一度覆盖了整个欧洲，如今仅栖息在东欧的江河洼地等地。因其毛皮适合制造皮草，因此经常遭到捕杀，目前已经受到法律保护。

🐾22厘米
📏22厘米
⚖220克
🐾独居
⚑易危

欧洲东部

北美駒鼹： 这种北美洲最小的鼹鼠体形与駒鼩相似，但没有其他鼹鼠那么大的前肢。北美駒鼹是唯一一种能爬树的鼹鼠，它的睡眠时间也非常短。

🐾8厘米
📏4厘米
⚖11克
🐾独居
⚑栖息地内普遍

北美洲西部

地下生活

　　有无鼹鼠丘是一个地区是否有鼹鼠的重要标志，鼹鼠丘是由鼹鼠挖洞时掘出的土堆积而成的。鼹鼠基本上完全生活在其建造的大型地道中，休息和哺育后代的洞穴与其捕食的洞穴完全分开。鼹鼠以蚯蚓、昆虫幼虫、蛞蝓和其他生活在土壤中的无脊椎动物为食，它们每天可以打洞超过20米，只有在需要采集续巢用的落叶或草，或者被更强大的动物赶出时才会离开它的地下王国。

在黑暗中养育幼崽：鼹鼠的交配期只有24～48小时。在交配期内，雄鼹鼠会住在雌鼹鼠的洞穴内。一个月后，雌鼹鼠一般会产下3只幼崽，并会继续喂养幼崽多达数月。等幼鼹跟母亲学会如何挖洞，就必须离开母亲的洞穴，另取他处建造自己的家。

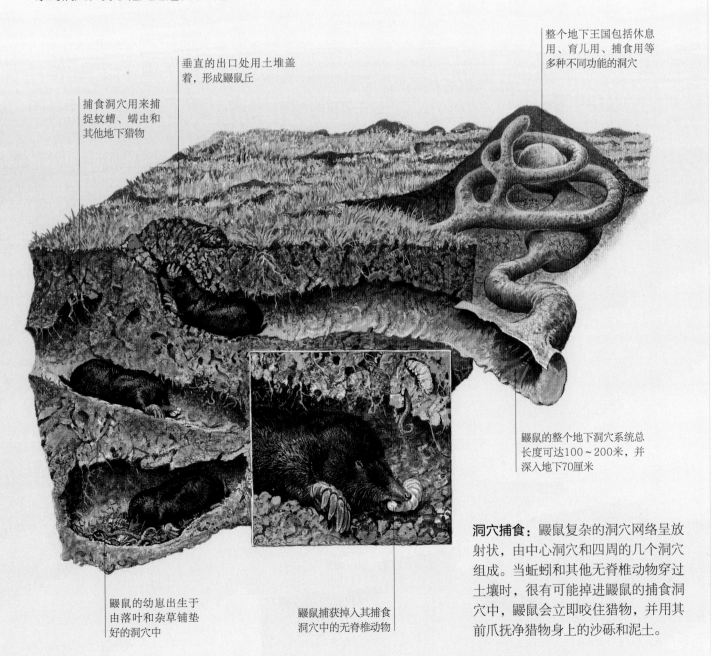

捕食洞穴用来捕捉蚊蟋、蠕虫和其他地下猎物

垂直的出口处用土堆盖着，形成鼹鼠丘

整个地下王国包括休息用、育儿用、捕食用等多种不同功能的洞穴

鼹鼠的整个地下洞穴系统总长度可达100～200米，并深入地下70厘米

鼹鼠的幼崽出生于由落叶和杂草铺垫好的洞穴中

鼹鼠捕获掉入其捕食洞穴中的无脊椎动物

洞穴捕食：鼹鼠复杂的洞穴网络呈放射状，由中心洞穴和四周的几个洞穴组成。当蚯蚓和其他无脊椎动物穿过土壤时，很有可能掉进鼹鼠的捕食洞穴中，鼹鼠会立即咬住猎物，并用其前爪抚净猎物身上的沙砾和泥土。

鼯猴

纲：	哺乳纲
目：	皮翼目
科：	鼯猴科
属：	鼯猴属
种：	2

鼯猴也被称作猫猴，它们既不会飞，也不是真正意义上的狐猴，它们属于一个独立的目——皮翼目，可以在空中滑翔。鼯猴的大小跟家猫差不多，是完全树栖的动物。鼯猴只能倒钩住树干蹒跚而行，但这种姿势却利于它们在热带雨林的高树之间滑翔。为了避免在滑翔的时候被猛禽抓到，鼯猴只在夜间活动，白天它们就躺卧在树洞中或紧贴在树干上休息。

分布范围有限： 马来鼯猴只生活在马来西亚、泰国和印度尼西亚；而菲律宾鼯猴仅在菲律宾可以找到。这两种鼯猴不仅被当地捕猎者猎杀，同时受到热带雨林大量减少的影响，面临着灭绝的危险。

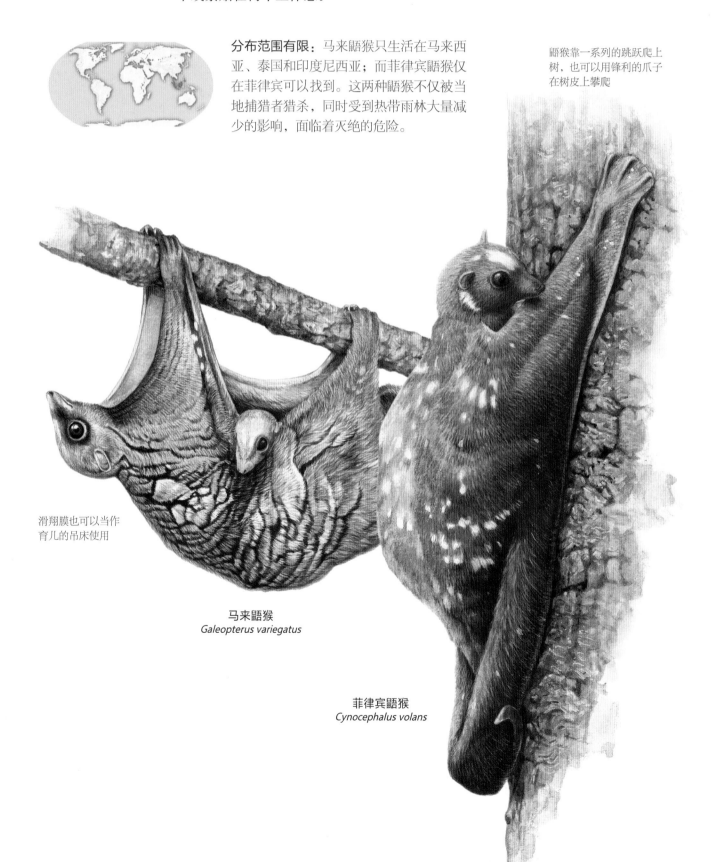

鼯猴靠一系列的跳跃爬上树，也可以用锋利的爪子在树皮上攀爬

滑翔膜也可以当作育儿的吊床使用

马来鼯猴
Galeopterus variegatus

菲律宾鼯猴
Cynocephalus volans

树鼩

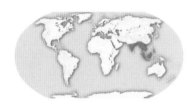

纲：	哺乳纲
目：	树鼩目
科：	树鼩科
属：	5
种：	19

在亚洲的一些热带森林中，我们经常会看见像松鼠一样的树鼩从树枝间爬上爬下，寻找昆虫、各种蠕虫、小型脊椎动物和果实。锋利的爪和向外张开的趾帮助它们牢牢抓住植物的茎块和岩石类的东西，而其长长的尾巴可以帮助它们保持平衡。树鼩一般两只前爪抱着食物蹲坐着吃，这种姿势可以有效防御猛禽、蛇和獴等天敌的突然袭击。树鼩一般每窝产3只幼崽，雄性树鼩负责在树洞中建窝，而雌性树鼩几乎什么也不管。

集中分布：树鼩生活在亚洲南部或东南部的热带雨林中，曾被划归为食虫目和灵长目动物。树鼩目动物只有树鼩科一个分类，笔尾树鼩亚科只包括笔尾树鼩一种动物，而树鼩科包括18种树鼩。大部分树鼩分布在婆罗洲岛，少部分栖息在印度东部和亚洲的东南部。

菲律宾树鼩
Tupaia everetti

笔尾树鼩
Ptilocercus lowii

唯一一种完全在夜间活动的树鼩

普通树鼩
Tupaia glis

硬硬的尾巴一般会不停地抽动

蝙蝠

纲：	哺乳纲
目：	翼手目
科：	18
属：	177
种：	993

蝙蝠是真正可以展翅飞翔的哺乳动物，其飞行速度可达50千米每小时，因此可以在很多大洲生存。它们是新西兰和夏威夷两地唯一的土生物种。同时，飞翔的能力也给蝙蝠带来了更丰富的食物来源。整个翼手目一共有将近1000种蝙蝠，是哺乳纲中的第二大目。翼手目同时又分为两个亚目：大蝙蝠亚目和小蝙蝠亚目。

全球分布：整个翼手目的物种数量大约占哺乳纲的1/4。大多数蝙蝠栖息在温暖地带，目前，除了极地和一些孤立的岛屿外，在世界各地都能看到蝙蝠。大多数蝙蝠喜群居，有的蝙蝠群的成员数量可达到数千甚至数百万只。

飞行捕食

蝙蝠通常被描绘成吸血的恶魔。其实，只有3种蝙蝠吸血。而且即使是这些吸血的蝙蝠也非常慷慨，它们甚至会和竞争者一起享受美食。

70%的蝙蝠夜间捕食飞行的昆虫，很少有别的动物与蝙蝠争抢食物源。蝙蝠的飞行捕食方法叫回声定位法，蝙蝠可以发出超声波，并且可以接听到达物体后反射回来的超声波，从而确定物体的位置。在很多生态系统中，正是由于蝙蝠的捕食，昆虫的总数才得以控制。

还有一些蝙蝠是植食性动物，它们靠敏锐的嗅觉和超强的夜间超声定位方法来确定水果、花丛的位置。这类蝙蝠是最好的传粉和播种者，因此有些植物专门在夜间开花，并产生浓烈的花香吸引蝙蝠吸食花蜜以传粉。

为了降低能量的损耗，蝙蝠可以自行调节体温，特别是在白天休息时。另外，在缺少食物源的冬季，一些蝙蝠还可改变冬眠的长短来解决食物匮乏问题。同时，它们也会靠消耗秋季囤积的脂肪来过冬。而不冬眠的蝙蝠则会迁徙到其他温暖的地方以躲避严寒，例如欧洲山蝠就会飞往2000千米以外的温暖地带过冬。

倒挂休息：几乎所有蝙蝠都是白天倒挂在支撑物上休息。这种姿势更方便其迅速起飞。蝙蝠的腿部结构能使它们在倒挂时可以牢牢抓住物体而不会掉下来。很多蝙蝠栖息在洞穴矿井中或建筑物下，灰首狐蝠栖息在树上。

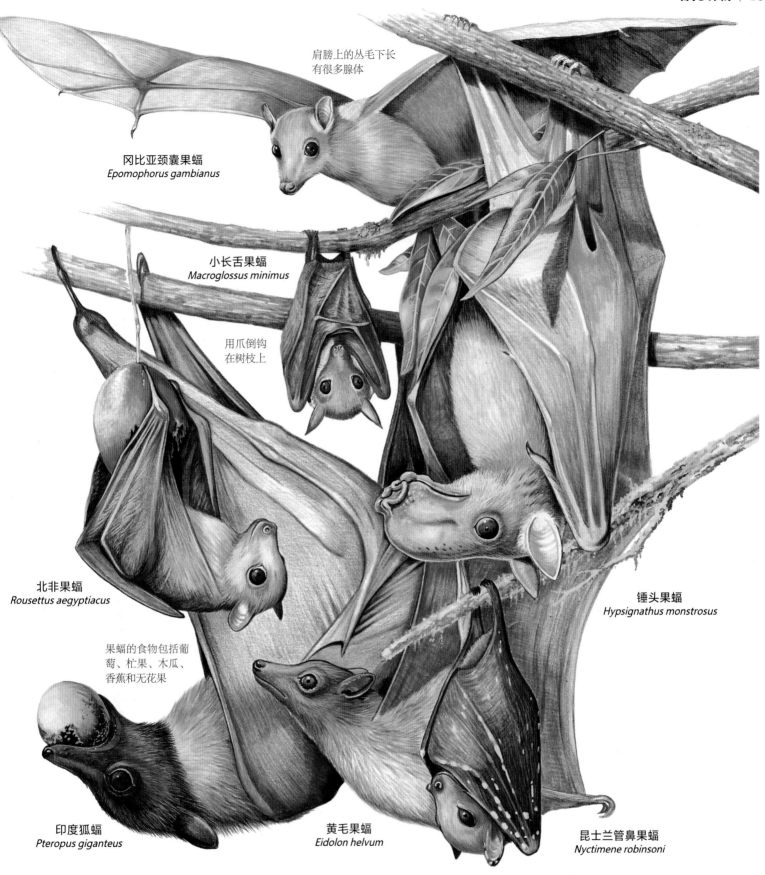

肩膀上的丛毛下长
有很多腺体

冈比亚颈囊果蝠
Epomophorus gambianus

小长舌果蝠
Macroglossus minimus

用爪倒钩
在树枝上

北非果蝠
Rousettus aegyptiacus

锤头果蝠
Hypsignathus monstrosus

果蝠的食物包括葡
萄、杧果、木瓜、
香蕉和无花果

印度狐蝠
Pteropus giganteus

黄毛果蝠
Eidolon helvum

昆士兰管鼻果蝠
Nyctimene robinsoni

小长舌果蝠：这种小蝙蝠会用它的长舌头来
吮吸香蕉、椰子、红树等植物的花粉和花
蜜。在它穿梭于这些植物丛时，也在给这些
植物授粉。

🐏 7厘米
📏 1厘米
⚖ 18克
👥 混居，独居或结伴居住
🔱 栖息地内普遍

澳大利亚北部、新几内亚、一些岛屿

北非果蝠：北非果蝠主要依靠视觉来觅食，
但它是东半球为数不多的具有原始回声定位
机制的果蝠之一，这种机制能够帮助其栖息
在昏暗的洞穴中。

🐏 14厘米
📏 2厘米
⚖ 160克
👥 群居
🔱 普遍

非洲和中东

锤头果蝠：大量分布在非洲中部和西部。雄
性锤头果蝠在树冠栖息，有着比雌性更大
的口鼻部和喉部，以便它们发出更大的声
音。

🐏 30厘米
📏 无数据
⚖ 420克
👥 群居，繁殖期飞到求偶地
🔱 栖息地内普遍

非洲中部和西部

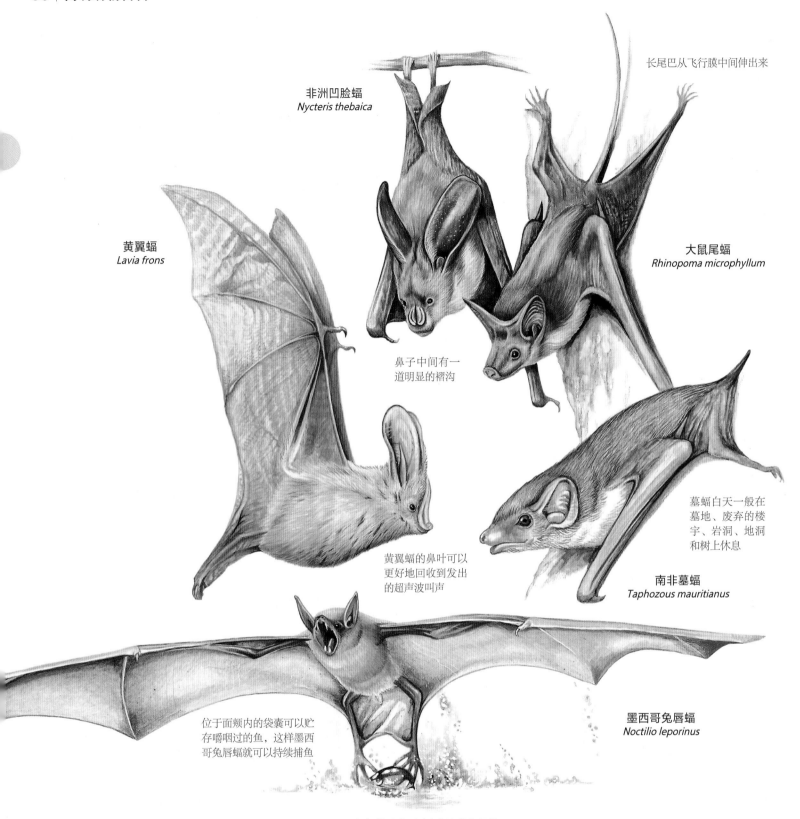

长尾巴从飞行膜中间伸出来

非洲凹脸蝠
Nycteris thebaica

黄翼蝠
Lavia frons

大鼠尾蝠
Rhinopoma microphyllum

鼻子中间有一
道明显的褶沟

墓蝠白天一般在
墓地、废弃的楼
宇、岩洞、地洞
和树上休息

黄翼蝠的鼻叶可以
更好地回收到发出
的超声波叫声

南非墓蝠
Taphozous mauritianus

墨西哥兔唇蝠
Noctilio leporinus

位于面颊内的袋囊可以贮
存嚼咽过的鱼，这样墨西
哥兔唇蝠就可以持续捕鱼

长长的后肢、巨大的脚掌和强壮
的爪子更利于它从水里抓到鱼

搭建帐篷：小型的白蝠是少
数几种可以自己搭建栖息帐
篷的蝙蝠之一。它会通过咬
断棕榈树叶中间的叶脉和边
缘来将树叶卷成一个帐篷供
自己栖息。

黄翼蝠：一般喜欢栖息在刺树顶部巨大的伞
冠内。在植物开花的季节，黄翼蝠会大量捕
食来采蜜的昆虫。

🦬8厘米
🐂无数据
🦇36克
🦇混居，结伴居住或群居
🌡栖息地内普遍

非洲撒哈拉沙漠以南

墨西哥兔唇蝠：一般栖息在中美洲和南美
洲。这种蝙蝠发出的尖锐的吱吱声可以穿过
河流甚至海滩。这种强大的超声定位功能以
及巨大的爪子可以帮助它捕捉水中的鱼。

🦬13厘米
🐂4厘米
🦇90克
🦇群居
🌡栖息地内普遍

中美洲、南美洲和加勒比海地区

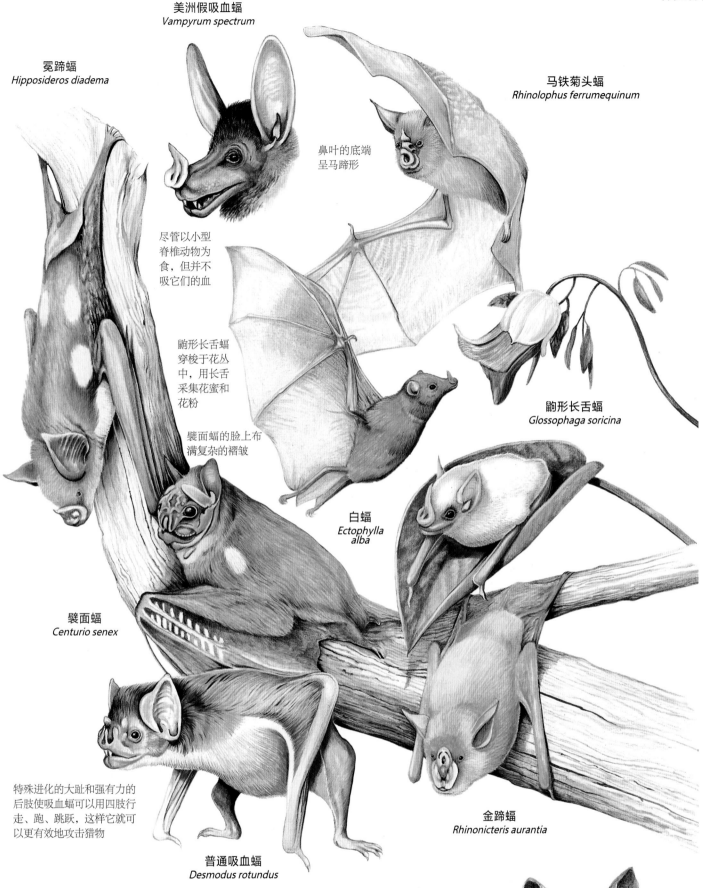

美洲假吸血蝠
Vampyrum spectrum

冕蹄蝠
Hipposideros diadema

马铁菊头蝠
Rhinolophus ferrumequinum

鼻叶的底端
呈马蹄形

尽管以小型
脊椎动物为
食，但并不
吸它们的血

鼩形长舌蝠
穿梭于花丛
中，用长舌
采集花蜜和
花粉

襞面蝠的脸上布
满复杂的褶皱

鼩形长舌蝠
Glossophaga soricina

白蝠
Ectophylla alba

襞面蝠
Centurio senex

金蹄蝠
Rhinonicteris aurantia

特殊进化的大趾和强有力的
后肢使吸血蝠可以用四肢行
走、跑、跳跃，这样它就可
以更有效地攻击猎物

普通吸血蝠
Desmodus rotundus

美洲假吸血蝠：美洲假吸血蝠并不吸血，却会伤
害鸟类、其他蝙蝠、小型啮齿动物、爬行动物、
鱼和两栖动物，它是一种极具攻击性的捕食者。

🦇 16厘米
🦇 不确定
⚖ 190克
🐾 群居，小群居住
↓ 近危
▦ ✹

南美洲中部和北部

吸血蝠：吸血蝠的牙齿呈锯齿牙片状，
因此可以撕裂牛、马、鹿等大型哺乳动
物的皮以吸食它们的血液。大部分壮年
吸血蝠每三天中至少有两天要外出觅
食。几天不进食吸血蝠就可能被饿死，
此时，饥饿的吸血蝠就会向其他休息着
的同伴借食，而其同伴则会将自己已经
吞食的血液从胃中吐出来。吸血蝠是少
数具有反刍功能的哺乳动物。

吸血蝠的犬齿：吸血蝠有着锯齿状的
大犬齿和门齿。

超长的指甲可以支住宽大的翼

普通长翼蝠
Miniopterus schreibersii

褐山蝠
Nyctalus noctula

大鼠耳蝠
Myotis myotis

水鼠耳蝠
Myotis daubentonii

在树洞、地洞或
建筑物内休息

普通伏翼
Pipistrellus pipistrellus

欧洲宽耳蝠
Barbastella barbastellus

两只宽大的耳朵从
头顶中间连在一起

棕蝠
Eptesicus serotinus

普通蝙蝠
Vespertilio murinus

欧洲宽耳蝠： 这种中等大小的蝙蝠一般栖息在洞穴、矿井、阁楼、树洞和有缝隙的树根下。它们一般在黄昏时分外出觅食蛾子。尽管这种蝙蝠分布广泛，却很难被发现。

🐑6厘米
🦇4厘米
⚫10克
🏘群居，小群居住
↘易危

欧洲西部、摩洛哥、加那利群岛

普通长翼蝠： 在一些地区，这种蝙蝠在冬季会迁徙到其他温暖的地方。它们白天多休息在洞穴或建筑物内。休息时年轻的蝙蝠一般会与年长的蝙蝠分开，形成相对独立的小群体。

🐑6厘米
🦇6厘米
⚫20克
🏘群居，大群居住
↘近危

欧洲、非洲、亚洲南部和澳大利亚

大鼠耳蝠： 每天夜里需要捕食接近其体量一半的甲虫和蛾子。大鼠耳蝠一般每10～100只为一群。它们多在4～6月产崽，而幼蝠必须积蓄足够的脂肪以挨过冬季。

🐑8厘米
🦇6厘米
⚫45克
🏘群居，小群或大群居住
↘近危

欧洲和以色列

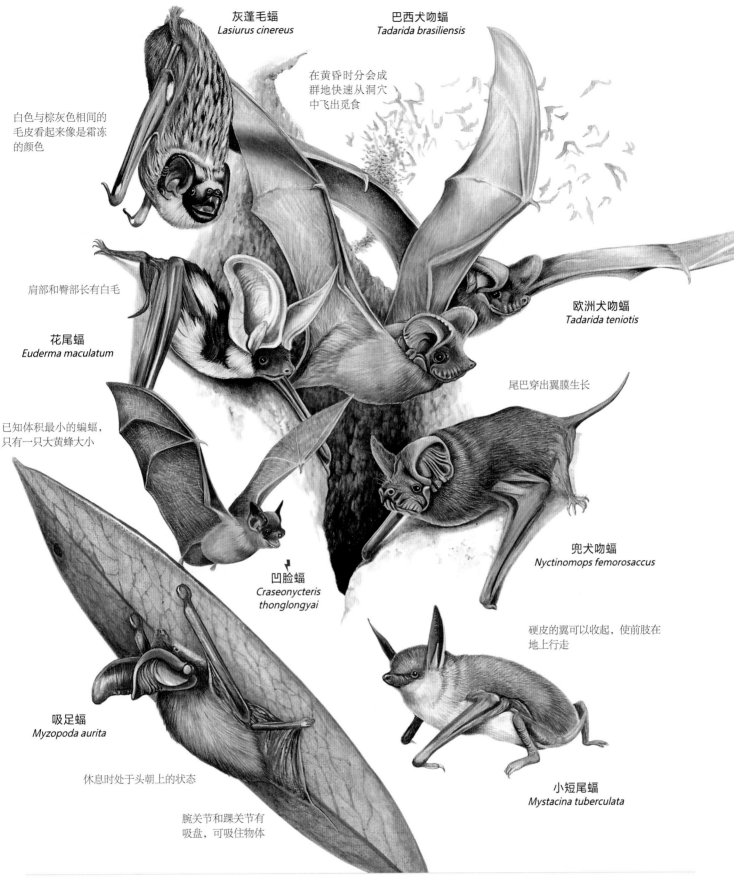

灰蓬毛蝠
Lasiurus cinereus

巴西犬吻蝠
Tadarida brasiliensis

白色与棕灰色相间的
毛皮看起来像是霜冻
的颜色

在黄昏时分会成
群地快速从洞穴
中飞出觅食

肩部和臀部长有白毛

欧洲犬吻蝠
Tadarida teniotis

花尾蝠
Euderma maculatum

尾巴穿出翼膜生长

已知体积最小的蝙蝠,
只有一只大黄蜂大小

兜犬吻蝠
Nyctinomops femorosaccus

凹脸蝠
*Craseonycteris
thonglongyai*

硬皮的翼可以收起,使前肢在
地上行走

吸足蝠
Myzopoda aurita

小短尾蝠
Mystacina tuberculata

休息时处于头朝上的状态

腕关节和踝关节有
吸盘,可吸住物体

巴西犬吻蝠:大约有2000万只巴西犬吻蝠生活
在美国得克萨斯州的布兰肯洞穴中。这种蝙
蝠是目前为止群居规模最大的蝙蝠,因此一
群巴西犬吻蝠一晚大约能捕食225吨的昆虫。

🐾7厘米
🐾4厘米
⬛15克
⬛群居
↯近危

🏛 ❁ ♠ ▲ ⚘ ♦ ♣ ♠

美洲北部和南部、加勒比海

吸足蝠:这种蝙蝠只生活在马达加斯加岛
上。吸足蝠的腕关节和踝关节处都有吸盘,
可帮助其吸在树叶上,尾巴则可帮助其保持
平衡。这种进化的适应性与蝙蝠科的其他物
种都不同。

🐾6厘米
🐾5厘米
⬛10克
↯不确定
↯易危
🏛 ❁

马达加斯加北部和东部

短尾蝠:这类蝙蝠是目前仅存的新西兰本土
哺乳动物,而另外一种大短尾蝠已于20世纪灭
绝。新西兰小短尾蝠可以在陆地和树上捕
食,因此它们只在需要时才飞行。

🐾7厘米
🐾1厘米
⬛15克
⬛群居
↯易危
🏛

新西兰

灵长目动物

纲：哺乳纲	
目：灵长目	
科：15	
属：66	
种：295	

灵长目动物包括狐猴、猴、猿以及它们的近亲，比其他动物更聪明也更有个性。早期的灵长目动物为树栖，并因此产生了一系列的生理进化。首先，它们眼睛突出并具有了立体视觉，立体视觉可以帮助灵长目动物更准确地判断出树木之间的距离，以便在其间跳跃。另外，它们的手脚更灵活，可以更稳地抓住树干；同时，灵活的四肢也使捕食更准确。现存的大部分灵长目动物仍然是树栖，即使是陆栖的也或多或少地保留了因早期树栖生活而产生的生理特点。此外，灵长目最突出的特征是各个物种都有着复杂的社会习性。

热带生物： 尽管大部分灵长动物都生活在位于北纬25°～南纬30°的热带雨林内，也有一些非常重要的物种分布在纬度较高的地区，比如非洲北部、中国和日本。

直立的大猩猩： 黑猩猩和其他猿类可以坐，偶尔也可以直立行走。这种直立现象是因为它们跟猴子和狐猴相比有着较短的后背、较宽的胸腔和强壮的骨盆。前肢因为运动而变得比后肢长，而且手腕也变得更加灵活。大猩猩、黑猩猩、猴子、人类和其他猿类构成了类人猿亚目。大猩猩是一种具有很高社会性的动物，一般群居，一个大猩猩群由1～2只雄性头领、少数青年雄性、若干雌性和幼崽构成。

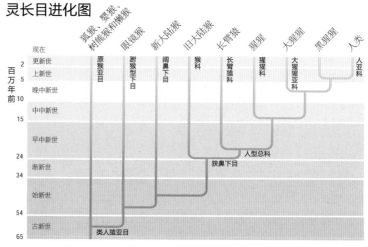

灵长目进化图

灵长目动物的多样性

尽管一些小型灵长目动物习惯独自觅食，它们在白天休息、夜间活动以躲避其他动物的袭击；但多数大型灵长类动物以群居或合居的形式来保证安全，在白天活动觅食。群居可以有更多双眼睛来巡视敌人。即使遇到捕食者攻击，也只会伤害到整个群体中的一两个，可以保证大部分成员的安全。有些灵长目动物，比如狒狒群，还可以有效组织反击，成功杀死如猎豹一般的侵袭者。

灵长目动物群体在婚配制度上非常发达。有些是一夫一妻制，结伴生活，有些则是一些雌性和一至多只雄性结群生活。一个群体一般包括约150只成员；偶尔也会和其他群体结合，达到约600只。最典型的群体为一只雄性头领和数只雌性配偶及其后代构成的家庭，群居有效扩大了灵长目动物的猎食范围、提高了交配

温带生活：日本猴是为数不多的在远离热带或亚热带地区生活的灵长目动物。在寒冷多雪的冬季，日本猴的皮毛会变厚；它们以树枝、植物嫩芽和储存的食物为食，还会泡在温泉里取暖。

概率，而这些必须通过相对复杂的群落内部阶层的划定和联盟的规定等实现。这些复杂的社会关系需要精准的相互沟通，包括细微的视觉和声音信息。就身体与头部的比例而言，灵长目动物的大脑比多数哺乳动物更大，这与其复杂的社会性息息相关。

灵长目动物的寿命较长，妊娠期也较长，出生率却较低，一般一次只生育1～2只幼崽。幼崽成活率也较低。一般灵长目动物在幼年和少年期都必须依赖父母生活。这也是灵长目动物拥有复杂大脑付出的代价。

灵长目动物物种丰富，从小到10厘米长、30克重的鼠狐猴到大到1.5米高、180千克重的大猩猩。很多小型灵长目动物以昆虫为食，靠快速消化为其高速运转的新陈代谢功能提供能量。大型灵长目动物则需要大量食物，因而降低了新陈代谢的速度。它们的食物包括树叶、植物嫩苗和果实。灵长目动物的食物多为热带动植物，因此大部分灵长目动物的栖息地被限制在热带地区。

灵长目下设两个亚目：原猴亚目（包括狐猴及其近亲）和类人猿亚目（包括眼镜猴、猴、猿和人类）。

灵长目的生存：由于大量被捕杀，加上栖息地减少，目前大约1/3的灵长目动物面临灭绝的危险。大型灵长目动物，如猩猩（上图），因为容易被捕猎者发现，其生存受到严重威胁。

繁忙的社会交际：灵长目动物的大脑主要用来思考在一个等级森严的部落群体中生活所需的复杂社会关系。尽管群体生活造成食物竞争，但大大降低了天敌对它们的侵害。

原猴亚目动物

纲：哺乳纲
目：灵长目
科：8
属：22
种：63

　　"原猴亚目"这个名称的意思是"在猴子之前的动物"，因其保留了早期灵长目动物的特征而得名。除美洲大陆尚未发现这一目的动物外，狐猴生活于马达加斯加，婴猴和树熊猴生活在非洲，懒猴仅生活在亚洲。原猴亚目动物都有湿润的尖吻，大部分视网膜后有类似反光板的构造，还有可以梳理毛发用的爪子，紧密的下排牙齿形成梳齿。被归于类人猿亚目的眼镜猴也常被认为是原猴亚目动物，因为它们的外表和独居、夜行的习性与原猴亚目动物相同。

红领狐猴
Varecia variegata rubra

各种感觉器官

　　原猴亚目动物通常体形较小，是树栖的夜行性动物。大多数原猴亚目动物习惯独自觅食，但偶尔也会组成小团体合作。多数原猴亚目动物以昆虫为食，但也少量进食水果、树叶、花、花蜜、树胶等。原猴亚目动物具有2种独特的梳理毛发行为：使用后爪第二趾的长爪（也被称作梳毛爪）和梳齿——长在下颌，紧密突出的一排牙齿，梳齿似乎也被用来啃食树脂。

　　狐猴、懒猴和其他原猴亚目动物都有像狗一样湿润的口鼻，这样可以更好地捕捉到食物的气味。视觉对它们来说也很重要。它们不像猿和猴有全彩视觉，细致的色彩视觉对这些夜晚在昏暗光线下捕食的动物而言用处不大。但是，大部分原猴亚目动物在视网膜的后方都有一层水晶状的构造，名为脉络膜层，能够反射光线，这使它们拥有了强大的夜视功能。

　　声音是原猴亚目动物沟通的重要方式。它们，可以发出警告和宣示领地的叫声。另外，它们还会使用气味来发布信息。比如它们会用尿液、粪便或特殊臭腺的分泌物等来标示领地。气味能传达个体的性别、身份、生育状况等内容。

马达加斯加狐猴：数百万年来，狐猴被隔绝在马达加斯加岛上，它们在此适应了各种森林生态环境，并发展出今天我们所见的小如老鼠、大如家犬的多种形态。大部分狐猴为树栖的夜行性动物，但与其他原猴亚目动物不同，环尾狐猴白天捕食，并且大部分时间都待在地面上。一个狐猴群一般由3～20只狐猴组成，首领为雌性。这种母系部落结构在其他哺乳动物中较为罕见。

大竹狐猴
Prolemur simus

獴美狐猴
Eulemur mongoz

前突的大眼

黑美狐猴
Eulemur macaco

环尾狐猴
Lemur catta

褐美狐猴
Eulemur fulvus

科氏倭狐猴
Mirza coquereli

脸上有独特的
叉状条纹

叉斑鼠狐猴
Phaner furcifer

长尾用来贮存脂肪

阔鼻驯狐猴：阔鼻驯狐猴95%的食物来源是竹笋、树叶和花梗。这种狐猴非常罕见，曾经消失了近一个世纪，被误认为已经灭绝，直到1972年才再次被发现。

🐾	45厘米
🐾	56厘米
⚖	2.5千克
👥	群居，家庭式群居
⚡	极危

马达加斯加东南部

獴美狐猴：在旱季是夜行性动物，到了雨季则改为白天活动。它们由一雌一雄两只成年獴美狐猴以及它们的后代组成小群体生活。

🐾	45厘米
🐾	64厘米
⚖	3千克
👥	群居，家庭式群居
⚡	易危

马达加斯加西北部（奈瑞达海湾南部）、科摩罗岛

黑美狐猴：很长时间里，雄黑美狐猴和雌黑美狐猴被误认为是不同的两种狐猴，因为雄性的被毛为黑色，雌性的被毛是栗棕色，且白腹、耳部有簇毛。这种树栖动物以果实、花和花蜜为食。

🐾	45厘米
🐾	64厘米
⚖	3千克
👥	群居，家庭式群居
⚡	易危

马达加斯加岛西北部（奈瑞达海湾北部）

红尾鼬狐猴
Lepilemur ruficaudatus

可以直立在树干上休息，也可以在树木之间短距离跳跃

指猴
Daubentonia madagascariensis

普通鼬狐猴
Lepilemur mustelinus

长而有力的后肢可以让它跳得很高

长长的中指帮助它更有效地抓紧树干

领狐猴的被毛为黑红相间或黑白相间

与身体的颜色不同，脸、手、脚和尾巴都是黑色的

领狐猴
Varecia variegata

手和脚： 原猴亚目动物共同的生活方式使得它们手脚的形状和功能都非常相似，例如大狐猴和眼镜猴分属不同亚目，但它们都是竖直紧贴着树干生活，而且可以在树干之间跳跃，指猴则擅长爬树。

紧贴树干生活的大狐猴： 大狐猴粗壮的大拇指和巨大的脚趾可以帮助其紧紧贴在树干上。

擅长抓爬的指猴： 指猴长长的爪子帮助其紧紧抓住树枝。

眼镜猴的手摩擦力很大： 眼镜猴的手指和脚趾上都有厚肉垫，可以加强握力。

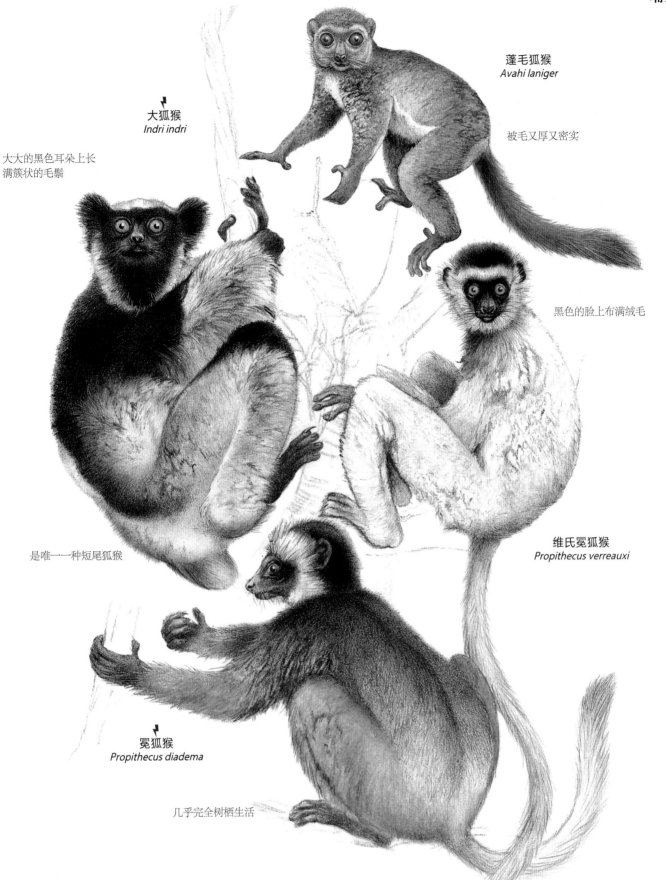

大狐猴
Indri indri

大大的黑色耳朵上长满簇状的毛鬃

是唯一一种短尾狐猴

蓬毛狐猴
Avahi laniger

被毛又厚又密实

黑色的脸上布满绒毛

维氏冕狐猴
Propithecus verreauxi

冕狐猴
Propithecus diadema

几乎完全树栖生活

蓬毛狐猴：它们一般以家庭方式群居，由父母带着子女白天在窝内休息，夜间出来觅食。

- 🐂 45厘米
- 🐂 40厘米
- ⚖ 1.2千克
- 👣 结伴居住
- ⚡ 近危
- ▥ ☀

马达加斯加东部

大狐猴：是现存最大的狐猴，也是唯一的树栖种类，白天跳跃在树木之间，以采食果实和花。它们以大声吼叫警示其他同类，用从脸颊散发出的气味来宣告自己的领地。

- 🐂 90厘米
- 🐂 5厘米
- ⚖ 10千克
- 👣 群居，家庭式群居
- ⚡ 濒危
- ☀

马达加斯加东北部

气味：狐猴用气味来宣告其统治领域的存在。狐猴的气味腺一般长在头、手和尾部。大狐猴的气味腺长在脸上，蓬毛狐猴的长在颈部。

小婴猴
Galago senegalensis

蝙蝠般的大耳朵可以帮助其在夜间发现昆虫

东尖爪丛猴
Galago matschiei

巨大的手脚上长着尖利的爪子

倭丛猴
Galagoides demidoff

像针一样的爪子可以抓紧树干

西尖爪丛猴
Euoticus elegantulus

阿氏婴猴
Sciurocheirus alleni

毛茸茸的尾巴比其身体还要长，可以很好地帮助它在跳跃时保持平衡

科属之间的差异：婴猴属于婴猴科，这类动物可以用其长长的后腿跳跃，并用毛茸茸的尾巴保持平衡。它们具有极灵活的跳跃能力，能够自由穿梭于树木之间；而属于懒猴科的懒猴、树熊猴和金熊猴等只能慢慢在树干上爬行，与其他用四肢行走的灵长目动物相比，懒猴科动物的四肢大致一样长，尾巴非常短。

运动灵活：婴猴是非常灵活的树栖灵长动物，可以自由跳跃于树干之间，也可以自如地贴在树干上。

小婴猴：这种夜间活动的动物以蝗虫和其他昆虫为食。在昆虫较少的旱季，则以金合欢树的树脂为食。这样它可以常年生活在较干旱的栖息地。

🐾 20厘米
🐾 30厘米
🏋 300克
👥 群居，家庭式群居
🚩 普遍
米

非洲中部和南部

光秃秃的尾巴在尖部却有一丛毛

虽然眼睛不能移动，但头几乎可以360°转圈

瘠懒猴
Loris tardigradus

用其等长的细长四肢爬树

邦加眼镜猴
Cephalopachus bancanus

金熊猴
Arctocebus calabarensis

树熊猴
Perodicticus potto

用四肢缓慢地在树丛间移动

西里伯斯眼镜猴
Tarsius tarsier

蜂猴
Nycticebus coucang

用细长的手指爬树

邦加眼镜猴：和其他跗猴一样，邦加眼镜猴也是夜行性动物。虽然它们的眼睛中没有可反射光线的脉络膜层，但作为替代，它们有着超大的眼睛，甚至比它们的脑袋还要大。

🐾 15厘米
🐘 27厘米
⚖ 165克
♟ 独居
🚩 缺乏数据
💮

苏门答腊岛、加里曼丹岛、邦加岛、勿里洞岛、塞拉桑岛

西里伯斯眼镜猴：这类小灵长动物有着非常长的腿，能够在6米宽的两树之间跳跃。但在陆地上，它只能用后腿跳着走。

🐾 15厘米
🐘 27厘米
⚖ 165克
♟ 独居
🚩 近危
💮

苏拉威西岛、桑义赫群岛、珀伦岛、塞拉亚岛

防御姿势：树熊猴受到威胁时，会低下头弓起身，使敌人只能咬到它的肩部。它的肩部长有一块长而尖的骨头，被角质皮肤包裹，可以保护它不受伤害。

猴

纲:	哺乳纲
目:	灵长目
科:	3
属:	33
种:	214

地理学研究表明，属于类人猿亚目的猴类由两类谱系的猴子组成，一类是起源于美洲大陆的新大陆猴，归属于阔鼻下目；另一类是发源于非洲和亚洲的旧大陆猴，归属于狭鼻下目，狭鼻下目的其他成员还包括猿和人类。新旧两个大陆猴系的区别非常明显地体现在它们的鼻形和牙齿上。新大陆猴都生活在树上，因此有着能卷曲的长尾巴帮助其在树上保持平衡，而旧大陆猴虽然大多数也都树栖，却没有长卷的尾巴，有些还是半陆栖。一些旧大陆猴的臀部长有带硬皮的肉垫，新大陆猴则没有。

新旧体系：旧大陆猴（左图）的鼻子上有狭窄、向前露出的鼻孔，而新大陆猴（右图）的鼻子比较高平，鼻孔也是朝向两侧的。

猴子的社会

猴类包括小到15厘米长、140克重的倭狨和大到76厘米长、25千克重的山魈。大多数猴类是群居动物，白天活动，以果实和树叶为食。所有旧大陆猴和很多新大陆猴都能分辨颜色，这可以帮助它们更准确地从叶子间发现果实。

和猿一样，猴也与狐猴和其他原猴亚目动物存在很大不同，猴的口鼻部很干燥，带少量毛发；它们捕食更依赖视觉而非嗅觉；另外，它们的脑容量更大，大脑皮层也更发达，而大脑皮层是创造性思维和组织创造能力产生的部位。众所周知，猴子可以为了保护自己的食物来源不被抢走而向同伴发出错误信息，这种欺骗性信息是典型的创造性思维的表现。

猴群的社会能力非常发达和复杂：可以是一对猴夫妇和它们的子女以家庭方式生活；也可以是一夫多妻制的小群体生活；甚至可以组成几只雄性成年猴子和很多雌性猴子共同生活的大群体。而大的猴群也带来了激烈的等级划分斗争和更亲密的合作。猴子之间的关系非常亲近，它们会为彼此梳理毛发。

温带生活：日本猴是少数生活在非热带或亚热带地区的灵长目动物。寒冷的冬天，日本猴的被毛会变得很厚；它们以树枝、花蕾和贮存的食物为食；另外，它们也会泡温泉取暖。

金狮狨
Leontopithecus rosalia

侏狨
Cebuella pygmaea

金狮狨浑身长满长长的、金红色的毛，直到脸颊

除了拇指，每个指头都长有扁平锋利的指甲

金头狮狨
Leontopithecus chrysomelas

年轻和成年狨的两耳附近长有一撮白色的毛发，但幼年狨没有

棉顶狨
Saguinus oedipus

斑狨
Saguinus geoffroyi

毛狨
Callithrix jacchus

金狮狨：目前全球大约只有800只野生金狮狨。它们独特的长相使之成为人类的宠物和动物园中的贵客，因此被大量非法买卖。从20世纪70年代起，金狮狨被禁止买卖。

🐑28厘米
🐒40厘米
⚖650克
👥群居，家庭式群居
⚡濒危

巴西沿海森林

侏狨：是体形最小的猴子，会在树干上打洞以获取它们最爱的食物——树液和树胶；用四肢攀爬跳跃于树木之间。它们是群居动物，靠尖锐的叫声与同伴保持联系。

🐑15厘米
🐒22厘米
⚖140克
👥群居，家庭式群居
⚡栖息地内普遍

亚马孙河流域西部

棉顶狨：棉顶狨一般3～9只生活在一起，它们夜间睡在树枝上，白天活动，以昆虫、果实和树胶为食。

🐑25厘米
🐒40厘米
⚖500克
👥群居，家庭式群居
⚡濒危

哥伦比亚北部

北夜猴
Aotus trivirgatus

大大的眼睛更适合夜视

暗黑伶猴
Plecturocebus moloch

白脸僧面猴
Pithecia pithecia

白鼻僧面猴
Chiropotes albinasus

黑脸秃猴
Cacajao melanocephalus

白秃猴
Cacajao calvus

北夜猴： 是一种夜间活动的猴子。它们依靠敏锐的嗅觉和大眼睛来寻找昆虫、果实、花蜜、树叶等食物。夜猴是一夫一妻制，而且由雄性负责抚育后代。

🐂 47厘米
🦊 41厘米
⚖ 1.2千克
👥 结伴居住
🌡 普遍
🏚

委内瑞拉西南部、巴西西北部

白脸僧面猴： 它们长长的后肢可以让它们跃起达10米，灵活地在树干间移动。晚上它们像猫一样蜷在树枝上睡觉。

🐂 48厘米
🦊 45厘米
⚖ 2.4千克
👥 群居，家庭式群居
🌡 稀少
🏚

圭亚那、委内瑞拉、巴西北部

黑脸秃猴： 它们的群体成员数量可多达50只，其中至少有1只成年雄性黑脸秃猴。由成年雌猴和年轻猴负责给其他成员梳理毛发。黑脸秃猴完全树栖，但它的尾巴却非常短。

🐂 50厘米
🦊 21厘米
⚖ 4千克
👥 群居，大群居住
🌡 罕见
🏚

亚马孙河上游

黑吼猴
Alouatta caraya

雄性被毛为黑色，雌性被毛为棕色或橄榄色，幼崽为金色

卷曲的长尾可以卷住树枝

普通松鼠猴
Saimiri sciureus

长毛吼猴
Alouatta palliata

红吼猴
Alouatta seniculus

白额卷尾猴
Cebus albifrons

黑带卷尾猴
Cebus olivaceus

棕卷尾猴
Sapajus apella

白喉卷尾猴
Cebus capucinus

棕卷尾猴：卷尾猴群一般由十几只卷尾猴组成。由一只雄性猴王带领捕食，因此猴王有权先吃食物。卷尾猴已经学会使用简单工具，例如它们知道用石头砸开坚果。

48厘米
48厘米
4.5千克
群居，小群居住
栖息地内普遍

南美洲东北部

吼叫：吼猴的吼叫声是动物世界最响亮的叫声之一。早上，吼猴靠吼叫来宣告它们的存在，这种吼声在5千米以外都可以听到。吼猴之间很少因为领地产生冲突，它们一般会把更多的时间和精力用在吃和睡上。

超长的卷尾卷在
树干上时可以支
撑住整个身体

没有大拇指的手
可以当挂钩用

普通绒毛猴
Lagothrix lagothricha lagothricha

绒毛蛛猴
Brachyteles arachnoides

毛色为红色、
由深变浅的棕
色或由深变浅
的灰色

长毛蛛猴
Ateles belzebuth

脸上的颜色从粉色
过渡到黑色

红脸蜘蛛猴
Ateles paniscus

黑掌蛛猴
Ateles geoffroyi

普通绒毛猴： 这种大型猴大部分时间待在树
上，偶尔也会到森林的地面上直立行走。绒
毛猴群的成员数量可达70只，雄、雌猴晚上
睡在一起。

🐄58厘米
🐎80厘米
⚖10千克
🐾混居
↯稀少
▦

亚马孙河上游

绒毛蛛猴： 与其他灵长目动物不同，雄性绒
毛蛛猴会和幼崽们一同生活在群落里，而雌
猴则在成年后离开，加入其他猴群。

🐄63厘米
🐎80厘米
⚖15千克
🐾混居
↯濒危

巴西东南部

红脸蜘蛛猴： 红脸蜘蛛猴群一般由大约20只
猴子组成，它们协同一致抵抗入侵，却会分
成6只左右一组的小组一起觅食。

🐄62厘米
🐎90厘米
⚖13千克
🐾混居
↯栖息地内普遍

亚马孙河流域北部和尼罗河东部

白臀叶猴
Pygathrix nemaeus

戴帽叶猴
Trachypithecus pileatus

被毛可能为深棕色、浅黄褐色或灰色

长尾叶猴
Semnopithecus entellus

雌性的面部为棕色，雄性为蓝色

雄性下垂的鼻子是其叫声尖亮的原因之一

川金丝猴
Rhinopithecus roxellana

手指之间的小蹼使长鼻猴成为游泳健将

长鼻猴
Nasalis larvatus

长鼻猴：长鼻猴得名于雄猴下垂的长鼻子，长鼻猴群一般由一只成年雄猴和几只雌猴组成，群体间存在严格的等级制度。交配权由雌猴掌握，雌猴的嘴巴朝向哪只雄性，哪只雄猴就会得到交配权。

🐾76厘米
🐾76厘米
⚖23千克
👥群居，母系社会
⚡濒危

加里曼丹岛的低地

杀婴：杀婴现象存在于很多灵长动物中，其中就包括长尾叶猴。杀婴现象一般发生在某只成年雄猴抢夺了头领地位后，它会把整个部落中正在哺乳期的幼崽全部杀掉，因为在哺乳期的雌猴不能再次怀孕。尽管雌猴会全力保护幼崽，但一般都会以失败告终。

雄性敌人：雄性长尾叶猴成年后，就会被赶出原来的猴群，被赶出来的几只成年雄长尾叶猴会联合起来攻击另外一个处在哺乳幼崽期的猴群，并会将其幼猴全部杀死。

橄榄绿疣猴
Procolobus verus

东非黑白疣猴
Colobus guereza

"U"形白色长毛位于
其身体两侧和背部

经常和黛安娜长尾
猴形成永久的相互
保护关系

没有大拇指的钩形手更利于其快
速在两树之间跳跃

红绿疣猴
*Procolobus
badius*

总是表情严肃

西非黑白疣猴
Colobus polykomos

黑疣猴
Colobus satanas

尾端有一丛白毛

疣猴：疣猴非常灵敏，它们可以轻松爬上树梢并飞跃到旁边的树上。疣猴没有大拇指，因此它的手更像钩子，可以紧紧抓牢树干。疣猴群一般由10只左右猴子组成，猴王一般为雌猴，雌猴不但会哺育自己的幼崽，同时会主动照顾猴群中的其他幼崽。

疣猴飞跃：疣猴会因为觅食或躲避袭击而飞跃于树木之间。

猴群联盟：疣猴会与其他类别的猴子结成暂时或永久性联盟，一起觅食或御敌，例如红绿疣猴就会和黑领长尾猴在喝水时轮番放哨。

猕猴
Macaca mulatta

两腮有袋囊，可以贮存食物

叟猴
Macaca sylvanus

豚尾猴
Macaca nemestrina

鬃毛为灰色

狮尾猴
Macaca silenus

冬季皮毛会变厚

日本猴
Macaca fuscata

短尾猴
Macaca arctoides

尾巴短得几乎没有

猕猴： 猕猴群成员数量可多达200只，对栖息地的适应性非常强。同时，它们也可以随季节和环境来改变食物种类。有的猕猴甚至居住在人类城市地区，以偷食花园里的果实或翻食人类垃圾为生。

🐏65厘米
🐾30厘米
⚖10千克
👥群居，大群居住
⚡近危

阿富汗、印度至中国

日本猴： 日本猴可以生活在寒冷的北方。在寒冷多雪的冬季，它们以植物的嫩芽和树枝，以及自己贮存的脂肪来过冬。猴群包括20～30只猴子，由一只雄猴领导。猴群成员之间一般非常和睦，它们会相互梳理毛发，一起哺育后代。

滚雪球： 日本猴会滚雪球，它们可以先用手握出一个小球，然后扔到地上滚成大的。

雄狒狒的毛是灰褐色的，头顶长有银色粗密的毛发

阿拉伯狒狒
Papio hamadryas

雌狒狒的毛一般为绿褐色

雄狒狒的头顶上长有鬃毛

臀部长有光亮的红色肉垫

前胸有一块心形的无毛皮肤

狮尾狒
Theropithecus gelada

豚毛狒
Papio ursinus

大拇指与其他四指反向生长，这样的手形可以帮助狒狒更准确地找到草叶、根状茎和种子

食草的狮尾狒

狮尾狒的活动范围一度遍布整个非洲，但目前只在埃塞俄比亚西北部的高原地区还存在。它们一般睡在岩石的峭壁上，以躲避其他动物的攻击。高原上的草为狮尾狒的唯一食物来源。然而随着人类数量增加导致的对牧场需求的增加，狮尾狒面临灭绝的危险。

挑战头领：作为头领的雄狒狒会时时刻刻处在被其他成年雄狒狒挑战的危机中。

社会关系：最基本的狮尾狒群由一只雄狒狒和几只雌狒狒及它们的幼崽组成。但在觅食时可能会由几个狮尾狒家庭临时组成更大的群体一起行动。这种大型群体少则70只，多时可达到600只以上。

细长的卷尾更适合其树栖的生活方式

灰颊冠白睑猴
Lophocebus albigena

雄猴体形是雌猴的两倍大

鬼魈
Mandrillus leucophaeus

臀部的颜色非常鲜艳且长有短尾巴

雄猴的脸一般为鲜红色和亮蓝色，雌猴和幼猴为淡蓝色

敏白眉猴
Cercocebus galeritus

无毛的臀部颜色从蓝色到紫色均可见

山魈
Mandrillus sphinx

山魈： 山魈是世界上最大的猴子。非洲山魈以其脸上鲜艳的红色和蓝色闻名世界。白天山魈会爬下树在雨林中寻找果实、种子、昆虫和小型脊椎动物。最基本的山魈群一般由20个成员组成，包括一只成年雄山魈和几只雌山魈及它们的幼崽。而这些家庭猴群又会组成多达250只的大群体，生活在一起。

绚烂的色彩： 雄性山魈不仅脸上有鲜艳的红色，全身的颜色都非常绚烂。它有黄色的胡须、紫红色的臀部、红色的阴茎和淡紫色的阴囊。雄性山魈的肤色之所以这样多彩，与其睾丸素水平和生殖能力紧密相关。

大嘴： 雄性山魈的嘴非常大，当它想威吓入侵者时，会张开双臂且张开大嘴露出它的獠牙。

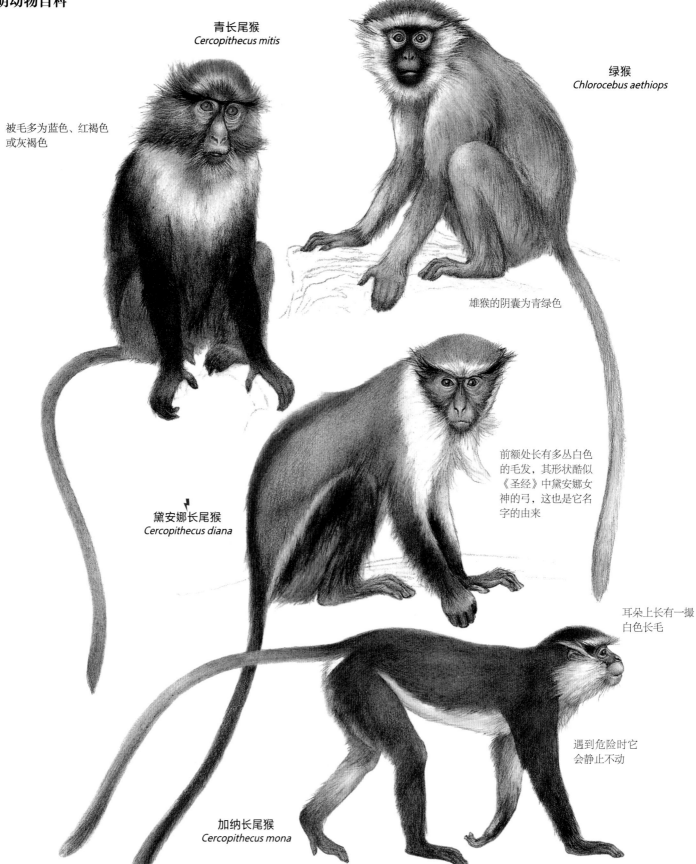

青长尾猴
Cercopithecus mitis

绿猴
Chlorocebus aethiops

被毛多为蓝色、红褐色
或灰褐色

雄猴的阴囊为青绿色

黛安娜长尾猴
Cercopithecus diana

前额处长有多丛白色
的毛发，其形状酷似
《圣经》中黛安娜女
神的弓，这也是它名
字的由来

耳朵上长有一撮
白色长毛

遇到危险时它
会静止不动

加纳长尾猴
Cercopithecus mona

青长尾猴：青长尾猴群一般由1只雄性猴王、10～40只雌猴以及它们的幼崽组成，抚养幼崽的工作主要由雌猴承担。

🐒67厘米
🐒85厘米
⚖12千克
👪混居，家庭式群居
🏃栖息地内普遍

非洲中部、东部和南部

绿猴：尽管绿猴更愿意生活在河流附近的森林中，但它们也可以适应多种不同环境，甚至是人类居住区。绿猴大部分时间都生活在树上，无论进食、相互梳理毛发，还是睡觉。

🐒62厘米
🐒72厘米
⚖9千克
👪群居，部落式群居
🏃逐渐减少

非洲撒哈拉沙漠以南

加纳长尾猴：和其他旧大陆猴一样，这种小型灵长类动物也有一个颊囊，可以将捕食过程中抓到的昆虫及果实暂时贮存于其中。目前加纳长尾猴多栖息在西非的热带雨林里。

🐒70厘米
🐒70厘米
⚖7千克
👪群居，部落式群居
🏃栖息地内普遍

非洲西部和中部

红尾长尾猴
Cercopithecus ascanius

抓力强大的手可以紧紧
抓牢树干并摘到果实

短肢猴
Allenopithecus nigroviridis

生活在森林的沼泽地带并
在地上或浅水坑里觅食

脚趾间的蹼可以帮
助其游泳

栗棕色的长尾巴是
其英文名字的由来

赤猴
Erythrocebus patas

等长的细长四肢可以帮助赤猴以
55千米每小时的速度飞奔

红耳长尾猴
Cercopithecus erythrotis

猴子间的信号：猴子特别是长尾猴们都会用一些信号与其他同伴进行交流。它们的大多数信号是靠声音来传达的，例如吼叫、咕哝、尖叫、吱吱叫等，也有一些靠肢体接触或表情来实现，如鼻子贴鼻子就是表示友好；怒视对方并头碰头，或者张开大嘴就表示恫吓。

贴鼻礼：红尾长尾猴之间的贴鼻礼意味着它们要相互梳理毛发或玩耍。

表示自信的尾巴：绿猴尾巴的位置表示出其是否处在害怕的情绪中。如果绿猴四肢同时着地，尾巴在背后形成拱形，就表示它们非常自信。

猿

纲:	哺乳纲
目:	灵长目
科:	2
属:	5
种:	18

和人类一样，猿非常聪明，可以快速学会动作，组建复杂的社会群体并花长时间育儿。猿分为两科，一类是长臂猿科，另一类是包括猩猩、黑猩猩、大猩猩等在内的人型总科。人类也属于这一科。尽管猿因为和旧大陆猴有着相类似的鼻形、牙齿结构而被归入狭鼻下目，但猿与它们截然不同。猿的骨骼可以使其坐或者直立行走；同时它们已经没有尾巴，取而代之的是最后一块椎骨演变成了尾椎骨。另外，猿的脊椎更短，胸腔呈桶形，肩和腕也更灵活。

倭黑猩猩
Pan paniscus

猿类的移动方式：除了人类以外，其他猿类都是前臂比后腿长，特别是猩猩和长臂猿，它们的长臂比躯干还要长。例如猩猩，它的躯干长约1.5米，而它的两臂展开后可达2.2米。正是由于这样超长的手臂，长臂猿可以完全靠它们的长臂吊挂于树枝上，在树枝间摆荡前进。猩猩不能吊荡于树木之间，而是靠四肢慢慢攀爬。黑猩猩大部分时间生活在地面上，但也可以在树枝间吊荡。大猩猩则完全地栖，很少爬树。

省力的长臂：猩猩的长臂可以让它轻松地够到较远处的果实，可以最大限度地节省体力。

灵活地抓握：猩猩强有力的手和脚可以像钩子一样牢牢抓住树枝，同时它们的大拇指和大脚趾比较短，而其他指和趾比较长，因此可以牢牢地抓住树枝。

在树枝间移动：猩猩总是吊挂在树枝下，但它并不会在树枝间吊荡，而是用四肢在树枝之间攀爬。

聪明的猿

　　猿类的社会结构多种多样。长臂猿是一夫一妻制家庭群居，成员数量一般在6只左右。猩猩的组织性则较为松散，既可独居也可能临时组成群体。雄猩猩一般独自外出觅食，雌猩猩则与它唯一的幼崽生活在一起。黑猩猩的群体成员可以多达40～80只，但在觅食时会拆分成小群体。大猩猩的组织性更严密，一般由一只头领雄大猩猩、一至两只副头领雄大猩猩、几只雌大猩猩和它们的幼崽组成。

　　长臂猿和类人猿在距今2000万年前分化成不同的科。黑猩猩是最接近人类的猿。研究表明，人和黑猩猩在600万年前分化成不同属的动物。类人猿像人类一样具有思考和解决问题的能力。黑猩猩和大猩猩可以在野外环境中制造简单工具，而在实验室环境下，所有类人猿都可以学会使用工具；它们能够分辨出镜子中的自己，有些甚至学会了符号语言。

克氏长臂猿
Hylobates klossii

脸廓、手腕、脚腕处都长有一圈白毛，身上的毛是黑色的

白眉长臂猿
Hoolock hoolock

白掌长臂猿
Hylobates lar

合趾猿的喉囊比头还大

雄猿的毛为黑色，成年雌猿的毛为金色或暗黄色，偶尔也会夹杂黑色斑块

黑长臂猿
Hylobates concolor

手臂超长，手像钩子一样适合抓东西

合趾猿
Symphalangus syndactylus

白眉长臂猿：这种大型猿一般居住在东亚、东南亚地区，为了避免和其他灵长动物争抢食物，白眉长臂猿只吃成熟的果实。由于人类的捕杀和栖息地被破坏，目前白眉长臂猿的数量在逐年减少。

🐂65厘米
🐖无数据
🐜8千克
🐾结伴居住
⚡濒危

印度的东北部、巴基斯坦、中国西南部和缅甸

黑长臂猿：出生时被毛为金色或暗黄色，6个月左右时转成黑色。雄性猿的被毛一直保持黑色，雌性则在成年时再次变回金色或暗金色，偶尔也会残留一些黑斑。

🐂65厘米
🐖无数据
🐜8千克
🐾结伴居住
⚡濒危

中国南部、越南北部

马来长臂猿：是体形最大的长臂猿，每天要花5小时吃东西。这类长臂猿一般用一只长臂吊在树枝上，另一只用来吃食物。尽管它会吃下大量的果实、一些昆虫和小型脊椎动物，但其一半以上食物来源还是树叶。

🐂90厘米
🐖无数据
🐜13千克
🐾结伴居住
⚡近危

马来半岛、苏门答腊岛

握力强劲

灵活的四肢可以让猩猩
在树枝间自由移动

婆罗洲猩猩
Pongo pygmaeus

雄性猩猩的脸颊
处长有厚垫，喉
囊上长有鬓须

黑猩猩
Pan troglodytes

黑猩猩的手臂比腿
还长，手指也比人
类的手指长

用手指节和脚底行走

西部大猩猩
Gorilla gorilla

倭黑猩猩
Pan paniscus

倭黑猩猩比一般黑猩猩瘦
小，四肢也更细

工具的使用： 黑猩猩的高智商表现在它们
可以使用工具。它们可以用细树枝或草茎
来打开蚂蚁或白蚁的洞穴。另外，它们也
会挑选不同的石头来敲开坚果或带硬壳的
果实。为了显示自身的强大，它们还会在
觅食过程中用石头当作武器。而且不同黑
猩猩种群所使用的工具也不尽相同。

猩猩： 是亚洲唯一的一类大型类人猿，也是
世界上体形最大的树栖哺乳动物。它们基本
上不在地面上觅食，而是完全靠吊荡在树木
之间寻找食物。

🐂 1.5米
🐃 无数据
⚖ 90千克
♻ 混居，独居或结伴居住
⚠ 濒危

加里曼丹岛、苏门答腊岛

保护灵长类动物

　　根据国际自然保护联盟公布的相关数据，大约有200种灵长类动物（几乎占到灵长目总数的一半）在未来数十年间有灭绝的危险。半数以上疣猴属的动物生存受到威胁。人型总科中除了人类以外的其他类人猿都濒临灭绝。宠物市场的繁荣、生物医学实验以及非法捕猎等行为都直接导致了灵长目物种的减少。但对灵长类动物来说，最严重的危害还是伐木、森林耕地化及将树木用作燃料，这使得动物的栖息地遭到破坏和减少。由于灵长目动物的繁殖速度较慢，物种数量的恢复需要一段比较长的时间。而且，几乎所有热带灵长类动物都生活在欠发达国家，让动物保护的难度更大。如何平衡好当地人民的生存需求与动物保护之间的矛盾，是动物保护组织亟待解决的问题。

栖息地的消亡：一旦树木被砍伐，就必然造成水土流失，从而导致地域资源的贫瘠。当一片森林被砍伐，一些灵长类动物的生活会立即受到影响。例如长臂猿为了在树上筑窝休息，不得不举家从非洲东部和中部山地森林迁出。

食肉目动物

纲:	哺乳纲
目:	食肉目
科:	11
属:	131
种:	278

丰富的适应性:食肉目动物遍布全球。北极狐、北极狼和北极熊可以在寒冷的北极生存;海獭和海豹则生活在水中;大型猫科动物在丛林和热带草原中潜行;胡狼则可以生活在沙漠中。

食肉目动物的种类极多,从巨大的北极熊到小巧的鼬,从快速奔跑的猎豹到行动缓慢的象海豹,从群居的狼到独居的虎。尽管这些动物都被叫作食肉动物,但其中的一些实际上很少吃肉甚至不吃肉。食肉动物的真正共同点就是它们的共同祖先具有4颗裂齿(像剪子一样的尖齿),可以切断肉。大多数食肉动物仍然有裂齿,这也是它们区分于其他可食肉的动物的重要标志之一。而食虫动物或食草动物的裂齿都已退化或功能减弱。

捕猎高手

生活在除南极洲以外的所有大洲的食肉动物都是善于捕猎的高手。它们依赖敏锐的视觉、听觉和嗅觉来发现猎物。食肉动物复杂的耳道中通常有不止一个耳室,因此对猎物发出的声音十分敏感。

聪明、灵敏和迅速是食肉动物成功猎食的重要法宝。即使是笨重的熊也可以瞬间突击猎物;猎豹是陆地上跑得最快的动物。所有食肉动物的前趾都有连在一起的骨头,可以更好地降低奔跑时产生的冲击力。缩小的锁骨增加了肩部肌肉的灵活性,从而增大了奔跑步幅并提高了速度。

食肉动物通常用它们强壮的颌骨和锋利的牙齿来杀死猎物。例如鼬会咬住猎物的头骨后侧,将其颅骨咬碎;猫会攻击小型猎物的颈,折断其脊椎;狗在咬住猎物后会用力摇晃,让猎物的颈椎脱臼;狼、狮子等群居动物则靠合作狩猎的方法来攻击体形比自己大得多的动物。

几乎所有大型食肉动物都捕猎其他脊椎动物,小型食肉动物则以无脊椎动物为食。无脊椎动物易于捕捉,但无法满足大型食肉动物的能量需求。也有很多食肉动物以白蚁、蠕虫、鱼和甲壳动物为食。还有些大型食肉动物完全以浆果、坚果、花蜜或竹子为食,这类食肉动物一般都食量巨大,而且需要多次进餐。

大约在5000万年前,食肉目动物分化为了两大支:一支为猫形亚目,包括灵猫科、猫科、鬣狗科、獴科等;另一支为犬型亚目,包括犬科、熊科、浣熊科、鼬科等。海狮科和海豹科所属的鳍足亚目曾经一度被认为是独立于食肉目之外的,但遗传学研究已经证实,它们与其他食肉目动物拥有同样的祖先,现归于食肉目之下。

引进食肉动物

由于食肉动物拥有超群的猎捕能力，人类一度试图利用它们的这项本领，把食肉动物引入其他地区防治"害虫"，然而这一做法却带来更多的灾难。例如加勒比海和夏威夷为消灭啮齿动物和蛇引进的红颊獴，反而在当地传播了狂犬病。同样，在一些偏远的岛屿上，原本为了消灭野鼠而引进的野猫，却造成更容易被捕捉的野鸟数量锐减，因此破坏了当地的生态环境。

食肉动物的群居性：斑鬣狗以斑马、角马、大羚羊和黑斑羚为食。当猎物比斑鬣狗体形大很多时，它们就靠群攻的方式杀死猎物。斑鬣狗非常依赖群体的力量，每只斑鬣狗也会积极维护群体的利益，即使是再小的猎物或是由一只斑鬣狗独力捕获的猎物也会拿给群体中的其他成员分享。这也可以最大限度地避免浪费。

食草的食肉动物：尽管大熊猫也会吃一些小型哺乳动物、鱼或者昆虫，但它们的食物来源99%是竹子。竹子是一种低能量食物，因此大熊猫每天要花10～12小时来进食，以满足自身的能量需求。

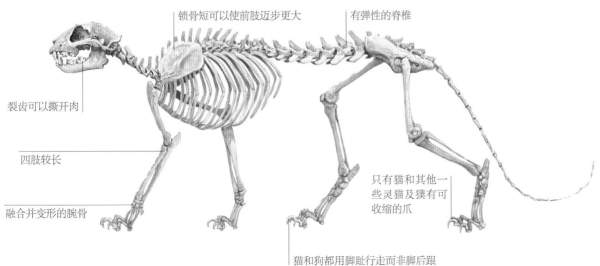

锁骨短可以使前肢迈步更大

有弹性的脊椎

裂齿可以撕开肉

四肢较长

融合并变形的腕骨

只有猫和其他一些灵猫及獴有可收缩的爪

猫和狗都用脚趾行走而非脚后跟

适合捕猎的骨骼：猫适合捕猎的骨骼结构代表了许多食肉动物。脊椎有弹性、四肢长、腕骨融合、锁骨变小，都使猫具有了更快的速度和更高的灵敏性。

犬科动物

纲：	哺乳纲
目：	食肉目
科：	犬科
属：	14
种：	34

犬科动物包括狗、狼、郊狼、胡狼和狐狸等，这类动物与人类之间有着复杂而又矛盾的关系。早在1.4万年前，狗就已经成为人类生活的一部分，它们帮人类狩猎、警卫，陪伴人类左右。与此同时，很多野生犬科动物因为偷吃家畜或者可能传播狂犬病而被人类残忍猎杀，甚至有时，人类捕杀它们只是为了运动或时尚。有些犬科动物如郊狼和赤狐，逐渐适应了人类环境，因此可以在城市中生活繁衍。而红狼已经濒临灭绝。

世界范围分布：野生犬科动物起源于5500万年前～3400万年前的北美大陆，如今它们遍布除南极洲以外的所有大陆（某些岛屿除外）。它们早在史前时期就被引入新几内亚和澳大利亚，如今家犬遍布全世界。

与浣熊相似的动物：貉有着黑色面具样的面部绒毛、粗壮的身体、毛茸茸的尾巴以及爬树能力，这使它成为一种极易与浣熊混淆的动物。

合作捕猎：狼群一般由5～12只狼组成，以家庭方式群居。狼群通常一起出动捕食，在捕食时会大声嚎叫，叫声可以传至10千米以外来告诫其他狼群：自己的领地不可侵犯。

草原上的食肉动物

大部分犬科动物生活在适合对猎物发起快速攻击和持久追捕的开阔草原地带。它们有着细窄的躯干、强壮的肌肉、宽阔的胸腔、长而健壮的腿，有利于快速捕猎。犬科动物的脚骨和其他食肉动物一样是连在一起的，但前肢骨骼固定，避免了奔跑可能造成的扭伤。它们可以在很远处嗅到猎物的气味。同时竖直的大耳朵也使它们的听觉十分灵敏。

犬科动物更喜欢吃鲜肉，但也不会放弃任何食物，甚至是鱼、腐肉、果实和人类垃圾。它们复杂的社会关系也与它们的食物相关，例如胡狼和狐狸只吃小型哺乳动物，一般独居或成对居住。灰狼、非洲野犬等则习惯群居，一起捕食体形比它们大很多的猎物。还有些犬科动物虽然单独捕猎，却会和同伴一起哺育幼崽及共同抗敌。

细长突出的口鼻部

下垂的毛茸茸的大尾巴，尾梢的毛呈黑色

郊狼
Canis latrans

红狼
Canis rufus

前腿、爪子和口鼻部均为红褐色

体形比灰狼小一些，但耳朵更长，被毛更短

灰狼（阿拉斯加亚种）
Canis lupus occidentalis

灰狼的体形大小和被毛颜色会因生活环境不同而不同

灰狼（斯堪的纳维亚亚种）
Canis lupus lupus

郊狼的交流方式： 尽管郊狼多独居，但有的也会结伴或成群居住、捕猎。和其他犬科动物一样，郊狼也用气味、面部表情、肢体、尾巴的姿势以及不同类别的叫声来进行交流，例如温驯姿势就包括竖立和放倒耳朵；而张嘴并露出尖牙则有可能意味着控制、好斗，或者一系列的自卫动作之一。

攻击

友好

顺从

愉悦

反击

侧纹胡狼
Lupulella adusta

比其他胡狼的腿和耳朵短，因其
肋骨处的黑白两道条纹而得名

毛色在雨季为黄色（末端
呈棕色）；旱季为淡金色

亚洲胡狼
Canis aureus

从后颈至尾巴的被毛均为黑色

埃塞俄比亚狼
Canis simensis

黑背胡狼
Lupulella mesomelas

细长突出的口鼻部有利于
捕食小型哺乳动物

澳洲野犬
Canis familiaris dingo

亚洲胡狼：亚洲胡狼是世界上分布范围最广的动物之一，足迹遍布东欧、北美、南亚。从古代开始，亚洲胡狼就一直出没在人类栖息场所附近，而其真正起源是埃及。

🐎 100厘米
📏 30厘米
⚖ 15千克
🐾 结伴居住
🔆 普遍

非洲北部、欧洲东南部至泰国、斯里兰卡

黑背胡狼：这种胡狼一般栖息在人类村庄附近，多为夜间活动，但偶尔也会在白天出现。黑背胡狼主要以昆虫为食，偶尔也吃小型哺乳动物和果实。黑背胡狼是一夫一妻制，以家庭方式居住。

🐎 90厘米
📏 40厘米
⚖ 12千克
🐾 结伴居住
🔆 栖息地内普遍

非洲东部和南部

澳洲野犬：大约3500年前，澳洲野犬由亚洲被贩卖至澳大利亚，目前已经占据了很多栖息地，它们可以群攻捕猎大型有袋动物，例如大袋鼠和沙袋鼠。

🐎 100厘米
📏 36厘米
⚖ 24千克
🐾 混居，独居、小群居住
🔆 栖息地内普遍

澳大利亚本岛

豺
Cuon alpinus

北极狐（冬季被毛）
Vulpes lagopus

冬季爪子附近的毛
会变得很厚

北极狐（夏季被毛）
Vulpes lagopus

口鼻短且宽；捕食范
围很广，但以大型脊
椎动物为主

牙齿包括8颗额外的臼齿，以便磨碎
白蚁、甲壳动物及其他昆虫

大耳狐
Otocyon megalotis

非洲野犬
Lycaon pictus

貉
Nyctereutes procyonoides

每年换两次毛，冬季被毛厚实，夏季则稀少一些

北极狐：北极狐在冬季被毛为白色，夏季则变
成棕色或黑色，以便隐藏在环境中偷袭猎物。

冬季被毛

🐂70厘米
🐕40厘米
🎒9千克
👤独居
↯普遍
🏔北美洲北部、欧亚大陆北部、冰岛、格陵兰岛

非洲野犬：非洲野犬完全食肉，而且会将捕杀
到的猎物分享给其他幼崽、伤病的同伴，每一
只非洲野犬身上的斑纹都是独一无二的。

🐂90厘米
🐕40厘米
🎒36千克
👤混居，独居、小群居住
↯濒危

非洲东部和南部

宽大的耳朵可以捕捉到啮齿动物发出的细微声音

沙狐
Vulpes corsac

藏狐
Vulpes ferrilata

阿富汗狐
Vulpes cana

像猫一样行走

北美狐
Vulpes macrotis

苍狐
Vulpes pallida

赤狐（北美亚种）
Vulpes vulpes fulvus

草原狐的被毛夏季为红色，冬季则变为灰色或白色

草原狐
Vulpes velox

孟加拉狐
Vulpes bengalensis

赤狐（欧洲亚种）
Vulpes vulpes crucigera

分布广泛的赤狐： 赤狐是全世界分布最广泛的狐亚科动物之一，它们大量生存在北美洲、欧洲和亚洲。赤狐具有很强的食物适应能力，因此它们可以栖息在森林、大草原、农场和郊外，但因其优美的皮毛而遭到人类的大量捕杀。赤狐被引进澳大利亚后，它们超强的适应能力很快就对本土动物群构成了威胁。

赤狐的食物： 赤狐几乎什么都吃，无论兔子、啮齿动物还是果实，甚至人类的垃圾。

敏狐： 为了躲避白天的炽热，敏狐一般白天在地下的洞穴中休息，晚上才出来觅食。敏狐吃得很少，但需要猎物的血液来解渴，因此它会杀掉很多的猎物。

🐾 52厘米
🦴 32厘米
⚖ 2.7千克
🐾 独居
🏃 依赖保护

美国西南部、墨西哥北部

灰狐
Urocyon cinereoargenteus

强有力的钩形爪便于爬树

尾巴的末端为黑色

竖直的黑色鬃毛

食蟹狐
Cerdocyon thous

鬃狼
Chrysocyon brachyurus

南美灰狐
Lycalopex griseus

长腿便于其观察草原上的情况

小耳犬
Atelocynus microtis

山狐
Pseudalopex culpaeus

薮犬
Speothos venaticus

脚蹼可以帮助其捕食水中的猎物

生活在北部的河狐毛
色较为鲜艳

河狐
Lycalopex gymnocercus

鬃狼：这种杂食的犬科动物，既吃大量的香蕉、木瓜或其他水果，也吃食蚁兽、兔子、啮齿动物，以及蜗牛和鸟类，它像敏狐一样在夜间觅食，擅长突袭猎物。

🐎 100厘米
🐂 40厘米
⚖ 24千克
♻ 混居，独居、结伴居住
⚡ 近危

巴西至巴拉圭和阿根廷

薮犬：薮犬的身形比较方正，头脸较短，是最不像犬的犬科动物。它们一般10只为一群，结伴在森林中觅食，靠尖厉的叫声来沟通。

🐎 75厘米
🐂 13厘米
⚖ 7千克
♻ 混居
⚡ 易危

巴拿马西部至巴拉圭、阿根廷北部

河狐：当河狐受到威胁时会装死，直至威胁消除。它们一般为独居，只在交配期内共同生活并会共同哺育幼狐。

🐎 72厘米
🐂 38厘米
⚖ 7.9千克
♻ 混居，独居、结伴居住
⚡ 栖息地内普遍

玻利维亚东部、巴西南部至阿根廷北部

熊

纲:	哺乳纲
目:	食肉目
科:	熊科
属:	6
种:	9

尽管熊都长得很凶猛，但它们其实是吃植物最多的食肉动物，只有北极熊完全食肉，美洲黑熊则完全以浆果、坚果、植物茎藤为食，懒熊以昆虫为食，大熊猫基本只吃竹子。最早的熊是在距今2500万年前～2000万年前从犬科动物中演化而来，在欧亚大陆上形成的。早期的熊只有浣熊大小，有一条长尾巴和像其他食肉动物一样可撕裂食物的裂齿。随着时间的流逝，大部分熊的体形变得更大，尾巴变短，裂齿则变得更平，更适合研磨食物。

分布于温带：大部分的熊分布在温带的欧洲、亚洲和南北美洲，直至19世纪以前，在非洲北部还曾发现棕熊的痕迹。目前，除了2种，其他熊科动物都因栖息地被破坏和人类的滥捕而濒临灭绝。

捕食鲑鱼：在北美洲西北部的沿河流域，棕熊每年都会在瀑布边捕食洄游产卵的鲑鱼群。鲑鱼能为棕熊提供过冬必需的蛋白质。

强壮的熊科动物

大熊猫幼崽只有3千克重，但成年熊科动物都是庞然大物，很难说北极熊和棕熊哪个才是最大的陆栖食肉动物。因为熊会把大部分的时间用于寻找食物而非捕猎，所以它们天生拥有充足的体力，但行动不算敏捷，此外，它们还有强壮的身体、结实的四肢和巨大的头颅。熊的口鼻部拥有丰富的嗅觉神经，由于视觉和听觉对熊而言不太重要，所以它们的眼睛和耳朵相对较小。

尽管有的熊可以生活在热带地区，但大部分熊科动物还是生活在北半球的寒冷地带。巨大的身形让它们在春夏两季靠大量捕食贮藏脂肪；当冬季到来时，熊会躲入洞穴进行漫长的睡眠。这一过程可以长达半年，在这段时间里，它们完全靠体内脂肪生存，既不进食也不排泄，心跳和呼吸速率都会减慢。然而这种睡眠不同于冬眠，因为它们的体温几乎不会降低。更神奇的是，雌熊会在休眠期产崽，使幼崽在进入下一个冬季之前，有最大机会可以生长并积累脂肪。

熊大多独居，幼熊一般会在母亲身边待到2～3岁大。在交配季节，雄熊之间为争夺交配权会残忍地伤害甚至杀死对手。

喜马拉雅棕熊
Ursus arctos isabellinus

棕熊的被毛可能为棕色、亚麻色、银色
或接近黑色

双肩有明显的隆起

美洲黑熊
Ursus americanus

黑熊的被毛为黑色或棕色

欧洲棕熊
Ursus arctos arctos

宽大的身形有利于抵御寒
冷和贮存脂肪，以应对食
物缺乏时期

北极熊
Ursus maritimus

巨大的掌像船桨一样，
便于游泳

北极熊是熊
科动物中体
形最大的

科迪亚克岛棕熊
是棕熊亚种中体
形最大的

科迪亚克岛棕熊
Ursus arctos middendorffi

亚洲黑熊
Ursus thibetanus

雄性体形是雌性的
两倍大

棕熊：棕熊曾经栖息在欧亚大陆、北美
洲、北非以南地区和墨西哥。棕熊的亚种
包括欧洲棕熊、北美棕熊、美洲黑熊、阿
拉斯加棕熊和喜马拉雅棕熊等。

📏2.8米
📐21厘米
⚖600千克
👤独居
🚶栖息地内普遍

北美洲西北部的局部地区、美国怀俄明州、欧洲西
部和北部、喜马拉雅地区、日本

亚洲黑熊：是喜欢吃植物的食肉动物，主要以树
上的果实和坚果为食，当亚洲黑熊遇到劲敌老虎
时，会站立起来露出胸前的白毛来恐吓老虎。

📏1.9米
📐10厘米
⚖170千克
👤独居
易危

阿富汗和巴基斯坦至中国、韩国和日本

大熊猫独特的黑白相间被毛使
其成为全世界最知名的动物

眼镜熊
Tremarctos ornatus

眼镜熊是南美地
区唯一的熊种

大熊猫
Ailuropoda melanoleuca

大熊猫的前爪上多了一个"假拇指"，与其他手
指反向生长，更便于抓握竹子

懒熊
Melursus ursinus

懒熊的口鼻非常灵活，长
长的舌头可以方便地舔食
白蚁和蚂蚁

粗糙蓬松的被毛有助于
在热带环境中排汗

长舌头用于舔食
昆虫和蜂蜜

马来熊
Helarctos malayanus

是除小熊猫外体
形最小的熊

小熊猫
Ailurus fulgens

长且弯的爪子便于
这种树栖的熊爬树

长而厚密的被毛帮助
其抵御高海拔栖息地
寒冷的空气

小熊猫有一根长尾巴

大熊猫：随着中国对大熊猫
野生栖息地保护程度的提
高，已有1800多只野生大熊
猫生活在山区的森林
中。2021年7月，中国政
府宣布大熊猫的受威胁
程度等级由濒危降为
易危。

小熊猫：小熊猫曾因其酷似浣熊的长相而被
误认为浣熊科动物。但基因学已经证明小熊
猫单独列为一科，与熊科亲缘关系最近。小
熊猫白天栖息在树上，夜晚到地面活动，吃
竹子和水果。

🐾 65厘米
📏 48厘米
⚖ 3千克
👥 结伴居住
❗ 濒危

尼泊尔至缅甸、中国西部

懒熊：懒熊可以用其长而弯的利爪挖开蚁
穴，然后用长舌将蚂蚁和白蚁舐食干净，它
也会爬到树上采食蜂蜜。

🐾 1.8米
📏 12厘米
⚖ 145千克
🔺 独居
❗ 易危

斯里兰卡、印度、尼泊尔

北极熊的一年

北极熊是北极地区体形最大且最有力量的动物，同时是最大的陆生食肉动物。为了适应北极寒冷的气候，北极熊住在冰雪覆盖的水域周围的浮冰上，以捕食海豹为生。与其他冬季休眠的熊类相比，北极熊在整个冬季都十分活跃，但会躲藏在洞内，在食物缺乏时靠消耗贮存的脂肪来过冬。平时独居的北极熊只在交配期时结伴居住，雄性北极熊之间会通过激烈打斗来博得雌性北极熊的欢心。

北极熊的生命周期： 秋季，受孕的雌北极熊挖好其过冬用的洞穴，然后在洞穴中产崽。雌熊会和幼熊一直待在洞中，直至第二年春季到来。雄北极熊偶尔会杀死幼熊来强迫雌熊与其交配。

捕食的4~7月： 北极熊会在夏季大量捕食猎物，特别是粗心的海豹幼崽。7月底，浮冰会融化，北极熊会迅速上岸，之后长时间禁食。

交配的4~5月： 雌熊需要花大量时间来哺育幼崽，因此一般每隔3年交配一次。这也造成了雄性北极熊之间激烈的交配权争夺。

学习的2~4月： 当幼崽长得足够大时，雌熊会带领它们上冰学习捕猎，幼熊会在雌熊身边生活长达2年半，其间它们必须学会捕猎的技巧，以便将来独立生活。

生育的11月~次年1月： 尽管其他北极熊在冬季仍然保持活动，受孕的雌性北极熊却会一直待在自己的洞穴中分娩和哺育幼崽。北极熊一般一窝生两只幼崽，一直哺育幼崽至来年3月。

鼬

纲：	哺乳纲
目：	食肉目
科：	鼬科
属：	25
种：	65

鼬科动物包括鼬、水獭、臭鼬、獾等，它们是种类最丰富的食肉动物，并且可以在地球上任何一种生态环境中生存，无论森林、沙漠、苔原冻土带，还是淡水或咸水中。同时，鼬科动物可以树栖、地栖、穴居、水陆两栖，甚至完全水栖。虽然海獭和狼獾可以重达25千克以上，但大部分鼬科动物的体形都属于中等大小，最小的伶鼬只有35克重。鼬科动物都是捕猎高手，它们可以捕杀体形比自己大得多的猎物。

广泛分布：鼬科动物生活在地球上除了大洋洲和南极洲以外的几乎任何地方，特别是欧洲、亚洲、非洲和美洲。鼬科动物之所以出现在很多地方，有的是人类故意引进来控制当地啮齿动物或兔子的数量，有的则是从皮草养殖场逃脱的。

獾：全球一共有9种獾，但只有狗獾还存在于欧洲的野生环境中。獾一般生活在林地或草地环境，它们会打造复杂的洞穴以应对冬季寒冷的天气和大雪。鼬獾并不冬眠，但是它们可以处于类似冬眠的状态长达数周。

勇猛的猎手

鼬科动物的身形一般比较长，腿却很短，这种体形便于它们钻入地下洞穴捕捉啮齿动物和野兔。鼬的身形细长且柔软，脊椎非常灵活，善于跳跃。獾的体形相对粗矮，行走时左右摇摆。很多鼬科动物都是游泳、爬树的高手，因此它们的捕猎范围极为广泛。

鼬科动物的头骨扁平，脸部较短，耳朵和眼睛都很小。大多嗅觉十分灵敏，依靠嗅觉来追踪和确定猎物、保持与同伴的沟通和宣告领地。大部分鼬科动物长有长而弯曲的利爪，可用于挖洞。水栖或半水栖的鼬科动物的趾之间还有蹼帮助其游泳。

鼬科动物有双层被毛，内层绒毛柔软密实，外层粗毛长且蓬松。鼬科动物的皮毛具有很好的防水性，因此它们可以在水中捕猎，也可以生活在寒冷的地区；但同时它们的皮毛也使其成为人类的捕猎目标。

位于尾巴根部的腺体可以产生特殊气味

水獭的洞穴在水中，有固定的出口和入口

水獭
Lutra lutra

江獭
Lutrogale perspicillata

长尾水獭
Lontra longicaudis

趾上没有蹼或钩，却有反向生长的拇指，十分灵巧且敏感

非洲小爪水獭
Aonyx capensis

敏感的腮须可帮助巨獭准确定位猎物

斑颈水獭
Hydrictis maculicollis

巨獭
Pteronura brasiliensis

海獭
Enhydra lutris

海獭会用石头做工具来砸开海胆的硬壳

后爪宽大，脚蹼一直长到趾尖

空气可以从海獭的两层被毛之间穿过

长尾水獭：分布于从墨西哥至南美洲北部的大部分地方。长尾水獭喜独居，白天下水捕鱼，它们会直接在水中将小型猎物吃掉，大的猎物则必须拖上岸。

- 81厘米
- 57厘米
- 15千克
- 独居
- 缺乏数据

墨西哥至乌拉圭

巨獭：世界上体形最长的淡水水獭，但由于过度猎杀目前已经濒临灭绝。它们一般以家庭方式群居，几个家庭会住在同一处洞穴中并且会一起猎食。

- 1.2米
- 70厘米
- 34千克
- 群居，家庭式群居
- 濒危

委内瑞拉南部、哥伦比亚至阿根廷北部

海獭：海獭喜独居，可以完全生活在水中，但也可能偶尔成群到岸上来休息。海獭是唯一一种懂得使用工具的非灵长类哺乳动物，它们会用石头砸开贝壳。

- 1.2米
- 36厘米
- 45千克
- 混居，独居但成群休息
- 濒危

北太平洋

巽他臭獾
Mydaus javanensis

受到威胁时会从肛周腺喷出
臭气来迷惑敌人

猪獾
Arctonyx collaris

口鼻部细长，长有猪
一样的鼻孔

狗獾
Meles meles

强有力的前肢和前
爪擅长挖洞

鼬獾
Melogale moschata

长且多毛的尾巴

美洲獾
Taxidea taxus

大齿鼬獾
Melogale personata

会爬树的獾：鼬獾是最小的獾，一般只在夜间出来捕食蠕虫、昆虫、青蛙、小野兔等，也吃水果。白天则躲在地洞或岩石裂隙中休息，有时也会用它的长爪子爬到树上做窝休息。

猪獾：虽然猪獾有时也会沦为豹子或老虎的猎物，但它们总会全力抗争。受到攻击时，猪獾会拱起背、竖起毛并且嚎叫，还会从其肛周腺中排放出有毒气体。

🐂 70厘米
🐕 17厘米
🧳 14千克
🐾 不确定
📉 缺乏数据
▦ 米

印度东北部至中国东北部、亚洲东南部

美洲獾：美洲獾喜欢独居，它会花大量时间挖洞，捕食草原犬鼠和美洲黄鼠等。受到敌人的威胁时，它会瞬间挖洞，钻入地下逃跑。

🐂 72厘米
🐕 15厘米
🧳 12千克
🐾 独居
📉 栖息地内普遍

加拿大北部至墨西哥

大尾臭鼬
Mephitis macroura

大尾臭鼬的被毛
比条纹臭鼬的更
长也更柔软

条纹臭鼬
Mephitis mephitis

白背獛臭鼬
Conepatus leuconotus

前脚上的长爪更
利于挖洞

斑臭鼬
Spilogale putorius

墨西哥獛臭鼬
Conepatus semistriatus

面部中央没有白色条纹

智利獛臭鼬
Conepatus chinga

巴塔戈尼亚獛臭鼬
Conepatus chinga

无毛且突出的鼻子

条纹臭鼬：一般夜间活动，捕食范围非常广泛。它既吃小型哺乳动物、昆虫、鱼类，也吃水果、坚果、谷物和草。冬季条纹臭鼬一般会躲在洞穴中，很少出来觅食。

- 80厘米
- 39厘米
- 6.5千克
- 独居
- 普遍

加拿大北部至墨西哥

斑臭鼬：是唯一一种可以爬树的臭鼬，而且比别的种类的臭鼬更敏捷和活跃。在每年3～4月的发情期里，雄性斑臭鼬会因为没有得到交配权而疯狂攻击所有它碰到的动物，甚至是一些大型动物。

- 33厘米
- 28厘米
- 900克
- 独居
- 普遍

美国（落基山脉东侧）

智利獛臭鼬：智利獛臭鼬的洞穴一般安置在岩石缝隙、中空的树干或其他动物废弃的地洞中。它以昆虫、小型脊椎动物，例如野兔和蜥蜴、蛇等为食，对响尾蛇的毒液有免疫力。

- 33厘米
- 20厘米
- 3千克
- 独居
- 普遍

南美洲

美洲貂
Martes americana

长有大眼睛和猫样的耳朵

黄喉貂
Martes flavigula

渔貂
Pekania pennanti

长尾巴可以帮助它们
在爬树时保持平衡

被毛的颜色从黄褐
色到深褐色

日本貂
Martes melampus

紫貂
Martes zibellina

松貂
Martes martes

冬季脚底会长毛来御寒

珍贵的皮毛： 紫貂生活在亚洲的北温带针叶林中，它们在林地中筑巢捕猎。紫貂的嗅觉非常灵敏，听觉也很发达，因此它们可以捕食到鸟类、小型哺乳动物和鱼。这种小生灵的足迹最远曾到达欧洲西北部的斯堪的纳维亚半岛，但皮草贸易令紫貂遭到大量捕杀，致使其分布区域缩小，数量大幅减少。

昂贵的紫貂皮： 紫貂冬季的被毛又长又密滑，是皮草中的上品。因此它是人类猎杀的主要貂类之一。

渔貂： 渔貂是貂属动物中体形最大的一种。也只有渔貂可以躲过豪猪硬刺的攻击，进而咬到豪猪毫无保护的脸。趁着豪猪因被咬伤而惊恐时，渔貂会将其翻过来吃掉。

🐂79厘米
🐖41厘米
⚖5.5千克
👣独居
🏃稀少
⚠

阿拉斯加、加拿大至美国加利福尼亚州北部

能半缩回的爪用于爬树

石貂
Martes foina

体形会因栖息地的不同
而不同，从35～350克
均可见

生活在北部地区的长尾鼬
冬季时被毛会变成白色

长尾鼬
Neogale frenata

伶鼬
Mustela nivalis

白鼬（冬毛）
Mustela erminea

冬季的白色被
毛帮助其很好
地隐藏在雪中

头部毛色比身体要白

马来鼬
Mustela nudipes

白鼬（夏毛）
Mustela erminea

白鼬：又叫作雪鼬，每年换两次毛，夏季的被毛为棕色，比较薄，到了冬季则换为更长更厚的白色被毛，但其尾巴尖的颜色一直是黑色的。冬季漂亮的被毛也使它成为人类捕猎的目标。白鼬以小型哺乳动物和鸟类为食，动作敏捷，是偷袭高手。

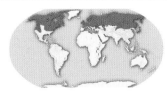

🐾 32厘米
📏 13厘米
⚖ 365克
👤 独居
📊 普遍

北温带，被引进新西兰

冷酷的食肉动物：鼬可以钻入地洞或雪下搜寻猎物，也可以咬着重达它们体重一半的猎物奔跑。小型鼬捕食老鼠和田鼠，大型鼬则可以捕猎野兔。另外，它们会偷袭任何从它们身边经过的动物。

黄鼬（黄鼠狼）
Mustela sibirica

北美水鼬
Neogale vison

趾上有蹼，可以游水

† 黑足鼬
Mustela nigripes

脸上长着面具一样的黑毛

林鼬
Mustela putorius

雄性体形可能达到雌性的两倍大

艾鼬
Mustela eversmanii

欧洲水鼬
Mustela lutreola

嘴唇上方总有两撮白毛

水鼬之间的战争：无论欧洲水鼬还是美洲水鼬，它们都生活在有水的区域内。由于人类的不断捕杀，欧洲水鼬的数量正在减少，而从欧洲的皮草养殖场中逃出的美洲水鼬也成为欧洲水鼬野外生存中的竞争者。

毛色的差异：尽管大部分美洲水鼬的被毛为棕色，但有10%左右的美洲水鼬毛色为青灰色。

黑足鼬：大部分鼬科动物的猎食范围十分广泛，但黑足鼬只吃草原犬鼠，并且以草原犬鼠的洞穴为自己的栖息地。

🐾46厘米
📏14厘米
⚖1.1千克
独居
🔻野生灭绝

加拿大南部至美国得克萨斯州西北部（至20世纪80年代）；重新引进蒙大拿、南达科他和怀俄明三州
● 早期分布

肛周腺会分泌恶臭味的液体

草原鼬
Lyncodon patagonicus

狐鼬
Eira barbara

蜜獾
Mellivora capensis

后足宽大，长有长爪

南美巢鼬
Galictis vittata

可以后足站立
来搜寻猎物

北非斑纹鼬
Ictonyx libyca

非洲艾虎
Ictonyx striatus

白颈鼬
Poecilogale albinucha

虎鼬
Vormela peregusna

蜜獾：蜜獾是陆栖动物，但它们也会为了取食蜂蜜爬上树。它们是杂食动物，以昆虫、大型或小型脊椎动物为食。

🐂77厘米
🐏30厘米
⚖13千克
👤独居
↓稀少

🌿🍂🏜🏔

非洲西部、撒哈拉以南、阿拉伯半岛、伊拉克、土库曼斯坦、巴基斯坦、印度

装死：当非洲斑纹鼬受到威胁时，会放松尾巴蜷起身体或尖叫。如果这招不灵，它们就从肛周腺中喷出臭液来逼迫敌人。如果臭液也不能令敌人退步，非洲斑纹鼬就会装死。它们一般会在家犬和野猫面前装死，但据统计，非洲斑纹鼬最主要的死因是被汽车撞死。

难闻的食物：尽管非洲斑纹鼬装死也可能会受到攻击，但由于它们的皮毛上沾满了难闻的臭味，其他动物最终大都会放弃它们。

海豹和海狮

纲：哺乳纲	
目：食肉目	
科：3	
属：21	
种：36	

海豹、海狮和海象有着灵活的鱼雷形身体、鳍状四肢以及有隔温功能的脂肪层和毛发，这使得它们非常适应在水中的生活。但它们并没有完全脱离陆地生活，必须上岸进行交配。海豹、海狮和海象所属的鳍足亚目曾被划为独立在食肉目之外的目，但现在已被证明属于食肉目。它们多以鱼类、乌贼和甲壳动物为食，但有的也会吃企鹅、腐肉和其他同类的幼崽。它们可以潜入非常深的海中搜寻猎物，例如象海豹就可以待在海底长达2小时以上。

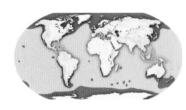

冷水域动物： 尽管僧海豹生活在温暖的水中，大部分海豹、海狮、海象却完全生活在冷水域，特别是极地海域或是温带海域。化石研究表明，这三科动物均起源于北太平洋海域。

鳍足亚目动物

鳍足亚目动物共分三个科。海豹科也被称为真海豹。它们主要靠拍打后鳍来游水，后鳍已经不能向前弯成脚，因此它们在陆地上行走的姿态比较难看。虽然没有外耳，但它们在水中却有超强的听力。

海狮和海狗属于海狮科。这类"有耳海豹"长有小小的外耳。它们只需靠前鳍来游水，后鳍可以向前弯成脚。所以仍然可以"四脚"前行。另外，它们也可以竖起身体坐着。

第三科是海象科，下属只有一个物种——海象。海象有着显眼的长牙，长在嘴外。和真海豹一样，海象也用后鳍划水，缺少外耳；但它们却像海狮一样可以将后鳍向前弯成脚来行走。

海狮的生活： 生活在澳大利亚海域的海狮以章鱼和鱼类为食。它们出生一个月后就会游泳。当它们潜入深海时，心跳可以从100次每分钟降到10次每分钟。

新西兰海狗
Arctocephalus forsteri

雄性长2.2米，雌性长1.7米

雄性长有显眼的鬃毛

雄性身长可以达到
雌性的3倍

南美海狮
Otaria byronia

南非海狗
Arctocephalus pusillus

北海狗
Callorhinus ursinus

雄性长约2.1米，雌性长约1.5米

雄性长2.5米，雌性
长1.8米

雄性颈部粗大，长
有须毛

加州海狮
Zatophus califomianus

后鳍上长有短毛

是最大的海狮

北海狮
Eumetopias jubatus

新西兰海狗：进入晚春，雄性海狗就开始在礁岩上筑巢，准备迎接雌海狗来交配。等幼海狗出世后，雌海狗出海捕食，而雄海狗会留在巢内照顾幼崽，直至交配期结束。由于被大量捕杀，目前新西兰海狗只生活在新西兰附近的南澳大利亚海域中。

🐾雄性360千克
雌性110千克
♨♨♨群居，母系社会
🔱普遍
🌙
澳大利亚西南部至新西兰

雄性间的争斗：海狗群数目巨大，一般可以达到上千头。在交配期内，雄性海狗为了争夺交配权会产生激烈的争斗，在争斗开始前它们会大声咆哮并摆好战斗姿势。

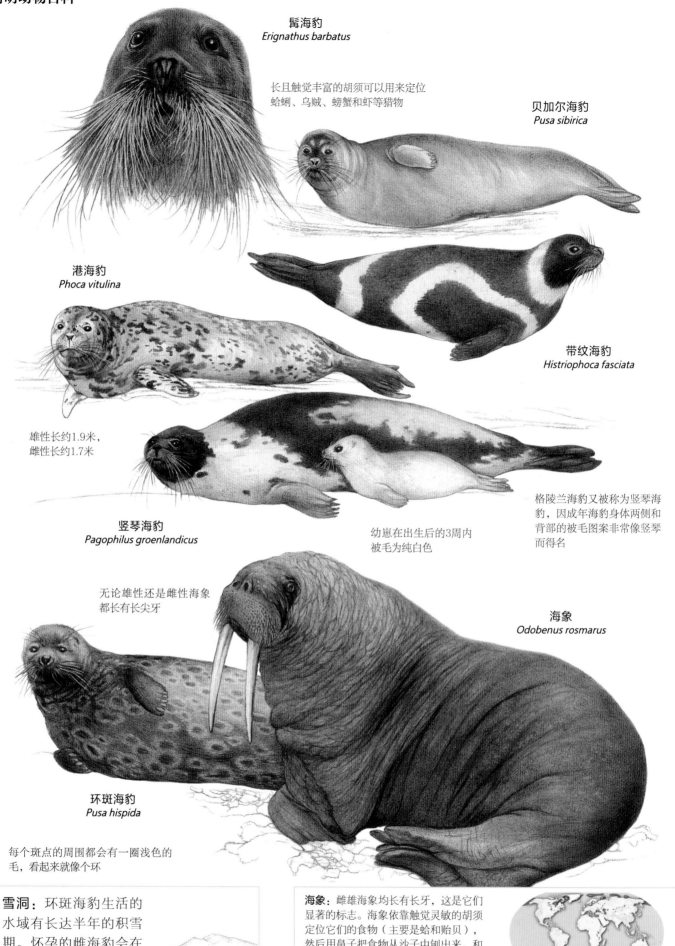

髯海豹
Erignathus barbatus

长且触觉丰富的胡须可以用来定位
蛤蜊、乌贼、螃蟹和虾等猎物

贝加尔海豹
Pusa sibirica

港海豹
Phoca vitulina

雄性长约1.9米，
雌性长约1.7米

带纹海豹
Histriophoca fasciata

竖琴海豹
Pagophilus groenlandicus

幼崽在出生后的3周内
被毛为纯白色

格陵兰海豹又被称为竖琴海
豹，因成年海豹身体两侧和
背部的被毛图案非常像竖琴
而得名

无论雄性还是雌性海象
都长有长尖牙

海象
Odobenus rosmarus

环斑海豹
Pusa hispida

每个斑点的周围都会有一圈浅色的
毛，看起来就像个环

雪洞：环斑海豹生活的
水域有长达半年的积雪
期。怀孕的雌海豹会在
自己的换气口上方挖个
雪洞，在其中产崽并抚
养幼崽。雪洞既可抵御
严寒，也可使幼海豹躲
避北极熊的猎杀。

海象：雌雄海象均长有长牙，这是它们
显著的标志。海象依靠触觉灵敏的胡须
定位它们的食物（主要是蛤和贻贝），
然后用鼻子把食物从沙子中刨出来。和
其他鳍足亚目动物一样，海象也群居，
海象群成员可以达到上千头，可能雌雄
海象都有，也可能只有一种性别。一般
长着最长牙的海象会成为群落的首领。

🐄 3.5米
⚓ 1650千克
👥 群居，大群居住
🐾 栖息地内普遍
北冰洋浅海处

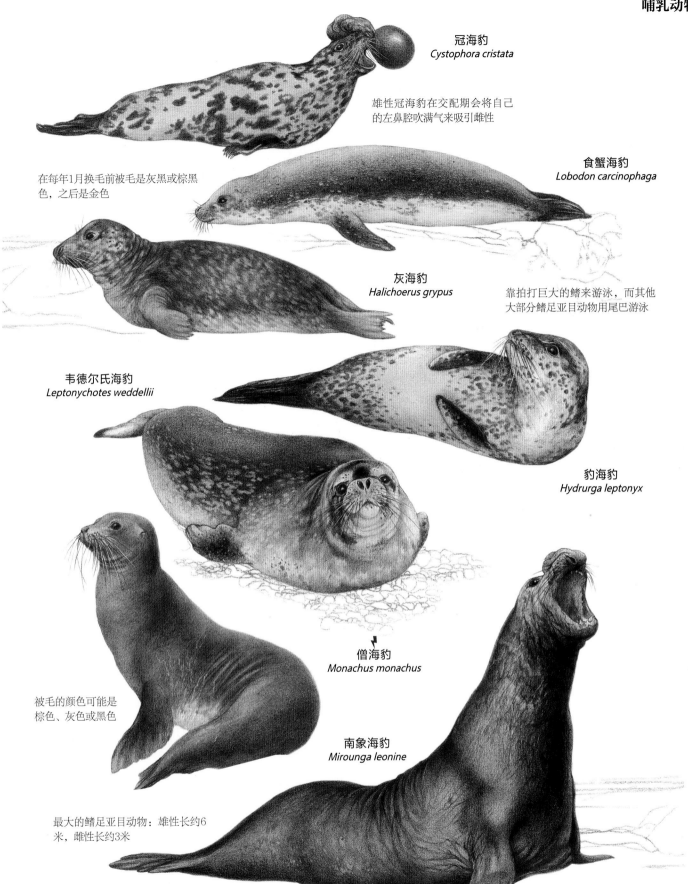

冠海豹
Cystophora cristata

雄性冠海豹在交配期会将自己的左鼻腔吹满气来吸引雌性

食蟹海豹
Lobodon carcinophaga

在每年1月换毛前被毛是灰黑或棕黑色，之后是金色

灰海豹
Halichoerus grypus

靠拍打巨大的鳍来游泳，而其他大部分鳍足亚目动物用尾巴游泳

韦德尔氏海豹
Leptonychotes weddellii

豹海豹
Hydrurga leptonyx

僧海豹
Monachus monachus

被毛的颜色可能是棕色、灰色或黑色

南象海豹
Mirounga leonine

最大的鳍足亚目动物：雄性长约6米，雌性长约3米

僧海豹：随着人类数量的不断上升，栖息在地中海沿海温带水域的僧海豹数量在不断减少，目前僧海豹一般躲藏在贫瘠的小岛上生存。

🐑 2.8米
⚖ 300千克
👪 群居，母系社会
⚡ 极危

非洲西部沿海、爱琴海

膨胀的鼻子：当试图吸引异性，或受到惊吓、兴奋时，雄性冠海豹会将鼻腔内的冠囊充气形成一个大球；它们也可以将左鼻孔吹气膨胀形成一个红色的气囊。冠海豹生活在南北极地附近的寒冷水域，它们的脸为黑色，身体为灰色，且带暗色斑点。

吹起气囊：作为吸引异性的重要手段，雄性冠海豹会将黑色的冠囊吹起，或者将左鼻腔吹成红色气囊。

浣熊

纲：哺乳纲
目：食肉目
科：浣熊科
属：6
种：19

浣熊科动物仅生活于新大陆，包括浣熊、长鼻浣熊、蜜熊、蓬尾浣熊、犬浣熊等。浣熊科动物大多中等大小，身体和尾巴比较长，脸宽，耳朵竖直。除了蜜熊，其他浣熊脸上还长有像面具一样的黑毛，长尾上的毛明暗相交形成环状。因为它们是杂食动物，所以可以广泛分布于全球的各类栖息地，例如针叶林、雨林、湿地、沙漠甚至城市地区。浣熊科动物都会发出富含社会关系信息的尖叫、咆哮等声音。浣熊一般是1只雌性浣熊和1~4只雄性浣熊群居于一处公共洞穴中。而长鼻浣熊中的雄性喜独居，但会和15只左右雌性交配产崽，并且共同哺育幼崽。

贪吃的杂食动物：尽管浣熊科动物更喜欢生活在临水的林地，但它们也可以生活在人类居住区附近。它们经常出现在北美居民的后院，以人类垃圾桶内的垃圾为食，平时则居住在废弃的建筑、阁楼或地窖里。

灵活的尾巴用来保持身体平衡

蓬尾浣熊
Bassariscus astutus

毛茸茸的尾巴上一般有14~16道黑白相间的环形花纹

白鼻浣熊
Nasua narica

前爪灵活且触觉敏感

普通浣熊
Procyon lotor

鬣狗和土狼

<table>
<tr><td>纲：哺乳纲</td></tr>
<tr><td>目：食肉目</td></tr>
<tr><td>科：鬣狗科</td></tr>
<tr><td>属：3</td></tr>
<tr><td>种：4</td></tr>
</table>

鬣狗科动物包括土狼、褐鬣狗、缟鬣狗和斑鬣狗4种。尽管外形与犬科动物很像，但实际上它们跟猫科动物的关系更近，是家猫和灵猫的近亲。鬣狗科动物从头部到尾部随身体高度逐渐降低，头部很大，上颌有力，牙齿锋利，可以直接咬碎骨头。和其他动物不同，鬣狗能够消化皮毛和骨头，所以它们可以吃狮子或其他捕食者吃剩的猎物，但有时它们也会自己捕猎。斑鬣狗可以结群捕杀大型猎物，如角马。土狼主要以昆虫为食，它们每晚可以用又长又黏的舌头和钉状的牙齿吃掉近20万只白蚁。

遍布非洲：鬣狗大多分布在中东和南亚，其他鬣狗科动物则生活在非洲。鬣狗和土狼习惯生活在草原或无树平原，平时躲在山洞、浓密的草丛或废弃的地洞中。

被毛密实

褐鬣狗
Parahyaena brunnea

腿上长有条纹

土狼受到威胁时会将背部的鬃毛竖起，使自己看起来更大

土狼
Proteles cristatus

缟鬣狗
Hyaena hyaena

灵猫和獴

纲：哺乳纲	
目：食肉目	
科：2	
属：38	
种：75	

灵猫科动物包括灵猫、獛、狸等，人们一度将獴也划入其中，但目前已经证明獴属于独立的獴科。与猫和鬣狗是近亲的灵猫和獴也都是中等大小，一般头颈较长，身体细窄，腿短。它们的头骨结构和牙齿与早期的食肉动物非常相似，但它们的内耳组织却有了极大的发展。灵猫科动物一般夜间捕食。它们是树栖，尾巴较长，爪子可以自由伸缩，尖耳朵总是竖着。很多灵猫科动物的生殖器附近都长有香腺，可以分泌麝猫油，这种油脂是生产香水的最重要原材料。獴科动物生活在更广阔的地区，它们一般是白天捕食的陆栖动物。

东半球物种：灵猫科的灵猫、獛和狸以及獴科的獴是东半球的土生物种，獴由于是敏捷的捕鼠高手而被引进到西半球的许多岛屿，结果造成原有生态系统的严重失衡。

大斑獛
Genetta tigrina

被毛颜色非常鲜艳，还有醒目的花纹

安哥拉獛
Genetta angolensis

无毛的爪子可以将藏在裂缝中的鱼抓出来

水獛
Genetta piscivora

社会生活：尽管所有灵猫科动物和许多獴科动物都是独居或结伴居住，也有一些獴群居生活。一个细尾獴群一般由30只以上细尾獴组成，它们共同抚育幼崽，即使是不在生育期的细尾獴也会帮助照看其他幼崽，还会全体成员轮流承担放哨的工作。

马岛缟狸
Fossa fossana

条纹林狸
Prionodon linsang

条纹被毛可以使之很好地隐藏
在阳光照耀下的森林里

贮存在尾巴
中的脂肪用
来过冬

霍氏缟灵猫
Diplogale hosei

食蚁狸
Eupleres goudotii

长颌带狸
Chrotogale owstoni

缟椰子猫
Hemigalus derbyanus

与长颌带狸最大的区别就
在于其身上的花纹更少

后脊背上长满鬃毛

马来灵猫
Viverra tangalunga

颈部长有条纹

条纹林狸：也被称为虎灵猫。这种神秘的森林动物在树根和原木下用草做窝。它们主要以松鼠等小型脊椎动物、鸟和蜥蜴为食。

🐾45厘米
🦱40厘米
⚖️800克
👤独居
🐾稀少
🏚️🏚️

泰国、马来西亚岛、苏门答腊岛、爪哇岛和加里曼丹岛

马岛缟狸：马岛缟狸生来就有一身皮毛和睁开的双眼。幼崽出生几天后就可以行走，一个月后就可以吃肉，10周左右就可以断奶了。

🐾45厘米
🦱21厘米
⚖️2千克
👥结伴居住
🐾易危

马达加斯加岛北部和东部

长颌带狸：人类对长颌带狸的研究比较有限，只知道它们地栖，以蚯蚓为食。它们醒目的被毛图案是对袭击者的警告，它们还会用臭气吓跑对方。

🐾72厘米
🦱47厘米
⚖️4千克
👤独居
🐾易危
🏚️🏚️

越南北部、老挝北部和中国南部

灵猫科中唯一一种尾巴
可以卷曲的动物

褐棕榈狸
Paradoxurus jerdoni

熊狸
Arctictis binturong

普通椰子狸
Paradoxurus hermaphroditus

马氏灵猫
Macrogalidia musschenbroekii

非洲椰子狸
Nandinia binotata

花面狸（果子狸）
Paguma larvata

小齿狸
Arctogalidia trivirgata

小齿狸以松鼠、青蛙、鸟、
昆虫和水果为食

"戴面具"的哺乳动物：花面狸在中国和东南亚的生态环境中起着举足轻重的作用。它们是杂食动物，以昆虫、小型脊椎动物和水果为食，可有效控制区域内昆虫和小型脊椎动物的数量，也能给植物传粉。另一方面，花面狸也是老虎、鹰、豹子的食物，为了有效逼退敌人，它们的肛周腺会分泌恶臭的气体，它们脸部类似面具的图案也有恐吓作用。

马岛獴：马达加斯加岛的统治者是马岛獴（*Crytoprocta ferox*）。它们可以灵活地在树木之间追逐狐猴，但它们主要以生活在地面上的蛇、马岛猬和珍珠鸡为食。

平衡能力：马岛獴的尾巴跟它的身体一样长，可以很好地帮助它在捕猎时保持平衡。

受到威胁时会竖起毛、拱起背部，摆出攻击的姿势

窄纹獴
Mungotictis decemlineata

环尾獴
Galidia elegans

埃及獴
Herpestes ichneumon

白尾獴
Ichneumia albicauda

灰獴
Urva edwardsii

狐獴
Suricata suricatta

站直身体观察周围地形，留意危险情况

笔尾獴
Cynictis penicillata

生活在南部地区的笔尾獴被毛为黄色，生活在北部地区的则为灰色

缟獴
Mungos mungo

环尾獴：多以家庭方式居住，晚上睡在地洞中，白天则在地面上或树上活动，它以狐猴或其他小型脊椎动物、昆虫和水果为食。

🐾38厘米
🐾30厘米
⚖900克
🐾混居，独居、结伴居住
⚡易危

马达加斯加岛

狐獴：又叫细尾獴，其最大的特点就是机警。它们感受到危险时会大声尖叫。它们也许能逃过胡狼等陆生食肉动物的追击，但如果遇到鹰、雕或其他肉食飞禽，它们唯一能做的只有尽快逃回自己的地下巢穴。

🐾31厘米
🐾24厘米
⚖950克
🐾群居，家庭式群居
⚡栖息地内普遍

非洲南部

笔尾獴：笔尾獴喜欢群居，一般是8～20只笔尾獴以家庭方式居住。它们会和细尾獴群、地鼠群分享一个地洞系统。

🐾35厘米
🐾25厘米
⚖900克
🐾群居，家庭式群居
⚡栖息地内普遍

非洲南部

猫科动物

| 纲：哺乳纲 |
| 目：食肉目 |
| 科：猫科 |
| 属：18 |
| 种：36 |

猫科动物无一例外都是以肉食为主的食肉动物，它们都具有高超的捕猎本领，因此足迹遍布除大洋洲和南极洲以外的所有大陆，可以生存于沙漠、极地等大部分形态的栖息地。尽管猫科动物在外形上差异比较大，但都具有以下共性：身体强壮且肌肉丰富；脸部较平，眼睛大而突出；牙齿和爪子都十分锋利；感觉敏锐，反应速度极快。猫科动物都非常善于捕猎，它们可以偷偷接近猎物进而发动突然袭击。尽管大部分猫科动物生活在陆地上，但它们都是爬树高手和游泳健将。

分布广泛：野生猫科动物遍布全球，只有澳大利亚、马达加斯加、格陵兰岛和南极洲没有猫科动物。几千年前，猫科动物首先在埃及被驯化，随后这些被驯化的动物开始出现在其他地方。

剪刀似的利爪

除了猎豹，所有的猫科动物都有伸缩自如的利爪。猫科动物的爪子没有皮毛包裹，非常便于捕猎或爬树。

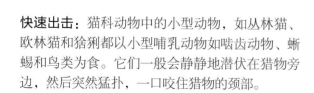

快速出击：猫科动物中的小型动物，如丛林猫、欧林猫和猞猁都以小型哺乳动物如啮齿动物、蜥蜴和鸟类为食。它们一般会静静地潜伏在猎物旁边，然后突然猛扑，一口咬住猎物的颈部。

最佳掠食者

猫科动物利用灵敏的嗅觉沟通，它们用气味标记自己的领地。捕猎的时候则更多地依赖于视觉和听觉。长在脸前部的眼睛可以帮助猫科动物判断距离，眼中能反射光线的脉络膜层和可以自由调节大小的虹膜都为它们提供了绝佳的夜视能力——猫科动物的夜视能力是人类的6倍。可以活动的大耳朵像漏斗一样把声音收集到敏感的内耳，便于它们捕捉猎物，如老鼠的动态，无论那声音是微弱还是激烈，猫科动物都可以捕捉到。

猫科动物在7000年前被人类驯养，之后，它们作为宠物，出现在了地球上的几乎所有地方。

狮子
Panthera leo

雄狮比雌狮重30% ～ 50%

有些雄狮的胡须为黑色，但大部分为金色

尽管雌狮承担主要的狩猎工作，但雄狮总是第一个享受美味

有些种类猎豹身上的花纹是大块斑点，尾巴上是条纹状，被称为王猎豹

猎豹
Acinonyx jubatus

猎豹幼崽会和母亲待在一起直到13～20个月大

狮子：狮子是唯一群居的猫科动物。狮群一般以家庭为单位，由4～20头狮子组成。它们合作捕杀大型猎物，并共同承担抚育幼崽的工作。狮群的头领一般为雄狮。

- 🦁 2.3米
- 📏 1米
- ⚖ 225千克
- 👥 群居，家庭式群居
- 🔻 易危

非洲撒哈拉沙漠以南、印度

快如闪电：猎豹是世界上奔跑速度最快的陆生哺乳动物，奔跑速度可以达到95千米每小时。猎豹甚至可以捕食到汤氏瞪羚和小角马等有蹄类动物。然而它们只能维持20～60秒钟的快速奔跑，之后就必须休息，以防身体过热。快速奔跑后休息时的猎豹是最脆弱的，有时会遭到对手的致命攻击。

孟加拉虎
Panthera tigris tigris

每只孟加拉虎身上的花纹都不相同

东北虎是体形
最大的虎

东北虎
Panthera tigris altaica

冬季的毛色更淡一些

濒临灭绝的老虎

在20世纪初，大约有10万只老虎生活在广大热带丛林、无树平原、大草原、红树沼泽、落叶林和覆雪树林之中，足迹遍布亚洲，西至土耳其，东至远东地区。然而，如今全世界的野生老虎可能只剩下不到2500只了。巴厘虎、里海虎和爪哇虎已经灭绝，野外的华南虎可能仅剩下不到30只，甚至已经消失，东北虎和苏门答腊虎也只有500只左右。目前数量比较多的虎亚种是孟加拉虎和印支虎，但也逐渐面临灭绝。老虎因为其独特的宠物性、华丽的皮毛、极具药用价值的器官和作为猎兽的最高奖品等遭到大量猎杀。同时，当地人口数量不断增加造成的人类对老虎栖息地的侵占，老虎的主要食物来源——有蹄类哺乳动物数量的锐减等原因，也加速了老虎的灭绝。

白天经常躺在树上休息，以避暑或避开其他攻击者

金钱豹
Panthera pardus

"黑豹"不是一个独立的种，是黑色素沉淀过多的产物

云豹
Neofelis nebulosa

雪豹
Panthera uncial

美洲豹
Panthera onca

美洲豹比金钱豹更强壮，头和爪子也更大

是新大陆中最大的猫科动物

云豹：云豹是大型树栖动物。它经常躲在树上，瞬间突袭地面上的鹿或猪，或者树上的灵长动物或鸟类。云豹是大型豹亚科动物中体形最小的，因此它的叫声也较小。

🐃 1.1米
📏 90厘米
⚖ 23千克
♟ 独居
↯ 易危

尼泊尔至中国、东南亚

美洲豹：美洲豹是新大陆猫科动物。它长得更像豹，却是虎的近亲。美洲豹一般居住在近水的高草植被地区，主要以大型动物为食，但也会捕食鱼和一些水生动物。

🐃 1.9米
📏 60厘米
⚖ 160千克
♟ 独居
↯ 近危

墨西哥至阿根廷

雪豹：雪豹生活在中亚地区偏远的深山中。为了适应高海拔气候，其被毛很厚，脚垫也特别大，便于在雪地中行走。雌豹一般一窝可生产5只幼崽，它们会生活在岩石间的小洞中，躲在母亲的皮毛下。

短尾猫
Lynx rufus

加拿大猞猁
Lynx Canadensis

猞猁的被毛可能是条纹的、斑点的或单色的

欧亚猞猁
Lynx lynx

猞猁的被毛冬季会更厚，颜色更深，脚上也长满了毛，有助于在雪地中行走

美洲狮是小型猫科中体形最大的

美洲狮
Puma concolor

竖长的耳朵尖上长着一撮黑毛

伊比利亚猞猁
Lynx pardinus

狞猫
Caracal caracal

短尾猫： 短尾猫与其他猫科动物不同，它们一般白天在洞里休息，夜间出来觅食，以野兔等啮齿动物为食，但也吃一些腐肉。

▥ 105厘米

▤ 20厘米

▦ 31千克

♟ 独居

❦ 栖息地内普遍

北美洲温带地区至墨西哥

美洲狮： 美洲狮的栖息地曾经非常广阔，但如今只在北美洲和南美洲偏远的深山中还可以看到。它们以白尾鹿、驼鹿和北美驯鹿为食。美洲狮的叫声比较细且低沉，它们不能大声吼叫。

▥ 1.5米

▤ 96厘米

▦ 120千克

♟ 独居

⚡ 近危

加拿大至阿根廷南部、智利

狞猫： 狞猫是最轻盈的小型猫科动物。它可以跳起达3米高去扑捉空中飞行的鸟类，也会突袭啮齿动物和羚羊。

▥ 92厘米

▤ 131厘米

▦ 19千克

♟ 独居

❦ 稀少

非洲、中东、印度和巴基斯坦西北部

毛色和花纹会随着栖息地的不同而不同，一般为红棕色或淡灰色，在侧身部分或全身有斑点

非洲金猫
Caracal aurata

丛林猫
Felis chaus

长腿有利于追逐猎物

兔狲
Otocolobus manul

荒漠猫
Felis bieti

黑足猫
Felis nigripes

欧林猫比其非洲同类的被毛颜色更深

脚底为黑色，长有浓密的毛，保护它们不被热沙烫伤

沙猫
Felis margarita

欧林猫（野猫）
Felis silvestris

沙猫： 沙猫生活在干旱的沙漠地带，它们可以完全靠吸食猎物的血液来补充水分，不需要另外饮水。它们的捕猎对象为啮齿动物、野兔、鸟类和爬行动物。

🐃54厘米
🐃31厘米
⚖3.5千克
👤独居
⚠近危

撒哈拉沙漠（非洲北部）

家猫： 家猫是在古埃及时代从欧林猫逐渐被驯化演变来的。家猫可以帮助人类捕捉老鼠等啮齿动物，因此目前仅美国就有约1亿只。虽然家猫很温驯，但它们完全保留了猫科动物的捕猎习性，因此被放归野外环境也很快就可以适应。

非洲斑猫： 非洲斑猫比欧林猫的被毛轻薄，一般可以生活在树木更稀少的栖息地。

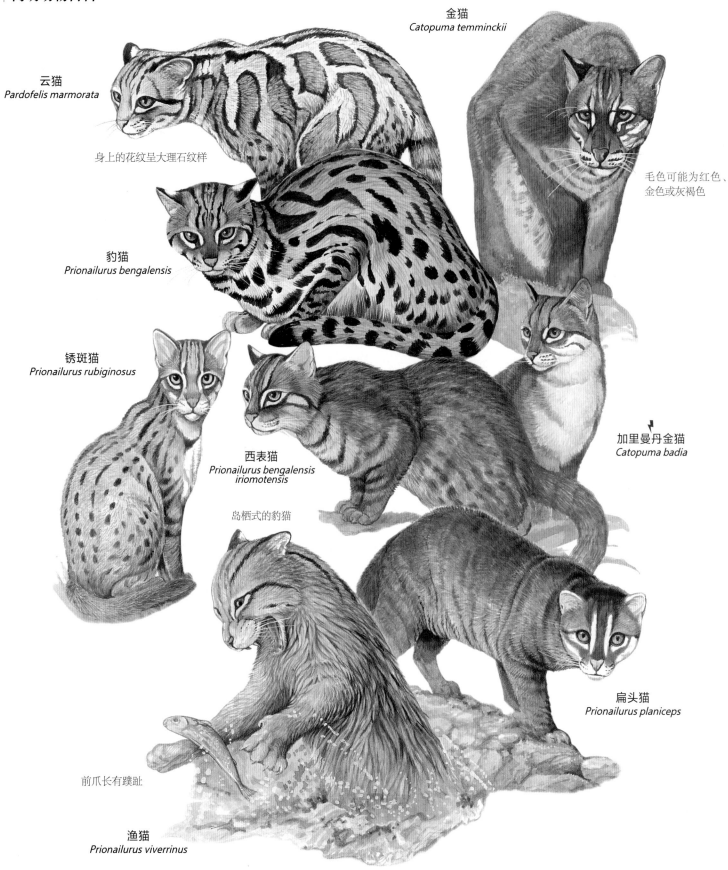

金猫
Catopuma temminckii

云猫
Pardofelis marmorata

身上的花纹呈大理石纹样

毛色可能为红色、金色或灰褐色

豹猫
Prionailurus bengalensis

锈斑猫
Prionailurus rubiginosus

西表猫
Prionailurus bengalensis iriomotensis

岛栖式的豹猫

加里曼丹金猫
Catopuma badia

前爪长有蹼趾

扁头猫
Prionailurus planiceps

渔猫
Prionailurus viverrinus

金猫: 金猫以小型哺乳动物和鸟类为食,但也可以合作捕猎水牛幼崽等大型动物。雌猫一般一窝只产1~2只幼崽,由雄猫完全负责喂养。

🐄105厘米
🐱56厘米
⚖15千克
独居
易危

尼泊尔至中国、中南半岛、马来半岛、苏门答腊岛

豹猫: 豹猫生活在亚洲的岛屿上,因此它们的游泳水平非常高。例如日本西表猫就只生活在西表岛、琉球群岛等日本小岛屿上。

🐄107厘米
🐱44厘米
⚖7千克
独居
栖息地内普遍

巴基斯坦和印度至中国、韩国和亚洲东南部

加里曼丹金猫: 加里曼丹金猫数量非常稀少,它们的习性等直到1998年才完全被研究清楚。它们一般生活在加里曼丹岛上的岩石灌木丛等近森林地带。其毛色多为栗红色,但也有灰色的。

🐄67厘米
🐱39厘米
⚖4千克
独居
濒危

加里曼丹岛

头部变得更长

细腰猫
Herpailurus yagouaroundi

小斑虎猫
Leopardus tigrinus

被毛多为栗色或褐色

虎猫
Leopardus pardalis

长尾虎猫
Leopardus wiedii

南美草原猫
Leopardus colocola

南美林猫
Oncifelis guigna

生活在南美北部的乔氏猫毛色多为赭色；生活在南部的则多为灰色

安第斯山虎猫
Leopardus jacobita

乔氏猫
Leopardus geoffroyi

被毛长而厚，可以帮助其更好地抵御山区的恶劣环境

细腰猫：细腰猫与其他生活在南美洲的猫科动物截然不同，而且长得也不像一般的猫。有时被称作鼬猫，因为它的身形细长，腿短，尾巴很长，长相更像鼬。

🐆 65厘米
🐾 61厘米
⚖ 9千克
🐾 独居
⚡ 稀少

美国亚利桑那和得克萨斯州至巴西南部和阿根廷北部

虎猫：虎猫的捕猎对象非常多样，因此它可以生活在从潮湿的热带雨林到半干旱的灌丛林等多种栖息地。它的斑纹毛色可以使其更好地伪装在各种植被环境中。

🐆 47厘米
🐾 41厘米
⚖ 12千克
🐾 独居
⚡ 栖息地内普遍

美国得克萨斯东南部至阿根廷北部

乔氏猫：乔氏猫非常灵活，它可以倒挂在树枝上行走。由于乔氏猫的皮毛非常美丽，所以从1976~1979年的短短3年里，从阿根廷出口的乔氏猫毛皮就多达3.4万件。

🐆 67厘米
🐾 37厘米
⚖ 6千克
🐾 独居
⚡ 近危

玻利维亚南部和巴拉圭至阿根廷与智利

有蹄动物

纲：	哺乳纲
目：	7
科：	28
属：	139
种：	329

早在距今6500万年前，有蹄类哺乳动物中的踝节类动物开始演化成不同的目；有些目已经灭绝，至今依然存活的7个目被统称为有蹄动物。事实上，在这7目中只有2目动物被称为"真有蹄类"，分别为奇蹄目和偶蹄目：奇蹄目动物有马、貘和犀牛；偶蹄目动物有猪、河马、骆驼、鹿、牛和羊等。其他5个目分别为长鼻目、管齿目、蹄兔目、海牛目以及鲸目，这5个目的动物各有各的特色。现在，已将鲸与偶蹄合并为鲸蹄目。

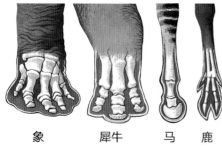

象　　犀牛　　马　　鹿

趾和蹄：大象有5个被脂肪包覆的趾头。而真正的有蹄动物是指其至少有1个趾头已经退化，剩下的趾头演化成了蹄。因此，奇蹄目动物有3个趾头（例如犀牛）或者1个趾头（例如马）；而偶蹄目动物有2～4个趾头，而这2～4个趾头又可以融合成1个分趾蹄（例如鹿）。

聚群行为：对于很多生活在草原的有蹄动物而言，减少被猎杀的最好办法就是大规模群居。这样每个生活在群体中的个体被猎杀的可能性都会减小。而且很多不同种类的有蹄动物也会聚在一起吃草饮水，相互照应来保证安全。

蹄和群

　　尽管奇蹄目和偶蹄目动物之间的关系不如它们和其他有蹄动物密切，但它们都靠其由蹄子包覆的趾尖站立。这种趾行性，加上细长的指（趾）骨（类似人类的手骨和脚骨），使其可以伸长腿站立，因此步伐更大，奔跑速度也更快。同时，有蹄动物有可活动的耳朵、锐利的立体视觉和灵敏的嗅觉，以便侦察危险。

　　几乎所有的有蹄动物都是食草动物，长有适合研磨食物的牙齿，它们有特殊的消化系统，能分解植物细胞壁中难以分解的纤维质。食物通常在后肠或特殊的胃室中，由寄生其中的微生物发酵。

　　大象、蹄兔和土豚不具有真正的蹄子，因此它们无法像真有蹄类那样站立。大象只用包覆在脂质硬皮中的脚趾接触地面，蹄兔和土豚则是全足着地。

　　鲸、海豚、儒艮和海牛已经完全适应了水中的生活，它们的身体呈流线型，蹄也演化成了鳍。鲸和海豚是在近期才被归类为有蹄动物的，基因研究表明，它们是河马的近亲。

反刍：有蹄动物大多靠特殊的消化器官来帮助其消化分解植物的纤维素。很多偶蹄目动物，如鹿、牛和羊都具有反刍功能。它们的第一个胃叫作瘤胃，用来初步发酵咀嚼过的食物；之后，食物会再次回流到嘴里被咀嚼。有蹄动物的反刍需要4天左右来完成，这样植物中绝大部分的营养都会被吸收。而奇蹄目动物，如马、貘和犀牛的反刍在后肠（盲肠和大肠）中进行，这个反刍只需要2天，比偶蹄目动物的分解效率要低。因此，奇蹄目动物需要进食更多的植物来保证所需的营养。

雪羊：北美洲的雪羊为了躲避捕食者而生活在落基山脉北部的岩石峭壁上，啃食生长在岩缝中的细小植物。野生雪羊的前足非常有力，可以帮助它们在陡坡间自由上下，而它们可以分开的蹄子下长有硬垫，也可以增加抓地力。野生雪羊的蹄子可以紧紧收起来抓住岩石边缘，也可以完全张开来减速。

河马的大嘴：河马分布于整个非洲。它们一般夜间上岸，啃食旱地的草。河马的下颌骨深深地铰接在头骨上，因此它们可以把嘴张得非常大，甚至可以达到150°以上，而人类只能张到50°左右。雄河马的下犬齿非常长，在和其他雄性河马争夺配偶权时，下犬齿会作为武器使用。

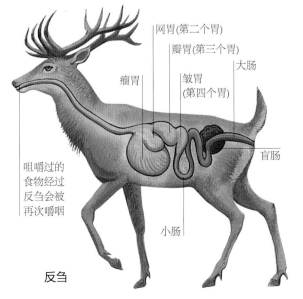

网胃(第二个胃)
瓣胃(第三个胃)
大肠
瘤胃
皱胃
(第四个胃)
盲肠
咀嚼过的
食物经过
反刍会被
再次嚼咽
小肠

反刍

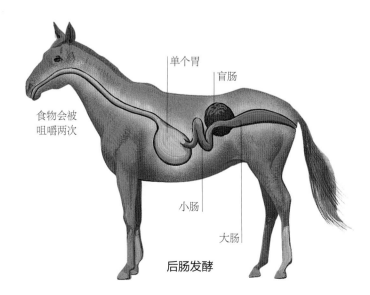

单个胃
盲肠
食物会被
咀嚼两次
小肠
大肠

后肠发酵

大象

纲:	哺乳纲
目:	长鼻目
科:	象科
属:	2
种:	2

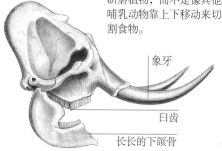

适合研磨的颌骨：和其他有蹄动物一样，大象在咀嚼时通过左右移动下颌来研磨植物，而不是像其他哺乳动物靠上下移动来切割食物。

象牙

臼齿

长长的下颌骨

成年象一般重达6吨，是世界上最大的陆生动物。它们像柱子一样的四肢和宽厚的脚掌可以稳稳支撑住庞大的身体。巨大的头上长有蒲扇状的大耳朵和灵活的长鼻子。象耳上有丰富的血管，可以有效散热；炎热的日子里耳朵还能用来扇风。鼻子和上唇合而为一的象鼻由超过15万块肌肉协调，不但能拾起小树枝，还能拾起沉重的木头。大象的寿命长达70年，是除人类以外最长寿的陆生动物。由于大象非常聪明，具有很高的社会性且善于学习，因此它们经常被人类驯养。

大象的头：大象的头颅内有一个气室可以减轻头部的重量。象牙是从牙槽中伸出来的加长门齿，臼齿则像传送带一样呈水平排列。新牙会从后面长出来，慢慢前移，逐渐取代磨损的旧牙。

母系社会和狂躁的发情期

长鼻目动物出现在距今5500万年前，曾经包括巨大的乳齿象和猛犸象。长鼻目动物曾广泛分布于除大洋洲和南极洲之外的各个大陆，包括从极地到雨林的各种栖息地；可惜，长鼻目动物如今只在亚洲或非洲的热带森林、稀树草原、大草原和沙漠地带可见。

为了给其庞大的身躯提供能量，大象每天要花18~20小时来觅食，有时甚至需要长途跋涉寻找食物。成年象每天至少需要吃150千克的植物，喝160升水。

大象的基本群体单位是有血缘关系的雌象以及它们的后代组成的家庭团体，由一头雌象领导。成年雄象只有交配时暂时生活在象群中，其他时间都独居或与其他雄象生活在一起。几个小的象群又会组成一个大的群体。为了维持它们的群体关系，大象之间有一套沟通方法，其中最主要的方法是接触（如交缠象鼻互相问候）、叫声（大象的有些叫声频率非常低，人耳无法听到，却可以传到4千米以外）和姿势（如卷起鼻子就是警告的意思）。

处于发情期的成年雄象的睾丸素水平会大大提高，位于耳朵和眼睛之间的性腺会分泌出一种液体。在此期间，雄象的性情会变得非常暴躁，喜欢打架，并且会不远千里去寻找雌象。

象牙交易：直至1989年的《濒危野生植物种国际贸易公约》禁止象牙贸易，非洲象的数量已经从近200万头锐减至50万头。如今形势虽有改善，但大象保护工作仍旧面临挑战。

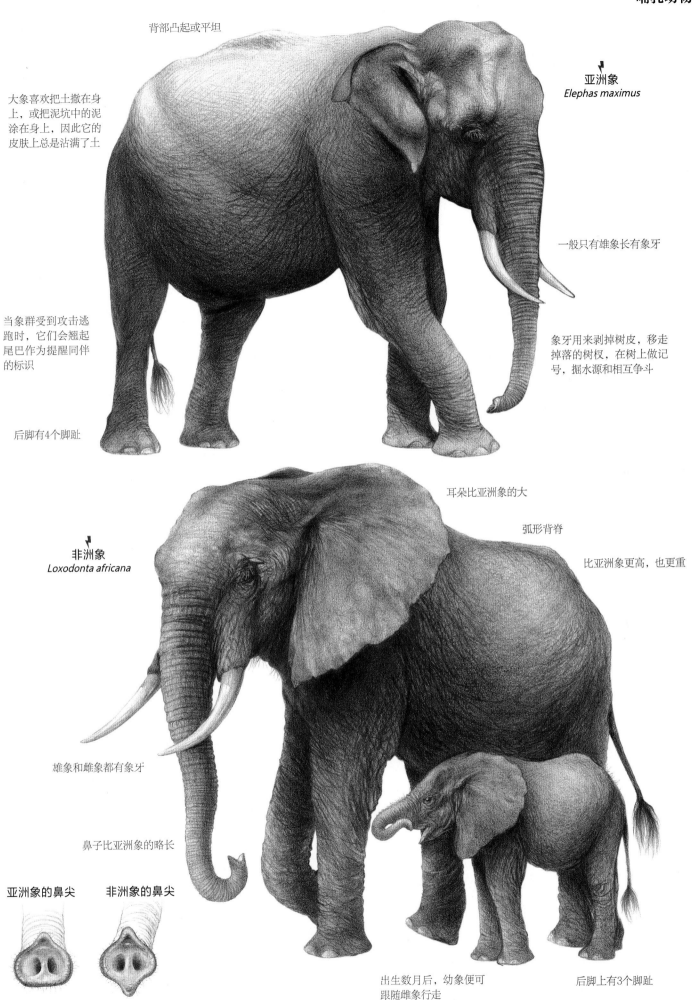

背部凸起或平坦

大象喜欢把土撒在身上，或把泥坑中的泥涂在身上，因此它的皮肤上总是沾满了土

亚洲象
Elephas maximus

一般只有雄象长有象牙

当象群受到攻击逃跑时，它们会翘起尾巴作为提醒同伴的标识

象牙用来剥掉树皮，移走掉落的树杈，在树上做记号，掘水源和相互争斗

后脚有4个脚趾

非洲象
Loxodonta africana

耳朵比亚洲象的大

弧形背脊

比亚洲象更高，也更重

雄象和雌象都有象牙

鼻子比亚洲象的略长

亚洲象的鼻尖　　非洲象的鼻尖

出生数月后，幼象便可跟随雌象行走

后脚上有3个脚趾

灵活的象鼻：大象的鼻子可以用来爱抚、抬物、进食、拂尘、嗅闻，还可以当作呼吸管、武器和发声器，非常灵巧。亚洲象的鼻尖有一个手指状突起，非洲象的上下各有一个突起。

儒艮和海牛

纲:	哺乳纲
目:	海牛目
科:	2
属:	3
种:	5

海牛目动物包括儒艮和海牛，与人们想象中的美人鱼完全不同，它们全部是迟缓且温驯的水生哺乳动物，绝不敢冒险上岸来。海牛目动物是唯一一类以近海水域的水草为食的哺乳动物；由于食物种类单一，所以海牛目动物的种类也很单一。目前发现的4种海牛目动物全部生活在温暖的热带和亚热带水域中。由于缺少天敌，儒艮和海牛的身形都很大。这也使得它们成为人类攻击的目标，目前野生海牛目动物已经仅存不足13万头。

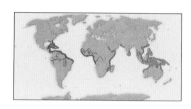

分布情况：儒艮生活在海洋区域。海牛的分布相对广泛：亚马孙海牛生活在淡水域的亚马孙河流域；美洲海牛则可以生活在淡水河流、河口或海洋环境中。

温驯的食草动物

和其他海洋哺乳动物一样，海牛目动物的身体也呈流线型，有鳍足和扁平的尾巴，并且需要到海面上换气。海牛目动物的头形与猪相似，更便于它们将草的根茎从水底的淤泥中刨出。儒艮的嘴形使其只能在海底觅食，而海牛可以在任何水域中寻找食物。

海牛目动物的牙齿非常特别，可以用不同角度来咀嚼大量植物。儒艮会先用口腔中粗糙的角质层碾压食物，而后用与猪类似的磨牙将食物磨碎，它们的臼齿一生都在不断生长。海牛用前面的磨牙咀嚼，当牙齿磨损到无法使用时，会有新牙长出替代旧牙。

海牛目动物的胃部构造很简单，但它们的肠子非常长。植物会在肠子的末端被分解吸收，类似马等偶蹄目动物的消化方式。由于分解会产生气体，使它们上浮，所以海牛目动物的骨头密度大且沉，以帮助它抵抗浮力。

由于海牛目动物的视力非常差，它们主要依靠触觉来找寻食物。另外它们在水下的听觉也很发达，声音可以通过其头骨和下颌骨。海牛目动物靠叫声与同伴交流，但没有声带的它们是如何发出声音的还是个谜。

尽管有些海牛目动物喜欢独居，但大多数海牛目动物是群居的。它们一般12头左右组成结构比较松散的群体。偶尔也会组成多达上百头的大联盟。海牛目动物通过相互碰触口鼻部来加强群体关系。

触须觅食：海牛在水中游动的速度很慢，以海洋植物为食。海牛的口鼻处长有髭毛样的触须，触须中富含触觉神经。海牛就是靠这些触须来确定食物的位置，随后用嘴唇咬住植物并将其送入口中。

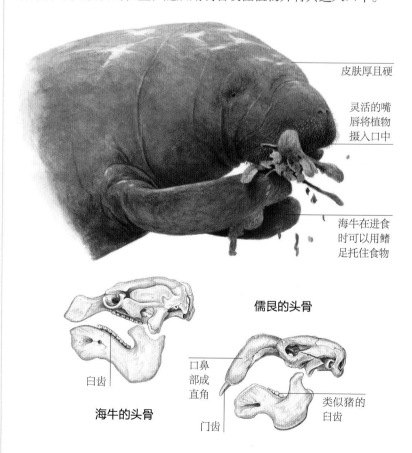

皮肤厚且硬

灵活的嘴唇将植物摄入口中

海牛在进食时可以用鳍足托住食物

儒艮的头骨

臼齿

海牛的头骨

口鼻部成直角

门齿

类似猪的臼齿

不同的头骨：海牛有一排臼齿，后面的牙逐渐前移代替前面磨损的老牙；而儒艮口鼻部的骨头成直角，臼齿数较少，终生都在生长。雄儒艮长着獠牙状的门齿。

非洲海牛
Trichechus senegalensis

船桨式的尾巴

比海牛身形小巧

鲸尾式的尾巴

儒艮
Dugong dugon

鳍上没有指甲

厚且硬的皮肤经常起褶皱

鼻孔可以闭合

美洲海牛
Trichechus manatus

鳍上长有指甲

亚马孙海牛
Trichechus inunguis

大而灵活的嘴唇上长满硬须

非洲海牛：人类对非洲海牛的研究非常有限，只知道它们是半夜行性的海洋动物，一般生活在近海海域及河流中，在浅水区或水面觅食。

🐾4米
⚖500千克
👪混居，独居、家庭式群居
↯易危
⬛️ ／ 🌿

西非沿海海域、尼罗河流域

美洲海牛：美洲海牛可以在淡水水域和海洋中自由生活。交配期时会有20头以上的雄海牛为了赢得一头雌海牛的芳心而展开长达1个月的竞争，胜利者才可以得到交配权。

🐾4.5米
⚖600千克
👤独居
↯易危
⬛️ ／

美国佐治亚州和佛罗里达州至巴西；奥里诺科河流域

亚马孙海牛：由于亚马孙河底淤泥很多，少有植物生存，亚马孙海牛多靠漂浮的水草或生长在水面上的水葫芦为食。

🐾2.8米
⚖500千克
👤独居
↯易危
⬛️

亚马孙河流域

马科动物

纲：	哺乳纲
目：	奇蹄目
科：	马科
属：	1
种：	9

马科动物包括马、斑马和驴。它们的体形都较大，奔跑轻盈，靠群居来躲避捕食者。马科动物靠每只脚上的一个独立的趾站立，可以保证快速起跑。马科动物的长腿靠踝关节的锁死来保持平衡，而不是靠肌肉，能够在它们长时间站立进食时节省体能。马科动物的牙齿也更加适应吃草和其他植物。它们用门齿来切割食物，用咀嚼面有很多瘤状突起的臼齿研磨植物。植物纤维素则在后肠中被消化。因此马科动物可以完全依靠低能量的干草为生。

野外分布：马科动物可以生存在非洲和亚洲的大草原、稀树草原及沙漠地带。但由于人类为获取其肉和皮毛而大量猎杀，以及其他食草动物的竞争，野生马科动物已经濒临灭绝。

进化的马科动物

所有马科动物身上都长有厚毛，长长的颈脊处长有鬃毛。大部分马科动物是单一毛色，只有斑马拥有独特的黑白条纹被毛。它们的双眼长在头的两侧，为其提供了全方位的视觉；耳朵直立且灵活，听觉敏锐。尽管马科动物一般遇到危险时会迅速逃跑，但也会在需要的时候踢咬敌人。它们具有很高的社会性，会发出高低不同的叫声与同伴进行沟通。而它们的尾巴、耳朵和嘴的姿势以及气味等也都是交流的方式。

大约在5400万年前，出现了第一只类马动物。这种类马动物与狗一般大小，靠脚底的软垫行走。北美洲是马科动物进化发展的主要地区。早在距今500万年前，北美洲就出现了单蹄的类马动物。马科动物随后被引进到非洲和亚洲，并在那里演变出斑马和驴等种类。在冰河期的最后阶段，马科动物从北美大陆消失，如今的北美马科动物是后来由欧洲引进的。

早在公元前3000年，人类就已经开始在中东地区驯化马，随后的500年间，跑得更快也更强壮的家马就遍布中亚。家马大大促进了农业、运输业、猎食业和战争的发展。今天所有的野马都是由家马野化形成的，它们的足迹遍及除南极洲以外的所有大洲。

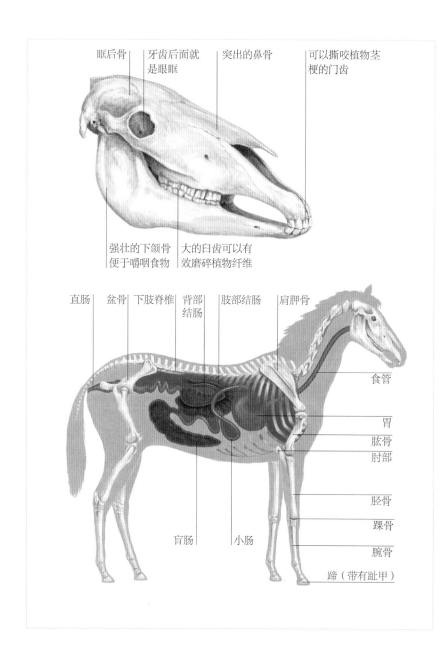

眶后骨　牙齿后面就是眼眶　突出的鼻骨　可以撕咬植物茎梗的门齿

强壮的下颌骨便于嚼咽食物　大的臼齿可以有效磨碎植物纤维

直肠　盆骨　下肢脊椎　背部结肠　肢部结肠　肩胛骨

食管

胃

肱骨

肘部

胫骨

踝骨

腕骨

盲肠　小肠

蹄（带有趾甲）

马的解剖图：马只咀嚼一次食物，但马的牙齿非常坚硬，可以切断植物的硬纤维。马也只有一个胃，却有非常长的肠道消化系统，可以完全消化掉植物的纤维素。

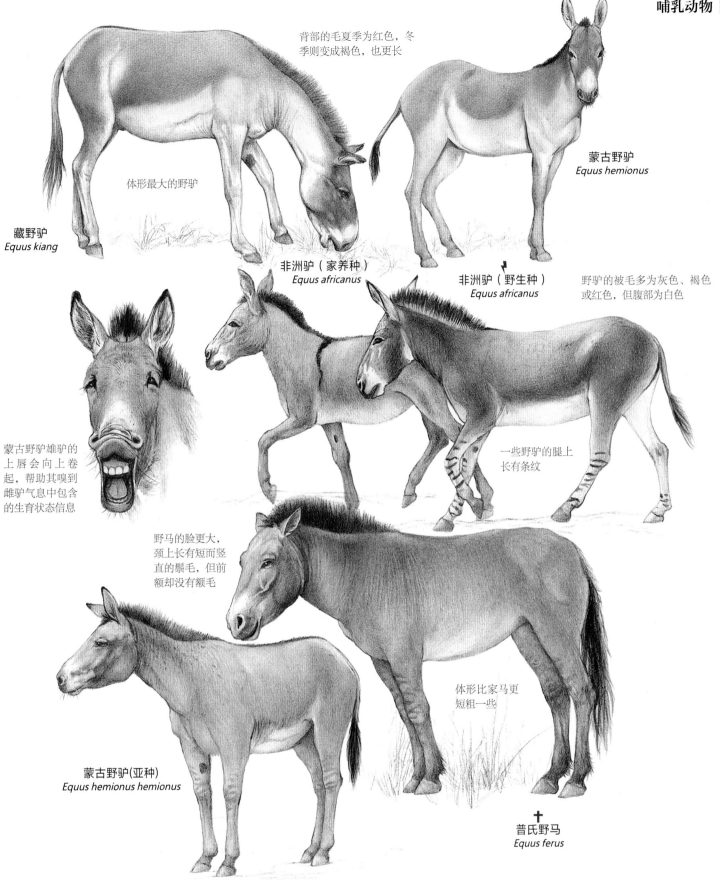

背部的毛夏季为红色，冬季则变成褐色，也更长

蒙古野驴
Equus hemionus

体形最大的野驴

藏野驴
Equus kiang

非洲驴（家养种）
Equus africanus

非洲驴（野生种）
Equus africanus

野驴的被毛多为灰色、褐色或红色，但腹部为白色

蒙古野驴雄驴的上唇会向上卷起，帮助其嗅到雌驴气息中包含的生育状态信息

一些野驴的腿上长有条纹

野马的脸更大，颈上长有短而竖直的鬃毛，但前额却没有额毛

蒙古野驴(亚种)
Equus hemionus hemionus

体形比家马更短粗一些

普氏野马
Equus ferus

藏野驴：野驴群以一头老年雌驴为头领，由多达400只雌驴和它们的幼崽组成。雄驴多独居，但也会在冬季组成小团体。而在夏季交配期内，雄驴会尾随雌驴群，和多头雌驴进行交配。

- 🐎 2.5米
- 🐎 1.4米
- ⚖ 400千克
- 👥 混居
- ↯ 无危

青藏高原

波斯野驴：波斯野驴是马科动物中跑得最快的，瞬间速度可以达到70千米每小时。它们一般生活在干旱地区。驴群的结构很松散，成员之间也没有固定的社会关系。

- 🐎 2.5米
- 🐎 1.4米
- ⚖ 260千克
- 👥 群居
- ↯ 罕见

印度、伊朗；重新引进到土库曼斯坦

非洲驴：非洲驴已经非常稀少，仅存不到3000头。非洲驴早在6000年前就已经被驯化，至今仍是人类重要的劳动帮手，它们具有非凡的耐力，可以在炎热的环境下凭很少的食物和水存活很长时间。

- 🐎 2米
- 🐎 1.3米
- ⚖ 250千克
- 👥 群居，母系社会
- ↯ 极危

埃塞俄比亚、厄立特里亚、索马里、吉布提

体形最大的野生马科动物

细纹斑马
Equus grevyi

黑白条纹间隔均匀

平原斑马（南部型）
Equus quagga

耳朵比其他种类的斑马短

平原斑马（北部型）
Equus quagga

身上的黑白条纹更宽

山斑马
Equus zebra

每一匹斑马的条纹都是独一无二的

臀部的条纹比身体其他部位的更宽

山斑马驹在出生一小时内即可行走

山斑马驹

表情的含义：和其他马科动物一样，斑马用一系列的视觉表情来表达自己的情绪。在争夺配偶权时，公马会不停地摇头，拱起颈部，不停用蹄刨地直至它们开始正式踢咬对方。尽管马科动物遇到攻击时一般会逃跑，但必要时，雌雄斑马都会踢咬对方来积极防御。

准备撕咬：雄马会在真正撕咬之前做出撕咬的动作。

准备踢：受到威胁的马科动物会用后腿踢踹敌人。

抵挡威胁：马科动物会张大上唇，喷出液体来吓走敌人。

貘

已出土化石证明，貘科动物比马或者犀牛出现的时间还要早，但在过去的3500万年间，它们在各方面基本没有变化。貘科动物生活在热带雨林中，大小同驴相似。它们的身体矮胖，但富有流线型，这样的身形非常有利于其在厚厚的灌木丛中寻找食物。貘的长鼻子像个呼吸管，十分灵活，可用来抓取食物。因为嗅觉灵敏，貘还可以通过气味判断是否有危险。貘一般栖息在灌木丛中，晚上出来活动，以树叶、嫩芽、细枝以及低矮树种的果实为食。貘善于游泳，所以它们也会采食水生植物。刚出生的幼崽身上长有细纹，便于更好地隐藏在洒满阳光的森林中。出生一周后，幼崽就可以跟着母亲出去觅食。到了2岁左右就必须离开母亲独立生活。

| 纲：哺乳纲 |
| 目：奇蹄目 |
| 科：貘科 |
| 属：1 |
| 种：4 |

分布区域减少：貘曾经广泛分布于北美洲、欧洲和亚洲，但现在只在中美洲、南美洲有3种貘，在东南亚有1种貘存在。貘多独居，活动范围也相对较小；它们靠叫声和气味进行沟通。

幼貘的身上长有细纹，帮助它们在母亲不在的时候伪装于环境中，以免受到攻击

短且粗的硬鬃毛

南美貘
Tapirus terrestris

背部分为明显的黑白两色，可以帮助其更好地隐藏在雨林栖息地的环境之中

马来貘
Tapirus indicus

南美貘：南美貘在躲避美洲豹的追捕时，会慌忙地逃入水中，但也因此非常容易被鳄鱼吃掉。然而对于南美貘来说，最大的天敌是人类。

- 🐘 2米
- 📏 1.1米
- ⚖ 250千克
- 独居
- ↟ 易危

南美洲热带地区（安第斯山脉东侧）

马来貘：马来貘是亚洲仅存的貘。求偶期的雌雄马来貘会一边鸣叫一边并排绕圈走，互相闻对方的生殖器。

- 🐘 2.5米
- 📏 1.2米
- ⚖ 320千克
- 独居
- ↟ 易危

缅甸、泰国、马来半岛、苏门答腊岛

水中避难：貘一般生活在近水域。它们会花大量时间躲在水中，只把鼻子露出水面呼吸。这样不仅可以躲过猎杀，同时可以有效解暑。如今，貘的数量因栖息地被破坏、人类的猎杀和所食物种的减少而大量减少。

犀牛

纲：	哺乳纲
目：	奇蹄目
科：	犀科
属：	4
种：	5

犀牛的口鼻部上方长有巨大的单角或双角，是其最典型的特征。犀牛用它醒目的角与同类争斗、保护幼崽免遭捕食者伤害、引领幼崽，它们还会用角把粪便堆在一起做路标。犀牛角由纤维角蛋白组成，是名贵的药材，但犀牛也因此被人类大量猎杀。目前现存的5种犀牛都面临灭绝的危险，非洲仅存不到1.5万头野生犀牛，亚洲则只有不到3000头。

分布稀少：犀牛科动物曾经广泛分布在地球各处，并且种类十分丰富。例如在最后一个冰河期，距今1万年前，已灭绝的毛犀牛曾经遍布欧洲大陆。如今仅存的5种犀牛中，白犀和黑犀分布于非洲，印度犀、爪哇犀和苏门答腊犀分布于亚洲。

庞大的食草动物

犀牛靠其短粗的4条腿支撑着巨大的身体。犀牛的每只脚上长有3个被蹄子包覆的梅花状脚趾。它们厚硬且富有褶皱的外皮多为灰色或棕色，但由于犀牛喜欢在水塘中打滚，皮肤上总是沾有干了的淤泥。尽管白犀和黑犀从名字看颜色完全不同，实际上它们看上去都是泥色的，因为那是它们共同的栖息地泥塘中泥土的颜色。

犀牛的进食速度很慢，寿命长达50年。由于栖息地的减少和人类的猎杀，犀牛的数量大量减少。雌犀牛的妊娠期为16个月，每次只产1崽。小犀牛会跟随母亲生活2~4年，下一胎出世后，小犀牛就必须独立生活。大多数犀牛独居，只是在交配期时雌雄犀牛会结伴生活几个月。有时候雌犀牛和其幼崽会与其他雌犀牛和其幼崽结成临时的联盟。雌性白犀牛们会将小犀牛们团团围住来保护它们的安全。

非洲犀牛与同类争斗时会用它们的角做武器，亚洲犀牛则用锋利的门齿和臼齿进行攻击。在两头犀牛真正打架前，它们会相互摆出一系列姿势，例如将角扭在一起，用角磨地和撒尿等。黑犀相对更好斗，大约每次争斗都会有一半的雄犀牛和1/3的雌犀牛死亡。

防御措施：犀牛有2种方法防御敌人：它们庞大的身体和长长的角。雄犀牛用角与同伴争夺交配权；雌犀牛用它保护幼崽。

背部隆起中的韧带可以帮助
支撑其巨大的头

苏门答腊犀
Dicerorhinus sumatrensis

白犀
Ceratotherium simum

双角中的前角更长

具有卷握功能的嘴
唇便于吃草

其拉丁名源自非洲土语
veit，指犀牛的大嘴

爪哇犀
Rhinoceros sondaicus

印度犀
Rhinoceros unicornis

小犀牛在出生数天后就
可以跟随母亲行走

黑犀
Diceros bicornis

白犀：现存体形最大的犀科动物。头部较长，方大的上唇可以咬食到短小的草。尽管它们看上去很庞大，其实性情非常温驯。

🐃 4.2米
📏 1.9米
🧳 3.6吨
🐾 混居、独居、家庭式群居
⚡ 近危
🏛 早期分布

非洲撒哈拉沙漠以南

苏门答腊犀：是现存体形最小，也是最濒危的犀科动物之一。唯一的双角亚洲犀牛种类。目前野生苏门答腊犀不足300头。它们主要以树的嫩叶为食。

🐃 3.2米
📏 1.5米
🧳 2吨
🐾 独居
⚡ 极危
🏛 早期分布

泰国、缅甸、马来半岛、苏门答腊岛、加里曼丹岛

印度犀：体形最大的独角类犀牛。它们主要以长得较高的草为食，但也吃灌木、谷物和水生植物。为了避暑，它们多在晨曦或傍晚，甚至夜间出来觅食。

🐃 3.8米
📏 1.9米
🧳 2.2吨
🐾 独居
⚡ 濒危
🏛 早期分布

尼泊尔、印度东北部

蹄兔

纲：	哺乳纲
目：	蹄兔目
科：	蹄兔科
属：	3
种：	7

蹄兔有老鼠大小，但看起来更像是豚鼠，因此常被误认为是啮齿动物，但它们却是有蹄动物。它们的脚上长有扁平的蹄子一样的趾甲。研究表明，数百万年前，蹄兔和貘的大小差不多，广泛生活在北非地区。但由于更大的有蹄动物羚羊和牛的出现，蹄兔的数量开始逐渐减少。目前仅存的蹄兔性情胆小，反应敏捷，在受到惊吓时会迅速跳上陡峭的岩石或树枝。蹄兔的脚底长有肌腱保持平衡，柔软的脚垫上有腺体保持湿润，而长在中趾上的肌腱形成了小的肉垫，可以使其稳稳地抓住地面。有些蹄兔喜欢群居，其群体成员数量可多达80只。

从非洲到中东：蹄兔曾经遍布全球，并且拥有很多种类。但如今只剩下7种，分布在3个区域。岩蹄兔分布在非洲大部分地区和中东少数地区；黄斑蹄兔分布在非洲东部；树蹄兔则只生活在非洲的森林里。

南树蹄兔
Dendrohyrax arboreus

蹄状趾甲

黄斑蹄兔
Heterohyrax brucei

大眼具有更敏锐的视力

长胡须可以不断再生

岩蹄兔
Procavia capensis

相拥取暖

与大多数小型哺乳动物习惯夜间捕食正相反，蹄兔白天活动。蹄兔不能很好地调节自身体温，因此它们大多相拥取暖或者晒太阳取暖。蹄兔以家庭为单位生活。一般一个家庭包括作为首领的一只雄蹄兔、几只雌蹄兔和它们的幼崽。雌蹄兔会永远留在群体里，雄性则在2岁大时离群。因此，雄蹄兔们都生活在群体周边，伺机夺取首领位置。

蹄兔可以在方圆1.3千米的范围内觅食。岩蹄兔主要以草为食，黄斑蹄兔和南树蹄兔则吃树叶；它们靠多个胃来消化植物的纤维素。

蹄兔可以发出一种独特的、其他动物都不具有的高音。这种在地面群居的小动物的叫声内容十分丰富，例如，南树蹄兔在夜间会发出一系列以巨大的嘎嘎声开头、以尖叫声结束的叫声。蹄兔的语言会不断变化和增加，叫声会随着年龄的增长而逐渐加强。

杂居

蹄兔是为数不多的可以2种不同种类和平共处的哺乳动物。黄斑蹄兔和岩蹄兔晚上生活在同一处岩石丘洞中，白天在岩壁上相拥晒太阳。两种群之间并不会异种交配，但雌兔却大多会同时产崽，而且两个群体的成员都非常爱护幼崽。为避免竞争，它们会选择不同的食物。

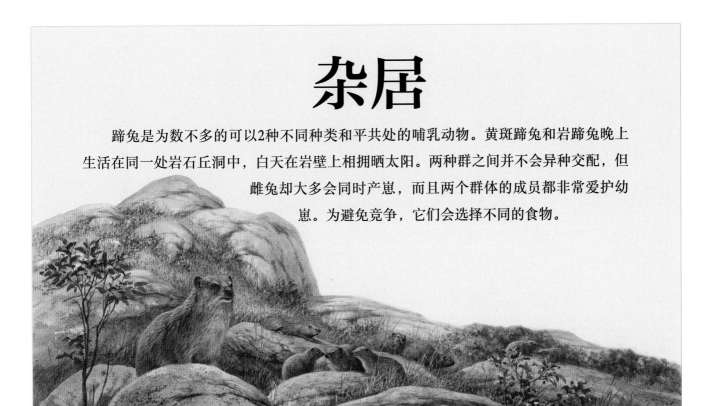

土豚

纲：哺乳纲
目：管齿目
科：土豚科
属：1
种：1

坚定的挖掘者：土豚会用它长着4个铲状爪的前肢挖掘洞穴，刨出食物。

土豚是土豚科仅存的物种。它和家猪一般大小，体形矮胖，口鼻较长，耳朵大；由较早期的有蹄动物进化而来，喜欢独居。这种专业食蚁动物会在天黑之后从它的洞穴中钻出来，寻找蚂蚁和白蚁。每只土豚一晚上可以吃掉5万只蚂蚁。土豚的嗅觉十分灵敏，可以帮助它们找到食物，它们会用有力的爪形足挖掘，只需要几分钟就可以挖开一个白蚁丘。挖土时，土豚长满毛的鼻孔会收缩，耳朵平倒在颈背避免泥土进入。土豚并不咀嚼昆虫，而是用长且黏液丰富的舌头粘走昆虫，直接吞入肌肉发达的胃中。

土豚：土豚居住在蚁穴附近。尽管人们并不认为土豚有灭绝的危险，但它们单一的食物来源和对栖息地的依赖使得它们的适应能力非常差。另外，土豚十分胆小，且在夜间觅食，因此人们很难在野外环境下看到它们。

厚厚的皮毛可以有效阻挡蚂蚁的叮咬

土豚
Orycteropus afer

前肢长有4个铲状爪

牛科动物

纲：	哺乳纲
目：	偶蹄目
科：	牛科
属：	47
种：	135

牛科动物包括数百万头的家牛、绵羊、山羊和水牛等。目前野生牛科动物有135种，成员既包括只有25厘米高、2.3千克重的贝氏岛羚，也有肩距约为2米、可达到1吨重的巨大的野牛。牛和其近亲们起源于欧亚大陆和北美地区，被引进澳大利亚的牛已成功野化，但如今牛科动物数量最多且种类最丰富的地区还是非洲的大草原、稀树草原和森林。

分布广泛：牛科动物可以生活在炎热的沙漠地带、雨水充沛的热带雨林以及严寒高海拔的山地。澳大利亚和南美洲没有土生的野生牛科动物，现有的野牛是从家牛野化而来的。目前全球家牛的数量已超过1000万头，它们全都由古代欧洲野牛驯化而成。野牛在1627年一度灭绝。

危险之旅：世界上公认最惊险的动物迁徙就是黑尾角马每年横渡马拉河。黑尾角马会齐聚在河岸边，直到多到不得不渡河时，一起跳进河里奋力向对岸游。而黑尾角马的渡河也给河里的鳄鱼带来了绝好的猎食机会。无数的鳄鱼会在河里静待角马们渡河，狮子和鬣狗也守在岸上，伺机猎杀角马。

多样化的大家庭

牛科动物都是反刍动物，有4个胃用来发酵和消化植物纤维。牛科动物的反刍行为使其仅靠低能量的草就可以生存，因此它们的足迹才可以遍布全球。吃草的牛科动物身形庞大，这样才能容下它们巨大的胃，羚羊和其他身形细长的牛科动物则会选择能量较高的植物为食。

所有雄性牛科动物和大部分雌性都长有角，一般不能再生。牛科动物的角上有不规则对称的突起，它们的角有大有小，形状有直有弯，还有螺旋形的。为了快速逃离危险，牛科动物靠脚中间的2个脚趾站立，这2个脚趾形成了一个可分开的蹄。它们脚趾主要的骨头融合成了管骨，可有效降低奔跑产生的阻力。

有些牛科动物喜独居或结伴，但大部分都是大规模群居。群体一般由1头雄性头领、一群雌性和其幼崽组成。其他雄性多独居或三五成群，伺机争夺头领地位。群体生活会减少被捕食的风险，还可让成员交流食物信息。

坦桑麂羚
Cephalophus spadix

黄背小羚羊
Cephalophus silvicultor

不同种类的麂羚大小不同，但它们的身形基本一致

红腰小羚羊
Cephalophus rufilatus

普通小羚羊
Sylvicapra grimmia

每只眼睛的下方各有一个大腺体，产生的分泌物可用于做记号

斑背小羚羊
Cephalophus zebra

角短，呈圆锥形

艾氏小羚羊身体两侧各有一条明显的白色毛带

艾氏小羚羊
Cephalophus adersi

奥氏小羚羊
Cephalophus ogilbyi

斑背小羚羊：斑背小羚羊背部的花纹非常显眼，和斑马一样，斑背小羚羊的背纹也是独一无二的。它们多成对结伴居住，白天觅食，通过互相梳理毛发来增进感情。

🐃 90厘米
🧍 150厘米
⚖ 20千克
👥 混居，独居、结伴居住
❗ 易危

利比里亚

普通小羚羊：夜间觅食，一般居住在较高纬度的非洲森林地带。普通小羚羊奔跑的速度非常快，耐力也比其天敌如大型猫科动物、狗、狒狒、蟒蛇、鳄鱼和鹰好。

🐃 115厘米
🧍 150厘米
⚖ 21千克
👤 独居
❗ 普通

非洲撒哈拉沙漠以南的非雨林地带

艾氏小羚羊：喜结伴白天觅食，主要捡食猴子或者鸟类掉落在森林地面上的花、果实和叶子等。

🐃 72厘米
🧍 32厘米
⚖ 12千克
👥 混居，独居、结伴居住
❗ 濒危

桑给巴尔、肯尼亚西南沿海地区

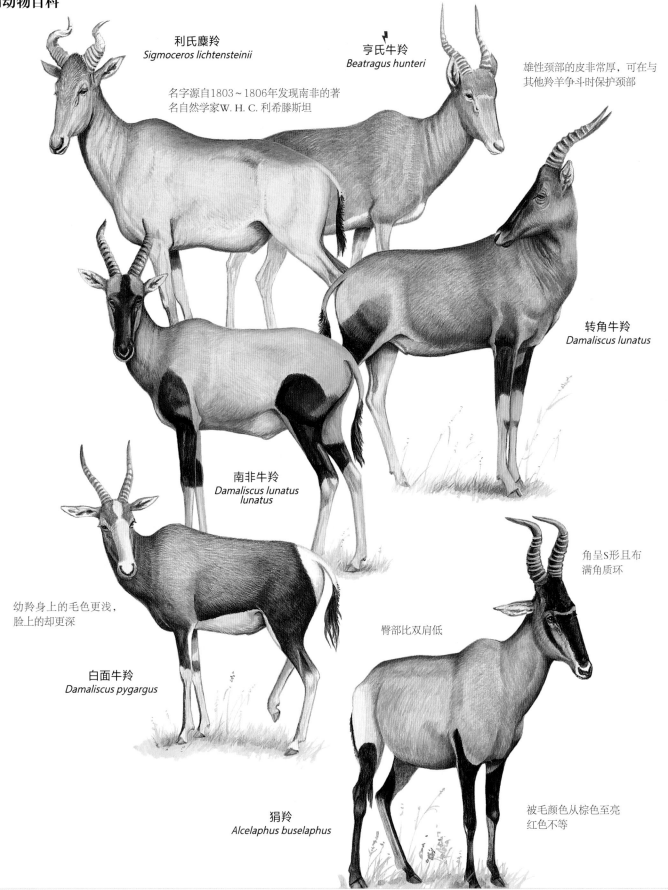

利氏麋羚
Sigmoceros lichtensteinii

名字源自1803～1806年发现南非的著
名自然学家W. H. C. 利希滕斯坦

亨氏牛羚
Beatragus hunteri

雄性颈部的皮非常厚，可在与
其他羚羊争斗时保护颈部

转角牛羚
Damaliscus lunatus

南非牛羚
*Damaliscus lunatus
lunatus*

角呈S形且布
满角质环

臀部比双肩低

幼羚身上的毛色更浅，
脸上的却更深

白面牛羚
Damaliscus pygargus

狷羚
Alcelaphus buselaphus

被毛颜色从棕色至亮
红色不等

利氏麋羚：生活在稀树草原。雄性利氏麋羚统治
着一个由3～10头雌羚羊和其幼崽组成的群体，
头领多用角在地上画出记号来表明自己的地位。
雄羚羊用角争夺交配权。

🦌 2.1米
🦌 1.3米
⬛ 170千克
🐾 群居，小群居住
🔱 依赖保护

非洲南部

南非牛羚：南非牛羚每年交配一次。大的群体里
的幼羚一般被成群的成羊所保护，而小群体里的
幼羚在成羊觅食时要靠躲藏在茂密的植被中来保
证安全。

🦌 2.6米
🦌 1.2米
⬛ 140千克
🐾 群居
🔱 依赖保护

非洲撒哈拉沙漠以南的热带稀树大草原

狷羚：狷羚长相难看，且背部是倾斜的，但它
的奔跑速度可以达到80千米每小时。它们喜欢生活
在邻近森林的宽阔平原上。

🦌 1.9米
🦌 1.3米
⬛ 150千克
🐾 群居
🔱 依赖保护

萨赫勒地区、塞伦盖蒂草原、纳米比亚至博茨瓦纳

角可以长达1.5米

南非剑羚
Oryx gazelle

黑色簇状的尾巴

S形，呈脊状的角只有
雄性才有

腿部、侧腹部和脸上有明显
的黑色条纹

黑斑羚
Aepyceros melampus

可以跳起3米高

斑纹角马
Connochaetes taurinus

后蹄黑色斑
毛下长有气
味腺

背部长有
竖直条纹
状的长毛

白尾角马
Connochaetes gnou

南非剑羚：剑羚群一般由40头羚羊组成，但在雨季成员数可以达到上百头。在干旱期，剑羚可以持续几天长途跋涉而不需要喝水，只靠从植物果实和根茎中获取的水分生存。

　🐂1.5米
　📏1.2米
　⚖240千克
　👣群居
　🌿依赖保护

非洲东部和西南部

黑斑羚：黑斑羚在雨季主要吃新鲜的草，干旱期则转而啃食植物。当黑斑羚受到威胁时会快速逃跑，但有时也会乱跳来迷惑敌人。

　🐂1.5米
　📏90厘米
　⚖50千克
　👣群居
　🌿依赖保护

非洲东部和南部的稀树大草原

黑尾角马：群体中的大部分黑尾角马会同时受孕，在近8个月的孕期后，会在临近的3周内同时产崽。幼崽会在出生后几分钟学会站立和吃奶，而40分钟后就会奔跑。

　🐂2.3米
　📏1.5米
　⚖250千克
　👣群居
　🌿依赖保护

非洲东部和南部

长颈羚
Litocranius walleri

可以靠两条后腿直立
以便啃食大多数羚羊
够不到的树叶

大耳羚
Dorcatragus megalotis

跳羚
Antidorcas marsupialis

藏羚
Pantholops hodgsonii

印度羚
Antilope cervicapra

沙羚
Ammodorcas clarkei

高鼻羚羊
Saiga tatarica

宽大的鼻腔夏季可阻挡灰尘，
冬季可温暖吸入的冷空气

弹跳： 瞪羚时常会反复弹跳。弹跳时它们弓着背，不停地踢腿，且四脚同时着地。瞪羚之所以会弹跳，是由于过于兴奋或警觉，靠弹跳来迷惑或警告敌人。当瞪羚弹跳时，其臀部被尾部盖住的白色褶皱皮肤会完全暴露在外。

跳羚： 跳羚得名于其不停地弹跳，它们可以跳起达4米高。

高鼻羚羊： 虽然个子矮小，但其螺旋的角和宽大的鼻子却非常醒目。高鼻羚羊在夏季迁徙时会形成上千头羚羊混合在一起的大群体。

🐂 1.4米
📏 180厘米
⚖️ 69千克
👥 群居
↯ 极危

俄罗斯、哈萨克斯坦、乌兹别克斯坦、土库曼斯坦、蒙古国

侏羚
Ourebia ourebi

气味腺位于双眼下方

小岩羚
Raphicerus campestris

雄性头上长有钉子状的角

山羚
Oreotragus oreotragus

艮氏犬羚
Madoqua guentheri

钉状蹄便于其在岩石地带行走

水羚
Kobus ellipsiprymnus

苇羚多生活在近水区域

苇羚
Redunca redunca

山苇羚
Redunca fulvorufula

小岩羚：以营养丰富的新鲜树叶、花朵、水果和嫩芽为食。小岩羚是唯一一种在撒尿和排便之前及之后会刨地的牛科动物。

🐂85厘米
🦌50厘米
⚖11千克
🏠混居，独居、结伴居住
↯普遍

非洲东部和南部

水羚：水羚群中的老弱羚羊是敌人的首选。然而，水羚随着年龄的增长，会从其汗腺中排放出越来越难闻的气味，以此来逼退敌人的进攻。

🐂2.4米
🦌1.4米
⚖300千克
🏠群居
↯依赖保护

非洲撒哈拉沙漠以南的稀树大草原

山苇羚：可以在环境条件适宜的任何时候交配。和其他羚羊与鹿一样，山苇羚的臀部也有一块被尾巴盖住的白色皮毛，会在其弹跳时露出来。

🐂1.3米
🦌72厘米
⚖30千克
🏠群居，母系社会
↯依赖保护

非洲中部、东部和南部的山区

汤氏瞪羚
Eudorcas thomsonii

苍羚
Nanger dama

雄性的角比雌性
的更长更硬

格氏瞪羚
Nanger granti

鬣羚
Capricornis sumatraensis

雄性间的争斗：雄羚间会在交配期内就头领地位进行争斗。获胜的雄羚会用从眼下方的气味腺中分泌的液体以及尿液、粪便做记号，昭告自己的胜利和权威。雄羚间的争斗开始的信号是雄羚抬起头让角倒向颈脊，然后低头使角竖立，最后，雄羚低头让角指向对方，随后战斗便开始了。

汤氏瞪羚：90%的食物来源是草。成年雄羚会争夺小而松散的羚羊群的头领地位。而汤氏瞪羚群一般由一群共同觅食的雌羚和它们的幼崽组成。

🐂 1.1米
📏 165厘米
⚖ 25千克
👣 群居
↯ 依赖保护

非洲东部

格氏瞪羚：在求偶时有一套礼仪：雄羚一般跟随在雌羚后面，发出喷唾液的声音并抬头翘尾。格氏瞪羚可以靠后腿单独站立，以便够到更有水分的嫩叶。

🐂 1.5米
📏 195厘米
⚖ 80千克
👣 群居
↯ 依赖保护

非洲东部

西班牙羱羊
Capra pyrenaica

西高加索羱羊
Capra caucasica

毛色在夏季
会变得更红

外层毛很长，
内层毛很密，
这样可以有效
抵御严寒

雪羊
Oreamnos americanus

蹄垫非常灵
活，可以根
据地面的凹
凸来自动调
节着地厚度

臆羚
Rupicapra rupicapra

羚牛
Budorcas taxicolor

西高加索羱羊：羊群一般比较固定，由12
只羊组成。而小的羊群又可组成多达500只
左右的大群体。夏季羊群会去更高海拔的
地方吃草，冬季则转往低海拔地区以树和
灌木的叶子为食。

🐄1.7米
📏1.1米
⚖100千克
👥群居
⚡濒危

高加索山脉西部

单一食草者和广泛食草者：绵羊、山
羊、麝牛和它们的近亲被统称为羊羚，
属于羊亚科。羊羚最早出现在热带森林
中，因逐渐适应了各种极端环境（如沙
漠和高山）而遍布全球。今天，这一种
群包括只能生活在食物丰富栖息地、食
谱单一的鬣羚和可以生活在各类栖息
地、食谱丰富的臆羚。

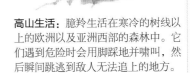

高山生活：臆羚生活在寒冷的树线以
上的欧洲以及亚洲西部的森林中。它
们遇到危险时会用脚踩地并啸叫，然
后瞬间跳逃到敌人无法追上的地方。

雄羊肩部至颈部的鬃毛更厚实

尼尔吉里塔尔羊
Nilgiritragus hylocrius

喜马拉雅塔尔羊
Hemitragus jemlahicus

阿拉伯塔尔羊
Arabitragus jayakari

角的内侧边缘非常锋利

角可达1.5米长

捻角山羊
Capra falconeri

野山羊
Capra aegagrus

中南大羚
Pseudoryx nghetinhensis

尼尔吉里塔尔羊：成群的尼尔吉里塔尔羊曾经遍布印度南部的绿草山坡，但随着人类的大量捕杀和栖息地的锐减，一度只剩下100只。随着对野生动物保护力度的加强，目前尼尔吉里塔尔羊的数量已经恢复到1000只左右。

- 1.4米
- 1米
- 100千克
- 群居
- 濒危

尼尔吉里山脉（印度南部）

捻角山羊：捻角山羊的角呈漂亮的螺旋状，多被用来作为狩猎奖品和中药材，捻角山羊因此遭到人类的捕杀。目前，它们只能躲在环境状况严酷的高纬度树线以上的地带。

- 1.8米
- 1.1米
- 110千克
- 群居
- 濒危

土库曼斯坦至巴基斯坦

中南大羚：中南大羚在1992年于越南被发现，被认为是世界上最稀少的动物之一。中南大羚群一般只由几只羚羊组成，夜间出来觅食。目前人类只在极其偏远的山区发现过几只雄羚而已。

- 2米
- 190厘米
- 100千克
- 混居，独居、家庭式群居
- 濒危

老挝、越南

雄性角的大小决定了
其地位的高低

雌性角的形状和雄性的一样，
但更小一些

蛮羊
Ammotragus lervia

下颌部的鬃毛很长，
为白色

大角羊
Ovis canadensis

雪山盘羊
Ovis nivicola

戴氏盘羊
Ovis dalli

长长的被毛几乎
垂直地面

雄性的角直接贴着长在头顶并带有一块突
起，而雌性的角较小且没有突起

麝牛
Ovibos moschatus

大角羊：为了得到交配权，雄性大角羊可以持续打斗超过24小时。它们巨大的角重达14千克，坚固的头骨靠厚厚的肌腱直接连接在脊椎骨上。

🐏1.8米
🐏1.2米
⚖135千克
👥群居
🛡依赖保护

北美洲西部

北极生存者：麝牛生活在北极圈境内的阿拉斯加、加拿大、格陵兰岛等气温接近0℃、缺少阳光的地区。为了抵御严寒，麝牛的表层被毛长至腕踝部，内层毛厚密保暖。麝牛用角和蹄子挖掘积雪下的草和苔藓为食。当受到威胁时，成年麝牛会围成圈将幼崽保护在中间。

山地水牛
Bubalus quarlesi

低地倭水牛
Bubalus depressicornis

低地倭水牛可以控制其角平倒向后背，以免在森林中行走时被灌木缠住

民都洛水牛
Bubalus mindorensis

背部的隆起中全是肌肉

美洲野牛
Bison bison

身体前部的毛比后部的长很多

巨大的肺和较高的红细胞数量可以为牦牛在高纬度地区生存保证充足的氧气

大额牛
Bos frontalis

牦牛
Bos grunniens

野生雄性牦牛的重量是野生雌性的3倍，是家牦牛的2～3倍

林牛
Bos sauveli

美洲野牛：曾经有多达6000万头美洲野牛生活在北美大陆，但目前只有少数存活在2个国家公园里。美洲野牛群一般由一群雌性野牛、它们的幼崽以及几头老年雄性野牛组成。成年雄性多独居或三五头群居。

- 3.5米
- 2米
- 1吨
- 混居
- 依赖保护

加拿大、美国西北部

大额牛：大额牛群由一头成年雄牛带领一群雌牛和它们的幼崽居住在森林里。它们清晨到森林附近的草地吃草，晚上回森林里睡觉。

- 3.3米
- 2.2米
- 1吨
- 群居
- 易危

印度至中南半岛和马来西亚岛

牦牛：尽管驯化的牦牛遍布亚洲，但野生牦牛只能生活在少数无人居住的高山苔原和高寒草原地带。

- 3.3米
- 2米
- 1吨
- 群居
- 易危

西藏

蓝牛羚
Boselaphus tragocamelus

亚洲最大的羚羊

小林羚
Tragelaphus imberbis

脊柱位置的一条
横纹贯穿体侧的
11~14道竖条纹

四角羚
Tetracerus quadricornis

大林羚
Taurotragus oryx

颈部下端的垂皮可以
帮助其散热

扭角林羚
Tragelaphus strepsiceros

雄性的角可
长达1.2米

紫羚
Tragelaphus eurycerus

德氏大羚羊
Taurotragus derbianus

牛角：所有牛科动物的角都是空心的，并且不对称生长，角骨外包裹着蛋白质。不同于象牙，长在头部的角并不会妨碍牛科动物吃草。尽管牛科动物在遇到危险时大多选择逃跑，但偶尔也会用角抵御敌人。角最大的雄性牛科动物一般会成为群体头领，也多半会在与同类竞争交配权时获胜。

最长的角距：非洲水牛的两只角之间的距离可以达到1.3米。

螺旋角：生活在非洲稀树草原的大羚羊长着螺旋状的角，角尖锋利。

鹿

纲:	哺乳纲
目:	偶蹄目
科:	4
属:	21
种:	51

鹿家族中数量最多的是鹿科动物，包括鹿及其近亲（驼鹿、麋鹿和驯鹿）。鹿和羚羊很相似，它们都有长长的身体和颈部、细长的腿、短尾、两只大眼睛以及较高的耳位。但除了驯鹿以外，一般只有雄鹿长有鹿角。鹿角由骨头构成，每年脱落更新一次。生长中的鹿角外包覆着一层天鹅绒状的皮肤，即鹿茸，鹿茸在鹿角长成后会干裂并脱落。鹿角有细小、钉状的，也有庞大、多枝杈的。

鹿群的分布：鹿遍布于西北非洲、欧亚大陆和美洲；也曾被引进到很多地区。鹿科动物主要分成2大分支：发源于亚洲的旧大陆鹿和发源于北极的新大陆鹿。

成群吃草：大部分的鹿生活在温带和热带，但也有少部分，如白尾鹿，为了躲避攻击而逐渐适应了寒冷的气候，居住在严寒地带。捕食者一般只能以群体中最弱小的鹿作为袭击目标。

大大小小的鹿

鹿科动物中既包括只有8千克重的普度鹿，也有体重超过800千克、鹿角间的宽度可以达到2米的驼鹿。栖息在中国的獐不长角，但雄獐却长有锋利的、突出唇外的尖牙。东南亚的鹿则既有钩状的鹿角又有尖牙。

作为经常被捕猎的物种，鹿有很多逃生的办法。有些鹿选择跳进可躲藏的地方，有些靠超强的奔跑速度和耐力来摆脱追击。驯鹿则靠跳过高的障碍物来甩掉小型敌人。

所有鹿都是反刍动物，都有4个胃来帮助消化。但鹿不像牛科动物可以以低能量的草为食，它们大多以利于消化的嫩枝、鲜树叶、草、地衣以及果实为食。即使是食草的鹿也会选择高能量的草。

整个鹿家族除了鹿科动物，还包括其他3科外观与鹿科动物相似的有蹄动物，分别是鼷鹿科动物、麝科动物和生活在北美洲的叉角羚科动物。

原麝
Moschus moschiferus

和其他麝科动物一样，原麝不长角，但雄性长有长出口部的尖牙

獐
Hydropotes inermis

位于腹部与生殖器之间的气味腺可产生麝香，非常名贵，原麝因此遭到大量捕杀

强有力的后腿可以帮助原麝轻松跳跃

唯一一种雄性不长角的鹿科动物

斑鼷鹿
Moschiola meminna

水鼷鹿
Hyemoschus aquaticus

大鼷鹿
Tragulus napu

小鼷鹿
Tragulus javanicus

身上的条纹或斑点可以有效地帮助其伪装在森林中觅食，避免遭到袭击

水鼷鹿：水鼷鹿居住在近水的热带森林中。它是夜行动物，多在水边觅食，一旦遇到危险就会跳入水中躲避，但却不能游太长时间。白天水鼷鹿多在森林中的低矮灌木丛中休息。

🐃 95厘米
📏 40厘米
⚖ 13千克
🐾 独居
↯ 缺乏数据
🏛 🌿

非洲西部的热带地区

大鼷鹿：大鼷鹿可以一年四季交配，且交配期只有短短的几小时。因此雌鹿一生的大部分时间都在怀孕。

🐃 60厘米
📏 35厘米
⚖ 6千克
🐾 独居
↯ 稀少
🏛 🌿

中南半岛至马来半岛、苏门答腊岛、加里曼丹岛

小鼷鹿：小鼷鹿是最小的偶蹄类动物，它的腿和铅笔一样细。小鼷鹿可独居或以家庭方式群居，主要捡食掉落的果实和树叶。

🐃 48厘米
📏 20厘米
⚖ 2千克
🐾 混居，独居、小群居住
↯ 稀少
🏛 🌿

中南半岛、泰国至马来西亚岛和印度尼西亚

鹿角可以长达1米

泽鹿
Rucervus duvaucelii

当泽鹿的短尾上翘时，其臀部白色皮毛和英语系国家的"前行"路标相似

水鹿
Rusa unicolor

坡鹿
Rucervus eldii

鬣鹿
Rusa timorensis

幼鹿身上的白色斑点具有很强的伪装性

罗斯福马鹿
Cervus canadensis roosevelti

发情期： 生活在北美洲的美洲马鹿和欧洲的马鹿都属于马鹿，它们是鹿科动物中叫声最响亮的。处在发情期的雄鹿首先会互相发出像军号一样的叫声，然后持续咆哮数分钟，最后开始激烈地搏斗。

声音攻击： 雄性马鹿在开始激烈的搏斗前会相互咆哮数分钟。

鹿角对击： 经过转圈地相持后，雄鹿会用鹿角对击，并尽力扭头比拼力气，直到一方落败逃走。

鹿早在公元200年左右就已经在中国的野生环境中消失。但整个物种因封建王室作为宠物圈养而得到保存，后由欧洲饲养的一对鹿被引进再次繁殖。20世纪80年代，中国的两家国家动物园重新引进了鹿种

美索不达米亚黇鹿
Dama mesopotamica

麋鹿
Elaphurus davidianus

手掌状的角上长满斑点

白斑鹿
Axis axis

黇鹿
Dama dama

喀拉米豚鹿
Axis calamianensis

毛冠鹿
Elaphodus cephalophus

一绺长毛盖住雄鹿的角

大麂
Muntiacus vuquangensis

赤麂
Muntiacus muntjak

雄鹿长有獠牙状，突出嘴外的尖牙

白斑鹿：白斑鹿主要吃草，但偶尔也会到森林中捡食掉落的果实和树叶。鹿群由赢得交配权的雄鹿带领几只雌鹿和它们的幼崽组成。

🦌 1.8米
📏 1米
⚖ 110千克
👥 群居
🏃 普遍

斯里兰卡、印度、尼泊尔

毛冠鹿：雄毛冠鹿的角非常细小，被额头处的长毛遮盖。但它长有突出唇外的长尖牙。

🦌 1.6米
📏 170厘米
⚖ 50千克
🏃 独居
📉 缺乏数据

西藏东部和缅甸北部至中国东南部

赤麂：俗称吠鹿，因为它在受到威胁时会持续吼叫长达1小时以上。赤麂是杂食动物，会用前腿踢和咬的方式攻击小动物。

🦌 1.1米
📏 165厘米
⚖ 28千克
🏃 独居
📉 稀少

斯里兰卡、印度、尼泊尔至中国南部、亚洲东南部

雄鹿的大角上有多达20个犄角

驼鹿是最大的鹿科动物

南美泽鹿
Blastocerus dichotomus

驼鹿
Alces alces

只有雌驯鹿有真正
的鹿角

雌性

雄鹿的角
要比雌鹿
的长

驯鹿在行走时跟腱会穿过骨
与骨之间的缝隙，产生声响

驯鹿
Rangifer tarandus

雄性

又大又平的
脚可以在雪
地或者苔原
地带行走

白尾鹿
Odocoileus virginianus

草原鹿
*Ozotoceros
bezoarticus*

黑尾鹿
Odocoileus hemionus

狍
Capreolus capreolus

鹿角的生长周期： 雄鹿靠鹿角来争
夺交配权，对雄鹿来说，鹿角越大
意味着越健康。一般长有大鹿角的
鹿科动物在争斗前都会先炫耀自己
的鹿角。

夏季： 夏末鹿角长
成，此时最坚硬，
而鹿茸也开始变干
并逐渐脱落。

冬季： 交配期
过后，鹿角会
脱落。

春季： 以生活在温带的鹿为例，春
季鹿角开始生长。鹿角上会出现一
层敏感的鹿茸。

秋季： 雄鹿开始在树杈上
蹭角，以便蹭掉鹿茸，也
使鹿角变锋利。这时就是
争夺交配权的时期。

赤短角鹿
Mazama americana

雄性和雌性都长有角，雄性的角比雌性的更长，且呈叉子状

黑色斑纹只有雄羚才有

叉角羚
Antilocapra americana

小红短角鹿
Mazama rufina

秘鲁马驼鹿
Hippocamelus antisensis

智利人常用马驼鹿皮做盾徽

智利马驼鹿
Hippocamelus bisulcus

北普度鹿
Pudu mephistophiles

南普度鹿
Pudu puda

是鹿科动物中体形最小的

赤短角鹿：生活在茂密的热带森林中，经常靠躲藏在灌木丛中或游泳来躲避追击。它们喜独居或结伴居住，并以果实、树叶和菌类为食。

　🦌1.5米
　📏180厘米
　⚖48千克
　🚶独居
　📉缺乏数据

墨西哥南部至阿根廷北部

南普度鹿：是最小的真鹿动物。它们可以靠后腿站立，以便够到高处的树叶或测定风向。南普度鹿只在交配期内结伴居住，其他时间喜独居。它们会沿着做了标记的小路去固定的地方吃草或休息。

　🦌83厘米
　📏143厘米
　⚖13千克
　🚶独居
　📉易危

智利南部、阿根廷西南部

叉角羚：是叉角羚科唯一的物种。长着很不常见的叉子状角，同羚羊一样，角骨外包裹着一层角质蛋白。和鹿角一样，这层角蛋白的壳每年更换一次。

　🦌1.5米
　📏1米
　⚖70千克
　👥群居
　📉栖息地内普遍

北美洲西部

长颈鹿和獾㹸狓

纲：	哺乳纲
目：	偶蹄目
科：	长颈鹿科
属：	2
种：	2

长颈鹿是最高的陆生动物，它的头颈可以高出地面5.5米，但它的近亲獾㹸狓却比它矮得多。长颈鹿科动物都有长长的脖子、尾巴和腿；它们前腿比后腿长，因此背是倾斜的。长颈鹿长有一对小小的犄角，与其他哺乳动物不同，它们的角包裹在毛皮内，并且会不断生长。长颈鹿科动物的唇薄且灵活；舌头又黑又长，可以卷曲。它们只生活在撒哈拉沙漠以南的地区，身上独特的斑纹是非常好的伪装。长颈鹿的斑纹和非洲稀树草原上的光影极像，而獾㹸狓腿部的条纹则和其生活的热带雨林的茂密植被相似。

不同的生活方式

尽管长颈鹿和獾㹸狓是近亲，但它们的生活方式截然不同。在体形上，獾㹸狓只有马大小，而长颈鹿则是最高的陆生动物。和所有哺乳动物一样，长颈鹿的颈椎也只有7块，但每一块颈椎都很大。大块颈椎可以保证其特殊的血液循环系统将血液输送到大脑中，同时在它低下头喝水时，血管能有效调节血压。

长颈鹿一年就可以长得非常高。超高的身形保证它在旱季可以吃遍整个非洲稀树草原上的金合欢树叶；但当它躺下或饮水时，会变得非常脆弱，极易受到狮子等动物的攻击。为了有效躲避其他动物的袭击，长颈鹿的视觉、嗅觉和听觉都非常发达。它可以以50千米每小时的速度奔跑，也可以用前蹄踢踹敌人。

獾㹸狓完全生活在浓密阴暗的热带森林中。它的视觉很差但嗅觉发达。獾㹸狓非常敏感，只要稍微感觉到危险就会迅速跳进浓密的树丛里。獾㹸狓喜欢独居，它们一般用自己的尿液或用脖子摩擦树干留下气味来标示领地。

非洲广阔的稀树草原造就了长颈鹿极高的社会性。长颈鹿群体规模较小，且较松散，一般由12只组成。成年雄鹿多三五成群，并随着年龄的增长而选择独居。雄鹿之间也要为交配权进行激烈争斗。争斗时它们一般会不停地甩头击打对手的腹部。坚固的头骨可以有效吸收击打产生的震动，但偶尔它们也会被撞晕。

颈部搏击：为了确定自己的社会地位，年轻的长颈鹿必须进行颈部搏击。和人类的掰手腕类似，2只长颈鹿的颈部交叉，并用力推对方，直到一方溃败。而獾㹸狓也会在更激烈的争斗之前先进行颈部搏击。

长颈鹿（马赛亚种）
Giraffa camelopardalis tippelskirchi

长颈鹿（南非亚种）
Giraffa camelopardalis giraffa

无论雌雄都长有角

颈背上长有短鬃毛

长长的束尾用来驱赶蝇虫

前腿比后腿长

网纹长颈鹿
Giraffa camelopardalis reticulata

只有雄性有角

猩㹢狓
Okapia johnstoni

长颈鹿：长颈鹿群体结构比较松散，由一只成年雄鹿带领几只雌鹿和它们的幼崽组成，一般有12只左右。长颈鹿可以随时交配。它们也非常耐渴，长时间不喝水也可存活。

🚂 5.7米
🚃 3.5米
⚖ 1.4吨
🍃 混居
❗ 依赖保护

非洲撒哈拉沙漠以南

独特的花纹：长颈鹿身上的斑纹可以有效帮助它们躲藏在稀树草原的光影中，免于被攻击。每一只长颈鹿的斑纹都是独一无二的，但各个亚种之间的斑纹大小会有不同。近期的基因研究表明，根据对长颈鹿花纹的分析，长颈鹿大约有8种。

长颈鹿(马赛亚种)：黑斑点更黑、更小，也更碎。而黑斑之间的白色毛纹更宽。

网纹长颈鹿：黑斑呈栗色，比较大，斑点之间的白色毛纹则很细。

骆驼

纲：	哺乳纲
目：	偶蹄目
科：	骆驼科
属：	3
种：	6

提到骆驼，人们印象最深的就是其独特的驼峰和长时间不喝水仍可存活的本事。目前世上仅存2种骆驼：单峰驼和双峰驼。被驯化的单峰驼大都生活在北非和中东地区。双峰驼虽然还有少数野生种群，但绝大多数已被驯化并在亚洲中部生活。骆驼科还包括南美洲的原驼和骆马以及被驯化的羊驼和小羊驼。骆驼最早于4500万年前出现在北美洲，但在1万年前的冰河期末期又从北美洲消失。那时候的骆驼已经在其他大陆上广泛繁殖。

分布情况：2种旧大陆骆驼源自北非和中亚，其余4种则都源自美洲，你可以从安第斯山脉的山脚直到高山草甸地区看到它们。骆驼被引进世界上的许多地方，例如，单峰驼被引入了澳大利亚中部的沙漠地带，再度野化。

强壮的动物

所有骆驼科动物都很适应干旱和半干旱地区的环境。它们的3个胃可以很好地从草中吸取养分。有别于其他有蹄动物，它们只用前蹄着地，身体重量完全落在整只肥厚的脚垫上。一般骆驼的脚非常宽大，可以轻松走过柔软的沙地而不会下沉；生活在南美洲的4种驼类的脚则较窄，更适合攀爬岩石；不过所有骆驼的双层被毛都可以有效为它们挡寒散热。

尽管旧大陆骆驼比新大陆骆驼个头更大，有突出的驼峰，但这两种骆驼的身体特征基本一致。所有骆驼都很高，腿部细长、尾巴较短、颈长且也可弯曲、头部较小、上唇分瓣。骆驼走路时，同侧的前后腿会同时往同一个方向迈步，这种独特的步态看起来很像在踱步。骆驼是社会动物，喜欢群居。一般骆驼群包括1峰头领雄驼和几峰雌驼及其幼崽。其他雄驼则会组成临时团体。

长久以来，人们在成群的驯化骆驼的帮助下穿越炎热的撒哈拉沙漠或高寒的安第斯山脉来运输肉、奶、羊毛、燃料等生活用品。目前世界上有约2000万峰骆驼，其中95%的已经是被驯化的骆驼。

原驼：南美洲的原驼孕期长达11个月，因此小原驼在出生时就已经发育完全，这在骆驼科动物中也是唯一一种。原驼的主要食物来源是草，它们可以长时间不喝水仍然存活。

双峰驼
Camelus bactrianus

驼峰中贮存着大量脂肪，用以
在食物缺乏时补充能量，因
此，驼峰是会变小的

冬季的长被毛夏季会脱落

狭型鼻孔在遇到沙尘暴时
可完全关闭

长睫毛可
以有效阻
挡风沙

又厚又硬的唇可以轻松
吃下带刺的植物

单峰驼
Camelus dromedarius

原驼
Lama guanicoe

骆马
Vicugna vicugna

双峰驼：和其他哺乳动物不同，单峰驼和双峰
驼的血细胞为椭圆形。这样的结构可以有效避
免长期旅行造成的血黏稠问题。

🐃	8.5米
📏	2.3米
⚖	700千克
👥	群居
↯	极危

哈萨克斯坦至蒙古

原驼：和其他南美洲的雄性骆驼科动物一样，
雄原驼也长有带钩的锋利牙齿，用于和其他雄
原驼争夺交配权。

🐃	2米
📏	1.2米
⚖	120千克
👥	混居，家庭式群居
↯	栖息地内普遍

秘鲁南部至阿根廷东部和火地岛

骆马：骆马吃草，它们的磨牙会不断生长，锋利
到可以直接磨碎树木嫩枝和短草。它们白天在山
下觅食，晚上则回到山上的高处休息。

🐃	1.9米
📏	1.1米
⚖	65千克
👥	混居，家庭式群居
↯	依赖保护

秘鲁南部至阿根廷西北部

猪

纲：	哺乳纲
目：	偶蹄目
科：	猪科
属：	5
种：	14

大多数有蹄动物都是食草动物，但包括家猪、林猪、野猪和鹿豚在内的猪科动物是杂食动物，以昆虫幼虫、蚯蚓、小型脊椎动物和各种植物为食。猪的鼻子突出，鼻孔直接长在一块由特殊的前鼻骨支撑的外露圆盘形软骨上，因此猪可以用鼻子从落叶层或泥土中将食物拱出来。大部分猪科动物（无论雌雄）的上下犬齿都前突成了獠牙，这是它们的重要武器。野生猪科动物最早生活在非洲和亚欧大陆的森林中，如今已被引进北美洲和大洋洲。

野猪
Sus scrofa

倭野猪
Sus salvanius

雌性的獠牙比雄性的小

幼崽的被毛上天生长有条纹，可以有效帮助其伪装于丛林中

成年倭野猪的体重也不过6~9千克，是猪科动物中体形最小的

家庭结构： 成年雄性野猪喜独居或临时与其他雄性结伴；雌猪则和它们的幼崽生活在一起。野猪是凶猛的杂食动物。成年雄野猪的獠牙非常锋利，可以当作武器。

非洲疣猪
Phacochoerus africanus

膝关节处长有厚肉垫，所以疣猪可以跪地觅食

假面野猪
Potamochoerus larvatus

大林猪
Hylochoerus meinertzhageni

上獠牙可以长到35厘米长

体形庞大，皮
肤上满是褶皱

红河野猪
Potamochoerus porcus

头颈上的鬃毛以及耳朵上的
长绒毛可以随风飘舞，使其
头部看起来显得更大

下磨牙用于战斗

毛鹿豚
Babyrousa babyrussa

非洲疣猪：食草且可以前腿跪地吃草，会使用
结构特殊的门牙轻松拽下嫩草。在草枯萎的季
节，它们会刨出植物的地下根茎来吃。

🐗1.5米
🐖70厘米
⬛105千克
♟独居，大多独居
↧普遍

非洲撒哈拉沙漠以南

大林猪：直到黄昏，大林猪群才会穿过茂密的
森林，回到它们巨大的睡巢。雌猪会帮忙照顾
和保护猪群里的所有幼崽。

🐗2.1米
🐖1米
⬛230千克
♟家庭式群居
↧稀少

非洲中部和西部

毛鹿豚：主要以植物的嫩叶、果实和菌类为
食，但偶尔也会用鼻子在地上翻拱寻找食物。
有化石研究显示，毛鹿豚是最早的猪科动物。

🐗1.1米
🐖80厘米
⬛110千克
♟家庭式群居
↧易危

苏拉威西岛及周边小岛

西貒

| 纲：哺乳纲 |
| 目：偶蹄目 |
| 科：西貒科 |
| 属：3 |
| 种：3 |

尽管西貒长得很像猪，但西貒科的3种动物有着独特的生理特征：它们的腿细长，胃部结构更复杂，臀部长有气味腺。西貒也是杂食动物，它们喜欢吃果实、种子、根茎和藤蔓，例如草原西貒喜欢吃仙人掌。西貒喜群居，草原西貒群由2～10头组成，白唇西貒群则多达50～400头。西貒群的社会关系靠相互之间用脸摩擦对方的气味腺来确立。白唇西貒在遇到敌人时常会留下几头御敌，大群则可以顺利逃生。

美洲物种：猪源于非洲和亚欧大陆，西貒则只生活在北起美国西南部，南至阿根廷北部的地带。领西貒和白唇西貒生活在热带雨林、稀树大草原和矮刺灌丛中；草原西貒只生活在矮刺灌丛中。

臭气：当草原西貒受到威胁或要宣布其领地时，它会从臀部的气味腺中释放出难闻的气味。草原西貒区别于其他西貒的显著特点是较大的身材、长鬃毛和蓬松的被毛。

领西貒
Pecari tajacu

门齿长成了锋利的獠牙

白唇西貒
Tayassu pecari

肩部和喉部会有一条白色或黄色的条纹

鼻子末端长有圆盘形软骨

草原西貒
Catagonus wagneri

于1972年首次在野外被发现，在此之前人们只发现过化石

河马

| 纲：哺乳纲 |
| 目：偶蹄目 |
| 科：河马科 |
| 属：2 |
| 种：4 |

在有蹄动物中，河马是鲸的近亲。目前世界上仅存的河马都是半水栖动物。河马一般白天待在水中休息，晚上上岸觅食。河马粗糙的皮肤只有一层简单的外皮，所以很容易干裂。河马都长有大脑袋、桶形躯干和短腿。但河马生活在大草原地带，倭河马生活在森林中；而且河马的体形是倭河马的7倍大。

河马
Hippopotamus amphibious

皮肤上缺少油脂腺，但黏液腺可以分泌具有遮光作用的黏液，使其皮肤呈现红色

社交：河马群由成年雄河马率领，但头领必须时刻准备应战其他挑衅者。大的河马群成员数量可以多达100头，有的小河流会被大批河马完全占据。

倭河马
Choeropsis liberiensis

水中的有蹄动物

由于没有汗腺，河马只能靠泡在水中降温。河马善于游泳和潜水，庞大的身形使其可以在河中行走，或者一次潜水长达5分钟。当河马的肺吸满空气时，它可以漂浮在水面上。河马的脚上长有蹼，鼻孔和耳朵在水下也可以闭合；它的眼睛、耳朵和鼻孔长在头部几乎同一个平面上，当河马潜入水中时，它只要保持这个平面在水面之上，就完全可以看、听和呼吸。一个河马群的成员一般多达40头，白天它们集体在水中休息，晚上上岸觅食长达6小时。由于河马大多数时间待在水中，不会消耗太多能量，因此它们不需要太多食物。河马也在水中生产和哺乳。

鲸类动物

纲：	哺乳纲
目：	鲸目（鲸类）
科：	10
属：	41
种：	81

完全水栖的鲸类动物包括鲸、海豚、鼠海豚等，是哺乳动物中最奇特的一支。它们吃、睡、交配、生殖和抚育后代都在水中进行，但仍然是温血动物，并和其他哺乳动物一样用肺呼吸。鲸和河马的祖先都来自陆生动物，但鲸的祖先在5000万年前已经完全适应了水生生活，它们的毛发和后肢逐渐退化，前肢演变成鳍，身体也逐渐生出尾鳍。鲸目动物中的有些动物是海洋中游泳速度最快的动物之一。

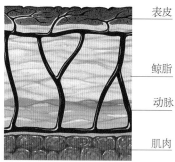

表皮
鲸脂
动脉
肌肉

保持体温： 尽管鲸类动物没有毛发，但其皮肤下有一层厚厚的鲸脂可保温；同时鲸脂中的细脉网也可有效帮助其保持体温恒定。

鲸目动物的记录

鲸类动物遍布全球的所有海洋和一些河流湖泊中。鲸类动物主要分成2个亚目：齿鲸亚目和须鲸亚目。齿鲸亚目包括海豚、鼠海豚、抹香鲸等，长有简单的圆锥形牙齿，可以撕咬鱼类和乌贼等猎物。须鲸亚目包括蓝鲸、座头鲸、灰鲸和露脊鲸等，靠过滤进入口中的海水以获取其中的浮游生物、其他无脊椎动物和小鱼为食。

海水可以托起鲸的体重，有些鲸会长得非常巨大。蓝鲸是世界上最大的动物，据记载，蓝鲸的体重可以达到190吨，相当于35头大象的重量；身长则可达到33.5米。

抹香鲸是鲸类动物中可以潜入海底最深且时间最长的动物，抹香鲸最深可潜入3050米，最长潜入时间超过2小时。当鲸下潜时，它的心跳频率可以降低50%，血液直接从肌肉流向重要器官，以保证鲸存活至下次呼吸。

鲸类动物多喜群居。齿鲸的群体成员数量比须鲸要多，社会结构也更复杂。偶尔，上千头海豚会一起活动。鲸群多在同一时间进食，它们可以合作围捕鱼群。

鲸类动物的嗅觉器官很小，有的甚至没有嗅觉器官。它们的视觉很差，只能分清水面上和水面下。鲸类动物都没有外耳郭，但它们的听觉却格外发达，能够听到远处同伴的叫声。齿鲸靠回声定位来锁定猎物和躲避障碍物。它们会发出一系列类似咔嗒声和口哨声的叫声，然后根据回声的特点来判定方向。

虎鲸： 也称杀人鲸，它们的身影遍布全世界的海洋，尤其是极地海域。虎鲸经常上浮并将头露出海面，寻找可以捕获的猎物。

声音对于鲸类动物之间的沟通来说至关重要。蓝鲸和长须鲸会发出可以穿越海底各种物体的、约188分贝的低频脉冲波。这种低频声音是所有动物中最低的。而雄性座头鲸创造出了动物王国中最长且最复杂的歌曲。

由于鲸类动物常年生活在水中，因此具体的物种数量难以统计。但可以确定的是，由于人类的商业捕鲸、流网捕鱼和环境污染，鲸的数量已经在大幅减少。

海洋中的哺乳动物：尽管海豚（下图）等鲸类动物的身体形态已经完全适应了海洋中的生活，但它们仍然是温血动物，并用肺呼吸。它们的心脏有4个房室，胃有3个分室。

座头鲸：雄座头鲸可以唱约有9个音阶的、非常复杂的歌曲，而且能够持续唱近半小时。所有雄座头鲸的歌在开始部分基调是完全一样的，但会渐渐产生微妙的不同。

额隆　通气孔　心脏　肝

背鳍

胸鳍

肺　胃

尾鳍

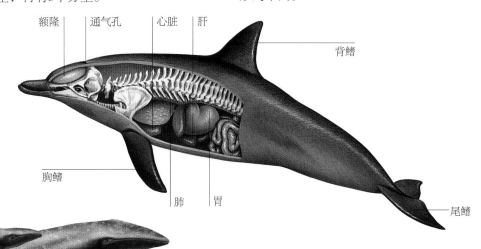

大迁徙：灰鲸冬季在赤道附近的热带海洋繁殖后代。幼鲸靠母亲丰富的乳汁迅速成长，从而有能力和父母经过长途迁徙来到夏季极地附近浮游生物丰富的海域觅食。由于灰鲸们在迁徙的3～5个月中完全不觅食，因此它们必须储备足够的鲸脂来支撑自己的行程。它们的体重在到达目的地时会减少约一半。

齿鲸

纲：	哺乳纲
目：	鲸蹄目（鲸类）
科：	6
属：	35
种：	68

牙齿：齿鲸的牙齿是尖锐的锥牙；以新鲜鱼类为食的宽吻海豚的牙齿又小又密；以海洋哺乳动物为食的虎鲸牙齿少而大。

大约90%的鲸类动物属于齿鲸亚目。齿鲸亚目一共有6科物种，和体形庞大的须鲸相比，齿鲸亚目除了抹香鲸以外，其他鲸类均为中等身材。齿鲸亚目动物的脑相对其他动物大，因此它们是除灵长目动物外最聪明的哺乳动物。尽管有的齿鲸独居，但大部分的齿鲸更具有社会性，它们喜欢相互呼唤和玩耍。另外齿鲸群的成员们喜欢合作捕食且会互相帮助抚育后代。大部分齿鲸以鱼类和乌贼为食，只有虎鲸会捕食温血动物，如海豹和其他鲸类动物等。

鲸的社会性

齿鲸亚目的种类十分丰富，包括抹香鲸、独角鲸、白鲸、喙鲸、海豚、虎鲸、领航鲸（海豚科）、鼠海豚、江豚等。大多数的齿鲸都长有鸟喙样的嘴和锋利的锥形牙齿帮助它们咬住猎物，但这些牙齿不能帮助它们咀嚼。由于它们只长有一个喷水孔，所以它们的头骨并不对称。齿鲸的头顶长有一种充满液体的器官，叫作额隆，可接收声音，用来回声定位及沟通。抹香鲸的额隆更大，其中的油脂就是鲸蜡。

齿鲸的社会组织比较复杂。大部分的齿鲸群以雌鲸为核心，而雄鲸一般在青春期就会离群而去。虎鲸和领航鲸的雄鲸则永远会留在其出生的鲸群中。江豚一般喜欢组成小的群体或者独居。生活在浅海区域的海豚更喜欢组成更大规模的群体，因为它们的捕食区域更集中，而且它们的敌人也更多。

人们印象中的齿鲸温柔又顽皮，但其实海豚之间经常打架。群体生活避免不了对食物和交配权的竞争，这会导致冲突的产生。很多齿鲸身上都有争斗留下的齿痕。

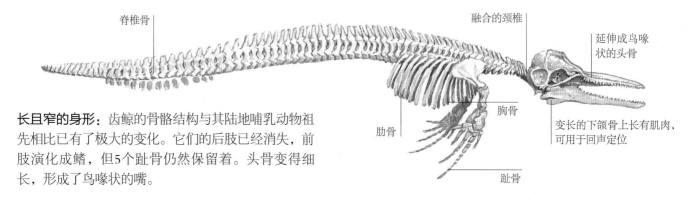

长且窄的身形：齿鲸的骨骼结构与其陆地哺乳动物祖先相比已有了极大的变化。它们的后肢已经消失，前肢演化成鳍，但5个趾骨仍然保留着。头骨变得细长，形成了鸟喙状的嘴。

脊椎骨　　融合的颈椎　　延伸成鸟喙状的头骨　　胸骨　　肋骨　　变长的下颌骨上长有肌肉，可用于回声定位　　趾骨

南亚河豚
Platanista gangetica

取代背鳍的是一个低矮的隆起

颈部灵活，头部可以90°转动

出生时皮肤多为黑色或深棕色，但随着年龄增长肤色会变得越来越浅，到其成年时变成白色

宽大的尾鳍

白鲸
Delphinapterus leucas

肤色会随着年龄增大变得越来越浅

一角鲸
Monodon monoceros

长牙被海藻覆盖

在清澈的水域中视力会非常好

体形最大的淡水豚

亚马孙河豚
Inia geoffrensis

拉普拉塔河豚
Pontoporia blainvillei

最濒危的鲸目动物

嘴部长且微微向上弯曲

白鱀豚
Lipotes vexillifer

南亚河豚：它们几乎完全失明，靠回声定位来确定方向，并用它们更加细长的嘴寻找虾和鱼类。目前全球仅有几千头存活。

🐂 3米
⚓ 90千克
♟ 独居
⚡ 濒危

印度、孟加拉和尼泊尔的河流中

海洋中的"独角兽"：雄一角鲸左侧的2颗牙长出嘴外，进化成了约3米长的尖角。

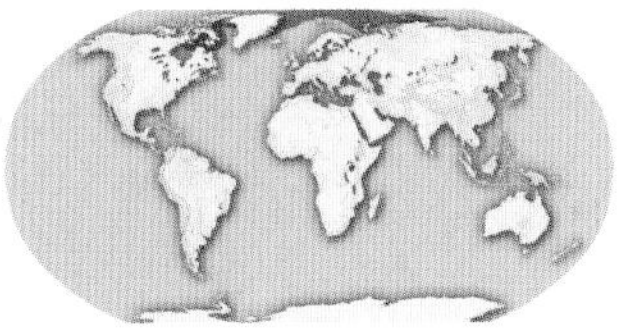

🐂 体长超过6米，嘴长3米
⚓ 1600千克
♟ 混居
⚡ 缺乏数据

北冰洋

土库海豚
Sotalia fluviatilis

既可以生活在海洋，也
可以生活在淡水域

条纹原海豚
Stenella coeruleoalba

宽吻海豚
Tursiops truncatus

短而粗硬的喙状嘴

其喙状嘴是海豚中最大的

糙齿海豚
Steno bredanensis

真海豚
Delphinus delphis

皮肤上的十字形疤痕是它抓乌贼或与
其他海豚争斗时留下的痕迹

灰海豚
Grampus griseus

花斑喙头海豚
Cephalorhynchus commersonii

白腰斑纹海豚
Leucopleurus acutus

深浅不一的斑纹是其在海洋环
境中的保护色

太平洋斑纹海豚
Sagmatias obliquidens

惨死网中：海洋中有无数用于商业
捕鱼的大网，对海豚造成了巨大威
胁。海豚长时间被缠在网中，会因
为无法回到海面上换气而窒息死
亡。尽管人们已经将商业
捕鱼网改良成尽可能
可视，但每年仍然有
上千头海豚会误撞
入网内。

宽吻海豚：宽吻海豚是海洋公园中
的海豚表演的主要演员。在野生环
境中，宽吻海豚一般会形成12头左
右的团体，而几个小团体偶尔又会
形成上百头的大群。宽吻海豚多生
活在热带和亚热带海域，有着广阔
的捕猎空间。它们游泳的速度可达
20千米每小时。

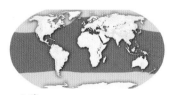

🐃 4米
⚖ 275千克
🍴 混居
🐾 缺乏数据

从温带至热带的海洋中

身体细长无背鳍

瓜头鲸
Peponocephala electra

北露脊海豚
Lissodelphis borealis

雄鲸的背鳍可高
达1.8米

虎鲸
Orcinus orca

可以为了追逐鱿鱼潜入600米深的海底

长肢领航鲸
Globicephala melas

颈部非常灵活

伊河海豚
Orcaella brevirostris

雄鲸的体重是雌鲸的2倍

小虎鲸
Feresa attenuate

外形与伪虎鲸幼崽
非常相似

牙齿锋利

伪虎鲸
Pseudorca crassidens

伊河海豚：多数短吻海豚生活在近海水域，但也有的完全生活在淡水中。和其他齿鲸一样，它们依靠回声定位来判断方向和捕捉猎物。

🐂2.8米
🏋200千克
🐾家庭式群居
↥缺乏数据

从亚洲至澳大利亚的海洋和河流中

虎鲸：虎鲸捕食的对象非常多样，它可以捕捉海中的鱼和乌贼，扑上岸捕捉海狮，甚至扑到浮冰上捉海豹和企鹅。

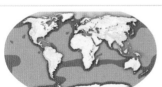

🐂9.8米
🏋9吨
🐾混居
↥依赖保护

世界各地，但多集中于极地海域中

眼斑海豚
Phocoena dioptrica

眼睛四周的黑斑是其得
名的原因

棘鳍鼠海豚
Phocoena spinipinnis

背鳍的位置比其他小型鲸类动
物都靠后一些

加湾鼠海豚
Phocoena sinus

港湾鼠海豚
Phocoena phocoena

其尾巴形状和公鸡的尾巴相
似，向上展开呈发散状

比其他鼠海豚活泼，
行动也更敏捷

白腰鼠海豚
Phocoenoides dalli

只有后背脊没有背鳍

印太江豚
Neophocaena phocaenoides

加湾鼠海豚：生存的水域非常小，只在
加利福尼亚州的海湾区域活动。研究表
明，太平洋鼠海豚是由棘鳍鼠海豚因热
带水域逐渐变暖而相对封闭生活于加州
湾形成的。

🐂1.5米
⚖55千克
🐾不确定
⚡极危

科罗拉多河河口、加利福尼亚湾

大西洋鼠海豚：体形较浑圆，鳍和尾都很
小；因此其露出水面的部分也很少。大西
洋鼠海豚体形较小，但全身的一层鲸脂足
够保证其在较冷水域中生存。

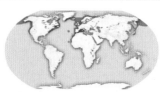

🐂1.9米
⚖65千克
🐾混居
⚡易危

北温带的热带水域

鲸的捕猎技巧

　　为了更有效地捕食，鲸类逐渐发展出了一系列独特的捕猎方式及技巧。须鲸类长有巨大的嘴，一次可以吞噬大量的小型海洋生物；齿鲸则靠回声定位系统来锁定猎物。海豚每秒钟可以发出多达600次咔嗒声，以此来全面感知自己周围的一切，包括猎物的位置。虎鲸也用回声定位猎物，但它们更大程度上依靠视觉来捕捉其他鲸类或者海豹，它们发出的咔嗒声是一种警告。大部分鲸靠团队合作捕猎，它们有一套自己的语言，用来交流确定下一步的行动。

座头鲸：它们会同步捕食，将猎物驱赶在一起，比如座头鲸的气泡网捕食法（下图）。座头鲸头朝水面不断盘旋并呼出大量气体以产生气泡，从而形成一张大网来网住猎物，随后冲入中间将猎物吞掉。

2.团队合作：尽管一头座头鲸也可以产生不少气泡，但它们大多喜欢几头鲸一起合作。

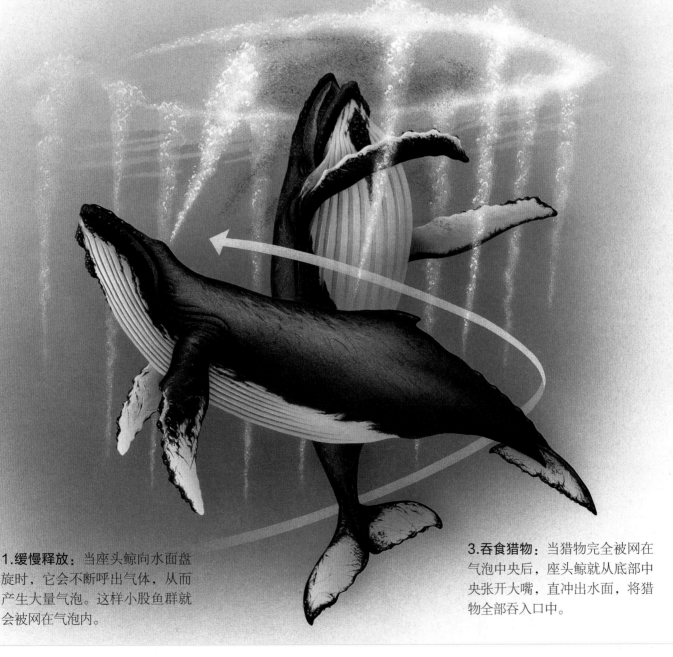

1.缓慢释放：当座头鲸向水面盘旋时，它会不断呼出气体，从而产生大量气泡。这样小股鱼群就会被网在气泡内。

3.吞食猎物：当猎物完全被网在气泡中央后，座头鲸就从底部中央张开大嘴，直冲出水面，将猎物全部吞入口中。

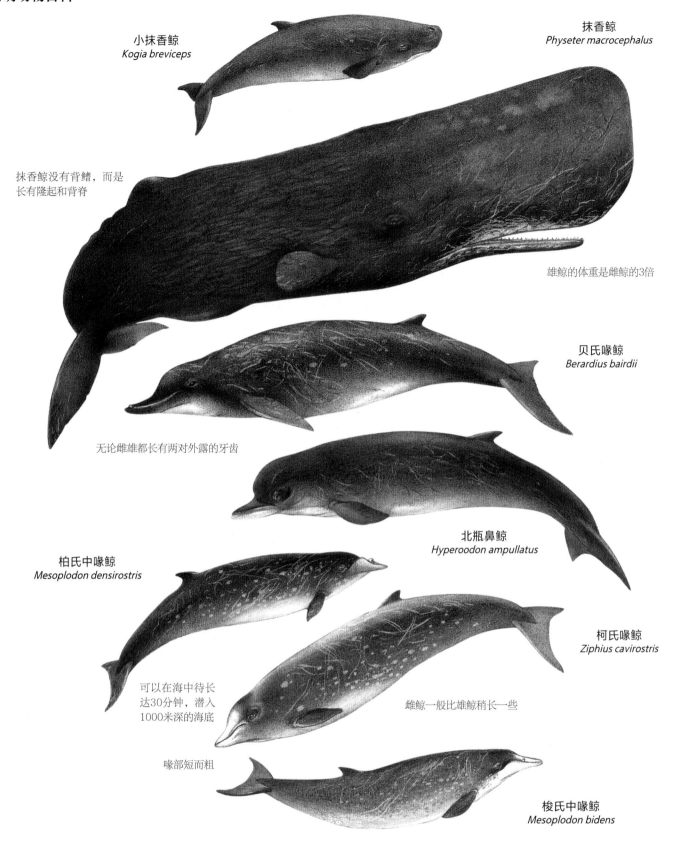

小抹香鲸
Kogia breviceps

抹香鲸
Physeter macrocephalus

抹香鲸没有背鳍，而是
长有隆起和背脊

雄鲸的体重是雌鲸的3倍

贝氏喙鲸
Berardius bairdii

无论雌雄都长有两对外露的牙齿

北瓶鼻鲸
Hyperoodon ampullatus

柏氏中喙鲸
Mesoplodon densirostris

可以在海中待长
达30分钟，潜入
1000米深的海底

柯氏喙鲸
Ziphius cavirostris

雌鲸一般比雄鲸稍长一些

喙部短而粗

梭氏中喙鲸
Mesoplodon bidens

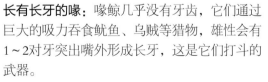

长有长牙的喙：喙鲸几乎没有牙齿，它们通过巨大的吸力吞食鱿鱼、乌贼等猎物，雄性会有1~2对牙突出嘴外形成长牙，这是它们打斗的武器。

外露的长牙：雄性带齿喙鲸（Mesoplodon layar-clii）的长牙特别长，长在上颌上。因此它的嘴只能张开约2.5厘米。

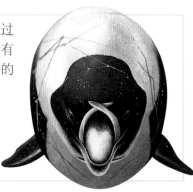

贝氏喙鲸：贝氏喙鲸群由6~30头鲸鱼组成，并由1头雄鲸领导。对首领位置的争夺非常激烈，因此很多雄鲸的嘴和背部都可见到争斗后留下的伤痕。

🐑13米
⚖15吨
🐾混居
🚶依赖保护

北太平洋

须鲸

纲：哺乳纲
目：鲸蹄目（鲸类）
科：4
属：6
种：13

狼吞虎咽：蓝鲸从下颌到肚脐间有许多长沟状的皮肤褶皱，称为喉腹褶。在它们大口吸入海水时，会借助扩张喉腹褶来增加口腔容量。之后它们会闭上嘴巴，收缩喉部以排出海水，而海水中的食物就会被鲸须板挡住，留在口中。

须鲸亚目的动物都是海洋中的庞然大物，通过嘴中筛子一样的鲸须板过滤浮游生物和小鱼为食。它们的体形庞大，但相对于其体重，它们会散发热量的表面积极小，因此可以生活在较冷的海域。它们身上厚厚的鲸脂层既可以保暖，又可以为它们储存大量脂肪，以作为许多须鲸一年一度的迁徙途中的食物补给。须鲸生活在所有海域，成员包括灰鲸、露脊鲸、弓头鲸、蓝鲸、长须鲸、鳁鲸、布氏鲸、座头鲸及小鳁鲸等。

鲸须和鲸脂

须鲸可以一边游泳一边吞食路过的猎物，也可以主动出击狼吞虎咽。露脊鲸一般会沿着海面慢慢游动，顺便吞食经过的小动物；鳁鲸则是主动出击，大口吸水来捕捉海中的磷虾和其他甲壳动物。灰鲸是海底捕食者，用它们厚重的鲸须板从海底沉积物中过滤甲壳动物和软体动物。

大部分须鲸的猎物都是小型动物，因此它们需要大量进食。夏季，一头蓝鲸每天需要吃掉近4吨磷虾，但蓝鲸在其他时候却很少进食，完全靠消耗在夏季囤积的鲸脂存活。

鲸须和鲸脂对须鲸亚目动物的生存极为重要，但它们同样是商业捕鱼的目标。尽管1985年以来商业捕鲸已经被广泛禁止，但仍有少数国家在坚持捕鲸。

轻便的骨骼：鲸类动物的骨骼主要用来支撑其肌肉而非身体重量，因此它们的骨骼更轻、弹性更大且充满油脂。

头比躯干大很多

拱形喙廊用来支撑鲸须板

胸骨很小或没有胸骨

已退化的后肢骨和盆骨只能用来支撑生殖器的肌肉

蓝鲸
Balaenoptera musculus

喉部有50～90层褶皱

80%的长须鲸已经在20世纪被捕杀

长须鲸
Balaenoptera physalus

小背鳍的位置更靠后

与其他露脊鲸不同，小露脊鲸
长有2道喉腹褶和一个小背鳍

小露脊鲸
Caperea marginata

弓头鲸的鲸须板是所有鲸鱼中最大的

60厘米厚的鲸脂，让弓
头鲸可以在冬季黑暗的
北极水域保持体温

弓头鲸
Balaena mysticetus

唯一生活在热带水域的无背鳍鲸

下颌皮肤上长有黑色斑点

全身长满硬茧，上面
覆盖着鲸虱

北大西洋露脊鲸
Eubalaena glacialis

长须鲸：体形仅次于蓝鲸，但其
游速高达37千米每小时，是鲸类
动物中游得最快的。长须鲸在迁
徙时会形成300头以上的大队
伍，但其他时候它们多结伴或小
群生活。

🐎 25米
🏛 80吨
🐾 混居
⚡ 濒危
🌊
除了高纬度北极地区外的所有海域

蓝鲸：是世界上体形最大的动物。
刚出生的蓝鲸就已经有5.9米长，
每天要喝190升奶，且每小时体重
会增长3.6千克。由于人类在20世
纪的疯狂捕杀，蓝鲸目前在全球仅
存600～1400头。

🐎 33.5米
🏛 190吨
🐾 混居
⚡ 濒危
🌊
除了高纬度北极地区以外的所有海域

约99%的蓝鲸已经在20世纪被捕杀

雌鲸比雄鲸长

长须鲸下颌皮肤的颜色并不对称，右侧为白色，左侧为黑色

小鳁鲸
Balaenoptera acutorostrata

鳁鲸
Balaenoptera borealis

鳁鲸的鲸须板较短，鲸须边缘较细，这样的结构便于它吞食其他鲸从它身旁游过时随水带起的食物

成年灰鲸身上长满鲸虱和藤壶（一种无脊椎动物）

背鳍退化成小隆起

灰鲸
Eschrichtius robustus

座头鲸
Megaptera novaeangliae

97%的座头鲸已经在20世纪被捕杀

小鳁鲸：是体形最小但数量最多的须鲸，可以生活在任何海域。小鳁鲸多结伴而居，但猎食时会临时形成上百头鲸的大群体。夏季小鳁鲸会迁徙到北极附近的海域，大量捕食浮游动物。

🐂 11米
⚖ 10吨
♻ 混居
↯ 近危

除最冷的海洋以外的大部分海洋

座头鲸：相信很多人都看过座头鲸跳出海面呼吸的照片。其实，它们还可以在海面上翻滚（侧身用胸鳍用力拍打海面）、直立身体将脑袋探出水面，或者用尾巴拍打海面。

🐂 15米
⚖ 65吨
♻ 混居
↯ 近危

在北极和南极附近觅食

啮齿动物

纲：	哺乳纲
目：	啮齿目
科：	29
属：	442
种：	2010

啮齿目动物多达2000种，占哺乳动物的40%以上，而且它们可以生存于任何一个陆地栖息地。啮齿动物之所以数量庞大，主要是因为它们可以迅速且大量地繁殖后代，快速适应恶劣环境并合理利用资源。同时它们大都体形较小，便于利用和适应微生境。尽管啮齿动物是最早的胎盘哺乳动物，化石显示其最早出现于5700万年前，但其中最大的分支鼠科动物却产生于500万年前。

齿间隙： 啮齿动物的臼齿和锋利的、不断生长的门齿之间有很宽的间隙。这段宽大的齿间隙可以使其嘴唇闭合于门齿之后，在啮齿动物用门齿啃咬时避免不能吃的东西进嘴。

齿间隙

门齿　　　臼齿

广泛繁殖： 啮齿动物分布在除南极以外的所有大陆上。它们可以和人类共存，甚至人类曾经帮助它们到达无人荒岛。同时，它们广泛适应了各类栖息地，包括热带森林、极地苔原、沙漠、高山和城市地区等各种生态环境。

体形： 白喉林鼠的体形是啮齿动物的典型代表。它们的躯干紧凑，长尾，短腿，脚上长爪，脸上的感知胡须十分灵敏。同时，它们敏锐的嗅觉和听觉可以帮助它们找到食物及躲避敌人。

统一的骨骼结构

最小的啮齿动物是跳鼠，只有5厘米长、5克重；最大的是巴拿马水豚，有1.3米长、64千克重。大部分啮齿动物体形矮小，短腿，长尾。

啮齿动物的最大特点是牙齿。所有啮齿动物都长有2对锋利的门齿，可以咬开种子、坚果等的硬壳。它们的门齿会持续生长，通过相互摩擦变锋利。门齿与臼齿间特殊的齿间隙可以使它们在嘴唇闭合的状态下使用门齿啃咬东西，以避免不能吃的东西入口。它们使用位于口腔后部的臼齿研磨食物以帮助消化。

除了少数啮齿动物为食肉动物以外，大部分啮齿动物都是贪婪的杂食动物。它们吃植物的叶子、果实、坚果和种子，也吃毛虫、蜘蛛等小型无脊椎动物。啮齿动物靠其盲肠内的细菌帮助分解难消化的纤维素。另外，有些啮齿动物为了最大限度吸收营养，会将自己的粪便重新吃一遍，直至最后产生干硬的小粒才停止，这种行为被称为"便餐"。

虽然啮齿动物在骨骼外形上差别不大，但它们却可以适应多种不同的栖息地环境。有些啮齿动物是陆栖动物，可以在森林、草原、沙漠或人类聚居区觅食；有些则完全树栖，不停地在树枝间穿梭，甚至有的可以在树丛间滑翔；还有一些则完全生活在地下洞穴中；极少数啮齿动物还是游泳健将，因此可以半水栖。除极少数独居外，绝大多数啮齿动物喜欢成群地生活在一起，高度社会化，例如旱獭群的成员数量可达到上千只。

啮齿动物的分类法有多种，我们根据咀嚼肌的结构将啮齿动物分成3类：松鼠形亚目啮齿动物、鼠形亚目啮齿动物和豪猪形亚目啮齿动物。尽管这种通俗的分类法目前仍在使用，但遗传学已经证实啮齿目只分松鼠亚目和豪猪亚目。松鼠亚目动物包括松鼠形啮齿动物、鼠形啮齿动物和豚鼠形啮齿动物中的梳趾鼠属；而豪猪亚目则包括其他所有豚鼠形啮齿动物。

杂食动物： 生活在温带森林中的赤松鼠虽然主要以种子和坚果为食，但也会啃食花朵、嫩枝、菌类，有时也捕捉小型无脊椎动物。它们一般会在食物丰盛时为过冬储存一些种子和坚果。

啮齿动物的尾巴： 不同的啮齿动物尾巴的形状和功能也有所不同。北美鼯鼠（左图）会在滑翔时用它的尾巴来调整平衡和稳定性。

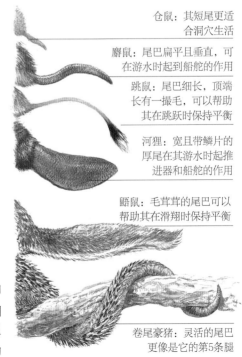

仓鼠： 其短尾更适合洞穴生活

麝鼠： 尾巴扁平且垂直，可在游水时起到船舵的作用

跳鼠： 尾巴细长，顶端长有一撮毛，可以帮助其在跳跃时保持平衡

河狸： 宽且带鳞片的厚尾在其游水时起推进器和船舵的作用

鼯鼠： 毛茸茸的尾巴可以帮助其在滑翔时保持平衡

卷尾豪猪： 灵活的尾巴更像是它的第5条腿

滑翔： 北美鼯鼠大量分布在北美洲北部的阿巴拉契亚山脉南部，部分美洲鼯鼠同样生活在这一区域。北美鼯鼠只在夜间出来觅食，它们可以在树上和地下觅食，但也经常被猫头鹰和鹰类捕杀。北美鼯鼠其实并不会飞，却可以在树木之间滑翔20～90米。它们的四肢之间长有帮助滑翔的膜，叫翼膜，结构类似滑翔伞。翼膜可以帮助鼯鼠从高处安全着陆。

松鼠形亚目啮齿动物

纲：哺乳纲	
目：啮齿目	
科：7	
属：71	
种：383	

松鼠形亚目啮齿动物的代表成员是松鼠和河狸，它们的咀嚼肌可以支撑其有力地向前啃咬。这类动物的牙齿结构比较简单，每一行都保留着1~2颗前白齿，这一点与其他啮齿动物不同。除此之外，它们还保留了一些啮齿动物早期进化的特点。松鼠形亚目啮齿动物具体包括河狸科、山河狸科、松鼠科、衣囊鼠科、更格卢鼠科、鳞尾科和跳鼠科7科动物。

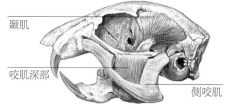

颞肌 / 咬肌深部 / 侧咬肌

有力的咀嚼肌：当松鼠形亚目啮齿动物向前啃咬时，其侧咬肌可以一直向前延伸到口鼻部；而咬肌深部短而直接，只用来关合下颌。

穴居者和跳跃者

松鼠科动物的数量占整个松鼠形亚目啮齿动物的1/3左右。这种白天活动的动物身形修长，非常轻便，脚上的利爪可以轻松抓住树干。同时它们拥有敏锐的视觉，可以很好地判断距离。松鼠科动物大多喜欢在树枝间蹦跳、倒爬树枝和穿梭于树丛之间。与之相反，鼯鼠视力很差，夜间出来觅食，靠四肢之间的翼膜在树丛之间滑翔移动。树栖的松鼠科动物以水果、坚果、种子、嫩枝和树叶为食，但偶尔也吃昆虫。而陆栖的松鼠科动物，包括地松鼠、草原犬鼠、旱獭和花鼠，则以草和树叶为食。这些陆栖的松鼠科动物多喜欢大群居住，而且一般会产生复杂的群体关系。

鳞尾鼠是松鼠形亚目啮齿动物中松鼠真正的唯一远亲。和鼯鼠一样，几乎所有鳞尾鼠都长有翼膜，可以滑翔。

河狸已经完全具备在水中生活的能力，它们的身体呈流线型，尾巴扁平，脚上长有蹼。锋利的门牙还可以咬断树木，用来在水中为自己建造水坝和窝。

衣囊鼠、更格卢鼠、山河狸和跳兔都属于穴居动物。衣囊鼠、更格卢鼠都长有颊囊，可以用来运输食物。

适应水生生活：河狸拥有扁平带鳞的尾巴和带蹼的脚，这使得它们可以在水中自由移动。河狸在游泳时，眼睛可以完全闭合，鼻孔和耳朵则留在水面上，防水的厚被毛可以抵御冰冷的水。

颊囊可以贮存很多食物

伏尔加黄鼠
Spermophilus suslicus

地黄鼠
Spermophilus citellus

地黄鼠可以用后腿站立着观察敌情

草原旱獭
Marmota bobak

花白旱獭
Marmota caligata

遇到危险时用口哨声来警
告其他同伴

阿尔卑斯旱獭
Marmota marmota

强健且稍弯的爪更利于挖洞

多纹黄鼠
Ictidomys tridecemlineatus

多纹黄鼠身上的深浅条
纹多达13条

黑尾草原犬鼠
Cynomys ludovicianus

山河狸的视觉很差，但
听觉和嗅觉非常发达

山河狸
Aplodontia rufa

黑尾草原犬鼠：喜欢群居，群体成员间会互相玩耍、交配。黑尾草原犬鼠会通过一系列的叫声与群体成员进行沟通，其中最主要的两种叫声就是"危险"和"警报解除"。

🐾 34厘米
🐾 19厘米
⚖ 1.5千克
👪 家庭式群居、群居
❗ 近危

北美洲西部的矮草大草原

旱獭：只在北温带的山林中生活。旱獭是食草动物，因此它们冬天会躲在窝里靠消耗脂肪过冬。除了美洲旱獭，所有旱獭都以家庭方式群居。群体中较大的小雌旱獭还会帮助父母抚育自己的弟弟妹妹。

哺育幼崽：和其他旱獭一样，奥林匹亚旱獭（*Marmota olympus*）具有很强的社会性，幼崽会在父母身边待到2岁。

北美红松鼠
Tamiasciurus hudsonicus

眼睛四周有一圈白毛

杂色松鼠
Sciurus variegatoides

北美灰松鼠
Sciurus carolinensis

冬季耳尖上会长出
一撮长毛

杂色松鼠
Sciurus variegatoides

欧亚赤松鼠
Sciurus vulgaris

缨耳松鼠在北美黄松林中觅食

缨耳松鼠
Sciurus aberti

欧亚赤松鼠的被毛有红
色的，也有黑色的

麦桔松鼠
Sciurus stramineus

冬季被毛会变得很厚

松鼠的储藏室：和很多松鼠一样，赤松鼠也要储藏过冬食物。它们要收集上千个松果和云杉粒，并将这些食物堆积着藏在自己的储藏室中。

北美灰松鼠：这种松鼠用嫩枝和大树叶在树杈间垒窝，并用草和树皮碎片续窝。另外，它们还会在树洞中也搭建一个窝。树杈间的窝多用于休息和觅食，偶尔也用来抚育后代。

🐾28厘米
📏24厘米
⚖️750克
独居
普遍

加拿大南部至美国得克萨斯州和佛罗里达州

欧亚赤松鼠：欧亚赤松鼠可以在几秒钟内用锋利的门牙将坚果的外壳咬开。它们白天会花大量时间寻找种子、坚果、菌类、鸟类的蛋和树汁。

🐾28厘米
📏24厘米
⚖️280克
独居
近危

西欧至俄罗斯东部、韩国和日本北部

普雷沃斯特松鼠
Callosciurus prevostii

在树冠处筑巢，但在较低处觅食

马尾松鼠
Sundasciurus hippurus

北美飞鼠
Glaucomys volans

小飞鼠
Pteromys volans

当北美飞鼠休息时其翼膜会折起来

南非红松鼠
Paraxerus palliates

被毛上经常沾着泥土

条纹地松鼠
Xerus erythropus

可以用灵活的前爪抓握物体

太阳松鼠
Heliosciurus gambianus

地松鼠坐着吃食物和侦察敌情

东部花栗鼠
Tamias striatus

非洲小松鼠
Myosciurus pumilio

世界上最小的松鼠

背部长有5道黑色条纹

北美飞鼠：喜欢夜间出来觅食。它们以坚果和谷物为食，但也吃多种昆虫和幼鸟。大多数时间喜欢结伴居住，但冬季会形成更大的群体，躲在岩洞中过冬。

🐀14厘米
🐀12厘米
⚖85克
👥混居，结伴居住、小群居住
🌿栖息地内普遍

加拿大南部至美国东部

条纹地松鼠：和草原犬鼠相近，条纹地松鼠是高度群居的松鼠形亚目动物。成员之间靠各种叫声来交流。

🐀40厘米
🐀30厘米
⚖1千克
👥群居
🌿栖息地内普遍

非洲西部至肯尼亚

东部花栗鼠：喜欢独居在地下洞穴中。它们的颊囊装满食物时会和它们的头一样大。

🐀17厘米
🐀12厘米
⚖150克
独居
🌿栖息地内普遍

北美洲东南部

伐木高手

河狸是动物界技艺高超的建筑师，它们可以在居住的水域内自行建造水坝、隧道和巢穴。河狸的这些建筑虽然经常与农夫或居住在附近的其他人类的生活发生冲突，却具有重要的生态功能：它们可以减少水流对河床的侵蚀，降低发生洪水的风险，并为其他水生物种创造新的栖息环境。河狸以一夫一妻制的家庭模式生活。雌河狸每窝生产2~4只幼崽，随后河狸夫妇一般会抚养它们的幼崽6~8周，然后幼崽便要独立。家庭成员之间靠不同的叫声和姿势来沟通，例如如果成员用尾巴拍打水面就是有危险、提醒同伴躲开的意思。虽然北美河狸和欧亚河狸从长相到习性都非常相近，但它们之间并不会发生异种繁殖的情况。

隐秘的通道：通道通常建于大坝修建之前。在大坝的高度超过水面以后，河狸居住的洞穴必须被小心地建造在水浸不到的地方。

洞穴和大坝：很多河狸家庭会在同一水域筑穴而形成一处洞穴栖息地。河狸洞穴的入口在水下，但它们会用很多硬树枝和泥巴在入口上方搭建一个高出水面的棚顶。为了保证入口处的水面平静，河狸还要修建一个水坝来泄洪；同时借助水坝来运输食物和建筑材料。

锋利的门牙：和所有啮齿动物一样，河狸的门齿可以相互磨尖且会不停更新。它们的门齿外层有一层非常坚固的珐琅质，但里面的一层比较软，可以不断调整牙齿的整体形状。因此河狸的门齿看起来更像凿子。

迅速恢复：河狸喜欢用山杨、白杨、桤木和柳树来建造它们的栖息地，因为这些树木生长速度特别快，有些甚至在被河狸咬断后会重新发芽。

护城河：河狸用泥巴、石头、树枝杈来修建水坝。而水坝和入口之间的小池塘就好像是护城河一样，既保护着洞穴，也可阻挡敌人的进攻。

鳞尾松鼠
Anomalurus derbianus

异鳞尾松鼠
Zenkerella insignis

鳞尾鼠中唯一不能滑翔的

佩氏鳞尾松鼠
Anomalurus pelii

软毛梳趾鼠
Pectinator spekei

当佩氏鳞尾鼠展开滑翔膜飞越树丛时，可滑翔近100米

南非跳兔
Pedetes capensis

后脚趾上长有梳子状鬃毛

梳趾鼠
Ctenodactylus gundi

长且毛茸茸的尾可以在跳兔跳跃时保持平衡

锋利的大门齿可以咬断树木

欧亚河狸
Castor fiber

扁厚且带有鳞片的尾巴在游泳时可以起到推进器和船舵的作用

脚趾上长有蹼

梳趾鼠： 曾被归为豚鼠形亚目，后被证实为松鼠形亚目。它们完全以沙漠中的植物为食，可从植物中摄取水分，因此也不需要另外喝水。

🐾20厘米
🐾2.5厘米
⚖290克
👫家庭式群居
🔱栖息地内普遍

非洲北部

南非跳兔： 南非跳兔长得像小型袋鼠，它们的后肢巨大，善于跳跃。白天它们躲在洞穴中避暑，晚上出来吃草和农作物。

🐾43厘米
🐾47厘米
⚖4千克
独居
易危

非洲东部和南部

鳞尾松鼠： 鳞尾松鼠属于鼠科，与属于松鼠科的真正的松鼠没有直系血缘关系。除异鳞尾松鼠外，鳞尾松鼠都可以像鼯鼠一样滑翔。它们有一种独特的适应机制——尾巴根部的鳞片能够帮助它们在滑翔结束时抱住树，之后倒着爬上树干。

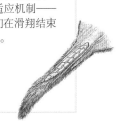

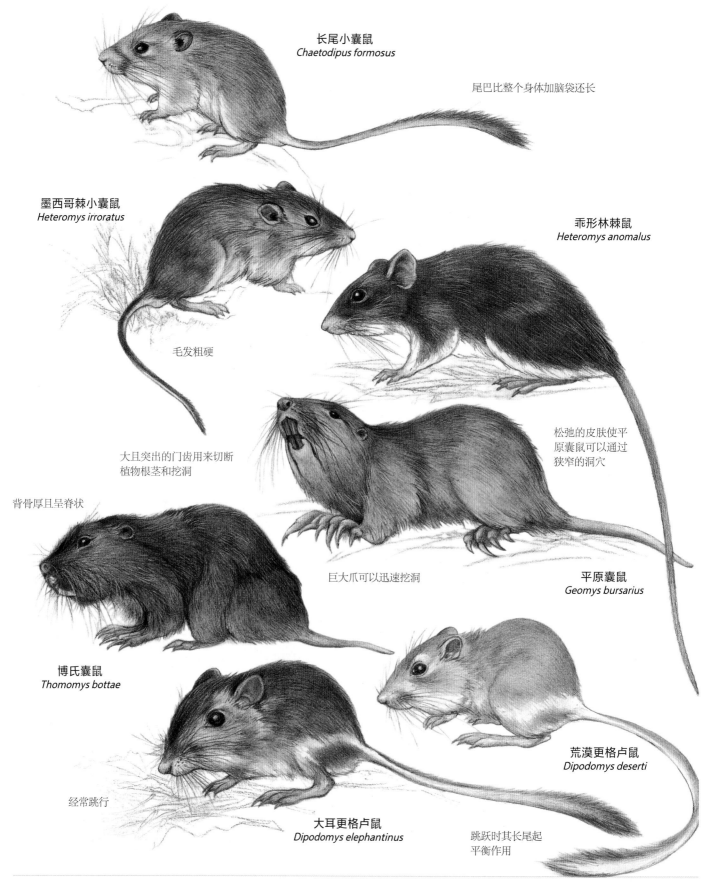

长尾小囊鼠
Chaetodipus formosus

尾巴比整个身体加脑袋还长

墨西哥棘小囊鼠
Heteromys irroratus

乖形林棘鼠
Heteromys anomalus

毛发粗硬

松弛的皮肤使平原囊鼠可以通过狭窄的洞穴

大且突出的门齿用来切断植物根茎和挖洞

背骨厚且呈脊状

巨大爪可以迅速挖洞

平原囊鼠
Geomys bursarius

博氏囊鼠
Thomomys bottae

荒漠更格卢鼠
Dipodomys deserti

经常跳行

大耳更格卢鼠
Dipodomys elephantinus

跳跃时其长尾起平衡作用

长尾小囊鼠： 生活在有碎石的沙漠地带，它们会像老鼠一样四脚爬行。雌囊鼠一般不会在干旱季节产崽。

🐾10厘米
📏12厘米
⚖25克
👤独居
↓普遍

美国内华达和犹他州至加利福尼亚半岛

平原囊鼠： 喜欢独居的平原囊鼠可以建造非常复杂的地下隧道洞穴。在交配季节，雄囊鼠会将隧道挖至雌囊鼠的洞穴内。

🐾20厘米
📏12厘米
⚖250克
👤独居
↓普遍

加拿大至美国得克萨斯州间的高草大草原

荒漠更格卢鼠： 生活在荒漠的更格卢鼠为了避免水分蒸发，都在湿度最大的夜间出来觅食。它们很少找水喝，完全靠从食物中获取水分。

🐾15厘米
📏21厘米
⚖150克
👤独居
↓普遍

美国内华达州至墨西哥北部

鼠形亚目啮齿动物

超过1/4的哺乳动物是鼠形亚目啮齿动物。和其他啮齿动物一样，这些鼠形亚目啮齿动物的咀嚼肌肉组织非常发达，可以让它们完成各类撕咬动作。同时每排都长有3颗后牙。鼠形亚目啮齿动物的生命比较短暂，它们一生中的大部分时间都用来繁殖后代。鼠形亚目啮齿动物包括鼠科、睡鼠科和跳鼠科。鼠科是其中的最大分支，包括新旧大陆的老鼠、田鼠、仓鼠、沙鼠等近1000种鼠类；睡鼠科包括各类睡鼠；跳鼠科包括林跳鼠、蹶鼠和跳鼠。

纲：	哺乳纲
目：	啮齿目
科：	3
属：	306
种：	1409

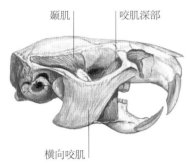

颞肌　咬肌深部

横向咬肌

各类撕咬动作：鼠类啮齿动物的咀嚼肌肉组织可以让它们完成各类撕咬动作。它们的咬肌深部一直延伸至上腭，可以和横向咬肌一起带动腭骨向前完成撕咬动作。

种类丰富的鼠科动物

鼠科动物多是小型夜行性动物，以种子为食，生活在地面上，脸上长有斑点和长胡须。但也有一些鼠科动物生活在水中、树上和地下。

旧大陆鼠约有500种，包括小家鼠和褐家鼠，它们都是城市害虫。而新大陆鼠则包括攀鼠和水鼠等。

尽管80%的鼠科动物是老鼠，但田鼠、仓鼠和沙鼠也是鼠科动物中的重要成员。田鼠遍布北半球，很多种类的田鼠冬天都躲在雪地下的洞穴中过冬。原仓鼠是著名的宠物，但野生的原仓鼠喜独居且性情暴躁。沙鼠生活在非洲和亚洲的干旱地带。

睡鼠科和跳鼠科动物与鼠科动物相比体形更小巧，也更富独特性。睡鼠生活在树上且会冬眠；跳鼠科的林跳鼠、蹶鼠和跳鼠有长长的后肢和尾巴来帮助跳跃，这一科的鼠类可以生活在条件最恶劣的沙漠中。

食物：大部分的鼠形亚目啮齿动物都是食草动物。它们主要以种子、果实和嫩芽为食，偶尔吃昆虫。田鼠，特别是欧鼹（左图）完全吃草。另外一些则是偏肉食的杂食动物。除了水生无脊椎动物，水鼠偶尔也吃乌龟和蝙蝠；而褐家鼠甚至会攻击家禽和兔类。

体形最大的仓鼠

原仓鼠
Cricetus cricetus

黄金仓鼠
Mesocricetus auratus

尾巴基本无毛

美东林鼠
Neotoma floridana

多毛的双色长尾

刚毛棉鼠
Sigmodon hispidus

尾巴可长达5~12厘米

拉布拉多白足鹿鼠
Peromyscus maniculatus

稻鼠是半水栖的杂食动物，它可以
吃稻米、树叶、莎草、昆虫、蜗
牛、鱼和甲壳动物

沼泽稻鼠
Oryzomys palustris

黄金仓鼠：它是仓鼠中最出名的物种，又称"金丝熊"，被人类广泛当作宠物来饲养。但野生的黄金仓鼠已濒临灭绝。它们自20世纪30年代被引进美国和英国后得到大量繁育。

🐾18厘米
📏2厘米
⚖150克
🐀独居
⚠濒危

中东、欧洲东南部、亚洲西南部

原仓鼠：喜欢独居，是穴居的食草动物，冬季会休眠。休眠时，原仓鼠一周左右会醒过来一次，吃它们夏季储存的种子和植物根茎。在夏季，它们会用自己的颊囊来大量装运找到的过冬食物。

🐾32厘米
📏6厘米
⚖385克
🐀独居
⚠普遍

比利时至中亚的阿尔泰山脉

刚毛棉鼠：这种鼠的孕期只有27天。它们一窝可产多只幼崽，且幼崽在出生时就已经长好被毛，只要40天就可以完全成年，繁殖后代。雌棉鼠也可以在产崽之后立刻再交配。

🐾20厘米
📏16厘米
⚖225克
🐀独居
⚠普遍

美国东南部至委内瑞拉北部和秘鲁北部

长爪䶄
Prometheomys schaposchnikowi

长爪适于挖洞

水䶄
Arvicola amphibius

环颈旅鼠
Dicrostonyx torquatus

欧䶄
Myodes glareolus

冬季被毛为白色

生活的区域比
其他啮齿动物
更靠北

大沙鼠
Rhombomys opimus

夏季被毛为褐色

林旅鼠
Myopus schisticolor

欧旅鼠
Lemmus lemmus

其宽扁的尾巴可以
竖起做舵

红尾沙鼠
Meriones libycus

脚趾之间长有
小脚蹼

麝鼠
Ondatra zibethicus

麝鼠：为半水生的啮齿动物。它们靠长蹼的巨大后肢划水，用宽扁的尾巴做舵。和河狸一样，麝鼠也在河床上用泥巴和细枝建窝。

🐾33厘米
📏30厘米
⚖1.8千克
👥小群至大群居住
🔷普遍

美国和加拿大（除冻土地带）；被引进欧亚大陆

欧旅鼠：与流行的说法相反，欧旅鼠并不会蓄意自杀。事实是，欧旅鼠的成员数量每隔3～4年就会达到一个顶峰，在这期间，它们会因为不能忍受彼此而变得极具侵略性。这种冲突会导致欧旅鼠群体性地从拥挤的高原苔原地带向更低处的森林迁移。在这个过程中，如果遇到河流等大的障碍物，它们会感到恐慌，因为急于逃走而不慎跌落水中淹死。

打架姿势：欧旅鼠之间打架时会相互摔跤、拳击或直接攻击要害。

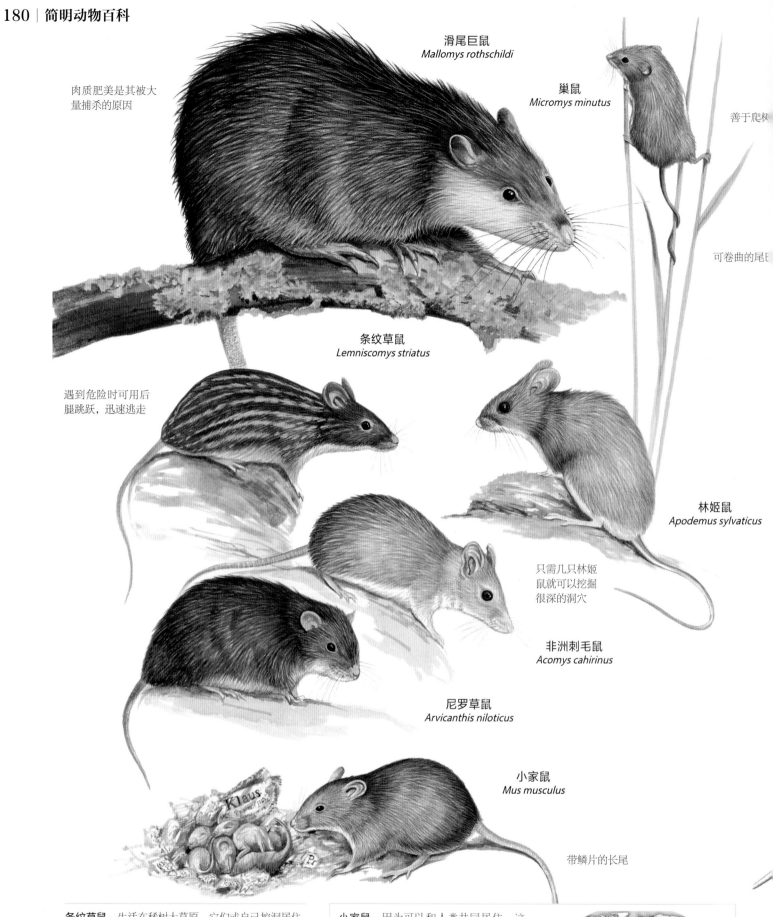

滑尾巨鼠
Mallomys rothschildi

肉质肥美是其被大
量捕杀的原因

巢鼠
Micromys minutus

善于爬枝

可卷曲的尾巴

条纹草鼠
Lemniscomys striatus

遇到危险时可用后
腿跳跃，迅速逃走

林姬鼠
Apodemus sylvaticus

只需几只林姬
鼠就可以挖掘
很深的洞穴

非洲刺毛鼠
Acomys cahirinus

尼罗草鼠
Arvicanthis niloticus

小家鼠
Mus musculus

带鳞片的长尾

条纹草鼠： 生活在稀树大草原。它们或自己挖洞居住，或利用废弃的蚁穴。条纹草鼠的孕期在雨季，有28天，生产后它们会给自己的幼崽搭建一个圆形的窝。

🐁 14厘米
🐀 15厘米
⚖ 68克
♟ 独居
⚡ 普遍

非洲撒哈拉沙漠以南

小家鼠： 因为可以和人类共同居住，这种动物已经遍布世界。小家鼠是对农作物有害的物种，它们在建筑物或田间四处建窝，并可以吃几乎所有人类的食物，甚至胶水和肥皂。

🐁 10厘米
🐀 10厘米
⚖ 30克
♟ 混居
⚡ 大量存在，被人类视为有害物种

遍布除极地和苔原地带以外的世界各地

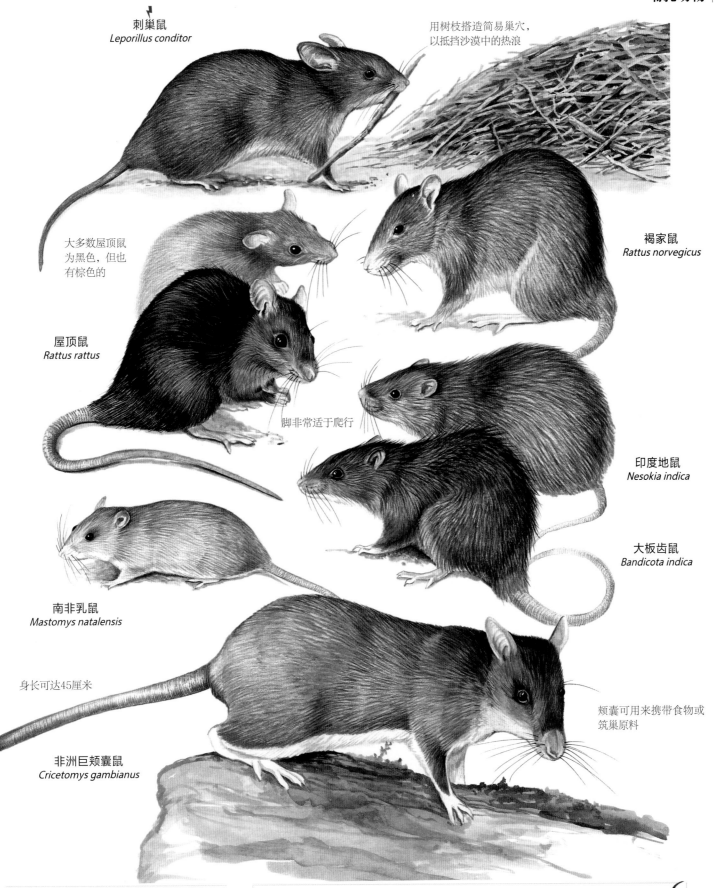

刺巢鼠
Leporillus conditor

用树枝搭造简易巢穴，以抵挡沙漠中的热浪

褐家鼠
Rattus norvegicus

大多数屋顶鼠为黑色，但也有棕色的

屋顶鼠
Rattus rattus

脚非常适于爬行

印度地鼠
Nesokia indica

大板齿鼠
Bandicota indica

南非乳鼠
Mastomys natalensis

身长可达45厘米

非洲巨颊囊鼠
Cricetomys gambianus

颊囊可用来携带食物或筑巢原料

刺巢鼠：曾经广泛分布在澳大利亚南部的灌木林地中，但由于野兔和山羊的引进完全侵占了它们的栖息地而导致在当地灭绝。

📏 26厘米
📏 18厘米
⚖ 450克
👨‍👩‍👧 家庭式群居
↓ 濒危

● 早期分布于福兰克林岛（澳大利亚）；重新引进几处地区

鼠害：和小家鼠一样，屋顶鼠和褐家鼠都被人类视为有害物种。它们不仅破坏粮食而且会传染疾病。中世纪由它们传染的黑死病曾经杀死了近1/3的欧洲人。这2种家鼠都大群居住，并会为了食物而产生争夺。褐家鼠是杂食动物，可以吃很多东西，它们甚至会袭击野兔和婴儿。

病毒传染源：经褐家鼠传染疾病致死的人类数目比所有战争致死的人类总数还要多。

云鼠
Phloeomys cumingi

黑背攀鼠
Dendromus melanotis

其长尾可以半卷曲

狐尾云鼠
Crateromys schadenbergi

尖长的口鼻部和小眼睛使
其看上去更像鼩

长吻鼩形鼠
Rhynchomys soricoides

露沼鼠
Otomys irroratus

澳洲水鼠
Hydromys chrysogaster

尾巴很粗，尾梢为白色

金背兔形鼠
Mesembriomys macrurus

澳洲弹鼠
Notomys cervinus

澳洲水鼠：澳洲水鼠多在河湖床上建造洞穴。它们可以忍耐被污染的水，因此能生活在城市内。但它们更喜欢以干净水域中的甲壳动物、软体动物和鱼类为食。它们带蹼的宽脚好像船桨一样可以划水。尽管它们的被毛没有防水层，但皮肤下面厚厚的脂肪层可以很好地保温。

水中猎食者：澳洲水鼠一般在各自的领域内捕猎。

黑背攀鼠：黑背攀鼠的尾巴长且可以卷曲，因此能轻松爬上稀树大草原的草尖和树枝。它们一般只在季节性山火期间简单地在地下挖一个洞，多数时候就在草地上搭个球形的草窝。

🐀7厘米
🐀8厘米
⚖8克
👤独居
🐾普遍
☀

非洲撒哈拉沙漠以南

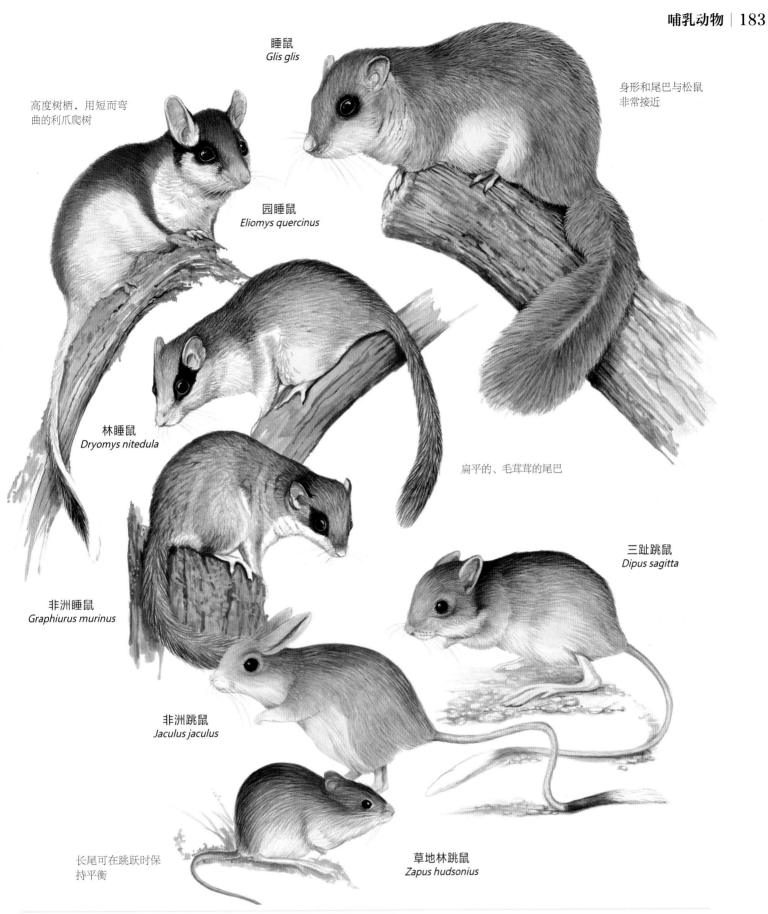

睡鼠
Glis glis

身形和尾巴与松鼠
非常接近

高度树栖，用短而弯
曲的利爪爬树

园睡鼠
Eliomys quercinus

林睡鼠
Dryomys nitedula

扁平的、毛茸茸的尾巴

非洲睡鼠
Graphiurus murinus

三趾跳鼠
Dipus sagitta

非洲跳鼠
Jaculus jaculus

草地林跳鼠
Zapus hudsonius

长尾可在跳跃时保
持平衡

园睡鼠： 成群居住，因此它们的叫声非常吵闹。
园睡鼠多在树洞、灌木丛或岩石缝隙中用草和树
叶搭建球形的窝。杂食动物，它们吃橡子、果
实、坚果，也吃昆虫、小型啮齿动物和鸟类。

🐄17厘米
🦘13厘米
⚖️120克
👪👪群居
🔻易危
🌿🚗

欧洲

非洲跳鼠： 它们的后腿是前腿的4倍长。当遇到
危险时就迅速跳走。非洲跳鼠居住在沙漠中，为
了躲避白天的酷热，它们会躲在地下的洞中，夏
季还要用泥土封住洞口来保持洞内的湿度；晚上
出来觅食。

🐄10厘米
🦘13厘米
⚖️55克
🔺独居
🔻缺乏数据
🌿🚗

摩洛哥和塞内加尔至伊朗西南部和索马里

草地林跳鼠： 它们平时小步跳跃，在受到惊吓
时则可以跳起高达1米来躲避危险。它们冬眠过
后就开始交配繁殖，且繁殖速度非常快。

🐄10厘米
🦘13厘米
⚖️30克
🔺独居
🔻栖息地内普遍
🌿

北美洲东部和北部

豪猪形亚目啮齿动物

| 纲：哺乳纲 |
| 目：啮齿目 |
| 科：18 |
| 属：65 |
| 种：218 |

豚鼠科的动物，也被叫作豚鼠，是典型的豪猪形亚目啮齿动物。它们都长有大大的脑袋、粗壮的身躯、短小的腿和尾巴。但同样是豪猪形亚目啮齿动物的棘鼠科动物却长得更像是普通的老鼠。豪猪形亚目啮齿动物的咀嚼肌肉组织也十分发达。使它们有向前用力撕咬的能力。和其他啮齿动物不同，它们的幼崽在出生时就已经发育得比较成熟。尽管新旧大陆都有豪猪形亚目啮齿动物，但对它们的分界仍存在争议。

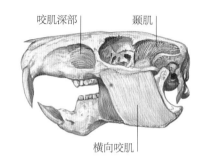

咬肌深部　颞肌
横向咬肌

有力地撕咬： 和松鼠形亚目啮齿动物一样，豚鼠科啮齿动物也拥有向前用力撕咬的能力，但两者的咀嚼肌的组织结构却非常不同。豚鼠形啮齿动物的横向咬肌更靠近颌骨，咬肌深部则穿过眼睛，带动颌骨向前完成撕咬动作。

长满刺的保护壳： 豪猪幼崽的出生死亡率很低，且幼崽出生时就已经发育得非常成熟。刚出生的豪猪就可以睁开眼睛并走直线。由于豪猪的身上长满硬刺，仿佛一个防护装甲，因此它们的天敌很少。但人类为了获取食物，控制种群数量或猎杀乐趣，经常猎杀豪猪。

豚鼠和它的亲戚们

目前大部分的豪猪形亚目啮齿动物生活在中南美洲，但对于它们是本地原生物种还是来自北美或者非洲，一直争议不断。豚鼠科不仅包括豚鼠及其相似物种，还包括长耳豚鼠——一种长腿的食草动物。水豚高达1米，是最大的啮齿动物。

毛丝鼠和兔鼠长着又厚又软的被毛可以保温，因此能够生活在高海拔地区。刺豚鼠长有细长的四肢，遇到危险可以迅速逃离。大部分南美洲的豪猪形亚目啮齿动物都是陆栖的，但栉鼠生活在复杂的洞穴中。此外，南美洲豪猪形亚目啮齿动物还包括八齿鼠、硬毛鼠、天竺鼠、河狸鼠和长尾豚鼠等。

属于新大陆的豪猪分布于南北美洲，树栖，善于爬树；有的品种还可以用尾巴卷住树干。旧大陆的豪猪形亚目啮齿动物包括裸鼹形鼠、蔗鼠和岩鼠。

猪鬃样的被毛

遇到危险时会用后脚用
力蹬地并大叫

大蔗鼠
Thryonomys swinderianus

大竹鼠
Rhizomys sumatrensis

用前爪和牙齿挖掘洞穴网络

非洲岩鼠
Petromus typicus

白小鼹形鼠
Nannospalax leucodon

后脚上的刚毛用来梳理毛发

南非鼹鼠
Bathyergus suillus

脸上和尾巴上长满感
知胡须

趾间的毛发可起到扫帚的作用

裸鼹形鼠（裸鼠）
Heterocephalus glaber

大蔗鼠：它们以小家庭为单位生活，夜间活
动，主要以草和甘蔗为食。当它们受到惊吓
时或者用后腿捶打地面并大叫，或者直接逃
入水中。它们是游泳健将，还可以潜水。

🐗 60厘米
🐀 19厘米
⚖ 4.5千克
👥 小群居住
🌿 栖息地内普遍

非洲中部及南部

裸鼹形鼠帝国：裸鼹形鼠生活在干
旱的埃塞俄比亚、索马里和肯尼亚
的地下王国中。一个裸鼹形鼠王国
包含约70只裸鼹形鼠。和蚂蚁、蜜
蜂王国一样，裸鼹形鼠王国也由一
只鼠后统治着几只雄鼠来生育大量
没有生育能力的工鼠和兵鼠。

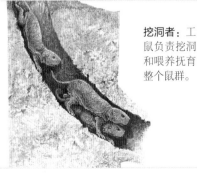

挖洞者：工
鼠负责挖洞
和喂养抚育
整个鼠群。

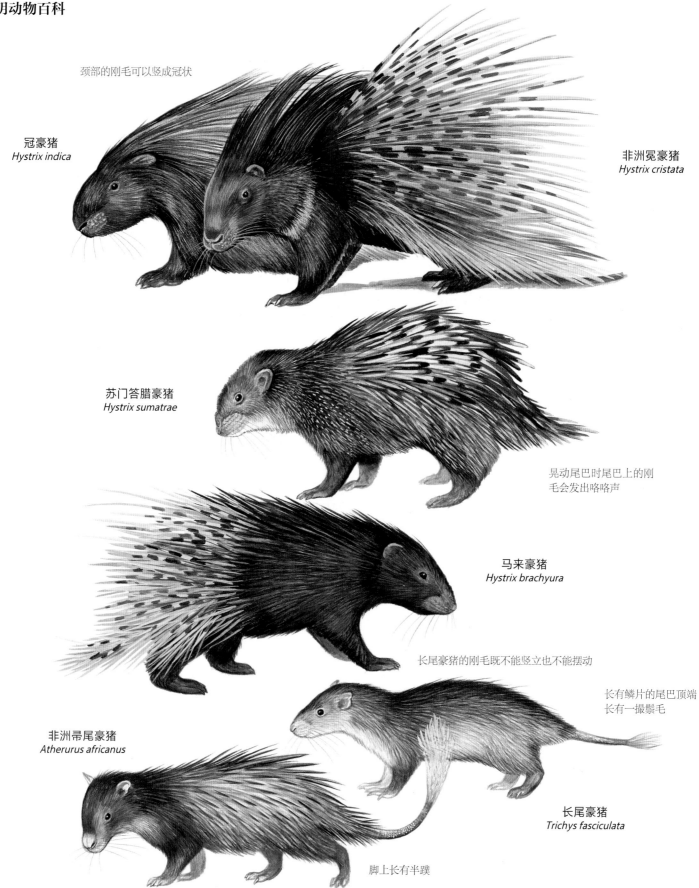

颈部的刚毛可以竖成冠状

冠豪猪
Hystrix indica

非洲冕豪猪
Hystrix cristata

苏门答腊豪猪
Hystrix sumatrae

晃动尾巴时尾巴上的刚毛会发出咯咯声

马来豪猪
Hystrix brachyura

长尾豪猪的刚毛既不能竖立也不能摆动

长有鳞片的尾巴顶端长有一撮鬃毛

非洲帚尾豪猪
Atherurus africanus

长尾豪猪
Trichys fasciculata

脚上长有半蹼

非洲冕豪猪：这种豪猪因可以杀死狮子、鬣狗和人类而闻名。当它们受到威胁时，首先会竖起全身的刚毛，这样使它们看起来显得更大；如果此举不能吓退敌人，它们会立刻收回刚毛，直接冲向敌人。

🐾 70厘米
📏 12厘米
⚖ 15千克
👥 家庭式群居
↓ 近危

意大利、巴尔干半岛、非洲

非洲帚尾豪猪：以家庭方式居住，父母带领幼崽们一起生活。白天它们一起躲在位于洞穴、岩石缝隙或木洞中的巢穴里躲避高温，晚上单独出来找寻植物的根茎、树叶、果实和球茎等。

🐾 57厘米
📏 23厘米
⚖ 4千克
👥 家庭式群居
↓ 普通

非洲赤道地区

长尾豪猪：与其他旧大陆豪猪不同，这种居住在森林中的豪猪不能竖立自己的刚毛，但在被敌人抓住时，却可以断尾求生。它们主要以树上的果实为食。

🐾 48厘米
📏 23厘米
⚖ 2.3千克
↓ 不确定
↓ 缺乏数据

马来半岛、苏门答腊岛、加里曼丹岛

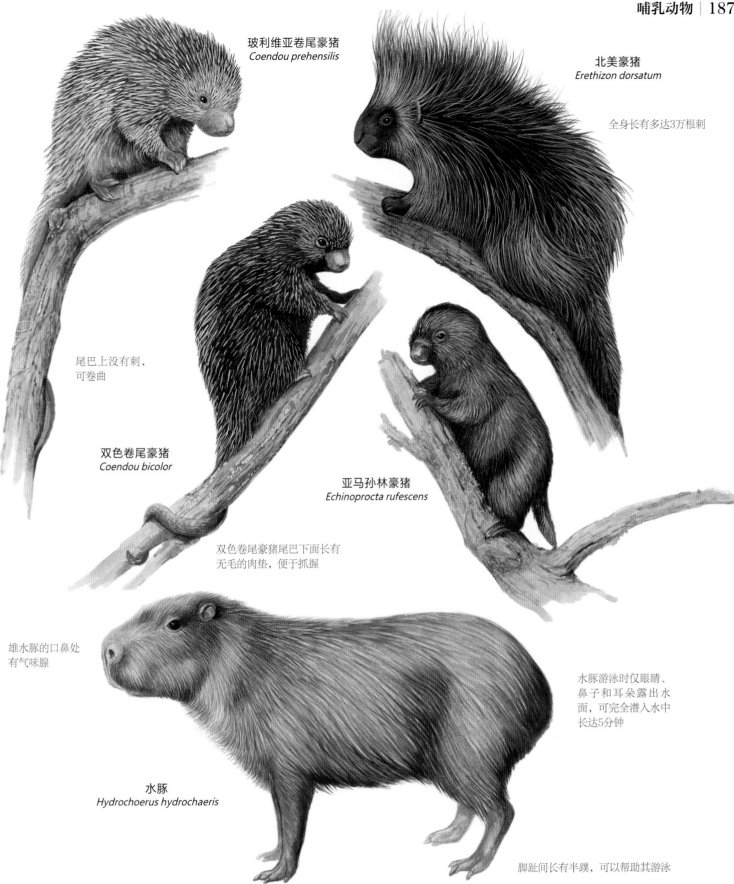

玻利维亚卷尾豪猪
Coendou prehensilis

北美豪猪
Erethizon dorsatum

全身长有多达3万根刺

尾巴上没有刺，
可卷曲

双色卷尾豪猪
Coendou bicolor

亚马孙林豪猪
Echinoprocta rufescens

双色卷尾豪猪尾巴下面长有
无毛的肉垫，便于抓握

雄水豚的口鼻处
有气味腺

水豚游泳时仅眼睛、
鼻子和耳朵露出水
面，可完全潜入水中
长达5分钟

水豚
Hydrochoerus hydrochaeris

脚趾间长有半蹼，可以帮助其游泳

北美豪猪：北美豪猪白天躲在位于洞穴、岩石缝隙或木洞中的巢穴里，晚上出来在树林和灌丛之间寻找食物。

🐾1.1米
🐾25厘米
⬛18千克
🐾独居
🐾栖息地内普遍

北美洲西部和北部

最大的啮齿动物：水豚是最大的啮齿动物。虽然它们的身形庞大，却完全以长在水边或水中的草为食。水豚带半蹼的脚趾好像一个小桨一样，使它们在水中非常灵活。这种水豚社会性极强，以家庭为单位生活。它们的家庭一般包括一只雄水豚、几只雌水豚和它们的后代，而在干旱时期，可能会有上百只水豚一起觅食。

降温：水豚会在水中避暑、躲避敌人以及交配。

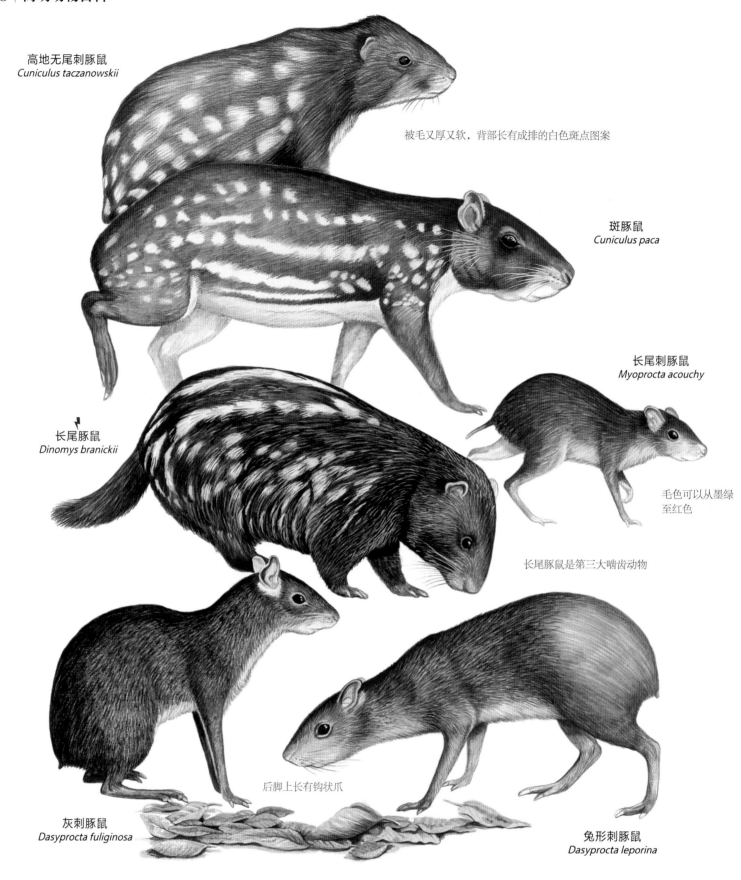

高地无尾刺豚鼠
Cuniculus taczanowskii

被毛又厚又软，背部长有成排的白色斑点图案

斑豚鼠
Cuniculus paca

长尾刺豚鼠
Myoprocta acouchy

长尾豚鼠
Dinomys branickii

毛色可以从墨绿
至红色

长尾豚鼠是第三大啮齿动物

后脚上长有钩状爪

灰刺豚鼠
Dasyprocta fuliginosa

兔形刺豚鼠
Dasyprocta leporina

小长尾刺豚鼠：白天外出活动。会在食物丰富的季节储存一些种子以防食物紧缺。它们的这种习惯也帮助了种子在森林中传播。

🐾 39厘米
🐾 8厘米
⚖ 1.5千克
🐾 独居
🐾 缺乏数据

哥伦比亚南部至圭亚那、亚马孙河流域

灰刺豚鼠：这种豚鼠会在空中跳跃，最高可达2米。它们平时用脚趾走路，但着急时会飞奔。雄灰刺豚鼠的求爱方式非常传统，它们会将自己的尿液撒在雌鼠身上，使其发狂。

🐾 76厘米
🐾 4厘米
⚖ 6千克
🐾 混居、独居、结伴居住
🐾 普遍
⬛

亚马孙河流域上游

兔形刺豚鼠：和其他刺豚鼠一样，它们的身形前部纤细，后部宽大。这样的身材适合它们钻入灌木丛中捡食掉落的果实。

🐾 64厘米
🐾 3厘米
⚖ 6千克
🐾 结伴居住
🐾 普遍
⬛

委内瑞拉东部和圭亚那至巴西东南部

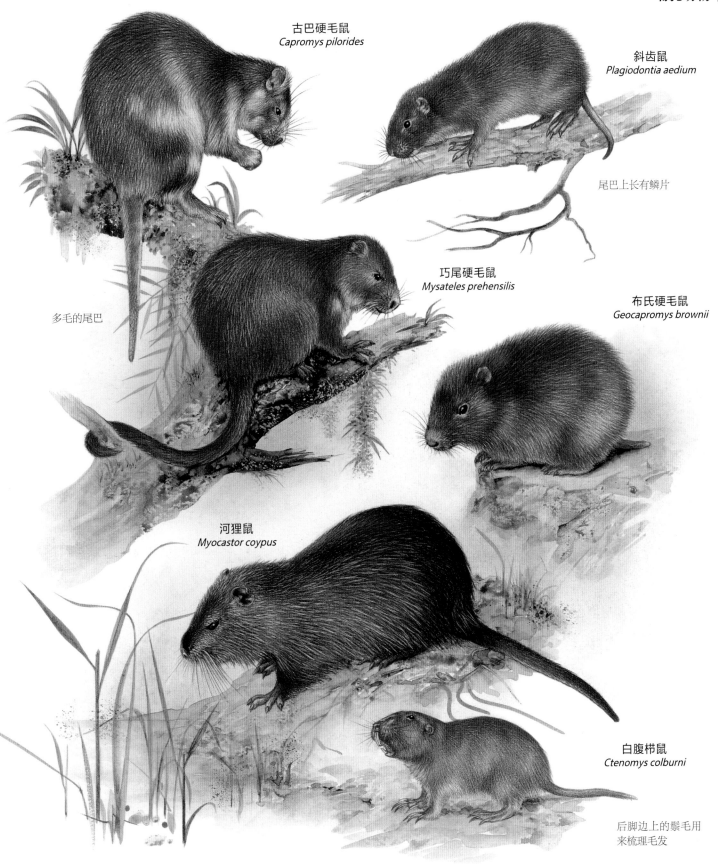

古巴硬毛鼠
Capromys pilorides

斜齿鼠
Plagiodontia aedium

尾巴上长有鳞片

多毛的尾巴

巧尾硬毛鼠
Mysateles prehensilis

布氏硬毛鼠
Geocapromys brownii

河狸鼠
Myocastor coypus

白腹栉鼠
Ctenomys colburni

后脚边上的鬃毛用
来梳理毛发

古巴硬毛鼠： 它们的爪子非常有力，可以轻松爬树，因此它们待在树上的时间比其他硬毛鼠都要长。古巴硬毛鼠和其他硬毛鼠一样有3个胃，硬毛鼠的胃是所有啮齿动物中最复杂的。

🐂60厘米
📏30厘米
⚖️8.5千克
👥结伴居住
🔻普遍，逐渐减少

古巴和邻近的近海岛屿

布氏硬毛鼠： 喜独居，也会以小家庭为单位合居，但家庭成员一般在10只左右。它们白天多在岩石缝隙中休息，晚上才摇摆着出来寻找森林中的树叶、根茎和果实。

🐂45厘米
📏6厘米
⚖️2千克
👥未知
🔻易危

牙买加

白腹栉鼠： 前爪异常锋利，可以迅速挖洞。它们的门齿也特别锋利，可以咬断任何植物的根，被人类视为有害物种，并因此遭到大量捕杀。

🐂17厘米
📏8厘米
⚖️不确定
👥不确定
🔻缺乏数据

仅在阿根廷的两个地区存在

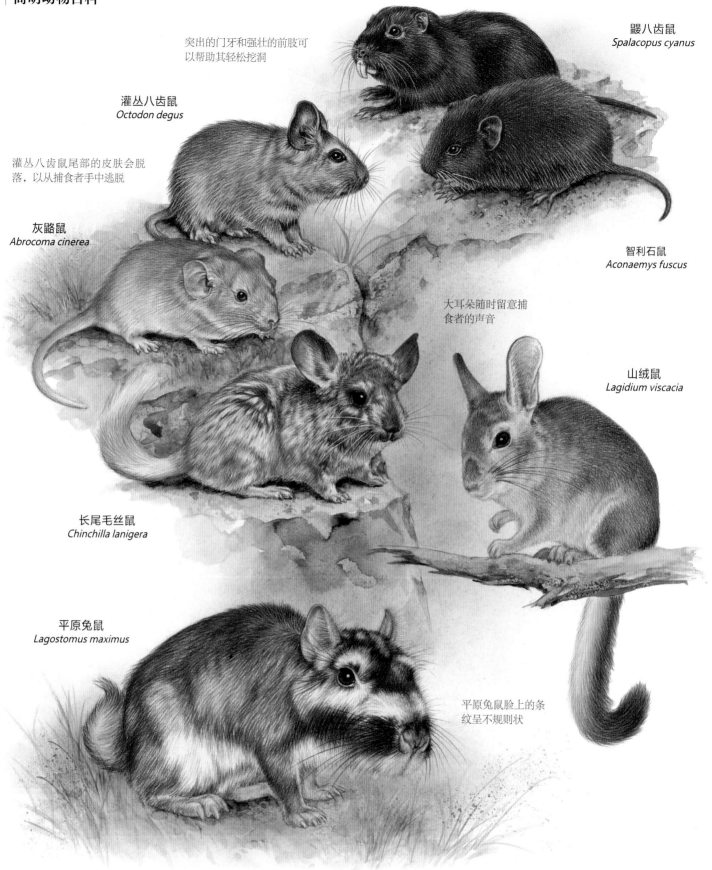

突出的门牙和强壮的前肢可
以帮助其轻松挖洞

鼹八齿鼠
Spalacopus cyanus

灌丛八齿鼠
Octodon degus

灌丛八齿鼠尾部的皮肤会脱
落，以从捕食者手中逃脱

灰鹃鼠
Abrocoma cinerea

智利石鼠
Aconaemys fuscus

大耳朵随时留意捕
食者的声音

山绒鼠
Lagidium viscacia

长尾毛丝鼠
Chinchilla lanigera

平原兔鼠
Lagostomus maximus

平原兔鼠脸上的条
纹呈不规则状

灌丛八齿鼠和草原犬鼠：灌丛八齿鼠和北美的
草原犬鼠（右图）有很多相同之处：都生活在
地下复杂洞穴中并形成了一个严密的组织王
国；都在白天出来觅食且通过发出一系列不同
的声音与同伴进行联系。然而，这两种啮齿动
物并没有遗传学上的亲缘关系。它们的相似性
完全是趋同进化的结果，因为它们采取相同的
方式来适应草原栖息地的环境。

哨兵：草原犬
鼠群白天活动
时，会有一些
哨兵犬鼠负责
给其他同伴站
岗放哨。

长尾毛丝鼠：它们一般生活在荒地或岩石山脉
中。群体的成员数量可以多达上百只，夜间出
来觅食。它们是有名的宠物，现在已经很少有
野生长尾毛丝鼠存在了。

🐎 23厘米
🐂 15厘米
⚖ 500克
👥 群居
⚠ 易危

智利北部安第斯山脉

兔形目动物

纲：	哺乳纲
目：	兔形目
科：	2
属：	15
种：	82

由于穴兔、旷兔和鼠兔等兔形目动物与大型啮齿动物有些相似，曾被误划为啮齿目的一个分支。和啮齿目动物一样，兔形目动物也是啃食性的食草动物，它们的门齿会不断生长，没有犬齿或前臼齿，门齿和臼齿之间的牙间隙使其嘴唇在门齿咬到食物之后闭合，以免不能吃的东西进嘴。但兔形目动物和啮齿动物也有不同之处，兔形目动物还长有三角牙，即在第一对门齿后面长着的1对小门齿。所有兔形目动物都是地栖动物，广泛分布在各个栖息地。从大雪覆盖的极地冻苔原到潮湿的热带雨林，甚至是炎热的沙漠地带都有它们的身影。

全球性分布：得益于与人类的紧密联系，兔形目动物遍布全球。南美洲南部和该地区的很多岛屿原来并没有兔形目动物，是人类将它们引入这些地区。例如，澳大利亚和新西兰本来没有兔形目动物。而由于人类将兔形目引入，本土物种没有能力与之对抗，造成本土物种减少甚至消失，当地环境也因兔形目的泛滥而遭到破坏。

耳朵降温：生活在北美沙漠中的黑尾兔的大长耳朵上长有上百条血管，可以帮助散热。此外，黑尾兔也会在白天最热的时候到灌木树荫或长草影中躲避高温。

穴兔、旷兔和鼠兔

兔形目包括兔科的穴兔、旷兔和鼠兔科的鼠兔。兔形目动物是很多鸟类和食肉动物的首选美味，为了躲避天敌的捕杀，它们的眼睛长在头的两侧，拥有全方位视野，耳朵也特别大，听觉敏锐。鼠兔的耳朵短粗，家兔、野兔的耳朵则大且长。

很多兔形目动物都是社会性动物，用气味腺产生的各种气味交流。鼠兔因为可以发出多种声音，被称为"会唱歌的兔子"。

兔科动物的后腿特别长，奔跑速度极快，遇到危险时，穴兔趋向于躲藏，旷兔则试图逃到开阔地带。鼠兔的腿比较短，多住在岩石地带，遇到危险可以迅速躲到缝隙中去。

虽然兔形目动物有很多对抗捕食者的策略，但它们仍是其他动物的重要食物来源。为了保持种群数量，兔形目动物都是繁殖后代的高手。它们的孕期非常短，为30～40天；而且刚出生的幼兔已经发育得非常大且成熟；同时它们很快就可以发育完全，开始繁殖后代。例如雌穴兔出生3个月后就可以孕育后代，它们会在交配时迅速产生卵子并受孕；雌兔在生产后可以立即再次怀孕。有些兔类甚至在怀孕期间仍然可以继续受孕。兔形目动物（例如穴兔）的高效繁殖能力，可帮助它们成功占据各大栖息地。因此穴兔也被认定为有害生物。

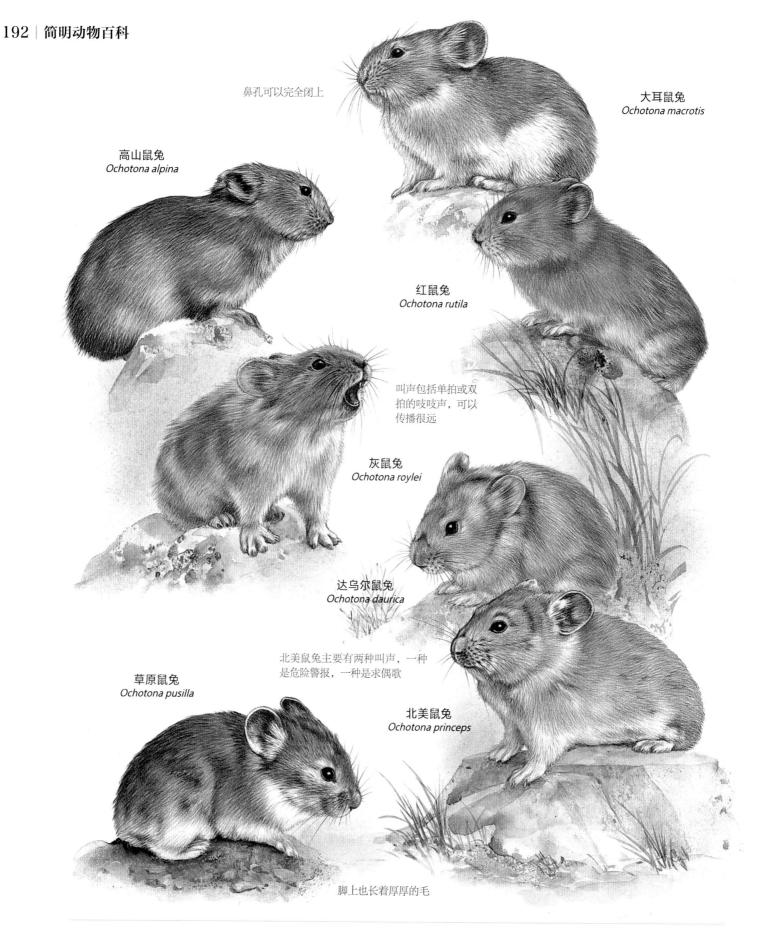

鼻孔可以完全闭上

大耳鼠兔
Ochotona macrotis

高山鼠兔
Ochotona alpina

红鼠兔
Ochotona rutila

叫声包括单拍或双拍的吱吱声，可以传播很远

灰鼠兔
Ochotona roylei

达乌尔鼠兔
Ochotona daurica

草原鼠兔
Ochotona pusilla

北美鼠兔主要有两种叫声，一种是危险警报，一种是求偶歌

北美鼠兔
Ochotona princeps

脚上也长着厚厚的毛

高山鼠兔：整个冬季都很活跃，它们白天一般会一直在雪地上活动，直到积雪厚度达到30厘米以上，才会躲回到地下的洞穴中去。

🐐20厘米
🐇不确定
🏋200克
🐾独居
🍂缺乏数据

中国北方、蒙古国、俄罗斯及中亚地区

灰鼠兔：一般在岩石堆的缝隙中筑巢，但人类经常会在自家小屋的石墙缝中见到它们。灰鼠兔一年四季都可以觅食，因此不需要像其他鼠兔一样储藏过冬食物。

🐐20厘米
🐇不确定
🏋200克
🐾独居
🍂缺乏数据

巴基斯坦、印度、尼泊尔和中国西藏的喜马拉雅地区

达乌尔鼠兔：它们生活在草原的洞穴中，高度社会化，群体由多个小家庭组成，成员之间靠一系列的声音指令来沟通。群体成员会互相梳理毛发，一起玩耍，十分亲昵。

🐐20厘米
🐇不确定
🏋200克
🐾群居
🍂普遍

中国北方、蒙古国、俄罗斯及中亚地区

夏季棕色的被毛经常会沾染上苔原植物的颜色

雪兔
Lepus timidus

冬季被毛为白色，以树枝和叶芽为食

耳朵尖是黑色的

雪鞋兔
Lepus americanus

在冬季，白色的被毛是雪地上很好的伪装

夏季被毛为棕色，以绿色植物和浆果为食

墨西哥长耳兔
Lepus alleni

蒙古兔
Lepus tolai

黑尾长耳大野兔
Lepus californicus

白尾长耳大野兔
Lepus townsendii

夏季被毛要轻薄一些

欧洲野兔
Lepus europaeus

欧洲野兔可以以56千米每小时的速度飞奔，以摆脱敌人的追捕

雪兔：为了度过北极寒冷的冬天，上百只的雪兔会聚在一起相互取暖；而小群雪兔则会筑起雪墙来抵挡风寒。在不同的季节，雪兔被毛的颜色也不一样。

🐂60厘米
🐾8厘米
⚖6千克
👤独居
↓普遍

冰岛、爱尔兰、苏格兰、欧亚大陆北部

墨西哥长耳兔：与羚羊相似，墨西哥长耳兔也能弹跳很高。它们生活在沙漠中，可以只靠所吃植物中的水分过活而不需要再喝水。夜间出来觅食。

🐂60厘米
🐾8厘米
⚖6千克
👤独居
↓普遍，逐渐减少

美国亚利桑那州南部至墨西哥北部

欧洲野兔：雌兔每年产4窝幼崽，而幼崽在出生的第一个月就被单独放在用长草铺成的窝里，雌兔每隔一天来探望和喂食幼崽一次。

🐂68厘米
🐾10厘米
⚖7千克
👤独居
↓普遍，逐渐减少

欧洲至中东；广泛引进各地

森林兔
Sylvilagus brasiliensis

东部棉尾兔
Sylvilagus floridanus

侏儒兔
Sylvilagus idahoensis

跳动时可以看见白色的小尾巴

欧穴兔（家兔）
Oryctolagus cuniculus

林兔
Sylvilagus bachmani

火山兔
Romerolagus diazi

没有明显可见的尾巴

被毛分两层，外层粗
硬，内层柔软

靠后腿蹬地来警告同伴有危险

粗毛兔
Caprolagus hispidus

苏门答腊兔
Nesolagus netscheri

苏门答腊兔是最稀少的兔形
目动物，于1972年被首次发
现，到1998才有照片记录

薮岩兔
Poelagus marjorita

兔子的猎苑： 穴兔是少数几种自
己挖洞的兔科动物之一。另外它
们是唯一一种生活在陆地上有固
定交配对象的群居兔子。雌兔会
将全部幼兔放在其挖的地下洞穴
中。洞穴的入口为了安全一般都
特别小，但内部却非常宽阔。

喂养： 穴兔的洞穴内铺
有松软的干草。雌兔将
新生的小兔和所有幼崽
都放在洞穴中喂养。

东部棉尾兔： 它们白天躲在树洞或者灌木丛
中的窝内休息，夜晚出来觅食。尽管它们刚
出生时没有视力也不长毛，但只要2周就可
以跳出窝外，7周之后离开父母，3个月后就
成年了。

🐇 50厘米
🐇 6厘米
⚖ 1.5千克
独居
普遍

北美洲南部和东部

象鼩

象鼩身形像老鼠，但更乖巧。它们会不停地奔跑寻找昆虫、蠕虫和果实。象鼩的脚趾外张，爪子锋利，长尾巴可以起到平衡作用。象鼩一般手捧食物坐着吃，这可以使它们更好地防御鸟类、蛇和细尾獴等天敌的偷袭。雄象鼩负责搭建产崽的窝。雌象鼩每窝可产3只幼崽，但它们很少负责抚养幼崽，有些种类的雌象鼩甚至只是每隔1天来看望一次幼崽而已。象鼩是重要的早期胎盘哺乳动物种类。

非洲栖息地： 象鼩广泛分布在除西非和撒哈拉沙漠地区以外的非洲大部分地区。它们可以适应岩石地带、沙漠、稀树草原、大草原和热带森林等多种栖息地。尽管它们是白天觅食的完全陆栖动物，但很少被人类看到。象鼩夫妇是终生的一夫一妻制，生活在同一领域，共同捍卫它们的家园，但它们很少见面。象鼩夫妇通过气味交流，并会保留一个道路网，以便掠食者入侵时及时逃脱。擅自闯入的"第三者"会遭到象鼩夫妇中与之同性别者的驱赶。

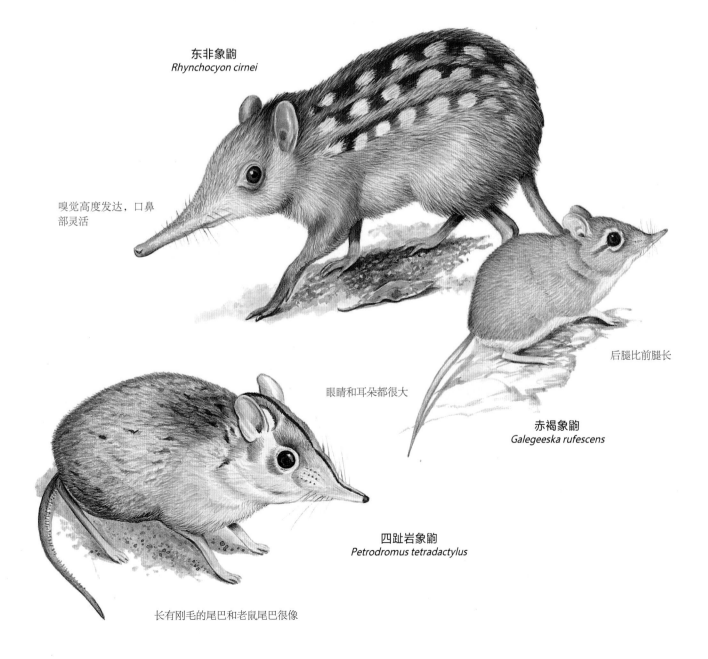

东非象鼩
Rhynchocyon cirnei

嗅觉高度发达，口鼻部灵活

后腿比前腿长

眼睛和耳朵都很大

赤褐象鼩
Galegeeska rufescens

四趾岩象鼩
Petrodromus tetradactylus

长有刚毛的尾巴和老鼠尾巴很像

鸟类

门：	脊索动物门
纲：	鸟纲
目：	29
科：	194
属：	2161
种：	11000

鸟类由爬行动物逐渐进化而来，它们是现存动物中移动能力最强的。鸟类可以生活在很多地方，多数鸟类生活在沼泽、林地、雨林，也能适应城市、荒漠，甚至南北极地区的环境。有些鸟类终生只生活在一个栖息地，另一些则经常往返穿越大洋到另外的大洲生活。鸟类包括从小到蜂鸟、大到鸵鸟的约万种鸟，它们的羽毛色彩绚丽，图案千奇百怪。有些鸟类已濒临灭绝，但鸡类等鸟类的数量仍很多。

腾空：当欧亚鸲准备起飞时，它们首先将双翅紧缩至身体中，以便向上运动时减少空气阻力。

起飞：在向上运动的开始阶段，欧亚鸲会将羽毛尽量分开来获得升力，节省体力。

展翅：欧亚鸲飞行时双翅会完全打开并向前收，羽毛相互叠收，双脚收缩并紧贴着身体。

鸟类的翅膀：欧亚鸲（左图）扇动翅膀的动作是标准的鸟类飞翔动作。它们的两翅可以流畅自如地上下扇动。而企鹅（右图）是少数不能飞的鸟类中的典型。

前行：欧亚鸲的翅膀向下振动，羽毛拍击空气，利用振翅将欧亚鸲向前推进。

着陆：当欧亚鸲向下运动、准备着陆时，它的羽毛会扭曲着分开。

羽毛的种类

羽毛分3种。第一种是紧贴身体的绒羽，用来保暖；绒羽之上是短而圆的廓羽，使得鸟的体形更接近流线型；最后一种是长在翅膀和尾巴上的长羽毛，在起飞、飞行、调整平衡、着陆时起作用。

羽毛：由内部绞锁在一起的羽小枝组成，表面光滑。

羽小钩
羽小枝
羽轴
羽轴　羽片
羽枝

羽毛的功能：羽毛使鸟类的身体与外界形成保温的绝缘层；羽毛的颜色能够为鸟类提供伪装保护；最重要的是，羽毛是鸟类飞行的基础。

雉的长尾羽　金刚鹦鹉的廓羽　鹰的绒羽

飞行

鸟类的飞翔和歌唱能力一直令人类羡慕不已。这种独特的生物不仅启迪人类发明了飞行器，而且在文学、音乐等艺术形式上都给人类带来了巨大影响和帮助。

尽管有些鸟类已经丧失了飞行的能力，但它们都长有羽毛。除了鸟类，再没有哪种动物可以仅依靠自身的能力就移动得这么远，这么快。

绝大多数鸟类具有高超的空中机动能力，它们可以俯冲、高飞、盘旋等，有些鸟甚至可以倒飞。它们因为觅食、寻找栖息地、摆脱敌人以及和其他同伴交流而飞翔。

有些鸟类会在不同的地方交配繁殖后代、栖息和觅食；有的则终生都生活在一个地方。很多鸟类会在最初栖息地的生活条件变得恶劣时暂时迁徙到别的地方，等条件转好后再回来。它们的迁徙本领来自本能和经验的积累。

并不是所有的鸟都会唱歌，但有超过一半的鸟善于鸣叫。鸟的鸣叫声很复杂。雄鸟鸣叫的首要任务是用来赢得和雌鸟的交配权。

有些鸟喜欢独居，但大多数鸟是大群居住。群体成员之间会相互帮助抚育后代。在20世纪，有30多种鸟类灭绝，其中大部分是由于人类活动，尤其是人类的过度猎杀造成的，例如旅鸽。现在，超过1/9的鸟类属于濒危物种，更多的物种数量在大幅减少。

如今，栖息地被破坏或消失是鸟类数量减少的重要原因。杀虫剂和其他污染也加剧了这一情况。另外，引进物种对鸟类的影响也非常大，例如引进到封闭岛屿的猫和老鼠，会对当地原生鸟类造成致命威胁。

相当多鸟类的生存正在受到威胁，其中鹦鹉尤其具有代表性：它们靓丽的羽毛吸引着偷猎者，而它们栖息的热带雨林也正在以极快的速度消失。

神奇的身体结构

尽管鸟类在体形和身体大小上差异非常大，但它们的内部器官结构却惊人地一致。科学家推断所有的鸟类都是从同一飞行祖先演变而来的。它们的翅膀由前肢进

适应飞行生活：鸟类的骨骼（右图）是标准的脊椎动物骨骼，但有些骨骼结构为适应飞行而有所进化。部分椎骨融合形成更坚固的骨架。锁骨融合成叉骨，当鸟飞行时，叉骨起到弹簧的作用。鸟的胸骨宽且呈一定的弧度，这就给强壮的飞行肌肉提供了足够的空间。鸟类的肺可以为血液不断地提供氧气，而其强有力的心脏可以不断向肌肉供血。

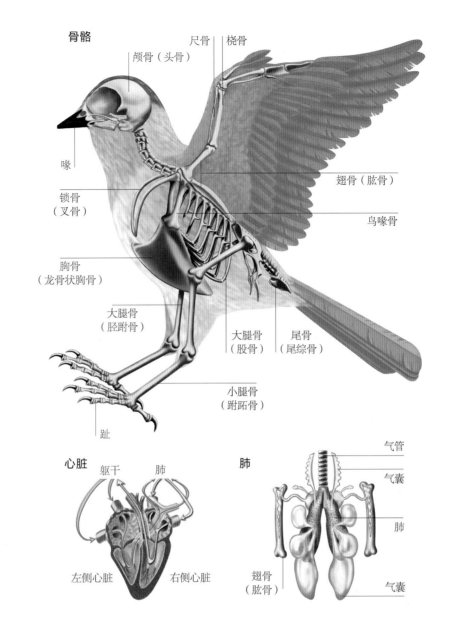

骨骼
颅骨（头骨）
尺骨
桡骨
喙
锁骨（叉骨）
翅骨（肱骨）
鸟喙骨
胸骨（龙骨状胸骨）
大腿骨（胫跗骨）
大腿骨（股骨）
尾骨（尾综骨）
小腿骨（跗跖骨）
趾

心脏
躯干
肺
左侧心脏
右侧心脏

肺
气管
气囊
肺
翅骨（肱骨）
气囊

化而成。可飞行鸟类的身体结构使其可以更好地在空中移动。例如鸟类的重心集中在身体中心处，因此它们的身体更轻且强壮；同时鸟类的骨骼数量比爬行动物和哺乳动物都少。另外，飞行需要消耗大量能量，因此鸟类的新陈代谢能力、呼吸能力以及心脏负荷能力都非常强大。

鸟类的消化系统和其他脊椎动物没有区别。唯一不同的是有的鸟类长有嗉囊来临时盛装食物（这个嗉囊中装有少量经过研磨的食物，这些食物可以直接被肠壁吸收，或者被反刍出来喂食幼鸟）。

鸟类还保有很多爬行动物的特征，例如它们的腿和脚上长有鳞片；它们仍然靠产卵来繁殖后代。但鸟类已经是温血动物，必须花大量时间觅食以补充能量。鸟类的食物种类繁多，包括种子、果实、昆虫、小型哺乳动物，甚至是其他鸟类。

鸟类的喙的作用相当于人类的手。尽管喙的首要功能是吃东西，但鸟类的喙和脚已经在结构和功能上发生了很多生理变化来适应它们飞行生活的特点。

鸟的翅膀和尾部已经完全适应其飞行所需要的起飞、着陆、飞行平衡的功能要求。但这些身体的改变也必然会给其生活的其他方面带来一定的困难。例如小型鸟类为了快速起飞来躲避敌人，翅膀比较小，不能飞太远；而像信天翁这样的大鸟需要远距离飞行，它们的翅膀细长，更利于滑翔，但起飞很慢。

鸟类的视觉和听觉都非常发达，因此它们没有长外耳郭的必要。

鸟类羽毛的颜色往往非常艳丽（有的可以随季节变换颜色）。这样艳丽的颜色不仅是为了飞行，而且具有很重要的社会性。一般来说，雄鸟的羽毛比雌鸟的更漂亮。

为了保证羽毛的形状，鸟必须经常梳理自己的羽毛。它们用喙从头到尾梳理零乱的羽毛，并将夹在其中的杂物捡出来。但即使是这样，羽毛最终还是会变老和破裂。因此鸟一般最少一年更换一次羽毛。同时它们也通过在水中或沙子中洗澡来清洁羽毛。

大部分的鸟都会筑巢来抚育后代。它们一年一次或多次产卵，每次产一枚或多枚卵。

一些鸟刚出生就已经发育完全，可以自行御敌，但大部分鸟刚出生时都没有视力，完全依靠父母中的一方或双方照料和保护，直至它们学会飞行并可独立生活。鸟类的抚育期一般在1周至6个月之间。

保温：主红雀（左图）不需要靠迁徙来解决觅食问题和躲避寒冷气候。冬天，它们可以将自己的羽毛弄蓬松，使之含有更多空气来保温。

平胸类鸟和鹩鸟

平胸类鸟包括鸵鸟目、美洲鸵目、鹤鸵目和无翼目，它们的胸骨都是平的，不会飞行。人们普遍认为这类走禽是因为缺少天敌，或者用更省力的方法就可以躲避敌人，久而久之就失去了飞行能力；平胸类鸟包括两种已经灭绝的大型鸟：新西兰的恐鸟和马达加斯加岛的象鸟。研究表明，平胸类鸟是从多种相似的祖先逐渐进化而来的。鹩形目鸟则由一种长有龙骨状胸骨的飞鸟进化而成，但是这种飞鸟与平胸类鸟相比又具有很多不同的解剖学特征——例如独特的腭部结构。

纲：鸟纲
目：5
科：6
属：15
种：59

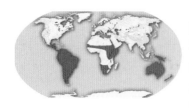

南半球分布：平胸类鸟和鹩鸟只生存于冈瓦纳古大陆。很多种类已经能够适应草原、丛林、林地或高山地带等。例如鸱鹩就能适应多样化的栖息地。

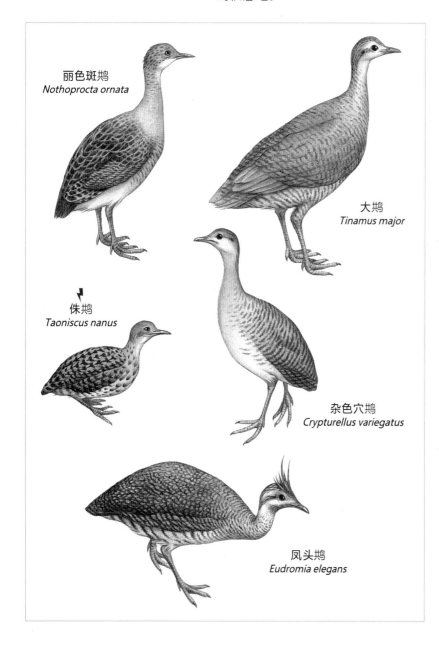

丽色斑鹩
Nothoprocta ornata

大鹩
Tinamus major

侏鹩
Taoniscus nanus

杂色穴鹩
Crypturellus variegatus

凤头鹩
Eudromia elegans

巨大的奔跑者

鸵鸟是体形最大的鸟类，可高达2.8米，长得像大个子的鸡，翅膀短粗、不发达，长有软飞羽。

一般鸟类每只脚上长4个脚趾，但平胸类鸟只长2～3个脚趾，善于奔跑——鸵鸟甚至比赛马跑得还快。它们靠踢踹来保护自己。美洲鸵在奔跑时偶尔会竖起一侧翅膀。这是为了起到类似船帆的作用而不是为了飞行。

生活在新西兰的几维鸟长有退化了的残翅。作为新西兰的代表动物，几维鸟只有3个物种。它们白天躲在洞穴里，晚上出来用长而尖的喙捕食无脊椎动物。它们的长喙末端长有鼻孔，可用来探寻猎物的气味。几维鸟是少数嗅觉灵敏的鸟类之一。

鹩鸟是由古老的飞行鸟类演化而成的一种身形短小的鸟。它们的翅膀短且圆，羽毛也比较松散。有47种鹩鸟生活在树上，其他种类则生活在地面。尽管鹩鸟仍然可以飞，但当它们遇到危险时，多会选择静止不动或者将头藏起来。

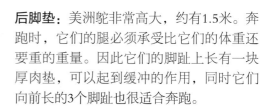

后脚垫：美洲鸵非常高大，约有1.5米。奔跑时，它们的腿必须承受比它们的体重还要重的重量。因此它们的脚趾上长有一块厚肉垫，可以起到缓冲的作用，同时它们向前长的3个脚趾也很适合奔跑。

非洲鸵鸟
Struthio camelus

鸵鸟艳丽的尾羽可以像孔雀开屏一样展开

宽扁的喙能够吃到种子和水果

小美洲鸵
Rhea pennata

非洲鸵鸟是唯一生活在非洲的平胸类鸟，它们的每只脚上只有两个脚趾

雄鸟

雌鸟

与鹤鸵相似，鸸鹋也长有浓密的羽毛

大美洲鸵的长颈更利于其找寻食物

大美洲鸵
Rhea americana

鸸鹋
Dromaius novaehollandiae

单垂鹤鸵
Casuarius unappendiculatus

双垂鹤鸵
Casuarius casuarius

小斑几维鸟
Apteryx owenii

褐几维鸟
Apteryx australis

有力的短粗腿非常利于在雨林中奔跑

几维鸟只在新西兰被发现，它们的长喙末端长有带感觉系统的鼻孔

非洲鸵鸟：曾经广泛分布于中东地区和亚洲，但目前主要生活在非洲东部和南部的国家公园中。雄鸵鸟在交配期内会和很多雌鸵鸟暂时住在一起。

↕2.9米
● 5~11枚（主要为雌性）
∥ 雌雄不同
～ 游牧式
⚡ 栖息地内普遍

非洲南部、中部、东部

鸸鹋：是鸸鹋科仅存的一种动物。鸸鹋的适应性非常强，可以生活在多种栖息地。它们在交配期会形成临时伴侣，结伴到很远的地方觅食。

↕2米
● 7~11枚
∥ 雌雄相同
～ 游牧式
⚡ 栖息地内普遍

澳大利亚、塔斯马尼亚岛（绝迹）

美洲鸵：是体形较大的平胸类鸟，喙形宽扁，让它更便捷地吃植物。它们奔跑时非常灵活，可以瞬间转弯或急停来迷惑敌人。

↕1.6米
● 13~30枚
∥ 雌雄相同
⊘ 不迁徙
⚡ 近危

南美洲中西部、东南部和东部

猎禽

纲：鸟纲
目：鸡形目
科：5
属：80
种：290

　　鸡形目鸟类又被称为猎禽、陆禽，人类喜欢猎杀野鸡、鹧鸪、松鸡、鹌鹑等并以之为食；孔雀由于长有美丽的羽毛而被饲养，人类喜欢用它们的羽毛做装饰；还有很多猎禽被人类作为宠物饲养。各种猎禽的身材差距很大，但基本都是矮壮的身形，小头，翅膀短而宽。它们通常只能飞得很低，但很快。为了躲避猎捕，它们会利用羽毛的花纹伪装在环境中，或者干脆飞走或逃跑。尽管它们每窝产卵数量可以超过20枚，但物种数量波动很大。

分布广泛： 猎禽可以适应不同气候的栖息地。不同的种类可以生活在森林、灌木丛、开放栖息地或者大草原等环境。有些猎禽分布范围很广，但有些只生存在一个地区，例如鹧鸪类和鹌鹑类等遍布各个大洲，但火鸡只栖息在北美地区。

珠颈斑鹑
Callipepla californica

珠颈斑鹑是常见的观赏宠物

丛塚雉生活在雨林灌丛中。它们肥大的脚爪可以轻松抓起地面上的落叶来做窝

丛塚雉
Alectura lathami

雌鸟

大凤冠雉生活在低纬度的热带雨林，啄食地面上的植物。这种雉喜独居、结伴或小群居住

雄鸟

大凤冠雉
Crax rubra

包括白头冠雉在内的大部分雉类都生活在南美洲热带地区

彩冠雉
Penelope pileata

求偶炫耀： 很多猎禽都有很复杂的求偶仪式表演。例如雄黑琴鸡求偶时会把身体鼓成圆形并张开形似里尔琴的尾巴，连续咯咯地高声叫来赢得雌鸡的欢心。有些猎禽树栖，但大部分主要在地面活动，用其强壮的双腿奔跑。

花脸鹌鹑
Coturnix delegorguei

红嘴林鹑
Perdicula erythrorhyncha

大多数丛林鹑头部的羽毛图案呈条纹状

赤鸡鹑
Galloperdix spadicea

雄赤鸡鹑的后腿上长有两根长刺

石鸡原产于欧亚大陆，它们的身侧长有花斑羽毛

红腿石鸡
Alectoris rufa

红喉彩鹧鸪
Pternistis afer

栗枕彩鹧鸪
Pternistis castaneicollis

栗枕彩鹧鸪只在北非的埃塞俄比亚和索马里地区被发现

双距彩鹧鸪
Pternistis bicalcaratus

双距彩鹧鸪身上的条纹图案有助于它躲藏在西非的热带丛林中

鹧鸪的体形都很粗大，看上去更像大型鹌鹑，它们一般隐藏在灌丛内，以种子、植物球茎和昆虫为食。灰纹鹧鸪只生活在非洲的安哥拉西部

灰纹鹧鸪
Pternistis griseostriatus

黑鹧鸪
Francolinus francolinus

珠颈斑鹑：无论雌雄头上都长有一撮长羽毛。虽然它们主要以草为食，但也会吃各种无脊椎动物。幼鸟的羽毛发育特别快，出生几周后就可以飞翔。

📏 28厘米
🥚 13～17枚
✈ 雌雄不同
⊘ 不迁徙
🏹 栖息地内普遍

美国西部、墨西哥西北部、加拿大西南部

红腿石鸡：雌鸡可以同时产下2窝不同的卵，并将其中的一窝留给其中的一只雄鸡来孵化。红腿石鸡被作为猎禽引进英国。

📏 38厘米
🥚 11～13枚
✈ 雌雄相同
⊘ 不迁徙
🏹 栖息地内普遍

伊比利亚半岛和法国至意大利北部

黑鹧鸪：黑鹧鸪共有6种。它们之间的主要区别是身体大小和羽毛颜色不同。而这些不同主要体现在雌鹧鸪身上。黑鹧鸪也被作为猎禽引进很多国家。

📏 36厘米
🥚 6～12枚
✈ 雌雄不同
⊘ 不迁徙
🏹 栖息地内普遍

中东和外高加索至印度北部

蓝马鸡
Crossoptilon auritum

白马鸡
Crossoptilon crossoptilon

蓝马鸡和白马鸡都属于圆尾野鸡，耳鬃长有一撮突出的白色羽毛。它们的栖息地在中国

雌鸡负责产卵、孵化、抚育幼鸡

白马鸡的羽毛为白色，是濒危物种

雌鸡

雄鸡

雄鸡

红原鸡
Gallus gallus

勺鸡
Pucrasia macrolopha

雄鸡用打鸣来宣告自己的领地

雄鸡

雌鸡

黑琴鸡
Lyrurus tetrix

岩雷鸟
Lagopus muta

夏季处在繁殖期的羽毛

冬季用于伪装的羽毛

眼斑吐绶鸡
Meleagris ocellata

带刺的鸡脚：原鸡（及其同目近亲）中的雄性，在腿后部、脚趾的上后都长有一个向后的脚刺。脚刺是雄性之间争夺交配权时的武器。斗鸡早在上千年前就已经很风行。尽管有些国家已禁止该项活动，但仍在少数国家中盛行。

黑琴鸡：广泛分布在从森林到沼泽的多种栖息地。它们会在地上挖洞做窝，雌鸡在窝中孵卵。

≛60厘米
● 6~11枚
✎雌雄不同
⊘不迁徙
⬇栖息地内普遍

英国、欧亚大陆北部至叙利亚东部、朝鲜北部

红原鸡：至少在距今5000年前，生活在印度河谷的人们就已经将艳丽的红原鸡驯化成了今天的家鸡。如今家鸡已经是全球范围内重要的肉制品和蛋制品来源。

≛75厘米
● 4~9枚
✎雌雄不同
⊘不迁徙
⬇栖息地内普遍

印度北部、亚州东南部至小巽他群岛西部

鹫珠鸡
Acryllium vulturinum

珍珠鸡
Numida meleagris

红色皮肤是雄性黑长尾雉的面部特点

黑长尾雉只生活在台湾岛；已濒临灭绝

黑长尾雉
Syrmaticus mikado

白冠长尾雉是中国中北部地区特有的物种，其尾羽是所有雉类中最长的

白冠长尾雉
Syrmaticus reevesii

蓝孔雀
Pavo cristatus

白冠长尾雉的爪子非常锋利，可以轻松刨土，寻找下面的种子和无脊椎动物

生活在森林中，以捡食掉落在地面的果实为食

雄性蓝孔雀在求偶时会开屏，互相比拼

大眼斑雉
Argusianus argus

雄性

雌性

白冠长尾雉： 它们只生活在东亚中部的山林中。白冠长尾雉的羽毛非常漂亮，特别是长长的尾羽。很多世纪以前，中国人曾将白冠长尾雉的尾羽用作装饰品，用于仪式和宗教图案之中。

↧2.1米
●6~9枚
⚥雌雄不同
⊘不迁徙
易危

中国中部和北部

珍珠鸡： 野生的珍珠鸡在草丛中的地面上筑巢。雌鸡负责孵化雏鸡，雏鸡喜欢成群地聚在一起。

↧63厘米
●6~12枚
⚥雌雄不同
⊘不迁徙
栖息地内普遍

非洲撒哈拉沙漠以南

大眼斑雉： 当雄雉向雌雉求爱时，会站在森林中显眼的小山丘上，张开长有类似眼睛图案的双翅围着雌雉跳舞。这时这些眼睛的图案会形成立体效果吸引雌雉。

↧2米
●2枚
⚥雌雄不同
⊘不迁徙
近危

马来半岛、苏门答腊岛、加里曼丹岛

水禽

纲：	鸟纲
目：	突胸总目
科：	3
属：	52
种：	162

水禽属于突胸总目，鸭和鹅是第一批被人类驯化的鸟类，天鹅后来因其优雅的外形而被人类圈养。大多数水禽都是飞行健将，只有少数不能飞。在北半球，许多北方物种会成群长途飞行前往南方越冬。有的水禽可以保持122千米每小时的速度持续飞行；有些甚至可以飞过8485米的高空——这一高度接近珠穆朗玛峰的海拔。有些水禽在水中休憩，有些则会回到岸上。水禽的叫声十分丰富，包括嘎嘎叫、吠叫、咝咝叫、鸣叫，甚至有的还会发出吼叫声。

遍布全球：虽然水禽主要分布在北温带（其中生活在北美洲的物种最多），但实际上，它们广泛分布于全球除南极以外的区域，包括城市中的池塘到近海海域等，几乎在各种湿地环境都可看见水禽的身影。还有些水禽可以在海上待很长时间。

疣鼻天鹅
Cygnus olor

大天鹅
Cygnus cygnus

黑颈天鹅
Cygnus meldnocoryphus

扁嘴天鹅
Coscoroba coscoroba

水上生活

水禽的体形非常相似：腿短，脚掌带蹼、颈长、喙扁宽。只有少数水禽生活在陆地上且只长有很小的脚蹼，大部分水禽都是游泳高手。

水禽的羽毛可以防水，而且贴身的绒毛十分浓密，可以有效御寒。外层的羽毛一般都光鲜亮丽，图案美丽。

人类饲养的水禽都是绿头鸭、疣鼻栖鸭、灰雁和鸿雁的后代。绿头鸭源于北温带，但被广泛引进世界各地。然而绿头鸭和当地物种的不必要杂交也使得当地原生物种的纯正性大幅降低。

很多水禽以草、种子、谷物和其他植物为食；但也有些吃鱼、昆虫、软体动物和甲壳动物。

虽然生活在南美洲的叫鸭等水禽在外观上与典型水禽差距较大，但所有水禽的内部器官结构基本一致。

加拿大雁等水禽在迁徙时会排成楔形飞行，而且所有雄雁都会轮流当头雁，带领雁群不分昼夜地飞往它们的夏季或冬季栖息地。

冠叫鸭
Chauna torquata

兀鹫般的喙更利于
撕拽食物

3种冠叫鸭都生活在南美洲的
热带和亚热带地区，它们以溪
流两岸的植物为食

鹊雁只被发现于澳大利亚北部
和新几内亚的沼泽地带；它们
在巨大的浮游植物群上繁殖

鹊雁
Anseranas semipalmata

雪雁
Anser caerulescens

尽管鹊雁的脚是半蹼的，
但它们仍然是游泳高手

雪雁会迁徙，在美洲
的苔原地带繁殖，在
美国的东西海岸过冬

白脸树鸭
Dendrocygna viduata

白脸树鸭的分布很特别——它
们在非洲和南美洲均分布广泛

红胸黑雁
Branta ruficollis

加拿大雁
Branta canadensis

豆雁
Anser fabalis

是唯一一种头颈部羽毛
为黑色，胸前有块白色
围嘴状羽毛的雁类

豆雁在欧亚大陆的近北
极地区繁殖，冬季则会
飞到中国和地中海过冬

冠叫鸭：它们成群生活在河道边缘。虽然冠叫鸭没有长脚蹼，但它们仍然是游泳健将。如今很多当地居民还在饲养驯服了的冠叫鸭。

⬆ 95厘米
● 3～5枚
∥ 雌雄相同
⊘ 不迁徙
↯ 栖息地内普遍

南美洲中东部

雪雁：每年雪雁都会更换羽毛，而这2套羽毛的颜色非常不同：一套是黑色翅羽配全身白色羽毛；另外一套是白色头羽配全身蓝灰色羽毛。它们在北极的冻苔原地带繁殖后代，飞行时会发出嘎嘎的叫声。

⬆ 80厘米
● 一般4～5枚
∥ 雌雄相同
↻ 常年迁徙
↯ 普遍

北美洲南部和北极地区

加拿大雁：它们是北美洲土生物种，至今仍然可以在城市中的公园内看到。加拿大雁大约有12种，它们的身形、羽毛颜色和地理分布都不同。

⬆ 1.15米
● 一般4～7枚
∥ 雌雄相同
↻ 常年迁徙
↯ 普遍

北美洲、欧洲北部、亚洲东北部

湍鸭
Merganetta armata

湍鸭只生活在南美洲的
安第斯山脉中，它们以
山涧中的水生动物为食

琵嘴鸭
Spatula clypeata

疣鼻栖鸭
Cairina moschata

澳洲斑鸭
Stictonetta naevosa

澳洲斑鸭非常稀少，多生活在
澳大利亚内陆的湖泊附近，以
湖泊浅水域的浮游生物为食

绿翅雁
Neochen jubata

翘鼻麻鸭
Tadorna tadorna

雄鸭的喙根上部长有一个
橙色肉块，雌鸭的为白色

生活在南美洲热带
河流旁的森林地带

瘤鸭
Sarkidiornis melanotos

灰船鸭
Tachyeres pteneres

雄鸭体形是雌鸭的2倍大

绿头鸭
Anas platyrhynchos

林鸳鸯
Aix sponsa

铲子状的喙： 琵嘴鸭的喙长得很像铲子，非常笨重，而且喙比它的头还长。琵嘴鸭在浅水域捕食，它们的喙两侧长有梳子状锯齿形的牙齿，使琵嘴鸭可以很容易地用喙从水下捞起食物。

疣鼻栖鸭： 非常好斗。飞行时拍打翅膀的频率较低，显得很沉重。疣鼻栖鸭多在野兔废弃的洞穴或者废弃建筑物的缝隙间筑巢并繁殖后代。雄鸭的叫声比雌鸭高亢。

📏 65厘米
🥚 8~10枚
⚥ 雌雄不同
🔄 常年迁徙
⚡ 普遍

欧洲西部、亚洲中部、非洲西部

林鸳鸯： 为了躲避敌人，林鸳鸯在树上筑巢。雄林鸳鸯的毛色非常艳丽，但交配后毛色却会变成和雌性一样的灰褐色，不过它们的喙仍然是红色的。

📏 51厘米
🥚 9~15枚
⚥ 雌雄不同
🔄 偶尔迁徙
⚡ 栖息地内普遍

北美洲中南部和古巴西部

赤嘴潜鸭
Netta rufina

长尾鸭
Clangula hyemalis

长尾鸭长着独特的长尾，生活在北极地区，它们以水中的甲壳动物和软体动物为食

红头潜鸭
Aythya ferina

潜鸭主要靠潜水或涉水觅食，有时也会到湖泊或沼泽中的土地上找食水生植物和种子

普通秋沙鸭
Mergus merganser

普通秋沙鸭靠潜水捕食鱼类和水生无脊椎动物

麝鸭
Biziura lobata

麝鸭生活在澳大利亚南部，其喙下部长有瘤状附生物

欧绒鸭
Somateria mollissima

欧绒鸭生活在近海边的礁岩上，潜入水中捕食甲壳动物和软体动物

雌鸭

雄鸭

白头硬尾鸭
Oxyura leucocephala

雄鸭会于交配期后失去艳丽的羽毛，但毛色仍然比灰褐色的雌鸭鲜艳一些

雄鸭求偶时的艳丽羽毛

赤嘴潜鸭： 晚上活动，潜入水中捕食。它们起飞时需要在水面上助跑一段距离。雄鸭求爱时会送给雌鸭食物或者筑巢用的嫩枝。

♜ 58厘米
● 6~14枚
⚥ 雌雄不同
⚡ 偶尔迁徙
▨ 栖息地内普遍

欧洲中部和南部至亚洲南部、非洲北部

白头硬尾鸭： 栖息在水草丰盛的芦苇荡等浅盐水湿地中。雄鸭的喙在冬季会变得短一些。由于人类的大量猎杀、栖息地的严重破坏以及杂交等问题，该物种数量呈下降趋势。

♜ 46厘米
● 5~8枚
⚥ 雌雄不同
⚡ 偶尔迁徙
▨ 濒危

欧洲南部、中东、亚洲中部和印度北部

脚蹼： 大部分水禽的前脚趾都长有长脚蹼，在其划水时起到类似桨的推动作用，因此水禽都是游泳健将。另外，脚蹼也可以帮助水禽在泥地上行走。为了在水中灵活前进，水禽的腿长在身体后部。因为这个原因，它们为了保持平衡，在陆地上行走时总是一摇一摆的。

企鹅

纲：	鸟纲
目：	企鹅目
科：	企鹅科
属：	6
种：	17

企鹅是世界上唯一不会飞但会游泳的鸟类。在过去的4500万年中，它们的外形并没有太大变化。企鹅具有非常高的社会性和独特性，它们可以充分利用其流线型身体（减少阻碍）和鳍状翅膀在水下以24千米每小时的速度游泳。企鹅一生中3/4的时间都生活在水中——每次可以潜水长达20分钟，还可以在1分钟内多次潜水，只有产卵和换毛的时候才上岸生活。企鹅以鱼、磷虾和其他无脊椎动物为食。

南半球海洋居民： 企鹅广泛分布在南半球的寒冷水域，大量集聚在新西兰和福克兰群岛附近海域。而最北端的企鹅生活在赤道附近的加拉帕戈斯群岛。

极端适应力

企鹅能够适应从-63℃的极地寒冷到37℃的热带高温。它们的羽毛非常厚重，可以有效保温。另外企鹅的皮肤下也长有像鲸脂一样的脂肪，既可以保温，也可以为它增加中性浮力。

幼企鹅由企鹅群共同负责抚养长大，每对企鹅父母都靠各自独特的叫声来辨认自己的孩子。幼企鹅长有保温的绒毛，但是不能下水——直到它长出一身成年的防水羽毛。成年企鹅每年都会换毛，这会用3~6周，这段时间它们必须完全在岸上生活，等待羽毛再生；在这期间，它们的体重会减轻1/3。

企鹅是游泳和潜水高手。尽管它们的翅膀已经进化成船桨样扁硬的鳍，但仍然保持着上下扇动翅膀等鸟的飞行动作。同时，它们的身体也具有很多特殊功能，使其可以在冷水中调节体温，保证氧气水平。

温暖的爱： 帝企鹅的幼雏完全靠其父母提供保护和温暖。有些企鹅在其地上或地下的洞穴中孵卵，雄帝企鹅则完全把自己的卵放在脚上用体温持续孵化，并会持续抚育幼企鹅6个月，直至它们换毛，可以自己游泳为止。

帝企鹅
Aptenodytes forsteri

帝企鹅幼崽身上的
毛为灰色，脸上为
白色，背部为黑色

王企鹅
Aptenodytes patagonicus

斑嘴环企鹅
Spheniscus demersus

王企鹅可以潜入水
下200米深的地方
捕食鱼类和乌贼等
头足纲动物

阿德利企鹅
Pygoscelis adeliae

斯岛黄眉企鹅
Eudyptes robustus

斯岛黄眉企鹅居住
在新西兰最南端，
以水中的甲壳动物
和头足纲动物为食

小蓝企鹅
Eudyptula minor

史氏角企鹅
Eudyptes schlegeli

这种企鹅只栖息
于澳大利亚南部
的麦夸里岛上

黄眼企鹅
Megadyptes antipodes

这种企鹅仅生活在新西兰的
西南部，是易危物种

帝企鹅：它们是体形最大的企鹅，也是唯一一种
在冬季最寒冷时期产卵孵化幼雏的企鹅。它们在
浮动的冰面上产卵，是唯一一种不在陆地上繁殖
的企鹅。

↥ 1.2米
● 1枚
∥ 雌雄相同
⊘ 不迁徙
↧ 栖息地内普遍

南极洲海岸及环海地区

巴布亚企鹅：这种企鹅群集在马尔维纳斯
群岛附近海域，一个企鹅群一般有几百
对。它们将巢筑在岸边的岩石上或岛屿内
陆的草地上，将自己蜕掉的羽毛（南极岛
上的）或者植物（近南极的岛屿上的）放
在鹅卵石上来做窝。巴布亚企鹅非常好
斗，同类之间经常会为争夺筑巢的材料而
大打出手。

潜鸟和䴙䴘

潜鸟目和䴙䴘目都属游禽，虽然看起来相似，但它们只是彼此的远亲。它们之间的相似点主要体现在进化路径的趋同性上。它们都需要潜入水下捕食鱼类和水生无脊椎动物。从外观上看，潜鸟更像矮壮的鸭子或者鸬鹚，因为它们都在浅水域捕食，喙部较尖。研究表明，潜鸟是由用翅膀划水游泳的祖先演化而来，近亲是企鹅和海燕。有些䴙䴘修长而典雅，小一点的䴙䴘才更像鸭子。

纲:	鸟纲
目:	2
科:	2
属:	7
种:	27

水中生活：潜鸟和䴙䴘大部分时间生活在水上，只有筑巢时才上岸（䴙䴘甚至在漂浮于水面的植物上筑巢）。潜鸟生活在淡水湖泊中，䴙䴘一般生活在湿地中。

游泳高手

潜鸟胆子很小，也不能正常地行走，因此它们在湖岸边上筑巢，以便迅速潜入水中。它们在水中可以快速游动，还能下潜至61米深处捕鱼。冬季它们会迁徙到海上过冬。

䴙䴘也是一种隐蔽性很强的动物。它们没有尾巴，而是在身体的尾端长有粉扑状的松散羽毛。在繁殖季节，雌䴙䴘会主动找雄䴙䴘交配。

潜鸟和䴙䴘的幼鸟生下来就会游泳和潜水，但因为它们还没有办法在冰冷的水中保持体温，所以大多骑在父母的背上或者躲藏在父母的翅膀下。

潜鸟和䴙䴘每天都不能飞行太长时间，在遇到危险时习惯潜入水下。

潜鸟的喙部较尖，头部呈流线型，有利于其在水下觅食

普通潜鸟
Gavia immer

普通潜鸟在北美北部地区繁殖后代，冬季则迁徙到北美中部或欧洲

白嘴潜鸟
Gavia adamsii

白嘴潜鸟是最稀有，也最鲜为人知的潜鸟

黑喉潜鸟
Gavia arctica

黑喉潜鸟以灰色的头部和黑色的喉部为特征

所有潜鸟的身体都呈流线型，脚上长蹼且脚长得非常靠近身体后端，更利于游泳

红喉潜鸟
Gavia stellata

潜鸟的叫声：潜鸟会用警示性的叫声宣告领地主权。夏季，当潜鸟返回其北美和欧亚大陆的栖息地时，会真假声变换地发出高亢的鸣叫，而这种叫声可以传到1.6千米甚至更远的地方。潜鸟群的迁徙十分壮观，人们可以借机观察这种害羞的鸟类。

白簇䴙䴘
Rollandia rolland

新西兰䴙䴘
Poliocephalus rufopectus

北美䴙䴘是生活在
北美洲的两种大型
䴙䴘之一

北美䴙䴘
Aechmophorus occidentalis

白簇䴙䴘主要以水面
上的鱼类和水生无脊
椎动物为食

大䴙䴘
Podiceps major

头部基本为黑色

阿根廷䴙䴘
Podiceps gallardoi

凤头䴙䴘
Podiceps cristatus

凤头䴙䴘面部的羽毛也被称为"头
巾"，在求偶期会闪闪发光。和其
他䴙䴘一样，凤头䴙䴘也会用植物
在水面筑造简单的巢穴

黑颈䴙䴘
Podiceps nigricollis

角䴙䴘
Podiceps auritus

角䴙䴘长有足蹼的脚
更靠近身体后部，便
于它游泳

当小䴙䴘必须离开巢
穴时，它会用草等植
物掩盖住其产下的卵
后才离开

小䴙䴘
Tachybaptus ruficollis

北美䴙䴘：这种鸟最著名的就是它们的
求偶仪式。它们会成群地在湖泊边筑
巢，迁徙到沿海附近越冬。北美䴙䴘夜
间出来觅食。另外，它们是唯一一种用
尖喙刺鱼的䴙䴘。

🔺76厘米
⬤3~4枚
⚟雌雄不同
↻常年迁徙
⚡栖息地内普遍

北美洲中部和西部

凤头䴙䴘：凤头䴙䴘是䴙䴘中最著名也最优雅
的，也因此遭到大量捕杀。在很多国家，凤头
䴙䴘已经濒临灭绝。

🔺64厘米
⬤3~5枚
⚟雌雄不同
↻偶尔迁徙
⚡栖息地内普遍

欧亚大陆、非洲南部、澳大利亚南部

小䴙䴘：它们小且矮胖，尾部长有小绒毛。受
到惊吓时会立刻逃走，之后在不远处重新出
现。它们的叫声尖厉且振颤。

🔺28厘米
⬤3~7枚
⚟雌雄相同
↻偶尔迁徙
⚡普遍

非洲撒哈拉沙漠以南、欧亚大陆西部和南部至美
拉尼西亚北部

信天翁和海燕

纲：	鸟纲
目：	鹱形目
科：	4
属：	26
种：	112

信天翁和海燕属于鹱形目，它们非常适应海上的生活。鹱形目鸟类可以不扇动翅膀而完全滑翔10小时，因此它们可以飞行几百千米去捕捉海里的鱼、鱿鱼、大型浮游生物。鹱形目鸟不太能在陆地上见到，因为它们只在繁殖期才回到陆地上。信天翁是最大的鹱形目鸟类，它的翼展可达3.3米。很多巨海燕也有信天翁大小，但最小的海燕的翅膀直径只有30厘米。鹈燕坚硬的小翅膀既适合游泳也便于飞行。

远洋鸟类：世界上所有气候环境的海洋中都可看见鹱形目鸟类的身影。信天翁多盘旋于南半球的海面上。

独特的鸟类

鹱形目鸟类遍及各个大洋。它们的管状大鼻孔露在外面，嗅觉非常发达，可以凭借嗅觉觅食、寻找伴侣和同伴。所有鹱形目鸟类的身上都有一股霉潮味，即使将之做成标本摆放数十年，这种味道仍难以消散。

大部分鹱形目鸟类都会在胃中储存大量油脂，用来喂养幼崽或在遇到危险时喷射敌人。

雌雄鹱形目鸟类会在地面表演壮观的求偶仪式：面对对方张开双翅，展开尾羽，一边咯咯叫一边向后甩头。它们在找寻伴侣时会有复杂的头部碰撞动作和仪式，而这种行为可能会持续几天。

鹱形目鸟类是长寿鸟。它们长到10岁时才开始交配；有些鹱形目鸟类甚至每隔一年才交配一次。

黄鼻信天翁
Thalassarche chlororhynchos

信天翁大而长的双翅可以让其轻松借助风力在海上滑翔

皇信天翁
Diomedea epomophora

暴风鹱
Fulmarus glacialis

花斑鹱
Daption capense

远距离迁徙：有几种鹱形目鸟类每年固定在2处栖息地之间迁徙，春季生活在一个大洲的沿海，秋季又飞到另一个大洲的沿海。它们迁徙时经常排成"8"字形。研究表明，鹱形目鸟类迁徙的原因可能为食物、洋流、季风、温度等的变化。鹱形目鸟类的长翅膀可以帮助它们飞越宽广的大洋。

灰风鹱
Procellaria cinerea

斐济圆尾鹱
Pseudobulweria macgillivrayi

厚嘴燕鹱
Bulweria fallax

斐济圆尾鹱只在
斐济附近被发现

燕鹱
Bulweria bulwerii

大西洋鹱
Puffinus puffinus

北方的叉尾海燕
与生活在南半球
海域的海燕的区
别在于它们的翅
膀更长更尖、尾
巴分叉、腿更短

斑腰叉尾海燕
Oceanodroma castro

鹈燕的躯干短小矮
胖，呈子弹形，这
种体形很适合俯冲
入水捕鱼

曳尾鹱
Puffinus pacificus

黄蹼洋海燕
Oceanites oceanicus

鹈燕
Pelecanoides urinatrix

这种迁徙动物的身影
遍布世界各地

黄蹼洋海燕：和其他海燕一样，黄蹼洋海燕大群居住在一起；多在封闭岛屿的岩石缝隙或者地下筑窝产卵。它们在北极圈和南极大陆之间迁徙。

🏊 19厘米
🥚 1枚
📏 雌雄不同
🔄 常年迁徙
⚡ 普遍

南极洲、所有大洋至赤道北部

鹈燕：它们会俯冲入水中捕捉食物，在水中活动像在空中飞行一样轻松。它们的鼻孔向上开口，可以避免水流进去。

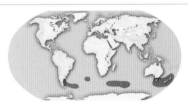

🏊 5厘米
🥚 1枚
📏 雌雄相同
⊘ 不迁徙，但栖息地呈游牧式
⚡ 普遍

澳大利亚东南部和新西兰南部海洋、
非洲东南部和南美洲东南部的海洋

迁徙

近半数以上的鸟类会在两个不同的栖息地之间迁徙。大多数鸟类迁徙是为了获取足够的食物。尽管有些种类的鸟单独迁徙，但其他种类的鸟却更愿意几种鸟类结伴迁徙。鸟类可以白天或者晚上迁徙；有的鸟类横穿陆地，有的鸟类跨越海洋，且大多数鸟类会将整个迁徙分成几段来完成。但陆栖鸟类因为不能在水面着陆，在穿越大洋时就只能一鼓作气飞过去。例如金斑鸻，它们每年往返阿拉斯加和夏威夷2次，为了能够顺利飞完全程，金斑鸻在出发之前必须吃下和自身体重差不多的食物。

史诗般的迁徙：北极燕鸥每年于两极之间往返2次。它们是所有鸟类中迁徙距离最远的。

繁殖地：北极燕鸥会在北极度过夏季，它们成群地在北极的地面上产卵孵化。

飞行：北极燕鸥迁徙的起始位置并不固定，一般迁徙行动会从燕鸥聚集数量最多的区域开始。

觅食：北极燕鸥会在其迁徙的路上觅食，它们会在海面盘旋，然后俯冲入水捕鱼。

飞行纪录：北极燕鸥这种一年两次的旅程单程距离就达到了2万千米，这一飞行纪录是其他任何鸟类都达不到的。

太阳和迁徙

自然界的变化，例如日照时间的长短和气温的高低是鸟类判断迁徙时间的主要依据。另外它们还借助地标、太阳和星星的位置、地球磁场等因素来帮助确定迁徙路线。而且鸟类能够非常准确地把握迁徙所需的路线。

鸟类天生就知道它们飞行时与太阳的角度。

如果用镜子折射太阳光的角度，鸟类也会根据新的角度来调整自己的角度。

无论太阳的角度如何变化，鸟类都会跟着调整自己的角度。

红鹳

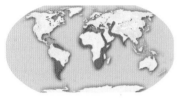

纲：	鸟纲
目：	鹳形目
科：	红鹳科
属：	3
种：	5

红鹳（又称火烈鸟）红白或者粉白的羽毛非常漂亮。它们拥有修长的双腿和脖子（比例之长超过其他任何鸟类）；另外它们的喙扁平弯曲，十分古怪。目前世界上仅存5种红鹳，其中体形最大的是大红鹳，高约1.5米。东非大裂谷区域是著名的红鹳聚居地。红鹳的红色羽毛是因为其吃的植物和浮游微生物体内含有类胡萝卜素蛋白质，而红鹳的肝脏所产生的消化酶会将这些蛋白质分解成有用的色素，沉积于皮肤和羽毛中。

分布情况：红鹳曾经遍布各个大洲，但目前已经从澳大利亚消失。它们主要居住在热带的浅水和沿海区域，尤其是盐水域。有的红鹳生活在封闭的岛屿上，也有的生活在安第斯山脉的高海拔地区。

专业的捕食者

尽管与鹭及其近亲和水禽存在一定关联，但红鹳进化的具体过程仍然是个谜。

红鹳坚硬的倒钩形鸟喙非常适合从水中过滤小贝类、昆虫、单细胞动物和水藻。为了捕食，红鹳必须前倾身体，头朝下（面对它们的腿）张开嘴灌入水。然后它会闭上嘴，用下颌和舌头（长有牙齿状的突起物）把口中的水和泥浆从上颌缝隙处挤压出去，再将剩下的食物直接吞下。

有的时候红鹳生活的浅水域会干涸，这时它们就必须长途跋涉迁徙至水草茂盛的地方。红鹳群一般在晚上飞行，而且经常一边飞一边叫。

红鹳在湖畔和沿海地区筑巢。在繁殖季，红鹳每窝产1～2枚卵。幼鹳很小就可以游水和奔跑，因此它们可以在出生4天左右就随父母离巢，70～80天后就能独立飞行。

比起行走，成年红鹳更喜欢游泳，而且即使是在晚上它们仍然可以在深水域觅食。

大红鹳
Phoenicopterus roseus

安第斯红鹳
Phoenicoparrus andinus

智利红鹳
Phoenicopterus chilensis

每只脚上都比其他鸟类少一个后趾

腿部细长光滑，可涉水1米，甚至更深

不寻常的角度：红鹳的长脖子和倒钩形的鸟喙非常适合其将头长时间插入水中觅食。

鹭及其近亲

纲:	鸟纲
目:	鹳形目
科:	5
属:	41
种:	118

鹭及其近亲鹮、鹳、鹭和琵鹭等长腿的涉禽，都属于鹳形目。它们的羽毛防水性很好，可以在水中尽情捕捉鱼类、昆虫和两栖动物。白鹭等鹭类长有漂亮的繁殖羽，这些用来吸引异性注意的羽毛也成为备受19世纪制帽商青睐的装饰品。鹭群可以由很多种鹭组成，它们可以一起觅食，休息，甚至一起抚养后代。而白鹳夫妇经常在烟囱上筑巢，因此在很多民间故事中白鹳都是和人类非常亲近的动物。

淡水居民：鹭及其近亲生活在除两极以外的多种淡水水域中。它们多生活在沼泽湿地、河流、溪流湖泊和池塘等淡水水域，但也有少数几种可以生活在较干旱的环境中。

白冠虎鹭
Tigriornis leucolopha

船嘴鹭
Cochlearius cochlearius

大麻鳽
Botaurus stellaris

小苇鳽
Ixobrychus minutus

美洲麻鳽
Botaurus lentiginosus

涉水捕食

鹭及其近亲都长有短尾、长颈、长喙和长腿。但它们在身材大小、羽毛颜色和图案及捕食习惯等方面存在较大差异。

有些种类的鹭非常特殊。例如牛背鹭，总是跟随着牛等食草动物，以吃这些动物身上的昆虫为生。还有一些鹭十分善于伪装，当遇到危险时，它们会躲在芦苇荡中，直立起头部，保持身体直立呈芦苇状，并随着芦苇来回摇摆。有些鹭飞行时会将头部紧缩在两肩之间，极易辨认。

和其他鸟类一样，鹭也长有一片片专门的清洁羽。这些羽毛不会脱落，而是不断生长。当清洁羽的尖端被磨损，就会碎成极细的粉末，鹭就用喙衔起这些粉末来清理羽毛上的污物和油垢。有些鹳和鹮类的颈部没有羽毛，人们猜测是为了防止它们在吃腐肉时弄脏颈部毛。大部分鹭每年都会长距离迁徙越冬。研究表明，它们之所以要去更暖和的地方，是因为它们巨大的身体需要更多的食物来为其提供能量。

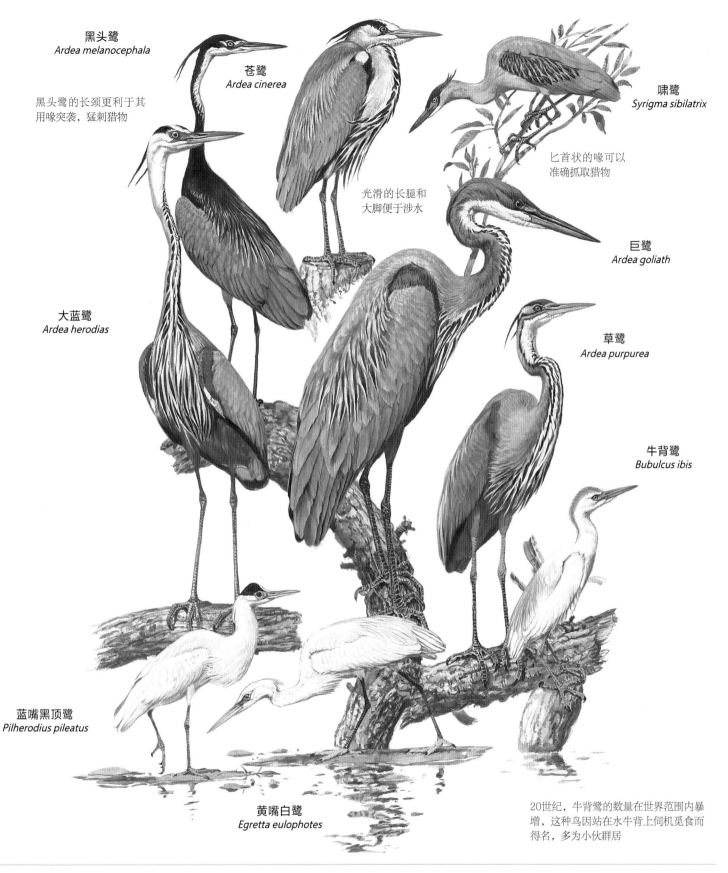

黑头鹭
Ardea melanocephala

黑头鹭的长颈更利于其
用喙突袭，猛刺猎物

苍鹭
Ardea cinerea

啸鹭
Syrigma sibilatrix

匕首状的喙可以
准确抓取猎物

光滑的长腿和
大脚便于涉水

巨鹭
Ardea goliath

大蓝鹭
Ardea herodias

草鹭
Ardea purpurea

牛背鹭
Bubulcus ibis

蓝嘴黑顶鹭
Pilherodius pileatus

黄嘴白鹭
Egretta eulophotes

20世纪，牛背鹭的数量在世界范围内暴
增，这种鸟因站在水牛背上伺机觅食而
得名，多为小伙群居

苍鹭：会成群地在树上筑巢，抚养后代。
幼鹭会在由父母共同抚养2个月后离巢。苍
鹭偶尔也吃小型鸟类。

🐦1米
🥚3~5枚
⫻雌雄相同
↻偶尔迁徙
↓普遍

非洲撒哈拉沙漠以南、欧亚大陆中南部至印度尼西亚

大蓝鹭：在不同的栖息地，大蓝鹭的羽毛颜
色也不同，可能为蓝色或白色。它们是北美
地区最大的涉水鸟类，经常在湖泊和沼泽等
的边界处觅食。

🐦1.4米
🥚3~7枚
⫻雌雄相同
↻偶尔迁徙
↓普遍

北美洲中北部至中美洲、加拉帕戈斯群岛

草鹭：草鹭在芦苇荡中筑巢。这种常见鸟
类主要以两栖动物、鱼类和无脊椎动物为
食，它们偶尔也吃小型鸟类和哺乳动物。

🐦90厘米
🥚2~5枚
⫻雌雄相同
↻偶尔迁徙
↓栖息地内普遍

欧洲、中东、非洲撒哈拉沙漠以南、亚洲南部和东部

凤头林鹮
Lophotibis cristata

朱鹮
Nipponia nippon

白琵鹭
Platalea leucorodia

凤头林鹮身上的羽毛为锈
棕色，两翅却是白色的，
十分独特

鲸头鹳
Balaeniceps rex

锤头鹳
Scopus umbretta

粉红琵鹭
Platalea ajaja

埃及圣鹮
Threskiornis aethiopicus

黑头鹮鹳
Mycteria americana

黑鹳
Ciconia nigra

光滑的长腿和大脚可以
帮助其涉水渡过浅水域

黑头鹮鹳栖息在南美洲，
用它们的钳状喙寻找泥塘
中的鱼为食

鲸头鹳： 这种鸟类的长相十分古怪，栖息在湿地中。鲸头鹳巨大的喙非常适合捕捉狡猾的肺鱼。

🔼1.2米
●1～3枚
⫻雌雄相同
⊘不迁徙
🔽近危

非洲中部

埃及圣鹮： 这种鸟是古埃及神话中智慧之神的象征，因此埃及人会将其做成木乃伊。目前埃及圣鹮已经在埃及消失，却在其他地区得以生存。

🔼90厘米
●2～3枚
⫻雌雄相同
偶尔迁徙
普遍

非洲撒哈拉沙漠以南和马达加斯加西部

凤头林鹮： 这种巨大的陆地鸟类在森林和灌木丛的潮湿地面捕食。受到威胁时，它们更习惯走路而不是飞行。逃跑时它们会在树丛之间窜来窜去以迷惑敌人。

🔼50厘米
●2～3枚
⫻雌雄相同
⊘不迁徙
🔽近危

马达加斯加西部和东部

鹈鹕及其近亲

独特的鹈形目鸟类（早在距今3000万年前的第三纪中期就已经存在）包括6个科的水鸟，分别是鹲、鹈鹕、鲣鸟、鸬鹚、蛇鹈、军舰鸟。这些鸟的4趾之间都长有脚蹼，因此它们划水的速度特别快。另外，很多鹈形目鸟类都长有大喉囊，可以用来装捕获的鱼，或者在求偶时用于展示，胸部的气囊和短颈可以有效缓冲垂直入水时的冲击力，并在水中产生更大的浮力。它们主要以鱼类为食，但也吃鱿鱼和其他无脊椎动物。

纲：	鸟纲
目：	鹈形目
科：	6
属：	8
种：	63

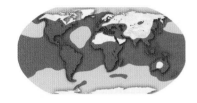

广泛分布：鹈鹕及其近亲广泛分布于各类水域，包括远洋水域、沿海地带、湖泊、沼泽和河流中，但大部分居住在热带和温带地区。

猎鱼高手

鹈鹕及其近亲更适合水上生活。鹲的腿完全适应了划水而变得极其靠后，因此它们已经无法正常在陆地上行走，只能用肚皮贴在地面上用腿推着前行。而生活在加拉帕戈斯群岛上的鸬鹚已经完全不会飞了。但会飞的大型鹈形目鸟类的飞行姿态也是所有大型飞鸟中最优美的。小巧的军舰鸟也可以持续飞行数日。

鹈形目都是捕鱼高手，有的会俯冲入水捕鱼。在中国，渔民利用鸬鹚捕鱼已经有上千年的历史。渔民会用绳子勒住鸬鹚的喉囊，防止它们在捕到鱼后把鱼吃掉。

鸬鹚和蛇鹈的羽毛不具有防水功能，因此它们可以更轻松地潜入更深的水中捕鱼。但当它们的羽毛湿透后，需要在岸上花很长的时间晾干羽毛。

鹈形目鸟类可以多种鸟群居在一起，但不同种之间的杂交造成了这类物种纯正性的下降，鸟群中的不同种鸟会同时繁殖后代。很多鸟都会多年使用同一鸟巢。

白斑军舰鸟
Fregata ariel

黑腹蛇鹈和美洲蛇鹈看起来更像鸬鹚，但它们不会俯冲入水中捕捉猎物，而是像潜水艇一样潜入水中寻找猎物

黑腹蛇鹈
Anhinga melanogaster

雌鸟

雄鸟

美洲蛇鹈
Anhinga anhinga

鹈鹕捕鱼：大多数鹈鹕会在水面上游动时将头扎入水中捕鱼，然后把鱼存放在喉囊中。成群的鹈鹕多集中在浅水水域捕鱼，因此人们经常会在捕鱼船或码头附近发现它们的身影。

白鹈鹕
Pelecanus onocrotalus

红尾鹲
Phaethon rubricauda

卷羽鹈鹕
Pelecanus crispus

卷羽鹈鹕宽大的翅膀可以
使其滑翔更久，在迁徙过
程中节省体力

北鲣鸟
Morus bassanus

褐鹈鹕
Pelecanus occidentalis

与大多数鹈鹕不同，褐鹈鹕不
是在水中边游边捕鱼，而是从
空中俯冲入水捕捉猎物

红嘴鹲
Phaethon aethereus

蓝脚鲣鸟
Sula nebouxii

秘鲁鲣鸟拥有与众不同
的黑色鸟喙

秘鲁鲣鸟
Sula variegata

蓝脚鲣鸟的巢极为简单，
它们直接在地面或植被间
用排泄物围个圈标示

白鹈鹕：是世界上体重最大的飞鸟之一，因此没有办法靠自身完成飞行，必须尽可能地借助海面上升暖气流。为保持平衡，它在飞行时不能将喉囊完全张开。

⤒1.75米
⬤1~3枚
∥雌雄相同
↺偶尔迁徙
⤓栖息地内普遍

欧洲东南部、非洲、亚洲南部及中南部

北鲣鸟：它们长有尖尖的尾巴和喙、长而窄的翅膀，飞行姿态非常特殊。北鲣鸟成群栖息在沿海的岩石上。它们可以从空中很高的位置直接俯冲入海捕鱼。

⤒92厘米
⬤1枚
∥雌雄相同
↺偶尔迁徙
⤓栖息地内普遍

北大西洋、地中海

蓝脚鲣鸟：蓝脚鲣鸟的名字源自西班牙语中的"小丑"一词。因为俯冲入海捕鱼的速度太快，它常常错过猎物，必须再游到水面捕捉猎物。

⤒84厘米
⬤1~3枚
∥雌雄相同
↺偶尔迁徙
⤓栖息地内普遍

墨西哥西北部至秘鲁北部、加拉帕戈斯群岛

角鸬鹚
Phalacrocorax auritus

成年角鸬鹚头顶两侧
长有冠羽，喙下端的
皮肤呈橙色

普通鸬鹚
Phalacrocorax carbo

是最常见的鸬鹚

繁殖期身体两侧的羽毛上
会长有白色斑块

克岛鸬鹚
Leucocarbo verrucosus

欧鸬鹚
Phalacrocorax aristotelis

繁殖期的成年欧鸬鹚
的头颈会长有冠羽

海鸬鹚
Phalacrocorax pelagicus

蓝眼鸬鹚
Leucocarbo atriceps

尾巴在其游水时可完全
展平，功能相当于舵

毛脸鸬鹚
Leucocarbo carunculatus

蓝眼鸬鹚：它们居住在南半球冷水域的沿海附近。由于它们多栖息在相对独立的岛屿上，因此各个物种之间保留了少许差异性。

↧ 76厘米
● 2~3枚
〃 雌雄相同
⊘ 不迁徙
↧ 栖息地内普遍

南美洲南部海岸、马尔维纳斯群岛

俯冲捕鱼：鲣鸟可以从30米的高空俯冲入海捕鱼。它们拥有三维立体视觉（因为双眼都长在头前部），可以帮助它们轻松定位水中的猎物。

直冲入海：鲣鸟从空中头朝下地扎入鱼群中捕鱼。当捕到鱼，它们或者立刻吃掉，或者带着猎物飞走。

猛禽

纲:	鸟纲
目:	隼形目
科:	3
属:	83
种:	304

隼形目鸟类都是技术高超的猎手，因此被称为"猛禽"，这个名称来自拉丁语，是"掠夺者"的意思。隼形目是鸟纲中成员多样性最丰富的一目，包括飞行速度最快的鸟和外形最丑陋的鸟，体形从15厘米到1.2米，具体包括雕、鸢、隼、鹫、鹭、鹰。人类从古时候起就非常崇拜猛禽高超的捕食技巧，将它们的形象广泛应用于军事徽章、国家象征、商标等。猛禽都长有大眼睛、锋利的喙和爪，但各个物种之间的个体差异非常大。

全球分布：隼形目广泛分布于从北极冻苔原地带到热带雨林、沙漠、沼泽、田野和城市等多种栖息地，由于需要一定的空间来找寻食物，隼形目的生存很大程度上取决于客观自然环境，而非所在地的植被类型。

高超的捕食者

隼形目鸟类都长有锋利、带钩的喙，帮助它们撕裂猎物的肉；有力的脚和爪可以牢牢抓住猎物；锐利的大眼睛可以在白天发现猎物。不同种类的猛禽的捕食对象也不同，但基本包括昆虫、鸟类、哺乳动物、鱼类和爬行动物。另外，隼形目的生理结构也不尽相同。例如隼的长脚趾有利于捕捉空中飞行的鸟类——它们强壮的脚趾可以给予猎物致命的一击；而生活在森林中的雕则会使用它们的长脚趾捕捉猴子、树懒和其他大型树栖哺乳动物。

猛禽锐利的超高空视觉十分出名。人类从500米远处根本看不到一只兔子，而楔尾雕从1.6千米外就可以发现。雕、鹰和鹞等猛禽经常会突袭它们跟踪的目标。雌性猛禽的体形一般都比雄性猛禽大。

很多吃腐肉的猛禽的头和颈部都没有羽毛，也许是为了防止弄脏羽毛或者散热。

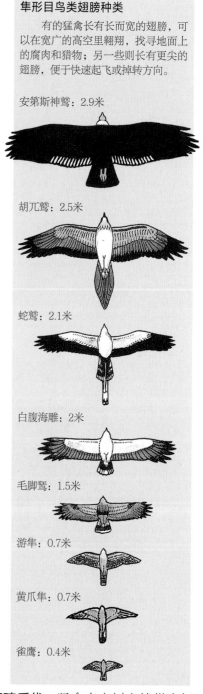

隼形目鸟类翅膀种类

有的猛禽长有长而宽的翅膀，可以在宽广的高空里翱翔，找寻地面上的腐肉和猎物；另一些则长有更尖的翅膀，便于快速起飞或掉转方向。

安第斯神鹫：2.9米

胡兀鹫：2.5米

蛇鹫：2.1米

白腹海雕：2米

毛脚鵟：1.5米

游隼：0.7米

黄爪隼：0.7米

雀鹰：0.4米

繁殖后代：猛禽多在树上筑巢来抚养后代。但也有的把巢建在地面的植被上或者悬崖边。它们大多由雌鸟负责将猎物带回巢中喂食雏鸟。

安第斯神鹫
Vultur gryphus

是世界上最大的猛禽

加州神鹫
Gymnogyps californianus

黑美洲鹫
Coragyps atratus

和其他鹫类一样，黑美洲鹫也吃腐肉，因此它的爪子不是非常锋利

红头美洲鹫
Cathartes aura

鹗
Pandion haliaetus

王鹫
Sarcoramphus papa

黑冠鹃隼
Aviceda leuphotes

鹗吃鱼，栖息在世界各地的沿海地带

西非鹃隼
Aviceda cuculoides

钩嘴鸢
Chondrohierax uncinatus

西非鹃隼不是非常残暴的捕食者，它们多在树冠周围盘旋，寻找大型昆虫或小型爬行动物为食

加州神鹫：它们以腐肉为食。加州神鹫抚养雏鸟的时间最长，达5个月。而在这段时间里，幼神鹫完全依赖父母生活。

🕊 1.3米
↔ 2.7米
● 1枚
⊘ 不迁徙
🔻 极危

美国西南部

强大的工具：鹗俗称鱼鹰，用爪子从水中抓鱼吃，因此爪子的外脚趾可以反转，鹗爪长且弯，骨针也非常锋利。这些生理特征都可以帮助鹗轻松捕获猎物并牢牢抓住把它们运走。另外，和其他猛禽一样，鹗的喙也锋利且带钩，能轻松撕开鱼肉。

骨针

密西西比灰鸢常在空中盘旋寻找食物，它们主要以小型食草动物或昆虫为食

密西西比灰鸢
Ictinia mississippiensis

鹃头蜂鹰
Pernis apivorus

鹃头蜂鹰以蜂类为食，会直接破坏蜂巢

剪尾鸢
Chelictinia riocourii

剪尾鸢的尾巴呈深叉子形，全身灰色的羽毛显得格外优雅

蜗鸢大规模群居，多时可达上千只

蜗鸢
Rostrhamus sociabilis

红色的脚和脸部羽毛与众不同

黑鸢
Milvus migrans

白头海雕是生活在海洋上的鹰类，长有巨大的爪，脚上一般没有羽毛，以防被海水打湿

白头海雕
Haliaeetus leucocephalus

短趾雕
Circaetus gallicus

短趾雕以小型爬行动物为食。它们一般从空中俯冲抓住猎物，之后将其整个吞入口中

白尾海雕
Haliaeetus albicilla

蜗鸢： 蜗鸢只吃淡水低地湿地中的蜗牛或螺类。它们经常成群在宽阔的空间盘旋。而它们的巢多建造在草丛或者水生灌木丛中。

🐦43厘米
↔1.1米
● 2~3枚
↻ 偶尔迁徙
↘ 栖息地内普遍

美国东南部、中美洲、南美洲东北部

白头海雕： 白头海雕威武矫健，是北美洲特产鸟类，也是美国的国鸟。尽管它们偶尔吃鸭子和腐肉，但主要以鱼类为食。另外它们也经常从别的鸟那里偷食物。

🐦96厘米
↔2米
● 1~3枚
↻ 常年迁徙
↘ 栖息地内普遍

北美洲大部分地区

短趾雕： 多在常绿树木上筑巢，因此它们的栖息地需要有灌木植被，或者是茂密的树林。它们主要以爬行动物为食，甚至会吃毒蛇。

🐦67厘米
↔1.85米
● 1枚
↻ 偶尔迁徙
↘ 栖息地内普遍

非洲西北部、欧亚大陆中部、中国西部和印度

肉垂秃鹫
Torgos tracheliotus

这些大型秃鹫以其他
动物尸体的大块骨头
为食，它们会在岩石
上砸开骨头

胡兀鹫
Gypaetus barbatus

秃鹫
Aegypius monachus

欧亚兀鹫
Gyps fulvus

白兀鹫
Neophron percnopterus

冠兀鹫
Necrosyrtes monachus

非洲兀鹫
Gyps africanus

棕榈鹫
Gypohierax angolensis

欧亚兀鹫：是欧洲最大的鹫类。欧亚兀鹫
喜欢在高山地区栖息，却会飞到附近的大
草原区域觅食。它们主要以哺乳动物的腐
肉为食。

🐦1.1米
↔2.8米
●1枚
⊘不迁徙
⚡栖息地内普遍

非洲南部、北部，欧洲南部至中东和高加索

白兀鹫：它们在岩石缝隙或角落中用树枝
和碎石筑巢，吃腐烂的果实、垃圾、动物
腐肉，甚至是动物粪便。

🐦69厘米
↔1.7米
●2枚
↻偶尔迁徙
⚡栖息地内普遍

欧洲南部、非洲东部和北部、亚洲西南部至印度

冠兀鹫：因为体形较小，冠兀鹫没有办法和大
型兀鹫抢夺腐肉，因此它们会不停在腐肉附近转
圈，以捡食腐肉的碎渣。冠兀鹫是唯一一种可以
生活在降水量丰沛地区的鹫类。

🐦69厘米
↔1.8米
●1枚
⊘不迁徙
⚡普遍

非洲撒哈拉沙漠以南除刚果盆地、卡拉哈里沙漠和索马里半
岛外的大部分地区

小歌鹰
Micronisus gabar

蜥鸳
Kaupifalco monogrammicus

刚果蛇雕
Dryotriorchis spectabilis

冠蛇雕站在突出的高枝权上寻找猎物，当发现树蛇或其他爬行动物时，它会迅速冲下来，用利爪抓住猎物

冠蛇雕
Spilornis cheela

暗色歌鹰
Melierax metabates

黑鹞
Circus maurus

黑鹞一般在开阔地区或大草原的低空上盘旋，寻找猎物

白尾鹞
Circus cyaneus

白头鹞
Circus aeruginosus

白头鹞的双脚更长更细，爪子也可以弯转更大角度，有利于其在植被或树洞中寻找猎物

雏鸟：和其他猛禽不同，白尾鹞将巢筑在地面的高植被丛中。雄鹞负责外出觅食，雌鹞负责将猎物喂食给幼鹞。大约1个月后，当幼鹞可以自己飞翔和捕食时，它们就必须离开父母。

小歌鹰：小歌鹰有2种，一种的羽毛为灰色，另一种为黑色。它们多栖息于降水量偏少地区，以鸟类、哺乳动物、蜥蜴和昆虫为食，发现猎物时会从树上俯冲飞下。

🡇36厘米
🡅60厘米
● 2～4枚
↻ 偶尔迁徙
↯ 普遍

除刚果盆地外的非洲撒哈拉沙漠以南、也门南部

猛雕
Polemaetus bellicosus

毛脚鵟
Buteo lagopus

猛雕生活在非洲的撒哈拉沙漠附近，它们在空中捕猎

毛脚鵟站在突出的高枝上寻找旅鼠、田鼠和其他小型哺乳动物为食

普通鵟
Buteo buteo

白南美鵟
Pseudastur albicollis

冕雕生活在中南美洲空旷的野外

冕雕
Buteogallus coronatus

黑鸡鵟
Buteogallus anthracinus

王鵟
Buteo regalis

红树黑鸡鵟
Buteogallus subtilis

栗翅鹰
Parabuteo unicinctus

雀鹰和灰鹰躲在高树丛中，伺机偷袭低处的猎物

一般羽毛颜色为灰白相间或褐棕相间，但是也有个别灰鹰的羽毛呈纯白或纯黑色

雀鹰
Accipiter nisus

灰鹰
Accipiter novaehollandiae

雀鹰：它们栖息在森林中的空旷地带，习惯贴着林地边缘低空飞行，捕食其他鸟类、小型哺乳动物和昆虫。

↥ 38厘米
↔ 74厘米
● 3~6枚
↻ 偶尔迁徙
⚠ 稀少

欧洲、非洲北端、亚洲北部至南部

斗鸟：猛禽之间经常发生争斗。例如普通鵟就经常用它们锋利的脚爪打架，但它们从来不用喙去咬对方。

打脚架：当2只鹰打架时，它们只会用双脚从上方抓对方。

饰冠鹰雕
Spizaetus ornatus

饰冠鹰雕是非常强大的捕食者，它一般机警地站在其栖息的南美热带雨林的高树冠处，寻找下手的目标

爪哇鹰雕
Nisaetus bartelsi

是被世界自然保护联盟列入《濒危物种红色名录》的鸟类

生活在热带雨林中，以捕猎大型鸟类和小型哺乳动物为食

白腹山雕
Aquila fasciatus

冠鹰雕
Stephanoaetus coronatus

冠鹰雕夫妇经常合作在空中捕杀猎物，并且会分享食物

蛇鹫
Sagittarius serpentarius

蛇鹫的长腿使其每天可以行走10~20千米

茶色雕
Aquila rapax

长冠鹰雕
Lophaetus occipitalis

金雕
Aquila chrysaetos

金雕是真正的陆鹰，腿上也长满羽毛

蛇鹫：蛇鹫是蛇鹫属的唯一物种，它们没有直系近亲。蛇鹫是半陆栖鸟类，捕猎姿势非常特殊：它们在大草原上不停奔跑寻找猎物，一旦发现，就用它们的长腿、短脚趾和指甲状的爪踢死猎物。

⊥ 1.5米
⊤ 2.1米
● 1~3枚
⊘ 不迁徙
⚡ 栖息地内普遍

除刚果盆地外的非洲撒哈拉沙漠以南大部分地区

金雕：金雕一般会在岩石或者树上建造几处巢，并会反复循环使用它们。金雕狩猎的范围可广达1万多平方千米。它们主要以捕食哺乳动物和鸟类为生，但也会吃腐肉。

⊥ 1米
⊤ 2.2米
● 1~3枚
↻ 偶尔迁徙
⚡ 栖息地内普遍

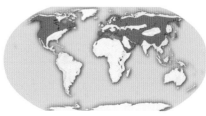

北美洲、欧亚大陆、非洲西北部

捕猎技巧

　　猛禽主要靠它们强壮的腿和锋利的爪来捕食，但不同的物种还有很多独特的捕猎技巧。有些捕捉空中飞行的鸟类，有些则捕捉陆地上的爬行动物和哺乳动物。鹰是用爪子直接将猎物抓死，而有些兀鹫则会将兔子等猎物从高空中扔下来摔死；海雕和鹗从水中抓鱼，蛇鹫会用它的长脚踢死猎物。非洲兀鹫的腿非常灵活，可以从树洞中掏出其他鸟类的雏鸟或者小动物。

水中捕猎： 鹗一般在浅水域中抓鱼。它们首先在空中盘旋观测水面，待有猎物出现时就立刻俯冲入水，紧抓猎物的头部。俯冲时，它们会将腿前倾，张开爪，紧收胸部，双翅尽量向后。

空中捕猎： 隼在空中捕捉其他飞行的鸟类。左侧组图是游隼的捕食过程：锁定猎物（左上图）；向猎物俯冲过去（左中图）；抓到猎物——一只蛎鹬（左下图）。

斑林隼
Micrastur ruficollis

斑翅花隼
Spiziapteryx circumcincta

笑隼
Herpetotheres cachinnans

红腿小隼
Microhierax caerulescens

冠巨隼
Phalcoboenus carunculatus

冠巨隼是出色的清道夫，它在地上行走，啄食各种蠕虫、蛆等

黄头叫隼
Milvago chimachima

黄白相间的头部羽毛在隼类中十分独特

红隼
Falco tinnunculus

雌鸟

雄鸟

西红脚隼
Falco vespertinus

隼科动物：隼科动物包括真隼和卡拉卡拉鹰。与真隼不同，叫隼在地面上行走，并以昆虫、果实、种子或腐肉为食。

截然相反的捕猎方式：真隼多在空中捕猎，而它的近亲叫隼则在陆地上捕食。

黄头叫隼：在非繁殖季，黄头叫隼会成群栖息在树上。每天早上，它们都会前往各自的狩猎场。它们的叫声尖锐，很像猫叫。黄头叫隼经常被其他鸟类袭击。

43厘米
74厘米
1~2枚
不迁徙
普遍

中美洲至南美洲东部和北部

鹤及其近亲

属于鹤形目的鹤及其近亲是最不像鸟的鸟类。它们全部陆栖，而且它们宁可走路或者游泳也不愿意飞行，有些甚至已经完全丧失了飞行能力。虽然鹤形目的祖先是栖息在陆地上的同一种水禽，但它们之间已经具有了非常复杂的进化差异。它们在地面上或者浅水中的浮游植物上筑巢，叫声特别大，雄鹤和雌鹤甚至可以表演二重唱。有的鹤的寿命可长达83年，因此在亚洲的很多地方，鹤是长寿和幸运的象征。

| 纲：鸟纲 |
| 目：鹤形目 |
| 科：11 |
| 属：61 |
| 种：212 |

广泛分布：有些品种的鹤可以生活在除南极和一些封闭岛屿以外的任何栖息地。不过，喇叭声鹤和秧鹤属于新大陆鸟类；大部分的鸨生活在非洲；而少数鹤生活的区域非常狭窄。

鹤的气管：鹤的音域非常宽广，它们既可以低声咕咕叫也能高声尖叫。这是因为它们的气管特别长，并且牢固地盘曲于胸骨内。这样的结构就好像是声音放大器一样。因此鹤的叫声甚至可以传到1.6千米以外的地方。同时它们也能发出极高分贝的叫声。

盘曲的气管

胸骨

白鹤
Grus leucogeranus

白枕鹤
Grus vipio

白鹤夫妇经常在一起跳舞，大声鸣叫，这大概是为了增强对伴侣的吸引力

和其他北温带的鹤一样，蓑羽鹤在中亚地区交配繁殖，而冬季则迁徙至北非撒哈拉地区或印度过冬

黑冕鹤
Balearica pavonina

每只黑冕鹤头顶的稻草状羽冠都是不同的

蓑羽鹤
Anthropoides virgo

丹顶鹤
Grus japonensis

林三趾鹑
Turnix sylvaticus

雌鸟

麝雉
Opisthocomus hoatzin

雌棕三趾鹑在交配产卵后就会飞离，由雄鸟孵卵及育雏；雌鸟则会继续与其他雄鸟交配

雄鸟

棕三趾鹑
Turnix suscitator

麝雉的生物学关系尚不清楚，有些研究甚至将其与杜鹃联系起来

白胸拟鹑
Mesitomis variegatus

本氏拟鹑
Monias benschi

灰翅喇叭声鹤
Psophia crepitans

秧鹤
Aramus guarauna

棕三趾鹑：虽然它们多居住在高山的山腰以下，但人们也曾在喜马拉雅山上海拔2273米处见到过这种鸟。它们经常在甘蔗、茶和咖啡的种植园中觅食。

> ⊥17厘米
> ● 3~5枚
> ∥雌雄不同
> ⊘不迁徙
> ↓普遍

亚洲东部、东南部、南部至菲律宾和苏拉威西岛

麝雉：麝雉的长相非常像古生物。它们在出生后的几天内就可以用脚、喙和长有"爪"的翅膀爬树。幼鸟翅膀上的爪会慢慢消失。

> ⊥70厘米
> ● 2~4枚
> ∥雌雄相同
> ⊘不迁徙
> ↓栖息地内普遍

南美洲北部

秧鹤：秧鹤是秧鹤科的唯一物种，可以用其长且弯的嘴将蜗牛从壳中啄出来吃掉。它们会用草棍来搭建粗大的窝。秧鹤曾被大量捕杀，如今已得到保护。

> ⊥70厘米
> ● 5~7枚
> ∥雌雄相同
> ⊘不迁徙
> ↓栖息地内普遍

中美洲至南美洲东北部、西印度群岛

紫水鸡在湿地中寻找食物，它会轻摆尾巴使其臀部的白色绒毛显露，这种行为是与其同伴进行交流的信号

荒岛秧鸡
Atlantisia rogersi

角骨顶
Fulica cornuta

角骨顶是所有秧鸡中最常在水面活动的

紫水鸡
Porphyrio porphyrio

白胸苦恶鸟
Amaurornis phoenicurus

姬田鸡
Eapornia parva

长脚秧鸡
Crex crex

南秧鸡一般栖息在新西兰东南部的山间荒野中，以植物和苔草的根茎为食

灰颈林秧鸡
Aramides cajanea

南秧鸡
Porphyrio hochstetteri

灰颈林秧鸡体形瘦长且长有长腿，使其可以轻松穿梭于灌木丛林中

长脚秧鸡：它们大多数时间躲在高草丛中，半夜出来觅食，以无脊椎动物、植物、种子和谷物为食。长脚秧鸡的窝由两个支点固定在地面上，窝内铺有植物枝叶。

🐦30厘米
🥚8~12枚
雌雄相同
常年迁徙
易危

欧亚大陆中西部、非洲东南部

南秧鸡：它们是体形最大的一种秧鸡。南秧鸡已经不会飞，它们的翅膀只有在求偶或者打架时才会张开。它们每窝雏鸟中一般只有1只可以活过冬季。

🐦63厘米
🥚1~3枚
雌雄相同
不迁徙
濒危

新西兰南岛西南部

物种恢复：很多生活在封闭岛屿的秧鸡已丧失飞行能力，因此受到老鼠等引进物种的威胁。在被保护前，森秧鸡的总数已下降到只剩10对，但现在森秧鸡已经被成功圈养，物种数量正在恢复。

鹭鹤
Rhynochetos jubatus

红腿叫鹤
Cariama cristata

日鳽
Eurypyga helias

长腿更适合在陆地上行走和觅食

大鸨
Otis tarda

颈部五颜六色的羽毛格外耀眼

尾巴也分外漂亮并且可以开屏，雄大鸨的尾巴一般都比雌大鸨的更大、更艳丽

波斑鸨
Chlamydotis undulata

黑冠鸨
Neotis denhami

姬鸨
Sypheotides indicus

波斑鸨的长腿可以帮助其在开阔栖息地内行走觅食，当它起飞时腿可以收回，紧贴腹部

全世界仅存26种鸨，非洲有20种左右，其中18种生活在中非，包括黑冠鸨

非洲鳍脚鹬
Podica senegalensis

日鳽：它们沿森林中的河流或溪水觅食。在求偶时会站在高枝上展示其五颜六色的翅膀和尾巴。

± 48厘米
● 1~2枚
↗ 雌雄相同
⊘ 不迁徙
↯ 易危

南美洲北部和中部

大鸨：大鸨是草食动物，多在地面上筑巢。它们每窝只产2~3枚卵，由雌鸨负责孵化。幼鸟在出生5周之后就能够飞行，而12~14周后必须独立。

± 1.05米
● 2~3枚
↗ 雌雄不同
⊘ 不迁徙
↯ 易危

欧洲、亚洲东部和中部

黑冠鸨：当黑冠鸨受到威胁时，它会和其他鸨类一样马上蜷缩起来。它们美丽的羽毛完全是为了求偶。雄性黑冠鸨可以同时和多只雌性交配。

± 1米（雄鸟）
● 1~2枚
↗ 雌雄相同
⟳ 偶尔迁徙
↓ 栖息地内普遍

非洲中部至中南部

涉禽和滨鸟

纲:	鸟纲
科:	16
属:	86
种:	351

涉禽和滨鸟遍布全球海洋和陆地的浅水域及海岸线地带，多成群活动，非常容易遭到人类的猎杀。由于分布广泛，这一目鸟类在个体上具有明显的多样性。例如典型的滨鸟——鹬和鸻多在浅水湾或海岸线附近捕食；鸥虽然也在海岸线附近活动，但也可以在深水域的水面上捕鱼；燕鸥则可以完全离开海岸游至深水域寻找食物；海雀甚至会像企鹅一样潜入水下捕鱼。很多涉禽和滨鸟的眼睛都分别长在头的两侧，便于观察敌情。

广泛分布：有些涉禽和滨鸟群居在海洋附近的河口或海滨；但也有些可以适应内陆的干旱环境，甚至生活在沙漠中。

天渊之别

不同的涉禽和滨鸟之间的物种差异性非常明显，以适应各自的生存环境：在泥塘和滩涂寻找食物的都长有细长的腿，颈部和喙也很长；涉水寻找食物的则长得比较矮小，便于在涨潮时迅速跑开；而在水面活动，并且从水中捕食的一般体形比较矮壮，脚上长有蹼。

那些在更深一些的海洋中寻找食物的鸻形目鸟类多为飞行能手，它们长有相对更短的腿和更小的脚，翅膀更长也更窄。例如燕鸥，非常敏捷，长有长长的叉形尾羽，可以在空中快速调整平衡。海燕长有蹼足，腿的位置更靠近身体后部，在水中会把翅膀当作鳍使用。

此外，涉禽和滨鸟的捕食范围也非常广泛，包括昆虫、蠕虫、鱼类和甲壳动物。有些甚至是食腐动物。

滨鹬：滨鹬的喙非常敏感，可以很快探测到沙滩和泥地中的微生物。在潮汐过后的海滩上，经常可见它们的身影。

非洲水雉（非洲雉鸻）
Actophilornis africanus

彩鹬
Rostratula benghalensis

雌鸟

雄鸟

世界上现存8种非洲雉鸻，都生活在热带地区。它们在沼泽地的浮游植物上筑巢栖息，长长的脚趾可以保证其不会陷入沼泽内

水雉
Hydrophasianus chirurgus

蛎鹬
Haematopus ostralegus

蟹鸻
Dromas ardeola

鹮嘴鹬
Ibidorhyncha struthersii

黑翅长脚鹬
Himantopus himantopus

反嘴鹬
Recurvirostra avosetta

黑翅长脚鹬的身影遍及全球各大洲；长腿可以帮助其涉过浅水域。它们以水生无脊椎动物为食

反嘴鹬的喙向上弯翘，便于从淤泥中筛取浮游生物。尽管长腿可以帮助其涉水，但它也会游泳

澳洲石鸻
Esacus magnirostris

非洲水雉： 非洲水雉走路时腿抬得特别高，这样当它们在水中漂浮的植物上行走时，大脚就不会被沾湿。它们以水生植物下的昆虫、蜗牛和其他生物为食。

🔾30厘米
⬤ 4枚
⚢ 雌雄相同
⊘ 不迁徙
▭ 普遍

非洲撒哈拉沙漠以南大部分地区

蛎鹬： 蛎鹬非常优雅，它们经常在海岸附近寻找软体动物等为食。这种鸟喜群居，善于飞行，还可以游水和潜水。

🔾46厘米
⬤ 2~5枚
⚢ 雌雄相同
↻ 常年迁徙
▭ 普遍

欧洲、亚洲东部、西南部和西部，非洲东部、北部和西北部

澳洲石鸻： 澳洲石鸻夜间出来觅食。它们长有超大的黄色眼睛，可以帮助其发现藏在海滩和岸边泥地里的螃蟹或其他贝类。澳洲石鸻的叫声非常刺耳，很诡异。

🔾56厘米
⬤ 1枚
⚢ 雌雄相同
⊘ 不迁徙
▭ 易危

马来半岛到菲律宾、新几内亚和澳大利亚北部

凤头距翅麦鸡
Vanellus chilensis

唯一一种长有羽冠的灰色麦鸡

黑尾塍鹬
Limosa limosa

其绣色羽毛会在繁殖期过后的迁徙中褪掉

春季在欧亚大陆北部繁殖后代，冬季则从地中海和非洲迁徙到澳大利亚

鹤鹬
Tringa erythropus

白腰杓鹬
Numenius arquata

白腰杓鹬属于大型涉禽，其长喙呈下弯曲形

红脚鹬
Tringa totanus

扇尾沙锥
Gallinago gallinago

领燕鸻多在清晨或黄昏成群出来觅食

扇尾沙锥生活在沼泽地带，从淤泥中寻找食物

领燕鸻
Glareola pratincola

凤头距翅麦鸡：这种鸟喜欢在潮湿草甸和农田中捕食昆虫和其他小型猎物。它们多在地面上建窝，只在窝内铺一层薄薄的草。

‖ 38厘米
● 3~4枚
∥ 雌雄相同
⊘ 不迁徙
↓ 普遍

南美洲南部、东部和北部

鹤鹬：它们非常胆小，喜欢独居在干净的盐水域。因为鹤鹬多混杂在其他涉禽之中，人们很难单独发现它们。

‖ 32厘米
● 3~5枚
∥ 雌雄相同
↻ 常年迁徙
↓ 栖息地内普遍

欧亚大陆亚寒带、南亚、中非

华丽的入水：雄性扇尾沙锥喜欢将翅膀和尾部打开，而外层的尾羽也可以和其他尾羽完全分开，并且保持脖子竖直从高空直插入水中，入水时会产生巨大的声响。扇尾沙锥似乎非常享受这样的入水，因为它们会反复地冲入水中。

青脚鹬
Tringa nebularia

在交配期青脚鹬的背部及前胸会长出带有黑色斑点的繁殖羽

白腰草鹬
Tringa ochropus

弯嘴滨鹬
Calidris ferruginea

白腰草鹬夏季在欧亚大陆的森林沼泽地交配繁衍，冬季则飞往温暖的非洲和东南亚地区过冬

其他瓣蹼鹬都在海上过冬，威开瓣蹼鹬则从其位于北美中西部的繁殖地飞往南美洲安第斯山脉附近的湖泊湿地过冬

小滨鹬
Calidris minuta

威氏瓣蹼鹬
Phalaropus tricolor

红颈瓣蹼鹬
Phalaropus lobatus

图上的雄流苏鹬长有华丽的繁殖羽。它们会成群在求偶繁殖地比美，以赢得交配权

雄鸟

雌流苏鹬的毛色与雄流苏鹬非繁殖期时的毛色相似；在非繁殖期，流苏鹬会从非洲迁徙到东南亚过冬

流苏鹬
Calidris pugnax

雌鸟

流苏鹬： 在每年春季的交配季节，雄流苏鹬的耳边及颈部都会长出漂亮的羽毛。每天早上，雄流苏鹬都会站在它选定的小丘上向雌流苏鹬展示自己华丽的羽毛。

白腰草鹬： 白腰草鹬以藏在河底淤泥中的生物为食，其腹部长有一片绿色的羽毛，在夏季会折射耀眼的光。它们在飞行时会发出类似管乐器的叫声。

↥24厘米
● 3～4枚
/ 雌雄相同
↻ 常年迁徙
⚡ 栖息地内普遍

欧亚大陆中部、非洲中部、亚洲南部

流苏鹬： 在每年春季的交配季节，上百只流苏鹬会成群聚居在一起。雌流苏鹬会在厚厚的草丛中或者丛生的药草或灯心草中搭建自己的窝。

↥32厘米
● 3～4枚
/ 雌雄不同
↻ 常年迁徙
⚡ 栖息地内普遍

北极地区至欧亚大陆西部、南部，非洲

灰胸籽鹬
Thinocorus orbignyianus

灰胸籽鹬生活在南美洲的高原地带，以沼泽地低矮植物的种子和嫩叶为食

黑脸鞘嘴鸥
Chionis minor

黑脸鞘嘴鸥长有一层厚厚的脂肪来保持体温，但使其看上去有些臃肿

白眼鸥
Lchthy aetus leucophthalmus

翅膀上长有一个退化的硬刺，可作为武器使用

长尾贼鸥是鸟中的"海盗"，以在冷水海域偷食其他海鸟的"残羹剩饭"而得名

繁殖期头部羽毛为黑色，繁殖期过后会褪变成白色

长尾贼鸥
Stercorarius longicaudus

博氏鸥
Chroicocephalus philadelphia

领鹑
Pedionomus torquatus

大黑背鸥是杂食动物，经常在小群内交配繁殖

大黑背鸥
Larus marinus

领鹑曾被误为鹌鹑，如今这种生活在澳大利亚的鸟类已被证实为南美籽鹬的近亲

银鸥
Larus argentatus

在欧洲和北美洲的栖息地，银鸥浅灰色的背羽、黑色的翅尖、粉色的脚和灰色的眼睛使之与其他大型鸥类明显区别开来

长尾贼鸥： 和其他贼鸥一样，雄长尾贼鸥的求偶仪式非常复杂。长尾贼鸥一般以地面的浅层小洞做窝，窝内不铺任何东西。这种鸟会以巢穴附近的旅鼠为食。

↥ 28厘米
🥚 2枚
∥ 雌雄相同
↻ 常年迁徙
⚡ 普遍

北极圈，南极洲，太平洋南部、北部和大西洋

银鸥： 人们可以经常在码头、海滩甚至垃圾场和农田附近看到银鸥。它们群居在陆地，但会飞到淡水域洗澡。

↥ 66厘米
🥚 2~3枚
∥ 雌雄相同
↻ 偶尔迁徙
⚡ 普遍

美洲北部、中部，欧亚大陆东部、北部和西部

眼斑燕鸥
Sternula nereis

眼斑燕鸥的叉形尾巴比其他燕鸥的都更修长，也更美观

白额燕鸥
Sternula albifrons

普通燕鸥
Sterna hirundo

白额燕鸥振翅的频率要远远高于其他燕鸥，它们会季节性地从西部迁徙到北部

克格伦燕鸥
Sterna virgata

白嘴端燕鸥
Thalesseus sandvicensis

乌燕鸥
Onychoprion fuscatus

巨嘴燕鸥聚居在南美洲的主要河流流域，它们可以从空中直接扎入水中捕鱼

巨嘴燕鸥
Phaetusa simplex

印加燕鸥
Larosterna inca

印加燕鸥长有独特的白色胡须形羽毛

须浮鸥
Chlidonias hybrida

白额燕鸥：它们是体形最小的燕鸥之一，彼此的差异不大。白额燕鸥习惯聚居在海滩、海湾和大型河流之上。

🐟 28厘米
🥚 2～3枚
⫽ 雌雄相同
↻ 常年迁徙
↧ 栖息地内普遍

欧洲、非洲、亚洲至澳大利亚、印度和西太平洋

普通燕鸥：这种燕鸥栖息在北温带的湖泊、海洋、海湾和海滩等地。但冬天会迁徙到南温带过冬。它们成群在沙滩上和小岛上筑窝。

🐟 38厘米
🥚 2～4枚
⫽ 雌雄相同
↻ 常年迁徙
↧ 栖息地内普遍

全球

崖海鸦
Uria aalge

崖海鸦栖息在北极和近北极海域。它们
成群盘旋在海面上，可以潜入水中1分钟
甚至更长时间去捕鱼；脚上长有蹼

白腹海鹦
Aethia psittacula

扁嘴海雀
Synthliboramphus antiquus

和其他海雀一样，扁嘴海雀成
群栖息在北太平洋，但它们在
洞穴中筑巢

角嘴海雀
Cerorhinca monocerata

凤头海雀
Aethia cristatella

簇羽海鹦
Fratercula cirrhata

北极海鹦
Fratercula arctica

黑剪嘴鸥
Rynchops niger

黑剪嘴鸥的下喙比上喙长。它们在飞行
过程中进食：它们紧贴水面飞行，并将
下喙伸入水中，若有鱼碰巧碰到它们的
喙，它们便立刻将其捉住

北极海鹦：夏天北极海鹦的喙为红、蓝、黄等亮丽的
颜色；而到了冬季，它们的部分喙会脱落，剩余部分
变成灰褐色，只有尖部还是黄色。北极海鹦成群居
住，偶尔也会直接利用野兔或者海鸥废弃的巢。

↨36厘米
●1枚
／／雌雄相同
↳偶尔迁徙
↧普遍

北极地区、大西洋北部

崖海鸦：崖海鸦一般一次只产一
枚卵，它们把巢建在沿海附近的
裸岩或者悬崖上。那些地方看起
来不太安全，但崖海鸦的卵呈梨
形，因此卵只会小范围地滚动，
而不至于掉出巢去。

独特的卵：每一枚卵的颜色
和图案都会非常不同。

鸠鸽科和沙鸡科

纲：	鸟纲
目：	鸽形目
科：	3
属：	46
种：	327

鸠鸽科和沙鸡科在各方面的差异非常大，令人很难将其联系在一起。鸠鸽科都是树栖，以植物的果实和种子为食。它们与人类的关系非常密切，古时候的人类经常用鸽子来传递信息。鸠鸽科和沙鸡科的鸟类的羽毛颜色类型十分丰富，既有灰蓝色羽毛的家鸽，也有生活在印度洋—太平洋地区色彩艳丽的果鸠。不论雌鸽还是雄鸽，都可以通过嗉囊分泌"鸽乳"以喂养幼鸽。另外，鸽子的喙构造独特，在它们喝水的时候可以将水吸进口中。与鸽子相反，沙鸡的羽毛颜色灰暗，飞行速度更快。大多生活在沙漠地区，可以很好地适应干旱的生存环境。

分布： 鸠鸽科遍布除了极地以外的世界绝大部分地区。而沙鸡科只生活在非洲和欧亚大陆。

小长尾鸠
Oena capensis

绿翅金鸠
Chalcophaps indica

绿翅金鸠以掉落在雨林地面上的果实为食

原鸽
Columba livia

毛腿沙鸡
Syrrhaptes paradoxus

原鸽： 也叫野鸽，如今是广泛栖息于全球各地的"城市居民"。原鸽最早源于欧亚大陆和北非，多在悬崖上筑巢，目前已经很适应在城市建筑物中筑巢。

⬇	33厘米
●	2枚
⫽	雌雄相同
⊘	不迁徙
⬆	普遍

欧洲南部、中东、亚洲中东部和西南部、非洲北部

毛腿沙鸡： 这种鸟生活在亚洲中部宽阔的大草原上。每年都会有大量毛腿沙鸡为避免冬雪覆盖觅食地，长途飞行到海滩和草地去过冬。

⬇	40厘米
●	2~3枚
⫽	雌雄不同
↻	偶尔迁徙
⬆	栖息地内普遍

乌拉尔山南部和土库曼斯坦至蒙古

绿翅金鸠： 它们多栖息在雨林或者附近的茂密植被中，单独或结伴在雨林的地面上觅食。它们也会往返飞行于多个觅食地点之间。

⬇	27厘米
●	2枚
⫽	雌雄不同
⊘	不迁徙
⬆	普遍

印度和东南亚至澳大利亚东部和美拉尼西亚

马岛绿鸠
Treron australis

马岛绿鸠生活在印度洋地区，完全树栖，以树上的水果为食。它们的砂囊已经进化到不仅可消化水果，还能把水果种子磨碎

黑背果鸠的砂囊壁很薄，以水果为食。通常是囫囵吞下，把果肉消化后排出种子

黑背果鸠
Ptilinopus cinctus

红冠蓝鸠
Alectroenas pulcherrimus

黄腹绿鸠
Treron waalia

维多凤冠鸠的凤冠有火鸡冠大小，这种扇形羽冠十分独特。这种鸟只生活在新几内亚地区

维多凤冠鸠
Goura victoria

哀鸽
Zenaida macroura

灰头棕翅鸠
Leptotila plumbeiceps

斑姬地鸠
Geopelia striata

马岛绿鸠：这种漂亮的，以水果为食的鸟类是绿鸠的一种。它们多数时间栖息在树上或者灌木丛中，攀爬的方式与鹦鹉类似。马岛绿鸠的叫声比鸽子更复杂，也更柔和。

🐦 32厘米
🥚 2枚
⚃ 雌雄相同
⊘ 不迁徙
📊 栖息地内普遍

马达加斯加和科摩罗群岛

哀鸽：这种鸽子因其低沉凄凉的叫声而得名。它们飞行的速度非常快，多在清晨或黄昏飞行很远的距离去觅食或寻找水源。

🐦 34厘米
🥚 2枚
⚃ 雌雄相同
⚃ 偶尔迁徙
📊 普遍

美洲北部和中部、西印度群岛

维多凤冠鸠：是唯一一种长有羽冠的鸽子，羽冠的尖部为白色。它们居住在热带低地雨林。由于被人类作为食物大量捕杀，目前只在新几内亚北部的偏远地区可见。

🐦 76厘米
🥚 1枚
⚃ 雌雄相同
⊘ 不迁徙
📊 易危

新几内亚北部的低地

鹦鹉

纲:	鸟纲
目:	鹦形目
科:	鹦鹉科
属:	85
种:	364

鹦鹉科和凤头鹦鹉科组成了鸟纲中古老且独特的鹦形目。它们的外形十分出众：向下弯曲的短硬喙和2只向前、2只向后的脚趾都是其标志。尽管有些鹦鹉的毛色较灰暗，但绝大多数的羽毛都非常亮丽。鹦鹉的羽色基调多为绿色，上面混有红色、黄色和蓝色。不过，漂亮的外形只是鹦鹉多个世纪以来被人类作为宠物的原因之一，另一个重要原因是它们的滑稽表演：它们可以通过训练表演杂耍，用嘴或者脚倒挂在枝头，甚至还能模仿人类的声音。

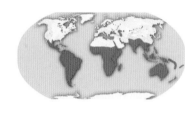

南半球居民：鹦鹉主要生活在南半球，多数栖息在热带雨林，尤其是低地热带雨林中，但也有的鹦鹉偏好开阔、干旱的栖息地。大部分鹦鹉品种集中分布于澳大利亚和南美洲，它们最南端的栖息地为火地岛。

社会性群体

大多数鹦鹉在树顶或地面觅食，以种子、坚果和水果为食，它们坚硬的喙可以轻松咬开坚果外壳。但也有例外，短尾鹦鹉完全树栖，以软果实和花粉、花蜜为食。

尽管鹦形目鸟类在基本形态上的差异很小，但它们的体形和大小却差异很大。有的翅膀窄且尖，有的则宽且圆。同样，有的尾巴长又尖，有的短又方。有的鹦鹉的羽毛非常漂亮，例如凤头鹦鹉，虽然不属于"真正的鹦鹉"，但它们不论雌雄都长有醒目的、耸立于头顶的羽冠。

鹦鹉的社会性极高，彼此之间会大声且频繁地交流，因此人们在野外很容易听到鹦鹉的叫声却不太容易看见它们。另外，它们具有很高的伪装能力。当它们从雨林的树冠处飞过时，很难被一眼看清楚。但鹦鹉仍然逃不过人类的追捕。另外，栖息地的破坏也加剧了鹦鹉的灭绝速度。目前野生鹦鹉是濒危物种。

红绿金刚鹦鹉：较大型的鹦鹉，羽毛艳丽。它们飞行时就像一道彩虹。每一只红绿金刚鹦鹉都有自己独特的脸部红记。

棕脸侏鹦鹉
Micropsitta pusio

红腰鹦鹉
Psephotus haematonotus

多栖息在澳大利亚西南部的内陆森林地带，捡食地上的种子

彼斯奎氏鹦鹉
Psittrichas fulgidus

雌鸟

雄鸟

红胁绿鹦鹉
Eclectus roratus

雄鸟身上的羽毛为绿色，胸部两侧的羽毛为红色；雌鸟的羽毛颜色比雄鸟更丰富，也更艳丽

东部玫瑰鹦鹉
Platycercus eximius

新几内亚亚种的澳东玫瑰鹦鹉的胸部羽毛呈条纹状，澳大利亚亚种的则没有

彩虹鹦鹉
Trichoglossus haematodus

啄羊鹦鹉
Nestor notabilis

粉红凤头鹦鹉
Eolophus roseicapilla

粉红凤头鹦鹉后背的羽毛为灰色，尾部的粉绒羽粉末会令这种灰色呈现较为柔和的色调，但其后背的羽毛经过一段时间的磨损后，会变为深灰色

啄羊鹦鹉： 是少数羽毛颜色灰暗的鹦鹉。羽毛颜色、结实的身形以及鸟喙的形状都使它看起来更像一只猛禽。啄羊鹦鹉有时也吃腐肉，因为经常攻击羊群、啄食羊肉而得名。

- 🐦 48厘米
- 🥚 2～4枚
- 🖋 雌雄相同
- ⊘ 不迁徙
- ↯ 稀少

新西兰南岛山地森林

驯养鹦鹉

　　和金鱼一样，虎皮鹦鹉是最著名的宠物之一，人类早在19世纪中叶就开始圈养鹦鹉。其他宠物鹦鹉还包括澳洲鹦鹉和牡丹鹦鹉。尽管鹦鹉可以模仿人类说话，但它们根本不懂其中的含义。

虎皮鹦鹉：澳洲野生的虎皮鹦鹉羽多为浅绿色和黄白色。但经过人类的驯养，它们的羽色变得非常绚丽。

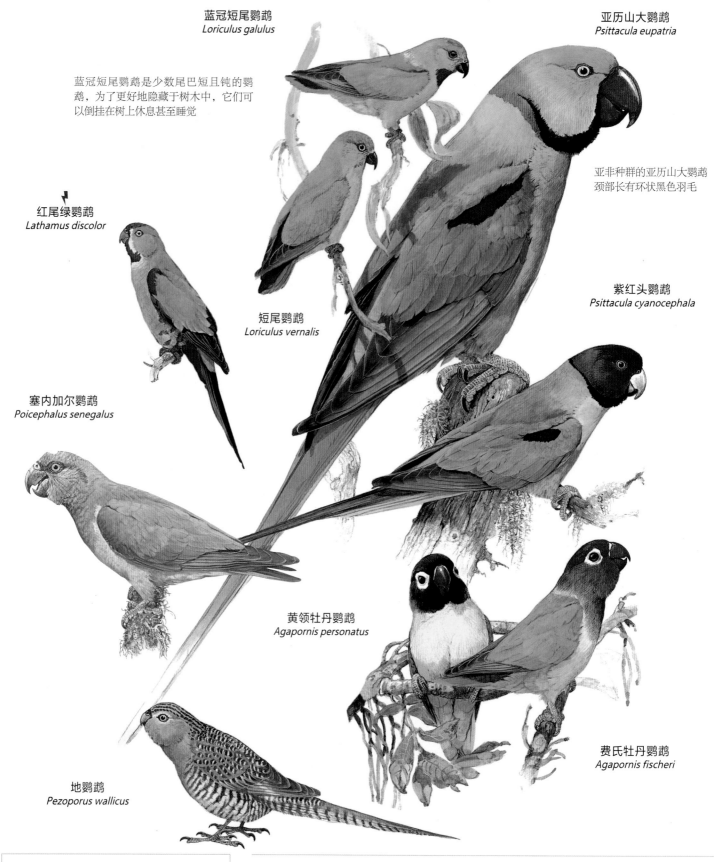

蓝冠短尾鹦鹉
Loriculus galulus

亚历山大鹦鹉
Psittacula eupatria

蓝冠短尾鹦鹉是少数尾巴短且钝的鹦鹉，为了更好地隐藏于树木中，它们可以倒挂在树上休息甚至睡觉

亚非种群的亚历山大鹦鹉颈部长有环状黑色羽毛

红尾绿鹦鹉
Lathamus discolor

短尾鹦鹉
Loriculus vernalis

紫红头鹦鹉
Psittacula cyanocephala

塞内加尔鹦鹉
Poicephalus senegalus

黄领牡丹鹦鹉
Agapornis personatus

费氏牡丹鹦鹉
Agapornis fischeri

地鹦鹉
Pezoporus wallicus

变色：亚历山大鹦鹉属于因缺少黄色染色素，羽毛颜色突变成蓝色的鹦鹉。它们具有高超的拟音本领和富有感情的行为，并因此成为宠物鸟中的宠儿。

亚历山大鹦鹉：它们经常在树上挖洞或选择天然形成的树洞做巢。一般以小群体为单位生活，但晚上会会合成大的群体。雄亚历山大鹦鹉的颈部终身长有黑色的环状羽毛。

📏62厘米
🥚3枚
🚻雌雄不同
⊘不迁徙
🔽栖息地内普遍

亚洲东南部和南部

蓝冠短尾鹦鹉：这种小鹦鹉在东南亚森林地中非常常见。它们可以倒挂着睡觉，因此也有人称它们为"蝙蝠鹦鹉"。它们经常以小群行动。

📏12厘米
🥚3~4枚
🚻雌雄不同
⊘不迁徙
🔽普遍

马来半岛、婆罗洲、苏门答腊及附近群岛

厚嘴鹦哥
ynchopsitta pachyrhyncha

琉璃金刚鹦鹉
Ara ararauna

紫蓝金刚鹦鹉
Anodorhynchus hyacinthinus

琉璃金刚鹦鹉巨大的
喙可以咬开外壳坚硬
的坚果或水果

白耳鹦哥
Pyrrhura leucotis

军金刚鹦鹉
Ara militaris

红绿金刚鹦鹉
Ara macao

黑头鹦哥
Aratinga nenday

穴鹦哥
Cyanoliseus patagonus

黑头鹦哥多生活在地面，以植
物种子和水果为食

厚嘴鹦哥：这种鹦鹉幼时的喙为灰白色，成
年后会变成黑色。它们以松子、杜松子和橡
子为食。厚嘴鹦哥成群居住，少则5～6只，
多则几百只。

📏43厘米
🥚1～4枚
⫻雌雄相同
〜游牧式
⚡濒危
⛰

墨西哥西部

紫蓝金刚鹦鹉：它们是最大的鹦鹉，雄鸟体
形比雌鸟略大。紫蓝金刚鹦鹉过去很常见，
但由于人类为了其羽毛和肉而对其进行的大
量捕杀以及宠物贸易，目前已经濒危。

📏1米
🥚2～3枚
⫻雌雄相同
🚫不迁徙
⚡濒危
🏠巢

南美洲中部和东北部

红绿金刚鹦鹉：羽毛非常艳丽。除了水果和坚
果，还吃花粉和花。为避免和其他鸟类争夺食物，
它们常会吃一些未成熟的果实，为了消化其中难消
化的成分，它们有时需要吃黏土来获取必要元素。

📏89厘米
🥚1～4枚
⫻雌雄相同
🚫不迁徙
⚡普遍
🏠巢

南美洲北部和中部

鹰头鹦哥
Deroptyus accipitrinus

白冠鹦哥
Pionus senilis

灰胸鹦哥
Myiopsitta monachus

橙翅鹦哥
Amazona amazonica

淡黄翅鹦哥
Brotogeris versicolurus

古巴白额鹦哥
Amazona leucocephala

蓝顶鹦哥
Amazona aestiva

鸮鹦鹉
Strigops habroptila

鸮鹦鹉不会飞，具有神秘色彩的羽毛可以帮助其很好地隐藏在栖息的矮灌木丛中，但白鼬、老鼠和猫仍然能够分辨出它的存在，并且抓到它

和其他鹦鹉一样，鸮鹦鹉每只爪上长有2只向前的趾和2只向后的趾

鸮鹦鹉：这种鹦鹉是世界上最重的鹦鹉。因为它们没有长龙骨状胸骨，已经不能飞行。鸮鹦鹉在夜间活动，以植物叶子和茎中的汁液为食。雄鸟求偶时会将喉囊吹大来展示自己。

⤒64厘米
● 1~3枚
⫽ 雌雄相同
⊘ 不迁徙
🗲 野外灭绝

新西兰南岛西南部，被引进小巴里尔岛、莫德岛、科德菲什岛和珍珠岛

蓝顶鹦哥：这种鹦鹉生活在森林中，完全树栖，善于爬树，在树洞中筑巢。它们每窝可以产卵2枚，主要由雌鹦鹉负责孵化，孵化期约25天。

⤒37厘米
● 2~4枚
⫽ 雌雄相同
⊘ 不迁徙
🗲 普遍

南美洲中部和东北部

灰胸鹦哥：它们生活在南美洲，已经完全适应人类的生活，因此既可生活在稀树草原、森林和棕榈林，也可以生活在城市的公园、农场、花园。和其他鹦鹉不同，它们会用树木嫩枝搭建复杂的窝。

⤒29厘米
● 1~11枚
⫽ 雌雄相同
⊘ 不迁徙
🗲 普遍

南美洲东南部和中部

杜鹃和蕉鹃

<table>
<tr><td>纲：</td><td>鸟纲</td></tr>
<tr><td>目：</td><td>鹃形目</td></tr>
<tr><td>科：</td><td>2</td></tr>
<tr><td>属：</td><td>42</td></tr>
<tr><td>种：</td><td>162</td></tr>
</table>

杜鹃和蕉鹃在生物分子结构方面具有相似性，却在外形、进化史、身体结构和其他特征方面大相径庭。杜鹃是著名的巢寄生鸟类，它们将自己的卵产在别的鸟类的巢中，让其他鸟类替自己抚育后代——不过，在约140种杜鹃中，只有不到一半的杜鹃会这样做。杜鹃科鸟类的共同特点是长有适于攀缘的对趾型足，即第2、3趾向前，第1、4趾向后；在其他方面均存在较大的物种差异。蕉鹃科鸟类则比较同质化：它们都是细颈、长尾、圆短翅、头上长有漂亮的羽冠。

遍布全球： 蕉鹃只生活在非洲撒哈拉沙漠以南的稀树大草原和森林中。杜鹃虽然起源于热带和亚热带，如今已广泛存在于从荒野到森林的各种栖息地中（见左图）。

鹃形目

尽管有像金鹃这种羽毛颜色绚丽的旧大陆杜鹃，但大部分真杜鹃的羽毛都为土褐色。有些杜鹃喜独居，有些则为了觅食而成群居住。有些杜鹃，例如走鹃和细嘴地鹃更愿意跑而非飞行。

蕉鹃喜欢群居，并且嗓门特别大——它们刺耳的尖叫声在很远的地方就能听到。它们小群栖息在树上，经常在树木之间跳跃和滑翔。蕉鹃在树丛之间的跳跃要比飞行更灵活。

生活在热带草原的蕉鹃羽毛多为灰暗色调；而生活在森林中的蕉鹃毛色亮丽，它们的羽毛中含有的蓝绿颜色可以溶于水。蕉鹃主要食草，但也吃昆虫。

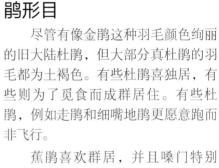

大斑凤头鹃
Clamator glandarius

凤头鹃属的鸟类是唯一长有顶饰的杜鹃科鸟类

蓝蕉鹃
Corythaeola cristata

蓝蕉鹃有小火鸡大小，是最大型的蕉鹃，居住在非洲热带地区，腹部呈独特的橙色

紫蕉鹃
Musophaga violacea

斑翅凤头鹃
Clamator jacobinus

蓝冠蕉鹃
Tauraco hartlaubi

紫蕉鹃和短冠紫蕉鹃的羽毛呈紫蓝色。它们都生活在西非中部的河岸森林中

所有蕉鹃科鸟类都长有细长的尾巴

蓝冠蕉鹃的羽毛多呈绿色，生活在东非的赤道附近

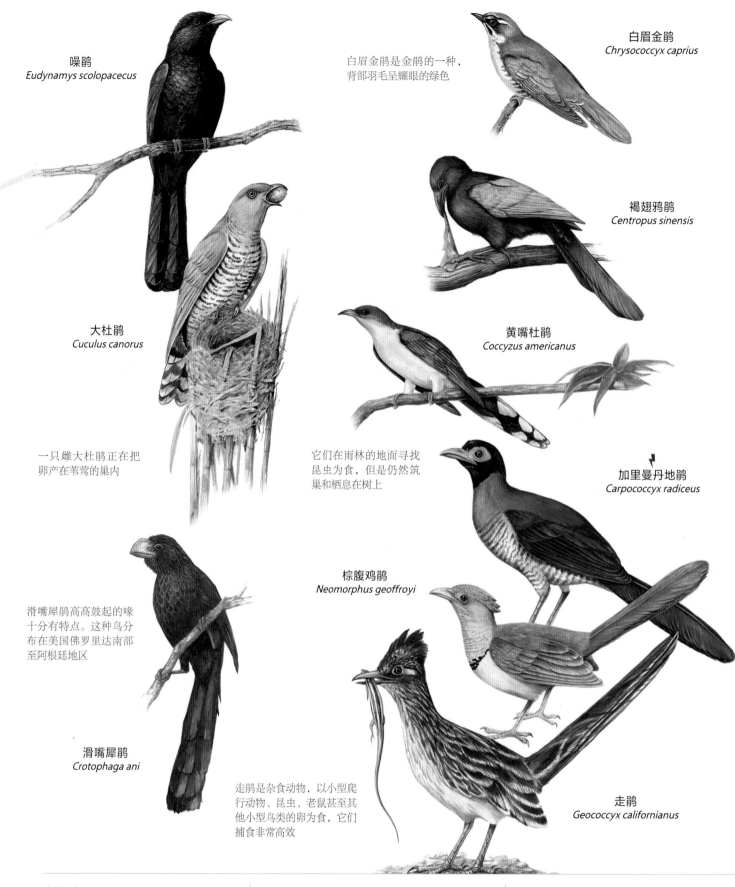

噪鹃
Eudynamys scolopacecus

白眉金鹃是金鹃的一种，
背部羽毛呈耀眼的绿色

白眉金鹃
Chrysococcyx caprius

褐翅鸦鹃
Centropus sinensis

大杜鹃
Cuculus canorus

黄嘴杜鹃
Coccyzus americanus

一只雌大杜鹃正在把
卵产在苇莺的巢内

它们在雨林的地面寻找
昆虫为食，但是仍然筑
巢和栖息在树上

加里曼丹地鹃
Carpococcyx radiceus

棕腹鸡鹃
Neomorphus geoffroyi

滑嘴犀鹃高高鼓起的喙
十分有特点。这种鸟分
布在美国佛罗里达南部
至阿根廷地区

滑嘴犀鹃
Crotophaga ani

走鹃是杂食动物，以小型爬
行动物、昆虫、老鼠甚至其
他小型鸟类的卵为食，它们
捕食非常高效

走鹃
Geococcyx californianus

大杜鹃：这种常见的鸟类生活在森林空
地或者农田附近，以昆虫为食。它们是
一妻多夫制，雌鹃会把卵产在别的鸟类
的巢中。

⤒33厘米
● 最多20枚（寄主的巢内）
⫽ 雌雄不同
↻ 常年迁徙
⚡ 普遍

除西南部、西北部外的欧亚大陆，非洲南部

褐翅鸦鹃：这是一种非巢寄生的陆栖性鸟类，
因其身形和长尾很容易被误认为是猎禽。它们
的叫声多种多样，从单调低沉的叫声到响亮的
鸣叫声都可以发出。

⤒52厘米
● 2~4枚
⫽ 雌雄相同
⊘ 不迁徙
⚡ 普遍

亚洲东南部，南部，巽他群岛，外菲律宾岛

走鹃：走鹃是很多欧美经典卡通造型的原
型。它们生活在干旱地区，甚至是长有灌木和
仙人掌的沙漠中。它们的长尾巴在其快速奔跑
突然扭转身体时可起到平衡作用。

⤒56厘米
● 2~6枚
⫽ 雌雄相同
⊘ 不迁徙
⚡ 普遍

美国西南部至墨西哥中部

猫头鹰（鸮）

纲：	鸟纲
目：	鸮形目
科：	3
属：	29
种：	195

这种孤独的夜行性动物最显著的标志就是前视的大眼睛、猫脸和矮胖的身体轮廓。被统称为"猫头鹰"的鸮形目动物有心形脸、长喙的草鸮科，圆脸、鹰喙的鸱鸮科以及已灭绝的原鸮科。猫头鹰多栖息在偏僻的地方，即使是在空旷地带，它们也总是利用自己土色带斑点的羽毛伪装在周围的环境中，因此人们常听到它们的声音，却不容易看到它们。由于它们独特的夜行习性和怪异的叫声，猫头鹰曾被视为不祥的象征，可实际上这种鸟和其他夜行鸟类并无分别。

全球性鸟类：鸮形目鸟类的分布十分广泛，仓鸮是全球分布范围最广的动物。大部分猫头鹰栖息在林地和森林的边缘，但也有少数更喜欢没有树木的栖息地。

大角鸮长有独特的耳羽。这种大型猫头鹰居住在美洲的林地或者沙漠地区。它们以加拿大臭鼬等动物为食，是少数不会被条纹臭鼬的臭气熏倒的动物

回声定位：很多种类的猫头鹰2只耳朵的大小和形状并不一样。这种生理结构可以使之捕捉到2只耳朵中不同的回声之间的微妙差异，因此更准确地定位猎物。

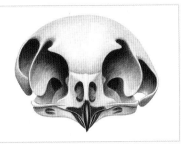

午夜猎手

猫头鹰是典型的夜行性动物，通常在午夜开始活动。前视的大眼睛使它们具有了立体视觉，可以很准确地判断距离的远近。同时它们的颈部可以旋转270°看到身后的景象。猫头鹰的眼球呈柱状，视网膜中视杆细胞丰富，在黑暗里仍然可以看清事物。另外它们的听觉系统也十分发达。

猫头鹰的喙呈钩形，非常锋利；脚部有力，脚尖长有利爪。它们站在树枝或岩礁上，时刻保持警惕，一旦发现地面毫无防备的哺乳动物或昆虫，就立刻俯冲下去抓住；它们也捕捉树上或者空中的猎物。

如果猎物的大小适中，猫头鹰会直接咬死猎物；如果是小猎物，它们会像鹦鹉一样用一只脚抓住猎物整个吞下；而如果猎物很大，它们就会用脚抓住猎物，用喙撕碎再吃。

有的猫头鹰长有一撮耳羽，会在受到刺激时竖起。而当猫头鹰受到惊吓时，它们会将身上的羽毛放平，尽量伪装在环境中。

大部分的雌猫头鹰都比雄鸟体形大，有的甚至是雄性的2倍大。猫头鹰幼鸟在会飞之前就要离巢，但它们的父母会抚养它们至其可自主觅食。

所有猫头鹰都会鸣叫，尤其是在繁殖期。很多猫头鹰便得名于其独特的叫声；少数甚至可以唱歌。

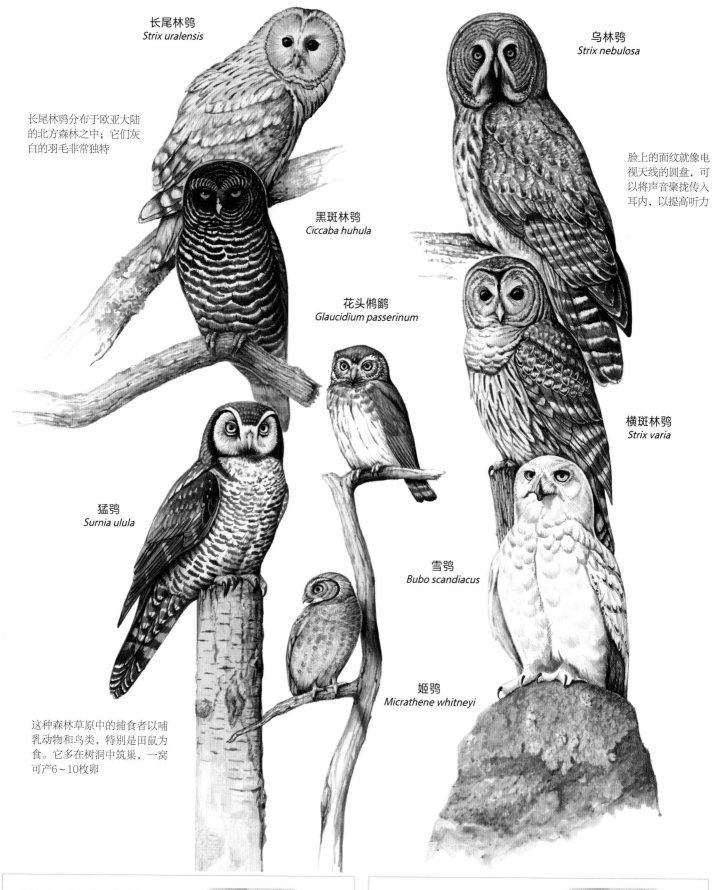

长尾林鸮
Strix uralensis

长尾林鸮分布于欧亚大陆的北方森林之中；它们灰白的羽毛非常独特

黑斑林鸮
Ciccaba huhula

乌林鸮
Strix nebulosa

脸上的面纹就像电视天线的圆盘，可以将声音聚拢传入耳内，以提高听力

花头鸺鹠
Glaucidium passerinum

横斑林鸮
Strix varia

猛鸮
Surnia ulula

这种森林草原中的捕食者以哺乳动物和鸟类，特别是田鼠为食。它多在树洞中筑巢，一窝可产6～10枚卵

雪鸮
Bubo scandiacus

姬鸮
Micrathene whitneyi

乌林鸮：这种大鸟有时会直接使用其他鸟类废弃的巢穴。在食物稀少的年份，乌林鸮可能几年都不产卵，而食物丰茂的年份，它们则可以一次产下多达9枚卵。

⤒70厘米
◖2～9枚
⫽雌雄相同
⦸不迁徙
⚡稀少

北美洲北部、欧亚大陆北部

雪鸮：雪鸮冬季会迁徙到温暖的南部湖岸、沼泽、沿海地带。它们多站在岩石或树枝上寻找猎物，捕猎对象包括无脊椎动物、小型哺乳动物和鸟类。

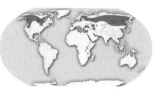

⤒70厘米
◖3～11枚
⫽雌雄不同
↻偶尔迁徙
⚡稀少

欧亚大陆北部、加拿大北部、北极圈

大雕鸮
Bubo virginianus

黄雕鸮
Bubo lacteus

热带角鸮
Megascops choliba

黄雕鸮是最大型的鸮，体形大小类似秃鹰，多生活在撒哈拉沙漠附近，以中型哺乳动物和大型鸟类为食

其中趾甲类似梳子，用于整理羽毛

眼镜鸮
Pulsatrix perspicillata

仓鸮
Tyto alba

短耳鸮的"耳朵"——其眼睛上方的对称耳羽是同类鸟中最短的。生活在开阔的野外，以小型哺乳动物为食

短耳鸮
Asio flammeus

鬼鸮
Aegolius funereus

长耳鸮
Asio otus

鬼鸮属于少数新大陆猫头鹰，脸上有不完整的面纹

穴小鸮
Athene cunicularia

棕榈鬼鸮
Aegolius acadicus

仓鸮：它们是地球上栖息地最广泛的鸟类之一。仓鸮经常捕捉草丛中或者山间高速公路上的啮齿动物。它们的听力超群，可以在完全黑暗的环境中只凭听力来捕猎。

↥44厘米
●4~7枚
∥雌雄相同
⊘不迁徙
⚡普遍

北美洲南部和南美洲、非洲撒哈拉以南、欧亚大陆西部至澳大利亚

棕榈鬼鸮：棕榈鬼鸮经常直接使用松鼠的窝来抚养后代。雄鸟负责捕捉小型哺乳动物、鸟类和无脊椎动物并递给雌鸟来喂给幼鸟。雌棕榈鬼鸮一般比雄鸟大、毛色更黑。

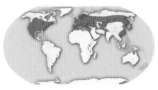

↥40厘米
●5~7枚
∥雌雄相同
↯偶尔迁徙
⚡栖息地内普遍

北美洲中部、南部，欧亚大陆温带西部至东部

夜鹰及其近亲

纲：	鸟纲
目：	夜鹰目
科：	5
属：	22
种：	118

夜鹰目的夜鹰和其近亲是猫头鹰的远亲，包括油鸱、蟆口鸱、林鸱、裸鼻鸱和夜鹰。和猫头鹰一样，它们也是夜行性动物。夜鹰目鸟类的羽毛柔软，无论在毛色还是图案上都非常接近它们生活环境中的树木和林地的颜色。夜鹰目鸟类的头部及眼睛较大，但和猫头鹰相比，眼睛位置相对偏两侧。它们的眼球也呈柱状，可以在较暗的情况下仍然看清楚物体。另外，它们的听觉也特别发达。

多样化的栖息地：油鸱只栖息在南美洲的热带洞穴中；林鸱栖息于中美洲和南美洲宽广的林地；蟆口鸱和裸鼻鸱生活在澳大利亚的树林或临近树林的地区；欧夜鹰则遍布于全球的温暖地区。

伪装大师

夜鹰及其近亲们虽然长相特殊，却非常善于伪装。例如它们可以伪装成枯树的一部分来迷惑敌人。

夜鹰目鸟类的嘴短宽，更利于捕捉昆虫。发达的嘴部鬃毛可以帮助它们将嘴边的食物（昆虫、果实等）兜入口中。

油鸱是油鸱科唯一的成员，长有扇形尾巴、长且宽的翅膀。它们生活在山洞中，可像蝙蝠一样靠回声定位来判断物体和方位。

蟆口鸱的长相十分怪异：它们长着又大又扁、羽毛蓬松的头部，却接着一个逐渐变细变小的身体。它们短且宽的喙像骨头一样硬，用于捕捉猎物。

林鸱和蟆口鸱很像，只是比它们的喙更小，喙边的鬃毛更少。它们会一边飞行一边捕食昆虫。

夜鹰科占这一目鸟类数量的一半左右。它们飞行敏捷，但腿脚却因为不常用而没什么力量。它们在受到威胁时会向敌人张开五颜六色的大嘴。

裸鼻鸱长相介于夜鹰和猫头鹰之间。它们宽扁的喙完全藏在鬃毛内。裸鼻鸱的腿更长，比同目中的所有鸟跑得都快。它们也和猫头鹰一样蹲守在枝头寻找猎物。

油鸱
Steatornis caripensis

油鸱是唯一一种以植物的果实为食的拟夜鹰鸟类，它们的主要食物是棕榈果实，会将硬壳种子吐出

茶色蟆口鸱
Podargus strigoides

茶色蟆口鸱一般静静地站在树梢等待，一旦发现猎物便会迅速飞扑下去

普通林鸱
Nyctibius griseus

斑毛腿夜鹰
Eurostopodus argus

在休息时会伪装成枯死的树枝状直竖在树干上，其羽毛图案使之完全隐蔽在环境中

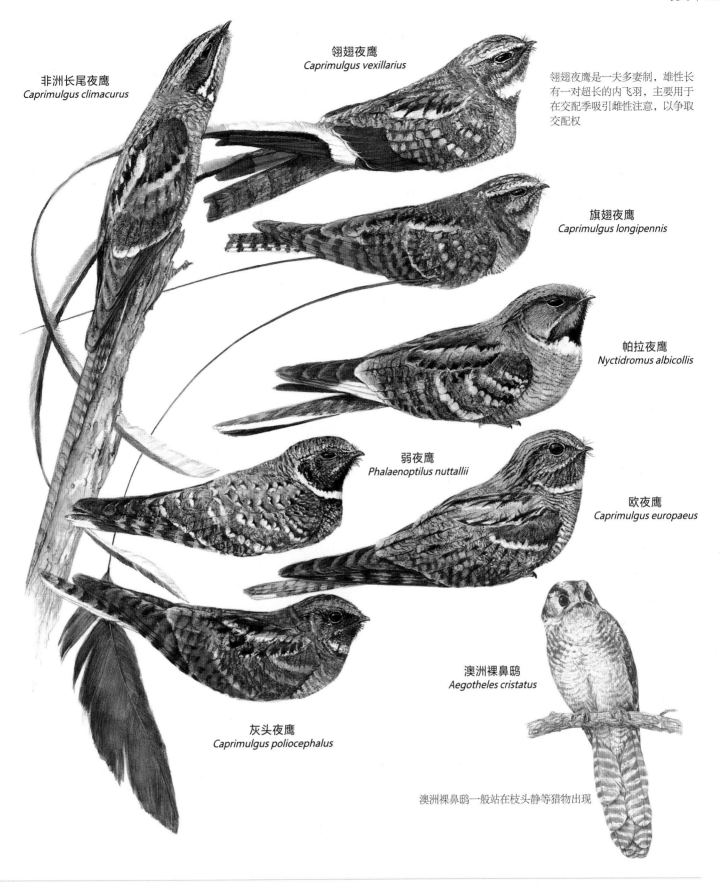

非洲长尾夜鹰
Caprimulgus climacurus

翎翅夜鹰
Caprimulgus vexillarius

翎翅夜鹰是一夫多妻制，雄性长有一对超长的内飞羽，主要用于在交配季吸引雌性注意，以争取交配权

旗翅夜鹰
Caprimulgus longipennis

帕拉夜鹰
Nyctidromus albicollis

弱夜鹰
Phalaenoptilus nuttallii

欧夜鹰
Caprimulgus europaeus

灰头夜鹰
Caprimulgus poliocephalus

澳洲裸鼻鸱
Aegotheles cristatus

澳洲裸鼻鸱一般站在枝头静等猎物出现

油鸱：油鸱多生活在山洞中，但也有一部分在沿海的岩石缝中筑巢。它们的窝的形状像个杯子，用反刍出来的果实和种子建成。它们会在空中盘旋，靠视觉和嗅觉来寻找果实和种子。

🐦50厘米
🥚1~4枚
⫽雌雄相同
⊘不迁徙
🔽栖息地内普遍

南美洲北部和西北部

茶色蟆口鸱：它们以地面的无脊椎动物、小型哺乳动物和啮齿动物为食，总是结伴或者全体家庭成员一起蹲守在枝头寻找猎物。发现任何危险征兆时，它们会飞进树里躲藏。

🐦53厘米
🥚1~3枚
⫽雌雄相同
⊘不迁徙
🔽普遍

澳大利亚大陆和塔斯马尼亚岛

欧夜鹰：它们将窝直接建在光滑的地面上。欧夜鹰并不是持续孵卵，因此它们的卵的表面带有伪装保护色。另外，欧夜鹰父母也会用特殊的表演来干扰敌人，转移敌人对它们的窝的追踪。

🐦28厘米
🥚1~2枚
⫽雌雄不同
🔄常年迁徙
🔽普遍

欧亚大陆中部和西部、非洲东南部和西部

蜂鸟和雨燕

| 纲：鸟纲 |
| 目：雨燕目 |
| 科：3 |
| 属：124 |
| 种：429 |

　　尽管同属雨燕目的蜂鸟和雨燕在外形上的差异非常大，但它们却有很多共同的生理特征，都由同一非常古老的祖先进化而来。例如，它们的翼骨与身体的相对长度基本一致；同时它们振翅的频率和飞行特征也基本相同。蜂鸟极为小巧，长有艳丽的羽毛并可以在空中驻停。蜂鸟的平均体重只有83克，其中吸蜜蜂鸟的体重仅为2.5克，是世界上最小的鸟。雨燕的体形相对大一些，是飞行速度最快的鸟类之一。

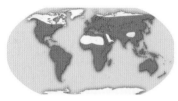

普遍分布：雨燕分布广泛，但绝大多数集中在热带地区。蜂鸟是新大陆鸟类，多栖息在热带。

飞行能手

　　雨燕的大部分时间都在空中飞行。窄且向后倾斜的翅膀可以帮助它们很轻松地捕捉到飞行的昆虫，特别是蜉蝣和飞蚁；它们也吃蜜蜂和黄蜂。有些雨燕冬季时需要翻山越岭地长途迁徙到温暖的南半球过冬。

　　雨燕的羽毛多为黑色等暗色调，腿短，长有锋利的爪。有些穴居的金丝燕栖息在完全黑暗的洞穴深处，是少数靠回声定位生活的鸟类之一。

　　蜂鸟的喙又长又尖，可以伸进花朵内吮吸花蜜。蜂鸟吮吸花蜜时会靠振翅驻停在花蕊前，用狭窄、末端有分叉的舌头舔食花粉和花蜜。另外蜂鸟也会吃昆虫来补充蛋白质。

　　雨燕和蜂鸟都非常善于节省体力以减少自身能量消耗，它们在休息时会自动降低新陈代谢的频率和体温。

边飞行边捕食：蜂鸟可以一边在空中振翅一边吮吸花蜜（左图）。它们的翅膀可以完全向前或向后扇动，因此它们可以朝任意方向飞行。另外，它们宽大的尾巴能起到很好的协调平衡作用。

小雨燕的尾巴呈方形，尾部上方有一块白色羽毛，是其与其他雨燕最大的区别。它们居住在非洲和亚洲的西南部，多在高地觅食

小须凤头雨燕
Hemiprocne comata

小雨燕
Apus affinis

高山雨燕
Apus melba

小须凤头雨燕在森林高树的开放枝杈上建筑半浅碟状的巢，用唾液将羽毛和树皮粘在一起。它们一般一次只产一枚蛋，幼鸟和成鸟毛色基本一致

高山雨燕在南欧亚大陆的高纬度地区繁殖后代，在温暖的非洲和印度过冬。它们甚至可以在迁徙途中一边飞行一边睡觉

灰腰雨燕
Hemiprocne longipennis

灰腰雨燕经常停在树冠的顶枝上，当有昆虫出现时立刻起飞捕捉。它们的头顶多长有羽冠，脸颊两侧长有胡须状白色条纹

普通雨燕
Apus apus

棕雨燕（亚洲亚种）
Cypsiurus balasiensis

普通雨燕广泛生活在欧亚大陆，也最为人们所熟知。它们多在人类的建筑物中筑巢，冬季会迁徙到北非近赤道地区过冬

棕雨燕（非洲亚种）
Cypsiurus parvus

烟囱雨燕
Chaetura pelagica

棕雨燕的尾巴呈长叉形，翅膀呈锥形，是所有雨燕中身体流线最好的。它们绝大多数时间在棕榈树上栖息、筑巢

普通雨燕： 大部分时间普通雨燕会成群飞行在城市和乡村的上空，因此人们很容易听到它们叽叽喳喳的叫声。普通雨燕父母共同抚养幼鸟，直至2个月后幼燕能够独立生活。

📏17厘米
🥚1～4枚
⚥雌雄相同
🔄常年迁徙
普遍

欧亚大陆西部和中部、非洲南部

烟囱雨燕： 烟囱雨燕飞行时会发出高分贝的叫声。虽然它们经常混在燕子群中飞行，与燕子长相也相似，却没有近亲血缘。

📏13厘米
🥚2～7枚
⚥雌雄相同
🔄常年迁徙
普遍

北美洲东部、南美洲西北部

棕雨燕（非洲亚种）： 它们的窝非常小，用粘在树叶上的植物种子做垫子，之后雌燕将1～2枚蛋用自己的唾液粘在窝上，棕雨燕父母则竖着身体孵蛋。

📏16厘米
🥚2枚
⚥雌雄相同
🚫不迁徙
栖息地内普遍

非洲撒哈拉沙漠以南的大部分地区、马达加斯加

蓝翅大蜂鸟
Pterophanes cyanopterus

赤叉尾蜂鸟
Topaza pella

巨蜂鸟
Patagona gigas

领星额蜂鸟生活在南美
洲安第斯山脉北部的云
雾林高处。其拥有蓝色
顶羽、白色胸羽和白色
侧尾羽

领星额蜂鸟
Coeligena torquata

剑嘴蜂鸟
Ensifera ensifera

绿背火冠蜂鸟
Sephanoides sephaniodes

黄翅星额蜂鸟翅膀上浅黄
色的羽毛是北安第斯山脉
蜂鸟的特色标志

黄翅星额蜂鸟
Coeligena lutetiae

白尾尖镰嘴蜂鸟
Eutoxeres aquila

黑喉芒果蜂鸟
Anthracothorax nigricollis

白尾尖镰嘴蜂鸟是一妻多夫制，雌鸟负责在树叶的背面或细枝
处搭建圆锥形下垂的窝，然后从众多雄鸟中选择交配对象

赤叉尾蜂鸟：这种极其漂亮的蜂鸟是体
形第二大的蜂鸟。它们栖息在亚马孙流
域的森林树冠处。雄鸟的长尾羽会长过
尾翼，并在一半处交叉。

⬆22厘米
● 2枚
⚥ 雌雄不同
⊘ 不迁徙
⬇ 栖息地内普遍

南美洲北部

巨蜂鸟：是体形最大的蜂鸟，体形与大雨燕大
小相似，羽毛多为褐色，比任何一种蜂鸟的羽
毛颜色都要暗淡。它们也长有长喙和叉形舌。

⬆23厘米
● 1～2枚
⚥ 雌雄不同
⊘ 不迁徙
⬇ 栖息地内普遍

南美洲安第斯山脉西部

剑嘴蜂鸟：剑嘴蜂鸟的喙比它的身体还要
长，喙和身长的比例是所有蜂鸟中最大
的。剑嘴蜂鸟的长喙已经完全适应了它的
主要食源——西番莲花的长花冠结构。

⬆23厘米
● 未知
⚥ 雌雄不同
⊘ 不迁徙
⬇ 栖息地内普遍

南美洲安第斯山脉西北部

尖端上翘的长喙可以深入花蕊中吸蜜，弯曲、分叉的舌头可以伸出嘴外，直达花蕊根部舔食花蜜，靠毛细作用让液体上升，而后存储在舌头上微小的凹槽中

翘嘴蜂鸟
Avocettula recurvirostris

紫喉蜂鸟
Eulampis jugularis

雌雄紫喉蜂鸟的羽毛颜色没有区别。每只雄蜂鸟都会占据一个花丛领地长达一年，而雌鸟只有在非繁殖期时才会这样做

极乐冠蜂鸟
Lophornis chalybeus

叉尾妍蜂鸟
Thalurania furcata

叉尾妍蜂鸟是典型的叉尾蜂鸟，广泛分布于南美洲北部的雨林之中

金喉红顶蜂鸟
Chrysolampis mosquitus

纹颈冠蜂鸟
Lophornis magnificus

金喉红顶蜂鸟以其绚丽的金色颈部斑纹为标志。彩虹色的羽毛是其羽枝中血小板的物理结构造成的

绿喉蜂鸟
Eulampis holosericeus

扇尾蜂鸟
Discosura longicaudus

很多蜂鸟都长有这种末端为球拍形的尾羽，这样的尾羽对调整飞行姿态起着非常重要的作用

紫喉蜂鸟： 这种蜂鸟生活在小安的列斯群岛上的高海拔森林和其他多种栖息地内。它们会用地衣伪装自己杯子形状的巢。紫喉蜂鸟雌鸟的喙比雄鸟的长，也更弯曲。

🕊12厘米
🥚2枚
╱╱雌雄相同
⊘不迁徙
🏚栖息地内普遍

小安的列斯群岛

极乐冠蜂鸟： 极乐冠蜂鸟栖息在潮湿森林和被灌木丛覆盖区域，常被发现于安第斯山脉东侧的哥伦比亚至阿根廷段低地地区，那里的最高海拔为1000米。

🕊8.5厘米
🥚2枚
╱╱雌雄不同
⊘不迁徙
⚡缺乏数据

南美洲西北部

绿喉蜂鸟： 绿喉蜂鸟的羽毛主要为绿色，黑色的喙细且弯曲。它们多栖息在低纬度的干旱地带，但也可以生活在高纬度的红树林中。有时会把巢搭建在高枝上。

🕊13厘米
🥚2枚
╱╱雌雄相同
～栖息地内游牧式
🏚栖息地内普遍

波多黎各东部、小安的列斯群岛、格林纳达

独特的飞行方式

大部分鸟类只能向前飞，但蜂鸟可以向前、向后、向左右或直上直下地飞行，甚至可以在不转身的情况下改变飞行方向，这要归功于它们独特的生理结构——蜂鸟的翅膀可以旋转180°。为了保持在空中悬停，它们的翅膀每秒最多可以振动90次。另外，蜂鸟还可以随时加速或者停止飞行。它们的整个翅膀上长满飞羽，胸骨也非常结实。

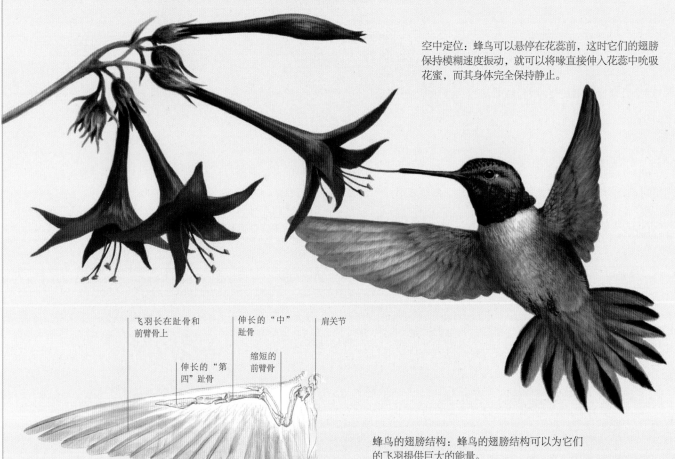

空中定位：蜂鸟可以悬停在花蕊前，这时它们的翅膀保持模糊速度振动，就可以将喙直接伸入花蕊中吮吸花蜜，而其身体完全保持静止。

飞羽长在趾骨和前臂骨上　　伸长的"中"趾骨　　肩关节

伸长的"第四"趾骨　　缩短的前臂骨

蜂鸟的翅膀结构：蜂鸟的翅膀结构可以为它们的飞羽提供巨大的能量。

飞行

向前飞：蜂鸟的翅膀上下振动以推动自己向前飞。

悬停：蜂鸟按照"8"字形快速扇动翅膀来保证在空中悬停。

向上飞：蜂鸟上下扇动翅膀，以实现垂直上升。

向后飞：蜂鸟在自己脑后下方扇动翅膀以向后飞。

鼠鸟

纲：	鸟纲
目：	鼠鸟目
科：	鼠鸟科
属：	2
种：	6

鼠鸟喜欢在树枝上攀爬，爬行的动作很像老鼠，它们也因此得名。有时它们会倒悬在树枝上，将长尾巴高高竖起。鼠鸟是食草动物，以野生或种植的植物果实和芽叶为食，因此被园丁和农夫视为有害物种。它们把巢建在灌木丛中，如被迫弃巢，亲鸟有时会吃掉幼鸟。鼠鸟不喜雨水和寒冷，会为了御寒蜷缩在一起，有时会蛰伏。它们的羽毛会不定期换颜色，尾羽很长。

分布：鼠鸟广泛分布于非洲大陆，包括干旱的灌丛林、森林边缘，以及撒哈拉沙漠南部。

特殊的脚趾：鼠鸟的脚上有两个独特的趾，既可向前又可向后，有助于它们在植物上攀缘悬挂。

白头鼠鸟
Colius leucocephalus

斑鼠鸟
Colius striatus

白头鼠鸟是南非好望角附近特有的鸟类，它们非常小巧，以家庭方式群居

分布于热带和非洲东部；斑鼠鸟是一夫一妻制，但群体中的其他夫妇会互相帮助抚养幼鸟

咬鹃

纲：	鸟纲
目：	咬鹃目
科：	咬鹃科
属：	6
种：	39

咬鹃毛色艳丽，其中最为人熟知的就是凤尾绿咬鹃，它是危地马拉的国鸟，被阿兹特克人视为羽蛇神的化身。雌咬鹃一般比雄咬鹃毛色晦暗，亚洲种的雌咬鹃毛色尤其单调。咬鹃是神秘的陆生鸟类，一般站在高枝上寻找昆虫和小蜥蜴等猎物，有些种类也吃植物果实。雄咬鹃的求偶仪式有时也包括在树丛之间相互追逐。

泛热带"美人"：咬鹃是森林居民，完全树栖，广泛分布于几大洲的热带地区，栖息于热带雨林和季风灌木林地中。

凤尾绿咬鹃
Pharomachrus mocinno

凤尾绿咬鹃和小鸡差不多大，栖息在中美洲热带雨林安静山地的树冠上。雌鸟一般比雄鸟尾巴更短、羽毛颜色也更暗

白尾美洲咬鹃
Trogon viridis

绿颊咬鹃
Apaloderma narina

红头咬鹃
Harpactes erythrocephalus

翠鸟及其近亲

纲：	鸟纲
目：	佛法僧目
科：	11
属：	51
种：	209

翠鸟及其近亲包括短尾鸫、翠鴗、蜂虎、佛法僧、犀鸟、戴胜、林戴胜等，它们看起来各有不同，但生理结构和生活习性十分相近。佛法僧目鸟类的脚都较小，3根向前的脚趾骨融合在了一起；它们还具有相同的耳骨结构及卵蛋白质成分。这一目的许多鸟都长有色彩艳丽的羽毛，用喙在土壤中或者腐烂的枯树上钻洞做窝。翠鸟的腿很短，长有又大又直又长的喙，尖端十分锋利或略微带钩；前一种喙形有助翠鸟捕捉鱼等猎物，后一种可以更好地夹住并且压碎猎物。

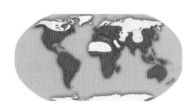

水域和森林： 翠鸟及其近亲遍布全球各种水域和森林地带的栖息地，主要集中在非洲和东南亚；地鴗只生活在马达加斯加岛上；不捕鱼的翠鸟类鸟则更喜欢热带雨林和森林。

不同的生活习性

大部分翠鸟食物以鱼类为主，也吃甲壳类动物、昆虫和小型蛙类等。翠鸟的典型狩猎方法是站在高枝上静静观察四周的情况，一旦发现可进攻的目标就立刻俯冲下去，用喙叼住猎物，并把猎物带回树枝上。然后它们把猎物放在树枝上用喙不停地啄以制伏猎物，最后才开始享用美味。

有些翠鸟的食物非常特殊，因此需要更多的捕猎技巧。例如以地虫为食的翠鸟就需要学会挖土。

短尾鸫是佛法僧目最小的鸟类，喙平直，以叶背面的昆虫为食，有时也会捕食空中的昆虫。

蜂虎吃带刺的昆虫。它们会先将昆虫的刺挤出来弄掉，然后将其吞下。

捕鱼能手： 典型的翠鸟的喙长且直，尖端十分锋利或略微带钩，占全身的比例非常大。大部分翠鸟的捕食范围都很广，既吃鱼也吃昆虫。

大鱼狗
Megaceryle maxima

大鱼狗是这一目体形最大的鸟类，和家鸡一般大小，它的突出特点就是其长且粗大的喙，大鱼狗广泛分布在撒哈拉沙漠以南地区

斑鱼狗
Ceryle rudis

广泛分布在撒哈拉沙漠以南地区和亚洲南部。它们多栖息在河湖等水域，从高处俯冲入水捕鱼

尾巴较短，呈V形，是许多翠鸟的特点

白腹鱼狗
Megaceryle alcyon

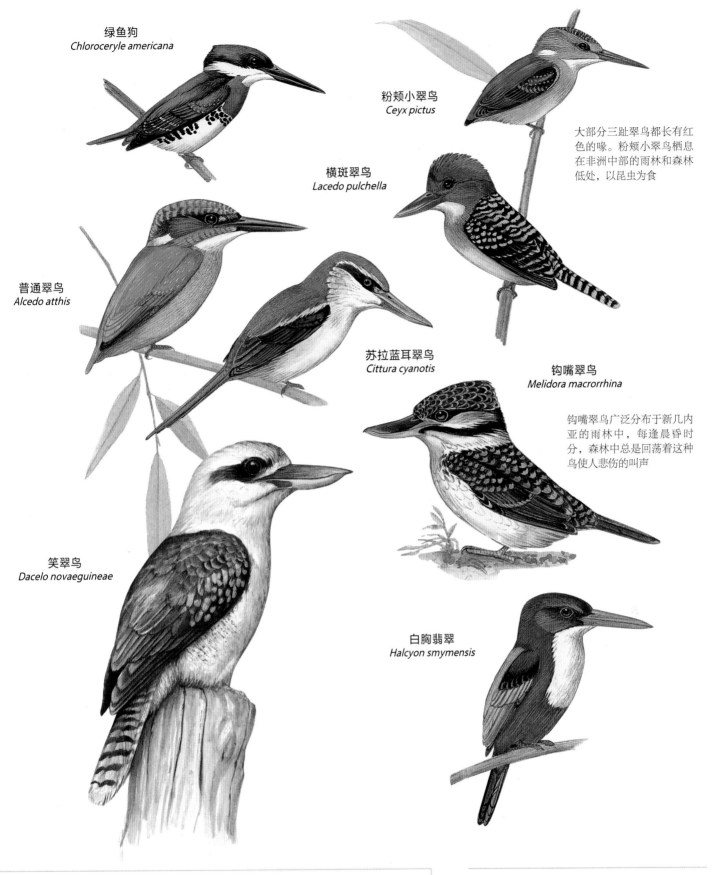

绿鱼狗
Chloroceryle americana

粉颊小翠鸟
Ceyx pictus

大部分三趾翠鸟都长有红色的喙。粉颊小翠鸟栖息在非洲中部的雨林和森林低处，以昆虫为食

横斑翠鸟
Lacedo pulchella

普通翠鸟
Alcedo atthis

苏拉蓝耳翠鸟
Cittura cyanotis

钩嘴翠鸟
Melidora macrorrhina

钩嘴翠鸟广泛分布于新几内亚的雨林中，每逢晨昏时分，森林中总是回荡着这种鸟使人悲伤的叫声

笑翠鸟
Dacelo novaeguineae

白胸翡翠
Halcyon smymensis

普通翠鸟：普通翠鸟上半身的羽毛会根据折射光线的变化呈现艳丽的蓝色或者祖母绿色。它们贴着水面飞行，在河岸的地下道内筑巢。

🏊16厘米
🥚4～10枚
⚥雌雄相同
🔄偶尔迁徙
⚡普遍

北非、欧洲大部分地区、西亚、东南亚大部分地区、美拉尼西亚

笑翠鸟：这种鸟大叫的声音特别像人的笑声并因此得名。它们在树洞中筑巢，有时也会借用废弃的蚁穴。幼鸟大约出生1个月就必须离巢独立。

🏊43厘米
🥚1～4枚
⚥雌雄相同
⊘不迁徙
⚡普遍

澳大利亚东部；被引进澳大利亚西南部、塔斯马尼亚岛

杂色短尾鸼
Todus multicolor

所有短尾鸼都长有直且短的尾巴和相同的羽毛图案，只有杂色短尾鸼的脸颊两侧毛色为浅蓝色

赤须夜蜂虎
Nyctyornis amictus

雄鸟

赤须夜蜂虎生活在东南亚的热带雨林中。它在树枝高权上觅食，但在地面挖洞筑巢

蓝顶翠鸼
Momotus momota

所有翠鸼的尾尖都有球拍状的尾羽，但只有蓝顶翠鸼长有蓝色羽冠，胸部羽毛为锈色

蓝腹佛法僧
Coracias cyanogaster

黄喉蜂虎
Merops apiaster

洋红蜂虎
Merops nubicus

三宝鸟一般优雅地站在突出的高树枝头，搜寻空中的昆虫。栖息在亚洲东部和澳大利亚的三宝鸟会迁徙，其他生活在热带地区的三宝鸟则为留鸟

三宝鸟
Eurystomus orientalis

蓝胸佛法僧
Coracias garrulus

与其他大部分蜂虎一样，洋红蜂虎在求偶期会长出长长的中尾羽。它们成群栖息在撒哈拉沙漠的干旱地区，在地面挖洞筑巢，多在雨季交配繁殖

杂色短尾鸼： 所有5种短尾鸼都生活在西印度群岛，以叶子背面的昆虫为食，通过弧状飞行捕捉猎物，在地洞中筑巢。

🐦 11厘米
🥚 3~4枚
▱ 雌雄相同
⊘ 不迁徙
🌿 栖息地内普遍

古巴岛、青年岛

三宝鸟： 它们的翅膀上长有白色圆点图案，非常像美元硬币，这也是其英文名"美元鸟"的由来。它们主要捕食空中的昆虫。

🐦 32厘米
🥚 3~5枚
▱ 雌雄相同
↕ 偶尔迁徙
🌿 普遍

亚洲南部和东南部至澳大利亚东部和美拉尼西亚北部

洋红蜂虎： 一个洋红蜂虎群可以包括1000多对红蜂虎，它们一般站在大型哺乳动物的背上，等待捕捉昆虫。每年红蜂虎群会花大量时间往返于两个栖息地之间。

🐦 27厘米
🥚 2~5枚
▱ 雌雄不同
↻ 常年迁徙
🌿 普遍

撒哈拉沙漠南部和非洲中南部

长尾地三宝鸟
Uratelornis chimaera

戴胜
Upupa epops

栗头地三宝鸟
Atelornis crossleyi

当鹃三宝鸟在马达加斯加岛的森林上空飞翔时，会发出口哨般的鸣叫或咯咯的叫声；它们的叫声是马岛著名的特色之一

鹃三宝鸟
Leptosomus discolor

雄鸟

绿林戴胜
Phoeniculus purpureus

雄鸟

红嘴弯嘴犀鸟
Tockus erythrorhynchus

地犀鸟
Bucorvus abyssinicus

雄鸟

地犀鸟在陆地上觅食，它们多结伴或成小群活动，以脊椎动物和无脊椎动物为食

双角犀鸟
Buceros bicornis

双角犀鸟为一夫一妻制的陆生鸟类，在雨林中高大树木的天然树洞中筑巢。孵卵期它们会用泥巴封住树洞入口，但在洞口留一个小孔，以便雄鸟给雌鸟和幼鸟喂食，封洞时间可达100天

双角犀鸟：双角犀鸟的上喙根部长有一个大且宽的盔突。雌雄双角犀鸟的喙、眼睛和环眼睛一圈的颜色都不相同。它们以植物果实、种子、大型昆虫、小型爬行动物、鼠类为食。

⤒ 1.1米
● 1～4枚
⚥ 雌雄不同
⊘ 不迁徙
▦ 罕见

印度西部和喜马拉雅山至亚洲东南部、苏门答腊岛

洞穴筑巢：戴胜在洞穴中筑巢，有些洞穴会被反复利用。刚出生的幼鸟由雌鸟照顾，随后就由父母共同抚养。和戴胜关系最密切的犀鸟同样在天然的洞穴中筑巢。在小犀鸟出生后，雄犀鸟就将洞口堵死，把雌鸟和幼鸟完全封闭在洞穴中长达数月。雄犀鸟会负责全家的食物，并通过洞口留下的孔洞给雌犀鸟和幼鸟喂食。

啄木鸟及其近亲

| 纲：鸟纲 |
| 目：䴕形目 |
| 科：6 |
| 属：68 |
| 种：398 |

䴕形目包括啄木鸟、响蜜䴕、鹟䴕、蓬头䴕、须䴕、鹦鹎6科。这些鸟长相各异，却拥有一些相同的解剖学特征，例如它们都是对趾鸟，2个脚趾向前，2个脚趾向后；并且它们都缺少绒羽，卵为纯白色。大部分䴕形目鸟羽色鲜艳，有的甚至十分华丽。它们大多生活在热带森林，在树洞中筑巢或者使用蚁丘，甚至直接在地面上搭窝。啄木鸟和须䴕自己在树上开凿树洞，而它们废弃的树洞又会成为其他鸟的窝。人们经常在大城市中发现啄木鸟的身影，它们会频繁光顾人工喂鸟站。

分布广泛：啄木鸟生活在各种森林中；鹟䴕、蓬头䴕和鹦鹎生活在新大陆的热带地区；响蜜䴕集中在非洲；须䴕的身影则遍布全球。

斑蓬头䴕
Bucco tamatia

黑䴕
Monasa atra

黑䴕黑色的羽毛、红喙和更细小的身形，使之与其他蓬头䴕科鸟类区别开来

红黄拟䴕
Trachyphonus erythrocephalus

红黄拟䴕生活在东非中部开阔的林地或沿河栖息地。它们成群在树上和地面上寻找果实和昆虫为食

棕尾鹟䴕
Galbula ruficauda

雄棕尾鹟䴕的喉部羽毛为白色，雌鹟䴕的为红褐间黄色

雄鸟

蓝喉拟䴕
Psilopogon asiaticus

黑腹鹟䴕
Galbula dea

黑腹鹟䴕胸部和背部的羽毛均为蓝绿色

大多数生活在东南亚的须䴕科鸟的羽毛都与它们栖息的森林环境颜色相似为绿色

䴕形目鸟的特征

人们一般是听到啄木鸟啄木的声音后才会发现它们。啄木鸟用坚硬的锥形喙啄开树皮来寻找昆虫，它们坚硬的头骨上紧密包裹着一层肌肉，可有效减轻啄木给头部带来的震荡。啄木鸟可用锋利的脚趾抓住树干，依靠坚硬的尾羽支撑身体站立在垂直的树干上。这种鸟多跳着走路。

鹦鹎长有漂亮的长喙，长度可达身长的1/3甚至更多。但鹦鹎的毛色偏暗，因此当它们站在枝叶之间时可以完全伪装于环境中。鹦鹎和须䴕都以果实为食。须䴕羽毛的颜色和图案都非常亮丽，它们的喙比啄木鸟的要短粗，但没有啄木鸟的坚硬，上面常有啄木的划痕。

鹟䴕和蓬头䴕都在空中捕食昆虫。它们也是自己在地面挖洞造窝。有些鹟䴕和蓬头䴕甚至会用树枝遮盖洞口。蓬头䴕并不显眼，也不活跃。

响蜜䴕吃蜂蜡和昆虫。有一种响蜜䴕可以引导人类找到蜂巢。

有些䴕形目鸟喜欢独居，而有些像黑䴕和蓬头䴕则成群居住，它们之间还会杂交。生活在非洲的须䴕可以上百对栖息在同一株枯死的大树上。黑喉响蜜䴕同杜鹃一样是巢寄生鸟类，它们在每个宿主的窝里产一枚蛋。

须䴕的叫声非常嘹亮，有的须䴕可以长时间不停地以同一频率高声鸣叫，因此又有"头痛鸟"的别称。啄木鸟是所有䴕形目鸟中啄木的节奏最像打鼓声的。啄木鸟的叫声和羽毛图案会因品种的不同而不同。

黄腰响蜜䴕
Indicator xanthonotus

黑喉响蜜䴕
Indicator indicator

这种生活在喜马拉雅地区的鸟是2种生活在非洲以外地区的响蜜䴕科鸟之一

北非响蜜䴕
Indicator minor

北非响蜜䴕体形小巧，羽毛呈灰绿色，但尾巴两侧有2道明显的白色。蜜蜡是它们最爱的大餐

黑颈簇舌巨嘴鸟
Pteroglossus aracari

曲冠簇舌巨嘴鸟
Pteroglossus beauharnaisii

绿巨嘴鸟
Aulacorhynchus prasinus

灰胸山巨嘴鸟
Andigena hypoglauca

巨嘴鸟
Ramphastos toco

栖息在安第斯山脉北部的山地雨林中；其带条纹的喙非常独特

凹嘴巨嘴鸟
Ramphastos vitellinus

当巨嘴鸟鸣叫或栖息在树枝上时，它们的尾巴可能会翘起

脚趾2个向前、2个向后，便于更好地在树枝间攀爬，但不适于奔跑

黑色的喙和胸前的大片深红色羽毛是凹嘴巨嘴鸟的标志，栖息在南美热带雨林的低地中，以棕榈果、水果和昆虫为食。它们会直接张嘴喝雨水或从凤梨科植物的果实中获得水分

黑喉响蜜䴕：黑喉响蜜䴕会带领人类发现树林中的野生蜂巢。人类在收获了蜂巢中的蜂蜜后，会将蜂巢的剩余部分留给黑喉响蜜䴕，这种鸟尤其喜欢吃蜂蜡。

🐦 20厘米
🥚 最多5枚
⚥ 雌雄相同
🚫 不迁徙
📉 普遍

撒哈拉以南的非洲地区（不包括刚果盆地和非洲西南部）

北非响蜜䴕：和其他响蜜䴕一样，北非响蜜䴕也是巢寄生鸟类。当北非响蜜䴕幼鸟孵化出来后，就会用喙啄死寄主的孩子并把尸体扔出鸟巢，或者将还没有孵化的卵直接打碎。

🐦 16厘米
🥚 共2~4枚
⚥ 雌雄相同
🚫 不迁徙
📉 栖息地内普遍

撒哈拉以南的非洲地区（不包括刚果盆地和非洲西南部）

绿巨嘴鸟：雌雄绿巨嘴鸟尽管在羽毛颜色上没有差异，但雄鸟的体形略大于雌鸟。绿巨嘴鸟有时直接用其他鸟类废弃的树洞，有时亲自啄洞。

🐦 37厘米
🥚 1~5枚
⚥ 雌雄相同
🚫 不迁徙
📉 栖息地内普遍

墨西哥、南美洲中部和西北部

橡树啄木鸟
Melanerpes formicivorus

这种鸟会在树洞中贮存过冬的坚果，并因此得名

蚁䴕
Jynx torquilla

蚁䴕是3种有迁徙行为的䴕形目鸟类之一，它们的羽毛柔软，图案神秘

蚁䴕主要以蚂蚁为食，弯曲的硬喙可以轻松啄开蚁穴

白色的臀部羽毛是橡树啄木鸟特有的标志

灰啄木鸟
Chloropicus goertae

黄腹吸汁啄木鸟
Sphyrapicus varius

灰啄木鸟以树干中的蚂蚁、白蚁和其他昆虫为食

红头啄木鸟
Melanerpes erythrocephalus

红头啄木鸟以森林中的昆虫和种子为食，它们也在洞穴或岩缝中贮存坚果和种子作为过冬食物

金尾啄木鸟
Campethera abingoni

巽他啄木鸟生活在森林地带，以树木中的蚂蚁和其他昆虫为食

巽他啄木鸟
Yungipicus moluccensis

地啄木鸟
Geocolaptes olivaceus

橡树啄木鸟： 常见于橡树林中，以昆虫（从树干中啄孔捕食）和橡树种子为食。它们的社会性非常高，经常进行群体活动，叫声很像有节奏的笑声。

⌐ 23厘米
● 4～6枚
∥ 雌雄相同
↻ 不迁徙
↓ 普遍

北美洲西部至南美洲西北部

黄腹吸汁啄木鸟： 雌雄黄腹吸汁啄木鸟喉部羽毛的颜色和图案各不相同。它们啄木的声音非常特殊，在连续的"击鼓声"中夹杂着或快或慢的重击声。

⌐ 21厘米
● 4～7枚
∥ 雌雄不同
↻ 常年迁徙
↓ 普遍

北美洲中北部至东南部、中美洲

地啄木鸟： 这种鸟在地面觅食，非常善于用喙从蚁穴的缝隙中将蚂蚁啄出来。地啄木鸟的巢也建筑在地面上，一般由雄鸟负责挖建可达1米长的地洞。

⌐ 30厘米
● 2～5枚
∥ 雌雄相同
↻ 不迁徙
↓ 栖息地内普遍

南非开普敦省至德瓦士兰省和纳塔尔省

黑啄木鸟
Dryocopus martius

栗啄木鸟
Micropternus brachyurus

淡黄冠啄木鸟
Celeus flavescens

淡黄冠啄木鸟头部的羽毛为黄色，两颊为红色，背部羽毛夹杂着金色斑纹；栖息在南美洲中东部的森林草原地带

北美黑啄木鸟
Dryocopus pileatus

小金背啄木鸟
Dinopium benghalense

大黄冠啄木鸟
Chrysophlegma flavinucha

小金背啄木鸟栖息在印度的大部分林地，以树上的蚂蚁和其他昆虫为食

这种广泛分布于欧亚大陆的啄木鸟与欧洲绿啄木鸟的习性相似

坚硬的锥形尾羽可支撑其站立在垂直的树干上以便于觅食

灰头绿啄木鸟
Picus canus

欧洲绿啄木鸟
Picus viridis

栗啄木鸟：栗啄木鸟常见于城市的花园中。它们有一个独特的习性，在树木的中部挖洞筑巢，这样它们就可以就近取食了。

🐦 25厘米
🥚 2~3枚
🖋 雌雄相同
⊘ 不迁徙
↘ 普遍
▩ ❋

亚洲南部和东南部至加里曼丹和苏门答腊岛

北美黑啄木鸟：这种鸟广泛分布于世界各地，它们的适应性极强，甚至可以在人类的摩天大楼上生活。北美黑啄木鸟主要以蚂蚁为食，用它们长有皱褶且黏液丰富的舌头从腐烂的树木和倒下的树干中寻找食物。

🐦 46厘米
🥚 2~6枚
🖋 雌雄不同
⊘ 不迁徙
↘ 罕见
▩ ▲

北美洲中西部和东部

欧洲绿啄木鸟：它们的飞行方式非常特殊：振翅（3次或4次）与合拢翅膀交替进行。它们一次最多可以产卵11枚。

陆栖：欧洲的绿啄木鸟主要在地面上觅食。

雀形目鸟

纲：	鸟纲
目：	雀形目
科：	96
属：	1218
种：	5754

雀形目是鸟纲中最大的一目，包括5700多种鸟；与这一数字相反，雀形目下属的科并不多，也就是说，同一属的鸟类数量非常多。这也充分说明了雀形目鸟进化的成功性。雀形目鸟类由7500万年前的冈瓦纳古陆地带的动物进化而来，具有非常强的适应能力，可以生活于除南极洲以外的各个大洲。雀形目鸟长有独特的雀腔型头骨、鸣管结构复杂，脚细弱，它们也被称作枝头鸟或鸣禽。

欧亚鸲：为了躲避冬季欧亚大陆和西西伯利亚的严寒，欧亚鸲会迁徙到英国和欧洲北部过冬。

繁育时间：很多雀形目鸟为了保证交配和哺育后代（下图），都要迁徙到温暖且食物更充沛的地方。

高超的歌者

雀形目均为中、小型鸟类，但不同科属之间在大小、形态和羽毛颜色（从暗淡到艳丽）等方面差异巨大。

雀形目鸟的4个脚趾中3个向前，1个向后；但这4个脚趾却与其他鸟类的不同，均位于同一平面上。这样的结构使得它们可以更加灵活地抓住树枝、灌木、草叶等。

大部分雀形目鸟的翅膀呈锥形，可以帮助它们快速起飞并让它们具有灵活的空中机动性，便于它们捕捉猎物、躲避敌人的追捕；缺点是没有办法帮助它们保持高速飞行。

绝大多数雀形目鸟都是鸣禽。哺乳动物发声靠喉咙，鸟类则靠鸣管。鸣管位于气管的根部，包括2个气囊，靠多达6对肌肉来调控3个有弹性的振动膜的松紧程度。鸟类用气管、锁骨间的气囊和嘴共同发出声音。而雀形目鸟的2个鸣管气囊可以同时产生2种完全不同的音调，因此大部分的雀形目鸟可以自己实现二重唱。

雀形目鸟中也有相当数量的鸟缺少控制鸣管用的肌肉，因此只能重复简单的曲调。包括生活在旧大陆热带的八色鸫和阔嘴鸟，以及生活在中美洲和南美洲的灶鸟、蚁鸟、霸鹟和伞鸟。

过去，因为外形相似，这一目中的很多不同科属的鸟类被错误地归在一起。不同科属的雀形目鸟之所以会有很大的形态相似性，是因为它们适应了相同的栖息环境，但它们之间并不存在基因上的共同性；例如生活在澳大利亚的鹪鹩与生活在北半球的鹪鹩并不存在相近的亲缘关系。

大部分雀形目鸟吃植物或昆虫，或者两者都吃。在交配哺育期，成鸟和幼鸟都需要补充大量的蛋白质。

另外，大部分雀形目鸟都是一夫一妻制，而且由父母双方共同承担抚育后代的责任，不过雌鸟承担得相对更多一些。

季节性迁徙：寿带鸟（左图）冬季必须迁徙到亚洲的热带地区。图中这只雄寿带鸟正全神贯注地守卫着自己的巢。

美丽的羽毛：华丽琴鸟（下图）是澳洲本土最著名的鸟类，因其华丽的羽毛而被人们熟知。琴鸟不擅于飞行，一般在地面或者灌丛中寻找食物。

外形艳丽的鸣禽：黄色林莺（上图）正站在枝头唱歌。这些黄色林莺属于鸣禽亚科，它们控制鸣管的肌肉非常发达，因此它们的歌声非常动听。

黑腹食蚊鸟
Conopophaga melanogaster

横斑蚁鵙
Thamnophilus doliatus

红嘴镰嘴䴕雀
Campylorhamphus trochilirostris

蓝灰针尾雀
Synallaxis brachyuran

石板色的胸部羽毛和红褐色
的翅膀是针尾雀属鸟类的共
同特点

啄食树枝上的昆虫

棕爬树雀
Margarornis rubiginosus

黑喉隐窜鸟
Pteroptochos tarnii

棕翅蚁鵙
Herpsilochmus rufimarginatus

棕灶鸟
Furnarius rufus

棕灶鸟会建造烤炉形状的巢

纹胸蚁鸫
Hylopezus perspicillatus

蚁鸟科：这一科的鸟类食昆虫，因其中一些种类喜欢随着蚁群寻找食物而得名。有的蚁鸟科鸟一边走一边觅食，有的盘旋在空中寻找猎物，可垂直站在蚁群之上的树枝上。蚁鸟的叫声类似口哨声。横斑蚁鵙、棕翅蚁鵙、纹胸蚁鸫都属于蚁鸟科。

属：7
种：62

墨西哥中部至南美洲亚热带地区

灶鸟科：棕灶鸟及其近亲用泥巴造的窝看上去更像是传统的土灶，这也是灶鸟名字的由来。这种窝可以有效保护幼鸟免受风吹日晒、寒冷和敌人的偷袭侵扰。灶鸟善于钻入狭窄的地方。蓝灰针尾雀、棕爬树雀、棕灶鸟都属于灶鸟科。

属：55
种：236

墨西哥南部至南美洲

䴕雀科：䴕雀和啄木鸟的相似处是它们都用尾巴支在树干上来支持身体，因此人们经常将䴕雀和啄木鸟混淆。砍林鸟也长有雀形目鸟特别的脚，它们全身的羽毛为土褐色，并带有灰色条纹。红嘴镰嘴䴕雀是䴕雀科的典型鸟类。

属：13
种：50

墨西哥至南美洲南温带地区（阿根廷中部）

圭亚那动冠伞鸟
Rupicola rupicola

成群的雄圭亚那动冠伞鸟
会争相向雌鸟展示各自的
羽毛来争取交配权

喉部的长须是典型中美洲
须钟伞鸟的特点

须钟伞鸟
Procnias averano

绿伞鸟
Cotinga ridgwayi

白须娇鹟
Manacus manacus

白须娇鹟分布在从墨西
哥至巴西境内

绯红果伞鸟
Haematoderus militaris

三色伞鸟
Perissocephalus tricolor

蓝冠娇鹟
Lepidothrix coronata

大多数侏儒鸟的头部或羽冠
颜色与体羽的颜色差异较大

肉垂钟伞鸟
Procnias tricarunculatus

金头娇鹟
Pipra erythrocephala

伞鸟科： 伞鸟以果实为食。它们都生活在中美洲及
南美洲森林中的高树顶部。伞鸟的聚集密度很低，
因此有关这类鸟的信息十分有限。圭亚那动冠伞
鸟、须钟伞鸟、绯红果伞鸟、三色伞鸟、肉垂钟伞
鸟是伞鸟科目的典型鸟类。

属：33
种：96

墨西哥至南美洲

娇鹟科： 娇鹟科鸟类都是羽色艳丽的小鸟。它们的尾巴很短，
喙短而宽，以果实为食，栖息在中美洲和南美洲森林的低洼地
带。娇鹟科鸟类的社会习性十分复杂，例如雄鸟的求偶仪式包
括比拼羽毛、舞蹈和歌喉。白须娇鹟、蓝冠娇鹟、金头娇鹟都
是娇鹟科的典型鸟类。

属：13
种：48

墨西哥至南美洲亚热带地区

展示梳理本领：在线尾娇鹟的求
偶仪式上，雄鸟会用自己末端为
线状的长尾羽快速梳理雌鸟喉部
的羽毛。

剪尾王霸鹟
Tyrannus forficatus

大食蝇霸鹟
Pitangus sulphuratus

雄性皇霸鹟鲜红的冠羽会在求偶时展开

皇霸鹟
Onychorhynchus coronatus

扁平、微弯的喙可以在飞行中捕食到昆虫

绿胁绿霸鹟
Contopus cooperi

黄腹大嘴霸鹟
Myiodynastes luteiventris

东王霸鹟
Tyrannus tyrannus

可以在飞行中捕捉昆虫

领霸鹟在兴奋时会竖起头顶的羽毛

黑长尾霸鹟
Sayornis nigricans

领霸鹟
Mitrephanes phaeocercus

长尾可在飞行中保持平衡

特殊的群居生活：本页均为霸鹟科鸟类。霸鹟科鸟类会利用不同的小环境，几十种不同种类杂居在一起。在大多数情况下，具体哪几种鸟类会生活在一起，取决于当地的猎物大小、栖息地情况、植被类型、觅食区域以及不同鸟类的捕猎技术等因素。

地面觅食类：白眉地霸鹟（下图右）和其对面的穗䳭在腿形、直立姿态和羽毛图案等方面都非常相似。

拾食谷物类：雀霸鹟（上图左）和其对面的旧大陆凤头山雀有着相似的觅食技巧，在外形上也极为相似。

霸鹟科：是雀形目中最大的一科，其下的物种在体形大小、外貌特征等方面存在较大差异。同种雌雄霸鹟科鸟在外形上没有区别。这一科鸟类的羽毛颜色多为绿色、褐色、黄色和白色。

属：98
种：400

南美洲、西印度群岛、北美洲

合作繁殖

　　大约有3%的鸟类是合作繁殖类鸟。合作繁殖实际是一种育雏合作，是指有除幼鸟双亲以外的鸟——既有青年期的鸟也有成鸟——在繁殖期与之共同照料幼鸟的现象。研究表明，合作繁殖现象多发生在雀形目鸟之中。有两种合作繁殖的形式：一种是非繁殖期鸟类帮助幼鸟的双亲保护、照看幼鸟；另一种叫作集体生殖，由一群成鸟共同抚育涉及亲缘关系（父亲相同或母亲相同，或者都相同）的一窝幼鸟。

留守：和很多澳大利亚鸟类一样，头几窝的华丽细尾鹩莺（左图和右图）会留在父母身边帮助照顾自己的弟妹们。这种帮助可以有效提升该物种的数量。

打扫：未成年的雄华丽细尾鹩莺（右图）正在将窝内的粪便叼走。帮忙的雄华丽细尾鹩莺会负责各种家务，包括打扫巢穴、提供食物和保护幼鸟等。

减负：雌华丽细尾鹩莺（右图）正在哺喂幼鸟。雌华丽细尾鹩莺得到它的大孩子们的帮助后，自己的工作量就会减少。有研究表明，合作繁育的幼鸟每小时可以吃到更多的昆虫。

群体作用： 华丽细尾鹩莺（*Malurus cyaneus*，右图）是雀形目中典型的合作繁殖类鸟。合作繁殖类鸟在澳大利亚的东南部非常普遍。然而为什么有些鸟会合作繁殖有些却不会，至今仍然是个谜。鸟类学家猜测，合作繁殖行为可能是一系列因素造成的最终结果，这些因素包括环境的局限性（交配场地的大小、性成熟与否）和生活史特征（如死亡率和分布趋势等）。而可以提供帮助的鸟很可能是那些在该繁殖季内没能孕育后代的成鸟。

守卫：雄性华丽细尾鹩莺（上图）站在离自家巢穴不远的高枝上。研究表明，雌性华丽细尾鹩莺多会和群体外的雄性华丽细尾鹩莺，而非自己的伴侣进行二次交配，但这并没有改变它们群体成员的数量。

绿阔嘴鸟
Calyptomena viridis

长尾阔嘴鸟
Psarisomus dalhousiae

长尾阔嘴鸟头顶的奶油色绒毛块在森林中会反射光芒，这可能是它们彼此交流的一种社交信号

尖喙鸟
Oxyruncus cristatus

红胸八色鸫
Pitta erythrogaster

红胸八色鸫广泛分布于从菲律宾至澳大利亚

棕尾割草鸟
Phytotoma rara

刺鹩
Acanthisitta chloris

紫黑裸眉鸫
Philepitta castanea

噪薮鸟
Atrichornis clamosus

琴鸟在求偶时会大声歌唱

华丽琴鸟
Menura novaehollandiae

八色鸫科：八色鸫科都是以昆虫为食的、画眉大小的鸟。它们的毛色艳丽，短尾，生活在森林中。八色鸫更愿意跳或者跑，而非飞行。它们在地上或者低矮的植被上用植物的残骸建造巨大的巢穴。所有八色鸫科鸟都可以高声二重唱。红胸八色鸫是这一科的典型鸟类。

属：1
种：30

非洲中部、亚洲东南部至澳大利亚东部和北部、美拉尼西亚

神秘的八色鸫：尽管蓝斑八色鸫也长有彩色羽毛，但它们在森林中却很不起眼。它们吃东西时非常安静，一般不叫。

阔嘴鸟科：所有阔嘴鸟科的鸟都是头大、身短、喙扁宽、腿短、羽色艳丽。以昆虫、小蜥蜴、青蛙和果实为食。

属：9
种：14

热带非洲、亚洲东南部、巽他群岛、菲律宾南部

赤胸花蜜鸟长且下弯的喙便于其吸食花蜜

赤胸花蜜鸟
Chalcomitra senegalensis

南非食蜜鸟
Promerops cafer

褐喉食蜜鸟
Anthreptes malacensis

南非食蜜鸟长有超长的尾羽

纹胁旋木雀
Rhabdornis mystacalis

红眉短嘴旋木雀
Climacteris erythrops

橙腹啄花鸟
Dicaeum trigonostigma

旋木雀的脚趾在根部融合，可以像卡钳一样工作

红胸锯齿啄花鸟
Prionochilus percussus

澳洲啄花鸟
Dicaeum hirundinaceum

斑翅食蜜鸟
Pardalotus punctatus

澳洲啄花鸟的喙很结实，长有牙齿，可以剥开果壳

啄花鸟科： 啄花鸟科的鸟体形矮胖，翅尖，尾部短粗，喙呈短圆锥形。它们的舌头分叉，适合舔食花蜜和水果。橙腹啄花鸟、红胸锯齿啄花鸟、澳洲啄花鸟都是啄花鸟科的典型代表。

属：2
种：44

印度、亚洲东南部及周边群岛至美拉尼西亚和澳大利亚

旋木雀科： 旋木雀科鸟类的数量较少，只生活在澳大利亚和新几内亚地区。这种鸟长有细长的喙，尾部短且方，腿非常强壮，以善于爬树著称。红眉短嘴旋木雀是这一科的典型代表。

属：2
种：7

除沙漠以外的澳大利亚大陆、新几内亚

斑食蜜鸟科： 斑食蜜鸟科鸟羽毛颜色绚丽多姿，身形大小和啄花鸟差不多。它们只吃生活在叶丛中的食叶昆虫的幼虫和幼虫分泌的汁液。斑翅食蜜鸟是这一科的典型代表。

属：1
种：4

澳大利亚、塔斯马尼亚岛

褐岩吸蜜鸟
Lichmera indistincta

这种鸟的叫声很像
芦苇莺的叫声

红头摄蜜鸟
Myzomela erythrocephala

一种在澳大利亚的沙漠地
带游牧式生活的吸蜜鸟

白肩黑吸蜜鸟
Certhionyx variegatus

这种鸟大多数腹部都长有
闪亮的红色羽毛

利氏吸蜜鸟
Meliphaga lewinii

灰胸绣眼鸟
Zosterops lateralis

黑颏抚蜜鸟
Melithreptus gularis

大多数绣眼鸟的眼眶四周
都长有一圈白色绒毛

灰腹绣眼鸟
Zosterops palpebrosus

蓝脸吸蜜鸟
Entomyzon cyanotis

吸蜜鸟科：吸蜜鸟科包括吸蜜鸟、吮蜜鸟、择蜜鸟、矿鸟和刺嘴吸蜜鸟等。这一科鸟类的舌头可以伸缩，尖端呈刷毛状，用于吸取花蜜。吸蜜鸟一般只在桉树等特定植物上采食。褐岩吸蜜鸟、红头摄蜜鸟、白肩黑吸蜜鸟、利氏吸蜜鸟、黑颏抚蜜鸟、蓝脸吸蜜鸟都是这一科的典型代表。

属：44
种：174

美拉尼西亚至巽他群岛、苏拉威西岛、大洋洲

绣眼鸟科：绣眼鸟常见于多种林区、市郊公园和花园中。大多数绣眼鸟外形相似，羽毛为柠檬色，眼睛周围一圈为白色。

属：14
种：95

撒哈拉沙漠以南非洲、亚洲南部、东部至澳大利亚

寿带鸟
Terpsiphone paradisi

栗胸白脸刺莺
Aphelocephala pectoralis

绯红澳䳑
Epthianura tricolor

欧亚攀雀
Remiz pendulinus

红头长尾山雀
Aegithalos concinnus

攀雀分布于欧亚大陆、非洲和北美洲南部地区

黄腹扇尾鹟
Chelidorhynx hypoxanthus

凤头山雀
Lophophanes cristatus

灰鹍鸫生活在澳大利亚的灌木丛中，在地面和树林间寻找食物

灰鹍鸫
Colluricincla harmonica

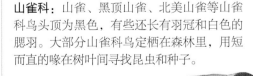

红翅旋壁雀
Tichodroma muraria

红翅旋壁雀将巢建筑在
陡峭崖壁的缝隙中

雄鸟胸前长有一条带状
黑色羽毛

点颏蓬背鹟
Batis molitor

杂色澳鸭
Daphoenositta chrysoptera

杂色细尾鹩莺
Daphoenositta chrysoptera

旋木雀
Certhia familiaris

很多鹩莺长有闪烁着彩
虹色光泽的蓝色头羽

白胸鸭
Sitta carolinensis

白眉丝刺莺
Sericornis frontalis

黑头噪刺莺
Gerygone palpebrosa

黄尾刺嘴莺
Acanthiza chrysorrhoa

噪刺莺、丝刺莺、刺嘴莺生
活在澳大利亚和新几内亚

鸭科：鸭科鸟类遍布北温带，在树上攀缘捉虫。它们与澳大利亚小鸭长得非常相像，但并不存在任何亲缘关系。这两种鸟类的相似性就是鸟类适应相同环境变化的例证。白胸鸭是这一科的典型代表。

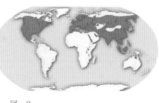

属：2
种：25

北美洲、欧亚大陆至日本、菲律宾和巽他群岛

细尾鹩莺科：包括细尾鹩莺、草鹩莺、鹛鹩莺等小型竖尾鸟。细尾鹩莺常被误认为鹪鹩，实际上它们与北半球的鹪鹩科鸟没有亲缘关系。细尾鹩莺以昆虫为食，多在地面和灌木丛中觅食。

属：5
种：28

澳大利亚、塔斯马尼亚岛、新几内亚岛、阿鲁群岛

非洲鵙
Nilaus afer

白眉燕鵙
Artamus superciliosus

红背伯劳
Lanius collurio

大盘尾
Dicrurus paradiseus

金黄鹂
Oriolus oriolus

鞍背鸦
Philesturnus carunculatus

鹊鹩
Grallina cyanoleuca

长长的尾羽

黑背钟鹊经常和群体中的
其他同伴一起二重唱

黑背钟鹊
Gymnorhina tibicen

强壮的脚更适合在陆地上觅食

黄鹂科：黄鹂科的鸟是生活在旧大陆林地环境的鸟。雄鸟一般长有黄色羽毛。这种鸟非常强壮，基本上完全生活在树冠处。金黄鹂是这一科的典型鸟类。

独特的鸟：裸眼鹂与其他黄鹂科鸟有很多不同。它们群居，叫声杂乱，眼睛附近没有长绒毛。这种鸟基本上只以水果为食，偏爱无花果。

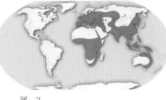

属：2
种：29

澳大利亚和新几内亚至温带欧亚大陆、撒哈拉沙漠以南非洲

燕科：燕长有强壮的尖形翅膀、喙为蓝灰色但尖部为黑色、腿短。它们捕食空中的昆虫，并成群栖息在多种栖息地，一般在高枝上肩并肩地休息，也会相互梳理羽毛。

属：1
种：10

澳大利亚、美拉尼西亚至亚洲东南部和印度

鸟鸣

悦耳的鸟鸣给很多音乐家、诗人和艺术家以启迪。鸟靠鸣管发音，雀形目鸟的鸣管结构是鸟类中最复杂的，因此它们所产生的叫声最动听，人们又称它们为鸣禽。不同的鸟的叫声也不同，还有些鸟可以模仿其他鸟类的叫声，例如维达雀就非常擅于模仿。鸟类经过学习可以部分或者全部学会唱歌，而且鸟类的歌声也有口音存在。很多鸟类中只有雄鸟会唱歌，它们一般用歌声来赢得交配权并且警告其他雄鸟远离自己的领地。研究表明，雄鸟可以清楚区分自己邻居的叫声和其他雄鸟的叫声。有时鸟类之间还会合唱。

叫声的音量：雄斑胸草雀（左图）的叫声要比其他种类的鸟大很多。因此它的叫声很容易引起雌鸟的回应，同时可以有效震慑其他雄鸟。

著名歌手：斑胸草雀（*Taeniopygia guttata*）广泛分布在澳大利亚的干旱地区，它们的歌声世界闻名。为了保证歌声传播得更远，鸟必须站在高处鸣叫。因此很多鸟类都在早上空气最清新时唱歌，这样空气就会帮助它们把声音传播到更远。另外鸟鸣的分贝比人类的声音要高很多。

歌曲的完整性：很多雄鸟都可以"演唱" 2音以上的歌曲。研究表明，雌斑胸草雀更倾心于可以唱很多歌的雄鸟。

歌声的促进作用：研究表明，鸟的叫声可以帮助鸟类繁育后代。雌鸟听到歌声后更愿意排卵、筑巢和产蛋。

蓝绿鹊
Cissa chinensis

红嘴蓝鹊
Urocissa erythroryncha

灰喜鹊广泛分布在欧
洲西南部和东亚地区

灰喜鹊
Cyanopica cyanus

星鸦
Nucifraga caryocatactes

北美星鸦
Nucifraga columbiana

标志性的长尾羽

红嘴山鸦
Pyrrhocorax pyrrhocorax

黄嘴山鸦
Pyrrhocorax graculus

形状特殊的巨喙

棕腹树鹊
Dendrocitta vagabunda

非洲渡鸦
Corvus albicollis

鸦科：本页均为鸦科鸟类，鸦科鸟类从中等到大型
的都有，它们的鼻孔附近长有鬃毛，腿比较长。鸦
科鸟的羽毛颜色因物种不同差异非常大，从墨黑色
的渡鸦到闪着红绿色光泽的亚洲蓝鹊。鸦科鸟吃浆
果、昆虫、种子或者腐肉。

巢穴抢夺者：美洲灌丛鸦以其他
鸟类的蛋或幼鸟为食。

属：24
种：117

除南美洲南部和极地地区外的世界各地

储存食物：很多鸦科鸟类都会储存食物，
以便自己迁徙回来吃，并且它们可以准确
地找到自己藏东西的地方。鸟类学家认为
它们应该是借助参照物和良好的空间感来
找到自己的食物。

黑蓝长尾风鸟
Astrapia nigra

阿法六线风鸟
Parotia sefilata

天鹅绒般闪亮的颈部羽毛

丝状头羽在求偶时会旋转

丽色掩鼻风鸟
Ptiloris magnificus

幡羽极乐鸟
Semioptera wallacii

十二线极乐鸟
Seleucidis melanoleucus

幡羽极乐鸟在求偶时会
展示其背部漂亮的白羽毛

大亭鸟
Chlamydera nuchalis

缎蓝园丁鸟
Ptilonorhynchus violaceus

它们总是用蓝色或紫罗兰色
的物品装饰自己的"凉亭"

金亭鸟
Prionodura newtoniana

园丁鸟科：多数园丁鸟生活在林地，但也有一些生活在澳大利亚宽阔的灌丛林中。大部分园丁鸟可以模仿其他鸟类的叫声和其他一些声音；还有几种园丁鸟因为叫声像猫叫而被昵称为"猫鸟"。它们吃大部分水果和植物，但用昆虫甚至其他鸟类的幼鸟喂养自己的孩子。大亭鸟、缎蓝园丁鸟、金亭鸟都是典型的园丁鸟科的鸟。

搭建凉亭：雄园丁鸟会用各种小东西搭建精致的凉亭来吸引雌鸟的注意。

极乐鸟科：极乐鸟的外形和大小与乌鸦相似，但根据种类不同而长有或短粗或较长的喙，脚部强壮。所有雄性极乐鸟都长有艳丽的羽毛，并通过向雌鸟展示以赢得交配权。极乐鸟科鸟类包括十二线极乐鸟、幡羽极乐鸟、黑蓝长尾风鸟、阿法六线风鸟等。

属：16
种：40

新几内亚岛及其附属岛屿、澳大利亚东部、马鲁古群岛北部

白眼河燕
Pseudochelidon sirintarae

白腹树燕
Tachycineta albiventer

白斑燕
Atticora fasciata

黑百灵生活在非洲北部和亚洲西南部的沙漠地带

黑百灵
Melanocorypha yeltoniensis

角百灵
Eremophila alpestris

拟戴胜百灵
Alaemon alaudipes

大短趾百灵
Calandrella brachydactyla

黑顶雀百灵
Eremopterix nigriceps

燕科： 燕子的经典标志就是它们的长尾羽，但也有些燕科鸟类的尾羽是方形的。多数燕子是长距离迁徙鸟类，而且它们很安静，只有在抚育后代时才会有些吵闹。和家燕一样，紫崖燕也以空中的昆虫为食。白眼河燕、白腹树燕、白斑燕是这一科的典型。

属：20
种：84

除极地地区外的世界各地

百灵科： 百灵科包括黑百灵、角百灵、拟戴胜百灵、大短趾百灵、黑顶雀百灵等。雄角百灵的求偶展示包括一系列非常复杂的动作。

赤红山椒鸟
Pericrocotus flammeus

斑腹鹃鵙
Coracina striata

黑脸鹃鵙
Coracina novaehollandiae

游牧式分布在澳大利亚
的森林地带

杂色鸣鹃鵙
Lalage leucomela

灰山椒鸟
Pericrocotus divaricatus

粉红胸鹨
Anthus roseatus

马岛鹡鸰很喜欢上下摇动尾巴

马岛鹡鸰
Motacilla flaviventris

红喉鹨
Anthus cervinus

山椒鸟科：这一科鸟中数量最多的是鹃鵙，它们尾部蓬乱的羽毛和波状的飞行羽都和杜鹃非常相似。鹃鵙非常胆小害羞，通常将浅碟状的小窝建在高树杈上。它们以树上的果实和昆虫为食。赤红山椒鸟、斑腹鹃鵙、黑脸鹃鵙、杂色鸣鹃鵙、灰山椒鸟是这一科的典型。

属：7
种：81

澳大利亚和美拉尼西亚至亚洲东部和南部、马达加斯加岛、非洲

鹡鸰科：鹡鸰体形细小并长有长尾。它们将窝搭在地面上并以昆虫为食。典型的鹡鸰一般居住在活水域的岸边和潮湿的草地。鹡鸰分布广泛，但它们更喜欢生活在空旷的野外。粉红胸鹨、马岛鹡鸰、红喉鹨是这一科的典型。

属：5
种：64

除极地外，遍布世界各地（北美洲只有一种）

棕榈鹏
Dulus dominicus

橙腹叶鹎
Chloropsis hardwickii

长尾丝鹟
Ptiliogonys caudatus

这种西印度群岛特有的鸟类喜欢生活在王棕园中，以王棕的果实为食

太平鸟
Bombycilla garrulus

白顶河乌
Cinclus leucocephalus

灰连雀
Hypocolius ampelinus

长嘴沼泽鹪鹩
Cistothorus palustris

叫声悦耳

红耳鹎
Pycnonotus jocosus

灰嘲鸫
Dumetella carolinensis

河乌科：河乌科是水栖的雀形目鸟类。河乌多生活在清澈湍急的溪流附近，便于捕食水生昆虫的幼虫，偶尔也会捕食小鱼。为了捕捉猎物，它们常常潜入水中，并在水中游泳或沿河底捕猎。白顶河乌是这一科的典型。

属：1
种：5

北美洲西部和南美洲西北部、欧亚大陆

太平鸟科：太平鸟飞羽的羽干末端有红色蜡滴状图案，是这种鸟类的标志。太平鸟喜群居，但居无定所。它们的羽毛为浅黄褐色，体形圆润。

属：5
种：8

北美洲至南美洲西北部、欧亚大陆

黑喉岩鹨
Prunella atrogularis

蓝短翅鸫
Brachypteryx montana

是一种生活在西欧
灌丛中的鸟

棕薮鸲
Cercotrichas galactotes

欧亚鸲（知更鸟）
Erithacus rubecula

红喉歌鸲
Calliope calliope

白点鸲
Pogonocichla stellata

纹眉薮鸲
Drymodes superciliaris

纹眉薮鸲长得更像画眉

蓝喉歌鸲
Luscinia svecica

鸲鹟科：虽然常被误认为鸲，其实这种澳大利亚常见鸟类与生活在欧亚大陆或美洲的鸲没有基因联系，但在体形大小和行为上很相近。鸲鹟生活在森林地带。

红头鸲鹟：它们会从高枝上俯冲而下捕捉昆虫。

属：13
种：45

澳大利亚、新几内亚、新西兰、西南太平洋地区

岩鹨科：岩鹨科鸟擅于鸣叫，长得很像细嘴麻雀。它们喜欢栖息在高纬度地区，并以种子、昆虫或浆果为食，会用羽毛铺垫在地面上做窝。黑喉岩鹨是这一科的典型。

属：1
种：13

非洲西北部、欧亚热带地区

阿拉伯鸫鹛
Argya squamiceps

大鹩鹛
Turdinus macrodactylus

白眉长颈鸫
Eupetes macrocerus

绿啸冠鸫
Psophodes olivaceus

白眉长颈鸫在东南亚雨林的
地面上觅食

黑喉鸫
Turdus atrogularis

旅鸫
Turdus migratorius

绒背纹胸鹛
Macrnous ptilosus

栗冠弯嘴鹛
Pomatostomus ruficeps

栗冠弯嘴鹛是群居鸟
类，成群筑巢而居

鸫科： 鸫科鸟遍布世界大部分的栖息地。这科鸟中最主要的成员是乌鸫和旅鸫，但它们在羽毛颜色和栖息地选择等方面差异很大。雌鸟和雄鸟的外形相似。蓝短翅鸫、欧亚鸲、棕薮鸲、红喉歌鸲、白点鸫、纹眉薮鸲、蓝喉歌鸲、旅鸫、黑喉鸫都属于鸫科。

好歌手：白腰鹊鸲（*Copsychus malabaricus*）的叫声非常悦耳，其动听程度可以和夜莺一较高下。

属：24
种：165

除澳大利亚中西部、新西兰、极地外的
世界各地

弯嘴鹛科： 这一科的鸟类只栖息在澳大利亚和新几内亚。它们和真正的鸫鹛有着相通的进化，因此可以完全模仿鸫鹛的行为。大部分弯嘴鹛科鸟类的羽毛为灰色、白色和红色。栗冠弯嘴鹛是这一科的典型。

属：2
种：5

澳大利亚、新几内亚低地

棕扇尾莺在求偶时会一边飞行一边发出咔嗒咔嗒的叫声

黄捕蝇莺
Iduna natalensis

绿篱莺
Hippolais icterina

棕扇尾莺
Cisticola juncidis

水蒲苇莺
Acrocephalus schoenobaenus

戴菊
Regulus regulus

白颈岩鹛
Picathartes gymnocephalus

热带蚋莺
Polioptila plumbea

灰头鸦雀
Psittiparus gularis

小小歌手：金冠戴菊（*Regulus satrapa*）是一种小巧丰满的鸟，栖息在针叶林中。这种鸟头顶长有一片鲜艳的红色或黄色羽毛，这是它们的标志。

岩鹛科：岩鹛科的鸟非常少见，它们长得很像长腿的鸫鸟，头顶裸露的皮肤颜色多为橙黄或蓝和粉色。它们栖息在非洲西部茂密的森林中，并会建造碗状的泥巢。白颈岩鹛是岩鹛科的典型。

属：1
种：2

非洲西部近赤道地区（几内亚至加蓬）

蚋莺科：蚋莺以昆虫为食，即使把它们长长的尾巴计算在内，也非常小巧。长嘴蚋莺的喙的长度占整个身长的1/3还多。热带蚋莺是这一科的典型。

属：3
种：14

北美洲温带地区至南美洲赤道以南地区

大型红嘴奎利亚雀群的成
员数量可多达数百万只

红嘴奎利亚雀
Quelea quelea

红巧织雀
Euplectes orix

长尾巧织雀
Euplectes progne

斑翅椋鸟
Saroglossa spilopterus

白腹紫椋鸟
Cinnyricindus leucogaster

红嘴牛文鸟
Bubalornis niger

群辉椋鸟会成群一起建造
悬挂在枝头的球形鸟巢

群辉椋鸟
Aplonis metallica

灰头群织雀
Pseudonigrita arnaudi

这种鸟属于旧大陆的文鸟亚科鸟类

织雀科：这种织巢鸟最出名的地方就是它们的窝。
一些织雀科的雄鸟会用草叶编制篮子状的窝；而其
他种类的雄鸟则用荆棘和树条编织大型公共鸟巢。
红嘴奎利亚雀、红巧织雀、长尾巧织雀、红嘴牛文
鸟、灰头群织雀是这一科的典型。

属：11
种：108

撒哈拉以南非洲、亚洲南部和东南部、巽他群岛（除加里曼丹岛）

椋鸟科：椋鸟科中的紫翅椋鸟是最常见的
花园鸟类。椋鸟科鸟体形矮壮，尾巴较
短，非常好斗。大部分椋鸟居住在雨林
中，以果实为食。斑翅椋鸟、群辉椋鸟、
白腹紫椋鸟是这一科的典型。

猎鸟：栗头丽椋鸟（*Lamprothrnis
superbus*）在东非是一种常见鸟类，
经常在野营地出现，因此很容易被狩
猎旅游者看见。它们的羽毛艳丽，是
最美丽的椋鸟之一。

属：25
种：115

北美洲、欧亚大陆、非洲西北部

红额金翅雀
Carduelis carduelis

斑胸草雀
Taeniopygia guttata

广泛分布于澳大利亚的干旱地区

白腰朱顶雀
Acanthis flammea

被引进澳大利亚和新西兰

乐园维达雀
Vidua paradisaea

针尾维达鸟
Vidua macroura

草尾维达雀
Vidua fischeri

胡锦鸟（七彩文鸟）
Chloebia gouldiae

蓝脸鹦雀
Erythrura trichroa

美洲金翅雀
Spinus tristis

黑顶绿鹃
Vireo atricapilla

燕雀科：燕雀科所有鸟的羽毛颜色都有红色和黄色。每年它们都在温带地区的栖息地之间迁徙。燕雀科鸟类每只翅膀上只长有9根大翅羽，第10根已经退化。白腰朱顶雀、红额金翅雀、美洲金翅雀都是这一科的典型。

专业的喙：鹦交嘴雀（*Loxia pytyopsittacus*）的喙很大，尖部呈十字交叉形，可以从松塔中衔出松子。

属：42
种：168

美洲、非洲、欧亚大陆至亚洲东南部

维达雀科：这种鸟长有长长的尾巴，很像纱绸，它们的名字便是葡萄牙语"寡妇的面纱"的意思。维达雀自己并不抚育后代，而是将卵产在梅花雀科鸟类的巢中。幼维达鸟甚至可以和梅花雀幼鸟发出相同的叫声。乐园维达雀、草尾维达雀是这一科的典型。

属：2
种：20

撒哈拉以南非洲大部分地区（除刚果雨林和纳米比亚沙漠）

猩红丽唐纳雀
Piranga olivacea

是一种常见的、群居性的森林鸟类

红脚旋蜜雀
Cyanerpes cyaneus

绿旋蜜雀
Chlorophanes spiza

巨锥嘴雀
Conirostrum binghami

金头唐加拉雀
Stilpnia larvata

仙唐加拉雀
Tangara chilensis

燕嘴唐纳雀
Tersina viridis

曲嘴森莺
Coereba flaveola

仙唐加拉雀艳丽的羽毛使它们成
为宠物鸟交易的最大受害者

曲嘴森莺科：曲嘴森莺是这一科唯一的一种鸟。它们栖息在北至墨西哥和加勒比海的南美热带地区，在当地的花园中很常见。这种鸟体形极小，长有弯曲的细喙，以便采集花蜜。

属：1
种：1

墨西哥南部至南美洲中西部

裸鼻雀科：裸鼻雀科鸟的栖息地以安第斯山脉为中心向四周辐射。一小部分裸鼻雀科鸟羽色呈土褐色，隐蔽性较好。旋蜜雀长有细长、精致的喙用来吸取花蜜。食虫性鸟类则长有沉重、有凹口的喙。大部分裸鼻雀科鸟在苔藓或枯叶中筑建杯形巢穴，由雌性担负大部分筑巢工作。猩红丽唐纳雀、红脚旋蜜雀、绿旋蜜雀、金头唐加拉雀、仙唐加拉雀、燕嘴唐纳雀都属于这一科。

属：50
种：202

北美洲至南美洲

精致的羽毛：七彩唐加拉雀（*Tangara fastuosa*）栖息在巴西的一小片区域内。由于栖息地被破坏和被人类作为宠物而遭猎捕，这种鸟的数量在大幅减少。

金翅虫森莺
Vermivora chrysoptera

金翅虫森莺在北美洲东部
繁殖后代，冬季则迁徙至
南美洲北部越冬

北森莺
Setophaga americana

灰头地莺
Geothlypis tolmiei

黄喉地莺可以在非
森林地带建巢

黄喉地莺
Geothlypis trichas

加拿大威森莺
Cardellina canadensis

大部分新大陆森莺会建造水杯状简单的
巢，该工作基本由雌鸟完成，之后雌鸟
在巢中产卵、孵化幼鸟

黄腰林莺
Setophaga coronata

黑领鸲莺交配季的羽毛格外艳丽，头部有红黄
相间的典雅图案，胸部的羽毛颜色十分耀眼

黑领鸲莺
Myioborus torquatus

在树洞中筑巢

蓝翅黄森莺
Protonotaria citrea

性别与羽毛： 大部分新大陆森莺的羽毛都十分
艳丽，图案耀眼。其中北美洲的品种在交配期
的雄鸟毛色比雌鸟更艳丽。但在秋季迁徙前，
雌鸟和雄鸟的羽毛都会变成单一的灰褐色。

多样性：鸟类羽毛性别的二态性可以用以下鸟类说明：无
羽毛性别差异的橙冠虫森莺（*Vermivora celata*）、有少许
性别二态性的纹胸林莺（*Dendroica magnolia*）和完全具有
羽毛性别二态性的橙尾鸲莺（*Setophage ruticilla*）。

森莺科： 本页均是森莺科鸟类。森莺科的林莺在
行为适应性方面堪称典范，各个种类通过在不同部
位觅食可以实现在同一棵树上共存。森莺科鸟大多
将巢建在树杈间、低矮灌丛中或地面上。

属：24
种：112

北美洲至南美洲、西印度群岛

红翅黑鹂
Agelaius phoeniceus

红翅黑鹂是北美洲的常见鸟类

东草地鹨
Sturnella magna

这一科的雄鸟体形比雌鸟大很多

紫辉牛鹂
Molothrus bonariensis

求偶时雄鸟会跳起，展示其胸部的漂亮羽毛

其胸部羽毛在交配季会变得格外耀眼

巨牛鹂
Molothrus oryzivorus

仙人掌地雀
Geospiza scandens

白冠带鹀
Zonotrichia leucophrys

橙腹拟鹂
Icterus galbula

圆锥形的硬喙可以捡起并咬开硬种子的外壳

黑腿白斑翅雀
Pheucticus tibialis

麦氏鹀
Plectrophenax hyperboreus

鹀科：鹀科鸟包括各种新大陆雀类和旧大陆鹀。这些小鸟都长有锥形的短喙，便于吃种子，但它们用昆虫喂养幼鸟。大部分鹀科鸟陆栖，并长有褐色有条纹的羽毛。雪鹀会飞到更北的地方（格陵兰岛北部）繁殖后代，这一距离超过了其他陆栖鸟类。鹀科鸟的歌声比较短，变化也不大。白冠带鹀、仙人掌地雀、麦氏鹀是鹀科的典型。

属：73
种：308

遍布世界各地，除马达加斯加、印度尼西亚和澳大利亚

出众的外表：丽彩鹀（*Passerina ciris*）的羽毛颜色比其他鹀科鸟更艳丽，特别是雄鸟，拥有颜色复杂的羽毛。

鸟喙的演化史

鸟类因其所吃食物和觅食方式的不同，喙的形状和大小也有所不同。查尔斯·达尔文首先提出了令人信服的理论来解释这种差异性。他指出，这种外形特征不是一成不变的，物种会为适应其生存的环境而随着时间的推移逐渐进化。他的理论认为，加拉帕戈斯群岛的各种雀类起源于共同的祖先，它们的体形相似（10～20厘米），最大差异便是鸟喙的大小和形状。在同一个岛上，不同种的雀分别占据各自不同的小生境。尽管基因突变可使有些雀类得到极大发展，但大多数的变化来自它们对环境的适应而产生的改变。同时，这种单纯由栖息环境造成的进化一般只能在缺少外界影响和物种竞争的偏远封闭环境中产生。

多样化的差异： 生活在夏威夷群岛上的管舌鸟科鸟类由于所吃的食物不同而长有差异巨大的喙；以植物种子为食的管舌鸟长有短粗的喙；而以花蜜为食的则长有细长弯曲的喙。

封闭的栖息地： 上图中标记的从左到右依次为夏威夷群岛、加拉帕戈斯群岛和马达加斯加群岛。

吸血者： 这种雀（G5）又被称"吸血雀"，因为它们会用喙啄海鸟，以海鸟的血为食。

特殊技能： 一种达尔文雀（G1）学会了用仙人掌的刺或者细枝将树皮下或树干裂缝中的昆虫取出。而最大的地雀（G2）可以用它坚硬的喙吃下硕大的植物种子。

复杂的马达加斯加群岛物种：钩嘴䴗科是雀形物种最复杂的一科，共包括22种不同的钩嘴䴗。这些钩嘴䴗主要以昆虫、树蛙和小型蜥蜴等为食。由于马达加斯加群岛的纬度跨度大，岛上形成了多样的栖息地，不同的钩嘴䴗在岛上占据了不同的小生境。图示钩嘴䴗分别为：

M1：弯嘴䴗（*Falculea palliata*）；

M2：白额厚嘴䴗（*Xenopirostris polleni*）；

M3：盔䴗（*Euryceros prevostili*）；

M4：红肩钩嘴䴗（*Calicalicus rufocarpalis*）；

M5：蓝钩嘴䴗（*Cyano lanius madagascarinus*）

物种多样性：不同种的钩嘴䴗之间的差异在很大程度上可以代表这个科和雀形目的物种多样性。长喙的M1是生活在多刺森林的典型鸟类；M2的喙适合探测枯木；M4的喙适合捕捉灌丛中和空中的昆虫。

物种相似性：钩嘴䴗之间的差异在很大程度上也代表了其他鸟类之间的差异，因此钩嘴䴗也会与其他鸟类存在相似之处。例如，M3就和犀鸟很相似。

物种适应性：地雀的一种（G6）进化出更长的喙，可以吃到仙人掌花、其他果实和种子。对食物的广泛适应性使它们在食物匮乏时期能够得以生存。

生物进化：达尔文在研究了加拉帕戈斯群岛的各种雀后认为，群岛上的雀是由同一以植物种子为食的南美洲大陆雀飞到加拉帕戈斯群岛后逐渐分化而来的。目前现代遗传学已经完全证实了达尔文的论点。上图涉及的加拉帕戈斯群岛鸟类分别为：

G1：拟䴕树雀（*Camarhynchus pallidus*）；

G2：大嘴地雀（*Geospiza magnirostris*）；

G3：加岛绿莺雀（*Certhidea olivacea*）；

G4：蓝脸鲣鸟（*Sula dactylatra*）；

G5：尖嘴地雀（*Geospiza difficilis*）；

G6：仙人掌地雀（*Geospiza scandens*）。

爬行动物

门：	脊索动物门
纲：	爬行纲
目：	4
科：	60
属：	1012
种：	8163

爬行动物像恐龙一样古老，但这类动物一直在不停进化。爬行动物从3亿多年前开始，由羊膜动物发展演化而来。羊膜动物首先分化成了下孔亚纲（哺乳动物）和双孔亚纲（鸟类与爬行动物）。双孔亚纲进一步分化为鳞龙次亚纲（长有鳞片的爬行动物：蜥蜴、蛇、蚓蜥和楔齿蜥）和初龙次亚纲（当时占统治地位的爬行动物：鳄、翼龙、恐龙和始祖鸟）。尽管现在的爬行动物的骨骼外形与其始祖差异不大，但已高度分化。

海龟游泳：海龟用前肢划水推动前进，而后肢负责掌握方向。海龟游泳的速度可达29千米每小时。

爬行动物的卵

爬行动物的卵本身就包括其孵化过程中所需的水、营养物质以及排泄物，是一个具有完整生理结构的活个体。因此爬行动物的卵可以脱离水域在陆地上孵化。由于爬行动物的卵是个活体，因此必须保持呼吸，而氧气可以通过卵壳上的细孔进入卵内。有的卵壳具有很强的渗透性，如果卵脱离湿润的环境，就很容易脱水；还有些卵壳进化成了硬壳，可以有效防止水分流失。有些蛇类和蜥蜴类的卵可以在母体中进行发育，这直接导致了蛇和蜥蜴的卵胎生进化。它们的卵较大，双黄且无壳，这些卵会一直保持

爬行动物的卵结构： 胚胎通过卵壳上的小孔附近的血管进行呼吸。孵化过程中产生的废物堆放在尿囊中；羊膜保持卵内的水量，并吸收震荡。胚胎靠卵黄囊中的营养物质生长，氧气可以通过卵壳的过滤进入卵内；而革质皮可以直接吸收水分。

革质壳
绒毛膜
羊膜
尿囊
脐带
卵黄囊

在输卵管中直到孵化。在孵化过程中母体可以通过胎盘与胚胎进行营养物质的交换。

体内受精是另一个使得爬行动物上岸的原因。爬行动物的阴茎分为两种类型：蛇和蜥蜴具有自泄殖腔后壁开口，可以外翻的成对半阴茎；海龟和鳄则长有可传输精液的单一阴茎。

当爬行动物的皮肤慢慢进化成不具有渗透性时，它们就可以永久生活在陆地上而不会脱水致死。爬行动物的表皮形式十分多样，包括希拉毒蜥的珠状皮肤、鬣蜥的棘刺、蛇细密的鳞片、响尾蛇尾部的角质环、海龟背部的盾板以及鳄的鳞甲等。不同爬行动物表皮的水分渗透率和气体交换方式也十分多样。

陆地上的气温变化比水中大很多，因此爬行动物具有2套不同的方式来控制自己的核心体温，以便体内的生物酶可以正常工作。和哺乳动物不同，爬行动物并不是靠消耗热量来保持体温恒定，而是通过生活习惯来达到体温的平衡。例如，清晨出来晒太阳，白天躲在阴凉处或藏在地下避暑，夜晚凉快时出来觅食。很多这种生活习性上、身体结构上

亲代抚育： 有些种类的鳄鱼会一直守候在它们的窝旁，在小鳄鱼孵出后，由父母负责将它们运送到水中；有些甚至会照料幼崽长达一年多的时间。

和生理特性上的衍变使得爬行动物可以比哺乳动物更有效地利用能量。

灵活的捕食者：尽管蛇没有四肢，但它们有很多种方法来四处移动。它们遍布除南极以外的各个主要大陆和岛屿。

彩色蜥蜴：鬣蜥，如大绿鬣蜥（下图）和它们的近亲是世界上色彩最艳丽的蜥蜴。它们适合生活在雨林、草原和沙漠等多种栖息地。

龟

纲：	爬行纲
目：	龟鳖目
科：	14
属：	99
种：	293

龟鳖目动物是唯一一类脊椎骨、肋骨与背甲的骨质板融合在一起的脊椎动物。化石研究表明，龟壳的这种特征早在距今2.2亿年前的三叠纪就已经形成，如今这种特征也有了更进一步的发展和改良。例如，非洲饼干龟的龟壳扁平且柔韧性极好，便于它爬进岩石的裂缝；当它要钻出时，可以将龟壳慢慢撑鼓以便挤出裂缝。此外，鳖没有坚硬的背甲，而是长有一层圆滑的革质壳，因此它们爬行的速度更快。目前，科学研究还没有办法证明龟与其他爬行动物是否为同一祖先。

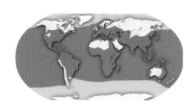

分布：龟鳖目动物分布在除南极洲以外的几乎所有地区（左图）。其中241种龟生活在淡水河流、湖泊和池塘中；45种完全陆生；7种生活在海洋中。

龟类的进化

除了龟壳的与众不同，龟类还有很多独有的特征。龟类的肌肉中乳酸脱氢酶含量很高，因此在高速游水后不会有疲劳的感觉。另外，它们还可以在巨大的膀胱内储存大量的水来增加浮力。

不同种的龟具有不同的饮食特征，有的是食草动物，有的是食肉动物，还有的是食腐动物。有的龟类的肠道中寄生有可以帮助消化植物的菌群，有的则是种子的传播者。木雕水龟会用它们的前脚用力踩踏地面来寻找蚯蚓吃。

有些海龟和淡水龟会在相近的时间内大量聚集在同一片沙滩筑巢产卵，这种行为又被称为"arribada"，是西班牙语"到来"的意思。这是为了应对它们的天敌——即使敌人发现这里，也不会吃光所有卵或将所有雌龟杀死，总有些卵可以幸免于难。这正是龟类经过数百万年的进化得以生存的原因之一。目前，在人类的有效干预下，已有2/3的龟类得到国际自然保护联盟（IUCN）的有效监控。

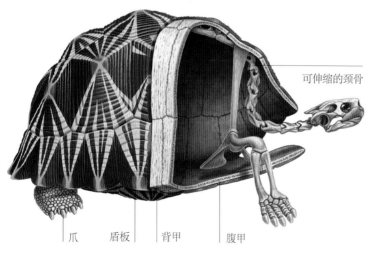

可伸缩的颈骨

爪　盾板　背甲　腹甲

游泳能手海龟：海龟的前肢已经进化成脚蹼状，且可以同时划动，划水动作更像在水中飞行而非简单意义上的游水。海龟已经完全适应了水中生活，除了繁殖后代需要回到陆地上，它们大部分时间都生活在水中。与海龟不同，淡水域的龟类仍然用四肢依次划水。

龟类的骨骼：龟的骨骼包括最外层的表皮盾板（通常背甲上有38块，腹甲上有16块）。盾板内有壳状的、融合于脊骨的肋骨（腹甲）来支持身体。脊骨和背甲的内部相连。

枯叶龟
Chelus fimbriata

红头扁龟
Platemys platycephala

枯叶龟最突出的特点就是
其用于呼吸管状的鼻子，
可以伸出水面呼吸而不至
于惊动它的猎物

红头扁龟是唯一一种在某些种群中存在三
倍体染色体个体的龟

澳洲长颈龟
Chelodina longicollis

沼泽侧颈龟
Pelomedusa subrufa

巨型侧颈龟
Podocnemis expansa

费兹洛河龟
Rheodytes leukops

锯齿侧颈龟
Pelusios sinuatus

维多利亚侧颈龟
Emydura victoriae

希氏蟾头龟
Phrynops hilarii

巨型侧颈龟： 巨型侧颈龟的卵在40℃的环境下
仅需45天就可以孵化成功，是所有龟类中孵化
速度最快的。这是其为了应对河水不可预知的
突然上涨而进化的结果。

🐢107厘米
🥚水栖型
♀♂温度依赖型性别决定（TSD型）
🥚60～150枚
⚡依赖保护

亚马孙和奥里诺科河盆地（南美洲北部）

生命的开始： 海龟数千年来都在同一片海
滩上产卵。一旦巢被沙子覆盖，卵被埋在
地下，就面临着被捕食者偷袭的危险。孵
化出的小龟在被饥饿的哺乳动物和鸟类发
现之前必须拼命爬回海中。然而，海洋中
还有更多的威胁在等待着这些小生命。这
种生存环境致使有些龟类的存活率仅有
1/50000。

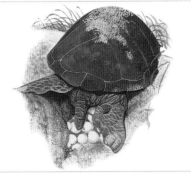

前腿演化成前鳍，以"8"字形划水前进

蠵龟
Caretta caretta

绿海龟
Chelonia mydas

肯氏丽龟
Lepidochelys kempii

太平洋丽龟
Lepidochelys olivacea

棱皮龟
Dermochelys coriacea

玳瑁的壳多用来制作梳子或头饰

平背龟
Natator depressus

玳瑁
Eretmochelys imbricata

龟壳的种类：龟用其坚硬的拱形甲壳来保护自己及存储水。泽龟的壳多呈流线型，以便于快速游水；两栖龟的壳则高拱一些，以抵御敌人的攻击；海龟的壳最平，因此它们游水的速度最快。

陆龟　　　　两栖龟

海龟　　　　泽龟

绿海龟：绿海龟的繁殖海滩和觅食海域之间距离遥远，它们每年用于迁徙的时间非常长。

⬛1.5米　　　　　◎水栖型
♀♂温度依赖型性别决定(TSD型)　　●50~240枚
⚡濒危

热带海洋和地中海

恒河鳖
Nilssonia gangetica

缘板鳖
Lissemys punctata

角鳖
Apalone spinifera

猪鼻龟
Carettochelys insculpta

非洲鳖
Trionyx triunguis

非洲鳖靠咽式呼吸和皮肤过滤
来获取更多的氧气

美国鳖
Apalone mutica

恒河鳖：恒河鳖是恒河中的重要清道夫。它们
会消耗部分被投入河中的火葬骨灰，有效缓解
了恒河的污染问题。

🐢71厘米
🥚水栖型
♀♂不确定
🥚25～35枚
⚠易危

印度北部、巴基斯坦西北部、孟加拉和尼泊尔

温度和性别：和大部分哺乳动物一
样，有些龟类的性别由基因决定
（GSD型，基因依赖型性别决定）。
不过大部分的龟类、一部分蜥蜴，以
及所有的鳄和楔齿蜥的性别都是由孵
化时的温度来决定的（TSD型，温度
依赖型性别决定）。

木雕水龟：它们是生活在北美洲的泽龟科
动物中少数GSD型龟的一种，而泽龟科中
大部分的龟都是TSD型龟。

钻纹龟
Maladchemys terrapin

环纹地图龟
Graptemys oculifera

木雕水龟
Clemmys insculpta

卡罗莱纳箱龟
Glyptemys carolina

红耳彩龟
Trachemys scripta elegans

卡氏地图龟
Graptemys caglei

红腹锦龟
Pseudemys rubiventris

欧洲泽龟
Emys orbicularis

牟氏水龟
Glyptemys muhlenbergii

蝎泽动胸龟
Kinosternon scorpioides

锦龟
Chrysemys picta

河彩龟
Pseudemys concinna

环纹地图龟： 这种龟生活在水流湍急的淡水流域，以水生昆虫的幼虫为食。但由于河流污染、宠物买卖和人类的猎杀，目前环纹地图龟已濒临灭绝。

🐢 21厘米
🌊 水栖型
♀♂ 温度依赖型性别决定（TSD型）
🥚 4～8枚
⚡ 濒危

珍珠河、密西西比河（美国）

欧洲龟： 雄欧洲龟只有在24～28℃的低温条件下才能孵化成功，而96%的情况下孵化气温会达到30℃，因而孵化成雌龟。

🐢 20厘米
🌊 水栖型
♀♂ 温度依赖型性别决定（TSD型）
🥚 3～16枚
⚡ 普遍

欧洲南部和亚洲西部

河彩龟： 这种龟是完全的食草动物，经常趴在水中漂浮的圆木上晒太阳。晒太阳不仅可以帮助河彩龟提高体温以利消化，还能杀死龟壳和四肢上的真菌和海藻。

🐢 43厘米
🌊 水栖型
♀♂ 温度依赖型性别决定（TSD型）
🥚 6～28枚
⚡ 普遍

美国东南部

犁沟木纹龟
Rhinoclemmys areolata

印度棱背龟
Kachuga tecta

马来闭壳龟
Cuora amboinensis

里海拟水龟
Mauremys caspica

马来食螺龟
Malayemys subtrijuga

斑点池龟
Geoclemys hamiltonii

马来食螺龟是少数在海滩上挖洞产卵的淡水龟，刚孵化的小龟可以在海水中生活长达2周时间

地龟
Geoemyda spengleri

巴达库尔龟
Batagur baska

咸水龟
Batagur borneoensis

主要以陆生植物为食

腿的进化：人们可以从龟的腿、脚和爪的形状来推断它们以往长期栖息的环境，但这些栖息地并不一定是龟现在的栖息地。

海龟：海龟的前肢呈流线型。这样的进化是为了更好地适应海洋中的生活，并能在水中快速移动。海龟前肢的形状与信天翁翅膀的形状完全一致。海龟的脚趾上没有蹼膜，因为它们的脚已经完全和蹼融合在了一起。

陆龟：陆龟的脚只能用于走路而没有办法用于游水。陆龟的腿上长有鳞片，没有脚蹼的脚趾非常大。另外它们的脚底更平，更利于支撑身体的重量。

泽龟：泽龟的腿呈桨状，既有利于泽龟在水草之间穿行，也便于在陆地上行走。它们的脚趾间长有脚蹼，脚趾上长有爪样的长趾甲。这些脚指甲使泽龟可以很轻易地爬上漂浮的圆木晒太阳。

甲壳上有深色隆起

钟纹折背陆龟
Kinixys belliana

辐射陆龟
Geochelone radiata

豹纹陆龟
Stigmochelys pardalis

缘翘陆龟
Testudo marginata

斑点珍龟
Chersobius signatus

甲壳上有深色线条

缅甸陆龟
Indotestudo elongata

腿上长有鲜艳的红色鳞片

红腿陆龟
Chelonoidis carbonarius

帐篷星丛龟
Psammobates tentorius

扁平陆龟
Malacochersus tornieri

哥法地鼠龟
Gopherus polyphemus

豹纹陆龟： 雄龟向雌龟求爱的时候，会一直跟随雌龟直至雌龟接受它。而当雄龟赢得交配权后，会伸长脖子并发出咕噜咕噜的叫声。雌龟一般一次会产5～7窝卵。

⬛ 68厘米
◯ 陆栖型
♀♂ 不确定
● 5～30枚
⚡ 普遍

南苏丹、埃塞俄比亚至纳塔尔、非洲南部

帐篷陆龟： 帐篷陆龟的繁殖期为每年的9～12月，每年它只产1窝共计3枚椭圆形卵。卵在次年的4～5月孵化成幼龟。

⬛ 16厘米
◯ 陆栖型
♀♂ 不确定
● 1～3枚
⚡ 普遍

非洲西南部至南非开普敦

哥法地鼠龟： 这种龟以水生大浮叶、花、仙人掌的果实为食。它们栖息在酷热的奇瓦瓦沙漠地带，因此习惯早上出来觅食，白天则躲在洞中或阴凉处避暑。

⬛ 22厘米
◯ 陆栖型
♀♂ 温度依赖型性别决定（TSD型）
● 1～4枚
⚡ 易危

美国得克萨斯南部至墨西哥北部

剃刀麝香龟
Sternotherus carinatus

墨西哥大麝香龟
Staurotypus triporcatus

鹰嘴泥龟
Claudius angustatus

平胸龟
Platysternon megacephalum

拟鳄龟
Chelydra serpentina

巨头麝香龟
Sternotherus minor

东方泥龟
Kinosternon subrubrum

大鳄龟
Macrochelys temminckii

中美洲河龟
Derma temys mawii

拟鳄龟： 这种龟是杂食动物，它们为了捕捉小龙虾而逐渐练成了可以瞬间向前伸颈大口撕咬猎物的本领。而它们的这一招牌动作也可用来有效抵御敌人的进攻。

🐢48厘米
🌊水栖型
♀♂温度依赖型性别决定（TSD型）
🥚25～96枚
⚡普遍

加拿大南部、美国中部和东部

大鳄龟： 大鳄龟是北美地区最大的龟，但这种龟做的汤的需求量很大，使其在北美地区濒临灭绝。直至今日，用这种龟做成的罐装汤还可以在小食品店中看到。

🐢80厘米
🌊水栖型
♀♂温度依赖型性别决定（TSD型）
🥚8～52枚
⚡易危

美国东南部

中美洲河龟： 这种龟极少离开水面，甚至连产卵也在水中完成。它们常将巢挖在水面下的河床上，因此卵只在河水水位下降时才能被孵化。

🐢66厘米
🌊水栖型
♀♂温度依赖型性别决定（TSD型）
🥚8～26枚
⚡濒危

墨西哥南部、危地马拉、伯利兹

消亡名单

在过去的10年中，龟类的数量大幅减少，很多种类已经灭绝。为此，龟类保护联盟（TSA）已经采取有效措施监测并试图扭转局面。TSA所列的世界上极度濒危的龟类（见下）警示人们认识问题的严峻性。这些濒危物种大多生活在地球上生物多样性最丰富的地区，这些栖息地也生存着很多其他生物群落。龟类数量的大幅减少主要是因为人类捕食和传统医药用材、宠物买卖，以及栖息地退化、被破坏等原因。在最濒危龟类中，只有5种是因为栖息地退化而濒危，却有15种是因为人类的原因濒临灭绝。

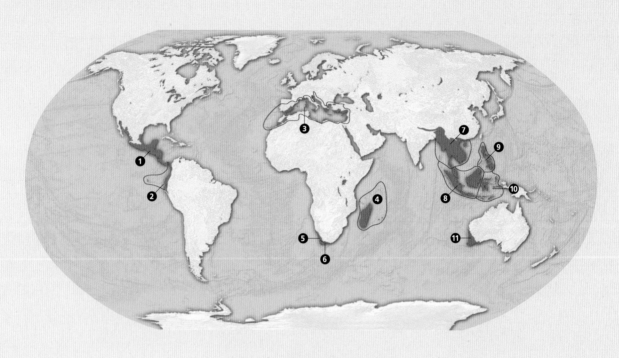

世界上极度濒危的龟类

1. 中美洲
中美洲河龟
Dermatemys mawii

2. 厄瓜多尔西部乔科省与达连湾交汇处
哥伦比亚蟾头龟
Mesoclemmys dahli

3. 地中海盆地
埃及陆龟
Testudo kleinmanni

4. 马达加斯加群岛和印度洋群岛
马达加斯加大头侧颈龟
Erymnochelys madagascariensis
安哥洛卡象龟
Astrochelys yniphora
扁尾陆龟
Pyxis planicauda

5. 南非卡鲁草原的流水域
斑点珍龟
Chersobius signatus

6. 南非开普省植物带
几何星丛龟
Psammobates geometricus

7. 印缅地区
三线闭壳龟
Cuora trifasciata
扁东方龟
Heosemys depressa
缅甸星龟
Geochelone platynota
缅甸棱背龟
Batagur trivittata
安南龟
Mauremys annamensis
斑鳖
Rafetus swinhoei

8. 巽他古陆
潮龟
Batagur baska

咸水龟
Callagur borneoensis

9. 菲律宾
雷岛东方龟
Siebenrockiella leytensis

10. 印度尼西亚
罗地岛长颈龟
Chelodina mccordi
苏拉威西白头龟
Leucocephalon yuwonoi

11. 澳大利亚西南部
澳洲短颈龟
Pseudemydura umbrina

鳄鱼

| 纲：爬行纲 |
| 目：鳄目 |
| 科：3 |
| 属：8 |
| 种：23 |

鳄目包括鼍科、鳄科和长吻鳄科。从距今2.2亿年前的三叠纪开始，鳄目动物的第一近亲就是鸟类而非其他爬行动物。鳄目动物得以存活至今，很大程度上是因为它们处于其栖息领域内的食物链顶端。鳄鱼的外形没有太大变化，它们也因此经常被称为活化石，但它们的进化从来就没有停止过。和其他爬行动物不同，鳄目动物都很"聒噪"，特别是在求偶期。

分布：鳄目动物广泛分布在全球的热带、亚热带和温带地区：长吻鳄科分布在亚洲南部；鼍科广泛栖息于北美洲东部、南部、中部和中国东部；鳄科则可见于非洲、印度、西印度群岛、澳大利亚、南美洲北部、中美洲和西印度等地的河口和淡水溪中。

鳄鱼的威力：尼罗鳄体长可达6米，寿命超过40年。幼尼罗鳄吃昆虫、蜘蛛和青蛙；而成年鳄可以吃猴子、羚羊、斑马，甚至人类。但陆地上的很多哺乳动物都比鳄鱼跑得快，因此对于鳄鱼来说，最好的猎杀手段就是将猎物拖入水中淹死。

繁衍后代

鳄鱼都是锥形长身、四肢短小且充满肌肉、尾巴扁平贴地。它们的大头骨连接着短颈，口中长有强有力的巨齿。鳄鱼生活在水中，但它们仍需到岸上晒太阳和产卵。

鳄鱼是体内受精的卵生动物，每窝可产12～48枚卵。鳄鱼都是温度决定性别，雌性是在或高或低的温度下形成的；雄性则是在一个小的中等温度区间内形成的。

鳄鱼将卵产在由植被垫起的土丘中或者埋藏于沙地内。它们在选择这些筑巢地时就已经考虑到了出生幼鳄的性别。有些鳄鱼会由父母双方一起守护巢穴。有些由雌鳄负责在听到孵出小鳄的咕噜声后为其打开巢穴出口；雌鳄还会强行将孵出的小鳄用嘴叼入它们在水中搭建的喂养池中。

雌鳄负责保护出生头2个月的小鳄们。雄鳄则负责维护领地安全，还会杀死并吃掉领地内的任何鳄鱼幼崽，因此，雌鳄需要保护幼鳄免被自己的父亲杀死。雌性美国鳄会和自己的幼崽们一起生活1～2年。

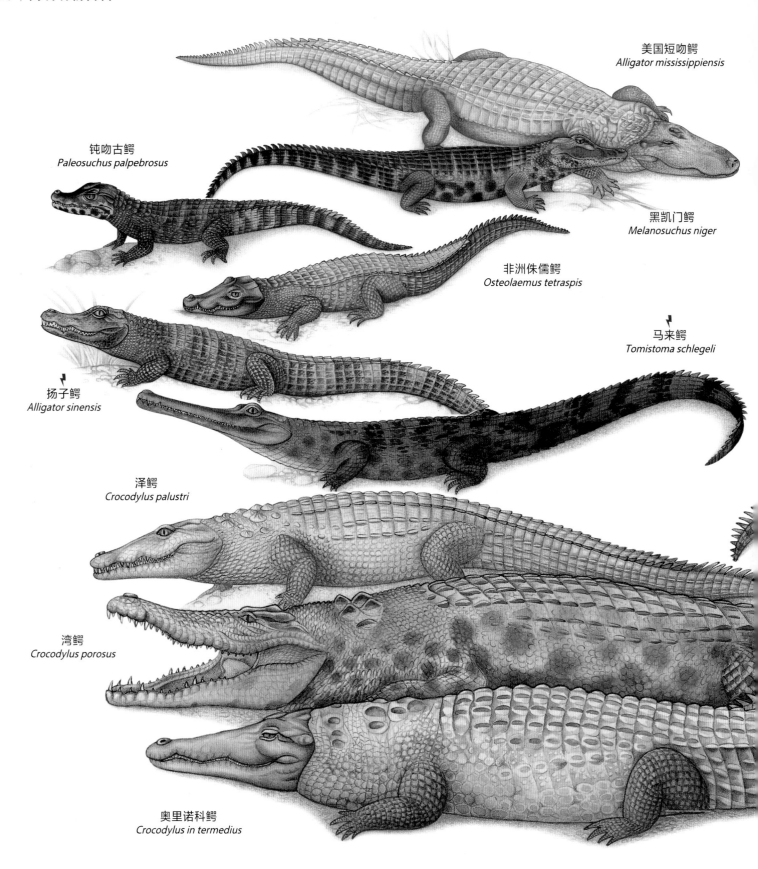

美国短吻鳄
Alligator mississippiensis

钝吻古鳄
Paleosuchus palpebrosus

黑凯门鳄
Melanosuchus niger

非洲侏儒鳄
Osteolaemus tetraspis

马来鳄
Tomistoma schlegeli

扬子鳄
Alligator sinensis

泽鳄
Crocodylus palustri

湾鳄
Crocodylus porosus

奥里诺科鳄
Crocodylus in termedius

美国短吻鳄：这种鳄鱼在20世纪50年代数量已经极为稀少，因此在1967年被定为濒危物种受到保护。经过近20年的努力，目前美国短吻鳄的数量已经超过80万条。

✳ 5.8米
水栖型
○ 卵生
● 10～40枚
⚡ 普遍

美国东南部

黑凯门鳄：经过近10年的濒危物种保护，这种鳄的总数恢复得非常快。因此巴西目前已经将其调整为非濒危物种。

✳ 6米
水栖型
○ 卵生
● 35～50枚
⚡ 依赖保护

亚马孙流域（南美洲北部）

扬子鳄：这种中国特有的鳄大部分时间生活在水下复杂的洞穴中。它们的洞穴系统包括水上的围池和地下的气孔等。

✳ 2米
水栖型
○ 卵生
● 10～40枚
⚡ 极危

中国长江流域

眼镜凯门鳄
Caiman crocodilus

眼镜凯门鳄尾巴上的黑色条纹非常独特

暹罗鳄
Crocodylus siamensis

暹罗鳄的前肢长有5根带爪的脚趾

美洲鳄
Crocodylus acutus

恒河鳄
Gavialis gangeticus

只有雄鳄在吻尖处长有一个独特的突起

尼罗鳄
Crocodylus niloticus

美洲鳄：由于栖息地被破坏和人类对鳄鱼皮的大量需求，曾经数量繁多的美洲鳄已经在很多地方灭绝了，而且至今也没能再恢复。

↥7米
水栖型
卵生
30～40枚
易危

美国佛罗里达州南、墨西哥至哥伦比亚、厄瓜多尔

尼罗鳄：尼罗鳄成熟需要12～15年，而成年尼罗鳄身长可达1.8～2.8米。一般由雌鳄负责保护巢穴，并为孵化出的小鳄打开巢穴，将它们带回水中。尼罗鳄父母会共同抚养小鳄。

↥6米
水栖型
卵生
16～80枚
普遍

撒哈拉以南的非洲大部分地区

独特的身体构造：解剖学研究表明，鳄目动物的身体器官为了适应水中生活而发生了多种变化。例如眼睛、外耳孔、鼻孔位于头部最高处，这样鳄鱼可以完全隐藏在水面下追逐猎物。另外，继发腭使得鳄鱼在嘴闭合之后仍然可以呼吸。在鳄鱼张嘴咬食猎物时，位于喉部的皮瓣可以防止水流入气管。

楔齿蜥

纲：	爬行纲
目：	喙头目
科：	楔齿蜥科
属：	楔齿蜥属
种：	2

楔齿蜥又被称为"活化石"，现在仅生存于新西兰岛上。楔齿蜥曾经数目庞大，2.25亿年前与恐龙生活在同一个时代，是那个时代的爬行动物中唯一存活至今的——除楔齿蜥以外的其他物种全部于6000万年前灭绝。楔齿蜥的牙齿结构非常特殊：它们的上颌长有两排牙齿，但下颌仅有一排牙齿且位置相较于上颌的两排牙齿更靠内侧。蜥蜴长有可见的外耳孔，楔齿蜥没有。

分布：大约有400只楔齿蜥生活在新西兰的北兄弟岛上，还有约6万只分布于新西兰的北岛北部沿岸的30多座小岛上。

雌性

雄性

楔齿蜥
Sphenodon punctatus

蚓蜥

纲：	爬行纲
目：	有鳞目
亚目：	蚓蜥亚目
科：	4
属：	21
种：	140

蚓蜥属于有鳞目，胸部肌肉和骨盆已经退化，体表的鳞甲呈环状结构，长有短尾。蚓蜥骨质化的头骨完全适应了其挖洞的生活习性，脑部被额骨包裹。蚓蜥的右肺体积变小，以适应其狭长的身体，这与一般的无腿蜥蜴和蛇类似，但后两者的左肺体积较小。4科蚓蜥动物中有3科完全无四肢，只有1科的蚓蜥保留有一对小前肢，便于行走和挖洞。

分布：蚓蜥分布在北美洲南部的热带和亚热带地区、南美洲至巴塔哥尼亚、西印度群岛、伊比利亚半岛、阿拉伯半岛和亚洲西部等地。

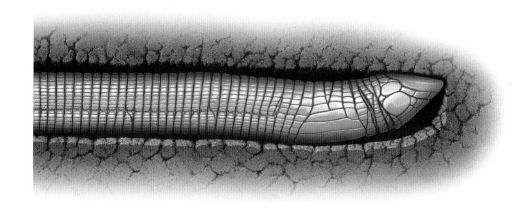

铲形的吻部：上图展示的是蚓蜥如何用头部铲土前进来扩大自己的隧道的。蚓蜥的牙齿很大，上下交错，便于捕捉猎物并将之拖入它们的隧道之中。

蜥蜴

纲：	爬行纲
目：	有鳞目
亚目：	蜥蜴亚目
科：	27
属：	442
种：	4560

早在距今6500万年前的白垩纪末期，恐龙和很多大型爬行动物灭绝，蜥蜴却繁衍生息下来。如今，蜥蜴可见于除南极和少数北极区域外的所有陆地栖息地。目前地球上有超过4000种蜥蜴，是数量最多的爬行动物。尽管体形最大的蜥蜴——科摩多巨蜥身长超过3米，但大多数蜥蜴体形较小，很少有超过30厘米的。正是因为这种小巧的身形，蜥蜴才得以从白垩纪存活至今。蜥蜴的生存环境相对固定，仅有少数生活于高山或者水中。

食肉龙：生活在印尼的科摩多巨蜥（下图）会用舌头探测空气中温血动物的气味。这种蜥蜴的身长可超过3米，它们能吃下整只的鹿、猪、羊，甚至是水牛。

分布：蜥蜴分布广泛，从新西兰到挪威，从加拿大南部到南美洲最南端的火地岛的广大地区都能看见它们的身影，它们还是很多封闭岛屿上的特有动物。蜥蜴唯一没有抵达的大洲便是南极洲。

宣示主权：每只雄性蜥蜴都有一个固定的觅食和寻找配偶区域。当其他雄性出现在其领地时，它就会做出一系列类似俯卧撑的动作使自己看起来更大、更具威胁性，以此来恐吓入侵者。

蜥蜴认为对方要威胁其领域，因此四脚着地准备应战

弓起背，眼睛睁大，直视前方

同时抬起后腿，为进攻跳跃做准备

防御和逃跑

蜥蜴是蜘蛛、蝎子、其他蜥蜴、蛇、鸟和哺乳动物的猎物，因此御敌是蜥蜴非常重要的生存技巧。吉拉毒蜥和念珠毒蜥是有毒的蜥蜴，但即使是这些毒蜥，遇到敌人时的第一反应也是采取恐吓策略，争取吓跑对方。很多蜥蜴都有一系列御敌或逃跑的方法。

大部分蜥蜴的首选措施是伪装。它们可以长时间保持僵直的姿势直至敌人离开——变色龙就是非常有名的伪装高手。还有的蜥蜴采取恐吓或迷惑敌人的方法来达到逃跑的目的。例如澳洲伞蜥在遇到危险时会撑起颈部的褶皱皮肤并张大嘴嘶嘶叫，伺机逃跑。

有些蜥蜴长有锋利的刺可刺伤敌人的嘴；有些身上的鳞片很滑，难以被抓住。犰狳蜥会在受到威胁时将自己团成球，靠身上的刺保护自己；鬣蜥会从水面掠过，然后潜水逃至安全的地方。

澳大利亚松果蜥

树栖变色龙

石龙子

叶尾壁虎

加拉帕戈斯陆鬣蜥：食草动物，主要以仙人掌的果实和茎为食。它们居住在干旱地区，每天早上在赤道的阳光下"晒日光浴"。

蜥蜴的尾巴：有些蜥蜴的尾巴会模拟树叶的形态；有些与它们的头部相似。有些蜥蜴可以用尾巴握住树枝，还有些蜥蜴的尾巴是可再生的——例如石龙子在尾巴被捕食者抓住时会断尾求生。

海鬣蜥：是唯一一种能在海中生活、觅食的蜥蜴。它们的肤色会随着年龄的增长而变化。海鬣蜥的皮肤在幼年期为黑色，成年后，皮肤上会根据各自居住的岛屿环境带有绿色、红色、灰色或者黑色的暗影。白天雄性海鬣蜥喜欢待在阳光充分的岩石海岸，海风会让它们保持凉爽。

蜥蜴用尾巴御敌，特别是巨蜥和鬣蜥可以用尾巴攻击进攻者。石龙子和其他小型蜥蜴会断尾求生，这些蜥蜴的尾巴大多颜色亮丽，会不停摆动来引诱敌人攻击尾巴而非头部，而且断尾在蜥蜴逃跑后仍然可以蠕动。这些断尾的蜥蜴很快就会长出新的尾巴来。在领土斗争中，有的壁虎会主动进攻并吃下敌人的尾巴。

当角蜥被狐狸和土狼追杀时，会从眼睛中喷出味道难闻的血来恐吓敌人。有些蜥蜴则靠吐舌头吓退敌人。例如生活在澳大利亚的石龙子就会吐出它们五颜六色的舌头并发出嘶嘶声来威胁敌人。虽然吉拉毒蜥有毒且可以用身上鲜艳的花纹警告捕食者，但在遇到攻击时也会先向敌人吐出其紫色的舌头来恐吓对方。

斐济带纹鬣蜥
Brachylophus fasciatus

小安的列斯岛鬣蜥
Iguana delicatissima

海鬣蜥
Amblyrhynchus cristatus

加拉帕戈斯陆鬣蜥
Conolophus subcristatus

犀鬣蜥
Cyclura cornuta

黑刺尾鬣蜥
Ctenosaura similis

相较于其他科类的雄鬣
蜥，雄性刺尾鬣蜥的体
温越高皮肤颜色越淡

绿鬣蜥
Iguana iguana

马达加斯加锯尾鬣蜥
Oplurus cyclurus

环颈蜥
Crotaphytus collaris

侧斑鬣蜥
Uta stansburiana

豹蜥
Gambelia sila

飞鼬蜥
Sauromalus ater

太阳角蜥
Phrynosoma solare

短角蜥
Phrynosoma douglassi

沙漠刺蜥
Sceloporus magister

科罗拉多趾蜥
Uma notata

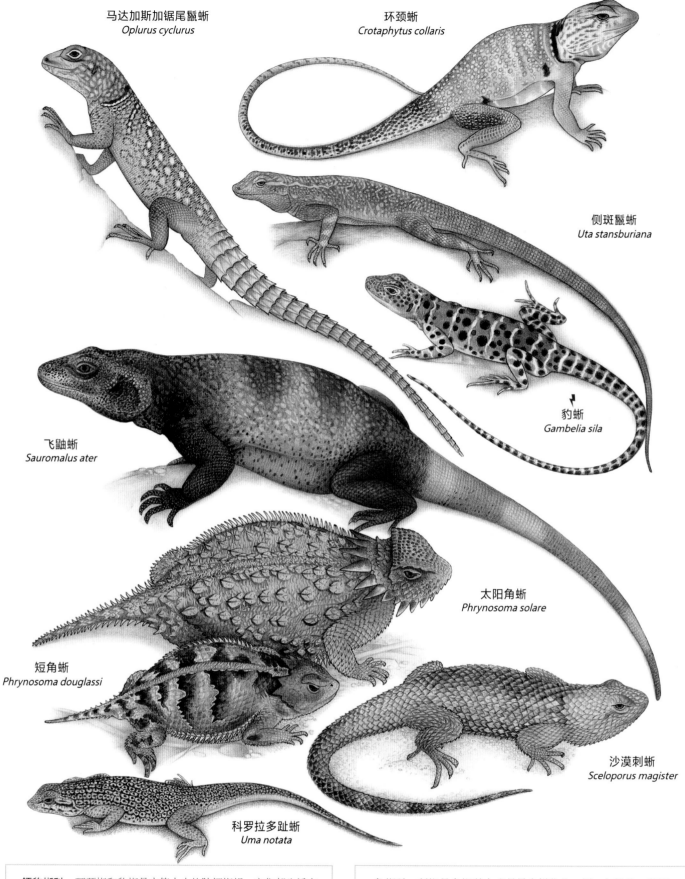

领豹蜥科：环颈蜥和豹蜥是中等大小的陆栖蜥蜴。它们都生活在沙漠或其他多岩石的干旱地带，当受到惊吓时会大声尖叫，在穿越岩石区时多用两足行走。

北美洲西南部

属：2
科：12

红色警告：雌环颈蜥怀孕后，身上会长出亮红色斑纹，提醒雄蜥不要再在自己身上浪费时间。

角蜥科：刺蜥是角蜥科中成员最多样化的一属，包括约70种蜥蜴，身材适中，习惯坐等猎物上钩。它们生活在沙漠地带，很多陆栖和树栖生物都是它们的食物。角蜥则身体扁平，完全陆栖。代表动物有太阳角蜥、沙漠刺蜥、短角蜥、科罗拉多趾蜥等。

加拿大南部、美国、中美洲部分地区

属：9
科：110

防御的刺：角蜥头上的刺冠是同一科蜥蜴中最大的。

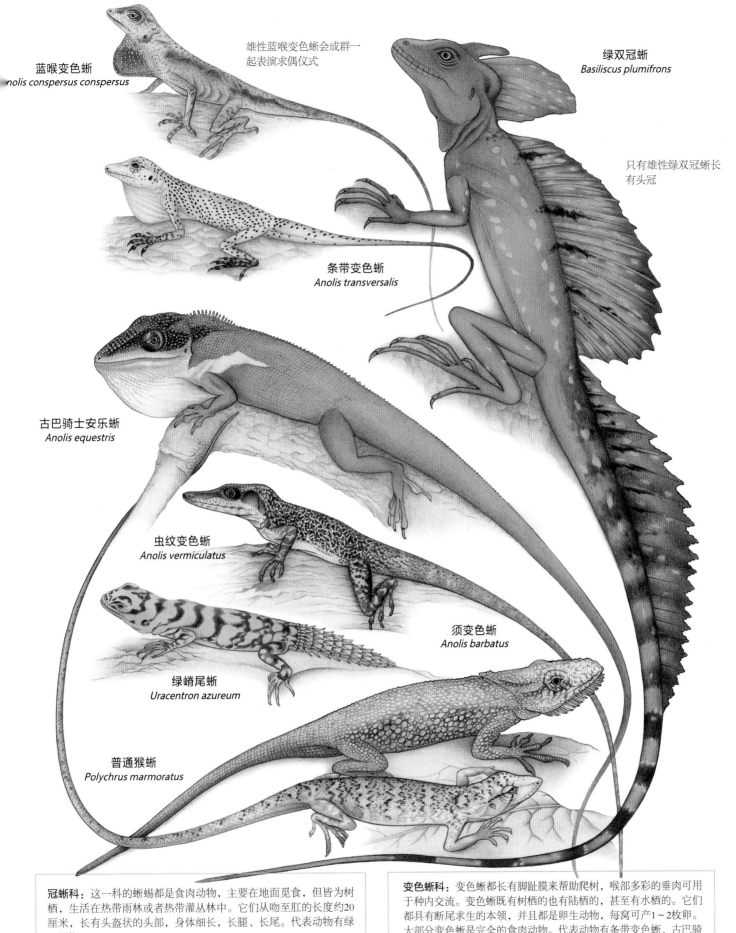

蓝喉变色蜥
Anolis conspersus conspersus

雄性蓝喉变色蜥会成群一起表演求偶仪式

绿双冠蜥
Basiliscus plumifrons

只有雄性绿双冠蜥长有头冠

条带变色蜥
Anolis transversalis

古巴骑士安乐蜥
Anolis equestris

虫纹变色蜥
Anolis vermiculatus

须变色蜥
Anolis barbatus

绿嵴尾蜥
Uracentron azureum

普通猴蜥
Polychrus marmoratus

冠蜥科：这一科的蜥蜴都是食肉动物，主要在地面觅食，但皆为树栖，生活在热带雨林或者热带灌丛林中。它们从吻至肛的长度约20厘米，长有头盔状的头部，身体细长，长腿、长尾。代表动物有绿双冠蜥。

属：3
科：9

轻松过水面：双冠蜥的脚趾之间长有叶片状的膜，着地面积更大，因此它们可以轻松跑过水面。

墨西哥至哥伦比亚、委内瑞拉

变色蜥科：变色蜥都长有脚趾膜来帮助爬树，喉部多彩的垂肉可用于种内交流。变色蜥既有树栖的也有陆栖的，甚至有水栖的。它们都具有断尾求生的本领，并且都是卵生动物，每窝可产1～2枚卵。大部分变色蜥是完全的食肉动物。代表动物有条带变色蜥、古巴骑士安乐蜥、虫纹变色蜥、须变色蜥、普通猴蜥等。

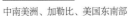

属：8
科：395

求偶仪式：雄性安乐蜥的喉部长有类似喉囊的垂肉。它们会吹鼓这个垂肉以赢得青睐。

中南美洲、加勒比、美国东南部

1 **伞蜥**
Chlamydosaurus kingii

2 **斑岩蜥**
Laudakia stellio

3 **魔蜥**
Moloch horridus

4 **东部鬃狮蜥**
Pogona barbata

5 **孔雀王者蜥**
Uromastyx ocellata

6 **玛沙蜥**
Pseudotrapelus sinaitus

7 **波斯沙蜥**
Phrynocephalus persicus

8 **波斯草原蜥**
Trapelus persicus

9 **摩洛哥王者蜥**
Uromastyx acanthinura

10 **彩虹飞蜥**
Agama agama

[上述均属鬣蜥科]

华丽双孔蜥：这种半树栖的小蜥蜴是鬣蜥科中体形最纤细的一种，从吻至肛的长度仅8厘米，但它的尾巴却有身体的4倍长。

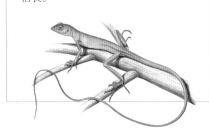

伞蜥：这种树栖在干旱地区林地的蜥蜴白天出来觅食，它受到惊吓时会撑起颈部的褶皱皮肤，使自己看起来显得更大。逃跑时会只用后肢快速奔跑。

📏 28厘米
🌲 树栖型
○ 卵生
● 8～23枚
⚡ 普遍

澳大利亚北部和新几内亚南部

魔蜥：这种蜥蜴的皮肤上长有吸收湿气的细槽，一直通到嘴边。当有露水掉在它们的背上时，露水就会顺着细槽流入口中解渴。它们只吃蚂蚁。

📏 11厘米
🌲 树栖型
○ 卵生
● 3～10枚
⚡ 普遍

澳大利亚西部

1 长棘蜥 *Acanthosaura armata*	**4** 火冠蜥 *Gonocephalus grandis*	**7** 白唇树蜥 *Calotes mystaceus*
2 五线飞蜥 *Draco quinquefasciatus*	**5** 长鬣蜥 *Physignathus cocincinus*	**8** 树蜥 *Calotes calotes*
3 海蜥 *Hydrosaurus amboinensis*	**6** 双镰蜥 *Harpesaurus beccarii*	**9** 平腹头角蜥 *Gonocephalus liogaster*

［上述均属鬣蜥科］

海蜥： 这种半水栖的蜥蜴经常在溪水岸边觅食和晒太阳。它们的后脚趾上长有类似脚蹼的皮肤，因此当它们遇到危险时，会用后肢在水面上飞奔逃跑。

✈100厘米
杂栖型
卵生
● 6~12枚
⚡ 普遍

亚洲东南部、新几内亚

长鬣蜥： 这种半水栖的蜥蜴生活在河岸边，喜欢大群居住。长鬣蜥群一般由一只雄性头领和几只雌蜥组成，多栖息在矮树枝上或地洞中。

✈30厘米
杂栖型
卵生
● 7~12枚
⚡ 普遍

泰国、中南半岛东部、越南、中国南部

树蜥： 为了躲避其他动物，这种蜥蜴生活在海拔1500米的山地森林中。雄蜥的皮肤颜色艳丽。

✈30厘米
树栖型
卵生
● 10~20枚
⚡ 普遍

印度和斯里兰卡

蜥蜴的繁殖

　　不同种类的蜥蜴的繁殖方式也是大不相同。成熟快的蜥蜴因为寿命较短，会不停产卵，但每次只产一枚；而需要几年时间才能成熟的蜥蜴，在成熟后可以持续多年产卵，且卵的个头较大；其他大部分蜥蜴每年的产卵次数以及数量介于这两者之间。一些生活在低海拔地区的蜥蜴为卵生，一些生活在高海拔或者高纬度地区的为胎生。雌蜥就像一个孵卵器，携带着正在发育中的胚胎，寻找最适合孵化的温度。令人吃惊的是，还有一些种类的蜥蜴在繁育后代方面进化较慢，无论它们的体形大小和自身营养情况如何，它们每次产卵都不超过2枚。

壁虎　　　　　　　　　　　角蜥　　　　　　　　　　科摩多巨蜥

卵的大小：壁虎（上左图）无论自身大小和营养情况如何，每窝都会产2枚卵，且每次产的卵大小一致。有些蜥蜴（上中图）会根据自身的情况来调整每窝卵的数量和大小。而大型蜥蜴（上右图）则会每窝产很多很大的卵。一般卵的数量和大小与雌蜥的体形大小及其自身状况紧密关联。

粘在一起：雌壁虎每次只产2枚卵，且卵会粘在一起。偶尔雌壁虎们会分享同一处筑巢地（下图），它们会将自己的卵粘在保护良好的竖直表面，如树洞的侧壁上以防止猎食者偷猎。

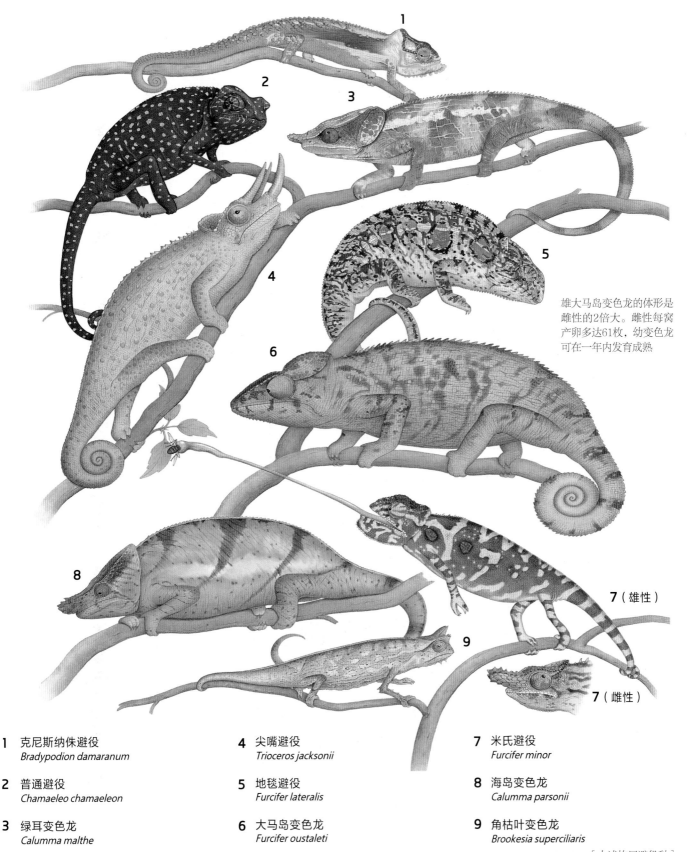

雄大马岛变色龙的体形是雌性的2倍大。雌性每窝产卵多达61枚，幼变色龙可在一年内发育成熟

7（雄性）

7（雌性）

1 克尼斯纳侏避役
  Bradypodion damaranum

2 普通避役
  Chamaeleo chamaeleon

3 绿耳变色龙
  Calumma malthe

4 尖嘴避役
  Trioceros jacksonii

5 地毯避役
  Furcifer lateralis

6 大马岛变色龙
  Furcifer oustaleti

7 米氏避役
  Furcifer minor

8 海岛变色龙
  Calumma parsonii

9 角枯叶变色龙
  Brookesia superciliaris

［上述均属避役科］

避役科：又称变色龙，以其根据环境改变肤色的本领闻名。尾巴可以蜷曲，2~3个脚趾融合形成可以抓握的肉垫。另外，它们的双眼可以独立转动。

属：6
种：135

非洲、马达加斯加、欧洲南部、中东、印度和斯里兰卡

大马岛变色龙：这种变色龙可以生活在温暖潮湿的沿海低地，也可以生活在干旱的森林中。雄性一般体形较大，尾部也较雌性宽一些。

✂ 60厘米
⊕ 树栖型
○ 卵生
● 1~61枚
🔨 普遍

马达加斯加

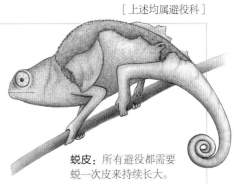

蜕皮：所有避役都需要蜕一次皮来持续长大。

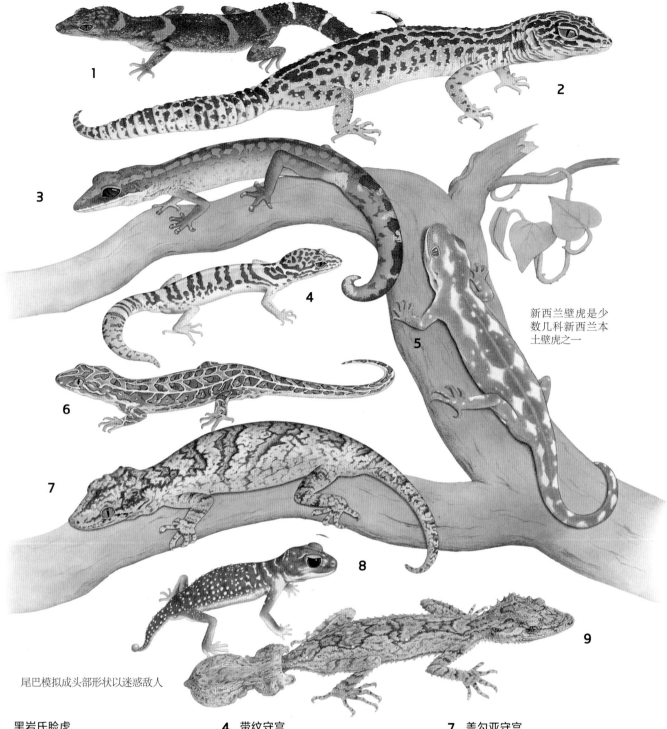

新西兰壁虎是少数几科新西兰本土壁虎之一

尾巴模拟成头部形状以迷惑敌人

1 黑岩氏睑虎
Goniurosaurus kuroiwae

2 豹斑睑虎
Eublepharis macularius

3 猫眼虎
Aeluroscalabotes felinus

4 带纹守宫
Coleonyx variegatus

5 新西兰壁虎
Naultinus elegan

6 托氏武趾虎
Tukutuku rakiurae

7 盖勾亚守宫
Rhacodactylus auriculatus

8 流星细皮瘤尾守宫
Nephrurus stellatus

9 北部叶尾守宫
Saltuarius cornutus

[上述均属壁虎科]

适应沙地：动物想穿过流沙地就必须有特殊的脚。阔趾虎（*Pallmatogecko rangeri*）的脚就已经进化成类似雪鞋样，使它们可以在流沙表面行走。

沙鞋：有些蜥蜴的脚趾外沿长有皱边，可以在沙子表面行走；还有些蜥蜴的脚上长有大脚蹼。

豹斑睑虎：豹斑睑虎的眼睑可以移动，但缺少脚趾垫。它们的性别是由孵化时的温度决定的。

✣25厘米
◠陆栖型
○卵生
●2枚
↯普遍

阿富汗、巴基斯坦、印度西部、伊拉克、伊朗

带纹守宫：这种夜间出来觅食的壁虎长有大且可移动的眼睑，也没有长脚趾垫。它们的尾巴很容易断。

✣25厘米
◠陆栖型
○卵生
●2枚
↯普遍

美国西南部至墨西哥和巴拿马

尾部扁平

全长的2/3都是尾巴

眼睛巨大，头部呈球状，尾巴较短

1 白嵴壁虎
Gekko vittatus

2 平额叶尾守宫
Uroplatus henkeli

3 大壁虎
Gekko gecko

4 北部刺尾守宫
Strophurus ciliaris

5 瘤尾虎
Oedura marmorata

6 澳鳞蜥
Delma australus

7 澳蛇蜥
Lialis burtonis

8 槟城弓趾虎
Cyrtodactylus pulchellus

9 伊犁沙虎
Teratoscincus scincus

[1~5、8、9属壁虎科，6、7属鳞脚蜥科]

白嵴壁虎：这种壁虎的背部长有醒目的白色条纹，尾巴上长有横宽纹，脚趾间的大宽片更适合攀爬树木。它们习惯夜间出来觅食。

☀25厘米
◐陆栖型
○卵生
● 2枚
↯普遍

印澳群岛各处

槟城弓趾虎：这种壁虎的身形扁平紧凑，脚趾细长并向前弯曲至指骨后再向下弯曲，脚上的皮肤很薄。

☀20厘米
◐陆栖型
○卵生
● 2枚
↯普遍

亚洲中部、东南部

鳞脚蜥科：这科的蜥蜴是壁虎的近亲，前肢退化，后肢上长有鳞片且一直延续到泄殖腔附近。它们的尾巴非常脆弱，很容易折断，眼睛很像蛇的眼睛，但缺少眼睑。

退化的脚：澳蛇蜥的后肢已经退化成拍子状的鳞片，有利于它们在流沙上行走。

1 马达加斯加金粉守宫原是马达加斯岛土生物种，但如今广泛存在于夏威夷岛

1 **马达加斯加日行守宫**
Phelsuma madagascariensis

2 **马达加斯加金粉守宫**
Phelsuma laticauda

3 **鳞趾虎**
Lepidodactylus lugubris

4 **鳄鱼守宫**
Tarentola mauritanica

5 **以色列扇趾虎**
Ptyodactylus puiseuxi

6 **飞蹼守宫**
Gekko kuhli

7 **皮氏狭趾虎**
Stenodactylus petrii

8 **黄绿蜥虎**
Hemidactylus flaviviridis

9 **肥趾虎**
Pachydactylus geitje

10 **条纹膝虎**
Gonatodes vittatus

［上述均属壁虎科］

鳞趾虎： 这种树栖的壁虎全身长满细小的鳞片，尾巴长且扁平，两侧长有刺状突起鳞片。

☀5厘米
🌳树栖型
○卵生
🥚2枚
⚡普遍

马来西亚至澳大利亚东北部的大部分地区

鳄鱼守宫： 十分强壮，全身被鳞骨状鳞片覆盖。雄守宫拥有自己的固定领土。守宫卵孵化需要10周，而幼守宫发育成熟则需要2年。

☀15厘米
🌳树栖型
○卵生
🥚2枚
⚡普遍

地中海沿岸各地及西班牙西部、葡萄牙西部、法国西部

飞蹼守宫： 这种陆栖的壁虎每隔30天左右可以产卵一次，每次2枚；卵孵化需要60天左右。

☀15厘米
🌳树栖型
○卵生
🥚2枚
⚡普通

亚洲南部及东南部部分地区

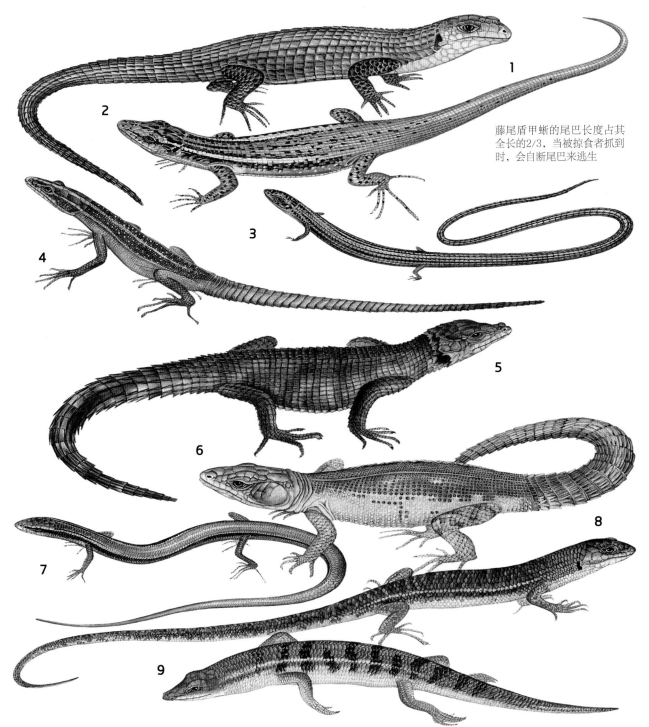

藤尾盾甲蜥的尾巴长度占其全长的2/3，当被掠食者抓到时，会自断尾巴来逃生

1 苏丹盾甲蜥
Broadleysaurus major

2 马达加斯加束带蜥
Zonosaurus madagascariensis

3 藤尾盾甲蜥
Tetradactylus tetradactylus

4 姬扁蜥
Platysaurus guttatus

5 南非环尾蜥
Karusasaurus polyzonus

6 黑背环尾蜥
Pseudocordylus melanotus

7 沙鳄石龙子
Plestiodon egregius

8 史氏石龙子
Eumeses schneideri

9 砂鱼蜥
Scincus scincus

[1～3属板蜥科、4～6属环尾蜥科、7～9属石龙子科]

板蜥科： 板蜥科动物长有大块对称的，起保护作用的骨甲，身上的鳞片呈长方形，相互叠加。它们是陆栖的杂食动物，以植物和昆虫为食。

属：6
种：32

非洲南部和马达加斯加

环尾蜥科： 环尾蜥的头部长有大块对称的骨质鳞片，身上的鳞片为长方形，相互叠加，呈龙骨状；但扁蜥身上的鳞片呈小颗粒状。

属：4
种：52

非洲南部

团成团：南非犰狳蜥（*Cordylus cataphractas*）在遇到威胁时会咬住自己的尾巴将身体团成一团。

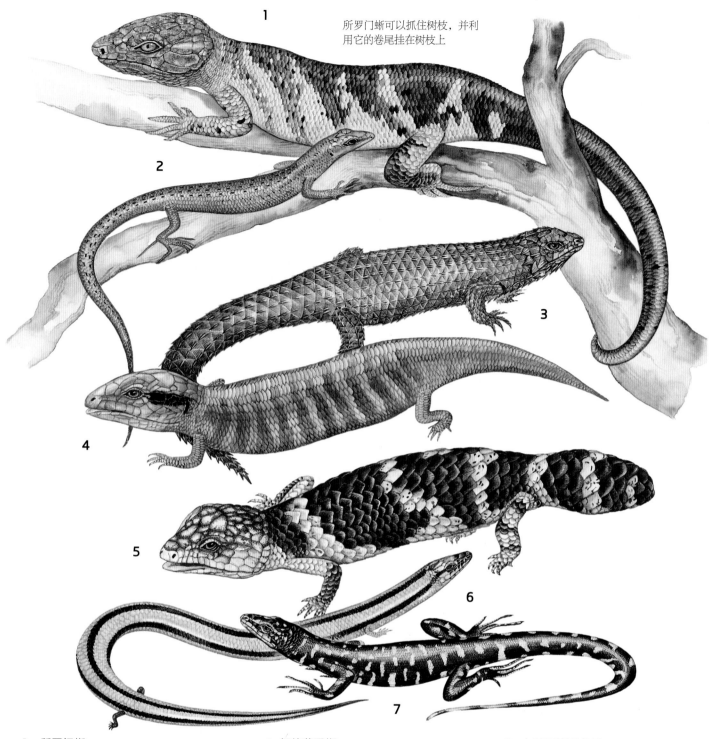

1

所罗门蜥可以抓住树枝，并利用它的卷尾挂在树枝上

1 所罗门蜥
Corucia zebrata

2 绿宝石石龙子
Lamprolepis smaragdina

3 何氏胎生蜥
Egernia hosmeri

4 细纹蓝舌蜥
Tiliqua multifasciata

5 松果蜥
Tiliqua rugosa

6 穴居三纹石龙子
Pygomeles trivittatus

7 奥塔哥石龙子
Oligosoma otagense

［上述均属石龙子科］

传递信息的尾巴：石龙子的尾巴非常长。雄性条纹石龙子（*Plestiodon fasciatus*）靠雌蜥和幼蜥艳蓝色的尾巴来确认它们，并允许它们进入自己的领地。

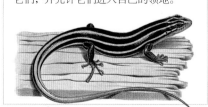

何氏胎生蜥：这种蜥的尾巴根部缺少大型鳞片，长且多褶的耳片几乎将耳朵全部遮挡。这种白天出来觅食的蜥蜴习惯栖息在外露的岩石缝隙或多石的山坡上。

‖18厘米
◯陆栖型
◯卵生
● 2枚
↯ 普遍

澳大利亚东北部

细纹蓝舌蜥：这种蜥蜴长有扁平蓝色的舌头、五趾较短的四肢和短尾。它们栖息在沙漠和半沙漠的多石地带。

‖30厘米
◯陆栖型
◯胎生
● 一胎10只
↯ 普遍

澳大利亚北部和西北部

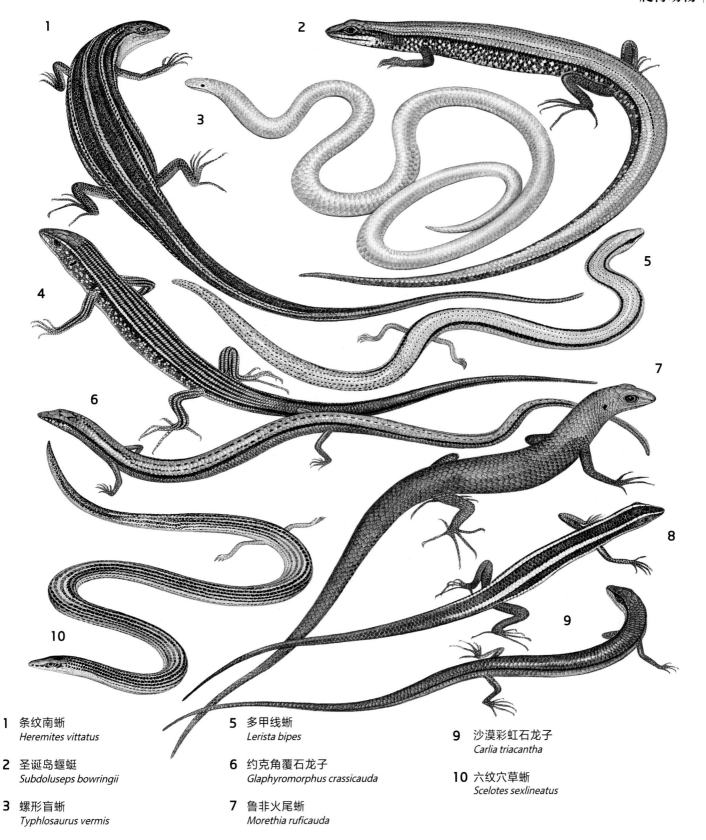

1　条纹南蜥
Heremites vittatus

2　圣诞岛蜒蜓
Subdoluseps bowringii

3　螺形盲蜥
Typhlosaurus vermis

4　丽色栉耳蜥
Ctenotus pulchellus

5　多甲线蜥
Lerista bipes

6　约克角覆石龙子
Glaphyromorphus crassicauda

7　鲁非火尾蜥
Morethia ruficauda

8　蛇眼石龙子
Ablepharus kitaibelii

9　沙漠彩虹石龙子
Carlia triacantha

10　六纹穴草蜥
Scelotes sexlineatus

[上述均属石龙子科]

多甲线蜥：这种蜥蜴的前肢已经退化，后肢也退化到仅剩2趾。但它们却可以自如地在沙漠或者沿海的沙丘地上穿行。

✂6厘米
⬭陆栖型
○卵生
●2枚
⚡普遍

澳大利亚西北部

约克角覆石龙子：这种蜥蜴身上的鳞片非常光滑。它们栖息在森林和沿海的沙丘地带，以圆木下、石头缝隙中或落叶层中的昆虫为食。

✂5厘米
⬭陆栖型
○卵生
●2枚
⚡普遍

澳大利亚东北部

蓝舌侏石龙子：蓝舌侏石龙子（*Tiligum adolaideuss*）曾被误认为已经灭绝，直至1992年在一条蛇的胃里被发现，人们才意识到这种蜥蜴只是稀少并没有灭绝，因此制订了抢救恢复计划。如今其数量已经达到5500条。

蜥蜴的求偶仪式

蜥蜴的求偶仪式是为了避免雌性的卵细胞被浪费在错误的物种或劣质个体上而进化形成的。雄蜥一般都会占据资源丰富的领地，并且不断捍卫自己的领土，确保其他雄蜥无法进入。但是雌蜥会被允许进入雄蜥的领地，而且雄蜥希望能通过求偶表演展示自己的基因优势进而赢得交配权。如果在同一范围内有很多相似的雄蜥一起求偶，求偶展示会变得更复杂。求偶仪式最复杂的要数安乐蜥，而且这种仪式都是家族式代代相传的；巨蜥求偶的第一步就是雄蜥用舌头拍打雌蜥身体的不同部位；而石龙子科之间的交流主要是化学性的接触。

延展的皮肤：伞蜥求偶或警示其他雄性的动作展示种类十分丰富。记录表明，它约有多达75种动作，包括摇摆头、俯卧撑、支起颈部伞状的皮肤、变色、鼓胀身体、舔头和张嘴等。雌蜥也会以雄蜥的身体形状和大小的变化能力、变色能力和张嘴的大小等来判断雄蜥的优劣。

安乐蜥的求偶：利氏安乐蜥（*Anolis pentaprion*）的求偶仪式非常复杂。它们喉部的垂肉为红色，长有蓝色条纹，蓝色条纹的数量多少取决于垂肉可延展的大小。利氏安乐蜥的垂肉展示非常有节奏，一边慢慢摆动垂肉一边延展它们，然后收回。并且它们会不断重复这一动作。

1 绿蜥蜴
Lacerta viridis

2 大加岛蜥
Gallotia stehlini

3 锡尔特蜥
Timon princeps

4 纹斑平蜥
Nucras tessellata

5 蓝斑蜥蜴
Timon lepidus

6 捷蜥
Lacerta agilis

7 西加纳利蜥蜴
Gallotia galloti

8 巴尔干绿蜥蜴
Lacerta trilineata

[上述均属草蜥科]

草蜥科：成年草蜥科蜥蜴的身长为4～25厘米。体表的鳞片十分多样，有的是大而圆滑的叠加型，有的则是骨质的小粒状。所有这科蜥蜴都长有四肢。

属：27
种：220

非洲（除马达加斯加岛）、欧洲、亚洲（除极寒地带）

大加岛蜥：这种蜥蜴从孵化到成年需要3年，且可以生存12年。成年大加岛蜥蜴主要食草，因此是植物种子的重要传播者。

✹27厘米
⌂陆栖型
○卵生
●10枚
⚡普遍

大加纳利岛（加纳利群岛）

纹斑平蜥：这种蜥蜴白天四处捕捉处于睡眠期的蝎子为食。它们可以忍耐白天的酷热，体表温度达到39℃也不会对它们有任何影响。

✹20厘米
⌂陆栖型
○卵生
●3～8枚
⚡普遍

纳米比亚南部、博茨瓦纳西南部、南非

1

2

3

4

6

5

7

8

9

1 意大利壁蜥
Podarcis siculus

2 地中海岩蜥
Podarcis muralis

3 摩洛哥岩石蜥
Scelarcis perspicillata

4 沙生黄蜥
Xantusia vigilis

5 斑驳黄蜥
Xantusia henshawi

6 胎生蜥
Zootoca vivipara

7 花背岩蜥
Darevskia raddei

8 乌氏岩蜥
Darevskia uzzeli

9 米氏壁蜥
Podarcis milensis

[1~3属草蜥科，4~9属夜蜥科]

夜蜥：黄斑疣蜥（*Lepidophyma flavi-maculatum*）是胎生的夜行性动物。还有一些夜蜥是单性生殖的。大部分夜蜥主要以昆虫为食。

夜蜥科：虽被称为夜蜥，其实这一科的很多蜥蜴是昼行性动物。它们体形小巧，身长约10厘米，长有颗粒状背鳞和大块腹鳞。

属：3
种：20

美国西部和墨西哥东部、中美洲和南美洲北部

地中海岩蜥：这种蜥蜴成群居住在一起。它们善于攀爬，经常趴在岩石上晒太阳。地中海岩蜥以蜂、蝇、蝴蝶和蜘蛛等无脊椎动物为食；同时它们也是蛇和猛禽的猎物。

✴ 10厘米
👁 杂栖型，陆栖型和树栖型
○ 卵生
● 2～8枚
⚡ 普遍

欧洲南部

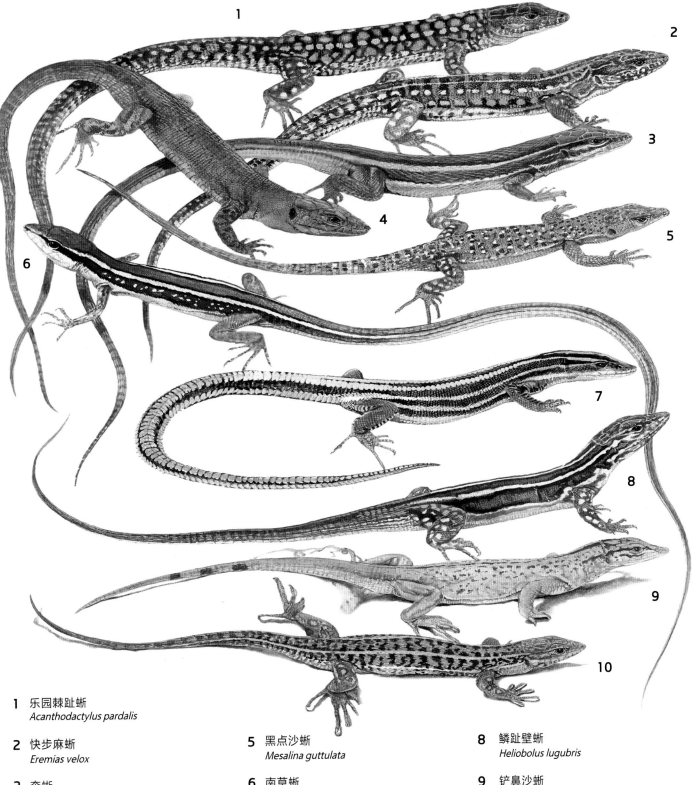

1 乐园棘趾蜥
Acanthodactylus pardalis

2 快步麻蜥
Eremias velox

3 奔蜥
Psammodromus algirus

4 蓝喉锯缘蜥
Algyroides nigropunctatus

5 黑点沙蜥
Mesalina guttulata

6 南草蜥
Takydromus sexlineatus

7 缨尾蜥
Holaspis guentheri

8 鳞趾壁蜥
Heliobolus lugubris

9 铲鼻沙蜥
Meroles anchietae

10 睑窗蜥
Ophisops elegans

[上述均属草蜥科]

乐园棘趾蜥：这种蜥的脚趾边缘长有褶皱的皮肤，可以帮助它们顺利穿过风沙大的沙丘。铲形的鼻子和埋头式的下颌都有利于它们从沙中铲到食物。

☀20厘米
🐊陆栖型
○卵生
●3~5枚
⚡普遍

阿尔及利亚、埃及、以色列、约旦和利比亚

蓝喉锯缘蜥：这是欧洲最小的蜥蜴，白天活动，在葡萄园或建筑物里寻找昆虫为食。它们有冬眠期，并于每年的4月开始进入繁殖期。

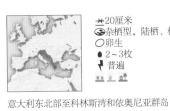

☀20厘米
🐊杂栖型，陆栖、树栖型
○卵生
●2~3枚
⚡普遍

意大利东北部至科林斯湾和依奥尼亚群岛

睑窗蜥：这种蜥蜴因为眼睛上覆盖着一块巨大到令它们的眼睑无法闭合的透明圆盘形物质而得名。为躲避捕食者的追捕，它们会不停在灌木丛之间穿梭。

☀5厘米
🐊陆栖型
○卵生
●4~5枚
⚡普遍

非洲北部、欧洲东南部至中东和印度

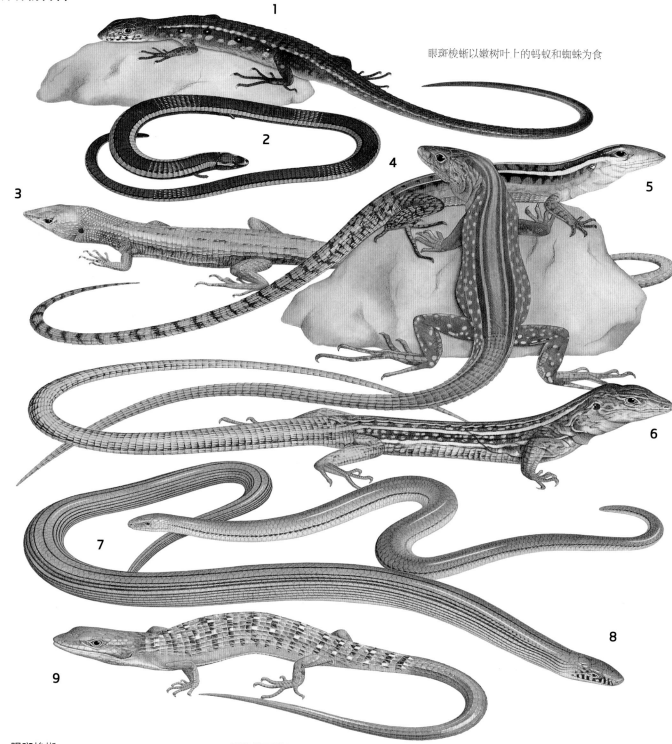

眼斑梭蜥以嫩树叶上的蚂蚁和蜘蛛为食

1 眼斑梭蜥
Cercosaura ocellata

2 托氏也克蜥
Bachia panoplia

3 双棱泳尾蜥
Neusticurus bicarinatus

4 彩虹鞭尾蜥
Cnemidophorus lemniscatus

5 南美棱尾蜥
Kentropyx calcarata

6 四趾泰加蜥
Teius teyou

7 蛇蜥
Anguis fragilis

8 残肢蜥
Ophiodes intermedius

9 陆鳄蜥
Elgaria multicarinata

［1～3属眼镜蜥科、4～6属美洲蜥蜴科、7～9属蛇蜥科］

眼镜蜥科：这一科卵生的蜥蜴都非常小，最大的仅有6厘米长。而且不同物种的鳞片形状差异也很大。眼镜蜥科的蜥蜴多生活在森林地面上的落叶层中。

属：36
种：160

中美洲南部和南美洲除西部山区外的大部分地区

美洲蜥蜴科：这一科的鞭尾蜥和双领蜥都是卵生，成年蜥蜴的身长（吻至肛）为5～40厘米。体形较大的双领蜥为杂食动物；体形较小的鞭尾蜥则以无脊椎动物为食。

属：9
种：118

美国北部至南美洲除西部山区外的大部分地区

双领蜥：这种大块头蜥蜴是亚马孙盆地中龟卵的主要掠食者。而为了保护自己的卵不被捕食，它们会将卵产在白蚁的巢中。

✂30厘米
陆栖型
卵生
●4～32枚
普遍

南美洲北部

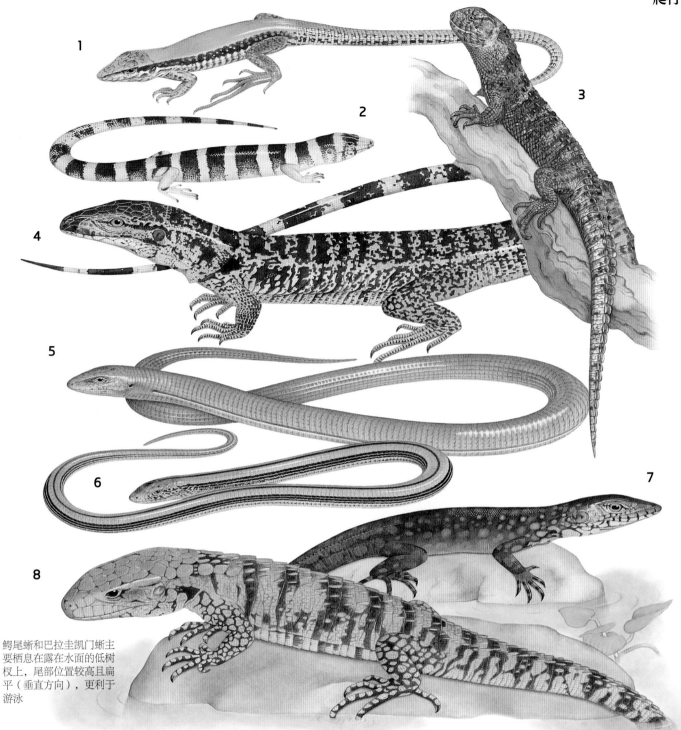

鳄尾蜥和巴拉圭凯门蜥主要栖息在露在水面的低树权上，尾部位置较高且扁平（垂直方向），更利于游泳

1 美洲蜥 *Ameiva ameiva*	**4** 双领蜥 *Tupinambis teguixin*	**7** 鳄尾蜥 *Crocodilurus amazonicus*
2 横纹肢蛇蜥 *Diploglossus fasciatus*	**5** 欧洲玻璃蛇蜥 *Pseudopus apodus*	**8** 巴拉圭凯门蜥 *Dracaena paraguayensis*
3 鳄蜥 *Shinisaurus crocodilurus*	**6** 三线脆蛇蜥 *Ophisaurus attenuatus*	

[1、4、7、8属美洲蜥蜴科，2、5属蛇蜥科，3、6属异蜥科]

蛇蜥科：这一科的蜥蜴都长有厚重的鳞甲，鳞甲下面的皮肤也已骨质化。它们大部分长有四肢，但也有相当一部分是无四肢的，且这些无四肢的蜥蜴都长有长尾——尾巴的长度可达到体长的2/3。为逃避捕食者，它们会将自己的长尾巴断成数截，因此它们也叫"玻璃蛇"。

蜷曲的尾巴：树栖的鳄形蜥（*Abronia aurita*）已经适应了热带雨林的树冠处生活，它们可以靠尾巴卷住树枝来保持平衡。

属：13
种：101

亚洲东南部、西部、欧洲大部分地区、北美洲南部、南美洲东南部

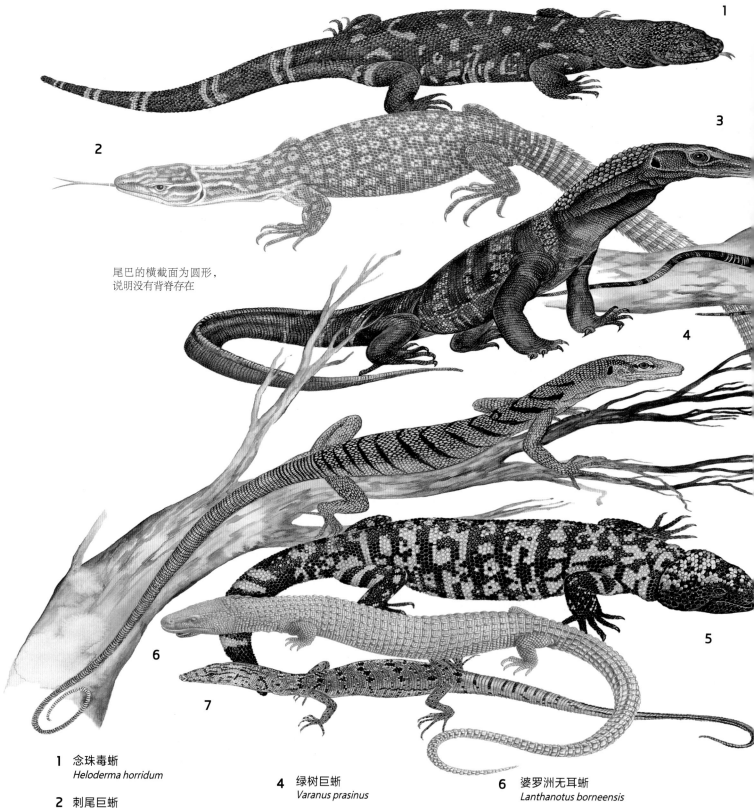

尾巴的横截面为圆形，
说明没有背脊存在

1 念珠毒蜥
Heloderma horridum

2 刺尾巨蜥
Varanus acanthurus

3 粗脖巨蜥
Varanus rudicollis

4 绿树巨蜥
Varanus prasinus

5 吉拉毒蜥
Heloderma suspectum

6 婆罗洲无耳蜥
Lanthanotus borneensis

7 吉兰巨蜥
Varanus gilleni

［1、5属毒蜥科，2～4、7属巨蜥科，6属婆罗蜥科］

蜕皮：蜥蜴的表皮由角质层构成，而鳞片就是这层角质层中增厚的部分。蜥蜴每隔一段时间都会蜕皮一次。

蜕皮：所有蜥蜴都必须通过蜕皮才能继续生长。

毒蜥科：吉拉毒蜥和念珠毒蜥均是有毒的蜥蜴。它们都长着宽大的头、粗壮的身体、强壮的四肢和用来储存脂肪的厚大的尾巴。

属：2
种：2

美国西南部至危地马拉

婆罗蜥科：婆罗洲无耳蜥是这科唯一的物种。它没有耳朵，牙齿呈翼状，也没有保护眼睛的头顶骨。这种蜥蜴是毒蜥科和巨蜥科的近亲，半水栖，夜间出来觅食。

属：1
种：1

加里曼丹岛北部

科摩多巨蜥的口腔中寄生有致命的细菌，猎物被其咬伤后，会在数小时内因细菌感染引发高烧而丧失能力，继而晕倒，科摩多巨蜥则会沿着猎物留下的气味痕迹追来吃掉猎物

1	萨氏巨蜥 *Varanus salvadorii*	4	荒漠巨蜥 *Varanus griseus*	7	科摩多巨蜥 *Varanus komodoensis*
2	眼斑巨蜥 *Varanus giganteus*	5	砂巨蜥 *Varanus gouldii*		
3	葛氏巨蜥 *Varanus oliveceus*	6	尼罗河巨蜥 *Varanus niloticus*		

[上述均属巨蜥科]

巨蜥科： 巨蜥的皮肤很厚，长有长颈，身上长满圆形鳞片。它们的尾巴很长，但不能自控；舌头长且分叉。体形最大的巨蜥是科摩多巨蜥。

属：1
种：50

非洲、亚洲西南部至东南部、澳大利亚和太平洋群岛

犁鼻器： 蜥蜴可通过舌头感受空气中的化学线索，以判断食物、同类及捕食者等的信息。帮助它们感知气味的器官叫犁鼻器，是一对长满感觉细胞的盲囊，位于其口腔顶部。蜥蜴的舌头细长分叉，会不停吞吐，依靠舌头上的粒子收集器收集空气信息后送入口腔传给犁鼻器，再通过犁鼻神经把信息传给大脑。

舌头探测器：很多蜥蜴都用叉形舌头来感知外界。

蛇

纲：爬行纲	
目：有鳞目	
科：17	
属：438	
种：2955	

目前世界上有约3000种不同的蛇，种类繁多，差异明显。最小的穴居盲蛇只有大约10厘米长，而最大的巨蟒可达10米。蛇的运动方式奇特，搜集周围环境信息的方式繁多，释放毒液的系统复杂。化石研究表明，蜥蜴的出现早于蛇，而且蛇类还长有已退化的盆骨带，有些原始蛇类还有残余的后肢，这些都证明了蛇源于蜥蜴。和无腿的蜥蜴一样，蛇的左肺或退化，或已经完全消失，而蚓蜥则是右肺退化。蛇的大部分器官已退化到腹部附近，且变得更长。

热带爱好者：蛇可以生活在除南极大陆以外的所有大洲，甚至一些北极圈内的地方。但很多封闭的岛屿，如新西兰、爱尔兰岛、冰岛没有蛇；另外，大西洋中没有海蛇。而且大部分的蛇还是更喜欢生活在热带地区。

蛇的生理结构：下图是西部菱斑响尾蛇的解剖图。蛇的大部分器官都已变得更窄长。大多数蛇的肺已经退化成1个，但雄性长有2套生殖器官。

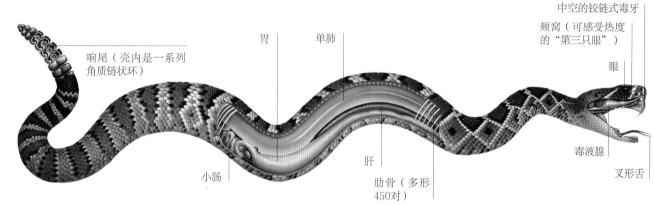

响尾（壳内是一系列角质链状环）　胃　单肺　中空的铰链式毒牙　颊窝（可感受热度的"第三只眼"）　眼　毒液腺　叉形舌　肝　肋骨（多形450对）　小肠

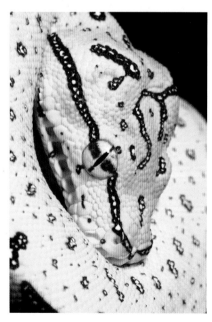

绿蟒：这种树栖的蛇以鸟类、哺乳动物和蜥蜴为食，可以用长牙捕捉到飞行的鸟和蝙蝠。它们会一边缠住猎物，一边用力收紧以勒死猎物。刚孵化出的绿蟒长28～35厘米，皮肤的颜色与成年绿蟒不同，是黄色（上图），在6～8个月后变成翠绿色的成年蟒。

贴在地面上的"耳朵"

蛇的习性与它生活的环境紧密相连。蛇的腹部除了在它们游荡于树枝间时不着地，其他所有时间都紧贴地面。因此它们很容易感受到地面上的任何震动，再加上猎物或其他同类弥漫在空气中的气味，蛇可以很快确定目标。

蛇的体形也和它们的生活环境紧密相关。长有铲状鼻子的蛇和盲蛇生活在地下，因此它们的嘴变得更适应挖洞和捕食地下的猎物。细长的细颈类树栖蛇已适应在树枝间滑行和跳跃，即使仅鼻尖细的树缝隙也可以穿过去；这些树栖蛇吃蜥蜴和青蛙等小型动物，每次会生产数量较少的长形小卵。而像蝰蛇等身形粗壮的蛇类一般采取守株待兔的猎食方式，即使比自己大很多的猎物也会一口吞下；因为它们吃饱后很少移动并且有毒，因此笨拙的身形并不会对它们造成什么影响。身形纤长且移动迅速的蛇会捕食蜥蜴和其他蛇类，同时可以迅速逃离险境。树眼镜蛇和鞭蛇在树冠之间穿梭的速度之快令人惊讶；它们并不是在树冠之间滑动，而是像流水一样从一个树冠上"流"到另一个上。海蛇的尾巴已经进化成像桨一样的扁平形，便于它在水中活动。很多蛇已经完全生活在水中，包括觅食和繁育后代。

所有雄蛇的尾部都长有一对袋状的半阴茎，轮流使用。每次交配时该侧半阴茎都可以从睾丸中得到一个精子。蛇的这种生殖方式可以有效减轻其在冬眠过后体力不足的情况下仍然要大量繁殖后代所造成的精力不足。蛇的精子可以在体内保存数月甚至数年。

雌蛇的很多生活习性已为强化物种基因而发生了进化。大部分蛇为卵生，但近代的很多蛇已经进化为卵胎生，并由双亲共同抚育保护幼蛇。蟒蛇会通过收缩肌肉提高身体温度来孵卵；而雌眼镜蛇会将卵放在简单铺设的窝内靠气温孵化，自己只是在旁守护。

蛇鳞

颗粒状鳞片

光滑鳞片

龙骨状鳞片

蛇的身体表面长满鳞片，这些鳞片由皮肤最外层的表皮和真皮生成，而鳞片与鳞片之间的部分具有弹性。蟒蛇一般长有光滑的颗粒状鳞片；爬行速度较快的蛇类的鳞片多为光滑的叠加状；而龙骨状的硬鳞片是响尾蛇的标志。

勒紧：巨蚺体形庞大，喜欢独居，靠强有力的肌肉缠住并勒死猎物。这种蛇的嘴可以张开很大，能将它们的猎物从头部开始整个吞入肚中。强腐蚀性的胃酸可以帮助其消化。

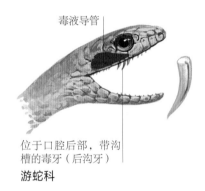

毒液导管

位于口腔后部，带沟槽的毒牙（后沟牙）
游蛇科

毒液导管

固定在前部带凹槽的毒牙（前沟牙）
眼镜蛇科

毒液导管

位于前端可伸缩的中空毒牙（管牙）
蝰蛇科

毒牙：游蛇科在其口腔后部长有带沟槽的毒牙，牙中含有麻醉神经的毒液；眼镜蛇科（包括眼镜蛇、珊瑚蛇、海蛇和太攀蛇等）的毒牙固定在口腔前端；蝰蛇科的毒牙可以伸缩地长在前端。

现代蛇类最令人惊叹的适应性进化就是它们发展出了一系列完整的捕食过程。位于其口腔顶部的犁鼻器通过蛇的叉形舌头捕捉空气中的各种气味来分辨配偶、敌人或猎物。响尾蛇、蟒蛇和蝮蛇等蛇类头部长有颊窝，是红外热感应器，可以帮助它们清楚分辨温血动物的轮廓；而蝰蛇、眼镜蛇、游蛇的毒液可以杀死并且消化猎物。有些蛇类的进化比另外一些更多，但它们都面临相同的难题——人类改变环境的速度远远快于它们适应的速度。

探测信息：澳洲粗鳞蛇等蛇类都靠舌尖频繁伸出口外搜集空气中的气味分子。当舌尖缩回口腔时，即进入位于口腔顶部的犁鼻器，舌尖的气味分子被溶解于犁鼻器内壁的嗅黏膜，并通过位于感觉上皮深层的犁鼻神经（嗅神经的分支）传递到脑，从而分析可能存在的食物来源、躲避敌人或者追踪可能的交配对象等。

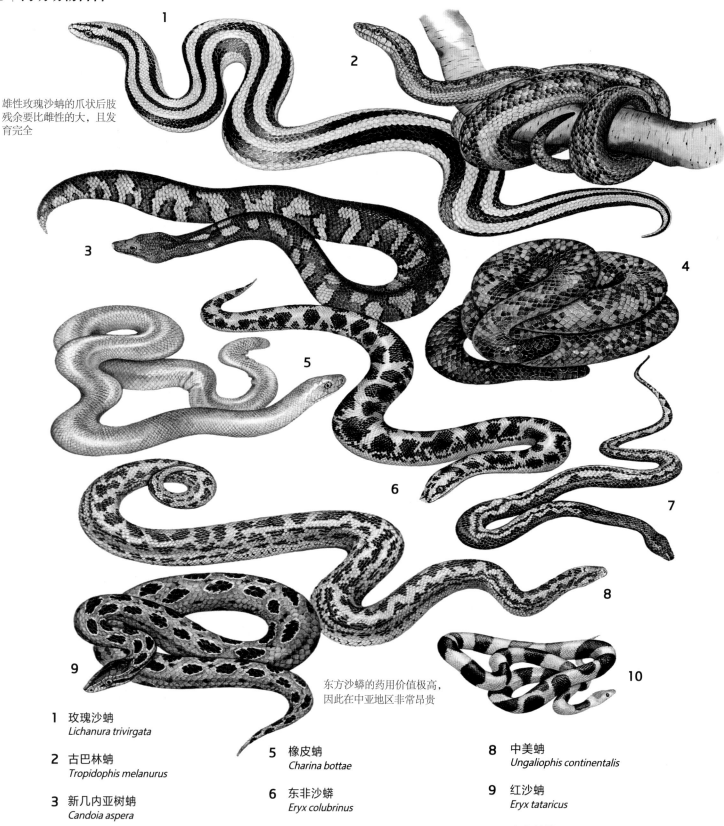

雄性玫瑰沙蚺的爪状后肢残余要比雌性的大，且发育完全

东方沙蟒的药用价值极高，因此在中亚地区非常昂贵

1 玫瑰沙蚺
Lichanura trivirgata

2 古巴林蚺
Tropidophis melanurus

3 新几内亚树蚺
Candoia aspera

4 橡皮蟒
Calabaria reinhardtii

5 橡皮蚺
Charina bottae

6 东非沙蟒
Eryx colubrinus

7 施氏小林蚺
Xenophidion schaeferi

8 中美蚺
Ungaliophis continentalis

9 红沙蚺
Eryx tataricus

10 宽斑林蚺
Tropidophis feicki

［1、3~6、9属蟒蚺科，2、7、8、10属林蚺科］

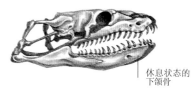

蟒蛇的头骨：蛇类的下颌骨可以使其吞下比自身直径大5倍的猎物。蛇的牙齿呈弧形，两侧的牙齿逐一移动来将食物推下喉咙。

休息状态的下颌骨

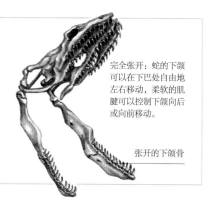

完全张开：蛇的下颌可以在下巴处自由地左右移动，柔软的肌腱可以控制下颌向后或向前移动。

张开的下颌骨

林蚺科：当林蚺科的蛇类受到威胁时，会将身体团成坚硬的球形，并从眼睛和嘴巴中流出血水以自卫。

属：2　种：31

西印度群岛至厄瓜多尔、巴西东南部、亚洲东南部

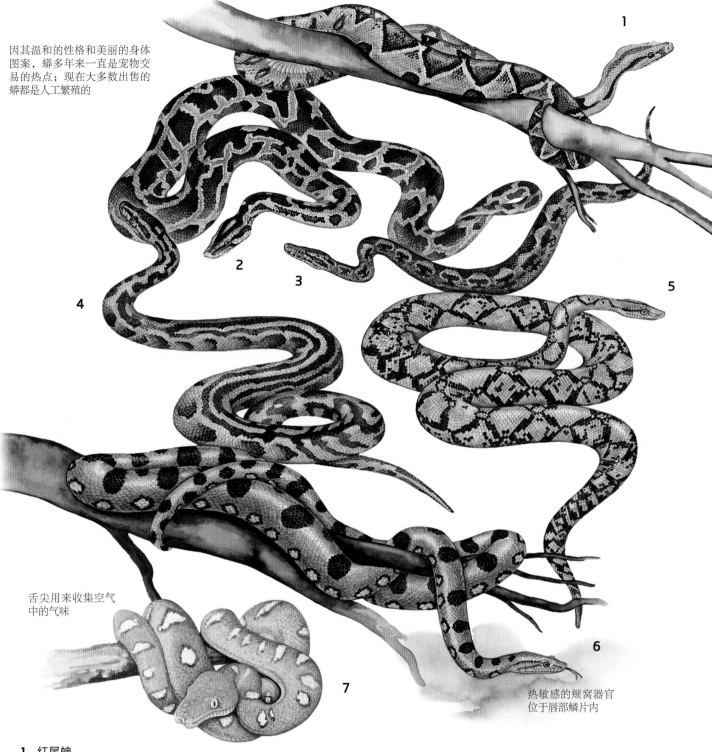

因其温和的性格和美丽的身体图案，蟒多年来一直是宠物交易的热点；现在大多数出售的蟒都是人工繁殖的

舌尖用来收集空气中的气味

热敏感的颊窝器官位于唇部鳞片内

1 红尾蚺
Boa constrictor

2 亚洲岩蟒
Python molurus

3 马达加斯加地蚺
Acrantophis madagascariensis

4 非洲岩蟒
Python sebae

5 网纹蟒
Python reticulatus

6 森蚺
Eunectes murinus

7 翡翠树蚺
Corallus caninus

[上述均属蟒科]

红尾蚺：这种树栖的蛇身形巨大，退化的后肢在泄殖腔两侧形成爪状残余。它们靠收缩肌肉来勒死猎物。

🗡 4.2米
🍃 杂栖型，陆栖型、树栖型
🥚 卵胎生
● 一胎30～50条
⚡ 普遍

墨西哥南部至阿根廷中部

网纹蟒：这种蛇是世界上体形最大的两种蛇之一，另一种是森蚺，以蜥蜴和鳄鱼等大型爬行动物、大中型哺乳动物甚至是人类为捕食对象。

🗡 10米
🍃 陆栖型
○ 卵生
● 80～100枚
⚡ 普遍

亚洲东南部

孵卵：童蟒（*Antaresia childreni*）盘在卵上覆盖并保护它们。它靠有节奏地收缩肌肉来提高体温孵卵。

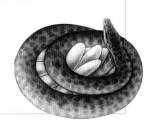

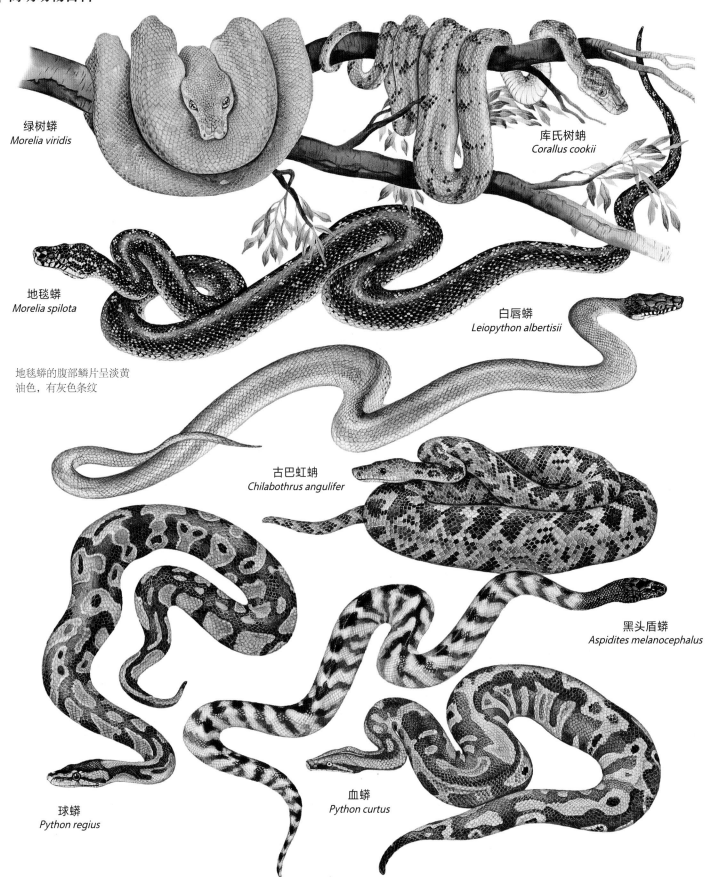

绿树蟒
Morelia viridis

库氏树蚺
Corallus cookii

地毯蟒
Morelia spilota

白唇蟒
Leiopython albertisii

地毯蟒的腹部鳞片呈淡黄油色，有灰色条纹

古巴虹蚺
Chilabothrus angulifer

黑头盾蟒
Aspidites melanocephalus

球蟒
Python regius

血蟒
Python curtus

库氏树蚺： 这种蛇幼年时以小型蜥蜴为食，随着长大而逐渐捕食啮齿动物和鸟类。库氏树蚺盘在树上等待突袭猎物，一旦成功就用尾巴将猎物缠住并将其咬死。

🗡1.9米
🌳树栖型
🐣胎生
🥚一胎30~80条
🌡普遍

巴拿马、南美洲北部、西印度群岛

黑头盾蟒： 这种蟒蛇在温暖的季节中夜间出来觅食，在寒冷的时候就改成白天觅食。它们吃巨蜥、青蛙、鸟类、哺乳动物、蛇，甚至是腐肉。

🗡2.6米
🏜陆栖型
🥚卵生
🥚5~10枚
🌡普遍

澳大利亚北部

血蟒： 这种半水栖的蟒蛇生活在沼泽或溪流中，主要以哺乳动物和小型鸟类为食。它们的皮是昂贵的皮革原料，因此被大量捕杀。

🗡3米
🌊杂栖型、陆栖型、水栖型
🥚卵生
🥚18~30枚
🌡普遍

亚洲东南部

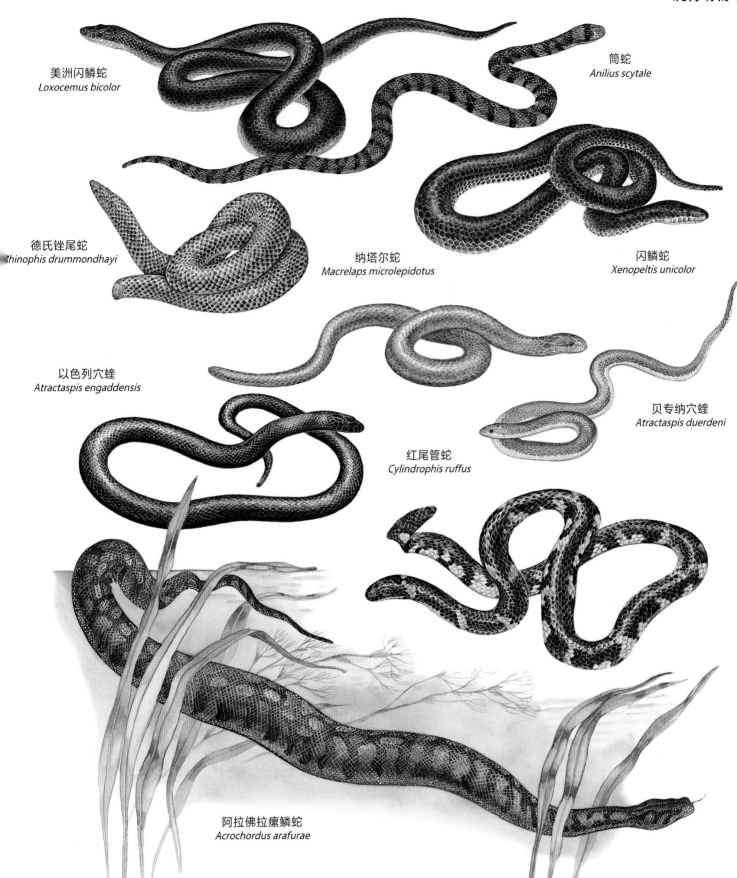

美洲闪鳞蛇
Loxocemus bicolor

筒蛇
Anilius scytale

德氏锉尾蛇
Rhinophis drummondhayi

纳塔尔蛇
Macrelaps microlepidotus

闪鳞蛇
Xenopeltis unicolor

以色列穴蝰
Atractaspis engaddensis

贝专纳穴蝰
Atractaspis duerdeni

红尾管蛇
Cylindrophis ruffus

阿拉佛拉瘰鳞蛇
Acrochordus arafurae

美洲闪鳞蛇: 这种夜间觅食的巨蟒以小型哺乳动物、爬行动物,以及海龟和蜥蜴的卵为食。美洲闪鳞蛇头部的巨大鳞甲证明,同与其具有亲缘关系的蟒相比,它们出现的时间更晚一些。

🗡1.4米
👁杂栖型、陆栖型、穴居型
◯卵生
🏹2~4枚
▥ 罕见

墨西哥南部至哥斯达黎加

筒蛇科: 筒蛇颜色艳丽,可以完全伪装在其生活的树叶茂盛的地方,以蚯蚓、蚓螈、鳗鱼、蚓蜥和其他蛇类为食。它们偶尔会在水中被发现,但基本穴居于地下。

属:1
种:1

南美洲亚马孙河流域

瘰鳞蛇科: 这一科的蛇长有小且坚硬的龙骨状鳞片。瘰鳞蛇是水生程度最高的蛇类之一,它们基本上没有办法在陆地上移动。瘰鳞蛇夜间活动,以鱼类和水生软体动物为食。

属:1
种:3

印度、亚洲东南部、澳大利亚北部

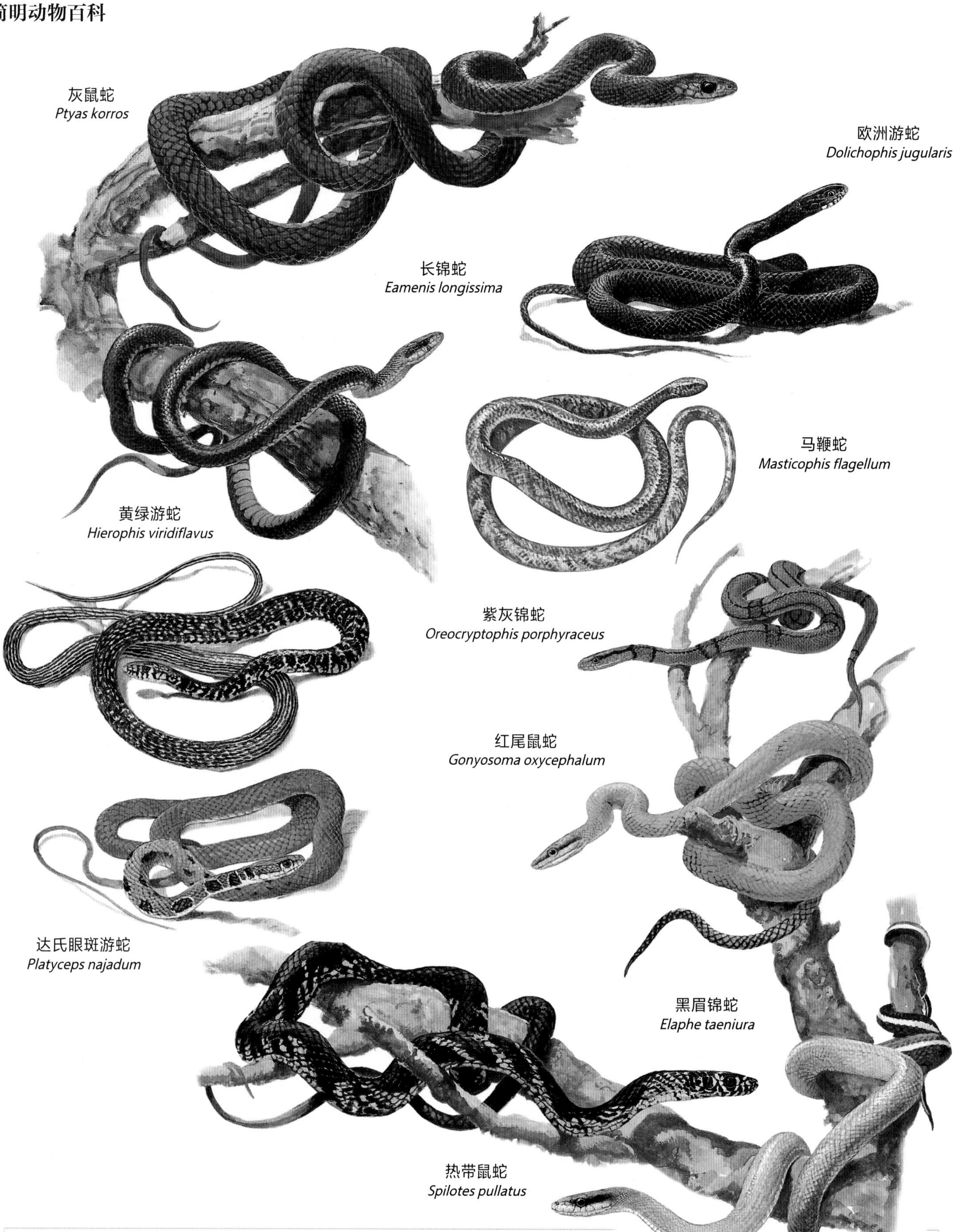

灰鼠蛇
Ptyas korros

欧洲游蛇
Dolichophis jugularis

长锦蛇
Eamenis longissima

马鞭蛇
Masticophis flagellum

黄绿游蛇
Hierophis viridiflavus

紫灰锦蛇
Oreocryptophis porphyraceus

红尾鼠蛇
Gonyosoma oxycephalum

达氏眼斑游蛇
Platyceps najadum

黑眉锦蛇
Elaphe taeniura

热带鼠蛇
Spilotes pullatus

游蛇科：63%的蛇属于游蛇科，覆盖了所有生殖方式和栖息地。游蛇科包括6个亚科：游蛇亚科，小型水栖或陆栖蛇类；黄颔蛇亚科，成员数量最多，可以生活在除海洋以外的所有栖息地；异齿蛇亚科，包括一小群新大陆的热带陆栖蛇；食蜗蛇亚科，主要分布于中美洲及南美洲；水游蛇亚科，栖息于各种水体的大型游蛇；食蚣蝰亚科，这一科蛇体形都较小。本页均为游蛇。

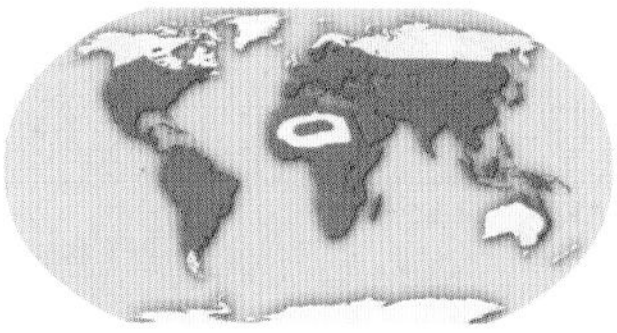

属：320
种：1800

世界范围，除南极洲和极地地区

宠物蛇：玉米锦蛇（*Elaphe guttata*）因其艳丽的外表和温和的性格在过去的50年中一直是宠物贸易的热点。如今出售的宠物蛇都为人工繁育的。

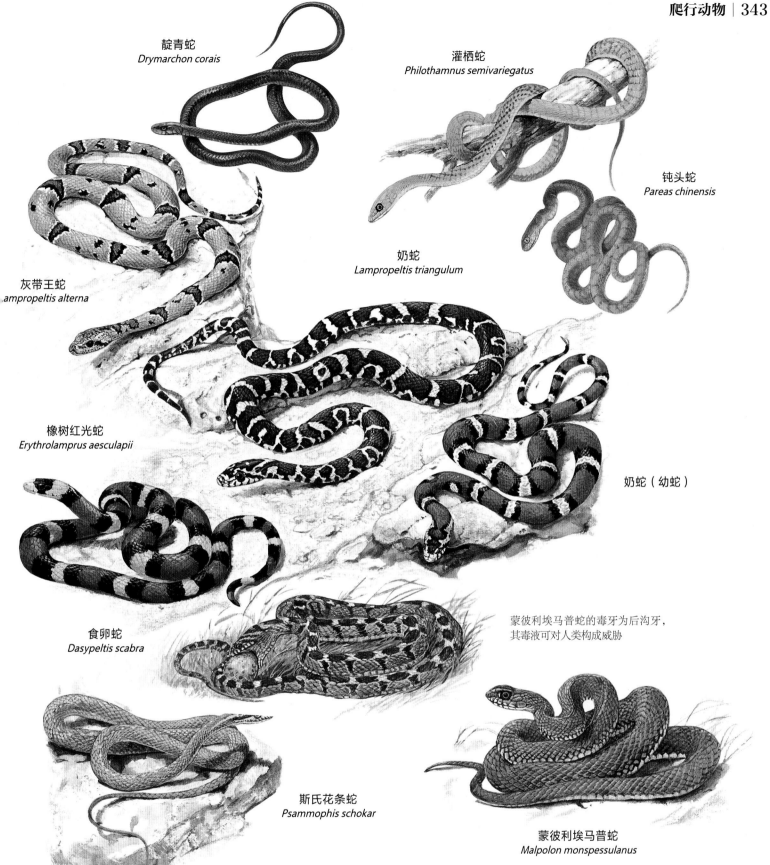

靛青蛇
Drymarchon corais

灌栖蛇
Philothamnus semivariegatus

钝头蛇
Pareas chinensis

灰带王蛇
Lampropeltis alterna

奶蛇
Lampropeltis triangulum

橡树红光蛇
Erythrolamprus aesculapii

奶蛇（幼蛇）

食卵蛇
Dasypeltis scabra

蒙彼利埃马普蛇的毒牙为后沟牙，
其毒液可对人类构成威胁

斯氏花条蛇
Psammophis schokar

蒙彼利埃马普蛇
Malpolon monspessulanus

靛青蛇：这种大型昼行性蛇类因其华丽的蓝黑蛇皮和温驯的习性而成为备受欢迎的宠物蛇。它们以龟卵、爬行动物、鸟类、两栖动物、小型哺乳动物和其他蛇为食。

✴2.7米
陆栖型
卵生
15～26枚
稀少

美国东南部、墨西哥、南美洲西北部至中部

奶蛇：这种分布广泛的蛇有24个亚种。它们经常模拟珊瑚蛇的图案来防御敌人。

✴1.2米
陆栖型
卵生
8～12枚
普遍

美国中东部、墨西哥至委内瑞拉和厄瓜多尔

斯氏花条蛇：这种蛇身体细长，移动速度极快，白天在其栖息的沙漠地带觅食。它们的毒牙位于口腔后部，具有轻微毒性。

✴1.6米
陆栖型
卵生
8～16枚
普遍

印度西北部、阿富汗、巴基斯坦至非洲北部

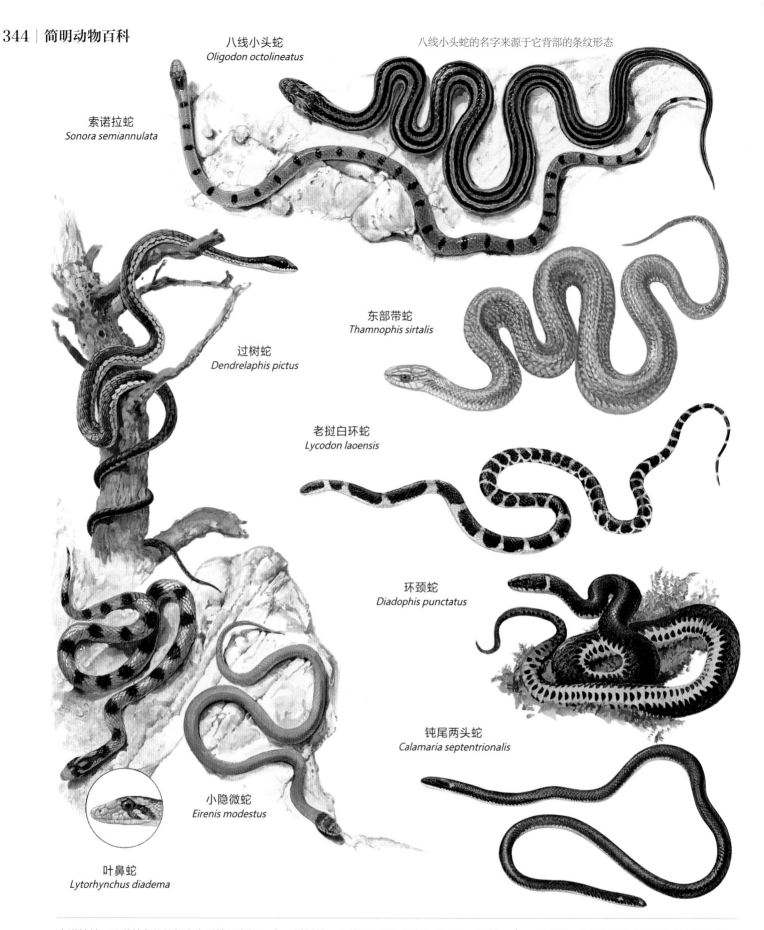

八线小头蛇
Oligodon octolineatus

八线小头蛇的名字来源于它背部的条纹形态

索诺拉蛇
Sonora semiannulata

过树蛇
Dendrelaphis pictus

东部带蛇
Thamnophis sirtalis

老挝白环蛇
Lycodon laoensis

环颈蛇
Diadophis punctatus

钝尾两头蛇
Calamaria septentrionalis

小隐微蛇
Eirenis modestus

叶鼻蛇
Lytorhynchus diadema

索诺拉蛇： 这种神秘的蛇栖息在干枯河床的冲积沙地、石炭酸灌木、沙漠平原和岩石山腰等地。它们在夜间活动，以蜈蚣、蜘蛛、蟋蟀、蚱猛和昆虫幼虫等为食。

✹50厘米
◗陆栖型
○卵生
●不确定
⚘稀少

美国西南部和墨西哥西北部

过树蛇： 这种蛇主要栖息在热带雨林、椰树种植园和城市区域。它们以青蛙、蜥蜴为食，飞蜥是它们最主要的食物。

✹1米
◗杂栖型，陆栖型、树栖型
○卵生
●不确定
⚘普遍

印度东北部、缅甸、马来西亚西部、印度尼西亚、中国西南部

环颈蛇： 这种体形较小的蛇生活在林地中，受到攻击时，会将头藏在盘曲的身体中并露出明亮的橙色腹部恐吓敌人。它们以甲虫、蛞蝓、青蛙、蝾螈和小型蛇为食。

✹71厘米
◗陆栖型
○卵生
🥚1～7枚
⚘普遍

加拿大东南部、美国、墨西哥北部

波加丹蛇可以生活在盐水中

彩虹水蛇的皮是蛇皮革
工业的重要原料

1 黑红颈棱蛇
Rhabdophis rhodomelas

2 红脖颈槽蛇
Rhabdophis subminiatus

3 水游蛇
Natrix natrix

4 北方水蛇
Nerodia sipedon

5 女王蛇
Regina septemvittata

6 宽吻水蛇
Homalopsis buccata

7 波加丹蛇
Cerberus rynchops

8 箭鼻水蛇
Erpeton tentaculatum

9 彩虹水蛇
Enhydris enhydris

[上述均属游蛇科]

水游蛇： 水游蛇是少数可以在北极圈内海拔
2121米以上的地方生存的爬行动物之一。青
蛙是这种蛇的主要食物来源，当青蛙的数量
减少时，水游蛇的数量也会减少。

⌇2米
杂栖型、陆栖型、水栖型
卵生
15～35枚
普遍

欧洲大部分地区、亚洲西部、非洲西北部

女王蛇： 由于栖息地的减少和环境污染，这
种蛇已经濒临灭绝。它们需要生活在清澈的冷
溪流中，捕食扁平岩石下刚蜕皮的小龙虾。

⌇93厘米
水栖型
卵胎生
一胎5～23条
稀少

加拿大东南部、美国东部

宽吻水蛇： 这种夜行性的水生蛇类以鱼和青
蛙为食。宽吻水蛇的毒液腺位于上颌骨靠后
带沟槽的毒牙中，主要用来麻痹猎物。

⌇1.2米
水栖型
卵胎生
不确定
普遍

亚洲东南部

黄环林蛇是夜行性、具有
轻度毒性的蛇类，以蜥蜴
和鸟类为食

1 黄环林蛇
Boiga dendrophila

2 墨西哥蔓蛇
Oxybelis aeneus

3 长鼻树蛇
Ahaetulla nasuta

4 非洲树蛇
Dispholidus typus

5 天堂金花蛇
Chrysopelea paradisi

6 鸟藤蛇
Thelotornis capensis

7 地中海虎蛇
Telescopus fallax

8 林焰蛇
Oxyrhopus petola rius

[上述均属游蛇科]

黄环林蛇： 这种夜行性蛇的毒牙为后沟牙，它
们的毒液有轻度毒性但足以杀死人类。黄环林
蛇半树栖在红树林中，以小型哺乳动物、树
鼩、鸟类和其他蛇类为食。

✂2.5米
杂栖型，水栖型、树栖型
卵生
7~14枚
普遍

亚洲东南部

非洲树蛇： 这种毒蛇是最危险的游蛇科蛇类。
尽管它们的毒牙为后沟牙，但毒液的毒性却比
眼镜蛇等的还要强，可以造成内出血。

✂1.8米
树栖型
卵生
10~25枚
普遍

非洲撒哈拉以南地区

鸟藤蛇： 这种毒蛇的毒牙为后沟牙，毒液可
以造成内出血，被它咬到的人类可能会有生
命危险。鸟藤蛇在受到威胁时会鼓起颈部恐
吓敌人。

✂1.6米
树栖型
卵生
4~13枚
普遍

非洲撒哈拉以南地区

捕食者

　　蛇都是食肉动物，它们的捕猎对象种类繁多、体形不一，从蚂蚁到鳄鱼均有。一些小型蛇靠视觉或嗅觉来寻找无脊椎动物，经常直接攻击猎物的巢穴。蛇靠舌头搜集猎物的气味信息，以此判断猎物的活动规律，以便进行追踪。很多大型毒蛇和蟒蛇会在啮齿动物和猎禽活动的区域活动，等待捕食那些以啮齿动物或猎禽为猎物的动物。大眼睛的昼行性游蛇和鞭蛇是视觉捕食者，以蜥蜴和其他蛇类为食。蝰蛇、眼镜蛇和一些游蛇则靠将毒液注入猎物体内来杀死猎物，这种毒液也是一种酶，可以帮助它们消化食物。很多大型蛇类一年只进食几次，但是有时猎物的体形要比它自己大很多。

活动自如：响尾蛇的毒牙可以旋转向前咬住猎物。每颗毒牙都包裹在薄薄的肉质鞘内，能够在发动攻击后收回。

致命攻击：响尾蛇的颊窝非常灵敏，可以帮助它在完全黑暗的环境中发动攻击。响尾蛇的毒牙一般平收在其口腔顶部，可以瞬间向前竖起咬住猎物并注入毒液。

快速突击：当响尾蛇偷袭猎物时，它们充满肌肉的身体会支撑颈部和头精准且快速地向前攻击，咬住猎物。

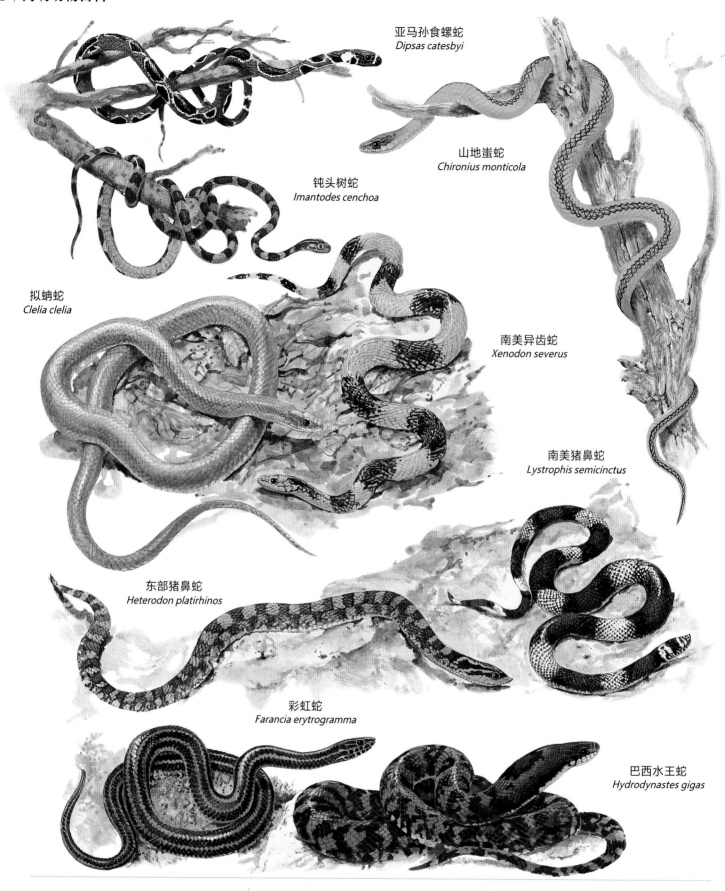

亚马孙食螺蛇
Dipsas catesbyi

山地蚩蛇
Chironius monticola

钝头树蛇
Imantodes cenchoa

拟蚺蛇
Clelia clelia

南美异齿蛇
Xenodon severus

南美猪鼻蛇
Lystrophis semicinctus

东部猪鼻蛇
Heterodon platirhinos

彩虹蛇
Farancia erytrogramma

巴西水王蛇
Hydrodynastes gigas

食螺蛇：这种夜行性的蛇以蜗牛和蛞蝓等陆生软体动物为食。它们可以用牙齿轻松地取出蜗牛肉。

✦71厘米
杂栖型、陆栖型、树栖型
卵生
1~5枚
普遍

亚马孙河流域（南美洲西北部）

南美异齿蛇：在受到惊吓时，这种蛇会让自己的头部和颈部变得扁平，然后将颈部鼓起呈头巾形来警告敌人。南美异齿蛇长有后沟型毒牙，可能对人类构成威胁。

✦1.2米
陆栖型
卵生
9~26枚
普遍

亚马孙河流域（南美洲西北部）

巴西水王蛇：尽管这种蛇并不是剧毒蛇，但它们的咬伤仍会对人类造成伤害。成年蛇既可以咬死哺乳动物也可以勒死它们，但像蛙和鱼等小型动物则会直接吞下。

✦2.8米
水栖型
卵生
20~36枚
普遍

南美洲中部

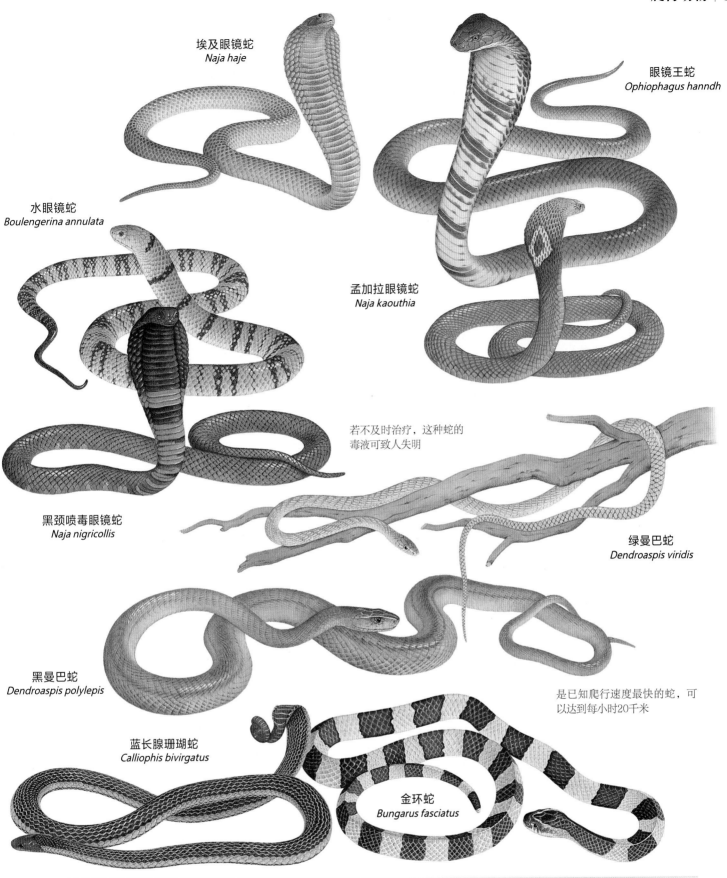

埃及眼镜蛇
Naja haje

眼镜王蛇
Ophiophagus hanndh

水眼镜蛇
Boulengerina annulata

孟加拉眼镜蛇
Naja kaouthia

黑颈喷毒眼镜蛇
Naja nigricollis

若不及时治疗，这种蛇的
毒液可致人失明

绿曼巴蛇
Dendroaspis viridis

黑曼巴蛇
Dendroaspis polylepis

是已知爬行速度最快的蛇，可
以达到每小时20千米

蓝长腺珊瑚蛇
Calliophis bivirgatus

金环蛇
Bungarus fasciatus

黑颈喷毒眼镜蛇： 这种毒蛇不经常咬敌人，但它们可以准确地将毒液喷射到位于2.6米外的敌人的眼睛里。

☀2.2米
⬡陆栖型
○卵生
●10~22枚
⚡普遍

撒哈拉沙漠以南非洲大部分地区

黑曼巴蛇： 这种大型毒蛇携带的毒液可以毒死10个成年人。黑曼巴蛇是移动速度最快且最勇猛的蛇之一，受到威胁时，它会竖起身长的40%，并张开黑色的大口发动攻击。

☀4.2米
⬡杂栖型，陆栖型、树栖型
○卵生
●12~14枚
⚡普遍

撒哈拉沙漠以南的非洲

黑颈喷毒眼镜蛇： 这种蛇的毒牙尖部有个开口，毒液可通过毒牙内部的螺旋槽旋转喷出。

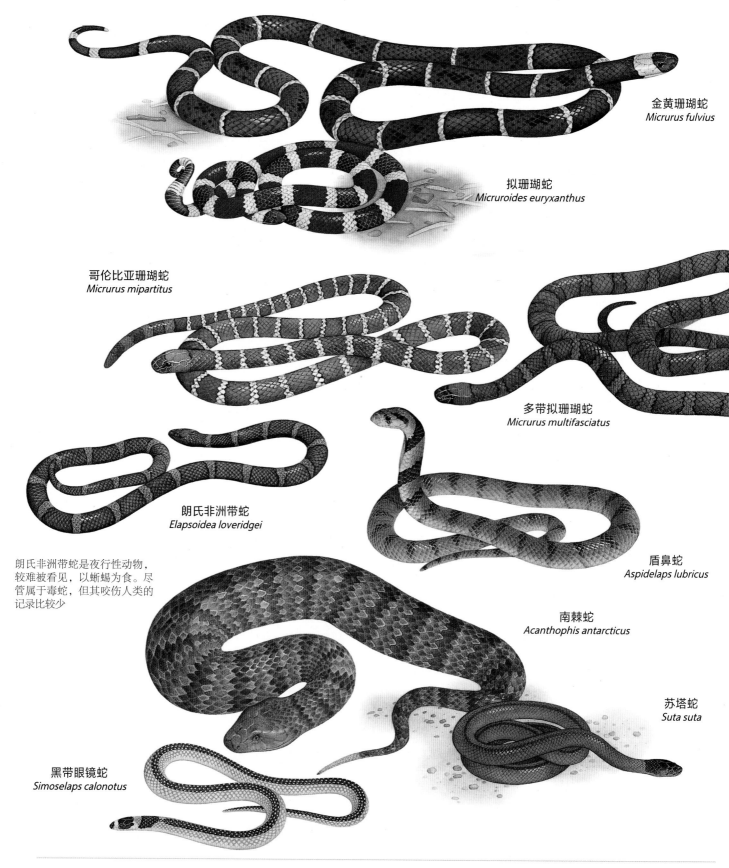

金黄珊瑚蛇
Micrurus fulvius

拟珊瑚蛇
Micruroides euryxanthus

哥伦比亚珊瑚蛇
Micrurus mipartitus

多带拟珊瑚蛇
Micrurus multifasciatus

朗氏非洲带蛇
Elapsoidea loveridgei

朗氏非洲带蛇是夜行性动物，较难被看见，以蜥蜴为食。尽管属于毒蛇，但其咬伤人类的记录比较少

盾鼻蛇
Aspidelaps lubricus

南棘蛇
Acanthophis antarcticus

苏塔蛇
Suta suta

黑带眼镜蛇
Simoselaps calonotus

金黄珊瑚蛇：这种蛇的毒液可麻痹神经，但因为它的体形很小，所以对人类威胁不大。另外，有几种无毒蛇会模仿金黄珊瑚蛇的表皮图案来保护自己。

🗡1.2米
⬭陆栖型
◯卵生
●3~13枚
⚡普遍

美国东南部和墨西哥东部

哥伦比亚珊瑚蛇：这种蛇在每年1月产卵，3月孵化。孵化的小蛇约17厘米长。生活在哥斯达黎加的红环棍尾蛇（*Pliocercus euryzonus*）模拟了这种蛇的表皮图案。

🗡1.1米
⬭陆栖型
◯卵生
●15~18枚
⚡稀少

中美洲南部和南美洲西北部

南棘蛇：这种夜间出来觅食的蛇白天会躲在沙子、树木根部或灌丛里的落叶层中纳凉。它们的牙齿非常大，有毒。

🗡1米
⬭陆栖型
◯卵胎生
●10~20枚
⚡普遍

澳大利亚东部及西南部沿海地带、巴布亚新几内亚

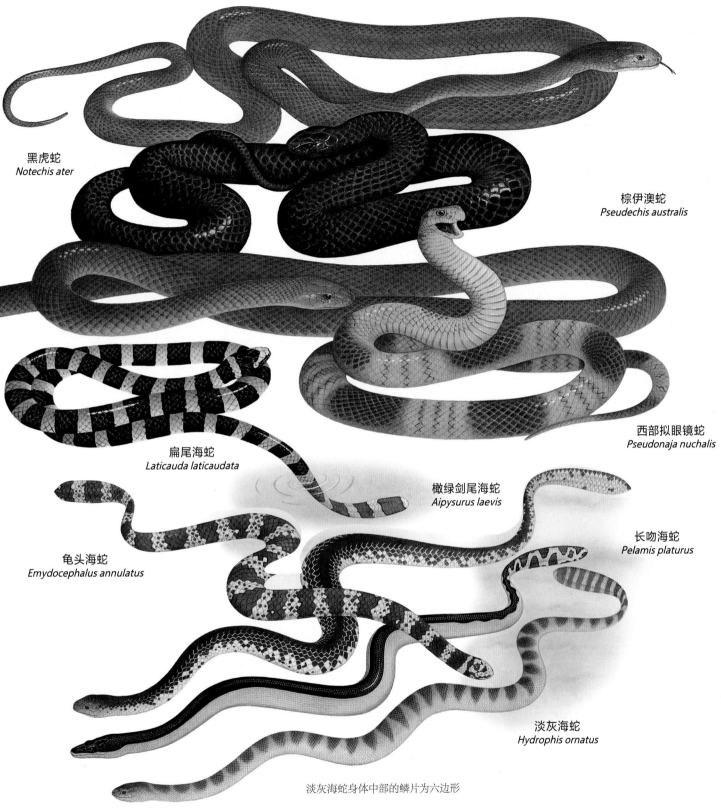

太攀蛇
Oxyuranus scutellatus

黑虎蛇
Notechis ater

棕伊澳蛇
Pseudechis australis

西部拟眼镜蛇
Pseudonaja nuchalis

扁尾海蛇
Laticauda laticaudata

橄榄剑尾海蛇
Aipysurus laevis

长吻海蛇
Pelamis platurus

龟头海蛇
Emydocephalus annulatus

淡灰海蛇
Hydrophis ornatus

淡灰海蛇身体中部的鳞片为六边形

太攀蛇：太攀蛇以小型哺乳动物为食，是世界上毒性最强的蛇。它们可生活在潮湿的热带森林、干旱地区的森林、开阔的草原等多种栖息地。

✦2米
⬭陆栖型
◯卵生
● 3~20枚
🏭 普遍

新几内亚岛南部和澳大利亚北部、东北部

海蛇：海蛇曾被单列为海蛇科，但因为与眼镜蛇有太多相似处，现在被归入眼镜蛇科。和眼镜蛇科的其他蛇一样，所有海蛇都是毒蛇，除扁尾海蛇属外均为卵胎生。海蛇的身体侧面扁平，尾巴呈桨状，腹部鳞片已经退化，因此不善于在陆地爬行。海蛇亚科共包括15属，70种。

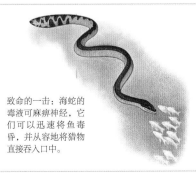

致命的一击：海蛇的毒液可麻痹神经，它们可以迅速将鱼毒昏，并从容地将猎物直接吞入口中。

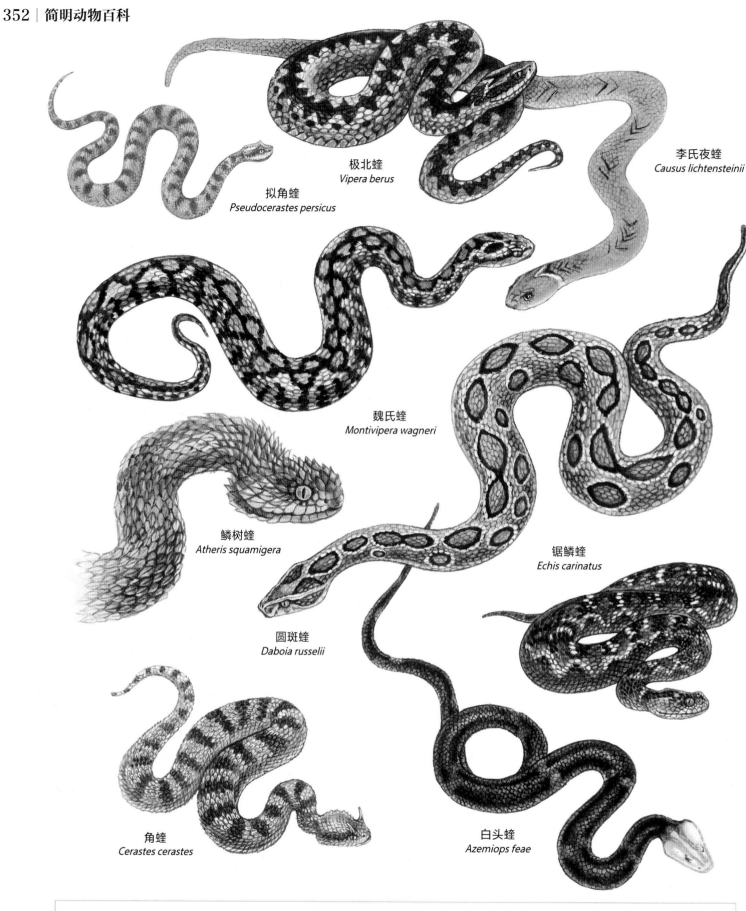

拟角蝰
Pseudocerastes persicus

极北蝰
Vipera berus

李氏夜蝰
Causus lichtensteinii

魏氏蝰
Montivipera wagneri

鳞树蝰
Atheris squamigera

锯鳞蝰
Echis carinatus

圆斑蝰
Daboia russelii

角蝰
Cerastes cerastes

白头蝰
Azemiops feae

蝰科： 蝰蛇都是毒蛇，长有可折叠收回的管牙。响尾蛇的头部长有颊窝，成年响尾蛇体长0.3～3.75米。而一般的蝰蛇没有颊窝，成年蝰蛇体长0.3～2米。大部分蝰蛇都体形粗大，头部呈三角形。幼年蝰蛇以两栖动物、蜥蜴或其他蛇类为食；成年后改吃哺乳动物和鸟类。本页均为蝰科蛇类。

伸缩自如的毒牙： 蝰蛇的上颌长有可折叠收回的巨大毒牙，用以御敌和捕食。

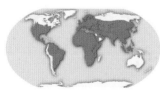

属：32
种：221

除了大洋洲、极地和部分海岛、高山之外的世界各地

犀咝蝰
Bitis nasicornis

地中海钝鼻蝰
Macrovipera lebetinus

阿特拉斯钝鼻蝰
Doboia mauritanica

南美响尾蛇
Crotalus durissus

侏儒响尾蛇
Sistrurus miliarius

加蓬咝蝰
Bitis gabonica

岩响尾蛇
Crotalus lepidus

钢头蝮
Agkistrodon contortrix

墨西哥蝮
Agkistrodon bilineatus

西部菱斑响尾蛇
Crotalus atrox

犀咝蝰：这种巨大的咝蝰的口鼻上部长有2～3个角。虽然长有毒牙，但犀咝蝰并不是富有侵略性的蛇，捕食哺乳动物时它们习惯守株待兔。

✹1.2米
◎陆栖型
◎卵胎生
●一胎6～35条
▮普遍

非洲中部和西部

侏儒响尾蛇：倭响尾蛇属的特征是头部有9片较大的额鳞（与蝮蛇属类似）。幼年期倭响尾蛇的尾巴尖部为明亮的黄色，它们会摆动尾部作为诱饵来吸引小型猎物。

✹80厘米
◎陆栖型
◎卵胎生
●一胎6～10条
▮普遍

美国东南部

西部菱斑响尾蛇：这种响尾蛇在美国大量存在，也是有记录的攻击人类次数最多的蛇类之一。成年西部菱斑响尾蛇主要以啮齿动物为食，但在幼年期的猎食对象却是蜥蜴。

✹2.3米
◎陆栖型
◎卵胎生
●一胎4～25条
▮普遍

美国西南部和墨西哥西北部

虎斑响尾蛇
Crotalus tigris

因其纯黑色的
尾巴而得名

北美侏响尾蛇
Sistrurus catenatus

黑尾响尾蛇
Crotalus molossus

李斑响尾蛇
Crotalus pricei

小盾响尾蛇
Crotalus scutulatus

菱鼻响尾蛇
Crotalus willardi

小斑响尾蛇
Crotalus mitchellii

大草原响尾蛇
Crotalus viridis

木纹响尾蛇
Crotalus horridus

虎斑响尾蛇：这种夜行性的小型响尾蛇白天常躲在林鼠的窝中休息。晚上出来捕食啮齿动物和蜥蜴。它的牙很长，毒性很强。

✦92厘米
◯陆栖型
◉卵胎生
●一胎2～5条
⚡普遍

索诺兰沙漠（美国西南部和墨西哥西北部）

北美侏响尾蛇：这种响尾蛇的首选栖息地是大河冲积而成的平原上的河尾森林中。它们夏季捕食啮齿动物和蛙，冬季则在小龙虾的洞穴中冬眠。

✦76厘米
◯陆栖型
◉卵胎生
●一胎8～20条
⚡罕见

加拿大东南部至美国中部至墨西哥北部

黑尾响尾蛇：春季，雄性黑尾响尾蛇会循着信息素追求雌性黑尾响尾蛇，这个求偶和交配的过程将长达几天。雌蛇8月生产，并会一直守护着幼蛇直到幼蛇蜕皮。

✦1.3米
◯陆栖型
◉卵胎生
●一胎3～13条
⚡普遍

美国西南部和墨西哥西北部

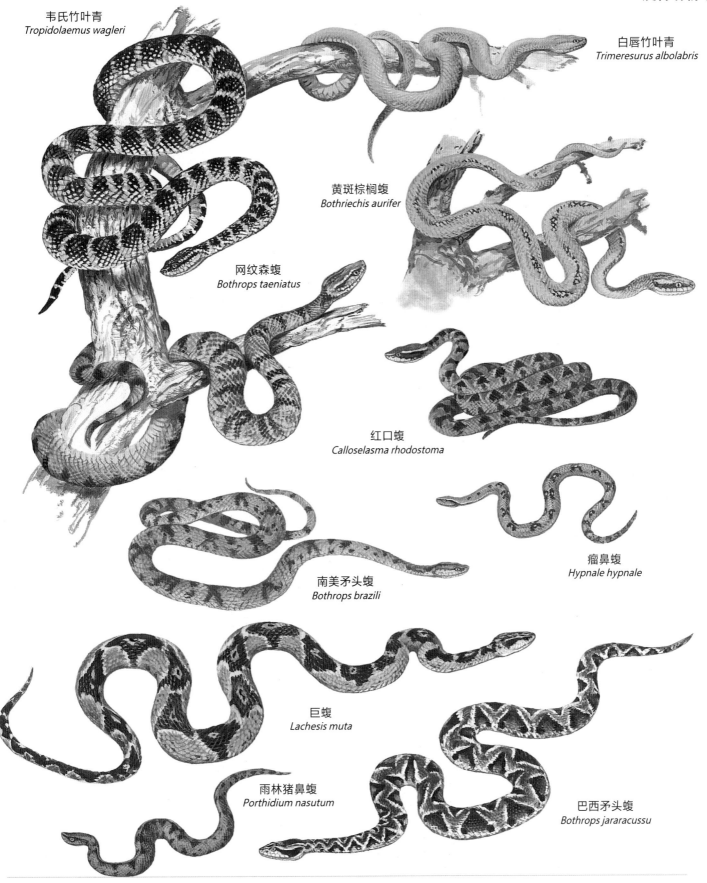

韦氏竹叶青
Tropidolaemus wagleri

白唇竹叶青
Trimeresurus albolabris

黄斑棕榈蝮
Bothriechis aurifer

网纹森蝮
Bothrops taeniatus

红口蝮
Calloselasma rhodostoma

瘤鼻蝮
Hypnale hypnale

南美矛头蝮
Bothrops brazili

巨蝮
Lachesis muta

雨林猪鼻蝮
Porthidium nasutum

巴西矛头蝮
Bothrops jararacussu

韦氏竹叶青：这种蛇的特征是长有骨质的链状鳞片。它们的毒牙非常长，毒液可以对猎物体内的细胞和组织进行破坏。

✦ 1米	
🌲 树栖型	
🥚 卵胎生	
● 每胎3~10条	
⚡ 普遍	

亚洲东南部

巨蝮：这是美洲最大的毒蛇，也是世界上最大的蝰蛇。它们经常会花上数天或数周守株待兔地等待猎物上门。

✦ 4.3米	
🌲 树栖型	
🥚 卵胎生	
● 8~13枚	
⚡ 稀少	

亚马孙河流域（南美洲北部）

雨林猪鼻蝮：这种粗壮的毒蛇在攻击猎物或防御敌人时会突然向前跳跃，因此也被称作跳蝰蛇。但它们只能向前跳跃其身长一半远的距离。

✦ 50厘米	
🏞 陆栖型	
🐍 胎生	
● 一胎6~9条	
⚡ 普遍	

中美洲至哥伦比亚和厄瓜多尔

两栖动物

门：	脊索动物门
纲：	两栖纲
目：	3
科：	44
属：	434
种：	5400

有研究表明，两栖动物是在距今约3.6亿年前由早期的总鳍鱼直接进化而来。总鳍鱼是第一种适应陆地生活的脊椎动物。两栖动物是冷血动物，皮肤裸露，不长鳞片，没有爪子，但分泌黏液以保持湿润。两栖纲下共有三类动物：第一类是蚓螈（无足目），包括各类无四肢、形态习性均与蚯蚓相似的两栖动物；第二类是鲵和蝾螈（有尾目），身体呈柱状，长尾，头部和颈部形状独特，四肢发达；第三类是蛙和蟾蜍（无尾目），体形与其他动物差别较大，身形宽而短，无尾，头部与身体直接相连，四肢发达。

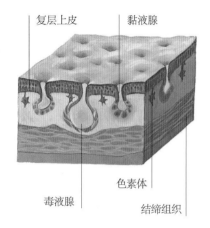

两栖动物的皮肤结构：两栖动物的皮肤靠黏液腺分泌物来保持湿润。黏液腺可以保持水分平衡，帮助呼吸，同时起到保护身体的作用。有些两栖动物的皮肤还会分泌抗生素或保护性物质，也包括毒素。这些分泌物可使两栖动物自身气味难闻或对敌人造成致命伤害。

水质环境：蛙类只能生活在没有污染的水域中（下页图）。数年来全球范围内蛙类数量逐年下降，很大程度上是因环境污染造成的。

美西螈的一生：几乎所有两栖动物的一生都包括由幼体变化成成体的变态发育过程。然而和其他两栖动物不同的是，美西螈（右图）的幼体和成体外形完全一样，只是大小有区别。

双重生活

"两栖"一词源于希腊语，意为具有双重生活方式。所有两栖动物幼年都生活在水中，成年后回到陆地。大部分两栖动物在水中繁殖后代，幼体都长有体外鳃，能够自由游水。随后幼体完成变态发育，成为陆生形态的微缩版。但也有例外，有的两栖动物没有幼体阶段，而是直接发育成陆生成体状；也有的是胎生，且一生都生活在水中；还有一些则是永久幼态延续型。

一些两栖动物的生理特征可以使它们更好地适应各种陆地栖息地：它们的舌头既用来保持湿润又用来觅食；眼睑以及相邻的各种腺体可以很好地润目和保护角膜；皮肤外层的死皮细胞会定期脱落更新；长有耳朵；喉部的发声器使它们可以大声鸣叫；位于鼻腔中的犁鼻器让它们拥有嗅觉和味觉。

两栖动物的皮肤可以在水中保持水分平衡，这一点通过蛙的皮肤结构得到了很好的表现：蛙的皮肤具有很强的渗透性，可以随着蛙的活动规律而改变。当蛙离开水面捕食时，它的皮肤会大量吸收水分；当它回到水中时，皮肤的渗透性就会减弱。而一些陆栖的蛙类则在骨盆附近的皮肤上长有大量血管，可以吸收空气中的水分子。另外，当蛙进入冬眠后，皮肤的渗透性会降到最低，以保持体内的离子平衡。一些沙漠蟾蜍会将尿液中的尿素保留在体内，以达到一种皮肤与干土之间的水分渗透梯度，从而从干土中吸收水分。

成年两栖动物大多是肉食动物，只有少数几种蛙会吃植物果实。除了有尾目的幼体食肉，大部分两栖动物的幼体食草。有些蛙类在幼年期和很多成年两栖动物一样，会同类相食。

鲵和蝾螈

| 纲：两栖纲 |
| 目：有尾目 |
| 科：8 |
| 属：60 |
| 种：472 |

有尾目动物包括急流螈科、蝾螈科、隐鳃鲵科、小鲵科、鳗螈科、两栖鲵科、陆巨螈科、无肺螈科8科，都长有尾巴，大部分长有四肢。大多数有尾目动物都非常胆小，生活在落叶下、朽木洞穴内，或者凤梨科植物上、水中等。有些陆栖的有尾目动物还必须回到水中繁殖后代。虽然有尾目动物不常见，但在北美洲的一些落叶林中，鲵的数量甚至比鸟类和哺乳动物还要多。所有鲵和它们的幼体都是食肉动物，同时它们又是蛇类、鸟类和哺乳动物等稍大型动物的盘中餐。

分布：有尾目动物广泛分布于北美洲、中美洲、南美洲北部、欧洲、非洲北部和亚洲。

有尾目动物的骨骼：脊柱坚硬，可以支持头骨、骨盆带、肩带和内脏器官，但也非常柔韧，可以支持其左右间和腹背间的运动。

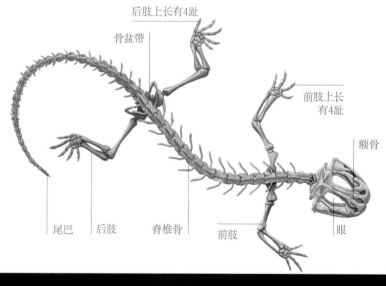

后肢上长有4趾
骨盆带
前肢上长有4趾
额骨
眼
前肢
脊椎骨
后肢
尾巴

安静的食肉动物

蝾螈科动物为适应陆地生活进化出了四肢和尾巴，但有些有尾目动物永久生活在水中，如鳗螈科，它们的四肢已经退化。

有尾目比无尾目更接近早期两栖动物，与无尾目不同，它们在繁殖期不依靠叫声交流。有尾目动物的皮肤光滑且潮湿，富有弹性，可通过皮肤进行氧气交换。有些有尾目动物长有肺，但另一些品种的肺不发达或无肺，则主要通过皮肤呼吸。有尾目在成长过程中会不断蜕皮，因为其皮肤完全由自身细胞形成且易于消化，它们会将自己蜕下的皮吃掉。

有尾目及其幼体是食肉动物。成体吃昆虫、蜗牛、蠕虫和其他一些小型无脊椎动物；幼体则会吞食孑孓和其他昆虫，甚至吃蝌蚪。有的有尾目动物可以迅速伸出舌头卷食猎物，伸出的舌头长度可达到其体长的一半，很容易捕捉到较远处的猎物。

有些蝾螈生活在陆地，只是在水中繁殖；有些成年后也生活在水中。绿红东美螈生活在水中和在陆地上的时间一样长。水生幼体蜕变为陆生，1～2年后又会返回水中繁殖后代。

鳃：两栖动物的幼态期是生活在水中的幼体形成鳃的阶段。长有鳃的幼体多半是生活在含氧量不足水域的物种。有些物种或许会一直保持这种幼态持续期，例如美西螈（左图）的幼体在碘缺乏的水域中就会永久保持幼体时形态。

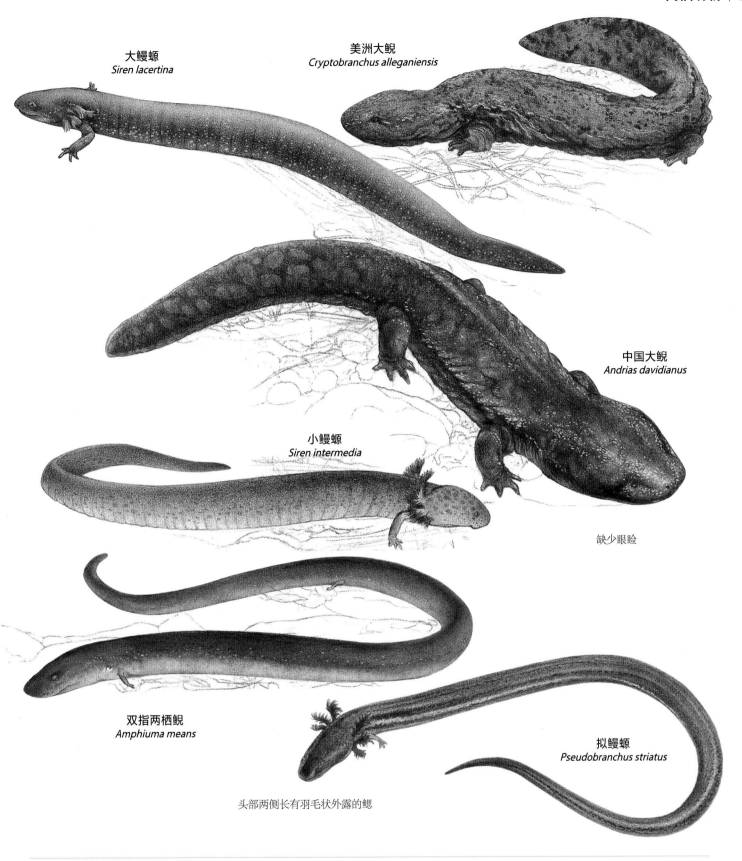

大鳗螈
Siren lacertina

美洲大鲵
Cryptobranchus alleganiensis

中国大鲵
Andrias davidianus

缺少眼睑

小鳗螈
Siren intermedia

双指两栖鲵
Amphiuma means

拟鳗螈
Pseudobranchus striatus

头部两侧长有羽毛状外露的鳃

隐鳃鲵： 这种鲵生活在溪流中的岩石下，以小龙虾、小型软体动物和小鱼为食。它们的皮肤很滑，要想抓住它们，就必须紧紧握住它们的头部附近。

🐾74厘米
🥚水栖型
🔱秋季
⚡普遍

美国中东部

大鳗螈： 大部分蝾螈都不会叫，但这种蝾螈在被捕捉时有时会哀叫。另外它们还会发出咔嗒咔嗒的叫声，科学家猜测是同伴间的一种交流方式。

🐾98厘米
🥚水栖型
🔱未知
⚡普遍

美国东南部

中国大鲵： 雌大鲵会将约500枚卵呈圆柱形连在一起，产在水下的洞穴中。雄性大鲵负责给卵授精，并会一直守护这些卵，直至它们在50～60天内完全孵化。

🐾1.8米
🥚水栖型
🔱秋季
⚡缺乏数据

中国中东部

皮肤非常黏滑

斑泥螈
Necturus maculosus

洞螈
Proteus anguinus

新疆北鲵
Ranodon sibiricus

眼睛已退化

爪鲵
Onychodactylus fischeri

极北鲵
Salamandrella keyserlingii

巴鲵
Liua shihi

中国小鲵
Hynobius chinensis

穆氏副趾鲵
Paradactylodon mustersi

斑泥螈： 这种蝾螈保持了永久幼态延续期，它们长有鲜红色的体外鳃，夜间出来觅食甲壳动物、昆虫幼虫、鱼、蠕虫、小型软体动物和其他小型两栖动物。由雌性螈负责保护和看管卵。

🐟48厘米
🌀水栖型
🍂秋季
⚡普遍

美国中北部

洞螈： 长期生活在水下的自建洞穴中，它们的眼睛已经退化，只在透明的皮肤下残留着一些痕迹。洞螈也为永久幼态延续型。洞螈一次可产卵70枚，或将卵在体内孵化，然后直接生产数量较少的幼螈。

🐟30厘米
🌀水栖型
🌱春季
⚡易危

亚德里亚海沿岸和意大利东北部

中国小鲵： 这种陆栖的鲵长有短小的四肢。雄鲵靠视觉和雌鲵留下的气味来追求雌鲵。交配后它们会一起迁徙至溪流或者池塘中产卵。

🐟10厘米
🌀陆栖型
🌱春季
⚡普遍

中国湖北省南部

卢氏小默螈
Lyciasalamandra luschani

真螈
Salamandra salamandra

奥林匹克湍螈
Rhyacotriton olympicus

金纹伸舌螈
Chioglossa lusitanica

比利牛斯山螈
Calotriton asper

加州陆巨螈
Dicamptodon ensatus

普通欧螈
Lissotriton vulgaris

绿红东美螈
Notophthalmus viridescens

雄性求偶时的形态

帝王蝾螈
Neurergus kaiseri

条纹欧螈
Ommatotriton vittatus

真螈：卵生，在陆地上交配。当卵快成熟时雌性真螈会在水中产出20～30个带卵膜的卵，并立即开始孵卵。其幼体可以在2～6个月内完成变态，蜕变为成体。

🦎25厘米
🌐杂栖型，陆栖型（幼时为水栖）
🌱春季
⚡普遍

欧洲西南部至亚洲西南部

加州陆巨螈：雌性会花6个月的时间在溪流底部的岩石下孵化至少50枚卵。陆栖的成体一般栖息在高约2.4米的矮灌丛中。受到惊吓时，雄性会发出清脆的叫声。

🦎36厘米
🌐杂栖型，水陆两栖
🌱春季
⚡普遍

美国西北部

普通欧螈：雄性比雌性的体形小。在3～7月的交配季节中，雄性从头到尾的背脊皮肤上会长出波浪式的冠。欧螈在交配期间会一直待在栖息的水塘中，而后就返回陆地生活。

🦎11.5厘米
🌐杂栖型，水陆两栖
🌱春季
⚡缺乏数据

欧洲大部分地区和亚洲西部

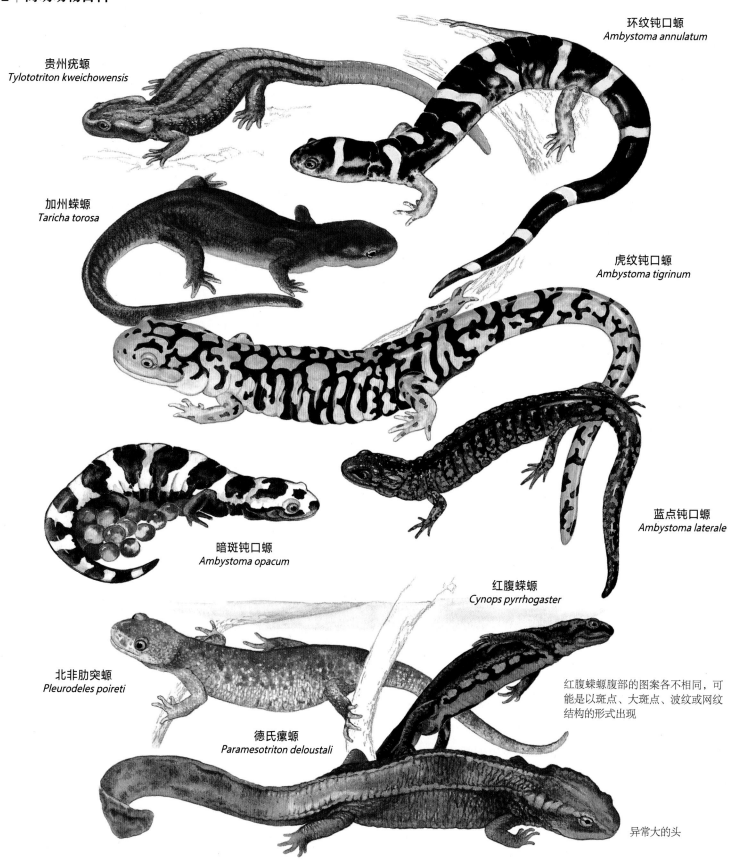

贵州疣螈
Tylototriton kweichowensis

环纹钝口螈
Ambystoma annulatum

加州蝾螈
Taricha torosa

虎纹钝口螈
Ambystoma tigrinum

暗斑钝口螈
Ambystoma opacum

蓝点钝口螈
Ambystoma laterale

红腹蝾螈
Cynops pyrrhogaster

北非肋突螈
Pleurodeles poireti

红腹蝾螈腹部的图案各不相同，可能是以斑点、大斑点、波纹或网纹结构的形式出现

德氏瘰螈
Paramesotriton deloustali

异常大的头

暗斑钝口螈： 这种蝾螈在9～12月的繁殖期内会在干涸的土地上产下多达230枚卵。直至秋雨注满整个池塘，雌螈会一直用身体包覆着所有的卵，保护它们不被捕食并保持干燥。

🐾13厘米
🥚杂栖型，水陆两栖
⬇秋季
⬇普遍

美国东南部

红腹蝾螈： 这种蝾螈雌雄之间的差异在于雄螈长有隆起的泄殖腔，其尾巴在求偶期会闪烁蓝色光泽，尾尖上还长有一根细丝。

🐾13.2厘米
🥚水栖型
⬇春季
⬇普遍

日本

德氏瘰螈： 这是准中螈属中体形最大的一种蝾螈，它们腹部长有独特的橙黄或者红色斑点，四周还带有黑色或暗色的斑点状阴影。

🐾20厘米
🥚水栖型
⬇春季
⬇易危

越南北部

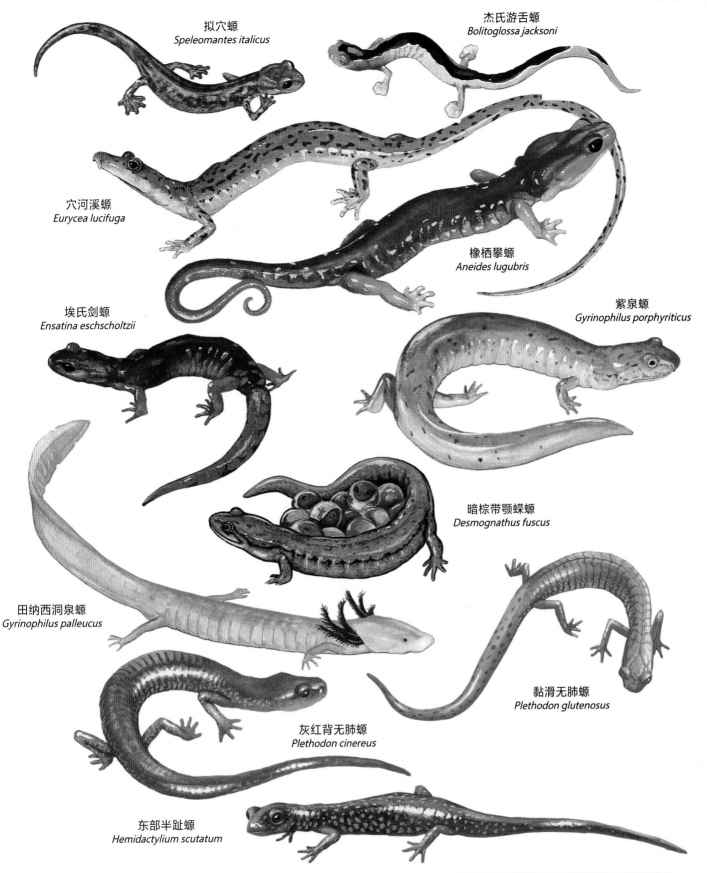

拟穴螈
Speleomantes italicus

杰氏游舌螈
Bolitoglossa jacksoni

穴河溪螈
Eurycea lucifuga

橡栖攀螈
Aneides lugubris

埃氏剑螈
Ensatina eschscholtzii

紫泉螈
Gyrinophilus porphyriticus

田纳西洞泉螈
Gyrinophilus palleucus

暗棕带颚蝾螈
Desmognathus fuscus

黏滑无肺螈
Plethodon glutenosus

灰红背无肺螈
Plethodon cinereus

东部半趾螈
Hemidactylium scutatum

橡栖攀螈：这种好斗的螈长有沉重的化石般的头骨、有力的下颌骨、肥大的颌肌和刀片状大又扁且单面尖的牙齿。它们身上经常会有争斗留下的痕迹。

🦎 10厘米
◐ 杂栖型，水陆两栖
🐾 春季
♟ 普遍，呈减少趋势

美国加利福尼亚州海岸山脉地带

无肺螈：无肺螈科是物种差异性最大的一科螈类动物，约有269种。例如红颊无肺螈（*Plethodon jordan*），生活在美国东部的阿巴拉契亚山脉潮湿森林地面上的落叶层和枯木中，已经适应了海拔1993米的湿冷环境。它们的皮肤表面长有丰富血管，可以保证完全通过皮肤呼吸并将氧气渗入口腔内壁。

可变化的颜色：红颊无肺螈拥有多种可变化的体表颜色，而且它的皮肤会散发出一种难闻的味道，以抵御捕食者。因此，也有许多其他蝾螈会模拟红颊无肺螈的皮肤颜色来保护自己。

两栖动物的生命循环

大部分两栖动物都有双重生命循环模式：第一种包括求偶仪式—分别产生精子和卵子—体外受精—水生的幼体阶段—变态发育—蜕变成成体；另一种生命循环模式则为体内受精—直接发育—胎生—幼态延续期或者父母抚育。这两种循环模式之间存在一定的取舍：产生大量没有父母照看的小卵，或产生少量可得到父母抚育的大卵。

蛙和蟾蜍的生命循环：雄蛙靠叫声吸引雌蛙的注意。当雌蛙在指定地点产出大量的卵后，雄蛙就会产出精子将卵团团包住。随后受精卵吸收水分并在几天内发育成蝌蚪。不同种类的蛙经过几周、几个月，或者几年，蝌蚪就会变态成小型的蛙。最后再经过几个月或者几年，幼蛙就会性成熟而彻底变成成蛙。

1.交配：雄蛙会抱住雌蛙，雌蛙就这样一直背着雄蛙直到它产卵。随即雄蛙就会产出精子将卵包住。

5.完成变态发育：从蝌蚪蜕变成蛙大约需要6周，幼蛙以昆虫为食。

2.受精卵的发育：受精卵内的胚胎不停地发育。受精卵外层包裹着一层果冻状的辅助营养层，在吸收水分后会膨大。

4.蝌蚪的发育：蝌蚪的肺在形成蝌蚪的3周后开始形成；腿需要4周形成，首先形成的是后腿。腿部形成的同时蝌蚪的尾巴开始萎缩，鳃也开始被吸收。

3.形成蝌蚪：受精卵需要2周的时间发育成蝌蚪。当蝌蚪的嘴发育成形后，它们就开始吃藻类。蝌蚪用体外的鳃呼吸。

蚓螈

纲:	两栖纲
目:	蚓螈目
科:	6
属:	33
种:	149

蚓螈分布于多种水生和陆生环境中。它们具有很多独特的"活化石"特征：具有化学感受的触突，额外的一套颌闭合肌肉、皮肤骨化到骨骼上……所有蚓螈目动物身上都长有独特的环带，因此很多人会将蚓螈误认为蚯蚓。成年蚓螈体长7厘米～1.6米。蚓螈是体内受精动物，较原始的种类为卵生；另一些种类为直接发育；而一半以上的已知蚓螈是胎生的。蚓螈的头部两侧各有一个可伸缩的触突，用来捕捉猎物留下的信息素并传递至鼻腔内。它们以蚯蚓、甲壳动物的幼虫、蚂蚁和蟋蟀为食。

分布：蚓螈有限分布在泛热带地区，包括印度、中国南部、马来西亚、菲律宾、非洲、中美洲和南美洲。在欧洲、澳大利亚和大洋洲尚未发现该种动物。

幼年蚓螈：圣多美裂蚓螈（*Schistometo-pumthomense*）一般将发育成熟的卵安全地储存在输卵管中孵化。孵化成的幼体会在输卵管中待7～10个月，并以输卵管中腺体分泌的营养丰富的液体为食。圣多美裂蚓螈的皮肤颜色亮丽，警告捕食者它有毒。

长有独特的宽体环带

环管蚓螈
Siphonops annulatus

版纳鱼螈
Ichthyophis bannanicus

取舍：胎生的蚓螈比卵生的蚓螈生产更少的幼体，但胎生幼体却比卵生幼体得到更多父母的抚育。

扁尾盲游蚓螈
Typhlonectes compressicauda

彼得浅环蚓螈
Epicrionops petersi

颌开肌

典型的脊椎动物的颌闭合肌

眼

两侧收缩的尾巴

双带鱼螈
Icthyophis glutinous

强壮的颌关闭肌

鼻孔

蚓螈的头骨：蚓螈的骨骼结构有利于其挖洞的生活。它们的身形呈流线型，子弹形的头骨十分厚重，在土中靠肌肉不断蠕动来使身体前行。

蛙和蟾蜍

纲:	两栖纲
目:	无尾目
科:	28
属:	338
种:	4937

无尾目主要包括两类动物：蛙和蟾蜍，这也是两栖纲中最大的一目，包括近5000个物种。无尾目动物在形态和大小上均差异巨大，既有不足1厘米长的二趾木虱蟾，也有超过30厘米长、3.3千克重的非洲巨蛙。无尾目的共同特点是后肢长、身材短粗、皮肤黏滑且没有尾巴。它们是唯一在繁殖期内会高声鸣叫的两栖动物。无尾目中成员数量最多的卵齿蟾属（雨蛙）也是所有脊椎动物中最大的一属。

分布：无尾目广泛分布在除南极洲以外的所有大陆上。这一目80%的物种生活在热带，其中仅一处栖息地就生活着67%的无尾目动物。只有2种生活在北极圈内。

为生活歌唱

蛙和蟾蜍的最大特点就是靠鸣叫来求偶。生活在温带的物种是在春季，热带的则在雨季开始"歌唱"。每一种蛙和蟾蜍的鸣叫声都不相同，但只有雄蛙鸣叫。在繁殖期内，雄蛙会通过鸣叫来吸引雌蛙，雌蛙则根据雄蛙的体形大小及叫声的悦耳程度来决定是否愿意接受它。然而，它们的叫声也很容易为自己招来敌人，尤其是蝙蝠。

有些种类的雄蛙需要和其他雄蛙比拼歌声，但也有些雄蛙选择避免正面的比拼，静静地躲在鸣叫的雄蛙附近堵截前来"相亲"的雌蛙。这种偷婚的行为不仅可以减少其被蝙蝠捕杀的机会，也可以节省力气或减少与强势的雄蛙之间的正面交锋。

有上述求偶特点的蛙和蟾蜍繁殖季节较长，但也有一些物种会直接在第一场大雨过后就来到产卵的池塘中，连续2~3天产出大量的卵后就离开，直至来年的产卵期。这类蛙和蟾蜍大多叫声洪亮且传播很远，一次可以产下上千枚小卵。为了防止自己的卵被水中的捕食者吃掉，很多雨蛙科的蛙将卵产在繁殖的池塘边垂下的植物上。卵孵化后，蝌蚪就会自己掉进池塘完成进一步的发育。头盔树蛙（首蛙属）会在树洞中留下少量的大个受精卵，之后雌蛙会定期回来，将没有受精的卵当作食物喂给孵化出来的蝌蚪。箭毒蛙会一直守候自己建在地面的窝直至孵化成功，随后它们再将孵化出来的蝌蚪运到水中或者凤梨科植物的树上。卵齿蟾属的蛙产的卵比较大，每次它会将15~25枚双黄受精卵

漂亮但有毒的生物：箭毒蛙是最漂亮也最有趣的蛙类，但它们明亮华丽的肤色其实是在警告所有捕食者。它们的皮肤中含有毒液腺，分泌的毒液会造成神经迷幻，甚至致死。

无尾目动物的骨骼：无尾目动物的脊柱最多只有9节。它们前肢的尺骨与桡骨融合，后肢的胫骨与腓骨融合；踝骨变长形成2根骨头。骶骨下的脊椎已经融合成棒状的尾杆骨。长长的后腿给了无尾目动物强有力的向前跳跃的推动力；同时，紧凑的身体也利于它们向前移动。坚固的肩胛带和前肢可以更好地吸收着地时的震动。

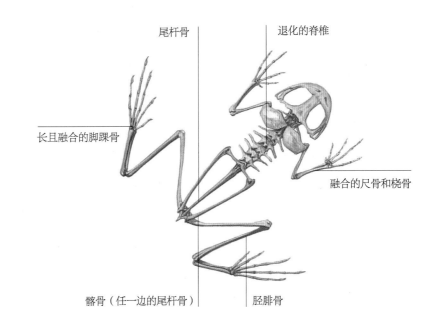

尾杆骨　　　　退化的脊椎

长且融合的脚踝骨

融合的尺骨和桡骨

髂骨（任一边的尾杆骨）　　胫腓骨

捕食：蛙会以任何它能吞下去的小型动物为食，美洲牛蛙等大型蛙类可以吃鸟和老鼠、小龟、鱼及幼蛇。

能量转移：一只绿纹树蛙靠跳进水中来躲避敌人（下图）。无尾目动物从它们的食物（藻类、腐质物和昆虫）中获取能量，同时它们又是另外一些更大型的捕食者的能量来源。

产在其建于地面的窝中，这些卵可直接发育。雌性产婆蟾、负子蟾和胃育蛙等会一直将卵带在身上，直到卵被孵化成幼体。细趾蟾科和树蛙科的成员会吐出大量的泡沫建造保护受精卵的窝，同时这个窝也是蝌蚪们的食物。

蛙类是环境污染的指向灯。自20世纪70年代以来，随着全球范围的环境污染，各种杀虫剂、除草剂、路盐的使用，再加上紫外线辐射、全球变暖、雨量减少、干旱等原因，分布在全球各个栖息地的蛙类的数量大幅减少，很多蛙类已经绝迹。目前，一种由真菌引起的壶菌病是对无尾目动物最大的威胁。这种源于非洲的真菌会破坏蛙的皮肤，造成蛙的免疫功能下降，进而引发其他疾病。

西班牙产婆蟾
Alytes cistemasii

多彩铃蟾
Bombina variegata

哈氏滑跖蟾
Leiopelma hamiltoni

何氏滑跖蟾
Leiopelma hochstetteri

橄榄产婆蟾
Alytes obstetricans

绣锦盘舌蟾
Discoglossus pictus

东方铃蟾
Bombina orientalis

东方铃蟾的腹部和四肢内侧的艳
丽花纹是对捕食者的警告

科西嘉油彩蛙
Discoglossus montalentii

尾蟾
Ascaphus truei

无尾目动物的结合：受精卵一般形成
于抱合期。在蛙产卵后，一直抱着雌
蛙的雄蛙将精子产在水中的卵子上完
成授精。一些陆栖蛙类具有泄殖腔，
可以在抱合期将双方的泄殖腔并列
相接完成体内受精。只有尾蟾长有短
尾状的交配器。

抱合：雌蛙在接受求爱后就会一直背着雄蛙，
直到找到合适的产卵地完成受精和产卵。

尾蟾：唯一一种求偶期不需要鸣叫，而是在湍急的溪
流中直接用其短尾实施体内受精的蛙。雌蛙将卵成串
地产在溪流底的岩石下，蝌蚪需要1～4年蜕变成幼
蛙，而后7～8年进入成年期，可交配和繁殖后代。

🐸5厘米
🌐杂栖型，水陆两栖
🍂夏季
⬇普遍

美国西北部

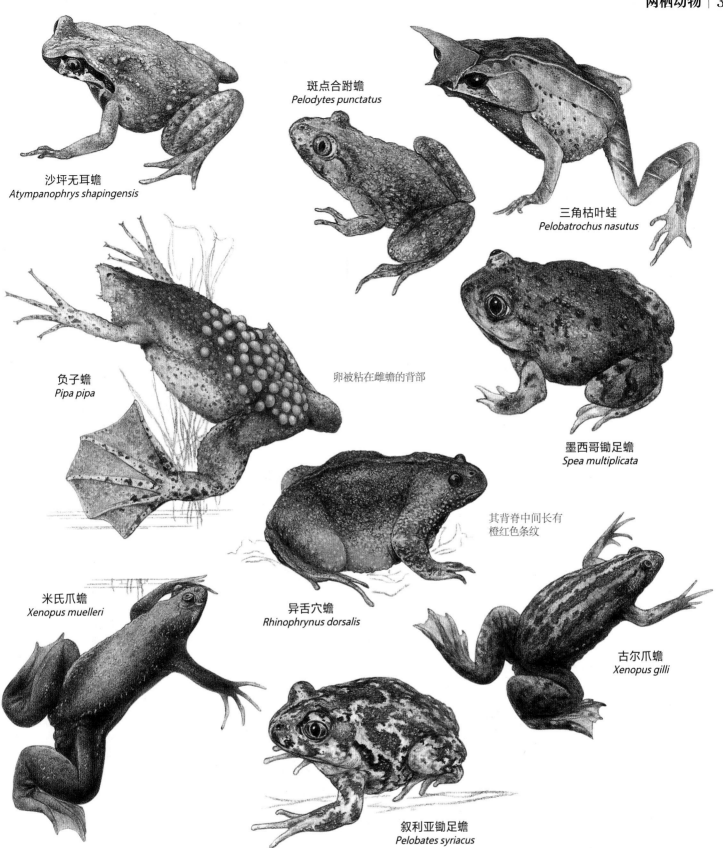

斑点合跗蟾
Pelodytes punctatus

沙坪无耳蟾
Atympanophrys shapingensis

三角枯叶蛙
Pelobatrochus nasutus

负子蟾
Pipa pipa

卵被粘在雌蟾的背部

墨西哥锄足蟾
Spea multiplicata

其背脊中间长有
橙红色条纹

米氏爪蟾
Xenopus muelleri

异舌穴蟾
Rhinophrynus dorsalis

古尔爪蟾
Xenopus gilli

叙利亚锄足蟾
Pelobates syriacus

斑点合跗蟾：雄斑点合跗蟾的叫声嘹亮，可以传入水面以下。这种蟾在蝌蚪期比成年期的个头还要大，约长6厘米。卵一般被成串地产在水下的植物上。

🐸5厘米
⊙杂栖型，水陆两栖
🌿夏季
⚡普遍

伊比利亚半岛、法国、比利时西部、意大利西北部

负子蟾：在抱合期内，雌蟾将卵逐个排出，由雄蟾逐一授精后将卵粘在雌蟾背部皮肤上蜂窝状的小穴中，并覆以胶质。卵在雌蟾背上的皮肤窝中发育，经蝌蚪期，在3～4个月后变成幼蟾后才离开母体。

🐸20厘米
⊙水栖型
🌿夏季
⚡普遍

南美洲北部

墨西哥锄足蟾：这种蟾在夏季雨季时开始繁殖，并在夜间出来觅食；而在一年中的其他时间，它们会在松软的地下挖洞休息。

🐸5厘米
⊙陆栖型
🌿夏季
⚡普遍

美国中南部、墨西哥北部

红头澳拟蟾
Pseudophryne australis

罗斯沼蟾
Heleophryne rosei

铲状的脚趾特别适
合攀爬岩石

古氏龟蟾
Myobatrachus gouldii

汤氏塞舌蛙
Sooglossus thomasseti

贝氏架纹蟾
Notaden bennettii

纳塔尔沼蟾
Hadromophryne natalensis

大斑汀蟾
Limnodynastes interioris

与澳洲泽穴蟾（*Heleioporus australicacus*）的区别在于白腹泽穴蟾背部和喉部没有黑色的刺突

白腹泽穴蟾
Heleioporus barycragus

古氏龟蟾：穴居，生活在沙土中，会头朝下用有力的前肢挖洞。它们经常挖掘蚁穴，以蚁类为食。繁殖期内雄蟾有时在地面鸣叫，有时躲在地下只将头部露出。雌蟾会将约40枚大卵直接产在洞穴中。

🦎6厘米
🍽杂栖型，陆栖型、穴居型
☔雨季
⚡稀少

澳大利亚西南部

贝氏架纹蟾：这种蟾类活化石保留了很多早期蟾的生理特征，背部长有由斑点形成的十字花纹。它们大部分时间都待在地下洞穴中，只在大雨过后才在临时形成的池塘中产卵，卵非常小。

🦎5.5厘米
🍽杂栖型，陆栖型、穴居型
☔雨季
⚡普遍

澳大利亚东南部

大斑汀蟾：成年大斑汀蟾白天和整个旱季时都待在河边的洞穴中。雄蟾一般站在漂浮的植物上或者藏在洞穴中鸣叫。它们的叫声很像弹奏五弦琴的声音。

🦎9厘米
🍽水栖型
☔春季、夏季
⚡稀少

澳大利亚东南部

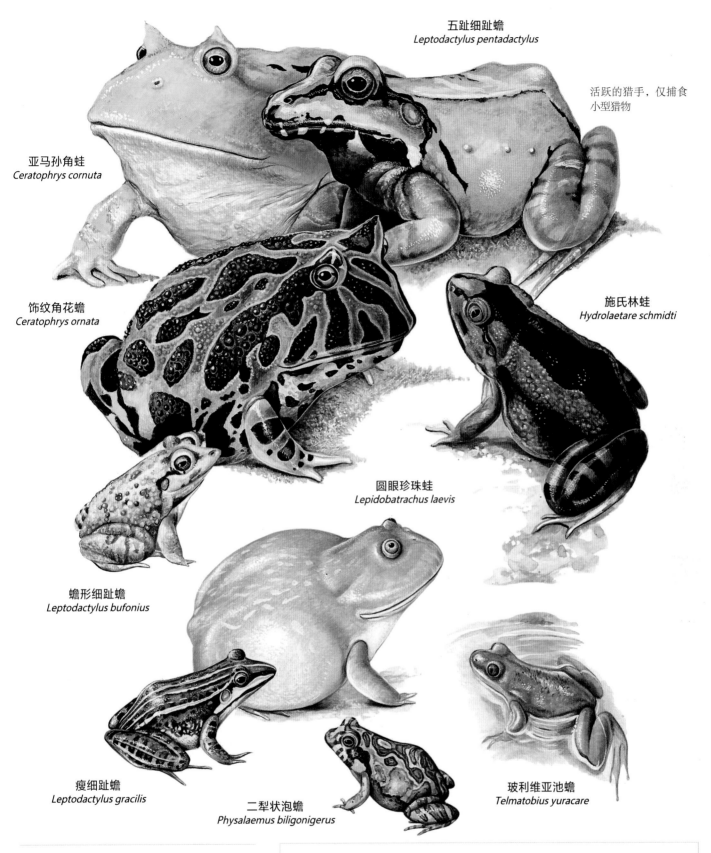

五趾细趾蟾
Leptodactylus pentadactylus

活跃的猎手，仅捕食小型猎物

亚马孙角蛙
Ceratophrys cornuta

饰纹角花蟾
Ceratophrys ornata

施氏林蛙
Hydrolaetare schmidti

圆眼珍珠蛙
Lepidobatrachus laevis

蟾形细趾蟾
Leptodactylus bufonius

瘦细趾蟾
Leptodactylus gracilis

二犁状泡蟾
Physalaemus biligonigerus

玻利维亚池蟾
Telmatobius yuracare

亚马孙角蛙： 这种蛙以贪婪著称，会将自己的身体缩在落叶层中，只要有比它们个头小的生物经过，就会突然跳出来将猎物整个吞下。

🐾12厘米
⬭陆栖型
☂秋季、雨季
▦普遍

南美洲亚马孙河流域

抗旱高手： 在干旱寒冷的冬季，饰纹角花蟾躲在地下洞穴中并将自己裹在由未蜕下的皮形成的硬壳中，这个"茧"可以防止它们身体的水分过度蒸发，以保证其可以存活到雨水降临，当它们从茧中出来时，标志着南非的潮湿夏季的到来。夏季将从10月持续到次年的2月。

穴居：饰纹角花蟾在雨季到来之前会一直待在洞中。

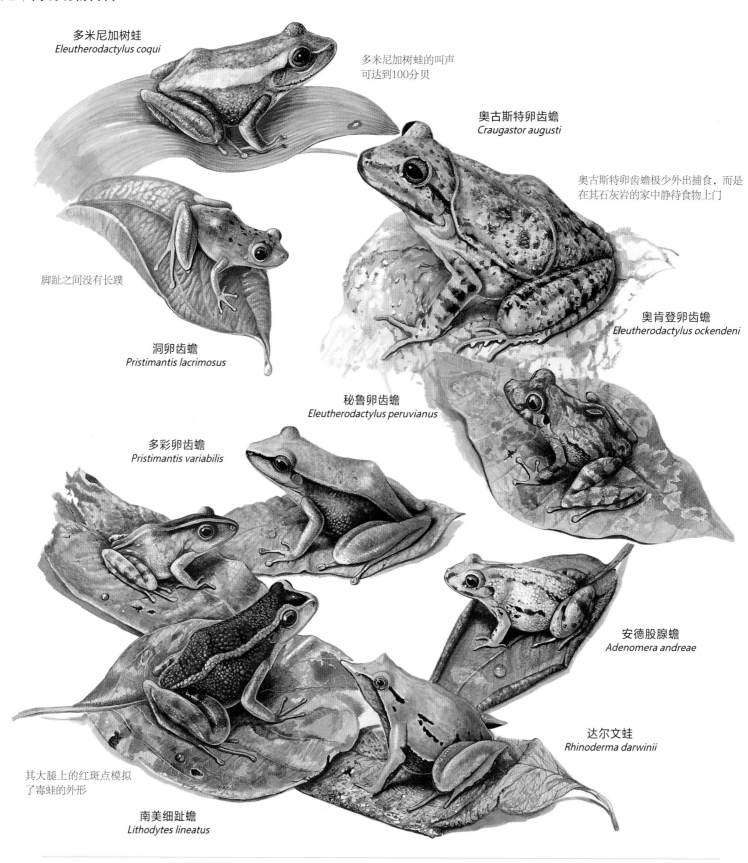

多米尼加树蛙
Eleutherodactylus coqui

多米尼加树蛙的叫声
可达到100分贝

奥古斯特卵齿蟾
Craugastor augusti

奥古斯特卵齿蟾极少外出捕食，而是
在其石灰岩的家中静待食物上门

脚趾之间没有长蹼

洞卵齿蟾
Pristimantis lacrimosus

奥肯登卵齿蟾
Eleutherodactylus ockendeni

秘鲁卵齿蟾
Eleutherodactylus peruvianus

多彩卵齿蟾
Pristimantis variabilis

安德股腺蟾
Adenomera andreae

达尔文蛙
Rhinoderma darwinii

其大腿上的红斑点模拟
了毒蛙的外形

南美细趾蟾
Lithodytes lineatus

多米尼加树蛙：这种蛙的叫声非常嘹亮。
它们的卵已经发育成熟，可以直接产在陆
地上。

奥古斯特卵齿蟾：这种蟾在求偶期的鸣叫声
可以在很远处被听到，听起来像是狗叫声。
雌蟾被抓住时会发出刺耳的尖叫声。当它们
被捕食者捉住，会立即将身体膨大数倍。

秘鲁卵齿蟾：雄蟾一般比雌蟾体形小，繁
殖期内会昼夜不停地在森林的地面上鸣叫。
它们的卵也属于直接发育型，雌蟾会直接将
卵产在森林落叶层中潮湿的地方。

🏷5.5厘米
🌓杂栖型，水陆两栖
🗓全年
⚡普遍
🏛

波多黎各

🏷9.5厘米
🌓陆栖型
🗓春季
⚡普遍
🏛

美国西南部至墨西哥中西部

🏷3厘米
🌓陆栖型
🗓秋季、雨季
⚡普遍

西亚马孙河流域（巴西、玻利维亚、秘鲁、厄瓜多尔）

物种入侵

蔗蟾（*Rhinella marina*）曾被引进波多黎各的甘蔗园以帮助消灭害虫。这一成功案例使得澳大利亚人也做出了类似的决定。他们首批引进了100只成年蔗蟾进行繁殖，到1935年，共计约有6.2万只蔗蟾被投放至昆士兰州的甘蔗园中，引进者希望可以借此控制白毛革鳞鳃金龟（*Dermolepida albohirtum*）的数量。然而，事与愿违，由于蔗蟾在昆士兰州没有任何天敌，它们的数量迅速发展到了泛滥成灾的地步。这种蟾蜍的适应性极强，可以吃掉任何比自己小的动物，甚至会以植物、狗粮和垃圾为食。来自巴西的研究人员正在对这一现象进行研究，但目前还没有任何结果。

蔗蟾的毒液：当蔗蟾受到惊吓时，它们会扩张肺部令身体膨胀，并从腮腺中分泌出乳白色的毒液。在极特别的情况下，它们甚至会向敌人喷出可达92厘米远的毒液。尽管毒液只有在被感染的情况下才会令人中毒，但这种毒素是制造致幻剂的重要材料。

腮腺

繁殖：生活在澳大利亚的蔗蟾全年都可在临时形成的池塘、水库、湖泊和溪流中繁殖。它们一次就可以生产多达1.3万枚卵。蝌蚪成长得也特别快，只要有藻类和水就可以成活。尽管蔗蟾需要几年才能进入成年期，但它们的寿命很长，可以超过20年。繁殖期的蔗蟾的叫声会对澳大利亚的本土蛙类造成干扰。

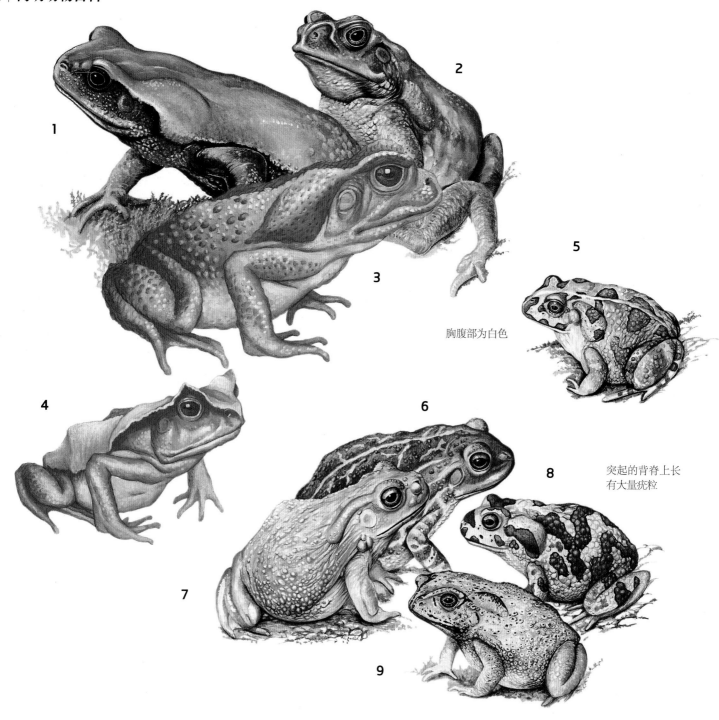

胸腹部为白色

突起的背脊上长
有大量疣粒

1 小腔蟾蜍
Rhinella diptycha

2 布洛姆蟾蜍
Rhaeho blombergi

3 蔗蟾
Rhinella marinus

4 睫眉蟾蜍
Sclerophrys superciliaris

5 豹蟾蜍
Sclerophrys regularis

6 盾首蟾蜍
Peltophryne peltocephala

7 科罗拉多蟾蜍
Incilius alvarius

8 毛里塔里亚蟾蜍
Sclerophrys mauritanica

9 黑眶蟾蜍
Duttaphynus melanostictus

两栖动物的卵：两栖动物的胚胎由一层凝胶状的细胞膜包覆，但是其外既没有羊膜也没有硬壳的保护，因此在幼体完成孵化，可以自由游动之前，保持环境湿润是它们面临的最重要问题。有的两栖动物的卵内含有足够的蛋黄来为胚胎提供营养，直到其发育成小型成体。

科罗拉多蟾蜍：由于科罗拉多蟾蜍体表腺体分泌的毒液会使人中毒并产生幻觉，饲养这种蟾蜍在美国受到严格管制，私自收集它的毒液会被处以监禁。

🐾20厘米
🌐陆栖型
🍃夏季
⚡普遍

美国西南部和墨西哥西北部

黑眶蟾蜍：黑眶蟾蜍曾经十分常见，但由于干旱、乱砍滥伐、向其栖息地排污，以及杀虫剂、化肥和一些污染物的使用等造成的黑眶蟾蜍的栖息地的巨变，使得这种蟾蜍的数量正在加速减少。

🐾15厘米
🌐陆栖型
🍃夏季
⚡近危

亚洲东南部

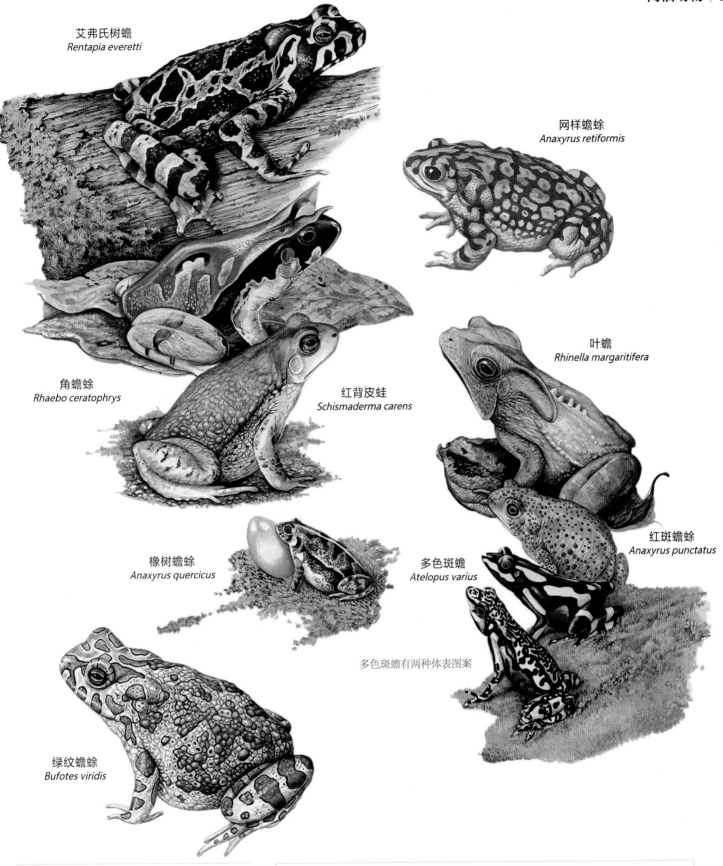

艾弗氏树蟾
Rentapia everetti

网样蟾蜍
Anaxyrus retiformis

角蟾蜍
Rhaebo ceratophrys

红背皮蛙
Schismaderma carens

叶蟾
Rhinella margaritifera

红斑蟾蜍
Anaxyrus punctatus

橡树蟾蜍
Anaxyrus quercicus

多色斑蟾
Atelopus varius

多色斑蟾有两种体表图案

绿纹蟾蜍
Bufotes viridis

绿纹蟾蜍：和很多本土蛙种的数量大幅减少相反，人类对自然环境的改变反而使得绿纹蟾蜍的数量激增，目前已经达到每100平方米100只。

🐸12厘米
⬭陆栖型
🌱春季
普遍

欧洲至亚洲

蟾蜍和蛙：生活在欧洲和北美洲的蟾蜍科动物都长有善于跳跃的短腿、皮肤干燥且长满疣粒。而蛙科动物的腿更细长，可以跳跃非常远。蟾蜍和蛙的名称使用区别很多时候只是取决于当地的叫法，例如生活在非洲，皮肤光滑且湿润的吉尔爪蟾（*Xenopus gills*）在当地被叫作爪蛙。

豹斑蟾蜍：虽然南非人习惯称呼豹斑蟾蜍（上图）为豹蛙，实际上它属于蟾蜍科。

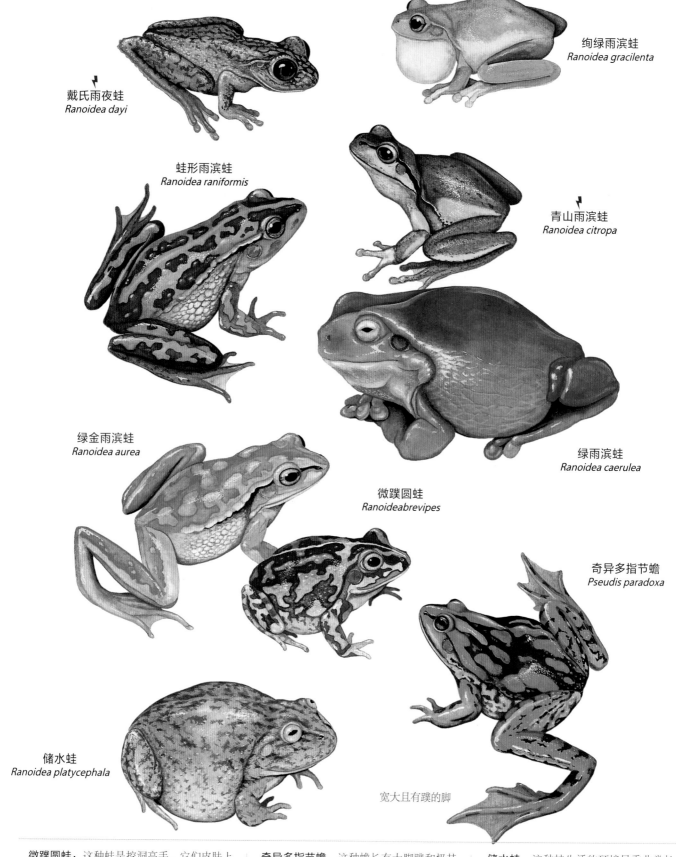

戴氏雨夜蛙
Ranoidea dayi

绚绿雨滨蛙
Ranoidea gracilenta

蛙形雨滨蛙
Ranoidea raniformis

青山雨滨蛙
Ranoidea citropa

绿金雨滨蛙
Ranoidea aurea

绿雨滨蛙
Ranoidea caerulea

微蹼圆蛙
Ranoideabrevipes

奇异多指节蟾
Pseudis paradoxa

储水蛙
Ranoidea platycephala

宽大且有蹼的脚

微蹼圆蛙: 这种蛙是挖洞高手。它们皮肤上的花纹非常绚烂,暗棕色的背部长有银棕色的斑点。多数微蹼圆蛙的背部还长有银棕色的条纹,腹部为白色。

奇异多指节蟾: 这种蟾长有大脚蹼和极其光滑的皮肤。蝌蚪的个头是成年蟾的3倍大,可长达25厘米。

储水蛙: 这种蛙生活的环境旱季非常长,有时甚至长达数年。因此它们的洞穴深入地下。同时储水蛙还会用自身蜕下的死皮将自己包裹成茧状来最大限度保持湿润。

5厘米
杂栖型,水陆两栖
不确定
普遍

澳大利亚东北部

7.5厘米
水栖型
雨季
普遍

南美洲亚马孙河流域至阿根廷北部

6厘米
杂栖型,陆栖型、穴居型
可变
普遍

澳大利亚西部至中部

缘足眼蛙
Cruziohyla craspedopus

索瓦叶泡蛙
Phyllomedusa sauvagii

平铲三腭齿蛙
Triprion spatulatus

皮膜叶泡蛙
Pithecopus palliate

莱氏骨首蛙
Osteocephalus leprieurii

地图雨蛙
Boana geographica

丽红眼蛙
Agalychnis callidryas

网亥蛙
Trachycephalus typhonius

冠顶树蛙
Trachycephalus jordani

白斑雨蛙
Boana boans

丽红眼蛙： 这种蛙将绿色的卵产在垂吊于临时的池塘上方的植物或岩石之上。这样当蝌蚪形成时就可以直接掉入水中，继续完成发育。雄蛙性成熟需要一年。

🐾7.5厘米
🐸树栖型
🍂夏季
⚡普遍
🏷️

墨西哥南部至哥伦比亚

蛙的足： 所有蛙类都是前肢4个脚趾，后肢5个脚趾，但具体形状受栖息地环境的影响很大：有的脚趾上长有额外的小结节用来帮助挖洞，有的趾末端长有吸盘便于爬行，还有的长有全脚蹼以利于游泳。

蛙的脚趾： 雨蛙科和树蛙科之间没有关系，但它们却有着相同的生物进化结果：它们的趾末端都是圆形的。

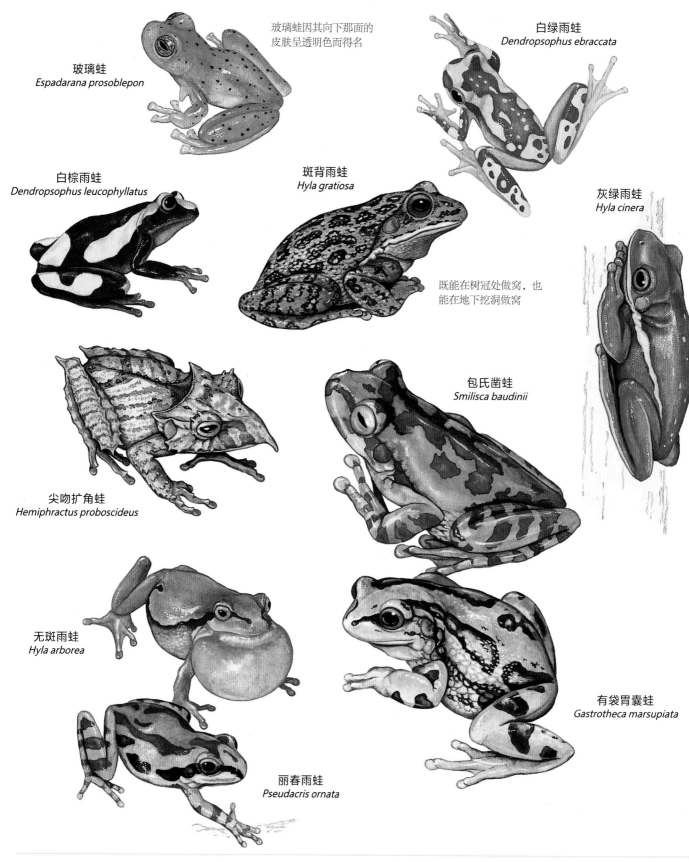

玻璃蛙
Espadarana prosoblepon

玻璃蛙因其向下那面的
皮肤呈透明色而得名

白绿雨蛙
Dendropsophus ebraccata

白棕雨蛙
Dendropsophus leucophyllatus

斑背雨蛙
Hyla gratiosa

灰绿雨蛙
Hyla cinera

既能在树冠处做窝，也
能在地下挖洞做窝

尖吻扩角蛙
Hemiphractus proboscideus

包氏凿蛙
Smilisca baudinii

无斑雨蛙
Hyla arborea

有袋胃囊蛙
Gastrotheca marsupiata

丽春雨蛙
Pseudacris ornata

玻璃蛙： 这种蛙的叫声包括3个连续的高音声调——雄蛙常在溪流的水面上鸣叫。雌蛙将卵产在垂吊在水面上的植物上，蝌蚪会用嘴将自己吸附在水中的岩石上。

🐸2.5厘米
🐸树栖型
🍂夏季
⚡普遍

尼加拉瓜北部至哥伦比亚和厄瓜多尔

斑背雨蛙： 这种蛙的叫声包括9～10个音节，沙哑刺耳——特别是雄蛙宣示其领地时的叫声；而在求偶时，雄蛙的叫声非常简单。雌蛙会将卵一个接一个地产在池塘的底部。

🐸7厘米
🐸杂栖型，陆栖型、树栖型
🍂春季、夏季
⚡普遍

美国东南部

无斑雨蛙： 由于栖息地的减少并碎片化，以及环境污染和气候改变等原因，这种雨蛙在欧洲中部和西部的数量锐减。它们主要以飞行的昆虫为食。

🐸5厘米
🐸杂栖型，陆栖型、树栖型
🍂春季
⚡普遍

欧洲、亚洲西部、非洲西北部

雨蛙

　　雨蛙科包括42属，共855种蛙，主要分布在北美洲、南美洲、澳大利亚及欧洲和亚洲的少数地区。雨蛙科动物的体形差异巨大，既有只有12毫米长的标枪雨滨蛙（*Litoria microbelos*），也有14厘米长的伟雨蛙（*Hyla vasta*）。大部分雨蛙树栖，但也有少数陆栖、水栖或穴居。大部分雨蛙趾端膨大呈吸盘状，便于它们在任何表面上爬。几乎所有雨蛙都是扁平的流线型身材，长腿非常利于在树杈之间跳跃。叶泡属雨蛙的瞳孔是竖直的椭圆形，其他雨蛙科蛙类的瞳孔都是水平椭圆形的。

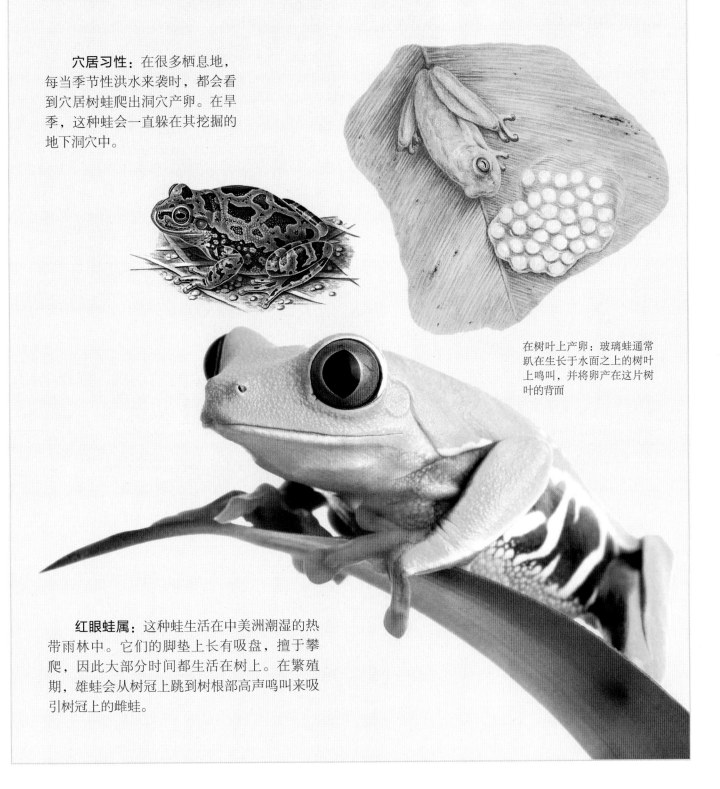

　　穴居习性：在很多栖息地，每当季节性洪水来袭时，都会看到穴居树蛙爬出洞穴产卵。在旱季，这种蛙会一直躲在其挖掘的地下洞穴中。

　　在树叶上产卵：玻璃蛙通常趴在生长于水面之上的树叶上鸣叫，并将卵产在这片树叶的背面

　　红眼蛙属：这种蛙生活在中美洲潮湿的热带雨林中。它们的脚垫上长有吸盘，擅于攀爬，因此大部分时间都生活在树上。在繁殖期，雄蛙会从树冠上跳到树根部高声鸣叫来吸引树冠上的雌蛙。

饰纹姬蛙
Microhyla ornata

贝岛巨头平节蛙
Cophyla milloti

红犁足蛙
Scaphiophryne gottlebei

腹斑短锁蛙
Chiasmocleis ventrimaculata

双条螳蛙
Phrynomantis bifasciatus

马氏硬背蛙
Dermatonotus muelleri

图示为防御姿态，双条螳蛙
会将头部压低，用后腿蹬地

太平洋狭口蛙
Gastrophryne olivacea

花狭口蛙
Kaloula pulchra

安通吉尔湾姬蛙
Dyscophus antongilii

雌雄花狭口蛙的花纹几乎
一样，只是雄蛙体形较小

非洲的短头蛙：顾名思义，短头蛙属
都是短头、短身子。它们只在暴雨过
后爬到地面上繁殖。雄蛙低沉的鸣叫
声可以传播很远。在抱合期，雄蛙皮
肤上的黏液可以将自己紧密地粘在雌
蛙的背上。雌蛙将卵产在地下洞穴
中，幼蛙发育完全不需要水。

膨胀成一个气球：大足短头蛙（*Breviceps macrops*）生
活在沙漠中，在求偶鸣叫时会将身体膨大成气球状。

安通吉尔湾姬蛙：这种蛙鲜亮的红色皮肤警告着
捕食者它们有毒。它们的皮肤可分泌白色、黏稠
的液体，会吓走蛇类，也会使人类过敏。

10厘米
杂栖型，水陆两栖
夏季
易危

马达加斯加岛东北部

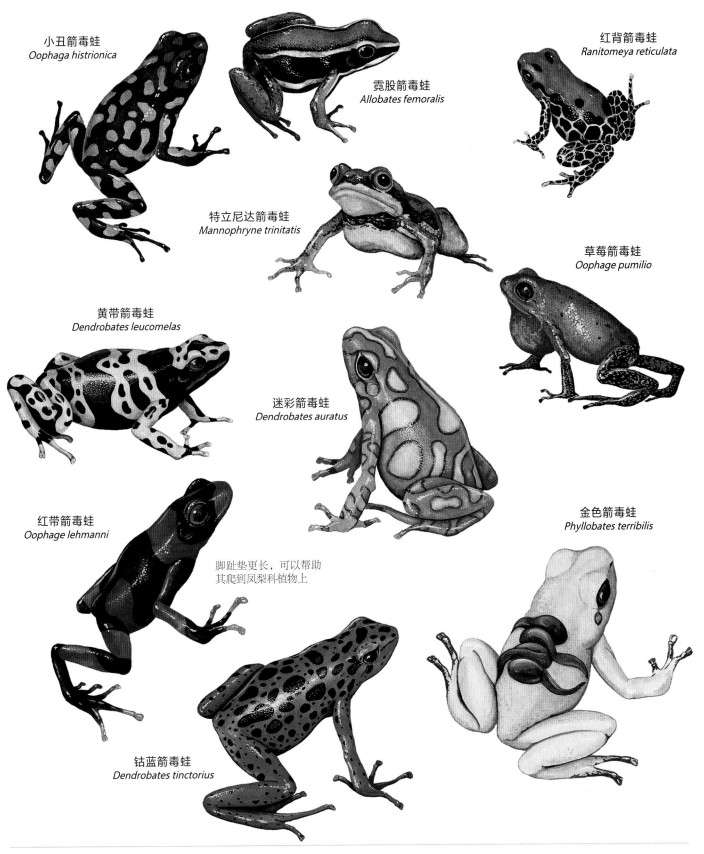

小丑箭毒蛙
Oophaga histrionica

霓股箭毒蛙
Allobates femoralis

红背箭毒蛙
Ranitomeya reticulata

特立尼达箭毒蛙
Mannophryne trinitatis

草莓箭毒蛙
Oophage pumilio

黄带箭毒蛙
Dendrobates leucomelas

迷彩箭毒蛙
Dendrobates auratus

红带箭毒蛙
Oophage lehmanni

脚趾垫更长，可以帮助
其爬到凤梨科植物上

金色箭毒蛙
Phyllobates terribilis

钴蓝箭毒蛙
Dendrobates tinctorius

小丑箭毒蛙：雄蛙在约1米高的枝头鸣叫求偶，它们的求偶仪式很复杂，往往要持续2～3小时，包括坐、鞠躬、蹲伏、接触、转圈等一系列动作展示。

🐸4厘米
🌓杂栖型，水陆两栖
🌧雨季
⚡普遍

哥伦比亚、厄瓜多尔

红背箭毒蛙：这种蛙生活在森林的地面上。雌蛙每次只产2～3枚直径约2毫米的卵。雄蛙则负责一次携带12只蝌蚪，跃过层层树枝将蝌蚪安置在凤梨科植物上。

🐸2厘米
🌓杂栖型，水陆两栖
🌧雨季
⚡普遍

秘鲁东北部、巴西西部

钴蓝箭毒蛙：雌蛙将卵产在水中，等待雄蛙来授精。雄蛙会在授精后持续守护12天，直到卵发育成蝌蚪。蝌蚪则需要12周蜕变成幼蛙。

🐸5厘米
🌓陆栖型
🌧雨季
⚡稀少

苏里南共和国

马岛树蛙
Heterixalus madagascariensis

背斑阿非蛙
Afrixalus dorsalis

身体两侧有
独特的黄黑
相间的条纹

小指盘非洲树蛙
Hyperolius semidiscus

纳塔尔小黑蛙
Leptopelis natalensis

塞舌疾蛙
Tachycnemis seychellensis

理纹非洲树蛙
Hyperolius marmoratus

威氏跑蛙
Semnodactylus wealii

威氏跑蛙不跳跃或
爬行，而是跑

红腿豹纹蛙
Hylambates maculatus

蓝腿曼蛙
Mantella expectata

马达加斯加彩蛙
Mantella madagascariensis

马岛树蛙：这种夜行性蛙类常见于马达加斯加岛东海岸的沙丘、热带稀树大草原和采伐森林等栖息地。它们白天躲在附近的池塘中，遇到潜在捕食者骚扰时会潜入水中躲避。

🦵4厘米
🌀陆栖型
↻全年
⚡普遍

马达加斯加岛东部

蓝腿曼蛙：在每年10~12月的雨季到来时，蓝腿曼蛙会倾巢而出进行繁殖。这种蛙也是有名的宠物蛙，很多人会利用他们的繁殖期捕捉它们。

🦵3.2厘米
🌀陆栖型
↻雨季
⚡稀少

马达加斯加岛西部

威氏跑蛙：雄蛙一般站在池塘岸边的高枝或者半没入水中的枝叶上鸣叫。它们的叫声响亮且刺耳，每声长达半秒，每声间隔3~5秒。

🦵4.4厘米
🌀陆栖型
↻雨季
⚡普遍

南非东部和东南部

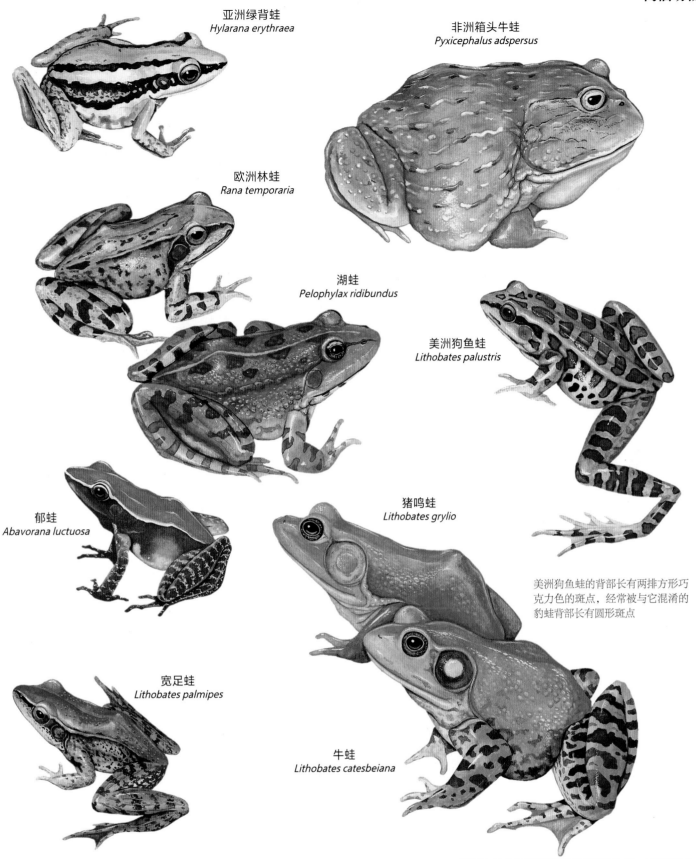

亚洲绿背蛙
Hylarana erythraea

非洲箱头牛蛙
Pyxicephalus adspersus

欧洲林蛙
Rana temporaria

湖蛙
Pelophylax ridibundus

美洲狗鱼蛙
Lithobates palustris

郁蛙
Abavorana luctuosa

猪鸣蛙
Lithobates grylio

美洲狗鱼蛙的背部长有两排方形巧克力色的斑点，经常被与它混淆的豹蛙背部长有圆形斑点

宽足蛙
Lithobates palmipes

牛蛙
Lithobates catesbeiana

美洲狗鱼蛙：这种蛙的毒液会让人类产生过敏反应；对小动物，特别是其他两栖动物则可以致命。很多吃蛙的蛇类都对美洲狗鱼蛙敬而远之。

▶7.5厘米
⬤杂栖型，水栖型或陆栖型
⚡春季
⚡普遍

美国东部

宽足蛙：这种水生的蛙昼夜活动，在河流、湖泊岸边捕食水中和陆地上的昆虫、鱼类、其他蛙类和小鸟等无脊椎动物和脊椎动物。

▶11.5厘米
⬤水栖型
⚡雨季
⚡普遍

墨西哥至秘鲁东北部和巴西西北部

牛蛙：这种蛙以任何从它面前经过，且它可以吞下的生物为食。牛蛙曾被引入美国西部，造成当地两栖动物和爬行动物的数量减少，甚至灭绝。蝌蚪需要约2年蜕变成幼蛙。

▶20厘米
⬤水栖型
⚡夏季
⚡普遍

美国东部

绿点湍蛙
Amolops viridimaculatus

舌疣湍蛙
Staurois tuberilinguis

巴纳强肢蛙
Strongylopus bonaespei

非洲绿纹蛙
Ptychadena mascareniensis

叉纹弱胸蛙
Cacosternum capense

背部和身体两侧长
有球状腺体

线背砂蛙
Tomopterna cryptotis

马来水蛙
Limnonectes malesianus

饰纹希登蛙
Hildebrandtia ornata

黄点肩蛙
Hemisus guttatus

畸形蛙：畸形蛙的出现是对环境中存在化学污染的一种警告。例如，如果含有黄体酮的避孕药物没有经过污水处理直接流入水中，就会造成蛙类畸形。

多足蛙：如果化学污染物流入蛙类繁殖的水域，就会造成蛙长出多余的腿。

马来水蛙：在田间，这种蛙很容易和巨河蛙（*Limnonectes blythii*）区分开。马来水蛙的眼后有一条棱角分明的黑线图案，同时其鼓膜上也长有清晰的黑色条纹。

🐸10厘米
⬭陆栖型
🌿不确定
⚡普遍
▦

马来西亚西部、新加坡、苏门答腊岛、加里曼丹岛、爪哇岛

叉纹弱胸蛙：这种生活在南非的蛙体形小巧，可以生活在泛洪草原、沙丘的水坑，以及排水不好的农田之中。

🐸4厘米
⬭陆栖型
🌿冬季
⚡近危
▦

非洲南部

沃尔节蛙
Arthroleptis wahlbergii

斑腿泛树蛙
Polypedates leucomystax

白斑蛙
Nyctixalus pictus

黑掌树蛙巨大的黑色
趾蹼可以形成掌形

马来疣斑树蛙
Theloderma asperum

黑掌树蛙
Rhacophorus nigropalmatus

马来牛眼蛙
Boophis madagascariensis

大灰攀蛙
Chiromantis xerampelina

木纹蛙
Polypedates otilophus

壮发蛙
Astylosternus robustus

后肢上长有高度血管
化的乳头状突起

斑腿泛树蛙： 这种蛙是对人类生活环境适应
最好的蛙类之一。它们甚至可以在人类的浴
室、洗手池、排水管或者任何潮湿的环境中
搭建其泡沫做成的窝。

🐸8厘米
🌲树栖型
⌇4~12月
⚡普遍

亚洲东南部

黑掌树蛙： 雌蛙将卵产在垂于水面上的嫩枝或
者树叶上，还会在卵的外层包裹一层自己的体
液作为营养物质，后用泡沫将卵封好。当卵孵
化成蝌蚪后，蝌蚪就会"破茧"入水。

🐸8厘米
🌲树栖型
⌇雨季
⚡普遍

印度尼西亚、马来西亚、泰国

可控跳跃： 长有特大脚蹼的树蛙可以
轻易控制自己跳跃的方向和力度，以
移动或逃避捕食者。

宽大的脚蹼：黑蹼
树蛙（*Rhacophorus
reinwardtii*）可以用
其宽大的脚蹼来掌
控自己在树丛之间
的跳跃。

鱼类

门:	脊索动物门
亚门:	脊椎动物亚门
纲:	5
目:	62
科:	504
种:	25777

地球上已得到科学分类的鱼类约有2.5万种，仍有几千种鱼有待鉴定。最原始的鱼类是在距今约5亿年前且只能在淡水中生活，但如今鱼类已经遍布从极地到热带的各种水域，有些种类甚至可以短时间生活在陆地上。鱼的种类繁多，形态各异，最小的刺鳍鱼只有1厘米长，最大的鲸鲨可达12米长；既有颜色浅淡的须鲨，也有外形绚丽的蝶鱼；既有凶猛的食肉噬人鲨，也有胆小只吃藻类的鹦嘴鱼。本书采纳6纲分类，分别是：盲鳗纲、七鳃鳗纲、软骨鱼纲、硬骨鱼纲和辐鳍鱼纲。

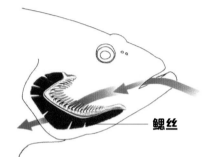

鳃丝

用鳃呼吸： 水进入鱼类的口腔并通过羽毛状、长有丰富毛细血管的鳃丝（上图）。鱼类的鳃丝上长有大量褶皱，为气体交换提供了充足的空间。血液与水在毛细血管中紧密地迎面相汇，氧气充满整个毛细血管而二氧化碳被挤出。

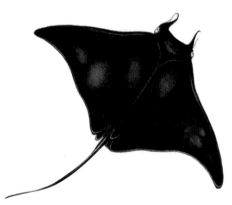

跳跃的"魔鬼"： 蝠鲼又被称为魔鬼鱼，上图所示的下口蝠鲼（*Mobula hypostoma*）是生活在大西洋的小型品种，身体宽度可达1.2米。

鱼类家族： 海马（右图）也是鱼类，其拉丁文名称"Hippocampus"源于古希腊语的"hippos"，意思为"海中像马一样的怪物"。

水生适应性

鱼类的进化在很大程度上由其生存水域的水的物理和化学属性决定，例如，鳐鱼进化出流线型的身体，便是为了适应在水中游动时产生的比气压高800倍的压强。

许多鱼类靠尾鳍和身体的摆动向前游动，其他鳍起平衡和掌握方向的作用。这种运动需求意味着大部分鱼类的肌肉可占到其体重的1/2以上。鱼类体内的鱼鳔所产生的中性浮力则起到保持方向的作用。

水生介质的性质还会推动鱼类的感觉器官的发展和变化。例如贯穿鱼类整个身体的侧线器官，可感受周边水压的细微变化，帮助鱼类确定猎物的位置、躲避捕食者。

有些鱼类的繁殖方式为体内受精，直接生产幼鱼。但大部分鱼类还是选择借助水中空间结合生殖细胞，并使后代四散到各处。因此，大部分鱼类在水中产卵，受精及孵化过程都在雌鱼体外完成。

鱼类是唯一具有真正的鳍的脊椎动物。大部分鱼用鳍游水，但也有少部分鱼用鳍"行走"，甚至短暂"飞行"。

同所有脊椎动物一样，鱼类最早且最重要的进化事件之一就是发生在4.5亿年前的颌骨的进化。颌骨由鳃弓进化而来，一块前鳃弓逐渐与头骨融合，上半部发展为上颌骨，下半部发展为下颌骨。最早期的鱼类为滤食动物，颌骨的进化大大丰富了其进食范围，也促进了鱼类多样化的不断发展。

古代的鱼：科学家认为，最早的鱼可能是在距今5亿年前由软体、滤食性无脊椎动物进化而来的。

海洋中的游泳健将：蝶鱼是一种图案特别的鱼，多长有眼斑和五颜六色的条纹（右图）。全球的大部分海域都能够见到它们的身影。

雌雄同体性

大部分鱼类都是雌雄异体，它们很早就会确定性别并且终生保持。但也有的鱼具有雌雄同体性（个体同时拥有雌性和雄性2套完全不同的生殖器官）。鱼类的这种雌雄同体性在其他脊椎动物中非常少见。有些种类的鱼的性别会在其长到一定大小或者种群内某一性别的同类数量不足时发生改变。只有极少数鱼类兼有两性，可随时改变自己的性别。生活在低纬度地区的鱼类中雌雄同体现象更为普遍，例如生活在热带珊瑚礁中的鱼普遍具有雌雄同体现象。

决定性的改变：黑斑月蝶鱼（*Geni-canthus melanospilos*）是一种雌性先熟的雌雄同体鱼。一雄多雌的鱼群由一条头领雄鱼和3～5条雌鱼组成。在雄鱼死亡或者消失时，鱼群中体形最大的雌鱼就会逐渐变成深色的雄鱼，并接管鱼群。

可补充的雄性：雌雄同体性在鹦嘴鱼中非常普遍（右图）。当一雄多雌的鱼群中作为首领的雄鱼消失时，雌鱼中最大且最好斗的雌性就会在几周内逐渐变成雄性，其颜色也会随之改变。

幼年：没有性征

初始阶段：通常为雌性

终极阶段：通常为成熟雄性

4.快速转变：黑斑月蝶鱼的变性过程只需要14天，随后新的雄鱼就开始和它的雌鱼们繁殖后代。

1.一雄多雌的鱼群生活：雌黑斑月蝶鱼的身体上部为黄色，下部为灰蓝色；鱼尾上长有黑色直线。

3.变性：在雌鱼变性的过程中，它的身体逐步吸收掉自己的卵子，并产生精子。同时这条变性的雌鱼表现得更好斗，开始向鱼群中的其他雌鱼求爱。

2.变色：当雄鱼消失后，鱼群中最大的雌鱼就会逐渐长大，颜色变成雄鱼的灰蓝色底色上长有黑色条纹。

无颌鱼

有研究显示，无颌鱼是最早的鱼类，且大部分早在3.6亿年前就已经灭绝了。目前仅存的2种无颌鱼——盲鳗和七鳃鳗可能是彼此唯一的远亲。无颌鱼共有105种，都缺少鳞片和上下颌骨，长有软骨骨骼；没有真正的鳍或者鳍发育不全。盲鳗长得像鳗鱼，以腐肉、死鱼和小型无脊椎动物为食。防御时会从遍布全身的黏液腺中分泌黏液。它们长有光感受器但没有真正的眼睛，也没有幼体期。七鳃鳗长有功能性的眼睛，幼体期很长，幼体靠过滤水中的浮游生物或有机物为食，成体则半寄生在其他鱼类身上，吸食其血肉。

总纲：无颌总纲
纲：2
目：2
科：2
种：105

分布情况： 盲鳗和七鳃鳗主要分布在温带水域或热带的深冷水域中。盲鳗只能生活在海洋中，而七鳃鳗既可以生活在淡水中也可以生活在咸水中。七鳃鳗的幼体在溪水底部的松软土质中挖洞生活，以水中的藻类、腐质和微生物为食。

普氏七鳃鳗（幼体期）
Lampetra planeri

与成年七鳃鳗长有大大的眼睛不同，七鳃鳗幼体没有眼睛

大西洋盲鳗
Myxine glutinosa

盲鳗和七鳃鳗都长有鳃孔

海七鳃鳗
Petromyzon marinus

成年普氏七鳃鳗不捕食，因此属于不迁徙物种

海七鳃鳗可长到92厘米，能够半寄生于姥鲨身上

普氏七鳃鳗（成年）
Lampetra planeri

无颌鱼的繁殖

盲鳗的繁殖方式至今仍然是个谜。这些鱼最初为雌雄同体，随后发育成单一的雌鱼或者雄鱼。盲鳗一生都在繁殖后代，单次产卵数量虽少，但卵的个头较大（长约2.5厘米），外层包覆着坚硬的角质膜。

七鳃鳗一生只产一次卵，卵小且数量庞大。它们在幼体期靠滤食浮游生物为生，当它们长到7.5～16.5厘米长时，就会完成变态发育成为青年成鱼——这一过程需要3～6个月。有些成年七鳃鳗会顺流而下，游入大海。

软骨鱼

纲：软骨鱼纲	
亚纲：2	
目：12	
科：47	
种：999	

顾名思义，软骨鱼没有真正的骨骼，其骨架由软骨构成。软骨鱼纲包括鲨、鳐、鲼和银鲛等1000多种鱼。鲨鱼出现于4亿年前，鳐类出现于2亿年前。软骨鱼以其他动物和大部分海洋生物为食。它们的牙齿长于结缔组织中，可以终生更新。软骨鱼每一侧的咽喉处一般长有5个鳃裂，也有些长有6~7个。所有软骨鱼都是体内受精。

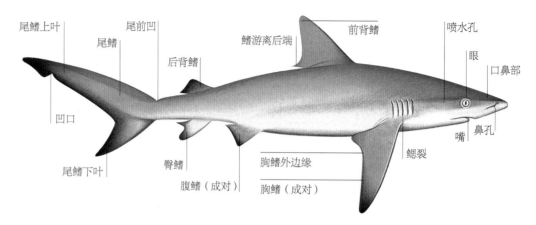

原始特征

与无颌鱼（也具有软骨骨骼）不同，鲨鱼、鳐鱼及其近亲的颌骨发育完善，并且长有成对的鼻孔、胸鳍和腹鳍。另外，和硬骨鱼不同，它们的表皮长有皮质鳞突；牙齿或者可以终生更新，或者融合在不断生长的骨板上。

软骨鱼纲又分为板鳃亚纲和全头亚纲。板鳃亚纲非常庞大，包括鲨、鳐和鲼；全头亚纲较小，只有银鲛一类长相奇异，在海底生活的鱼类。银鲛只长有一个鳃裂，头部每侧各长有4片鳃。它们的皮肤光滑，牙齿融合在骨板上，上颌骨与头骨相融合。

鲨鱼的解剖图：鲨鱼（上图）的基本体形特征从诞生以来几乎没有太多的改变。其身体形态符合流体动力学，非常适合主动猎杀行为。鱼鳍厚硬，但通常缺少脊柱。同时所有的鲨鱼都有成对的胸鳍、腹鳍，及2~4对不对称的臀鳍、尾鳍和背鳍。鳃裂一般可见于体表。

温柔的海洋巨人：鲸鲨（下图）是现存已知的最大的鱼类，寿命长达25年，成年时体长可达9~12米。它们多栖息在印度洋、太平洋和大西洋中，过滤海底地表的浮游生物为食。

游泳健将：鳐鱼是一种社会性非常强的动物，经常成群在海面附近嬉戏。它们在水中游动的姿态有力且优雅，可以跃出水面来躲避捕食者，也可以俯冲扑捕猎物。

鳐鱼的解剖图：鳐鱼像个扁平的盘子，眼睛长在背部表面，嘴则在腹侧。5～6对鳃裂位于嘴后的两侧。头部正面的喷水孔使得鳐鱼在水下也可以吸入空气。其细长的尾巴上长有尾刺，可用来击退敌人。鳐鱼靠宽大的胸鳍推动自己游泳，而非尾巴。鳐鱼的胸鳍已经进化成翅膀状，尾鳍和背鳍却已退化，或仅少部分残留。

繁殖后代

软骨鱼都是体内受精，整个族群的求偶仪式都非常精巧。雄鱼没有阴茎，但在腹鳍内侧长有一对棒状的交配器，称为鳍脚：交配时，这对鳍脚合拢，共同插入雌鱼的泄殖腔中注射精子。不同种类的软骨鱼每次可产生2～300枚受精卵。

大部分鱼类都是一次生产上百万枚小卵，以保证总会有一些卵可以成活。与之相反，软骨鱼每次只生产少量的后代，却在后代的早期发育上花费更大的精力。有的鲨鱼和鳐鱼也会生产较大的、带有卵黄的卵，以保证胚胎在孵化前有足够的营养，但大部分雌鱼在生产前会经历一段较长的妊娠期，将幼鱼保护在自己体内。

这种亲代抚育行为在幼鱼出生后即告结束。事实上，很多幼鱼会在一生下来就尽快逃离它们的母亲，以免被当作猎物吃掉。

正面

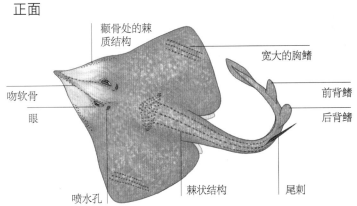

颧骨处的棘质结构
宽大的胸鳍
吻软骨
前背鳍
眼
后背鳍
喷水孔
棘状结构
尾刺

背面

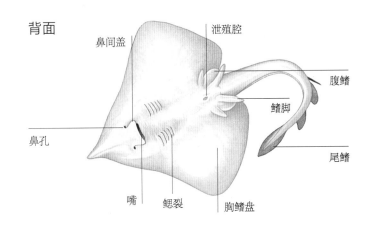

鼻间盖
泄殖腔
腹鳍
鳍脚
鼻孔
尾鳍
嘴
鳃裂
胸鳍盘

鲨鱼

纲:	软骨鱼纲
亚纲:	板鳃亚纲
目:	8
科:	31
种:	415

和成千上万的硬骨鱼相比，鲨鱼的数量非常少，只占现存鱼类的2%左右，但它们是海洋中的顶级捕食者之一，在海洋生态中具有非常重要的地位。另外，鲨鱼的繁殖率也特别低，孕期长，但每次产崽数量却很少。很多种类的鲨鱼需要6年才能成年，有的甚至要超过18年。属于全头亚纲的银鲛是鲨鱼的近亲，只有1个目，3个科，共37种物种。

广泛分布：鲨鱼广泛分布于全球各大海洋，甚至有个别种类可以忍受极地水域环境。大部分鲨鱼更喜欢浅海栖息地，但也有像狗鲨这样遨游在深海的鲨鱼。

捕食者的生活

大部分鲨鱼是强悍的捕食者，因此它们也是敏捷的游泳高手。有的鲨鱼为了寻找猎物，甚至可以游上数千米。它们新陈代谢的速度比大部分鱼类慢，所以并不需要频繁进食，尽管被冠以"凶残猎手"之名，其实它们只在需要的时候捕猎。鲨鱼主要以小鱼、海洋无脊椎动物为食，大型鲨鱼也吃海龟和海洋哺乳动物。

鲨鱼没有鱼鳔，但其软骨骨骼使它们比硬骨鱼的体重轻了很多；而且它们巨大的肝脏中储藏着大量的油脂，可以帮助它们增加浮力。因此鲨鱼能够在水中快速游动。但它们仍然需要不停游动来保证不会沉到海底。

另外，鲨鱼靠在身体组织中保存尿素来减少水分流失。

大量捕杀：尽管噬人鲨已经在很多国家得到禁猎保护，但每天仍然有近2.5万头鲨鱼因为人类对鱼翅的需求、垂钓运动及其他意外被杀。

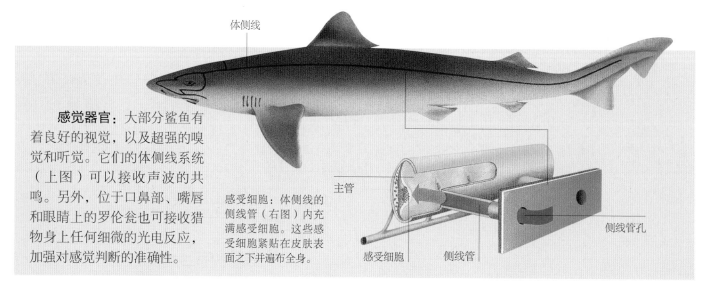

感觉器官：大部分鲨鱼有着良好的视觉，以及超强的嗅觉和听觉。它们的体侧线系统（上图）可以接收声波的共鸣。另外，位于口鼻部、嘴唇和眼睛上的罗伦瓮也可接收猎物身上任何细微的光电反应，加强对感觉判断的准确性。

体侧线

主管

感受细胞：体侧线的侧线管（右图）内充满感受细胞。这些感受细胞紧贴在皮肤表面之下并遍布全身。

感受细胞　　侧线管　　侧线管孔

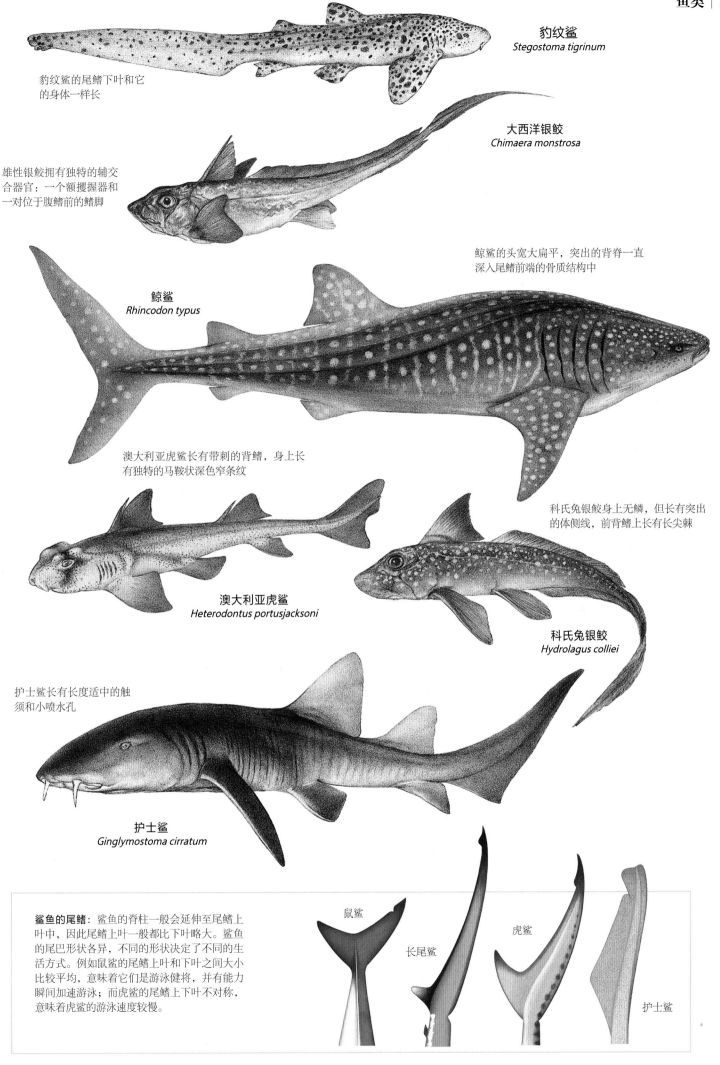

豹纹鲨
Stegostoma tigrinum

豹纹鲨的尾鳍下叶和它的身体一样长

大西洋银鲛
Chimaera monstrosa

雄性银鲛拥有独特的辅交合器官：一个额搅握器和一对位于腹鳍前的鳍脚

鲸鲨的头宽大扁平，突出的背脊一直深入尾鳍前端的骨质结构中

鲸鲨
Rhincodon typus

澳大利亚虎鲨长有带刺的背鳍，身上长有独特的马鞍状深色窄条纹

科氏兔银鲛身上无鳞，但长有突出的体侧线，前背鳍上长有长尖棘

澳大利亚虎鲨
Heterodontus portusjacksoni

科氏兔银鲛
Hydrolagus colliei

护士鲨长有长度适中的触须和小喷水孔

护士鲨
Ginglymostoma cirratum

鲨鱼的尾鳍：鲨鱼的脊柱一般会延伸至尾鳍上叶中，因此尾鳍上叶一般都比下叶略大。鲨鱼的尾巴形状各异，不同的形状决定了不同的生活方式。例如鼠鲨的尾鳍上叶和下叶之间大小比较平均，意味着它们是游泳健将，并有能力瞬间加速游泳；而虎鲨的尾鳍上下叶不对称，意味着虎鲨的游泳速度较慢。

鼠鲨

长尾鲨

虎鲨

护士鲨

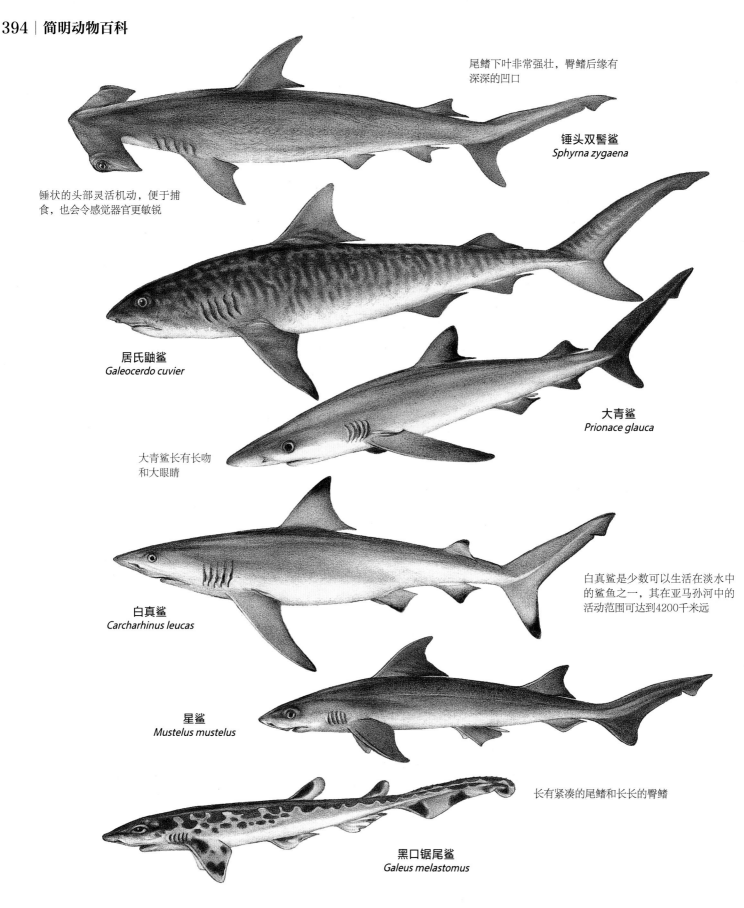

尾鳍下叶非常强壮，臀鳍后缘有深深的凹口

锤头双髻鲨
Sphyrna zygaena

锤状的头部灵活机动，便于捕食，也会令感觉器官更敏锐

居氏鼬鲨
Galeocerdo cuvier

大青鲨
Prionace glauca

大青鲨长有长吻和大眼睛

白真鲨
Carcharhinus leucas

白真鲨是少数可以生活在淡水中的鲨鱼之一，其在亚马孙河中的活动范围可达到4200千米远

星鲨
Mustelus mustelus

长有紧凑的尾鳍和长长的臀鳍

黑口锯尾鲨
Galeus melastomus

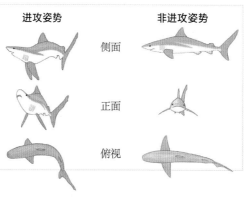

好斗的灰礁鲨：当灰礁鲨受到威胁时，会立刻摆出进攻的架势：抬高嘴，压低胸鳍，将尾部侧转，同时弓起背。然后就以"8"字形加速向敌人游去以发动快速进攻或撤退。

进攻姿势　　　非进攻姿势

侧面

正面

俯视

锤头双髻鲨：这种性情十分温驯的鲨鱼以硬骨鱼、小型鲨鱼、鳐鱼、甲壳动物和鱿鱼为食。

🗡5米　　　⚓400千克

🐚胎生　　　♀♂雌雄异体

⚡易危

广泛分布于温带和热带海域

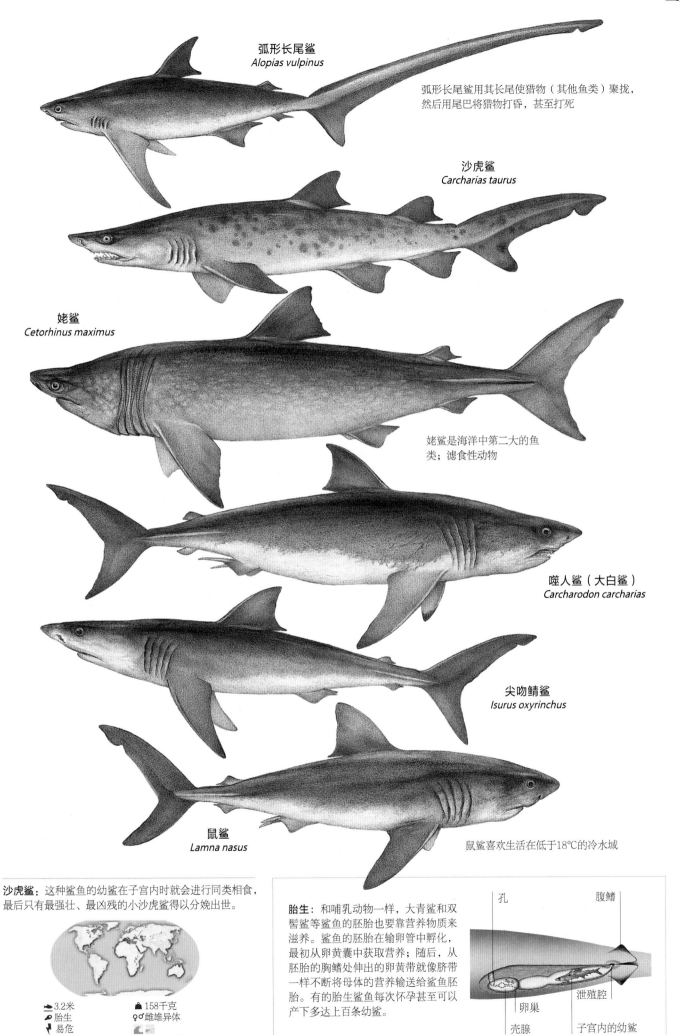

弧形长尾鲨
Alopias vulpinus

弧形长尾鲨用其长尾使猎物（其他鱼类）聚拢，然后用尾巴将猎物打昏，甚至打死

沙虎鲨
Carcharias taurus

姥鲨
Cetorhinus maximus

姥鲨是海洋中第二大的鱼类；滤食性动物

噬人鲨（大白鲨）
Carcharodon carcharias

尖吻鲭鲨
Isurus oxyrinchus

鼠鲨
Lamna nasus

鼠鲨喜欢生活在低于18℃的冷水域

沙虎鲨：这种鲨鱼的幼鲨在子宫内时就会进行同类相食，最后只有最强壮、最凶残的小沙虎鲨得以分娩出世。

⬛ 3.2米
🔱 胎生
⚠ 易危
广泛分布于除东太平洋外的温暖海域

⬛ 158千克
♀♂ 雌雄异体

胎生：和哺乳动物一样，大青鲨和双髻鲨等鲨鱼的胚胎也要靠营养物质来滋养。鲨鱼的胚胎在输卵管中孵化，最初从卵黄囊中获取营养；随后，从胚胎的胸鳍处伸出的卵黄带就像脐带一样不断将母体的营养输送给鲨鱼胚胎。有的胎生鲨鱼每次怀孕甚至可以产下多达上百条幼鲨。

孔　　　腹鳍
卵巢
壳腺　　　泄殖腔
　　　子宫内的幼鲨

致命的撕咬

噬人鲨俗称大白鲨，具有超强的视觉且能分辨颜色，它是昼行性动物，以鱼类（包括其他鲨鱼）、鱿鱼、海龟和海洋哺乳动物为食。这种大型食肉动物不需要每天进食，通常三四天才饱餐一顿，因此会长途跋涉去捕捉猎物。噬人鲨是已知27种曾对人类和船只发起进攻的鲨鱼之一。

鲨鱼的牙齿：鲨鱼牙齿因其猎食种类的不同而不同。噬人鲨的牙齿巨大，呈匕首形并长有锯齿，这样的牙齿有利于撕咬猎物；角鲨的后牙呈扁平状，可咬碎无脊椎动物的硬壳；大青鲨的牙齿为锋利的锯齿形，能轻松咬住鱼类和鱿鱼；而鲭鲨的牙齿呈针状，擅于咬住大而滑的猎物。

突出的颌骨：和其他鲨鱼一样，噬人鲨的颌骨也是在外侧根部连在一起，但它们的颌骨相对更松且位于头骨下方。当噬人鲨开始张嘴咬时，下颌会向下打开；而当嘴完全张开后，整个颌骨会向前突出，这样就可以咬合更大的面积。

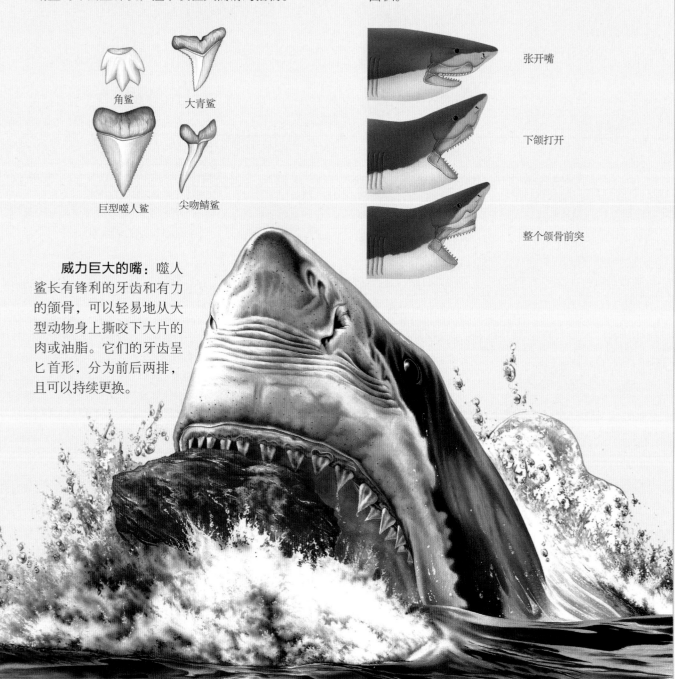

角鲨

大青鲨

巨型噬人鲨

尖吻鲭鲨

张开嘴

下颌打开

整个颌骨前突

威力巨大的嘴：噬人鲨长有锋利的牙齿和有力的颌骨，可以轻易地从大型动物身上撕咬下大片的肉或油脂。它们的牙齿呈匕首形，分为前后两排，且可以持续更换。

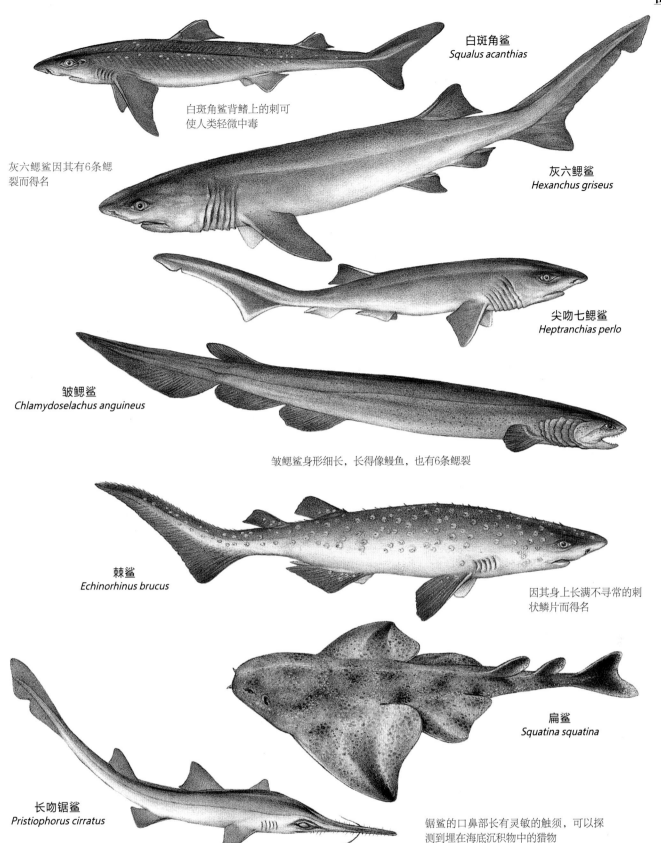

白斑角鲨
Squalus acanthias

白斑角鲨背鳍上的刺可
使人类轻微中毒

灰六鳃鲨因其有6条鳃
裂而得名

灰六鳃鲨
Hexanchus griseus

尖吻七鳃鲨
Heptranchias perlo

皱鳃鲨
Chlamydoselachus anguineus

皱鳃鲨身形细长，长得像鳗鱼，也有6条鳃裂

棘鲨
Echinorhinus brucus

因其身上长满不寻常的刺
状鳞片而得名

扁鲨
Squatina squatina

长吻锯鲨
Pristiophorus cirratus

锯鲨的口鼻部长有灵敏的触须，可以探
测到埋在海底沉积物中的猎物

扁鲨：白天扁鲨会把自己藏在水底沉积物中，只让眼睛露
在外面，一旦发现猎物游过就迅速发动突袭。它们的捕食
目标以硬骨鱼、鱿鱼、鳐鱼和甲壳动物为主。

➤ 2.4米
🏋 80千克
⊘ 卵胎生
♀♂ 雌雄异体
⚑ 易危

北大西洋东部和地中海

达摩鲨：达摩鲨用其带有吮吸功
能的嘴攻击猎物，然后用三角形
的下牙钻开猎物的皮肉，但钩状
的上牙仍然保持将猎物挂在嘴
上。位于腹部的发光器官使它们
从下方看起来像小型鱼类，因此
它们常常被其他大型鲨鱼误认为
是其他鱼类而遭到捕杀。

达摩鲨的咬痕：人们曾在
大型鱼类、海洋哺乳动物
的身上，甚至潜水艇的橡
胶声纳罩上看到达摩鲨的
咬痕。

巨大的牙和有力的颌骨

鳐鱼及其近亲

纲：软骨鱼纲	
亚纲：板鳃亚纲	
目：3	
科：13	
种：547	

同属于鳐总目的鳐鱼及其近亲包括鳐、鲼、魟等栖息在海洋底部、身体扁平的鱼类。它们的身形与其他软骨鱼类截然不同：胸鳍极度扩张，从吻部一直延伸到尾根部，与头部、躯干融合为盘子状，但"盘子"的具体形状可能为圆形、方形或者菱形。大部分鳐的头顶处长有被误认为是眼睛的喷水孔，海水由此进入以进行气体交换。鳐及其近亲主要以生活在海底的小型无脊椎动物和鱼类为食，它们的牙齿就像石臼，可以磨碎猎物。

分布情况：鳐总目的鱼类可见于大部分底栖海洋群落，少数栖息在宽阔海域，还有个别魟和锯鳐生活在盐水河口和淡水河流、湖泊中。犁头鳐则主要分布于大西洋、太平洋和印度洋的温带及热带海域。

鳐鱼的多样性

鳐总目又分为锯鳐目、电鳐目、鲼形目、鳐形目，都是身体呈巨大扁盘形，长有细尾的底栖生物。背部通常长有纵行硬刺或结刺，用来防御，以及在交配期抓住雌鱼。很多种类的尾刺中含有毒素。虽然有些体长可超过2.4米，但大部分体长均不足1米。多数鳐都生活在浅海域，但也有些被发现于2750米的深海中。

锯鳐目以扁平狭长的吻部为特征，边缘还长有坚硬的吻齿。成年锯鳐的吻部长度可达到其身长的1/3。它们会在鱼群中挥舞自己的吻锯，以击伤或杀死猎物。已知现存的7种锯鳐中体形最大的可达7米。电鳐目共有超过40种，习惯半埋在海底泥沙中等待猎物。在其胸鳍和头部之间的身体两侧各有一个发电器官，用来击昏猎物。鲼形目及其近亲共有150种，尾部细长且长有锯齿状的刺，擅长游泳。大部分鲼形目都是底栖生物，但有3科生活在开阔海域。体形最大的蝠鲼身体宽度可达6.4米。鳐形目成员众多，共有超过300种，有近半数现存鳐总目成员属于此目。鳐形目均尾部发育良好，体盘中大或宽大，吻部或圆钝或突出。广泛分布于全球的海洋底部。

聪明的鱼类：鳐是一种好奇心很强的群居鱼类，拥有复杂的习性。虽然常独自出现，其实很多种类会形成松散的群体，尤其是在繁殖期或迁徙时。

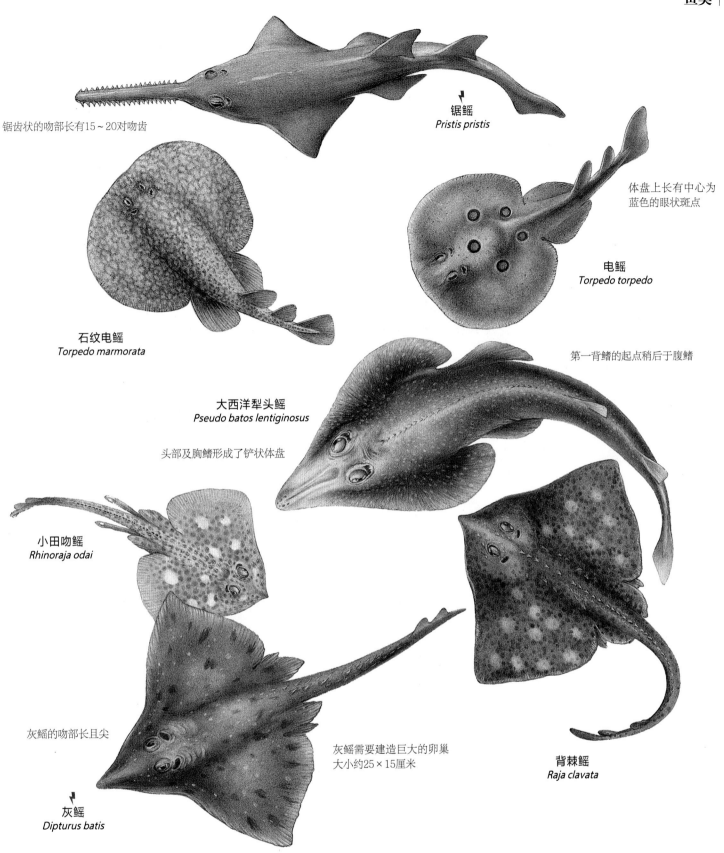

锯齿状的吻部长有15～20对吻齿

锯鳐
Pristis pristis

体盘上长有中心为
蓝色的眼状斑点

电鳐
Torpedo torpedo

石纹电鳐
Torpedo marmorata

第一背鳍的起点稍后于腹鳍

大西洋犁头鳐
Pseudo batos lentiginosus

头部及胸鳍形成了铲状体盘

小田吻鳐
Rhinoraja odai

灰鳐的吻部长且尖

灰鳐需要建造巨大的卵巢
大小约25×15厘米

背棘鳐
Raja clavata

灰鳐
Dipturus batis

锯鳐：这种锯鳐极度濒危。和其他锯鳐一样，它们会用头前端长长的吻锯猛击猎物和抵御敌人。

🐟 4.5米
⚖ 454千克
🥚 卵胎生
⚥ 雌雄异体
⚡ 极度濒危

大西洋东西海岸、亚马孙河部分流域

石纹电鳐：这种电鳐夜间出来捕食，会用出其不意的方式电晕猎物。它们头上的2个发电器可以产生高达200伏的电压。

🐟 60厘米
⚖ 3千克
🥚 胎生
⚥ 雌雄异体
⚡ 稀少

东大西洋和地中海

灰鳐：和其他鳐类一样，这种鳐的卵被包裹在四角形的胶原质卵囊中，并有角质硬壳保护。鳐鱼的卵又被称为"美人鱼的荷包"。

🐟 2.85米
⚖ 113千克
🥚 卵生
⚥ 雌雄异体
⚡ 濒危

北大西洋东部和地中海西部

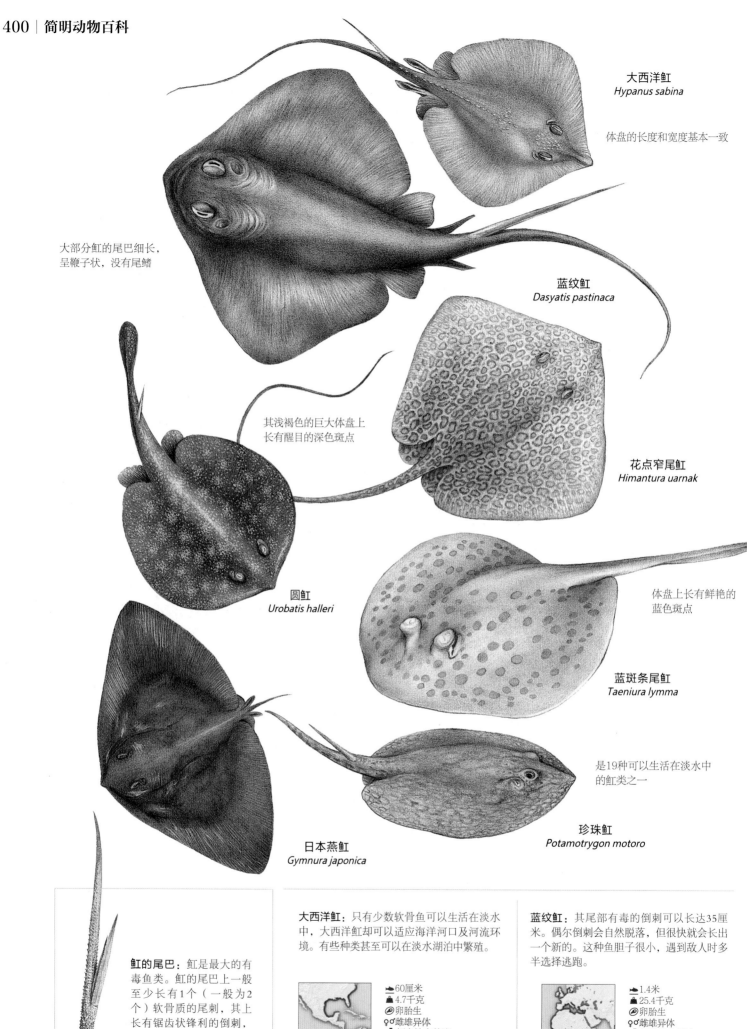

大西洋魟
Hypanus sabina

体盘的长度和宽度基本一致

大部分魟的尾巴细长，
呈鞭子状，没有尾鳍

蓝纹魟
Dasyatis pastinaca

其浅褐色的巨大体盘上
长有醒目的深色斑点

花点窄尾魟
Himantura uarnak

圆魟
Urobatis halleri

体盘上长有鲜艳的
蓝色斑点

蓝斑条尾魟
Taeniura lymma

是19种可以生活在淡水中
的魟类之一

日本燕魟
Gymnura japonica

珍珠魟
Potamotrygon motoro

魟的尾巴：魟是最大的有
毒鱼类。魟的尾巴上一般
至少长有1个（一般为2
个）软骨质的尾刺，其上
长有锯齿状锋利的倒刺，
被薄薄的皮鞘包覆，浸泡
在有毒的黏液中。

大西洋魟：只有少数软骨鱼可以生活在淡水
中，大西洋魟却可以适应海洋河口及河流环
境。有些种类甚至可以在淡水湖泊中繁殖。

🐟60厘米
⚖4.7千克
🥚卵胎生
♀♂雌雄异体
⚡栖息地内普遍

西大西洋和墨西哥湾

蓝纹魟：其尾部有毒的倒刺可以长达35厘
米。偶尔倒刺会自然脱落，但很快就会长出
一个新的。这种鱼胆子很小，遇到敌人时多
半选择逃跑。

🐟1.4米
⚖25.4千克
🥚卵胎生
♀♂雌雄异体
⚡栖息地内普遍

东大西洋和地中海

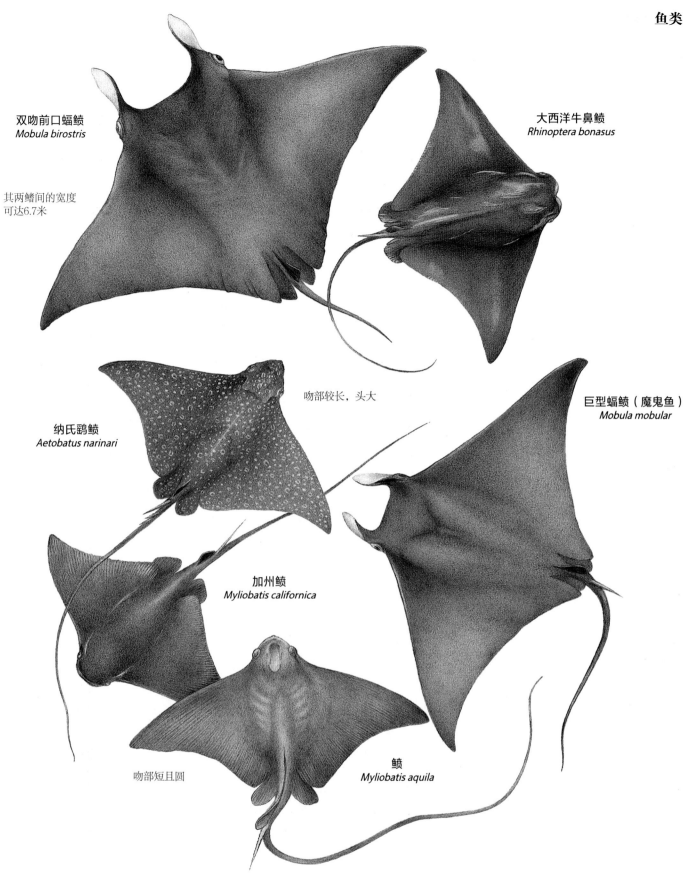

双吻前口蝠鲼
Mobula birostris

其两鳍间的宽度
可达6.7米

大西洋牛鼻鲼
Rhinoptera bonasus

纳氏鹞鲼
Aetobatus narinari

吻部较长，头大

巨型蝠鲼（魔鬼鱼）
Mobula mobular

加州鲼
Myliobatis californica

吻部短且圆

鲼
Myliobatis aquila

加州鲼： 在交配期，雄性会用其眼周的硬刺棘刺入配偶的下腹部，以保证双方合抱在一起，便于雄性把鳍脚插入雌性体内。

🐟 1.5米
⚖ 82千克
Ⓐ 卵胎生
♀♂ 雌雄异体
⚡ 普遍

东太平洋：美国俄勒冈州至加利福尼亚湾

滤食者： 蝠鲼在海水近表面处觅食的动作看起来就像垂直翻转着绕大圈游（下图），借此把浮游生物中的小动物集中起来。

觅食目标： 觅食时，蝠鲼用其头前部的头鳍把浮游生物拨进宽大的嘴里。

硬骨鱼

总纲：有颌总纲
纲：2
目：48
科：455
种：24673

硬骨鱼无论在数量上还是种类上都是迄今为止进化最成功的脊椎动物之一。硬骨鱼最早出现在距今3.95亿年前，化石记录表明它们最早生活在淡水域，之后，硬骨鱼分化为两支截然不同的进化谱系——肉鳍鱼和辐鳍鱼。虽然肉鳍鱼现存数量和种类稀少，但它们的祖先在进化史上占有极为重要的地位，因为它也是早期陆生四足动物的祖先，而陆生四足动物是其他所有脊椎动物的祖先。现存绝大多数的硬骨鱼都是辐鳍鱼。

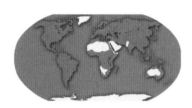

遍布全球：硬骨鱼广泛分布于全球所有海洋、淡水和盐水栖息地中，偶尔一些物种甚至可以在干旱环境中存活。但大部分种类集中于热带水域，随纬度升高逐渐减少；同时，生活在近海岸线水域的硬骨鱼种类最丰富，开阔海域的硬骨鱼种类最单一。

有效进化

硬骨鱼，正如其名称所示，是指轻量级的内部骨骼结构完全或部分由真正的骨（相对软骨而言）构成的鱼类。

与软骨鱼不同，硬骨鱼的鳍靠更复杂的骨骼和肌肉组织支撑。因此游泳能力更强，许多硬骨鱼在水中进退自如，甚至可以在水中盘旋。

多数硬骨鱼都长有鱼鳔，帮助它们精确、及时地调整自己在水中的浮力。有些种类的鱼鳔与食道相连，需要把嘴探出水面吸入或吐出空气来调整鱼鳔中气体的多少。但大部分硬骨鱼的鱼鳔不与外界直接相通，而是通过周围的血管进行气体交换。

硬骨鱼的鳃外覆盖有鳃盖，并由鳃条骨支撑，因此硬骨鱼可直接将水吸入鳃中进行气体交换，而不需要依靠在水中前行来推动水流入鳃中。

90%的硬骨鱼是体外受精。它们会利用自己栖息的水域环境来给卵子授精并孵化受精卵。

尽管有时软骨鱼也会成群聚集，但是它们形成不了硬骨鱼这样大规模的群体。硬骨鱼的这种群居习性得益于它们发育良好的侧线系统以及强大的听力和视觉能力。

团队的保护：许多梅鲷科鱼类都拥有细长、子弹形的身体，闪烁着彩虹般的光芒。这一科的鱼类习惯一大群快速移动，白天在海洋的中层水域捕食浮游生物，夜间则藏身于礁石的外侧斜坡之下。

致命潜行者：翱翔蓑鲉（右图）的鳍刺根部长有毒液腺，产生的毒素可致人死亡。翱翔蓑鲉非常好斗，喜独居。它们白天躲藏在隐蔽处；夜间出来捕食小型鱼类或甲壳类动物，捕食时，它们会展开其有毒的扇形胸鳍诱捕猎物。

成功迁徙

迁徙是硬骨鱼发展进化史上另一个具有重大意义的适应性行为。很多物种都借助成群的迁徙来保证食物来源、躲避捕食者，或是出于交配及产卵的目的。

有些迁徙行为是垂直式的，从深水到较浅的水域再返回，其间的落差可以"米"为单位来计算。但大部分迁徙都是水平式长距离的，可达几千千米。有的鱼类的迁徙范围覆盖淡水和海洋之间，这种行为被称为"洄游"。例如鲑鱼，大部分时间生活在海洋中，但会洄游数千千米进入江河上游产卵；而生活在淡水中的鳗鲡会洄游至大海中产卵。

生殖洄游在硬骨鱼中十分常见，这保证了鱼卵及幼鱼可以在良好的环境中发育。

礁居者：稷裸胸鳝一般藏在珊瑚礁的缝隙和隐蔽处，同其他海鳗一样，身上艳丽的颜色是它们最好的伪装。海鳗是食肉动物，这一科有200多种鳝类，喜夜间出来觅食。

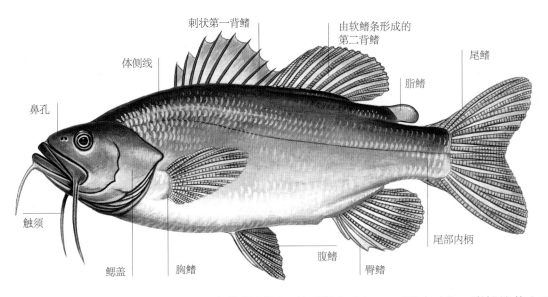

硬骨鱼的解剖图：几乎所有成年硬骨鱼都长有鳃盖。大部分硬骨鱼长有薄而富有弹性的鳞片，覆盖在一层薄薄的、可分泌黏液的表皮之上。硬骨鱼的牙齿固定在上颌上；尾鳍的上下叶对称，脊椎管截止到尾鳍前。大部分的硬骨鱼至少长有1个背鳍、1个臀鳍及1对胸鳍。除了一部分胎生的硬骨鱼，大多数雄硬骨鱼都没有体外生殖器官。

图中标注：
刺状第一背鳍
由软鳍条形成的第二背鳍
体侧线
尾鳍
脂鳍
鼻孔
触须
尾部内柄
鳃盖
胸鳍
腹鳍
臀鳍

肺鱼及其近亲

| 纲：肉鳍鱼纲 |
| 亚纲：2 |
| 目：3 |
| 科：4 |
| 种：11 |

现存的肉鳍鱼类仅包括9种肺鱼和2种腔棘鱼。肉鳍鱼都长有具有骨骼结构和肌肉组织的肉质鳍，不同于其他现存鱼类常见的扇形鳍，看起来更接近四足动物。事实上，19世纪时科学家一度将其误认为爬行动物或两栖动物。肺鱼的幼鱼用鳃呼吸，但是除一种肺鱼外的其他肺鱼成年后都用肺呼吸。因此它们可以存活于含氧量很低的水中。肺鱼生活在热带的淡水河流、湖泊和河漫滩中；而用鳃呼吸的腔棘鱼仅生存于海洋中。

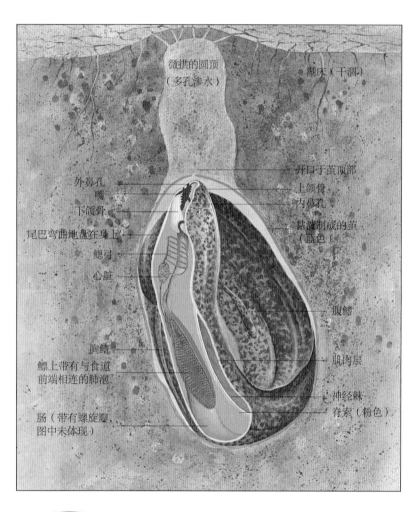

有限分布：肺鱼分布于非洲、南美洲和澳大利亚。而已知现存的两种腔棘鱼之一的矛尾鱼（*Latimeria chalumnae*）是人们通过从印度洋附近的科摩罗群岛发现的少量标本了解的；另一种印尼腔棘鱼（*Latimeria menadoensis*）则是于20世纪90年代末在印度尼西亚的苏拉威西岛被发现的。

呼吸空气

非洲肺鱼和美洲肺鱼都有2个肺以及成对的线状胸鳍和腹鳍。产卵季一般在雨季开始时，以增加用鳃呼吸的鱼苗的成活率。为对抗漫长的旱季，成年肺鱼会钻进淤泥下夏眠，用肺呼吸。

澳洲肺鱼只有一个肺，鳍呈桨状。虽然它们能用肺呼吸空气，但仍保留了功能性的鳃，而且不能在完全干燥的环境下存活。

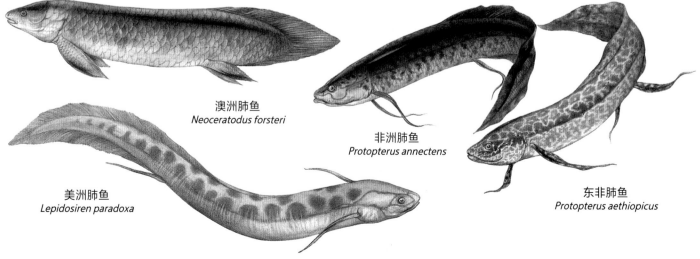

澳洲肺鱼
Neoceratodus forsteri

非洲肺鱼
Protopterus annectens

美洲肺鱼
Lepidosiren paradoxa

东非肺鱼
Protopterus aethiopicus

鲟鱼及其近亲

软骨硬鳞鱼是鱼类的直系祖先，在距今2.85亿年前至2.45亿年前的二叠纪，其无论在数量上还是物种种类上都达到了发展高峰，但目前仅存多鳍鱼、芦鳗、鲟鱼和匙吻鲟等，而且这些最大限度保留了古老特征的鱼类只能生活在有限的区域内。大部分软骨硬鳞鱼长有带釉质光泽的菱形硬质鳞，这是现代鱼类没有的；它们具有喷水孔和肠内螺旋瓣，这些都是典型的软骨鱼特征。多数软骨硬鳞鱼长有单个背鳍，以及与肠道相连、用于呼吸空气的鱼鳔。

| 纲：辐鳍鱼纲 |
| 亚纲：软骨硬鳞亚纲 |
| 目：2 |
| 科：3 |
| 种：47 |

有限分布：尽管化石研究表明，软骨硬鳞鱼曾经遍布全球，但它们现在只存在于欧洲、亚洲、非洲和北美洲的部分地区。匙吻鲟有一种生活在美国东部，另一种在中国。在非洲北部出土的化石中曾发现淡水多鳍鱼和芦鳗，但目前这两种鱼只生活在非洲热带地区尼罗河流域。

鲟鱼的特征

由于鲟鱼具有极高的经济价值，因此是软骨硬鳞鱼中被研究得最透彻的一种。鲟鱼可以生活在淡水和沿海水域。它们身形极长，寿命也非常长，因此达到性成熟所需要的时间也特别长。但与之形成鲜明对比的是，雌鱼却只有几年的产卵期。

鲟鱼与匙吻鲟类似，都拥有很多与鲨鱼相同的特性：例如都长有部分软骨骨骼和上下叶不对称的尾鳍，脊柱一直延伸入尾鳍的上叶。

辐鳍鱼中只有鲟鱼和匙吻鲟是全身长有5排硬鳞甲的鱼类。吻部长且扁平，突出的嘴周围长有几根触手状的触须。

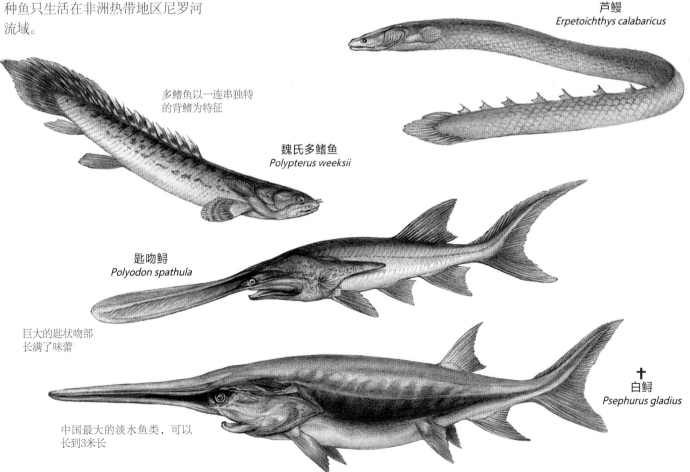

多鳍鱼以一连串独特的背鳍为特征

芦鳗
Erpetoichthys calabaricus

魏氏多鳍鱼
Polypterus weeksii

匙吻鲟
Polyodon spathula

巨大的匙状吻部长满了味蕾

† 白鲟
Psephurus gladius

中国最大的淡水鱼类，可以长到3米长

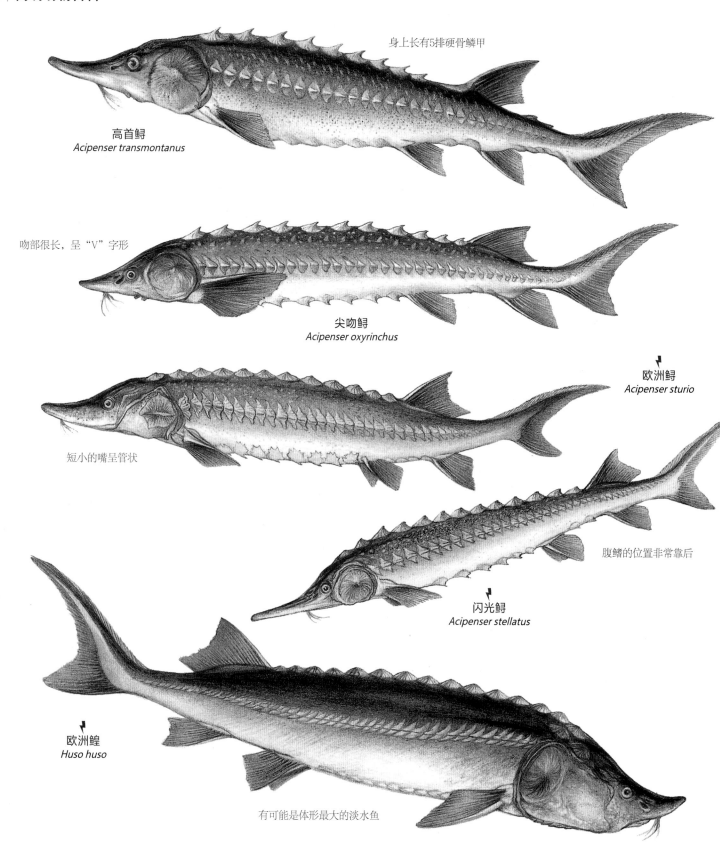

身上长有5排硬骨鳞甲

高首鲟
Acipenser transmontanus

吻部很长，呈"V"字形

尖吻鲟
Acipenser oxyrinchus

欧洲鲟
Acipenser sturio

短小的嘴呈管状

腹鳍的位置非常靠后

闪光鲟
Acipenser stellatus

欧洲鳇
Huso huso

有可能是体形最大的淡水鱼

高首鲟：高首鲟是北美地区最大的淡水鱼，身长最长可达6米，体重超过680千克。这种鱼的最长寿命可达100年。

🐟 6米
⬛ 820千克
○ 卵生
♀♂ 雌雄异体
⚡ 近危

北美洲西北部

闪光鲟：这种鲟具有鲟类的主要特点：背部长有5排硬骨鳞甲，吻部扁平，嘴突出且无齿，长有敏感的触手状触须。

🐟 2.2米
⬛ 80千克
○ 卵生
♀♂ 雌雄异体
⚡ 濒危

黑海、亚速海、里海、亚得里亚海海域

欧洲鳇：欧洲鳇曾是"世界上最昂贵的鱼"，其鱼卵无论质量还是数量都属上乘，制成的鱼子酱最受欢迎。一条长4米的雌欧洲鳇一次可产下180千克鱼卵。

🐟 4米
⬛ 800千克
○ 卵生
♀♂ 雌雄异体
⚡ 濒危

黑海、亚速海、里海、亚得里亚海海域

新鳍亚纲鱼类

纲:	辐鳍鱼纲
亚纲:	新鳍亚纲
目:	2
科:	2
种:	8

　　新鳍亚纲鱼是一种非常原始的鱼类，可能起源于距今2.5亿年前。与它们的祖先相比，新鳍亚纲鱼类拥有更加灵活的颌部、更对称的尾巴和更简单的鳍部结构。这些进化特点增强了它们觅食和游泳的能力，种群得以广泛发展，成为现存硬骨鱼中的重要组成部分。在新鳍亚纲鱼类现存的1种弓鳍鱼和7种雀鳝的身上仍保留着最早期新鳍亚纲鱼类的特征——它们都是行动敏捷且贪婪的捕食者。

北半球居民： 弓鳍鱼只能生活在北美洲东部温带的淡水域中。有5种雀鳝生活在北美洲东部，另外2种生活在中美洲。

古老的鱼类

　　弓鳍鱼和雀鳝都长有细长的身体，尾部短小且为半歪尾形，牙齿多且尖。它们大多居住在静水沼泽或洄水这样溶解氧水平较低的水域中，靠鱼鳔（可以起到肺的作用）呼吸空气。雀鳝长有原始的骨质硬鳞，而弓鳍鱼的圆鳞更接近现代鱼类。

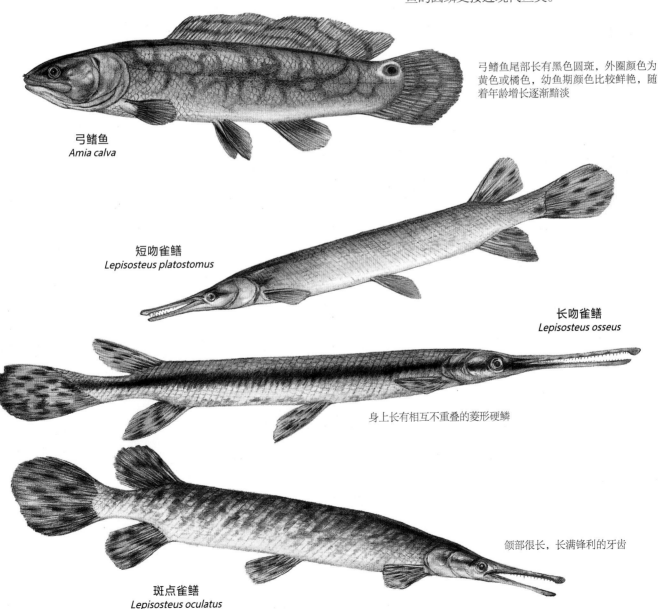

弓鳍鱼尾部长有黑色圆斑，外圈颜色为黄色或橘色，幼鱼期颜色比较鲜艳，随着年龄增长逐渐黯淡

弓鳍鱼
Amia calva

短吻雀鳝
Lepisosteus platostomus

长吻雀鳝
Lepisosteus osseus

身上长有相互不重叠的菱形硬鳞

颌部很长，长满锋利的牙齿

斑点雀鳝
Lepisosteus oculatus

骨舌鱼及其近亲

纲：辐鳍鱼纲	
总目：骨舌鱼总目	
目：骨舌鱼目	
科：6	
种：221	

骨舌鱼被认为是现存最原始的现代硬骨鱼。这一目的鱼都长有发达的牙齿状舌骨，并且可以和长在上腭的牙齿咬合。此外，虽然有化石记录表明曾有部分骨舌鱼生活于淡盐水环境之中，但现在所有骨舌鱼目鱼类都只能生活在淡水中——这也向我们展示了生物形态和行为的多样性。骨舌鱼广泛分布于除欧洲和南极洲以外的各大洲，但绝大部分物种集中在非洲，只有一个科的2种骨舌鱼生活在北美洲。

热带居民：真骨舌鱼广泛分布于南美洲北部、非洲中南部、澳大利亚北部、马来群岛、北美洲北部、马来半岛、印度和新几内亚等地区。弓背鱼仅生活在亚洲和非洲。而象鼻鱼仅在非洲被发现过。

淡水珍品

骨舌鱼主要包括三大族群。

第一族群是真骨舌鱼，成员中既有小巧的齿蝶鱼——其用发达的胸鳍在水中游动的姿态仿佛在空中滑翔，也有骨舌鱼——最大的淡水鱼之一。

第二族群是弓背鱼，这种鱼的尾鳍几乎完全退化，但臀鳍的长度可以达到其体长的2/3。

第三族群是象鼻鱼，它们细长的吻部形似大象的鼻子。雌鱼与雄鱼的臀鳍形状不同，雌雄象鼻鱼会用臀鳍连成杯子形状，将卵子和精子都产在"杯子"中以完成受精。

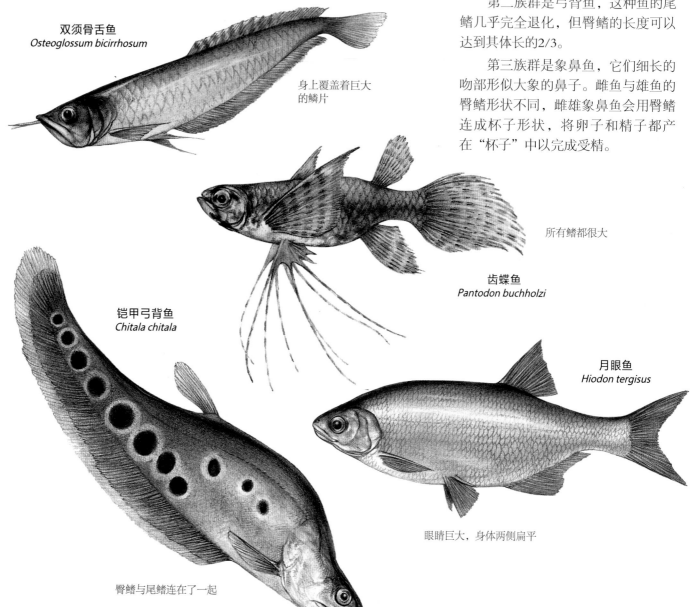

双须骨舌鱼
Osteoglossum bicirrhosum

身上覆盖着巨大的鳞片

所有鳍都很大

齿蝶鱼
Pantodon buchholzi

铠甲弓背鱼
Chitala chitala

月眼鱼
Hiodon tergisus

眼睛巨大，身体两侧扁平

臀鳍与尾鳍连在了一起

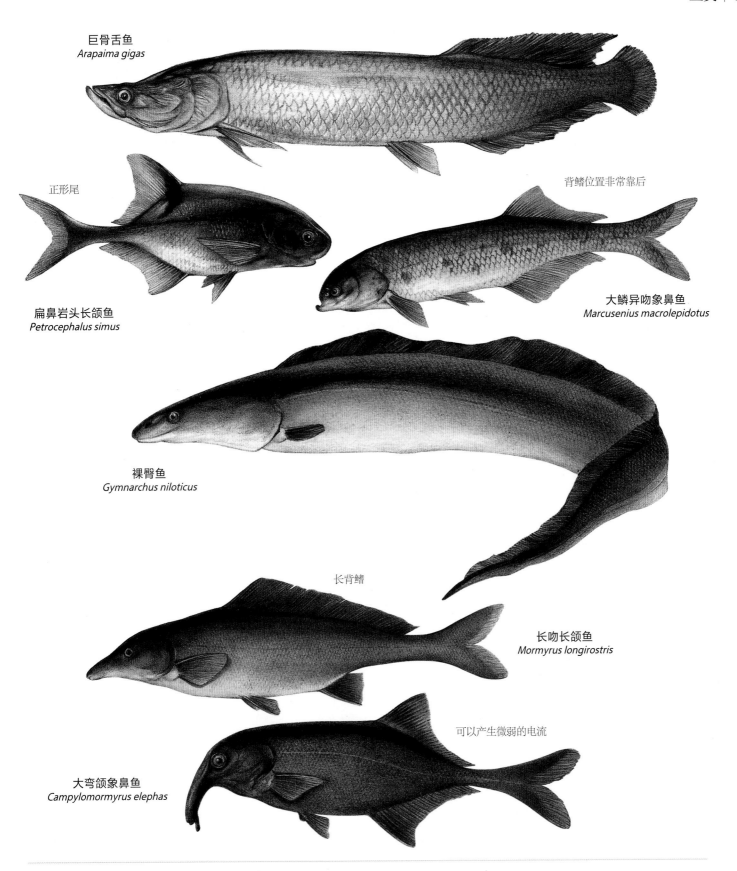

巨骨舌鱼
Arapaima gigas

正形尾

扁鼻岩头长颌鱼
Petrocephalus simus

背鳍位置非常靠后

大鳞异吻象鼻鱼
Marcusenius macrolepidotus

裸臀鱼
Gymnarchus niloticus

长背鳍

长吻长颌鱼
Mormyrus longirostris

可以产生微弱的电流

大弯颌象鼻鱼
Campylomormyrus elephas

巨骨舌鱼：这种鱼是最大的淡水鱼之一。雌雄鱼共同承担包括修建巢穴、产卵、受精、孵化和保卫在内的全部繁殖后代工作。

🔷4.5米
⬛200千克
◯卵生
♀♂雌雄异体
⚡缺乏数据

南美洲中北部

裸臀鱼：裸臀鱼和象鼻鱼统属一个总科，却和其他同科鱼类有着完全不同的身体结构：它们没有尾鳍、臀鳍和腹鳍，但长长的背鳍却长满整个身体。

🔷1.7米
⬛18千克
◯卵生，孵化期由父母保护
♀♂雌雄异体
⚡普遍

中非北部和西北部

巨大的大脑：象鼻鱼的"象鼻"能够产生微弱电流，以帮助它在光线黯淡时探测周围环境。它们的大脑异常大，小脑发达，因为它们要使用脑力处理电流信号。

变长的"下巴"用来在浑浊的水中探测食物

鳗及其近亲

纲：辐鳍鱼纲	
总目：海鲢总目	
目：5	
科：24	
种：911	

海鲢总目共有900多种鱼，但人们对其了解较少，误认为它们都是长相类似蛇的鳗鱼。实际上，海鲢总目鱼类之间的关联在于它们都要经过变态发育。透明叶状的鱼苗在发育为小型成鱼之前的至少3年间会漂流在海洋之中。海鲢总目鱼类大部分生活在海洋中，个别种类生活在淡水水域；它们在外形上差异很大，大致可分为3类：真鳗（包括海鳗、康吉鳗和鳗鲡等）、海鲢（包括大海鲢、海鲢、北梭鱼、海蜥和刺鳅等），以及长相独特的囊鳃鳗。

广泛分布：尽管鳗鲡科的鱼大部分时间生活在温带淡水中，但其他大部分真鳗类生活在热带和亚热带的海洋之中。大海鲢及其近亲主要栖息于温暖的沿海海域或江河入海口附近。刺鳅遍布所有大洋深达4900米的深海中。所有4科囊鳃鳗广泛分布于全球各海洋的深处。

形态各异

真鳗类共有超过700种鱼类，是海鲢总目中成员数量最多的一类。它们的身体细长，绝大多数都缺少胸鳍和腹鳍。这种体形更适合其穴居的生活方式，也使得它们可以在珊瑚礁的缝隙之间自由穿梭。

成年大海鲢、海鲢和北梭鱼身上长有带金属光泽的大鳞片，尾鳍呈叉形，具有典型的鱼类身材。真

鳗类和海鲢类都是深受人类青睐的游钓鱼类。

刺鳅身形细长且长满鳞片，以在海底缓慢移动的小型无脊椎动物为食。囊鳃鳗的身材也很细长，但身上没有鳞片；巨大的嘴和可以高度扩张的胃使之甚至能吞下体形较大的猎物。

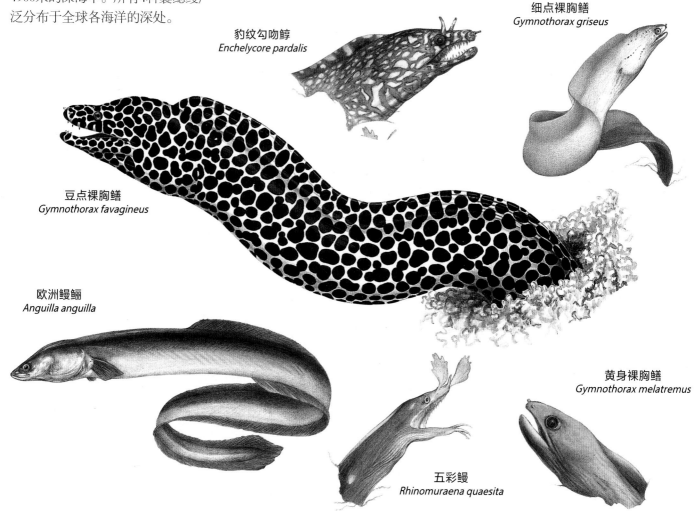

豹纹勾吻鳝
Enchelycore pardalis

细点裸胸鳝
Gymnothorax griseus

豆点裸胸鳝
Gymnothorax favagineus

欧洲鳗鲡
Anguilla anguilla

黄身裸胸鳝
Gymnothorax melatremus

五彩鳗
Rhinomuraena quaesita

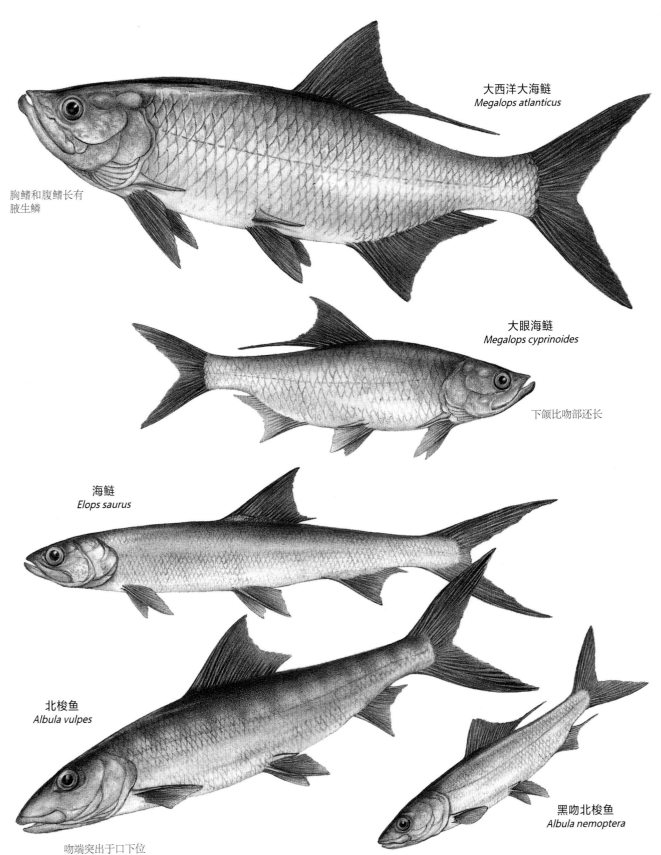

大西洋大海鲢
Megalops atlanticus

胸鳍和腹鳍长有
腋生鳞

大眼海鲢
Megalops cyprinoides

下颌比吻部还长

海鲢
Elops saurus

北梭鱼
Albula vulpes

黑吻北梭鱼
Albula nemoptera

吻端突出于口下位

大西洋大海鲢：大西洋大海鲢被称为"世上最好的游钓鱼类"，因为它们非常难钓到，即使被钓到也会激烈挣扎长达几小时。很多时候，它们在不断挣扎时还会跳出海面。

➥ 2.4米
⬛ 135千克
○ 卵生
♀♂ 雌雄异体
🗡 普遍

加勒比海、大西洋东西两岸

大眼海鲢：大眼海鲢是大西洋大海鲢的近亲，它们可以在氧气稀少的环境中呼吸空气，因此经常可看见其在海面上大口吸气。这种鱼无法忍受低水温。

➥ 1.5米
⬛ 18千克
○ 卵生
♀♂ 雌雄异体
🗡 普遍

印度至西太平洋

牙齿锋利的裸胸鳝：和其他裸胸鳝一样，斑点裸胸鳝（*Gymnothorax meleagris*）长有锋利的犬齿和强壮的颌骨。当其受到惊吓或威胁时会咬入侵者，但多数时候它们都会集中精力捕食猎物。

海鳗眼睛很小，
视力很差

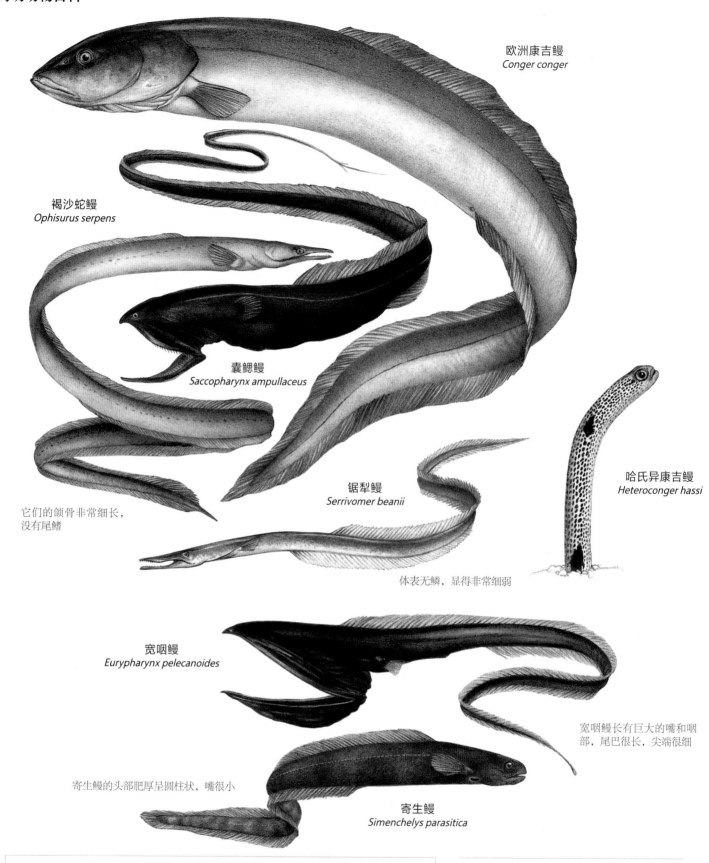

欧洲康吉鳗
Conger conger

褐沙蛇鳗
Ophisurus serpens

囊鳃鳗
Saccopharynx ampullaceus

锯犁鳗
Serrivomer beanii

哈氏异康吉鳗
Heteroconger hassi

它们的颌骨非常细长，没有尾鳍

体表无鳞，显得非常细弱

宽咽鳗
Eurypharynx pelecanoides

宽咽鳗长有巨大的嘴和咽部，尾巴很长，尖端很细

寄生鳗的头部肥厚呈圆柱状，嘴很小

寄生鳗
Simenchelys parasitica

鳗鱼乐园： 至少有20种康吉鳗的幼鱼和成鱼都是集结成大群生活在一起，成员数量有时可多达上千只。它们终身尾部直插入海底，头部则随着海水摇荡以捕食浮游生物。例如异康吉鳗就生活在水下300米处，当它们受到惊吓时会钻入用黏液制成的洞穴中。

欧洲康吉鳗： 幼鱼生活在海洋中的岩石附近和沿海的海底沙地上；成鱼则会生活在更深的水域中。同其他康吉鳗一样，欧洲康吉鳗一生只产一次卵，但一次却可产下多达800万枚卵。

➤ 最大可达2.8米
🏔 最大可达65千克
○ 卵生，一次生殖
♀♂ 雌雄异体
⚡ 普遍

大西洋东部、地中海、黑海

鳗鲡神秘的一生

　　直到19世纪末科学家才完全掌握了欧洲鳗鲡（*Anguilla anguilla*）和美洲鳗鲡（*Auguilla rostrata*）的生命周期。它们都在马尾藻海域产卵，但具体的产卵地至今仍然是个谜。鳗鲡可以存活几十年，迁徙超过11250千米。欧洲鳗鲡生活在大西洋东海岸，而它的美洲近亲生活在西海岸。它们一生的大部分时间生活在淡水中，直到洄游至马尾藻海域产卵，之后迅速死去。

　　平行生活：成年欧洲鳗鲡生活在整个欧洲和北非的部分淡水域中，它们的生命周期（下图）与生活在北美洲东海岸附近的淡水中的成年美洲鳗鲡极为相似。研究表明，这2种鳗鲡从19世纪70年代以来数量迅速下降，一些调查显示，欧洲鳗鲡的成鱼甚至已经消失了近90%。过度捕捞、环境污染、疾病和栖息地被破坏都是造成其数量减少的原因。

1.旅程开始：和美洲鳗鲡一样，欧洲鳗鲡在位于大西洋西部的马尾藻海域，例如百慕大海岸的盐水中产卵。叶状鱼苗会在墨西哥湾流中向着东北方向漂流3年以上。

图标
- 产卵地
- 欧洲鳗鲡栖息范围
- 海洋暖流
- 加那利寒流

2.完成变态发育：当透明的鳗鲡鱼苗到达欧洲沿海水域时，已经逐渐完成变态发育，成为带有颜色的幼鳗。随后它们继续游向淡水域，并在淡水河湖中长成黄色的成鱼。

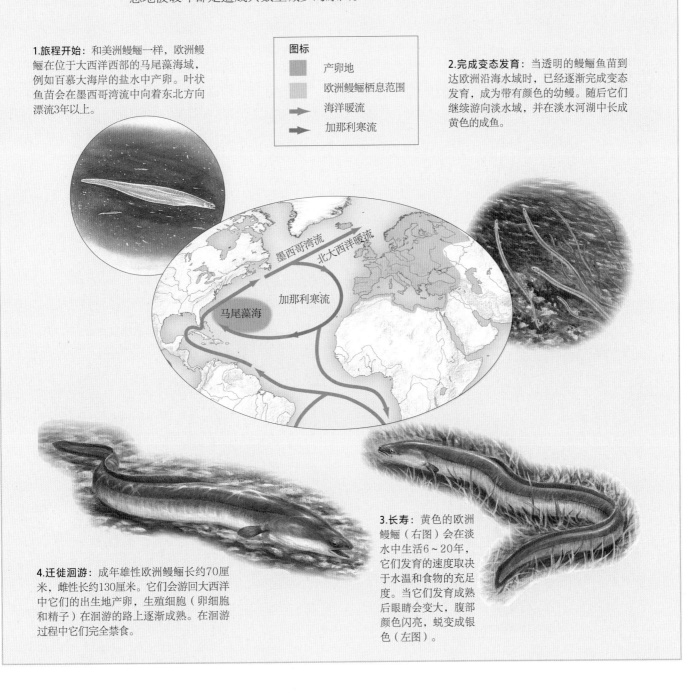

墨西哥湾流　北大西洋暖流　加那利寒流　马尾藻海

4.迁徙洄游：成年雄性欧洲鳗鲡长约70厘米，雌性长约130厘米。它们会游回大西洋中它们的出生地产卵，生殖细胞（卵细胞和精子）在洄游的路上逐渐成熟。在洄游过程中它们完全禁食。

3.长寿：黄色的欧洲鳗鲡（右图）会在淡水中生活6～20年，它们发育的速度取决于水温和食物的充足度。当它们发育成熟后眼睛会变大，腹部颜色闪亮，蜕变成银色（左图）。

沙丁鱼及其近亲

下纲：真骨下纲	
总目：鲱形总目	
目：鲱形目	
科：5	
种：378	

鲱形目共有378种鱼类，包括了鲱鱼、沙丁鱼、凤尾鱼、鲥鱼和拟沙丁鱼等世界上最重要的经济鱼类。大部分成员都以浮游生物为食，喜欢成群活动。鲱形目基本都是季节性产卵，习惯将卵产在近岸的海水表面。雌鱼会一次性产下大量小卵，鱼苗会随着海洋表层洋流漂流数月，直到完成变态发育，成为幼鱼。有的成年鲱形目鱼为繁衍后代会完成非凡的迁徙壮举，历时数年，跨越几千千米的距离。

分布情况： 鲱形目多分布在北半球。大部分物种的成鱼栖息在热带的沿海水域和温带海洋中，也有约70种生活在淡水湖河中，少数生活在远洋地区。至今未发现生活在极地海域或深海海沟中的鲱形目鱼类。季节性迁徙繁育是这一目鱼的最大特点。

大起大落的成员数量

鲱形目鱼类具有非常著名的自然盛衰循环，这一目鱼类的死亡率非常之高——甚至经常超过99%，一部分原因是它们在生命周期的每个阶段都是多种动物的捕食对象。另外，日益波动的环境导致成鱼可摄取的食物种类不断发生变化，对它们的生存构成了威胁。

与此同时，鲱形目中大部分品种进入性成熟的时间都比较早（最多3年便可发育成熟，繁殖后代），且都具有极强的生殖能力，因此，在自然条件适宜的情况下，物种数量可以迅速反弹。

鲱形目鱼类对全球水生环境的生物总量平衡起到巨大作用，同时，它们也是许多水生食物链中重要的底层食物来源。

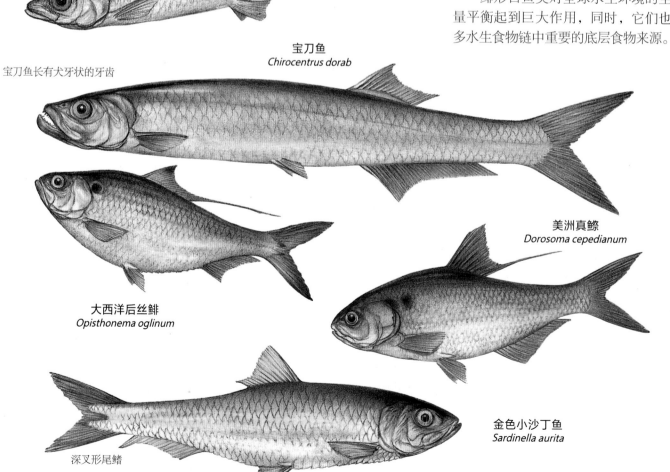

脂眼鲱
Etrumeus sadina

宝刀鱼长有犬牙状的牙齿

宝刀鱼
Chirocentrus dorab

大西洋后丝鲱
Opisthonema oglinum

美洲真鲥
Dorosoma cepedianum

金色小沙丁鱼
Sardinella aurita

深叉形尾鳍

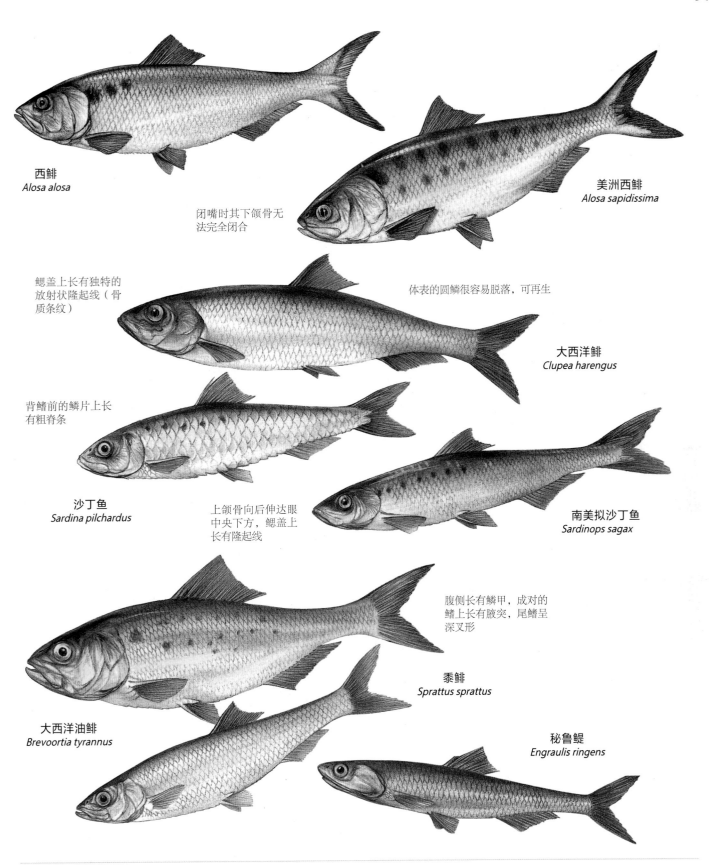

西鲱
Alosa alosa

闭嘴时其下颌骨无法完全闭合

美洲西鲱
Alosa sapidissima

鳃盖上长有独特的放射状隆起线（骨质条纹）

体表的圆鳞很容易脱落，可再生

大西洋鲱
Clupea harengus

背鳍前的鳞片上长有粗脊条

沙丁鱼
Sardina pilchardus

上颌骨向后伸达眼中央下方，鳃盖上长有隆起线

南美拟沙丁鱼
Sardinops sagax

腹侧长有鳞甲，成对的鳍上长有腋突，尾鳍呈深叉形

黍鲱
Sprattus sprattus

大西洋油鲱
Brevoortia tyrannus

秘鲁鳀
Engraulis ringens

美洲西鲱： 大部分成年美洲西鲱生活在近岸海域和盐水中，却需要在禁食状态下游回淡水溪流中产卵。一条雌美洲西鲱一夜便可生产近60万枚卵。

- ↔76厘米
- ⚖5.4千克
- ○卵生
- ♀♂雌雄异体
- ↯普遍

北美洲大西洋西岸

大西洋鲱： 庞大的大西洋鲱鱼群可以绵延近27千米，包括上百万条个体。鱼群通常会进行每日的垂直迁移，白天躲在海底休息，夜间则上升到海面觅食。

- ↔43厘米
- ⚖680克
- ○卵生
- ♀♂雌雄异体
- ↯普遍

北大西洋

秘鲁鳀： 秘鲁鳀曾是最重要的经济鱼种，一度人类每年会捕捞超过1000万吨秘鲁鳀。但这种鱼的自然盛衰循环也因此遭到严重破坏。

- ↔20厘米
- ⚖60克
- ○卵生
- ♀♂雌雄异体
- ↯普遍

南美洲西海岸

鲇鱼及其近亲

纲：辐鳍鱼纲	
总目：骨鳔总目	
目：5	
科：62	
种：7023	

鲇形目、鲤形目等所属的骨鳔总目群体庞大，成员种类超过7000种，占据了全球的所有淡水栖息地。所有成员都具有2个重要特征：一是韦伯器——一种独特的骨骼结构，连接鱼鳔和内耳，起增强听力的作用；二是独特的警戒反应，可通过特殊的皮肤细胞分泌表示危险的化学物质。许多骨鳔总目鱼类还能察觉其他骨鳔总目鱼类发出的警报，做出逃跑的反应。但有些以其他骨鳔总目鱼类为食的骨鳔总目鱼类并不会受到这种化学物质的影响。

淡水居民： 大部分脂鲤目鱼类生活在热带；鲤形目虽起源于北美洲和非洲，但如今大部分成员栖息于欧亚大陆；鲇形目遍布全球；电鳗目鱼类仅存在于美洲中部及南部。

感觉器官： 鲇鱼的嘴周围长有细长的肉质触须，十分敏感，起到味觉和触觉接收器的作用。所有鲇形目鱼类都长有至少一对这样的触须，被称为颌须。这一目鱼类的身体形态及大小差异巨大。

丰富的多样性

最原始的骨鳔总目鱼类生活在热带，具有发育不完全的韦伯器。其代表是遮目鱼，这种鱼是东南亚人最主要的蛋白质来源。

鲤形目是骨鳔总目下最庞大的一目，包括草鱼、鲦鱼，以及很多世界上最受欢迎的观赏鱼类，如金鱼、波鱼等。鲤形目没有颌齿，通过将食物放在其咽部的齿状骨和颅底的坚硬角质垫之间磨碎来进食。这样的生理结构也为鲤形目提供了多种不同的进食可能。

脂鲤目大部分生活于南美洲，种类丰富，包括水虎鱼（食人鲳）及观赏类的脂鲤等多种常见鱼类。

鲇形目共有超过200种鱼类，其特征是嘴边都长有标志性的触须。所有鲇形目鱼类都在水底层觅食。

电鳗目是骨鳔总目中成员数量较少且相对特殊的一目，人类目前对这一群体的了解也很少。

因为全球盛行的水族贸易，如今，很多骨鳔总目鱼类已逐渐由原来的栖息地遍布全世界。

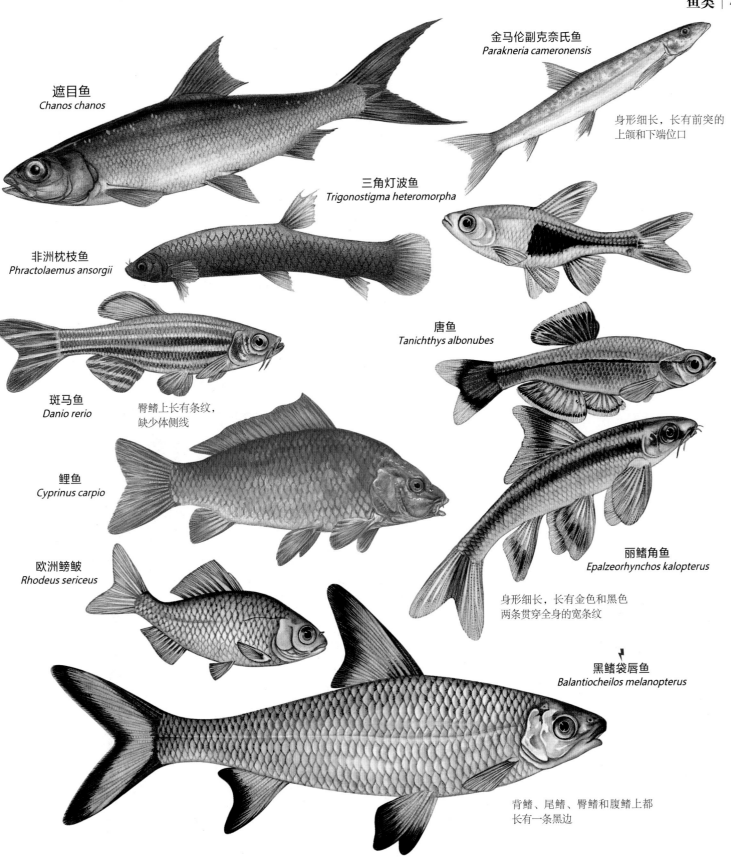

金马伦副克奈氏鱼
Parakneria cameronensis

身形细长，长有前突的
上颌和下端位口

遮目鱼
Chanos chanos

三角灯波鱼
Trigonostigma heteromorpha

非洲枕枝鱼
Phractolaemus ansorgii

唐鱼
Tanichthys albonubes

斑马鱼
Danio rerio

臀鳍上长有条纹，
缺少体侧线

鲤鱼
Cyprinus carpio

丽鳍角鱼
Epalzeorhynchos kalopterus

身形细长，长有金色和黑色
两条贯穿全身的宽条纹

欧洲鳑鲏
Rhodeus sericeus

黑鳍袋唇鱼
Balantiocheilos melanopterus

背鳍、尾鳍、臀鳍和腹鳍上都
长有一条黑边

遮目鱼：幼鱼生活在沿海湿地中，但偶尔也会
游入淡水中。成鱼必须游回海洋中繁殖后代。

⇤ 最大可达1.8米　♀♂雌雄异体
🕱 最重可达14.5千克　■ 普遍
○ 卵生

非洲东部、亚洲东南部、大洋洲和太平洋东部

欧洲鳑鲏：为了繁殖后代，雌性欧
洲鳑鲏的产卵管会发育得特别长，
以便插入淡水蚌的鳃腔内，将卵子
产在其中。雄鱼也会在蚌的吸水口
附近射精，蚌呼吸时会把含有雄鱼
精子的水流吸入鳃腔，精卵得以结
合。受精卵将在蚌的鳃腔内发育，
约一个月后鱼苗离开寄主。雌性欧
洲鳑鲏曾被用来检测怀孕女性。

怀孕：将含有妊娠激
素的尿液注入这种鱼
的雌鱼体内，可刺激
其产卵管的发育。

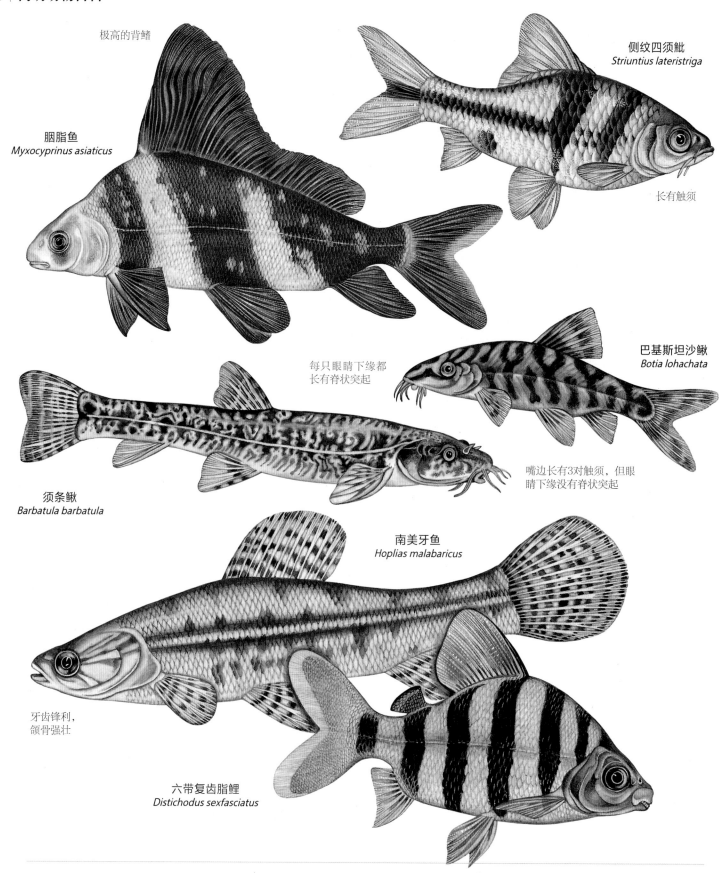

极高的背鳍

胭脂鱼
Myxocyprinus asiaticus

侧纹四须魮
Striuntius lateristriga

长有触须

每只眼睛下缘都
长有脊状突起

巴基斯坦沙鳅
Botia lohachata

须条鳅
Barbatula barbatula

嘴边长有3对触须，但眼
睛下缘没有脊状突起

南美牙鱼
Hoplias malabaricus

牙齿锋利，
颌骨强壮

六带复齿脂鲤
Distichodus sexfasciatus

侧纹四须魮：很多魮类鱼都是广受青睐的水产贸易鱼种，但侧纹四须魮的体形有些大，并不是最受欢迎的观赏鱼。

- 18厘米
- 225克
- 卵生
- 雌雄异体
- 普遍

马来半岛至婆罗洲

闪光鲟：这种鲟背部长有5排硬骨鳞甲，吻部扁平，嘴突出且无齿，长有敏感的触手状触须。

- 60厘米
- 3.6千克
- 卵生
- 雌雄异体
- 栖息地内普遍

中国长江流域

巴基斯坦沙鳅：这种鱼生活在热带地区的淡水中，是夜行性杂食鱼类，主要以蜗牛、蠕虫等底栖小型无脊椎动物和海藻为食。

- 12厘米
- 115克
- 卵生，埋藏孵化
- 雌雄异体
- 普遍

巴基斯坦、印度、孟加拉、尼泊尔

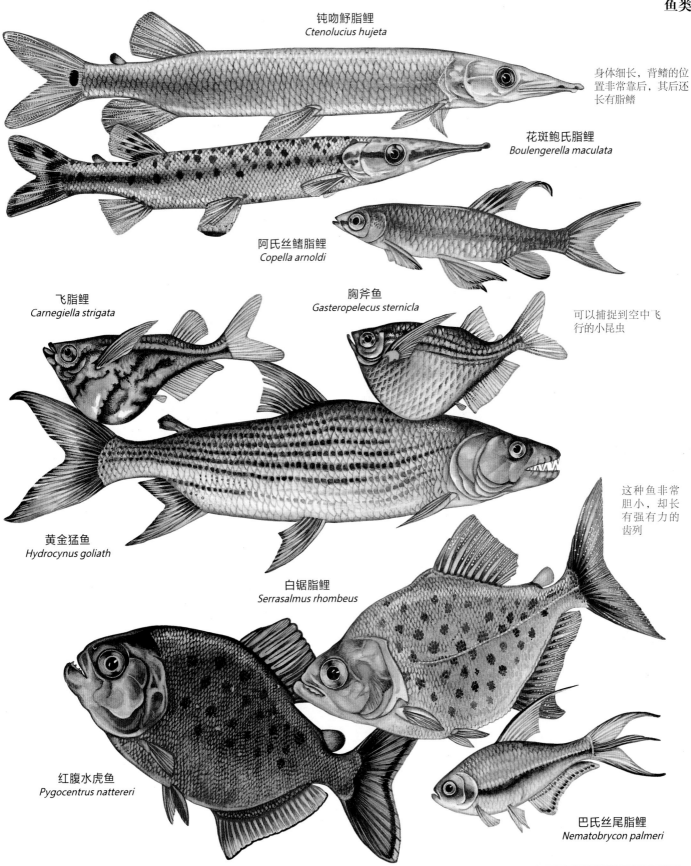

钝吻舒脂鲤
Ctenolucius hujeta

身体细长，背鳍的位置非常靠后，其后还长有脂鳍

花斑鲍氏脂鲤
Boulengerella maculata

阿氏丝鳍脂鲤
Copella arnoldi

飞脂鲤
Carnegiella strigata

胸斧鱼
Gasteropelecus sternicla

可以捕捉到空中飞行的小昆虫

黄金猛鱼
Hydrocynus goliath

这种鱼非常胆小，却长有强有力的齿列

白锯脂鲤
Serrasalmus rhombeus

红腹水虎鱼
Pygocentrus nattereri

巴氏丝尾脂鲤
Nematobrycon palmeri

红腹水虎鱼：这是南美洲最声名狼藉的水虎鱼。水虎鱼一向以凶猛且贪婪的捕食者形象闻名，事实上，只有在旱季，水位低、食物少而鱼群密度又高时，它们才会这样。

➤ 36厘米
🏋 1.1千克
◯ 卵生，孵化期有父母保护
♀♂ 雌雄异体
🏹 普遍

南美洲东北部地区

阿氏丝鳍脂鲤：为了避免卵被水中的捕食者吃掉，阿氏丝鳍脂鲤并不把卵产在水中。雌鱼会跳出水面，利用潮湿的身体短暂地粘住垂在水面上方的树叶上，借此机会将至少8枚卵子产在叶片上。雄鱼会紧随雌鱼跳上树叶，夫妇俩将尾鳍绞在一起以完成受精。这样的行为要重复多次，直到将几百枚受精卵都粘在叶片之上。之后雄鱼会持续用尾鳍拍打水面，溅起水花以保持受精卵湿润，直到鱼苗孵化并落入水中。

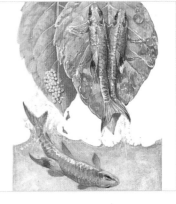

单背鳍，靠近尾鳍处长有脂鳍

斑点叉尾鮰
Ictalurus punctatus

欧鲇
Silurus glanis

线纹鳗鲇
Plotosus lineatus

玻璃猫鱼
Kryptopterus bicirrhis

安戈尔胡鲇
Clarias angolensis

可以在陆地上短距离"爬行"

印度囊鳃鲇的腹刺与毒腺相连

印度囊鳃鲇
Heteropneustes fossilis

寄生繁殖：非洲的白金豹皮鲇（*Synodontis multipunctatus*）是唯一一种寄生繁殖鱼类。白金豹皮鲇夫妇会在用嘴孵化鱼苗的慈鲷（*Ctenochromis horei*）产卵时将自己的卵混在对方的卵中并吃掉大部分慈鲷的卵。慈鲷在含起卵时会将白金豹皮鲇的卵一并含入口中。由于鲇鱼苗孵化较快，它们在消耗掉自己卵黄囊中的营养成分后，还会以孵化中的慈鲷卵为食。

当白金豹皮鲇幼鱼被孵化出后，它们仍然会回到"代理母亲"的口中寻求保护

慈鲷卵由硬皮保护

玻璃猫鱼：玻璃猫鱼是很受欢迎的观赏鱼。它们的皮肤透明，骨骼和内脏器官都清晰可见。这种鱼也是鱼露的重要原料，而鱼露是很多亚洲美食不可缺少的调味品。

🐟 15厘米
⚖ 60克
○ 卵生
♀♂ 雌雄异体
📍 普遍

亚洲东南部

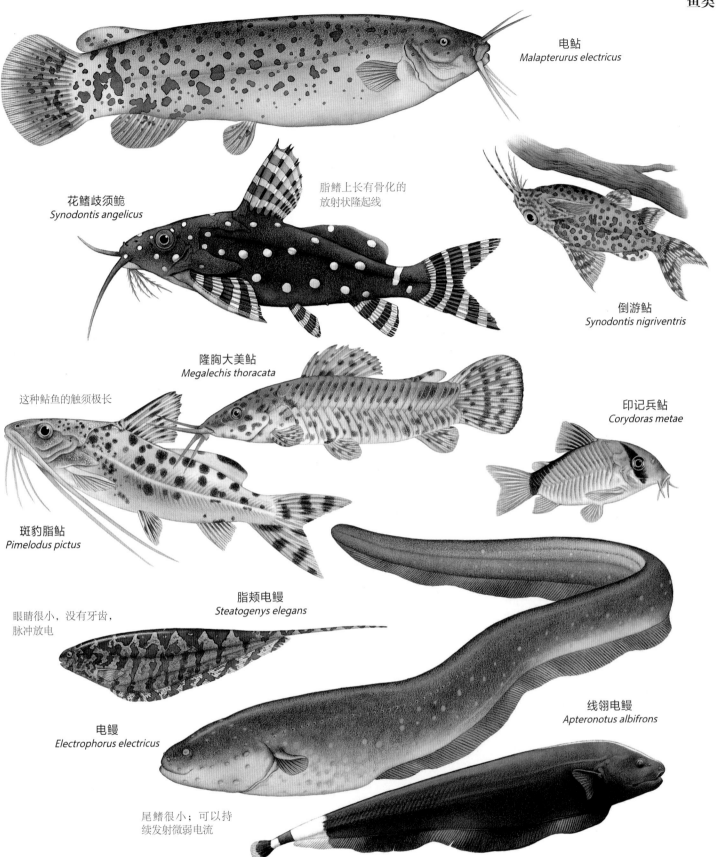

电鲇
Malapterurus electricus

花鳍歧须鮠
Synodontis angelicus

脂鳍上长有骨化的
放射状隆起线

倒游鲇
Synodontis nigriventris

隆胸大美鲇
Megalechis thoracata

这种鲇鱼的触须极长

印记兵鲇
Corydoras metae

斑豹脂鲇
Pimelodus pictus

脂颊电鳗
Steatogenys elegans

眼睛很小，没有牙齿，
脉冲放电

电鳗
Electrophorus electricus

线翎电鳗
Apteronotus albifrons

尾鳍很小；可以持
续发射微弱电流

电鲇： 这种鲇鱼生活在非洲，身上经过特殊进化的肌肉可以瞬间放出400伏特高压的电流。它们通过放电击晕猎物，抵御捕食者。

🏊 1.2米
⚖ 20千克
◯ 卵生，孵化期有父母保护
♀♂ 雌雄异体
⚡ 普遍

尼罗河流域和非洲中部

电鳗： 电鳗不是真正的鳗，而是水虎鱼和脂鲤的近亲。它不能完全通过鳃获取氧气，必须不时浮出水面，用嘴吞入空气呼吸。它们的口中长有丰富的血管，功能类似肺。

🏊 2.4米
⚖ 20千克
◯ 卵生，孵化期有父母保护
♀♂ 雌雄异体
⚡ 普遍

南美洲北部

寄生鲇： 寄生鲇只有2.5厘米长，过着独特的寄生生活。寄生鲇栖息在亚马孙河流域，寄生在大型鱼类的鳃腔中，并以吸食寄主的血液为生。也有报道称有寄生鲇借沐浴者在湖河中小便时游入人类的尿道，进而造成人类大出血，甚至死亡。

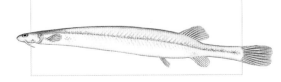

鲑鱼及其近亲

| 纲：辐鳍鱼纲 |
| 总目：原棘鳍总目 |
| 目：3 |
| 科：15 |
| 种：502 |

许多世界上最受欢迎的垂钓鱼类和餐桌鱼类都属于这一群体。原棘鳍总目鱼类的起源可追溯至距今1.44亿年前至6500万年前的白垩纪，如今这一总目分为3目15科，共有超过500种鱼类。原棘鳍总目的大部分成员是食肉鱼类，长有巨大的嘴和锋利的牙齿；很多原棘鳍总目鱼类都是行动敏捷的游泳高手，体形细长呈流线型，尾鳍发达，其中的代表是鲑鱼和鳟鱼，它们艰巨而又漫长的洄游产卵之旅曾令科学家们困惑并为之着迷达几个世纪。

扩张式分布：原棘鳍总目又分为狗鱼目、胡瓜鱼目、鲑形目3目。狗鱼目集中在北美洲、欧洲和亚洲的温带水域。胡瓜鱼目也是温带鱼类，南北半球均有分布。鲑形目源于北温带，但已经被人类因休闲垂钓和水产养殖目的而广泛引进全球范围内温度适宜的池塘、溪流及江河之中。

习性各异的捕食者

狗鱼目都是淡水居民，包括梭子鱼、大狗鱼、小狗鱼、泥狗鱼等。大多数狗鱼都是强大的偷袭猎手，背鳍和腹鳍的位置都更靠近尾部，保证了它们具有瞬间快速游动的能力。

胡瓜鱼目有超过230种鱼类，长相最奇特的是桶眼鱼，为了适应水压大且黑暗的深海环境，它们进化出了向上长的管状眼睛和其他一些独特构造。商业价值最高的是栖息于北半球的胡瓜鱼，这种体形小巧、呈流线型的鱼类多成群生活在温带沿海水域。南乳鱼则是南半球最著名的胡瓜鱼目鱼类，这种不长鳞片的鱼拥有复杂的生命周期，在幼鱼期就要完成淡水与海水之间的迁徙。

鲑形目包括鲑鱼、鳟鱼、白鲑、湖鲱、河鳟、斑鲑等多种鱼类，大部分都是重要的经济鱼类，其中鲑鱼因为其独特的洄游产卵习性而受到格外关注。

所有6种太平洋鲑鱼一生的大部分时间生活在海洋中，但是在达到性成熟后，就会游回它们出生的淡水溪流中产卵。研究表明，它们通过嗅觉来确定自己出生地的方位。

迁徙奇迹：每条溪流都因其水域环境的土壤、植被而具有自己独特的味道。有研究表明，这种唯一的味道在鲑鱼幼鱼的脑中形成了深刻的记忆，帮助它们在成年后的产卵迁徙过程中寻找到自己的故乡。

北美狗鱼
Esox masquinongy

这种体形巨大且极具攻击性的北美鱼类以鸟类、哺乳动物、爬行动物和其他鱼类为食

白斑狗鱼
Esox lucius

暗色狗鱼
Esox niger

大西洋水珍鱼
Argentina silus

滑舌深海鲑
Leuroglossus stilbius

萌鱼
Umbra krameri

这种鱼可以忍受自己身体的部分被冻住多日，且解冻后不会有任何不良反应

阿拉斯加黑鱼
Dallia pectoralis

矮萌鱼
Umbra pygmaea

它们特殊的肾脏可以适应盐度变化，因此可以在淡水与海水环境之间迁徙

太平洋桶眼鱼
Macropinna microstoma

香鱼
Plecoglossus altivelis

加州平头鱼
Alepocephalus tenebrosus

萌鱼：栖息地被破坏、环境污染以及外来物种入侵等原因造成欧洲东部的萌鱼数量大幅减少。当水中的溶解氧水平不足时，它们会直接用嘴呼吸空气。

➤ 13厘米
🔲 140克
◯ 卵生，孵化期间有父母保护
♀♂ 雌雄异体
🔽 易危

欧洲东部

狗鱼的牙齿：狗鱼的下颌长有单排但数量众多的钉状牙齿，尖锐且边缘极为锋利，因此狗鱼可以在以48千米每小时的速度游动时用牙齿准确切开猎物，如鱼类的鳃。而其上腭倒钩形的牙齿可以钩住猎物防止其逃脱。狗鱼经常袭击和自己体形差不多的猎物，还会将吃剩的猎物挂在嘴边继续游动。

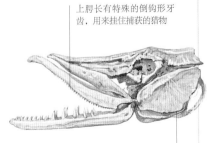

上腭长有特殊的倒钩形牙齿，用来挂住捕获的猎物

鳃耙上长有细小的牙齿，防止捕捉到的小型猎物从鳃部逃脱

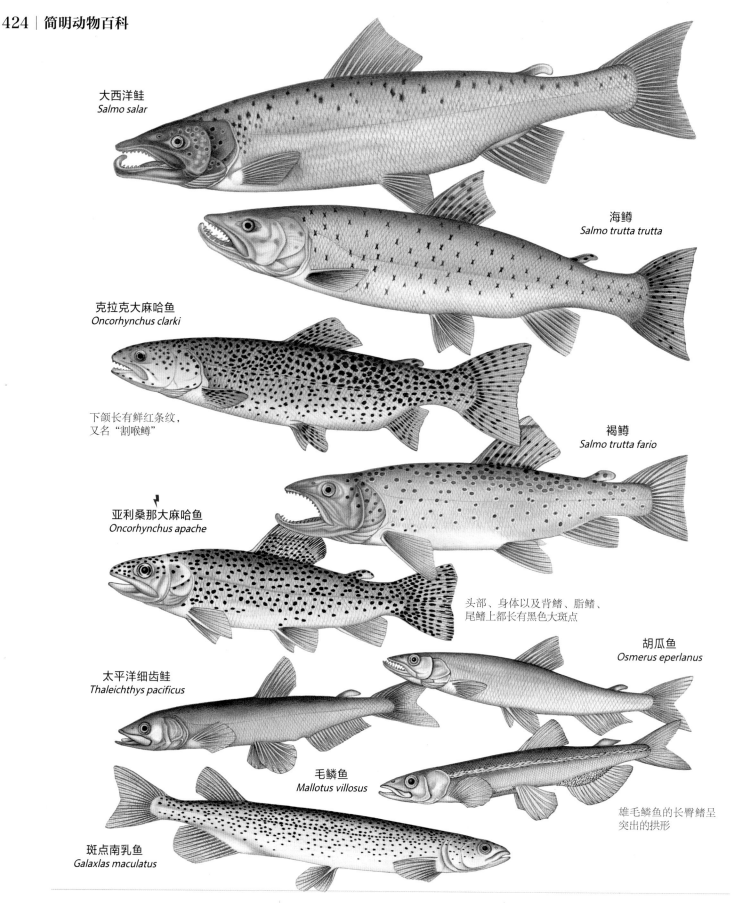

大西洋鲑
Salmo salar

海鳟
Salmo trutta trutta

克拉克大麻哈鱼
Oncorhynchus clarki

下颌长有鲜红条纹，
又名"割喉鳟"

褐鳟
Salmo trutta fario

亚利桑那大麻哈鱼
Oncorhynchus apache

头部、身体以及背鳍、脂鳍、
尾鳍上都长有黑色大斑点

胡瓜鱼
Osmerus eperlanus

太平洋细齿鲑
Thaleichthys pacificus

毛鳞鱼
Mallotus villosus

雄毛鳞鱼的长臂鳍呈
突出的拱形

斑点南乳鱼
Galaxlas maculatus

鲑： 大部分幼鱼要在淡水水域生活4年才会迁徙至北大西洋生活。在随后的1～4年它们又要洄游到自己出生的水域产卵，繁育后代。这样的迁徙生活会不断重复，直至生命结束。

➤ 最大可达1.5米
⚖ 最大可达36千克
○ 卵生，埋藏孵化
♀♂ 雌雄异体
⚡ 普遍

北大西洋、欧洲西北部、北美洲东部

褐鳟： 褐鳟是一种不需要迁徙、生活在淡水水域的海鳟，深受垂钓爱好者及美食家的喜爱。雌褐鳟用它们的尾巴在干净的河水沉积物中搭建整洁的窝。

➤ 最大可达1.4米
⚖ 最大可达15千克
○ 卵生
♀♂ 雌雄异体
⚡ 普遍

欧洲、亚洲西部、非洲南北部；世界范围引入

胡瓜鱼： 胡瓜鱼是鲑鱼和鳟鱼的近亲，因此也长有脂鳍。这种长在背部、靠近尾鳍的小型肉质块状结构，是原始鱼类的特征。

➤ 30厘米
⚖ 200克
○ 卵生
♀♂ 雌雄异体
⚡ 缺乏数据

欧洲西北部

大麻哈鱼
Oncorhynchus keta

雄性大麻哈鱼的前牙
比其他鲑鱼的大

大鳞大麻哈鱼
Oncorhynchus tshawytscha

银大麻哈鱼
Oncorhynchus kisutch

长有白色的牙龈

红大麻哈鱼
Oncorhynchus nerka

樱鳟
Oncorhynchus masou

驼背大麻哈鱼
Oncorhynchus gorbuscha

虹鳟
Oncorhynchus mykiss

阿瓜大麻哈鱼
Oncorhynchus aguabonita

尾鳍和背鳍上都长有深色小圆斑

虹鳟：这种鱼作为最适合垂钓的淡水鱼类而被世界各地广泛引进。有些生活在北美洲的虹鳟在成年后会迁徙至海洋中生活，并在繁殖季节返回淡水水域产卵。

➤ 最大可达114厘米
▲ 最大可达25千克
○ 卵生，埋藏孵化
♀♂ 雌雄异体
➤ 普遍

北美洲西北部；广泛引入世界各地

红大麻哈鱼的一生：雌鱼将卵产在用砾石沉积物建造的巢中。初孵鱼苗身上附着卵黄囊，几天后变为可自由游动的鱼苗。随后几年幼鲑一直在淡水中生活，直到蜕变为银色的二龄鲑，之后它们会游入大海，发育为成鱼。雌雄红大麻哈鱼性成熟的标志都是身体变为红色而头部为绿色，之后它们就会洄游至出生地产卵。

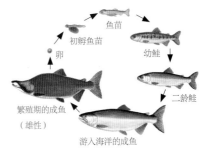

卵
初孵鱼苗
鱼苗
幼鲑
二龄鲑
游入海洋的成鱼
繁殖期的成鱼（雄性）

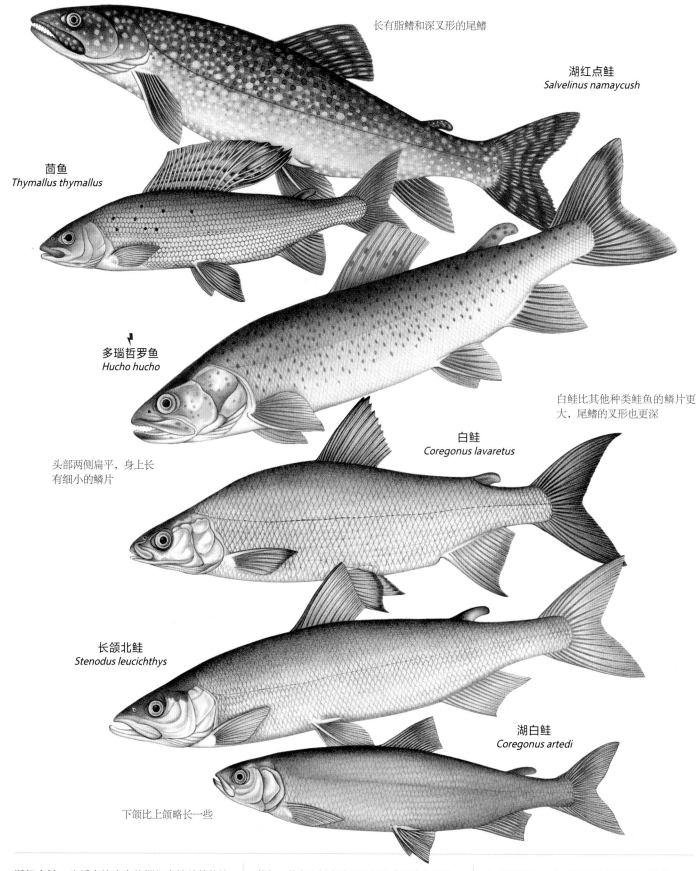

长有脂鳍和深叉形的尾鳍

湖红点鲑
Salvelinus namaycush

茴鱼
Thymallus thymallus

多瑙哲罗鱼
Hucho hucho

头部两侧扁平，身上长
有细小的鳞片

白鲑比其他种类鲑鱼的鳞片更
大，尾鳍的叉形也更深

白鲑
Coregonus lavaretus

长颌北鲑
Stenodus leucichthys

湖白鲑
Coregonus artedi

下颌比上颌略长一些

湖红点鲑：生活在淡水中的湖红点鲑以其他淡水鱼、甲壳动物和水生昆虫为食。雌性湖红点鲑在孵卵处和雄性美洲红点鲑（*Salvelinus fontinalis*）交配产生的杂交鱼种加拿大鳟是一种速生鱼类。

🐟 最大可达1.2米
⚖ 最大可达32千克
○ 卵生
♀♂ 雌雄异体
⚡ 普遍

北美洲北部

茴鱼：茴鱼生活在欧洲北部没有污染的溪流、湖泊之中，偶尔也会出现在淡盐水水域。每年北半球的春季期间，雌鱼会一次性产下大量的卵子，雄鱼会将雌鱼埋藏卵子的巢穴挖开为卵子授精。

🐟 60厘米
⚖ 3千克
○ 卵生，埋藏孵化
♀♂ 雌雄异体
⚡ 普遍

欧洲北部

多瑙哲罗鱼：多瑙哲罗鱼是世界上最大的淡水鱼之一。雄性成鱼在其领地内捕食其他鱼类、蛙类、爬行动物、鸟类，甚至小型哺乳动物。

🐟 1.5米
⚖ 21千克
○ 卵生，埋藏孵化
♀♂ 雌雄异体
⚡ 濒危

欧洲多瑙河流域

巨口鱼及其近亲

纲：	辐鳍鱼纲
总目：	巨口鱼总目
目：	2
科：	5
种：	415

　　尽管巨口鱼种类繁多、分布广泛，但它们多生活在深海中，因此对人类来说仍是比较陌生的一类鱼。所有巨口鱼都是食肉鱼类，已经适应了其生存环境的高水压、弱光线。大部分巨口鱼都长有大嘴长牙，可以大口吞食难得的大型猎物。除一种巨口鱼以外的其他所有巨口鱼都长有发光器官，位于体侧和下腹部的斑点状发光器可以模拟从海面射入的粼粼波光，误导来自下方的捕食者。而位于下颌的发光器或颌须则是其诱捕猎物的道具。此外，巨口鱼的生育率较低。

深海分布： 巨口鱼目鱼类分布于所有温带和亚热带远洋海域的深海中，有些生活在极地海域。它们每天都会进行垂直洄游，白天潜入深海休息，晚上则上升到海面附近觅食。

深海生物

　　巨口鱼目鱼类的外形都很丑陋，典型特征是大头、长身，通身暗色——但也有个别品种呈半透明色或银色。

　　雌雄同体现象在巨口鱼目中十分普遍，因为在它们的栖息地很少遇见同类物种。

　　巨口鱼的卵和鱼苗会上浮，随浮游生物漂流在海洋表层洋流之中；发育成幼鱼后它们会逐渐下沉开始深海生活。许多巨口鱼成鱼都是白天在深海休息，晚上垂直洄游至小型鱼类及无脊椎动物数量丰富的近海面处觅食。

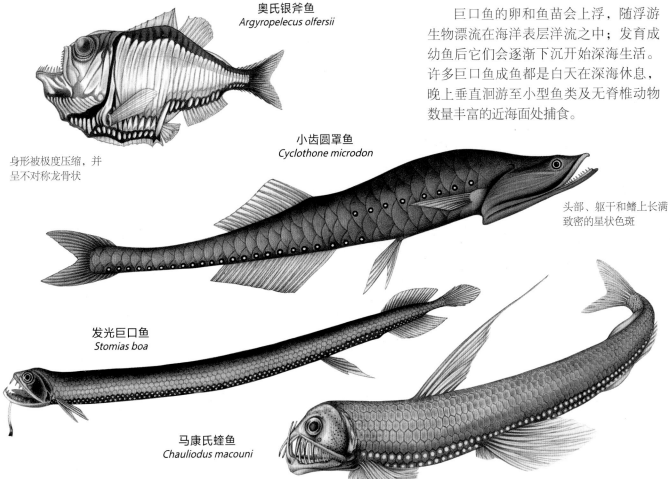

奥氏银斧鱼
Argyropelecus olfersii

身形被极度压缩，并呈不对称龙骨状

小齿圆罩鱼
Cyclothone microdon

头部、躯干和鳍上长满致密的星状色斑

发光巨口鱼
Stomias boa

马康氏蝰鱼
Chauliodus macouni

深海研究困境： 由于深海环境如同外层宇宙空间一样难以到达，人类对巨口鱼目鱼类的种群结构、种群大小及繁殖习性等均知之甚少。有可能其中的一属——圆罩鱼的个体数量比地球上其他脊椎动物的个体数量都多：可能有数十亿条体形纤细的圆罩鱼生活在海洋中层。也有可能很多巨口鱼目的鱼类还未被人类记录在案，就已经因为海洋污染而灭绝了。

蜥鱼及其近亲

纲：	辐鳍鱼纲
总目：	圆鳞总目
目：	仙女鱼目
科：	13
种：	229

仙女鱼目鱼类在沿海水域和深海中都有品种，包括蜥鱼、龙头鱼、青眼鱼、灯眼蜥鱼、帆蜥鱼、剑齿鱼和巨尾鱼等成员。仙女鱼目是原始特征和多次进化特征的混合体，在很多方面引起了科学家们的兴趣，例如其奇特的眼部构造。很多生活在深海的仙女鱼目鱼类最特别的是它们繁殖后代的方式。这些深海鱼都是双性同步的雌雄同体，这意味着它们甚至可以自体受精。另外，仙女鱼目的鱼苗需要通过极端的变态发育过程发育成幼鱼。

隐蔽色：蜥鱼生活在浅海域处，共有34种，都是雪茄形身材，长有牙齿外露的大嘴。体形最大的蜥鱼长约60厘米，但大部分体形都较小。大部分蜥鱼的花纹和颜色都与它们栖息的海底环境及沉积物颜色十分接近。

广泛分布：蜥鱼遍布所有温暖的海洋。青眼鱼生活在热带和暖温带海洋。大部分龙头鱼只生活在印度洋—太平洋海域。帆蜥鱼遍布大西洋和太平洋的中层水域。

多样化的成员

蜥鱼、龙头鱼和青眼鱼都是生活在沿岸浅海域的底栖生物，非常善于伪装，它们习惯把自己隐蔽在环境中，伺机捕食。蜥鱼抬起头部以腹鳍支撑身体的姿态极似蜥蜴，因此得名。

灯眼蜥鱼生活在深海中，大部分长有扁平的头部、铅笔一般细长的身体，以及高度退化的眼睛。

帆蜥鱼的体长可达约2.1米，是深海中体形最大的掠食性鱼类。它们长着巨大的嘴和匕首形的大牙，是破坏海底电缆的罪魁祸首。有时人们也会看到它们在海浪中挣扎。

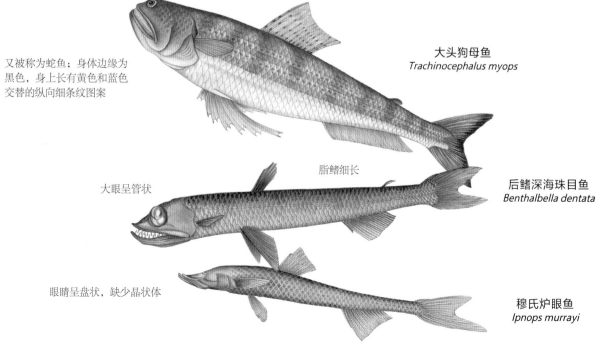

又被称为蛇鱼；身体边缘为黑色，身上长有黄色和蓝色交替的纵向细条纹图案

大头狗母鱼
Trachinocephalus myops

脂鳍细长

大眼呈管状

后鳍深海珠目鱼
Benthalbella dentata

眼睛呈盘状，缺少晶状体

穆氏炉眼鱼
Ipnops murrayi

灯笼鱼

| 纲：辐鳍鱼纲 |
| 总目：灯笼鱼总目 |
| 目：灯笼鱼目 |
| 科：2 |
| 种：251 |

灯笼鱼目包括灯笼鱼科和新灯笼鱼科。成员都生活在开放海域深海，分布广泛、物种丰富且种群数量庞大；它们以浮游生物为食，也是海鸟（尤其是企鹅）、海洋哺乳动物及众多食肉鱼类的食物来源，因此在海洋生态系统中起着关键性的作用。人类捕捞灯笼鱼很少用于食用或制作鱼油，但每年全球的捕获量达到了惊人的6亿吨，这也表明这种鱼目前还是一种未被充分利用的商业资源。

全球性资源：灯笼鱼遍布全球各大海域，但物种分布情况与水域的洋流和海水的物理及化学特性两方面原因有关。这一目的许多鱼白天躲在深海处，晚上垂直洄游至表层水域觅食。

它们用靠近尾部的不同发光器的闪光来迷惑敌人

发光器：灯笼鱼的头部和腹部侧面都长有多个发光器。每种灯笼鱼的发光器都拥有其独特的排列形式，可被用来作为协助群体成员聚集的信号；而其尾部的发光器则具有区分性别的作用。

金光灯笼鱼
Myctophum affine

须鳂

| 纲：辐鳍鱼纲 |
| 总目：须鳂总目 |
| 目：须鳂目 |
| 科：须鳂科 |
| 种：10 |

须鳂目只有1属10种，是生活在深海的奇特鱼类，下巴上都长有具有感觉功能的触须。和更高级的硬骨鱼（刺鳍鱼）一样，须鳂也长有真正的硬棘鳍（相对于软鳍条而言）：背鳍上有4~6根，臀鳍上有4根。然而，除了这些进化特点，它们同时展示出一些原始且独有的特征，因此引发了人们对于究竟哪些鱼类与这种鱼具有更密切的亲缘关系的广泛争论。

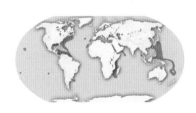

底层居民：须鳂分布于热带和亚热带海洋之中。它们栖息于大陆架外缘，多在水下20~760米的海底生活。

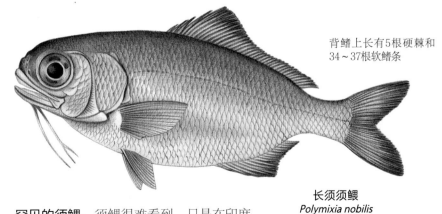

背鳍上长有5根硬棘和34~37根软鳍条

罕见的须鳂：须鳂很难看到，只是在印度洋—太平洋海域深海海洋渔业捕捞的过程中作为副渔获物（卖不出去的或者不值钱的鱼）被发现过。

长须须鳂
Polymixia nobilis

月鱼及其近亲

下纲：真骨下纲	
总目：月鱼总目	
目：月鱼目	
科：7	
种：23	

月鱼目大约出现于距今6500万年前，现存共有23种深海鱼类。尽管从外表看起来月鱼目鱼类的差异很大——或者呈圆月形，或者身体细长如蛇，但它们具有4种独特的共性特征：除一种鱼以外的所有月鱼目鱼类都有着独特的颌骨结构，形成了外突的口部；体表大部分地方都没有鳞片；背鳍几乎覆盖整个身长且腹鳍位置十分靠前；这一目鱼类大多身体颜色鲜艳，长有亮红色的鳍。

分布广泛的神秘物种：月鱼、粗鳍鱼和鞭尾鱼广泛分布于世界各地大部分海域中。旗月鱼只生活在印度洋和太平洋中。由于月鱼目鱼类都生活在开阔海域的深海中，人类对它们的了解十分有限。

奇特的生活方式

月鱼目的鱼类多生活在水下200～1000米的深海中，主要包括冠带鱼、月鱼、粗鳍鱼、鞭尾鱼、旗月鱼，其中一些具有奇特的进食方式。例如长有管状眼的鞭尾鱼每天会从800米的海底垂直洄游至海面附近以头朝上的方式捕食各种微小的甲壳类动物。

粗鳍鱼同样具有垂直洄游的习性，以其他鱼类和鱿鱼为食。

所有月鱼目鱼类的卵都很大，直径可达到6毫米。大部分卵为亮红色，因为它们在孵化前需要在海面漂流1个月，这样的颜色可以有效抵挡紫外线射入。大部分硬骨鱼的鱼苗十分弱小，需要营养丰富的卵黄囊作为食物，与之相反，月鱼目鱼的胚胎早期发育良好，鱼苗一出生就是精力充沛的游泳能手。

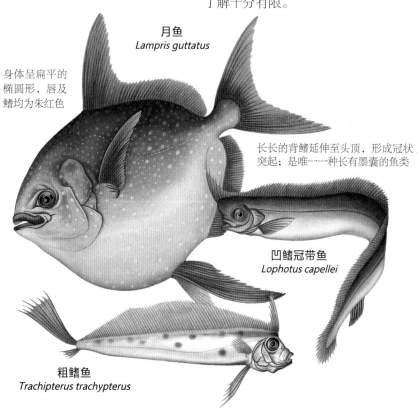

月鱼
Lampris guttatus

身体呈扁平的椭圆形，唇及鳍均为朱红色

长长的背鳍延伸至头顶，形成冠状突起；是唯一一种长有墨囊的鱼类

凹鳍冠带鱼
Lophotus capellei

粗鳍鱼
Trachipterus trachypterus

神秘的皇带鱼：皇带鱼被称为海中怪物，因为它们是世界上最长的鱼。至少有一个皇带鱼标本显示它们可以长达17米，但皇带鱼一般体长在8米左右。它们多生活在海平面以下200米处，但偶尔也会出现在海面，还曾有皇带鱼被海浪冲上了沙滩。

鳕鱼、鮟鱇及其近亲

下纲：真骨下纲
总目：副棘鳍总目
目：5
科：37
种：1382

一些微小但具有象征意义的骨骼特征证明了副棘鳍总目鱼类之间的亲缘关系，同时，它们在栖息地选择偏好上也具有许多相同点。例如，大部分都是独居的海底居民，但也有些（尤其是经济价值较高的黑线鳕、狗鳕和鳕鱼）是大群活动的深海鱼类。除20种鱼以外的其他所有副棘鳍总目鱼都生活在海洋中。它们一般夜间出来觅食，或者生活在缺少光线的水底洞穴、深海等栖息地。还有些副棘鳍总目鱼类的鱼鳔上长有特殊的肌肉，可以发出声音，用于求偶和传递危险信号。

分布： 鳕鱼和鮟鱇遍布于所有海洋中。除淡水鳕外的所有鳕鱼都只能生活在海洋中。鲑鲈及其近亲只能生活在北美地区的淡水中。蟾鱼生活在热带的沿海水域。

至关重要的食用鱼类

鳕科的很多鱼类，包括阿拉斯加鳕鱼和大西洋鳕鱼，都是全球最重要的渔业资源，鳕鱼每年的捕获量几乎达到了全球渔业产量的10%。

这一科鱼的产卵数量惊人，超过了绝大部分其他鱼类。例如，一条大型阿拉斯加鳕鱼一年可以产1500万枚鱼卵。尽管如此，因为这种鱼寿命较长但进入成熟期较晚，渔业的过度捕捞已经对它们的物种数量造成了严重影响。

树须鱼： 这种背腹部扁平的深海鱼类长有膨大的圆碟形头部，手掌形的腹鳍就位于头部下方，可以帮助它们在海底移动。在其鼻上部还长有可以活动的肉质结构（条状鳍），是捕猎用的诱饵。

- 🐟 30厘米
- ⚖ 900克
- ○ 卵生
- ♀♂ 雌雄异体
- 🌿 普遍

印度—西太平洋

树须鱼
Linophryne arborifera

鲑鲈： 栖息于美国东部的淡水溪流和湖泊中的土生鱼类。它们白天躲在水中的岩石阴影处休息，晚上游到附近的浅水处觅食。

- 🐟 20厘米
- ⚖ 170克
- ○ 卵生
- ♀♂ 雌雄异体
- 🌿 栖息地内普遍

北美洲北部

鲑鲈
Percopsis omiscomaycus

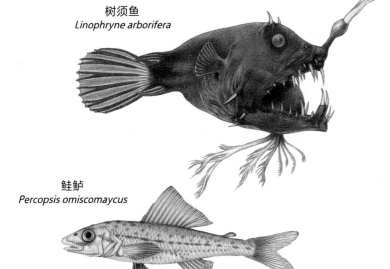

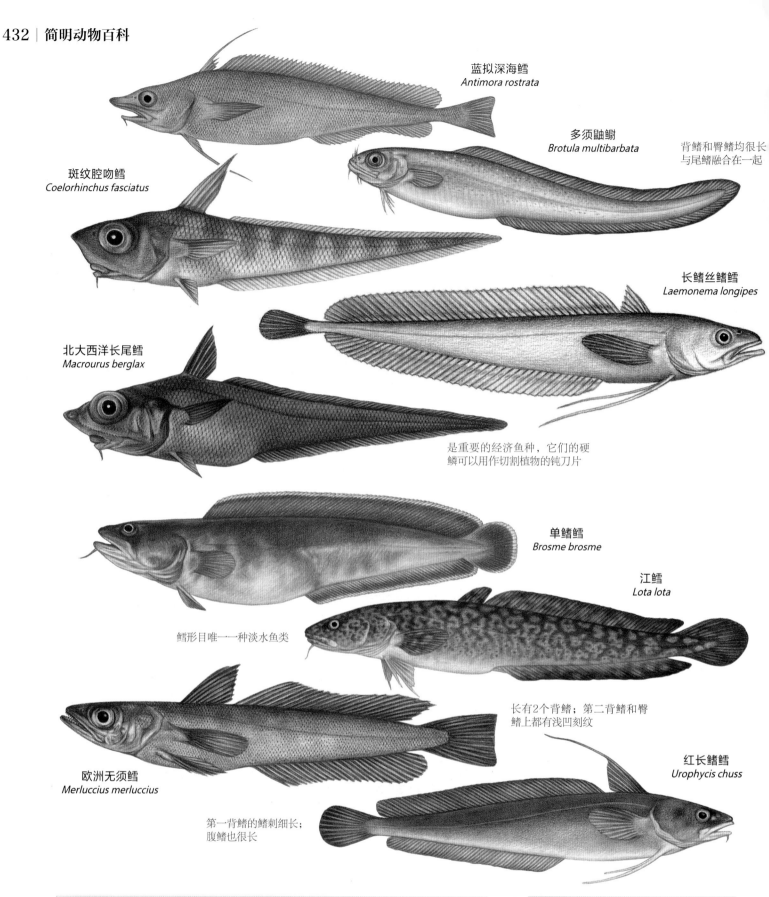

蓝拟深海鳕
Antimora rostrata

多须鼬鳚
Brotula multibarbata

背鳍和臀鳍均很长，
与尾鳍融合在一起

斑纹腔吻鳕
Coelorhinchus fasciatus

长鳍丝鳍鳕
Laemonema longipes

北大西洋长尾鳕
Macrourus berglax

是重要的经济鱼种，它们的硬
鳞可以用作切割植物的钝刀片

单鳍鳕
Brosme brosme

江鳕
Lota lota

鳕形目唯一一种淡水鱼类

长有2个背鳍；第二背鳍和臀
鳍上都有浅凹刻纹

红长鳍鳕
Urophycis chuss

欧洲无须鳕
Merluccius merluccius

第一背鳍的鳍刺细长；
腹鳍也很长

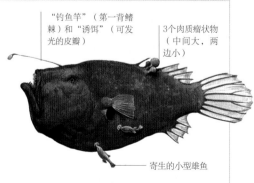

性寄生： 物种数量稀少的角鮟鱇科
鱼生活在幽暗的深海中，为保证繁
衍，雄鱼会终生寄生在雌鱼身上，
通过雌鱼的血液获取营养。寄生雄
鱼除一对生殖腺继续生长外，其他
身体器官会慢慢萎缩，因此雌雄角
鮟鱇鱼的体形看起来差异巨大。人
们 曾 在 一 条 雌 密 棘 角 鮟 鱇
（*Cryptopsaras couesii*）的身上发现4
条寄生雄鱼。

"钓鱼竿"（第一背鳍
棘）和"诱饵"（可发
光的皮瓣）

3个肉质瘤状物
（中间大，两
边小）

寄生的小型雄鱼

欧洲无须鳕： 由于多年来的过度捕捞，欧洲无
须鳕的数量大幅减少。人类曾经捕获到的最重
的无须鳕重达11.5千克，而现在超过5千克的
无须鳕都已经非常少见了。

↔1.4米
⚖11.5千克
○卵生
♀♂雌雄异体
▮普遍

北大西洋东部沿海、地中海沿岸海域
和黑海沿岸海域

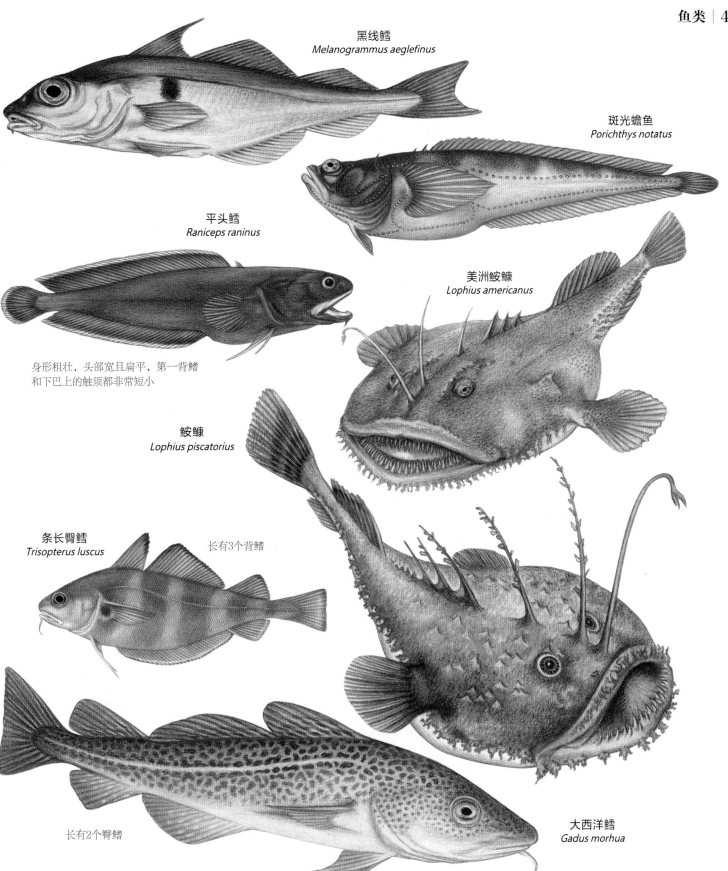

黑线鳕
Melanogrammus aeglefinus

斑光蟾鱼
Porichthys notatus

平头鳕
Raniceps raninus

美洲鮟鱇
Lophius americanus

身形粗壮，头部宽且扁平，第一背鳍
和下巴上的触须都非常短小

鮟鱇
Lophius piscatorius

条长臀鳕
Trisopterus luscus

长有3个背鳍

长有2个臀鳍

大西洋鳕
Gadus morhua

黑线鳕： 黑线鳕受到惊吓时会发出类似敲门声的叫声。雄性黑线鳕在求偶期内会发出特别沙哑的叫声。这种叫声很可能对于整个繁殖过程具有重要意义。

- ↦ 90厘米
- ⚖ 8.2千克
- ○ 卵生
- ♀♂ 雌雄异体
- ↯ 易危

北大西洋至挪威斯匹次卑尔根岛周边海域

鮟鱇： 这种生活在大西洋东部的深海鱼长有巨大的嘴，非常善于伪装在海底的沙土和沉积物中静待猎物上门。它们主要以其他鱼类为食，也吃海鸟。

- ↦ 2米
- ⚖ 58千克
- ○ 卵生
- ♀♂ 雌雄异体
- ↯ 普遍

北大西洋至挪威斯匹次卑尔根岛周边海域

大西洋鳕： 大西洋鳕是极为重要的经济鱼种，生活在冰冷的北大西洋中。理论上这种鱼可以长到45千克重，但由于过度捕捞，目前大多只有11.5千克重。

- ↦ 最大可达1.5米
- ⚖ 最大可达45千克
- ○ 卵生
- ♀♂ 雌雄异体
- ↯ 易危

北大西洋至挪威斯匹次卑尔根岛周边海域

棘鳍鱼

纲：辐鳍鱼纲	
总目：棘鳍总目	
目：15	
科：269	
种：13262	

棘鳍总目共有超过250科、13000种鱼类，最高级和最新进化的硬骨鱼都属于这一目；其成员的普遍特征包括：都拥有高度灵活且前突的上颌，促使其发展出了多种进食方式；有些种类不具有栉鳞，或栉鳞进一步发展为硬化的板状鳞片和鳍中的硬刺。棘鳍鱼分布广泛，但多数集中在沿海水域。棘鳍鱼在繁殖方式、生活习性及生理结构上表现出极为丰富多样的适应性变化，因此其他鱼类无法生存的小生境，却可以成为它们的家园。

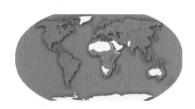

遍布全球：棘鳍鱼广泛分布于从淡水到盐水，从沿海浅滩到深海的任意一种水体中。它们在形态学和习性方面的高度适应性使其可以生活在从冰冷海域到接近干涸的池塘等多种环境中。

互惠互利：小丑鱼生活在有毒的海葵触角之间，以此躲避捕食者，同时，海葵会以小丑鱼的食物残渣为食。大部分鱼类都会死于海葵触角的叮蜇，但小丑鱼身上覆盖的一层黏液可以一定程度上保护它们自由游弋其间。

领先的适应性

几乎鱼类的每种特殊身体进化特征在棘鳍总目鱼类身上都能找到，例如，跟大多数鱼类相比，比目鱼的身体比例严重不对称；为满足独特的进食需求，隆头鱼和鹦鹉鱼在喉部长有改良过的咀嚼器，其作用相当于第二颌骨。

齿鲤目包括孔雀鱼、剑尾鱼，以及其他一些备受青睐的水族馆鱼类。这一目的飞鱼善于在水面滑行。

包括两栖的弹涂鱼在内的大部分虾虎鱼体形都很小巧，它们的腹鳍已经融合成了吸盘状。

大部分鳞鲀及其近亲体表的鳞片已经进化为保护身体的盔甲。小丑鱼所属的雀鲷科鱼类通常会表现出极强的领域行为。慈鲷科鱼则将亲代抚育行为表现到了极致。石斑鱼是最凶猛的海洋捕食者之一，而枪鱼、旗鱼等长吻鱼是游泳速度最快的鱼类。

一些鲉鱼的毒性对于人类来说是致命的。石首鱼在受到威胁时会发出奇特的叫声。而蝴蝶鱼和神仙鱼堪称最精巧艳丽的水生生物。

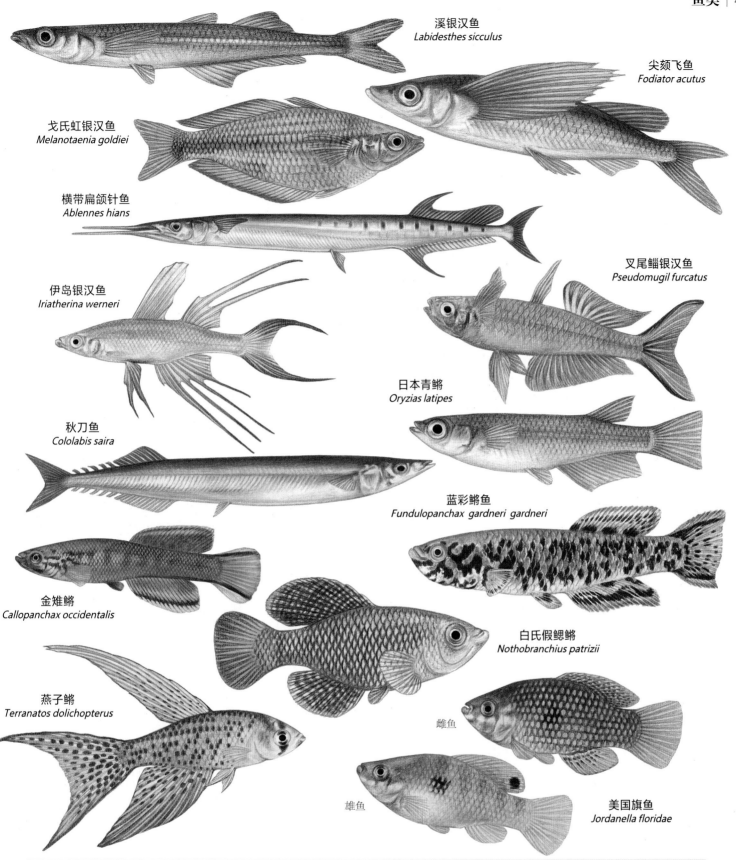

溪银汉鱼
Labidesthes sicculus

尖颏飞鱼
Fodiator acutus

戈氏虹银汉鱼
Melanotaenia goldiei

横带扁颌针鱼
Ablennes hians

叉尾鲻银汉鱼
Pseudomugil furcatus

伊岛银汉鱼
Iriatherina werneri

日本青鳉
Oryzias latipes

秋刀鱼
Cololabis saira

蓝彩鳉鱼
Fundulopanchax gardneri gardneri

金雉鳉
Callopanchax occidentalis

白氏假鳃鳉
Nothobranchius patrizii

燕子鳉
Terranatos dolichopterus

雌鱼

雄鱼

美国旗鱼
Jordanella floridae

溪银汉鱼： 生活在北美洲淡水河湖中的本土物种。这种透明的小型鱼类经常成群在水面觅食，以小型甲壳动物、昆虫幼虫和小型飞虫成虫为食。

➡13厘米
⚖115克
○卵生
♀♂雌雄异体
⚡普遍

北美洲东南部

尖颏飞鱼： 这种鱼属于尖颏飞鱼属，这一属鱼类的"飞行"能力在飞鱼中是最弱的，尽管如此，它们也可以使用其细长的翅膀状胸鳍在水面滑行50米甚至更远。

➡24厘米
⚖225克
○卵生
♀♂雌雄异体
⚡普遍

太平洋东部沿海海域和大西洋东部沿海海域

戈氏虹银汉鱼： 这种生命短暂的淡水鱼类会在旱季开始时完成繁殖然后死去。留在泥浆中的受精卵可以存活超过3个月，并在雨季开始前孵化。

➡7.5厘米
⚖30克
○卵生，埋藏孵化
♀♂雌雄异体
⚡普遍

非洲西部沿海海域

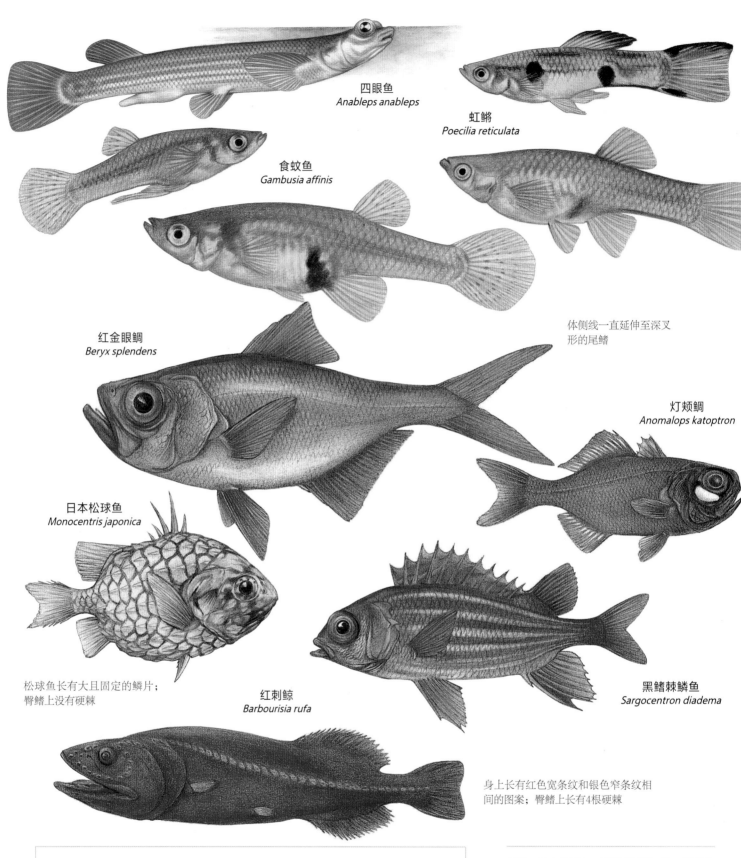

四眼鱼
Anableps anableps

虹鳉
Poecilia reticulata

食蚊鱼
Gambusia affinis

红金眼鲷
Beryx splendens

体侧线一直延伸至深叉
形的尾鳍

灯颊鲷
Anomalops katoptron

日本松球鱼
Monocentris japonica

松球鱼长有大且固定的鳞片；
臀鳍上没有硬棘

红刺鲸
Barbourisia rufa

黑鳍棘鳞鱼
Sargocentron diadema

身上长有红色宽条纹和银色窄条纹相
间的图案；臀鳍上长有4根硬棘

黑鳍棘鳞鱼： 黑鳍棘鳞鱼的鱼苗会在茫茫大
海中度过一段漫长的漂流生活，但大部分成
鱼生活在热带礁石环绕的浅滩水域。在其颊
部还长有一根短毒刺。黑鳍棘鳞鱼在夜间十
分活跃，以小型鱼类和无脊椎动物为食，白
天躲在洞穴中或礁石下休息。

🐟17厘米　　🔺225克
⬭卵生　　♀♂雌雄异体
⚡普遍

印度洋—太平洋、红海、大洋洲

虹鳉： 又名孔雀鱼，属于花鳉科，这一科的鱼
类都是胎生，直接生产幼鱼。虹鳉起源于南美
洲，是很受欢迎的水族馆鱼类，并因此被广泛
引至全球的各大温暖水域的淡水湖泊之中。

🐟5厘米
🔺20克
⬭胎生，直接生产幼鱼
♀♂雌雄异体
⚡普遍

南美洲东北部、巴巴多斯、特立尼达岛

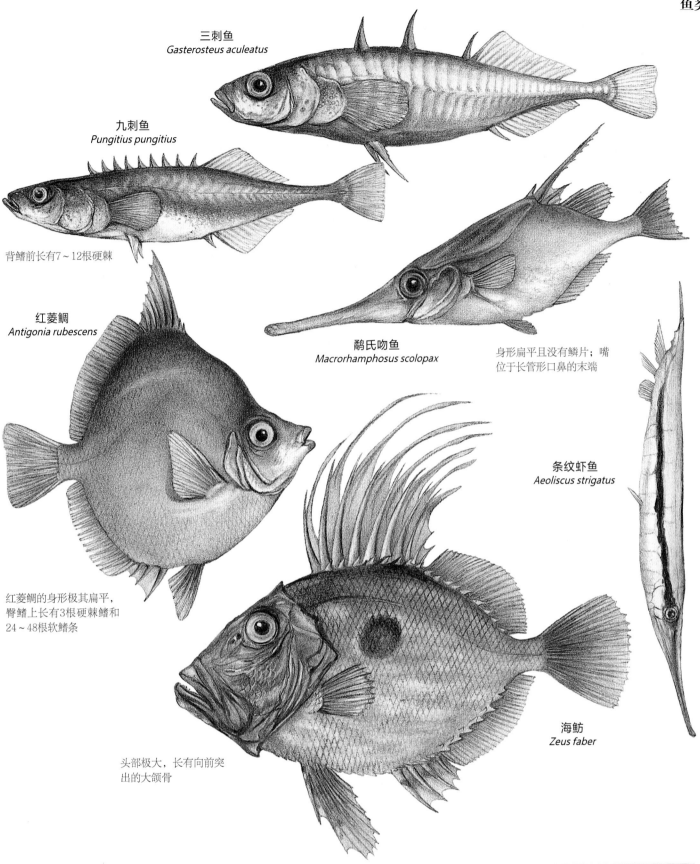

三刺鱼
Gasterosteus aculeatus

九刺鱼
Pungitius pungitius

背鳍前长有7~12根硬棘

红菱鲷
Antigonia rubescens

鹬氏吻鱼
Macrorhamphosus scolopax

身形扁平且没有鳞片；嘴位于长管形口鼻的末端

条纹虾鱼
Aeoliscus strigatus

红菱鲷的身形极其扁平，臀鳍上长有3根硬棘鳍和24~48根软鳍条

头部极大，长有向前突出的大颌骨

海鲂
Zeus faber

条纹虾鱼：条纹虾鱼呈半透明，鱼群中所有鱼会同步保持头朝下尾朝上的垂直姿势悬在水中。它们生活在海胆和鹿角珊瑚的枝杈之间，以浮游生物为食。

🐟 15厘米
⬛ 115克
◯ 卵生
♀♂ 雌雄异体
⚡ 普遍

印度—西太平洋

辛苦的父亲：雄三刺鱼会用自己肾脏产生的黏液将植物黏合在一起，精心制作巢穴吸引雌三刺鱼来产卵。但在给卵子授精后，雄鱼就会将雌鱼赶走，之后雄鱼会一直守护巢穴，照料其中的受精卵。雄鱼会不断用自己的胸鳍扇动受精卵附近的水，为之提供氧气，直到受精卵孵化。

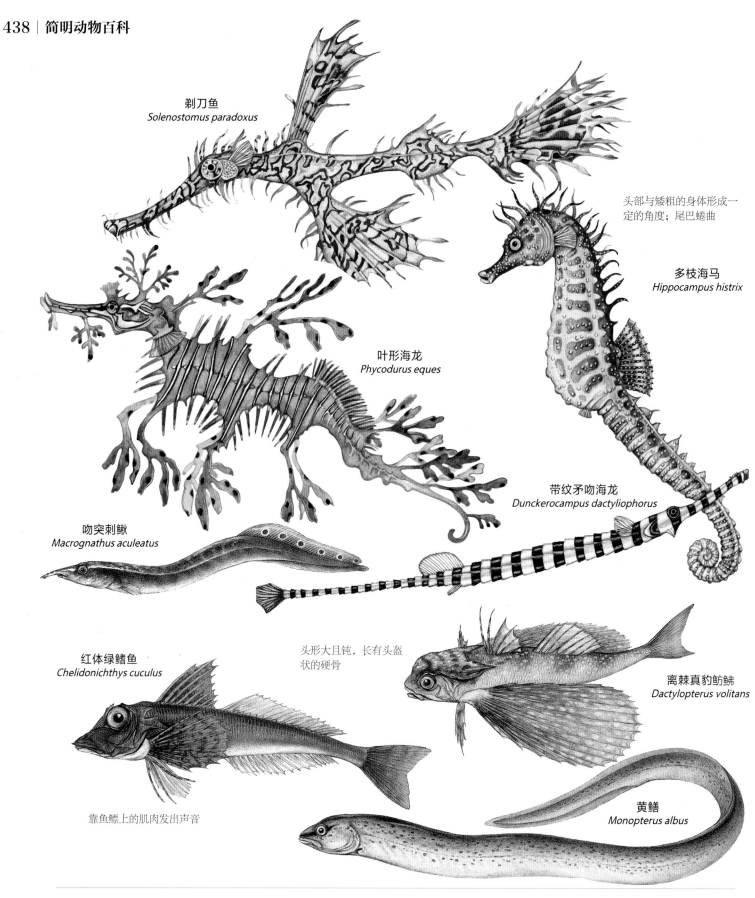

剃刀鱼
Solenostomus paradoxus

头部与矮粗的身体形成一定的角度；尾巴蜷曲

多枝海马
Hippocampus histrix

叶形海龙
Phycodurus eques

吻突刺鳅
Macrognathus aculeatus

带纹矛吻海龙
Dunckerocampus dactyliophorus

红体绿鳍鱼
Chelidonichthys cuculus

头形大且钝，长有头盔状的硬骨

离棘真豹鲂鮄
Dactylopterus volitans

靠鱼鳔上的肌肉发出声音

黄鳝
Monopterus albus

剃刀鱼： 剃刀鱼和海马的皮肤下都长有一系列骨板，因此它们没有办法像其他大部分鱼类一样靠扭动身体来游水，而是通过快速扇动鱼鳍来移动。

叶形海龙： 和它们的近亲海马一样，由雄性负责孵化工作。雌性会将至少250枚卵产在雄性尾部下侧的一块海绵组织之上，受精卵在其上发育大约6周后即可完成孵化。

黄鳝： 这种具有高度适应性的鱼类可以直接呼吸空气，甚至在离开水很长一段时间的情况下都可以生存。黄鳝是淡水食肉动物，很多引进了这一物种的地区都将之视为潜在的"生态噩梦"。

🐟 12厘米
⚖ 30克
○ 卵生，孵卵
♀♂ 雌雄异体
↗ 稀少

印度—西太平洋

🐟 40厘米
⚖ 225克
○ 卵生，孵卵
♀♂ 雌雄异体
↗ 缺乏数据

澳大利亚南部沿海海域

🐟 46厘米
⚖ 700克
○ 卵生，孵化期有父母保护
♀♂ 雌雄同体
↗ 普遍

亚洲东南部、澳大利亚

鲈鲉
Sebastes norvegicus

辐蓑鲉
Pterois radiata

鱼卵在雌鱼的输卵管内被孵化，经过几个月的孵化，雌鱼会产出多达2万条鱼苗，每条长约8毫米

玫瑰毒鲉
Synanceia verrucosa

鳍上长有长长的硬棘和软鳍条；背鳍有毒

黄翼贝湖鱼
Cottocomephorus grewingkii

裸盖鱼
Anoplopoma fimbria

是生活在贝加尔湖及其支流的特有鱼种；长有巨大的胸鳍

多棘的背鳍和头部

短角床杜父鱼
Myoxocephalus scorpius

圆鳍鱼
Cyclopterus lumpus

狮子鱼
Liparis liparis

玫瑰毒鲉：这种鱼背鳍的硬棘含有毒液，被它刺中对于潜水者来说是极其痛苦的经历。这种鱼是毒性最强的鱼类之一，曾有人因为误踩了礁坪上的玫瑰毒鲉而中毒身亡。

➡36厘米
⬛2千克
◯卵生
♀♂雌雄异体
⚡普遍

印度—太平洋和红海

裸盖鱼：因其光滑的黑色或暗绿色皮肤而得名。裸盖鱼是阿拉斯加地区重要的经济鱼种，但在加拿大分布较少。它们是长寿的深海鱼类，寿命最高纪录达90岁。

➡1米
⬛57千克
◯卵生
♀♂雌雄异体
⚡普遍

北太平洋

短角床杜父鱼：这种鱼胃口贪婪，以什么都吃闻名。它的大嘴可以吞下有自己身体一半大小的猎物，它的胃可以自由扩张，以容纳任何被它吞下的大块食物。

➡60厘米
⬛900克
◯卵生
♀♂雌雄异体
⚡普遍

北大西洋和北冰洋

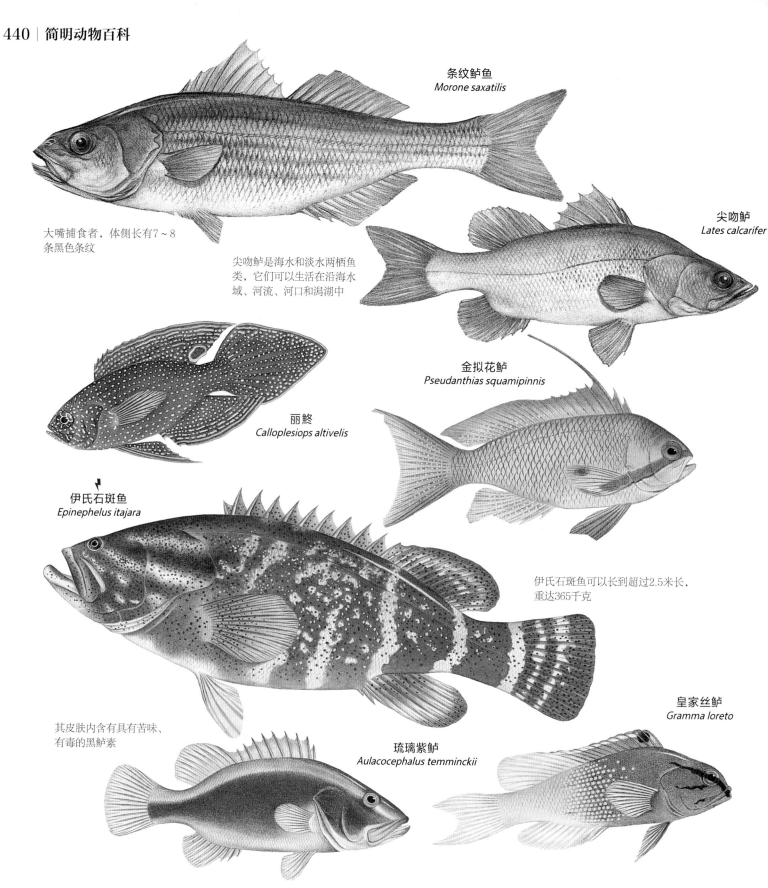

条纹鲈鱼
Morone saxatilis

大嘴捕食者，体侧长有7～8条黑色条纹

尖吻鲈
Lates calcarifer

尖吻鲈是海水和淡水两栖鱼类，它们可以生活在沿海水域、河流、河口和潟湖中

金拟花鲈
Pseudanthias squamipinnis

丽鮗
Calloplesiops altivelis

伊氏石斑鱼
Epinephelus itajara

伊氏石斑鱼可以长到超过2.5米长，重达365千克

皇家丝鲈
Gramma loreto

其皮肤内含有具有苦味、有毒的黑鲈素

琉璃紫鲈
Aulacocephalus temminckii

巧妙的模仿：丽鮗为了吓退敌人，会躲藏于洞中，只露出尾部。它尾部的图案模拟了凶猛的斑点裸胸鳝的头部形态——背鳍根部的眼状花纹看起来就像眼睛，而臀鳍与尾鳍之间的裂痕组成了"嘴巴"。

贝氏拟态：丽鮗的这种拟态行为叫作"贝氏拟态"，很多蝴蝶也具有同样的拟态行为。

尖吻鲈：大部分尖吻鲈都是雄性先熟的雌雄同体鱼。它们出生时为雄性，3年后达到性成熟，再过5年就会变成雌性。因此也不可避免地造成雌鱼的体形比雄鱼大很多。

🥄 5厘米
⚖ 20克
⭕ 胎生，直接生产幼鱼
♀♂ 雌雄同体
⚡ 普遍

印度—西太平洋

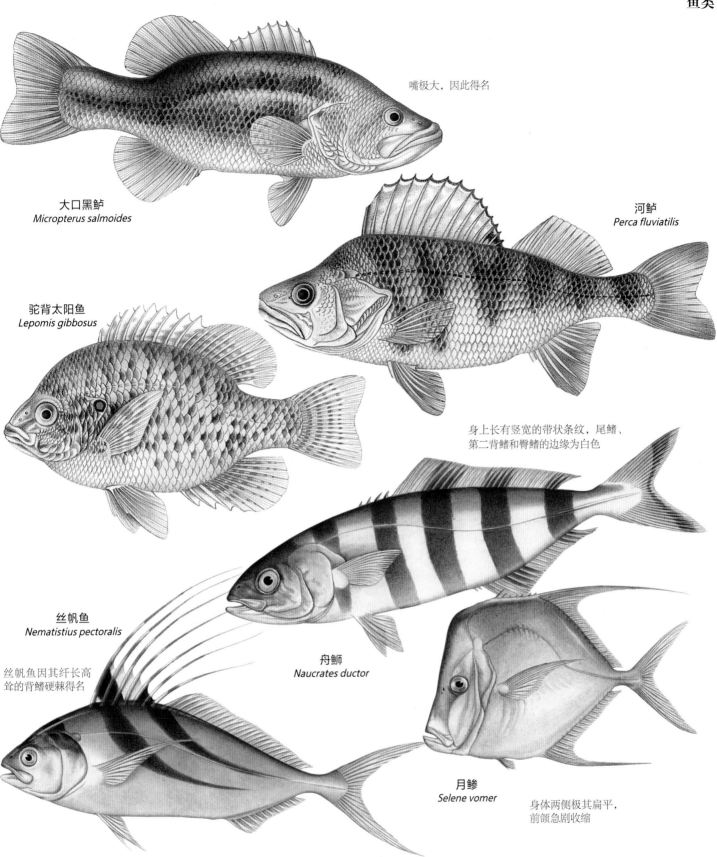

嘴极大，因此得名

大口黑鲈
Micropterus salmoides

河鲈
Perca fluviatilis

驼背太阳鱼
Lepomis gibbosus

身上长有竖宽的带状条纹，尾鳍、
第二背鳍和臀鳍的边缘为白色

丝帆鱼
Nematistius pectoralis

丝帆鱼因其纤长高
耸的背鳍硬棘得名

舟鲕
Naucrates ductor

月鲹
Selene vomer

身体两侧极其扁平，
前颌急剧收缩

河鲈： 雌河鲈一次会产下上万枚卵，这些卵由一条白色的丝带状黏液物质连接，可达到1米长，堆折在水下的岩石或植被之上。

➤ 51厘米
🕮 4.7千克
○ 卵生
♀♂ 雌雄异体
⚓ 普遍

欧亚大陆北部

驼背太阳鱼： 大部分驼背太阳鱼生活在北美洲的淡水中。雄性驼背太阳鱼建成巢穴后，就会随着雌鱼一起沿着巢穴转圈产卵和授精。

➤ 40厘米
🕮 630克
○ 卵生，孵化期有父母保护
♀♂ 雌雄异体
⚓ 普遍

北美洲东部；被广泛引入世界各地

丝帆鱼： 丝帆鱼科和鲹科的鱼长得很像，也和鲹科的鱼一样在咬钩后会奋力挣扎，因此它们都是著名的游钓鱼类。丝帆鱼独特的向后弯曲的长背鳍棘看起来就像船帆，因此得名。

➤ 1.2米
🕮 45千克
○ 卵生
♀♂ 雌雄异体
⚓ 普遍

太平洋东部

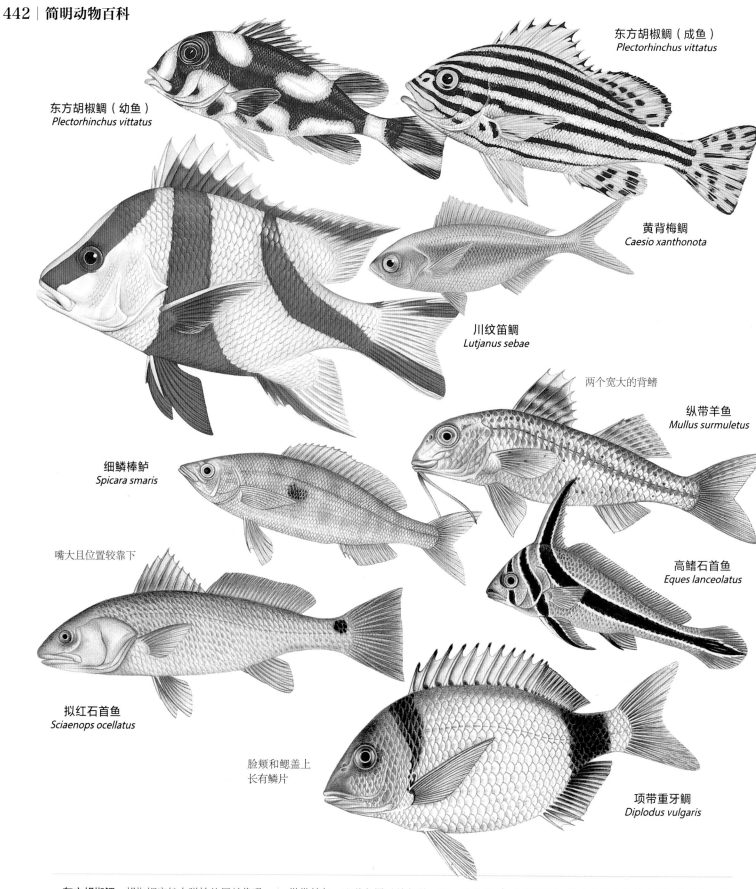

东方胡椒鲷（幼鱼）
Plectorhinchus vittatus

东方胡椒鲷（成鱼）
Plectorhinchus vittatus

黄背梅鲷
Caesio xanthonota

川纹笛鲷
Lutjanus sebae

两个宽大的背鳍

纵带羊鱼
Mullus surmuletus

细鳞棒鲈
Spicara smaris

高鳍石首鱼
Eques lanceolatus

嘴大且位置较靠下

拟红石首鱼
Sciaenops ocellatus

脸颊和鳃盖上
长有鳞片

项带重牙鲷
Diplodus vulgaris

东方胡椒鲷：胡椒鲷宽松有弹性的唇就像吸尘器一样，可以把小型海洋无脊椎动物从海底沉积的泥沙中吸出来。它们起劲儿吸食的时候，从鳃弓中排出的泥沙会在其身后的水中形成一片"乌云"。

➛51厘米
⚖1.8千克
○卵生
♀♂雌雄异体
⚡普遍

印度—西太平洋

纵带羊鱼：这种鱼属于羊鱼科，这一科鱼类的共同特征是下巴上长有长长的感觉触须，它们靠这些触须探测藏匿于海底沉积物中的小型海洋无脊椎动物。

➛40厘米
⚖1千克
○卵生
♀♂雌雄异体
⚡普遍

北大西洋东部沿岸和地中海海域

川纹笛鲷：幼鱼生活在热带水域的浅滩中，常被发现于海胆间。成鱼体形较大，居住在更深的水域。较大的个体可能携带有雪卡毒素（鱼类因大量摄食剧毒藻类而在体内积累的一种剧毒神经毒素）。

➛1米
⚖16千克
○卵生
♀♂雌雄异体
⚡普遍

印度—西太平洋、红海

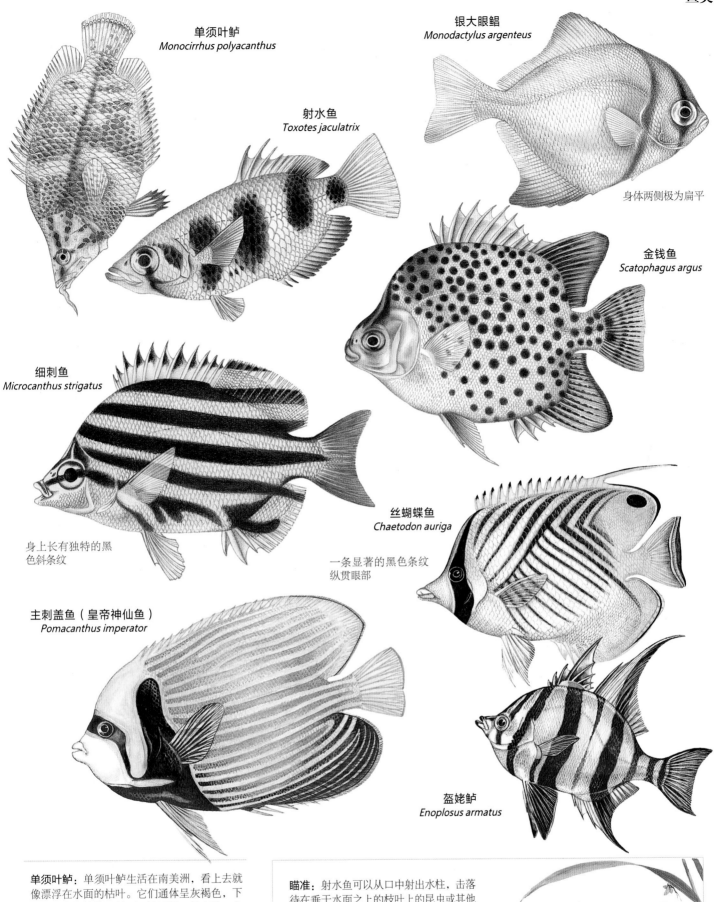

单须叶鲈
Monocirrhus polyacanthus

射水鱼
Toxotes jaculatrix

银大眼鲳
Monodactylus argenteus

身体两侧极为扁平

金钱鱼
Scatophagus argus

细刺鱼
Microcanthus strigatus

身上长有独特的黑色斜条纹

丝蝴蝶鱼
Chaetodon auriga

一条显著的黑色条纹纵贯眼部

主刺盖鱼（皇帝神仙鱼）
Pomacanthus imperator

盔姥鲈
Enoplosus armatus

单须叶鲈：单须叶鲈生活在南美洲，看上去就像漂浮在水面的枯叶。它们通体呈灰褐色，下巴上长有嫩枝状的触须，鳍透明。捕食时，它们会张开巨大的嘴，冲向毫不知情的猎物。

- 7.5厘米
- 30克
- 卵生，孵化期有父母保护
- 雌雄异体
- 普遍

南美洲北部

瞄准：射水鱼可以从口中射出水柱，击落待在垂于水面之上的枝叶上的昆虫或其他猎物。它们通过用舌头顶住上腭独特的凹槽形成管道将吸入的水射出，射程范围最远可达1.5米。射水鱼也会射水捕食盘旋在水面之上的昆虫群。

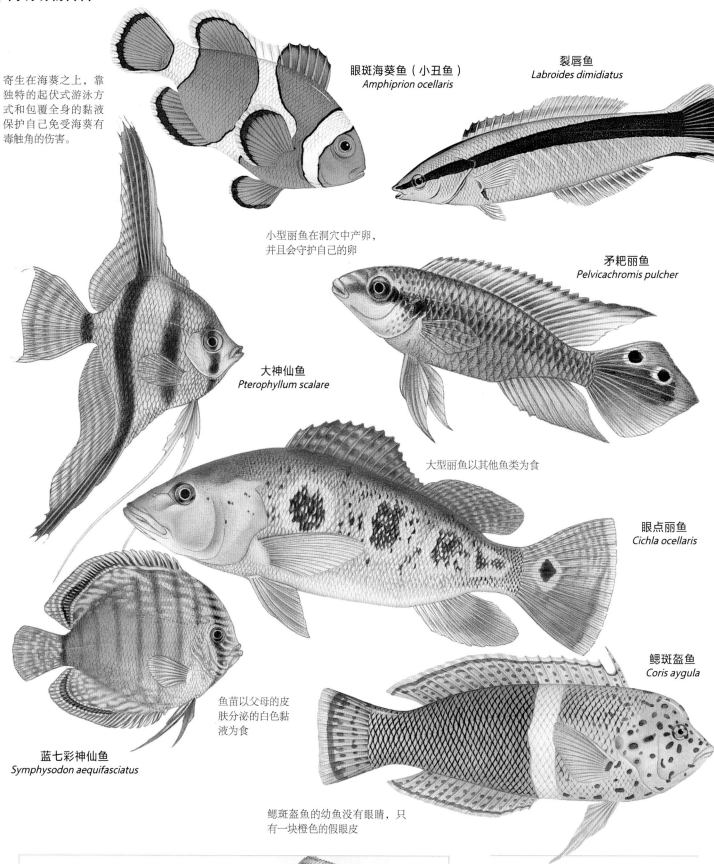

寄生在海葵之上，靠独特的起伏式游泳方式和包覆全身的黏液保护自己免受海葵有毒触角的伤害。

眼斑海葵鱼（小丑鱼）
Amphiprion ocellaris

裂唇鱼
Labroides dimidiatus

小型丽鱼在洞穴中产卵，并且会守护自己的卵

矛耙丽鱼
Pelvicachromis pulcher

大神仙鱼
Pterophyllum scalare

大型丽鱼以其他鱼类为食

眼点丽鱼
Cichla ocellaris

鳃斑盔鱼
Coris aygula

鱼苗以父母的皮肤分泌的白色黏液为食

蓝七彩神仙鱼
Symphysodon aequifasciatus

鳃斑盔鱼的幼鱼没有眼睛，只有一块橙色的假眼皮

口中"托儿所"：所有丽鱼科鱼类都具有独特的生殖行为，其中最先进的会口中育儿。雌鱼产卵后立刻把卵子吸入口中，然后用口鼻部在雄鱼的生殖口附近摩擦，雄鱼排精后，精子也会被雌鱼吸入口中。卵子在雌鱼口中受精、孵化。刚孵出的鱼苗会将母亲的口腔作为自己的庇护所，直到小鱼的卵黄囊消失才会离开。

大神仙鱼：大神仙鱼会将卵产在水下植物的叶片上，随后至少3天里，神仙鱼父母会守护着卵并不断用鳍扇动海水来保证氧气充足，直到孵化。每到夜晚，鱼苗会聚成密集的一群，便于父母保护。

→ 7.5厘米
▲ 225克
○ 卵生，孵化期有父母保护
♀♂ 雌雄异体
↟ 普遍

南美洲亚马孙河及其支流流域

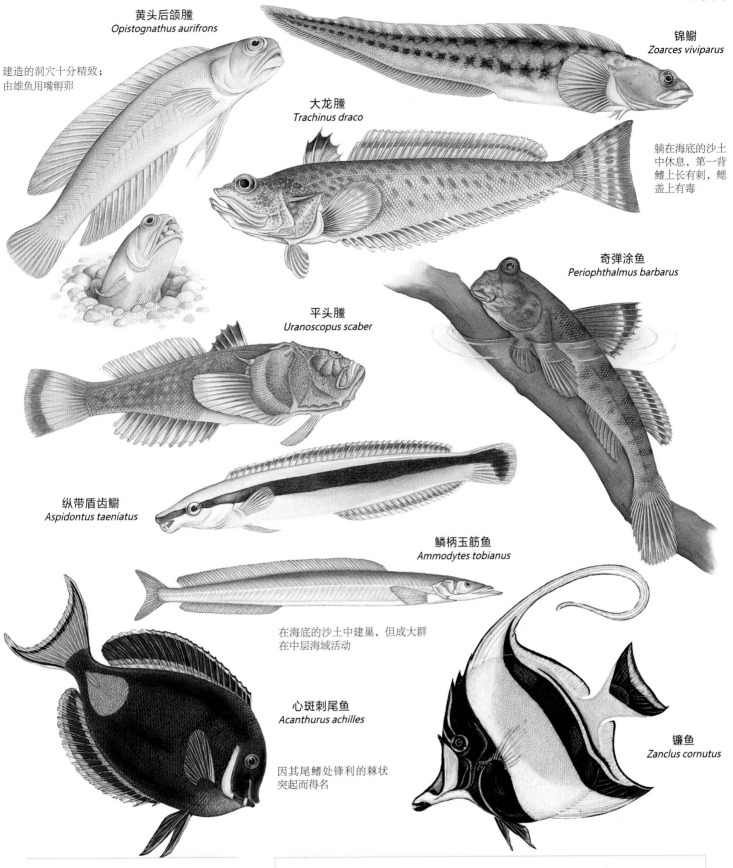

黄头后颌䲢
Opistognathus aurifrons

建造的洞穴十分精致；由雄鱼用嘴孵卵

锦鳚
Zoarces viviparus

大龙䲢
Trachinus draco

躺在海底的沙土中休息，第一背鳍上长有刺，鳃盖上有毒

奇弹涂鱼
Periophthalmus barbarus

平头䲢
Uranoscopus scaber

纵带盾齿鳚
Aspidontus taeniatus

鳞柄玉筋鱼
Ammodytes tobianus

在海底的沙土中建巢，但成大群在中层海域活动

心斑刺尾鱼
Acanthurus achilles

因其尾鳍处锋利的棘状突起而得名

镰鱼
Zanclus cornutus

平头䲢：平头䲢非常善于伪装于其穴居的海底生活环境中。它们的下唇长有小蠕虫状的附器，用来诱捕猎物。当它们受到攻击时，会用带毒的背鳍刺敌人或用眼后的放电器放电等方法击退敌人。

🐟40厘米
⚖940克
○卵生
♀♂雌雄异体
栖息地内普遍

大西洋东部沿岸海域、地中海沿岸海域和黑海沿岸海域

两栖鱼类：退潮时，弹涂鱼靠强壮的尾鳍和胸鳍在泥地中"跳跃"前进，它们甚至可以借助腹鳍上的吸盘爬树。弹涂鱼共有30多种，生活在东南亚和非洲的潮间带红树林中的泥地里。弹涂鱼的皮肤下长有丰富的血管，因此它们可以直接靠湿润的皮肤进行氧气交换。

陆地生活：有些雄性弹涂鱼通过在泥地中四处跳跃来界定领地及表现其雄性威风。

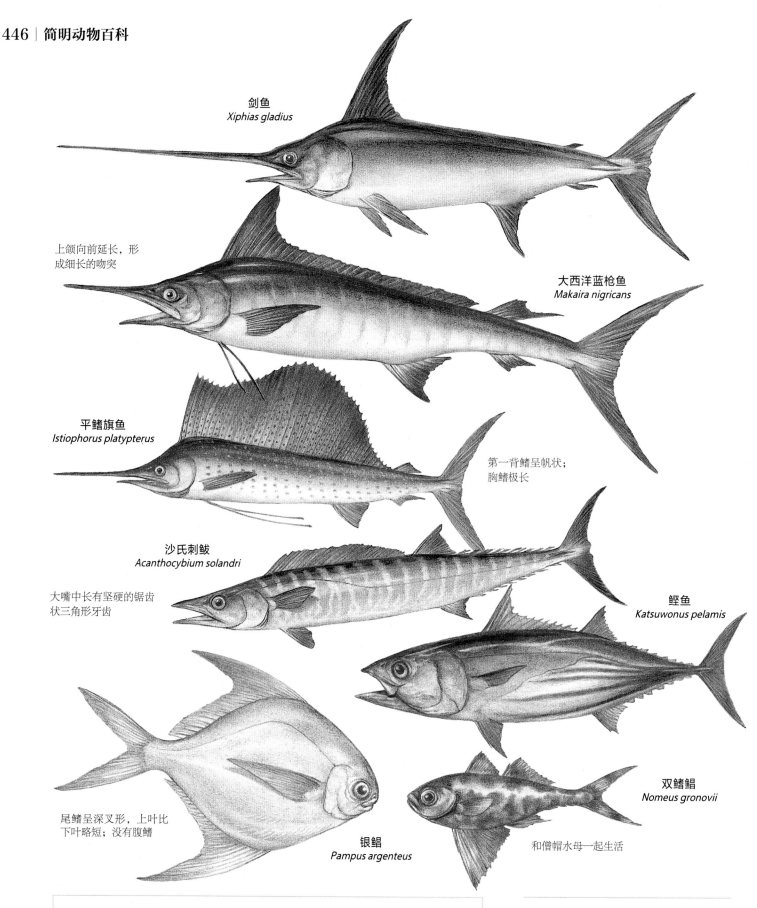

剑鱼
Xiphias gladius

上颌向前延长，形成细长的吻突

大西洋蓝枪鱼
Makaira nigricans

平鳍旗鱼
Istiophorus platypterus

第一背鳍呈帆状；胸鳍极长

沙氏刺鲅
Acanthocybium solandri

大嘴中长有坚硬的锯齿状三角形牙齿

鲣鱼
Katsuwonus pelamis

双鳍鲳
Nomeus gronovii

尾鳍呈深叉形，上叶比下叶略短；没有腹鳍

银鲳
Pampus argenteus

和僧帽水母一起生活

移动的眼：比目鱼鱼苗在最初时看起来与其他鱼类没有区别，但不久之后，一边的眼睛（有的种类是左眼，有的则是右眼）就开始通过头的上缘向另一边移动。同时，前头盖骨开始变得扭曲，从而带动颌骨最终也变成了倾斜的。

 双眼正常时的鱼苗

 左眼开始向头顶移动

 成鱼的双眼完全长于右侧

平鳍旗鱼：旗鱼是已知游水速度最快的鱼类，有记录显示可以达到110千米每小时。平鳍旗鱼会用它们十字剑一样的长嘴打晕并打伤猎物，然后把猎物咬进自己没有牙齿的嘴中。

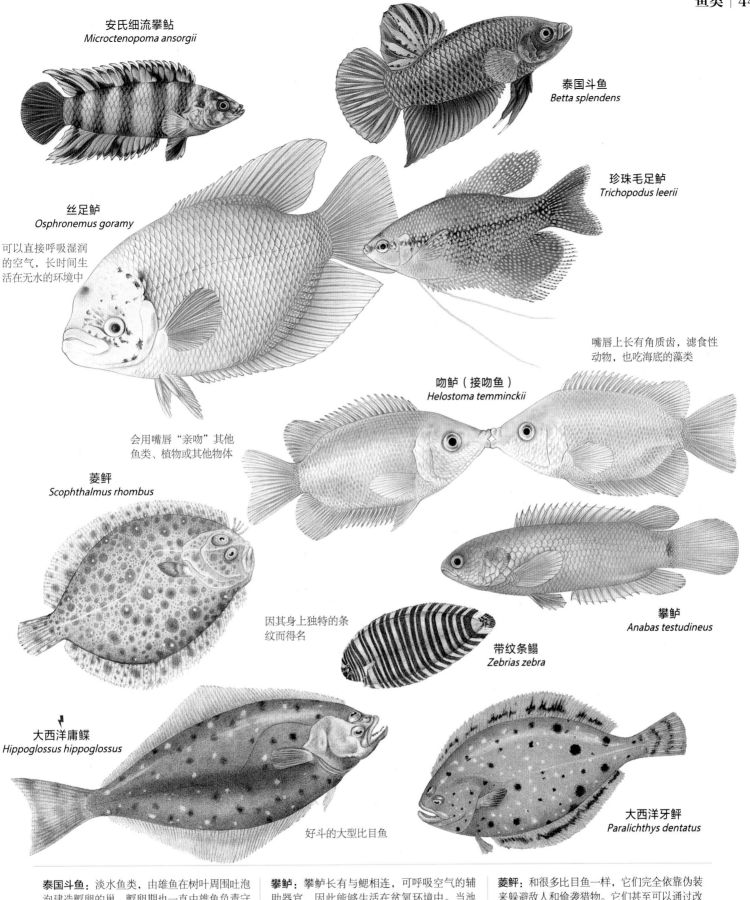

安氏细流攀鲈
Microctenopoma ansorgii

泰国斗鱼
Betta splendens

珍珠毛足鲈
Trichopodus leerii

丝足鲈
Osphronemus goramy

可以直接呼吸湿润
的空气，长时间生
活在无水的环境中

嘴唇上长有角质齿，滤食性
动物，也吃海底的藻类

吻鲈（接吻鱼）
Helostoma temminckii

会用嘴唇"亲吻"其他
鱼类、植物或其他物体

菱鲆
Scophthalmus rhombus

因其身上独特的条
纹而得名

攀鲈
Anabas testudineus

带纹条鳎
Zebrias zebra

大西洋庸鲽
Hippoglossus hippoglossus

好斗的大型比目鱼

大西洋牙鲆
Paralichthys dentatus

泰国斗鱼：淡水鱼类，由雄鱼在树叶周围吐泡泡建造孵卵的巢，孵卵期也一直由雄鱼负责守护。这种鱼因雄性之间的争斗而闻名，它们会先做出威胁动作，用带刺的鳍互相撞击，然后用嘴撕咬。

🐟 6.6厘米
⚖ 30克
⭕ 卵生，孵化期有父母保护
♀♂ 雌雄异体
⚡ 普遍

亚洲湄公河流域

攀鲈：攀鲈长有与鳃相连，可呼吸空气的辅助器官，因此能够生活在贫氧环境中。当池塘干涸时，它们会用鳍"行走"以寻找水源，据说曾有人看到攀鲈爬上低矮的树木。

🐟 25厘米
⚖ 445克
⭕ 卵生，孵化期有父母保护
♀♂ 雌雄异体
⚡ 普遍

亚洲东南部

菱鲆：和很多比目鱼一样，它们完全依靠伪装来躲避敌人和偷袭猎物。它们甚至可以通过改变身体颜色来融入周围的海底环境。

🐟 75厘米
⚖ 7.3千克
⭕ 卵生
♀♂ 雌雄异体
⚡ 普遍

北大西洋东部沿岸海域、地中海沿岸
海域和黑海沿岸海域

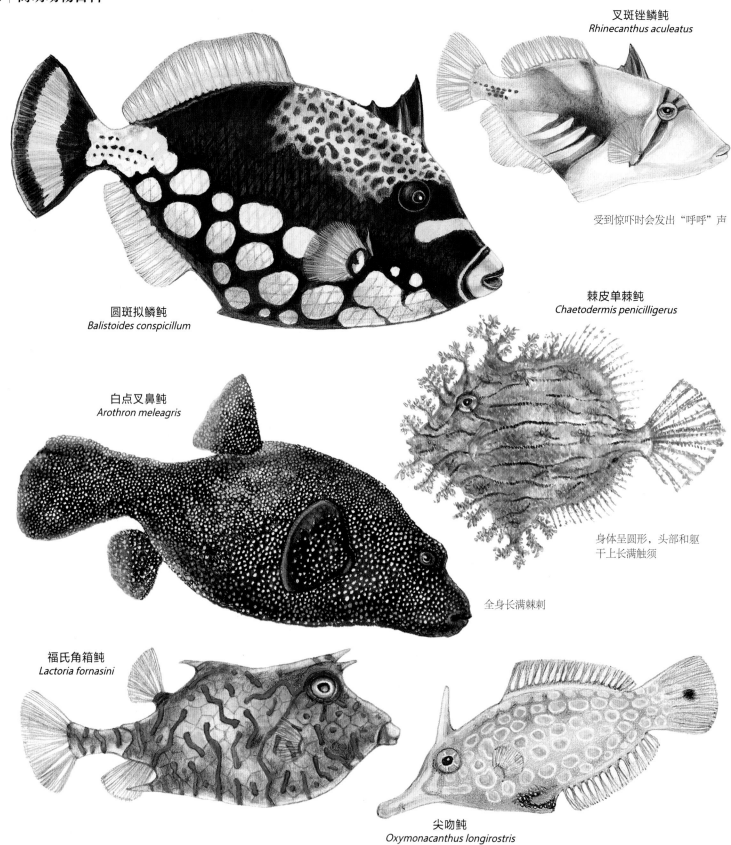

叉斑锉鳞鲀
Rhinecanthus aculeatus

受到惊吓时会发出"呼呼"声

圆斑拟鳞鲀
Balistoides conspicillum

棘皮单棘鲀
Chaetodermis penicilligerus

白点叉鼻鲀
Arothron meleagris

身体呈圆形，头部和躯
干上长满触须

全身长满棘刺

福氏角箱鲀
Lactoria fornasini

尖吻鲀
Oxymonacanthus longirostris

白点叉鼻鲀：典型的鲀类，
肝脏及卵巢有毒，不可食
用。它们的牙齿与颌骨融
合，形状类似鹦鹉的喙，可
以帮助它们更好地吃到枝形
珊瑚尖端的水螅虫等软体
动物。

🐟 50厘米　　♀♂ 雌雄异体
⚓ 1.8千克　　⚡ 普遍
○ 卵生

印度—太平洋部分海域；非洲东部
沿海海域；美洲西部沿海部分海域

福氏角箱鲀：与其近亲箱
鲀一样，角箱鲀体表的鳞
片也特化成了硬质骨板，
就像一层保护身体的盔
甲，因此它们游动的姿态
十分特殊：尾鳍像桨一样
来回运动，身体却不弯
曲。这样的游动方式虽然
速度很慢，却可以让它们
几乎静止地待在水中。

🐟 23厘米　　♀♂ 雌雄异体
⚓ 460克　　⚡ 普遍
○ 卵生

印度—西太平洋部分海域；非洲东
部沿海海域；夏威夷群岛周边部分
海域

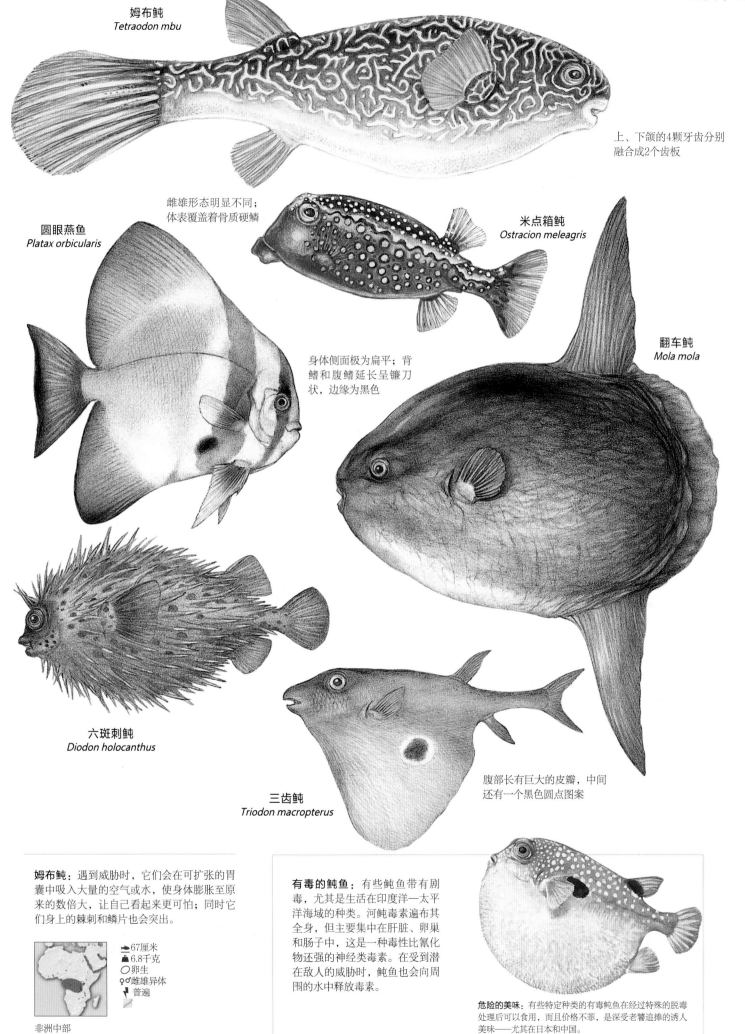

姆布鲀
Tetraodon mbu

上、下颌的4颗牙齿分别
融合成2个齿板

雌雄形态明显不同；
体表覆盖着骨质硬鳞

圆眼燕鱼
Platax orbicularis

米点箱鲀
Ostracion meleagris

翻车鲀
Mola mola

身体侧面极为扁平；背
鳍和腹鳍延长呈镰刀
状，边缘为黑色

六斑刺鲀
Diodon holocanthus

三齿鲀
Triodon macropterus

腹部长有巨大的皮瓣，中间
还有一个黑色圆点图案

姆布鲀：遇到威胁时，它们会在可扩张的胃
囊中吸入大量的空气或水，使身体膨胀至原
来的数倍大，让自己看起来更可怕；同时它
们身上的棘刺和鳞片也会突出。

➡ 67厘米
🐟 6.8千克
⚪ 卵生
♀♂ 雌雄异体
⚡ 普遍

非洲中部

有毒的鲀鱼：有些鲀鱼带有剧
毒，尤其是生活在印度洋—太平
洋海域的种类。河鲀毒素遍布其
全身，但主要集中在肝脏、卵巢
和肠子中，这是一种毒性比氰化
物还强的神经类毒素。在受到潜
在敌人的威胁时，鲀鱼也会向周
围的水中释放毒素。

危险的美味：有些特定种类的有毒鲀鱼在经过特殊的脱毒
处理后可以食用，而且价格不菲，是深受老饕追捧的诱人
美味——尤其在日本和中国。

无脊椎动物

无脊椎动物
门>30
纲>90
目>370
种>130万

目前地球上已知动物的95%属于无脊椎动物，"无脊椎动物"指的不是具有某一共性的动物，而是以这类动物所共同缺少的特征来概括的：它们没有脊椎，没有骨骼，也没有软骨。作为一个分类学术语，这一常用概念并不具有太多科学性。不同于脊椎动物都属于同一门，无脊椎动物分属超过30门，而且许多属于同一门的无脊椎动物之间的关联性还不如它们与脊椎动物之间的关联性密切。无脊椎动物的形态丰富多样，包括多孔的海绵、漂浮的水母、寄生的扁虫、喷水前进的乌贼、硬壳的螃蟹、有毒的蜘蛛，飞舞的蝴蝶，等等。

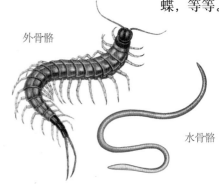

外骨骼

水骨骼

内与外：蠕虫及其他许多无脊椎动物靠充满液体的内部水骨骼结构支撑身体，但只能生活在潮湿环境或水中。蜈蚣等节肢动物则靠坚硬的外骨骼结构的帮助来挖掘土地。

柔软的生物

无脊椎动物是最早出现的动物，虽然在距今10亿年前的化石中就已发现无脊椎动物的运动痕迹和洞穴遗迹，但它们柔软的身体没有留下任何痕迹。已发现的最古老动物残骸化石是产生于距今约6亿年前的前寒武纪晚期的埃迪卡拉生物群化石，包括海绵、水母、软珊瑚、分节蠕虫和棘皮动物等的化石。时间又过了6000万年，到了寒武纪，无脊椎动物迎来了"进化大爆炸"时期。研究表明，现存各种无脊椎动物早在距今5亿年前就已经出现了。

虽然海洋中的无脊椎动物种类最丰富，但如今它们已遍布地球所有陆地及水域栖息地。大部分无脊椎动物都很小，有的甚至可谓微小——许多轮虫体长不足0.001毫米。但也有个别物种大得惊人——大王乌贼体长可达18米，重达900千克。

无脊椎动物的身体形态主要有2种，一种是辐射对称型，如水母、海葵等，它们的嘴位于圆形身体的中心；另一种是两侧对称型，如蠕虫和昆虫，它们的头部居中，身体结构左右对称。

无脊椎动物没有真正的内骨骼，取而代之的是其他形式的骨架结构，例如许多蠕虫长有水骨骼，靠体内液体的压力支撑身体；海绵和棘皮动物长有组织中充满坚硬物质的内骨骼；大部分软体动物和节肢动物都长有外骨骼，但软体动物的外骨骼是一个坚硬的外壳，节肢动物的外骨骼分节且活动灵活。

大部分无脊椎动物为有性生殖；少部分为无性生殖，通过出芽或分裂的方式由母体产生。无脊椎动物在幼体期通常与成体极不相似，需要通过变态发育蜕变为成体。

蝴蝶的食物：成年东方虎凤蝶（*Papilio glaucus*，上图）以多种不同种花朵的花蜜为食。

猎食的蜘蛛：蜘蛛是食肉的无脊椎动物，它们用毒液来麻痹猎物。

移动方式：成年海葵（右页图）通过基盘锚定在海底，使用可自由挥舞的触手捕捉从其身边经过的猎物。但许多无脊椎动物都具有极强的移动能力，移动方式包括游泳、挖洞、爬行、奔跑和飞行。

无脊椎的脊索动物

门：脊索动物门	
亚门：3	
纲：4	
目：9	
科：47	
种：>2000	

脊索动物门包括3个亚门。其中最大的亚门是包括所有脊椎动物（哺乳动物、鸟类、爬行动物、两栖动物和鱼类）的脊椎动物亚门。另外2个亚门都是生活在海洋中的无脊椎动物——尾索动物亚门包括海鞘及其近亲等近2000种动物，头索动物亚门包括近30种文昌鱼——它们虽然没有脊椎，但都有灵活的脊索支持身体。脊椎动物在胚胎期长有脊索，但随着胚胎的不断发育会逐渐被吸收掉，并被脊椎替代——由此可以推断，脊椎动物是由无脊椎动物逐步进化而成的。

固定和自由

海鞘又被称为被囊动物，卵生，幼体形似蝌蚪，尾巴上长有脊索，可在海中自由移动。幼体会选择适当的海底环境附着，完成变态发育蜕变为成年体。成年体为袋子形，尾巴和脊索消失，一端固定，另一端长有两个水孔：进水孔和出水孔，水从进水孔进入，通过被称为围鳃腔的咽部，水中的食物被滤入咽喉中，之后水再通过出水孔排出。海鞘既有群居的也有独居的，大部分成年体固定在附着物上，但也有少数会终生漂浮。绝大多数海鞘为雌雄同体，异体受精，通过将精子和卵子直接排入水中来生产幼体。

文昌鱼看起来与小型鳗鱼极其相似，善于游泳，但大部分时间都会把自己半埋在浅滩的沙子或沙砾之中，仅露出头部。文昌鱼与海鞘一样，通过进出水孔过滤水中的食物。雌雄异体，体外受精。

太平洋海鞘
Polycarpa aurata

磷海鞘
Pyrosoma atlanticum

磷海鞘是群居性浮游生活的海鞘，身体呈管状，通过体前端的进水孔吸入海水，经由体腔过滤捕食水中的浮游生物。过滤后的水经出水孔排出

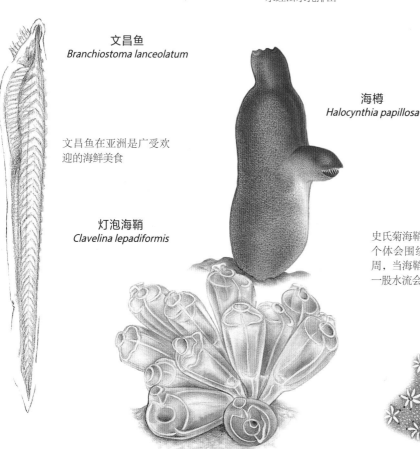

文昌鱼
Branchiostoma lanceolatum

文昌鱼在亚洲是广受欢迎的海鲜美食

海樽
Halocynthia papillosa

灯泡海鞘
Clavelina lepadiformis

史氏菊海鞘是群居性海鞘，花瓣状的个体会围绕在一个公共出水孔的四周，当海鞘突然收缩并关闭进水孔，一股水流会从出水孔射出

史氏菊海鞘
Botryllus schlosseri

海绵

门：	多孔动物门
纲：	3
目：	18
科：	80
种：	大约9000

早在2000多年前，亚里士多德就认为海绵是一种动物，但是他的这一观点直到1765年才被证实。在此期间，科学家们因为海绵几乎没有运动且通常为分枝状而将其定义为植物。海绵在动物王国是独一无二的存在，它们没有神经系统、肌肉或胃。海绵的细胞不会形成组织或器官，却具有觅食、消化、防御及形成骨骼结构等特殊功能。海绵的每个细胞都能移动或改变形态，因此可以通过身体碎片或单独的细胞再生。

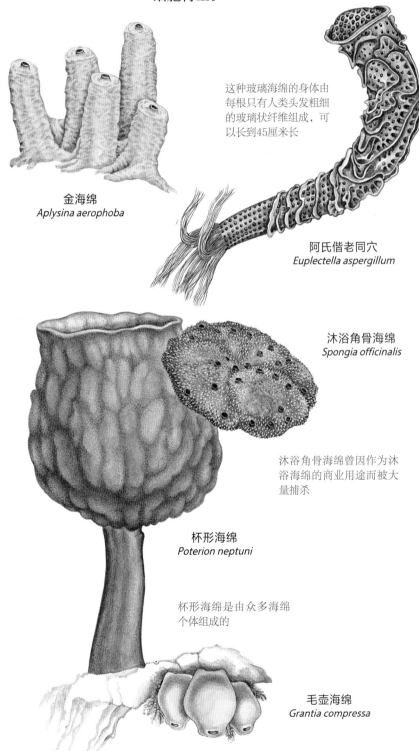

这种玻璃海绵的身体由每根只有人类头发粗细的玻璃状纤维组成，可以长到45厘米长

金海绵
Aplysina aerophoba

阿氏偕老同穴
Euplectella aspergillum

沐浴角骨海绵
Spongia officinalis

沐浴角骨海绵曾因作为沐浴海绵的商业用途而被大量捕杀

杯形海绵
Poterion neptuni

杯形海绵是由众多海绵个体组成的

毛壶海绵
Grantia compressa

多孔的滤食者

海绵既有长度不足1厘米的，也有可长达2米的；形状各异，有树状、灌木丛状、瓶状、桶状、球状、垫子状、地毯状，也可以没有任何具体形状。它们生活在所有海洋环境的任何深度，还有少数种类生活在淡水河湖之中。

海绵的骨骼由矿物质或蛋白质，或者这两者共同构成。钙质海绵纲的海绵骨骼由碳酸钙构成，体形较小且颜色单调。六放海绵纲又被称为玻璃海绵，因为它们的骨骼由二氧化硅构成。超过90%的海绵属于寻常海绵纲，它们的骨骼由二氧化硅和（或）蛋白质构成。

大部分海绵靠过滤海水中的微生物为食，海绵体内的领细胞长有鞭毛，通过不断振动鞭毛使得海水从海绵表面被称为"口"的众多小孔流入，经过一系列管道器官后由位于顶端的巨大排水孔排出。还有极少数食肉海绵通过体表的钩刺捕捉小型甲壳动物。

大多数海绵为雌雄同体，它们将精子排在水中，供其他海绵的卵子受精。幼体会经历短暂的可游期，随后固定在某处，发育为成年体。

刺胞动物

| 门：刺胞动物门 |
| 纲：4 |
| 目：27 |
| 科：236 |
| 种：约9000 |

刺胞动物门包括大部分海洋无脊椎动物，如海葵、珊瑚虫、水母、水螅等。所有成员都是食肉动物，用含有刺丝囊的细胞（刺细胞）来捕食及防卫。刺胞动物的身体由两层细胞围绕胃循环腔组成，这种环绕模式不仅有利于消化食物，还能起到水骨骼的作用。刺胞动物摄取食物和排出废物都通过唯一的开口——嘴，嘴周围一般环绕着触手。刺胞动物的形态大致分为2种：水螅型和水母型。水螅型的身体多为圆柱形，并且附着在其他物体表面；嘴及触手位于自由的一端。水母型可自由游动，身体呈伞形，嘴和触手向下垂。

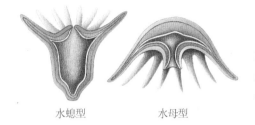

水螅型   水母型

中胶层：在刺胞动物的内外细胞层之间有一层果冻状的物质，叫中胶层（图中橙色部分）。水螅型刺胞动物的中胶层较薄，水母型的中胶层非常厚。

水螅型和水母型

有少数刺胞动物生活在淡水域，但大部分生活在海洋的各个角落，且多集中在热带浅滩。它们主要以游过身边的鱼类和甲壳动物为食。刺胞动物的刺细胞主要长在触手上，刺丝囊可排出蜷曲长有倒钩的刺丝以麻痹猎物，然后用触手将猎物送入口中。

珊瑚虫和海葵终生都是水螅型，但也有许多刺胞动物在其生命周期内会在水螅型和水母型之间转换。有性生殖和无性生殖在刺胞动物中都很常见。水螅型及一些水母型刺胞动物会通过出芽或分裂的方式无性生殖。如果个体与母体分离，就成为新的个体；如果个体与母体不分离，则形成了群体——珊瑚礁就是这样形成的。在一些群体中，不同成员分工不同，角色单一，例如只负责捕食、防御、繁殖后代或移动等。

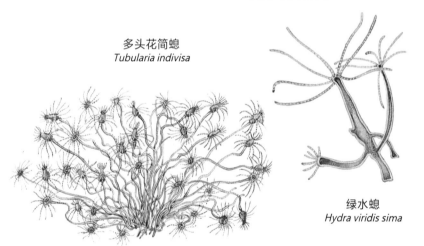

多头花筒螅
Tubularia indivisa

绿水螅
Hydra viridis sima

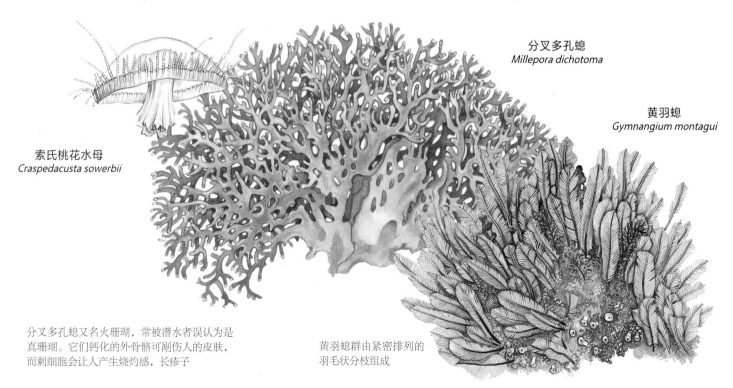

分叉多孔螅
Millepora dichotoma

黄羽螅
Gymnangium montagui

索氏桃花水母
Craspedacusta sowerbii

分叉多孔螅又名火珊瑚，常被潜水者误认为是真珊瑚。它们钙化的外骨骼可刺伤人的皮肤，而刺细胞会让人产生烧灼感，长疹子

黄羽螅群由紧密排列的羽毛状分枝组成

倒立水母
Cassiopea andromeda

北极霞水母
Cyanea capillata

僧帽水母
Physalia physalis

附着在海底的沙地上

僧帽水母实际上是一个自由漂浮的群居体，其上部是一个充气的囊状浮器，下面则是成簇的水螅体；水螅体各有分工，有的负责捕食，有的负责消化猎物，还有的负责繁殖

气囊水母
Physophora hydrostatica

水手珊瑚
Alcyonium digitatum

海鳃
Pennatula phosphorea

箱形水母
Chironex fleckeri

箱形水母的毒液可以杀死60个成年人

帆水母
Velella velella

万花筒水母
Haliclystus auricula

万花筒水母呈水螅型黏附在藻类植物上，它们永远不会变成水母型

蓝绿肉质软珊瑚
Sarcophyton glaucum

笙珊瑚
Tubipora musica

刺胞动物的有性繁殖：刺胞动物进行有性繁殖所生产的幼体被称为浮浪幼虫，既可利用纤毛在水中游动，也可在海底爬行。经过一段时间，浮浪幼虫变态为水螅型，一端附着在物体表面，自由端发育出触手。

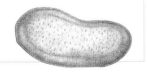

钵水母纲：钵水母纲的水母都是真正的水母。通常，它们一生的大部分时间都为水母型，但有的种类会生产微小的水螅型幼虫，定居于海底。幼虫会进行横裂生殖，之后形成水母型。大部分水母可以自由游动，靠喷射水柱产生的微弱推力移动。

种：200

世界范围；海洋

常见水母：海月水母（*Aurelia aurita*）遍及全球沿海水域，经常能看到它们被海浪冲上海滩。

赫氏叶状珊瑚
Lobophyllia hemprichii

滨珊瑚
Porites porites

气泡珊瑚
Plerogyra sinuosa

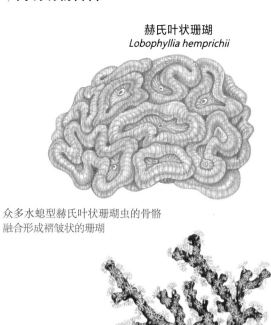

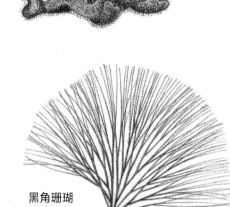

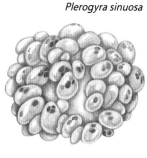

众多水螅型赫氏叶状珊瑚虫的骨骼
融合形成褶皱状的珊瑚

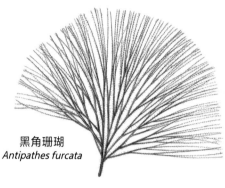

黑角珊瑚
Antipathes furcata

草莓海葵
Actinia equina

红珊瑚形成树枝状
的群居体

红珊瑚
Corallium rubrum

退潮时草莓海葵的触角
会缩回体内

石帆
Gorgonia flabellum

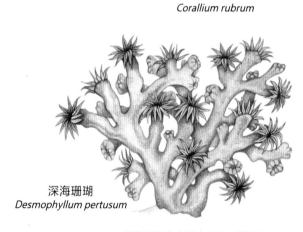

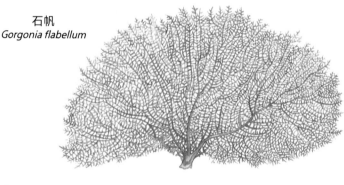

深海珊瑚
Desmophyllum pertusum

深海珊瑚虫生活在北大西洋的深
海中，是一种造礁珊瑚

斯氏丁香珊瑚
Caryophyllia smithii

花梗仙影海葵
Cereus pedunculatus

碘珊瑚
Fungia fungites

花梗仙影海葵或藏身于深裂
缝，或埋栖于泥沙中

珊瑚纲： 珊瑚虫成虫一生都为水螅型，成群
聚集在一起。珊瑚纲包括造礁的真珊瑚、软
体的海葵、皮革质地的软珊瑚、多枝的海扇
和红珊瑚、海笔，以及黑角珊瑚。真珊瑚会
分泌外骨骼，其他珊瑚纲成员则为内骨骼。

种：6500

世界范围；海洋

多种形态： 千佛手（*Cerianthus lloydi*，下图）和海笔（*Pennatula grisea*，右图）体现了珊瑚纲物种形态的多样性。

大堡礁： 大堡礁纵贯澳大利亚东北沿海，绵延2240千米，拥有世界上最大、最长的天然珊瑚礁群，又被称为"透明清澈的海中野生王国"。

扁虫

| 门：扁形动物门 |
| 纲：3 |
| 目：35 |
| 科：360 |
| 种：13000 |

　　属于扁形动物门的扁虫是最原始的一类生物，既包括体形微小、可独立生存的涡虫，也有体形巨大、寄生于人类或其他脊椎动物体内的绦虫等。扁虫的身体呈两侧对称型，构造十分简单，没有体腔，也不具有呼吸或循环系统；少数寄生物种甚至没有消化系统。大部分扁虫拥有不完善的消化系统，通到体外的开孔既是口又是肛门。头部不明显，但具有大脑、可感受明暗的眼点，以及能察觉化学、平衡、重力及水流变化的感受器。

寄生生活：单殖亚纲（吸虫纲的一个亚纲）的吸虫一生只有一个宿主，而其他大多数寄生扁形虫在一生的不同阶段会寄生在不同的宿主身上。

华支睾吸虫的卵：华支睾吸虫（*Clonorchis sinensis*）属于吸虫纲。它的卵会被螺蛳吃掉，尾蚴在淡水鱼体内发育为囊蚴，鱼被人类吃掉。最终，虫卵随着其人类宿主的粪便被排放入水域中，开始新一轮循环。

人类粪便中的虫卵被螺蛳吞食

卵在螺蛳体内形成尾蚴（最终形态的幼虫）

尾蚴钻入淡水鱼的体内，发育为囊蚴

成虫在人类的肝脏中成熟

不同的生活方式

　　扁形动物门又分为3纲：涡虫纲、吸虫纲和绦虫纲。

　　涡虫纲的主要特征是多数可自由生活，以无脊椎动物为食，通过摆动纤毛运动。大部分涡虫为海洋生物，也有部分生活在湖泊、池塘和河流中，少数在上述两种环境中均能生存；还有相当种类生活在陆地的潮湿栖息地。涡虫因其强大的再生能力而闻名。

　　其余2纲扁虫都是终生或一段时间内的寄生生物。大部分吸虫都属于吸虫纲，成虫均以脊椎动物为宿主，吸或附着在宿主的内脏或其他器官中。绦虫纲的绦虫会在宿主体内形成长且扁平的寄生群体，每个个体被称作一个"节片"。几乎所有扁虫都是雌雄同体，绦虫的每个节片都拥有雌雄两套性器官。

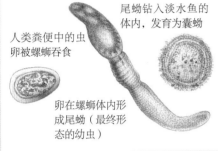

吉氏多肠扁虫
Prostheceraeus giesbrechtii

旋涡虫
Convoluta convoluta

可与藻类形成共生关系

完善多盘虫
Polystoma integerrimum

寄生在蛙身上

乳白涡虫
Dendrocoelum lacteum

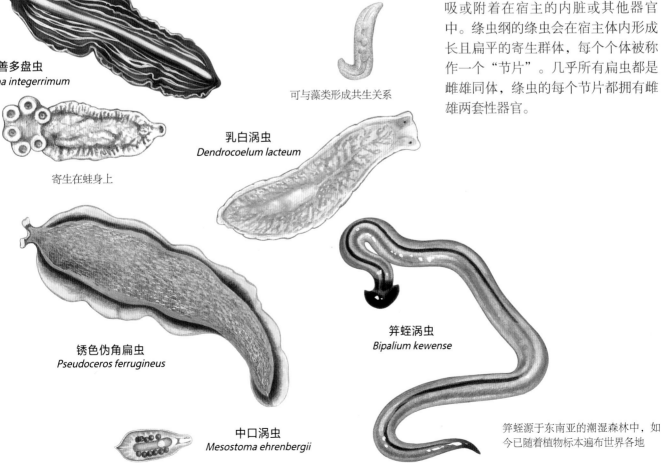

锈色伪角扁虫
Pseudoceros ferrugineus

笄蛭涡虫
Bipalium kewense

中口涡虫
Mesostoma ehrenbergii

笄蛭源于东南亚的潮湿森林中，如今已随着植物标本遍布世界各地

线虫

门：	线虫动物门
纲：	4
目：	20
科：	185
种：	20000

尽管寄生在抹香鲸体内的线虫可长达13米，但大部分线虫都很小，肉眼不可见。线虫分为寄生型和自由生活型，寄生型线虫被发现于大多数动植物身上，例如一个腐烂的苹果中就可能生存着约9万条线虫；全球一半以上的人口感染有线虫病。自由生活型线虫则存在于地球任何水域和陆地环境之中，生活在土壤中的线虫是土壤生态系统的重要组成部分。

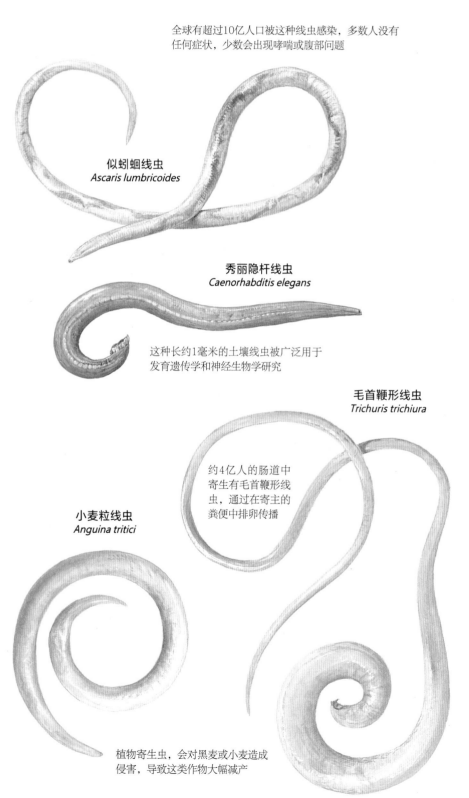

全球有超过10亿人口被这种线虫感染，多数人没有任何症状，少数会出现哮喘或腹部问题

似蚓蛔线虫
Ascaris lumbricoides

秀丽隐杆线虫
Caenorhabditis elegans

这种长约1毫米的土壤线虫被广泛用于发育遗传学和神经生物学研究

毛首鞭形线虫
Trichuris trichiura

约4亿人的肠道中寄生有毛首鞭形线虫，通过在寄主的粪便中排卵传播

小麦粒线虫
Anguina tritici

植物寄生虫，会对黑麦或小麦造成侵害，导致这类作物大幅减产

简单的生物

线虫细长的圆柱形身体看起来就像细小的线，因此可以在土壤颗粒这样狭小的空间中生存。线虫的身体为两侧对称型，通常两头较尖。它们的表皮细胞会分泌形成粗糙但具有一定弹性的角质层。同昆虫纲的节肢动物一样，线虫在成长过程中必须蜕皮，大部分在成熟之前要蜕皮4次。

线虫只有纵向肌，它通过肌肉收缩及角质层弹性改变来实现类似蛇形的左右摆动式运动。线虫的内脏和体壁之间有一个充满受压流体的假体腔，不但负责输送营养及代谢物，还起到抗衡肌肉收缩产生压力的作用。

线虫的咽部长有很厚的肌肉层，具有泵的作用，可由口部抽吸食物送入其简单的肠道中。代谢物则从身体末端的肛门排出。

在遇到极端环境情况，如酷暑、严寒或者干旱时，线虫会进入类似假死的隐生状态长达数月甚至数年，等到条件转好再转回生存状态。

虽然有些线虫为雌雄同体，但大部分线虫都是雌雄异体的。线虫幼虫与成虫长得极为相似。

软体动物

| 门：软体动物门 |
| 纲：10 |
| 目：35 |
| 科：232 |
| 种：75000 |

软体动物种类众多且具有极强的适应性，可以在大部分小环境中生存。绝大多数软体动物生活在海洋中，可见于海洋的各个深度；但也大量群居于全球的淡水及陆地环境之中。软体动物栖息地的多样性也造就了其丰富的物种形态，既有喷气式前进的鱿鱼，也有爬行的蜗牛和固着生活的蛤蜊。软体动物的基本特征包括：头部发育良好；长有内脏囊；身体表面覆盖着被称为外套膜的特殊皮肤，可分泌碳酸钙形成外壳，鳃生于外套膜与身体之间的外套腔内；足部肌肉发达，通常都可分泌黏液。

铜斑多彩海兔
Chromodoris kuniei

当其在海底爬行时，膜上鲜艳的警戒色会随着外套膜的起伏而闪烁

陆生蛞蝓通过位于头后、通向外套腔的开孔呼吸

陆生蛞蝓
Bielzia coerulans

形态各异

软体动物门分为10纲。无板纲是规模较小的一纲，都是缺少外壳的蠕虫状软体动物。单板纲包括20多种成员，都长有圆扁形的外壳。多板纲的外壳都由8块钙质板片组成，靠吸盘状的足爬行。掘足纲长有长圆锥形、稍弯曲的管状贝壳。双壳纲包括蛤蜊、牡蛎、贻贝等身体包覆在两片一端绞合的贝壳之中，头部几乎消失的软体动物。腹足纲的成员包括蜗牛、蛞蝓等，有的拥有螺旋状的外壳，有的完全无壳。章鱼、乌贼等头足纲动物拥有灵活的触手，但体表通常都没有外壳，它们是最大也最聪明的无脊椎动物。

软体动物的饮食习性差异很大，有的在岩屑间捕食，有的刮食岩石上的海藻，有的吃树叶，有的滤食水中的有机物，还有的会捕食甲壳类和鱼类。它们靠锉刀状的齿舌的帮助将食物送入口中，通过复杂的消化系统后最终废物由肛门排出。

大部分软体动物都是雌雄异体，有的种类直接将精子和卵子排入海中，其余的则会进行体内受精。幼虫都可自由游动。

美国海菊蛤
Spondylus americanus

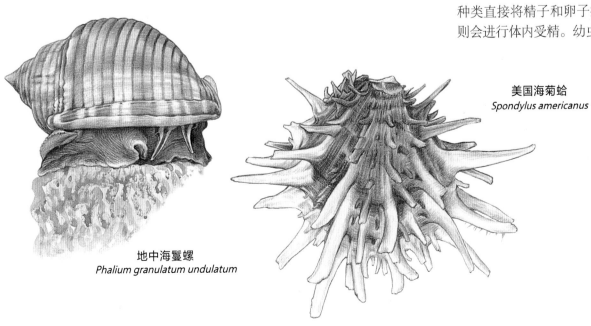

地中海鬘螺
Phalium granulatum undulatum

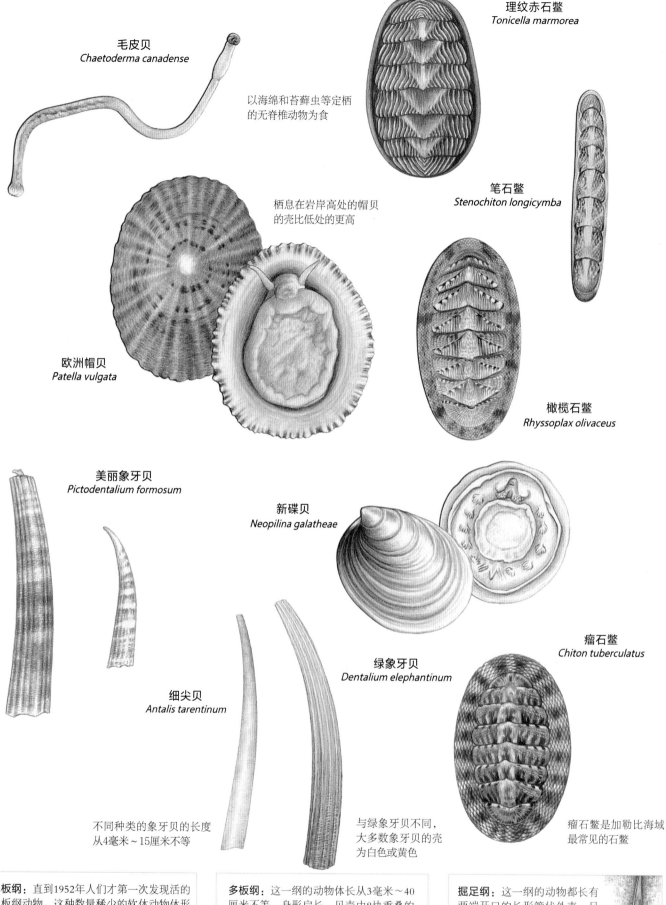

毛皮贝
Chaetoderma canadense

理纹赤石鳖
Tonicella marmorea

以海绵和苔藓虫等定栖
的无脊椎动物为食

栖息在岩岸高处的帽贝
的壳比低处的更高

笔石鳖
Stenochiton longicymba

欧洲帽贝
Patella vulgata

橄榄石鳖
Rhyssoplax olivaceus

美丽象牙贝
Pictodentalium formosum

新碟贝
Neopilina galatheae

瘤石鳖
Chiton tuberculatus

细尖贝
Antalis tarentinum

绿象牙贝
Dentalium elephantinum

不同种类的象牙贝的长度
从4毫米~15厘米不等

与绿象牙贝不同，
大多数象牙贝的壳
为白色或黄色

瘤石鳖是加勒比海域
最常见的石鳖

单板纲： 直到1952年人们才第一次发现活的单板纲动物。这种数量稀少的软体动物体形较小，外形极似帽贝，生活在海洋中从200~7000米深的广阔空间中。

种：20

大西洋、太平洋、印度
洋海底

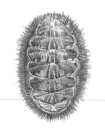

多板纲： 这一纲的动物体长从3毫米~40厘米不等，身形扁长，贝壳由8块重叠的钙质板片组成。它们靠宽且平的足在海底缓慢爬行。

种：500

世界范围潮间带区至
海底深处

掘足纲： 这一纲的动物都长有两端开口的长形管状外壳，足部发达，开口较大的前端长有不明显的头部，头部两侧有许多线状触手。

种：500

世界范围；海底泥沙中

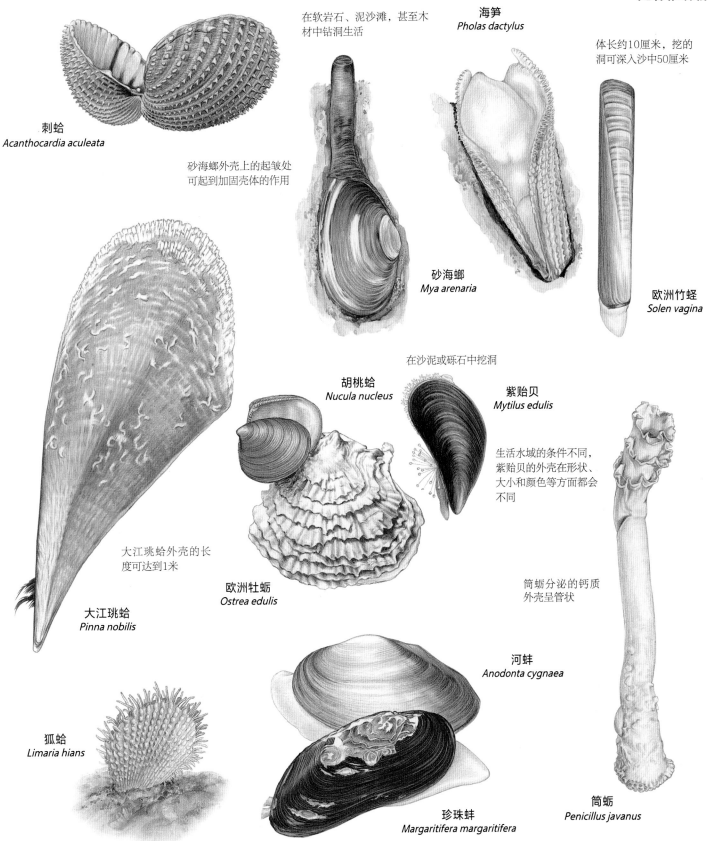

刺蛤
Acanthocardia aculeata

在软岩石、泥沙滩，甚至木材中钻洞生活

海笋
Pholas dactylus

体长约10厘米，挖的洞可深入沙中50厘米

砂海螂外壳上的起皱处可起到加固壳体的作用

砂海螂
Mya arenaria

欧洲竹蛏
Solen vagina

大江珧蛤外壳的长度可达到1米

大江珧蛤
Pinna nobilis

在沙泥或砾石中挖洞

胡桃蛤
Nucula nucleus

紫贻贝
Mytilus edulis

生活水域的条件不同，紫贻贝的外壳在形状、大小和颜色等方面都会不同

欧洲牡蛎
Ostrea edulis

筒蛎分泌的钙质外壳呈管状

河蚌
Anodonta cygnaea

狐蛤
Limaria hians

珍珠蚌
Margaritifera margaritifera

筒蛎
Penicillus javanus

外套膜边缘长有很多小触须

双壳贝内部：蛤蜊、牡蛎、贻贝及其他双壳贝类的身体均藏在一端绞合在一起的两片贝壳之中，被一层肉质的外套膜包覆着。内收肌用来开合贝壳，刀片状的足则用来挖洞。双壳贝类用鳃过滤海水中的食物，鳃上的纤毛起到判断食物大小并进行筛选的作用。

胃　心脏　肾
内收肌　　　　　　内收肌
嘴
足　纤毛　肠　外套膜边缘

库氏砗磲：生活在印度洋和太平洋热带珊瑚礁的库氏砗磲（*Tridacna gigas*）可重达320千克，是最大的双壳贝类。库氏砗磲永久性地依附在沙地或珊瑚礁表面，过滤海水中的浮游生物为食，但主要依赖寄生于其体内的共生藻类，通过光合作用获取能量。

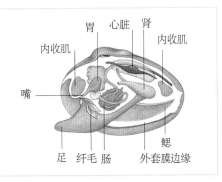

牙色谷米螺
Marginella cornea

紫螺
Janthina janthina

媚眼叶海蛞蝓
Phyllidia ocellata

媚眼叶海蛞蝓的颜色多变，但可以通过它身上的小瘤结和镶有白边的黑斑来辨认

靠用黏液包裹的气泡作为浮标漂浮在海面上

皇冠黑香螺
Melongena corona

欧洲鲍螺
Haliotis tuberculata

染料骨螺分泌的紫色黏液被古希腊人用作染料，被称为"泰尔紫"，因为太过稀少，这种染料只有皇帝的衣服才能使用

染料骨螺
Bolinus brandaris

法螺
Charonia tritonis

莴苣海蛞蝓
Elysia crispata

莴苣海蛞蝓的褶看上去很像莴苣叶

黑星宝螺
Cypraea tigris

大西洋海神海蛞蝓倒浮在海面上，以僧帽水母为食，它的身体中累积了水母的毒素，并以此作为防御武器

女王凤凰螺
Aliger gigas gigas

卵梭螺
Ovula ovum

大西洋海神海蛞蝓
Glaucus atlanticus

腹足纲：腹足纲是软体动物门成员数量最多的一纲，包括蜗牛、蛞蝓、帽贝和海蛞蝓等。大部分腹足动物都有一个螺旋形的外壳，包覆着形状蜷曲的身体；也有个别种类没有外壳。这一纲动物大多头部发达，长有眼睛和触角，头部可以缩进壳中。肌肉发达的翼足用来爬行、游水和挖洞。

种：60000

世界范围

同类相残的腹足纲：黑线旋螺（*Cinctura hunteria*）是一种侵略性很强的动物，会以自己的同类为食。

腹足纲的贝壳：虽然腹足纲动物贝壳的基本特征为螺旋状的圆锥形（左旋或右旋），但不同种类在细节上表现出多样化的特点。腹足纲动物的贝壳形态也是其分类的重要依据。

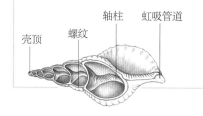

壳顶　螺纹　轴柱　虹吸管道

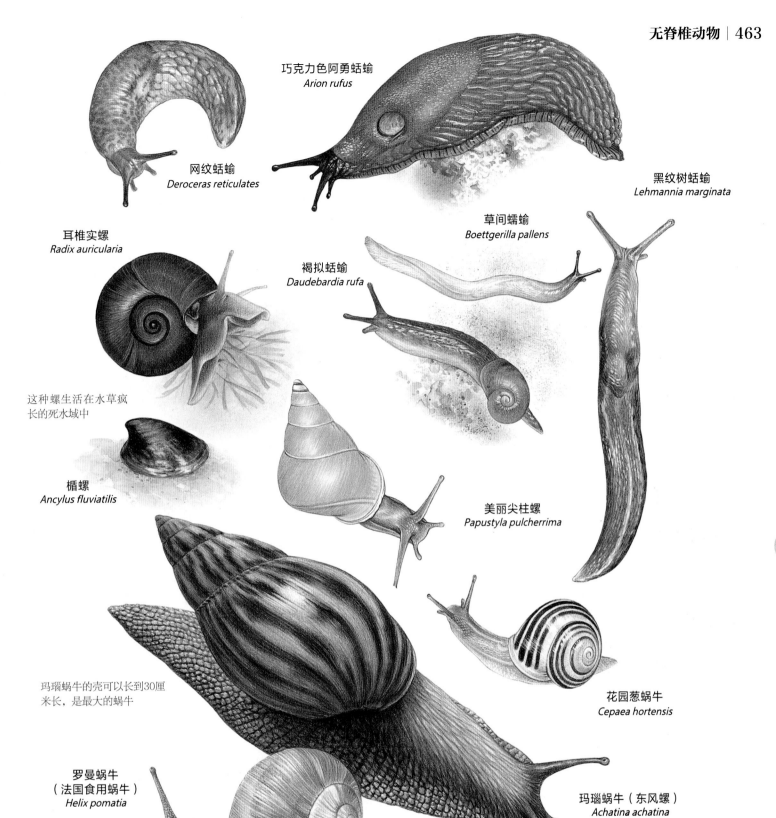

巧克力色阿勇蛞蝓
Arion rufus

网纹蛞蝓
Deroceras reticulates

黑纹树蛞蝓
Lehmannia marginata

草间蠕蝓
Boettgerilla pallens

耳椎实螺
Radix auricularia

褐拟蛞蝓
Daudebardia rufa

这种螺生活在水草疯
长的死水域中

楯螺
Ancylus fluviatilis

美丽尖柱螺
Papustyla pulcherrima

玛瑙蜗牛的壳可以长到30厘
米长，是最大的蜗牛

花园葱蜗牛
Cepaea hortensis

罗曼蜗牛
（法国食用蜗牛）
Helix pomatia

玛瑙蜗牛（东风螺）
Achatina achatina

罗曼蜗牛从史前时代就已
被人类作为食物

生活在陆地上的腹足纲：在经历数次进化
以后，部分腹足纲动物已适应了陆地生
活。粗略计算，目前已知的蜗牛有2万种，
大部分没有鳃，而是用肺呼吸；还有一些
种类同时拥有鳃腔和肺。离开水，它们的
壳变得更轻，可以用来抵御干燥和捕食
者。包裹身体的外套膜和黏液同样起到保
持身体湿润的作用。

性腺　心脏　胃　肺
　　　　　　　脑

呼吸：大部分蜗牛都没有鳃，但它们的外套膜中长有
丰富的血管，可以起到肺的作用。

雌雄同体交配：尽管蜗牛是雌雄同
体，但它们并不是自体受精。在交
配前，两只蜗牛会相互绕圈，接触
触手，身体缠绕在一起，并会咬对
方。在接下来的交配中，它们
互换精子，使自身的卵子
受精。

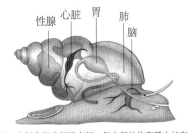

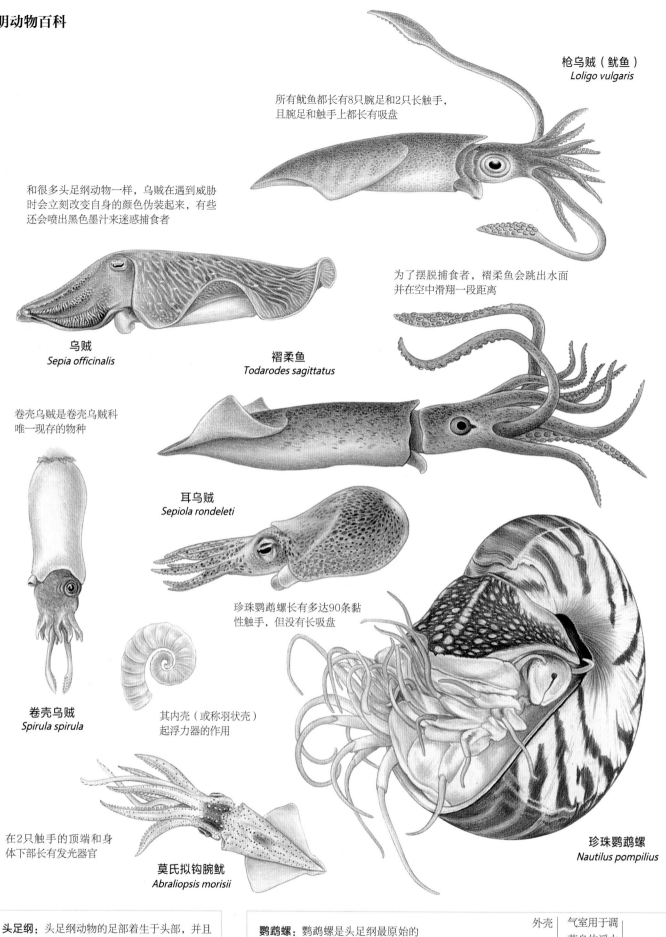

枪乌贼（鱿鱼）
Loligo vulgaris

所有鱿鱼都长有8只腕足和2只长触手，且腕足和触手上都长有吸盘

和很多头足纲动物一样，乌贼在遇到威胁时会立刻改变自身的颜色伪装起来，有些还会喷出黑色墨汁来迷惑捕食者

为了摆脱捕食者，褶柔鱼会跳出水面并在空中滑翔一段距离

乌贼
Sepia officinalis

褶柔鱼
Todarodes sagittatus

卷壳乌贼是卷壳乌贼科唯一现存的物种

耳乌贼
Sepiola rondeleti

珍珠鹦鹉螺长有多达90条黏性触手，但没有长吸盘

卷壳乌贼
Spirula spirula

其内壳（或称羽状壳）起浮力器的作用

在2只触手的顶端和身体下部长有发光器官

莫氏拟钩腕鱿
Abraliopsis morisii

珍珠鹦鹉螺
Nautilus pompilius

头足纲：头足纲动物的足部着生于头部，并且特化为腕足、触手和漏斗。鹦鹉螺有一个非常大的外壳；鱿鱼和乌贼具有不发达的内壳；而章鱼的壳已经完全退化消失。

种：600

世界范围：海洋

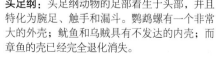

鹦鹉螺：鹦鹉螺是头足纲最原始的动物，它们巨大的外壳被分隔成了许多小室，身体所在的最后一个也是最大的一个室被称为"住室"。其他室内充满气体，被称为"气室"，鹦鹉螺通过往其中注入或排出水来控制自身的浮力。

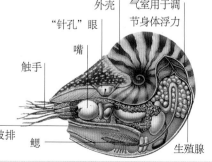

外壳
"针孔"眼
嘴
触手
气室用于调节身体浮力
漏斗，水由此被排出来推动螺前进
鳃
生殖腺

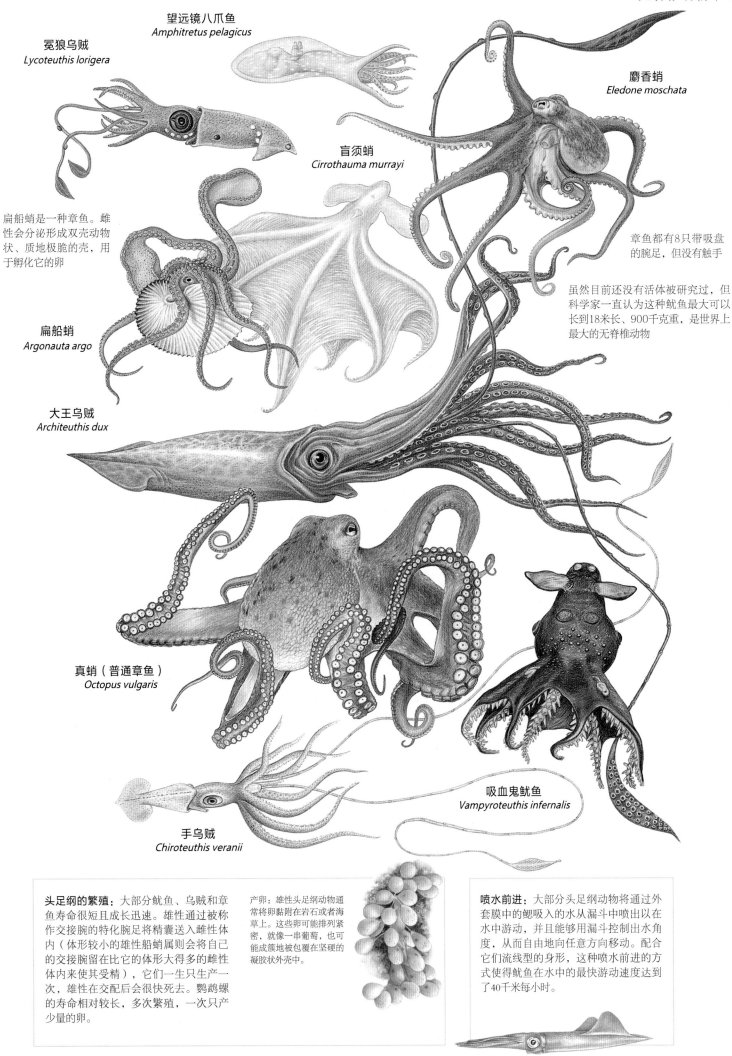

望远镜八爪鱼
Amphitretus pelagicus

冕狼乌贼
Lycoteuthis lorigera

麝香蛸
Eledone moschata

盲须蛸
Cirrothauma murrayi

扁船蛸是一种章鱼。雌性会分泌形成双壳动物状、质地极脆的壳，用于孵化它的卵

章鱼都有8只带吸盘的腕足，但没有触手

扁船蛸
Argonauta argo

虽然目前还没有活体被研究过，但科学家一直认为这种鱿鱼最大可以长到18米长、900千克重，是世界上最大的无脊椎动物

大王乌贼
Architeuthis dux

真蛸（普通章鱼）
Octopus vulgaris

吸血鬼鱿鱼
Vampyroteuthis infernalis

手乌贼
Chiroteuthis veranii

头足纲的繁殖：大部分鱿鱼、乌贼和章鱼寿命很短且成长迅速。雄性通过被称作交接腕的特化腕足将精囊送入雌性体内（体形较小的雄性船蛸属则会将自己的交接腕留在比它的体形大得多的雌性体内来使其受精），它们一生只生产一次，雄性在交配后会很快死去。鹦鹉螺的寿命相对较长，多次繁殖，一次只产少量的卵。

产卵：雄性头足纲动物通常将卵黏附在岩石或者海草上。这些卵可能排列紧密，就像一串葡萄，也可能成簇地被包覆在坚硬的凝胶状外壳中。

喷水前进：大部分头足纲动物将通过外套膜中的鳃吸入的水从漏斗中喷出以在水中游动，并且能够用漏斗控制出水角度，从而自由地向任意方向移动。配合它们流线型的身形，这种喷水前进的方式使得鱿鱼在水中的最快游动速度达到了40千米每小时。

环节动物

门：	环节动物门
纲：	2
目：	21
科：	130
种：	12000

环节动物长有头或口前叶，长长的身体按节排列，在外表形成一圈圈的环纹。每个体节包括一套分开的排泄、运动和呼吸器官，且都有一个充满液体的体腔，起到水骨骼的作用；体节虽然连在一起，但每一节都有独立的消化、循环和神经系统。环节动物靠一节一节地蠕动来爬行或游动，同时每一节上都长有刚毛来帮助牵引身体前进。大部分环节动物十分活跃，但也有些习惯躲在洞穴或管状物中。

飞羽管虫
Sabella spallanzanii

受到惊吓时会立即将羽冠缩回管内

在土壤中：蚯蚓长有长长的身体和小小的脑袋，这种身体形态非常适合穴居生活。在每800平方米的土壤中可以生活着多达650条蚯蚓。蚯蚓对于土壤增肥和通气非常重要。

水生和陆栖

环节动物包括多毛纲和蛭纲，广泛分布于海洋的各个深度、淡水湖泊溪流以及陆地环境。它们之中有滤食者，有捕食者，有的吸血为生，还有的是"清道夫"，比如靠吃沉积物摄取营养的蚯蚓。

多毛纲动物大部分完全生活在海洋中，通常用船桨状的疣足游水或爬行。但大部分管栖种类没有疣足，头部经过特殊进化更便于采集食物。多毛纲都是雌雄异体，分别将精子和卵子排入水中完成受精。

蛭纲动物包括许多生活在陆地和淡水中的物种，如蚯蚓和水蛭，也有一些生活在海洋中。大部分蛭纲动物都是雌雄同体，通过交配行为交换精子。所有蛭纲动物都长有环带——一圈腺化的皮肤，可分泌形成孵卵用的卵茧。

鳞沙蚕
Aphrodita aculeata

矶沙蚕
Palola viridis

欧洲医蛭
Hirudo medicinalis

欧洲医蛭一度被用来医治大出血等病症，现在则广泛用于抑制微创手术后的瘀血现象

陆正蚓
Lumbricus terrestris

身上长满刚毛

蛭类通常身体两端均长有吸盘，但体表缺少刚毛

沙蚕
Hediste diversicolor

在繁殖季，这种底栖生物的体尾端会自动脱离身体，大量游至海水表面，排出精子或卵子进行受精，随后死去

陆正蚓的生殖带看起来像是在其皮肤上缠着一块细带

变态发育

变态发育是动物在胚后发育过程中，形态结构和生活习性方面所出现的一系列显著的变化。大部分无脊椎动物都必须经历变态发育，幼虫要经过一系列的变化后才能蜕变为成虫。珊瑚虫、蛤蚌、许多甲壳动物和大部分其他无脊椎动物的幼虫期都非常短，而大部分昆虫的幼虫期相对较长。蟋蟀和臭虫等外生翅类为不完全变态发育，刚孵化出的幼虫被称为若虫，身体结构与成虫相似，但缺少翅膀和完整的生殖器官，直至完成最后一次蜕皮。蝴蝶和蜜蜂等内生翅类昆虫的发育过程为完全变态发育，幼虫与成虫的生命形态截然不同，必须经历一个体内组织重建、器官新生的蛹化过程才能蜕变为成虫。

海蟹幼虫： 海蟹属于十足目——这种动物占甲壳动物总量的1/4。海蟹的幼虫带刺，可自由游动。它们随后会蜕变成与成体外形相近的大眼幼虫，最后才变成海蟹。

卵—若虫—成虫： 蜻蜓要经过不完全变态发育为成虫。1.雌雄交配。2.雌性将卵产在水中或水生植物的茎上。3.卵孵化为水生若虫。4.蜻蜓若虫以蝌蚪和蠕虫为食，并会进行数次蜕皮。5.若虫爬出水面完成最后一次蜕皮。6.成虫从蜕掉的皮中爬出。7.成虫等待翅膀干透。8.成虫以飞虫为食，并会飞到新的区域寻找伴侣。

节肢动物

门：	节肢动物门
纲：	22
目：	110
科：	2120
种：	110万

节肢动物门包括昆虫纲、蛛形纲、甲壳亚门、倍足纲等，占已知动物种类的3/4，而且科学家估计，目前仍有数以百万计的节肢动物未被我们了解。节肢动物广泛适应了各种陆地、淡水及海洋生态环境，因此它们在形态及生活方式上千差万别。但同时，节肢动物仍保有一定的共同特征：它们都具有分节的附肢和身体；坚硬但灵活的外骨骼不仅是它们区别于其他无脊椎动物的重要特征，也可为它们的身体提供支撑和保护。

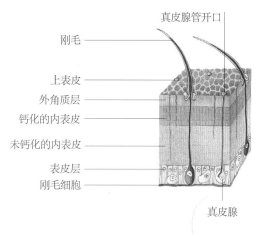

真皮腺管开口
刚毛
上表皮
外角质层
钙化的内表皮
未钙化的内表皮
表皮层
刚毛细胞
真皮腺

节肢动物的"盔甲"： 节肢动物的外骨骼由表皮细胞分泌而成，上表皮层较薄，由蜡和蛋白质构成；其下的外角质层是外骨骼中最坚硬的部分；最下面则是主要成分为蛋白质和甲壳质的内表皮层。

随处可见的昆虫： 90%以上的节肢动物都是昆虫，它们普遍存在于陆地和淡水环境之中，但在海洋中十分少见。昆虫中既有螳螂（下图）这样的捕食者，也有蝴蝶这样以吸食花蜜为生的。

呼吸方法

节肢动物的外骨骼大多太厚，无法进行气体交换。一些体形较小的节肢动物直接通过体壁呼吸，大部分则进化出了专门的身体结构。水生节肢动物长有鳃，许多蛛形纲动物进一步进化出了书肺。陆生节肢动物靠气管呼吸，且可以通过气管将氧气输送到身体各处。

鳃： 鳃可以收集水中的氧气并能保持节肢动物体内盐分的平衡。甲壳动物的体外鳃多长在腿上；鲎则长有形状独特、会像书页一样拍打的书鳃。

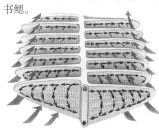

书肺： 书肺可能是从书鳃进化而来的。每片肺叶的凹槽处都有血管，当肺叶随着空气来回拍打时，氧气就会通过血管进入身体的各个内脏器官中。

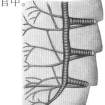

气管： 气管见于昆虫、蜘蛛、蜈蚣和千足虫等动物，通过开孔于外骨骼上的气门收集空气，并将空气传送至身体组织或血液中。

足和身体：狼蛛和其他种类的蜘蛛都长有8只足，身体分为2个部分：头胸部（头部和胸部融合在一起）和腹部；而昆虫有6只足，身体分为头部、胸部和腹部。

致命叮咬：少数节肢动物的叮咬可能会致人死亡。大部分致死原因是蚊子这类吸血的节肢动物会将疟疾和其他疾病传染给人类。

早期"登陆者"

　　最原始的节肢动物出现在距今5.3亿年前，包括甲壳动物、鲎的祖先，以及现在已经灭绝的三叶虫。这些早期节肢动物的共同特点是身体都分为了许多节，每个体节上都长有一对相似的附肢。随着不断进化，这些附肢逐渐分化并具有了特定功能，如运动、收集食物、感官知觉和交配。另外，体节也进一步形成了不同的体区，例如昆虫分为头、胸、腹三个体区。

　　节肢动物是最早离开海洋的动物，也是第一种飞上天空的动物。蝎子早在距今3.5亿年前就已登陆，随后是第一批陆生昆虫。不久，飞虫出现。节肢动物之所以能够成功适应陆地生活，很大程度上是因为它们蜡质的外骨骼可以有效防止身体的水分蒸发。同时，多节的足部使得节肢动物更加灵活，因此它们觅食、择偶、躲避敌人和选择居住地的能力也得到了提高。而翅膀的进化为昆虫增加了优势。

　　虽然许多节肢动物本身也是猎食者，但基本上所有节肢动物都是脊椎动物或其他无脊椎动物的猎物。许多节肢动物都长有多个单眼，可以轻易发现周围的动静；每只单眼都是一个独立的感光单位。而它们体表的刚毛、触角、口器以及附肢都可以察觉细微的振动。节肢动物的每个体节都有一个脑神经节，通过神经索与中枢神经相连。心脏通过开放式的循环系统将血淋巴（血液）输送到各个身体器官。

　　大部分节肢动物都为雌雄异体，通过精子给卵子授精完成生殖过程。节肢动物在初始阶段的发育差异比较大，有的种类一出生就与成体形态相似，有些则是在发育过程中逐渐长出体节。许多昆虫幼虫与其父母看起来完全不同，幼虫通过蛹化过程发育为长有翅膀的成虫。

蛛形动物

门：节肢动物门	
亚门：螯肢亚门	
纲：蛛形纲	
目：17	
科：450	
种：80000	

蛛形纲包括了无脊椎动物中许多最令人畏惧和最让人着迷的动物，如蜘蛛、蝎子、盲蛛、蜱虫、扁虱，以及一些几乎不为人知的群体。除了一些水生螨虫科和少数水蜘蛛种类外的所有蛛形纲动物都是陆栖，并且多数以其他无脊椎动物为食。许多蜘蛛会吐丝结网制作陷阱来捕猎，蜘蛛和蝎子都会用毒液使猎物麻痹或死亡。大多数蛛形动物都无法吞咽固体食物，必须先向猎物体内注射消化酶，再通过用口器吮吸的方式食用被消化酶分解为液体的食物。

夜视：大多数蛛形动物都具有夜视能力，它们的眼睛属于单眼，仅能感觉光线的明暗变化。大部分蜘蛛和狼蛛都长有8只眼睛。

蛛形动物解剖图：蜘蛛的身体结构很大程度上代表了蛛形纲动物的身体特征，具有2个体节、8条分节的步足、一对螯肢、一对须肢和数只单眼。同时，蜘蛛的螯肢中有毒腺，尾端长有丝腺，这些对它们觅食和防御敌人起到了非常重要的作用。

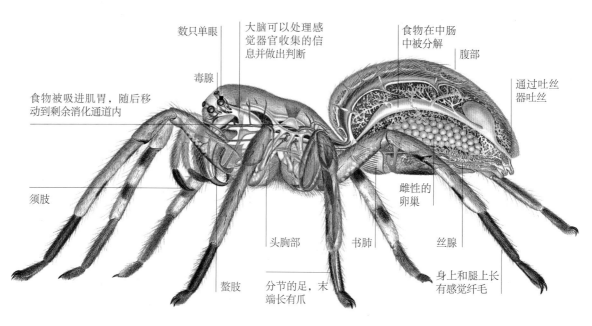

数只单眼
大脑可以处理感觉器官收集的信息并做出判断
食物在中肠中被分解
腹部
毒腺
食物被吸进肌胃，随后移动到剩余消化通道内
通过吐丝器吐丝
须肢
雌性的卵巢
头胸部
书肺
丝腺
螯肢
分节的足，末端长有爪
身上和腿上长有感觉纤毛

八条腿的捕食者

蛛形纲动物分节的身体被坚硬但灵活的外骨骼包覆，也连接着数个附肢。除螨虫和扁虱长有不分节的圆形身体外，其他蛛形纲动物的身体都分为两个体节：头胸部长有眼睛、口器和附肢，腹部长有许多内脏器官。

与昆虫一般长有3对步足不同，蛛形动物都长有4对步足，口器附近还有一对钳子状或毒牙状，用来制伏猎物的螯肢，以及一对用于感觉周围环境的须肢。蝎子和其他一些蛛形动物用须肢捕捉猎物，雄蜘蛛则用须肢将精子传递给雌蜘蛛。

蛛形动物通过其身体和附肢上的感觉纤毛来寻找猎物及躲避危险。它们还长有数只单眼，同时，皮肤角质层上的裂缝感觉器官可察觉味道、重力及振动。

蛛形动物用书肺或者气管呼吸，或者两者并用。书肺可能由书鳃进化而来；气管系统则会将通过体表的呼吸孔吸入的氧气经由气管网络传送到各个身体组织。

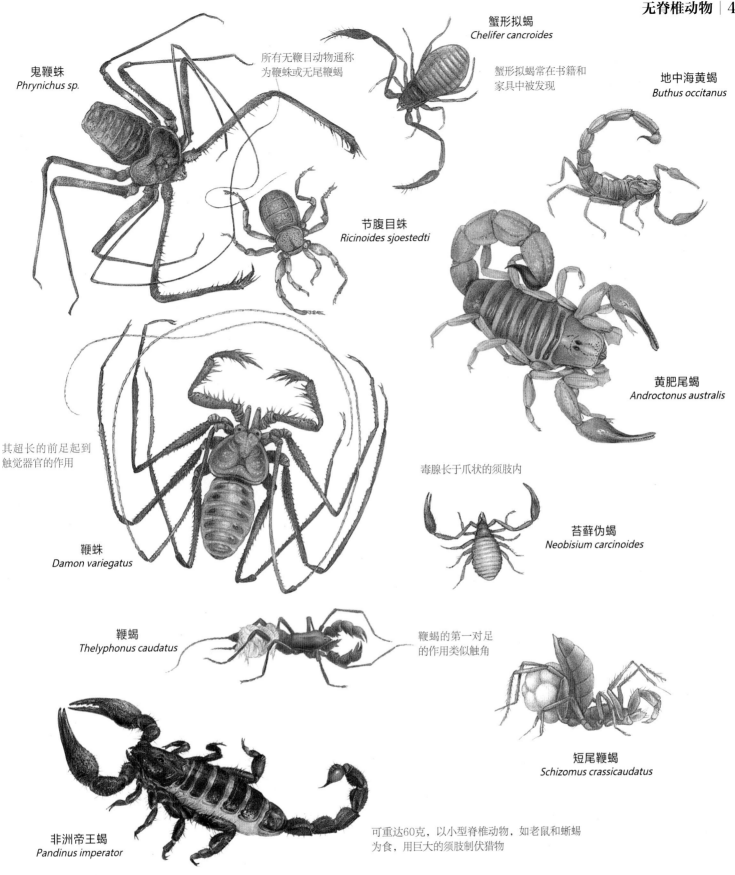

鬼鞭蛛
Phrynichus sp.

所有无鞭目动物通称为鞭蛛或无尾鞭蝎

蟹形拟蝎
Chelifer cancroides

蟹形拟蝎常在书籍和家具中被发现

地中海黄蝎
Buthus occitanus

节腹目蛛
Ricinoides sjoestedti

黄肥尾蝎
Androctonus australis

其超长的前足起到触觉器官的作用

毒腺长于爪状的须肢内

苔藓伪蝎
Neobisium carcinoides

鞭蛛
Damon variegatus

鞭蝎
Thelyphonus caudatus

鞭蝎的第一对足的作用类似触角

短尾鞭蝎
Schizomus crassicaudatus

非洲帝王蝎
Pandinus imperator

可重达60克，以小型脊椎动物，如老鼠和蜥蜴为食，用巨大的须肢制伏猎物

蝎目：蝎目动物区别于其他蛛形纲动物的特点是两只巨大的爪形须肢和分段的腹部。尾端长有突出的倒钩，有时用于制伏猎物，但更常用于恐吓敌人。蝎目动物夜间捕食。

种：1400

温暖地区；岩石和树皮下

暂住来客：美洲沙漠黑蝎（*Centruroides gracilis*）通常生活在热带森林中，但在引入了这一物种的地区，它也常常被发现于人类的房屋中。

亲代抚育：大部分雌性蛛形动物会将卵产在土地或其他安全的地方，任由那些卵自行孵化。但有些种类的蝎子会直接产下幼蝎，雌蝎会用自己的第一或第一及第二对步足捉住幼蝎，幼蝎会待在母亲背上，直到3～14天后它们完成第一次蜕皮。

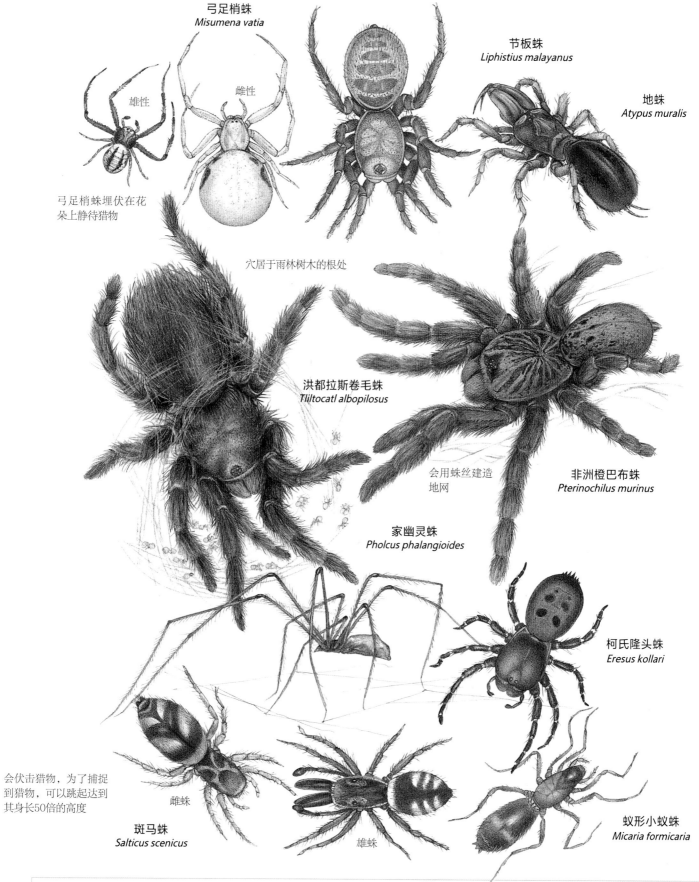

弓足梢蛛
Misumena vatia

雄性

雌性

节板蛛
Liphistius malayanus

地蛛
Atypus muralis

弓足梢蛛埋伏在花
朵上静待猎物

穴居于雨林树木的根处

洪都拉斯卷毛蛛
Tliltocatl albopilosus

会用蛛丝建造
地网

非洲橙巴布蛛
Pterinochilus murinus

家幽灵蛛
Pholcus phalangioides

柯氏隆头蛛
Eresus kollari

会伏击猎物，为了捕捉
到猎物，可以跳起达到
其身长50倍的高度

雌蛛

斑马蛛
Salticus scenicus

雄蛛

蚁形小蚁蛛
Micaria formicaria

蜘蛛的眼睛： 大部分蜘蛛都是夜行性动物而且更依赖触觉而非视觉。然而，那些白天活动的蜘蛛种类通常拥有极佳的近距离视觉。蜘蛛通常长有4对单眼，因所属科不同，眼睛的排列形式也有所不同。

夜间捕食者： 石蛛科的蜘蛛与一般蜘蛛不同，只长有6只小眼睛，而且更多地依靠触觉发现猎物。

夜视： 鬼面蛛科蜘蛛长有两只巨大的眼睛，使得它们可以在几乎全黑的环境下发现猎物。

视野广阔： 高脚蛛科都是活跃的捕手。它们的大眼睛为其提供了全方位视觉。

近距离视觉： 蟹蛛科依靠它们敏锐的近距离视觉捕捉昆虫。

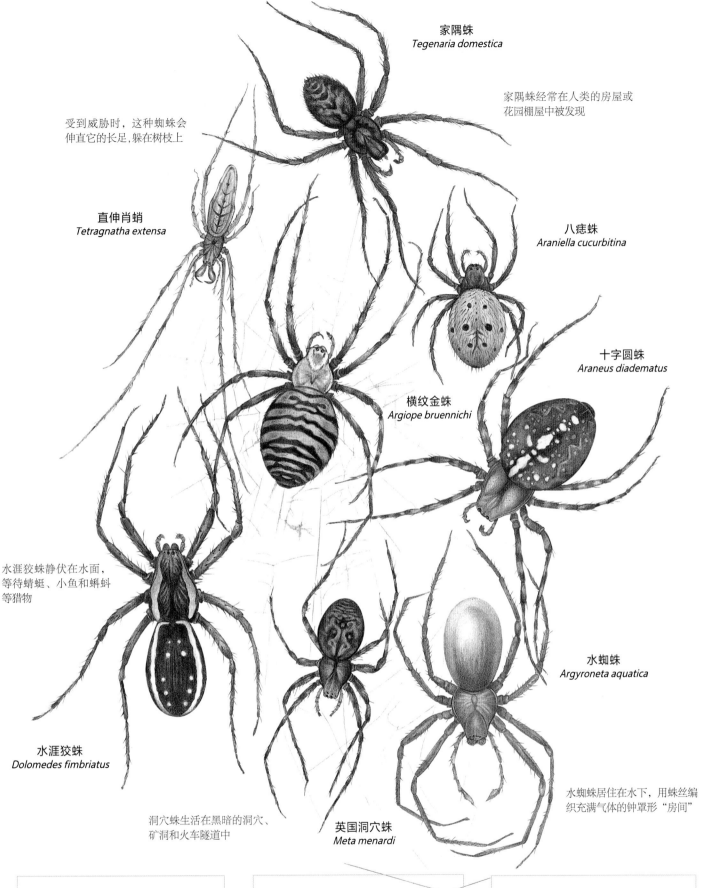

家隅蛛
Tegenaria domestica

家隅蛛经常在人类的房屋或
花园棚屋中被发现

受到威胁时，这种蜘蛛会
伸直它的长足，躲在树枝上

直伸肖蛸
Tetragnatha extensa

八痣蛛
Araniella cucurbitina

十字圆蛛
Araneus diadematus

横纹金蛛
Argiope bruennichi

水涯狡蛛静伏在水面，
等待蜻蜓、小鱼和蝌蚪
等猎物

水蜘蛛
Argyroneta aquatica

水涯狡蛛
Dolomedes fimbriatus

洞穴蛛生活在黑暗的洞穴、
矿洞和火车隧道中

英国洞穴蛛
Meta menardi

水蜘蛛居住在水下，用蛛丝编
织充满气体的钟罩形"房间"

黄昏花皮蛛：不是所有蜘蛛都守株待兔
地等着猎物自投罗网，黄昏花皮蛛（见
475页）的头胸部很长，毒液腺和丝腺
被连在了一起。它们夜间捕食，暗中接
近猎物，直至可以喷射毒液的
距离，然后喷出2股有毒
的丝线，呈锯齿状地将
猎物包裹起来。

链球蛛：这种蜘蛛属于圆蛛
科，但它们并不会制作圆形蛛
网，取而代之，它们会分泌一
种特化蛛丝，呈黏球状，并将
之悬挂在一条垂直的蛛丝末
端，用"钓鱼"的方式捕猎。
黏球状蛛丝中含有模仿了某些雌
性夜蛾交配期的信息素的化学物
质，以诱惑雄蛾上钩。

巴西仿蚁蛛：许多蜘蛛的身体结构都为
模仿蚂蚁的形态而进行了特殊进化。它
们中的一些甚至能产生信息素以混入蚁
群。许多仿蚁蛛利用它们的伪装捕捉那
些毫不知情的蚂蚁；另一些则是为了躲
避黄蜂和鸟类等捕食者——这些捕食者
会因为无法忍受蚁酸而避开蚂蚁。

丝和网

虽然不是所有蜘蛛都结网,但几乎所有蜘蛛都会生产蛛丝。蛛丝由丝素蛋白组成,和尼龙线一样结实,但具有更好的弹性。蜘蛛的丝腺(纺丝器)长于下腹部,一只蜘蛛最多可拥有8个丝腺,每一个都会分泌不一样的蛛丝。最基本的是蜘蛛随时都会牵引着的曳丝,作用类似登山者挂在身上的安全绳;其他还有为受精卵做茧的蛛丝和包裹猎物的蛛丝等。雄蜘蛛会用蛛丝保存它们的精囊。幼蛛则会利用数股蛛丝像气球一样带着它们从高处降落,从而四散到各处。但蜘蛛网最为人熟知的用途,还是作为蜘蛛捕捉猎物的"陷阱"。

吊床形的网:皿网蛛在低矮灌木丛间搭建的吊床形的网虽然看起来很凌乱,但是被这种编织成细密网格状的网困住的昆虫都会落入其下的另一个网中。

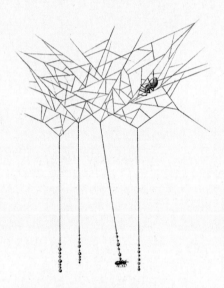

脚手架形的网:这种蛛网的特点是将多条陷丝利用其黏性末端固定在地面上,一旦爬行昆虫误碰到陷丝,这种蛛丝就会迅速反弹回去,将被捉住的猎物半挂在空中。

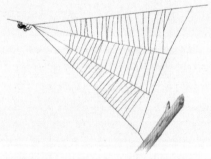

三角形的网:蜘蛛用它的前腿钩住三角形的蛛网,同时用一根蛛丝把蛛网固定在其身后的树枝上。当有猎物触网时,蜘蛛会立即松开蛛网将猎物困在其中。

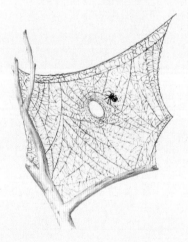

蕾丝片状的网:这种蜘蛛网的蛛丝看起来就像细羊毛,黏性不强,但昆虫一旦闯入其中,很容易被蛛丝上的大量纤维缠住,并且会被一直困在网中,直到蜘蛛过来吃掉它。

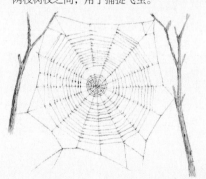

圆形的网:这种网是所有蛛网中最精致的,用最少的蛛丝,覆盖了最大的范围。圆形蛛网由放射状的骨架(纵丝)和一圈圈辐条状的螺旋丝线(横丝)组成。蛛网一般悬挂于两枝树杈之间,用于捕捉飞虫。

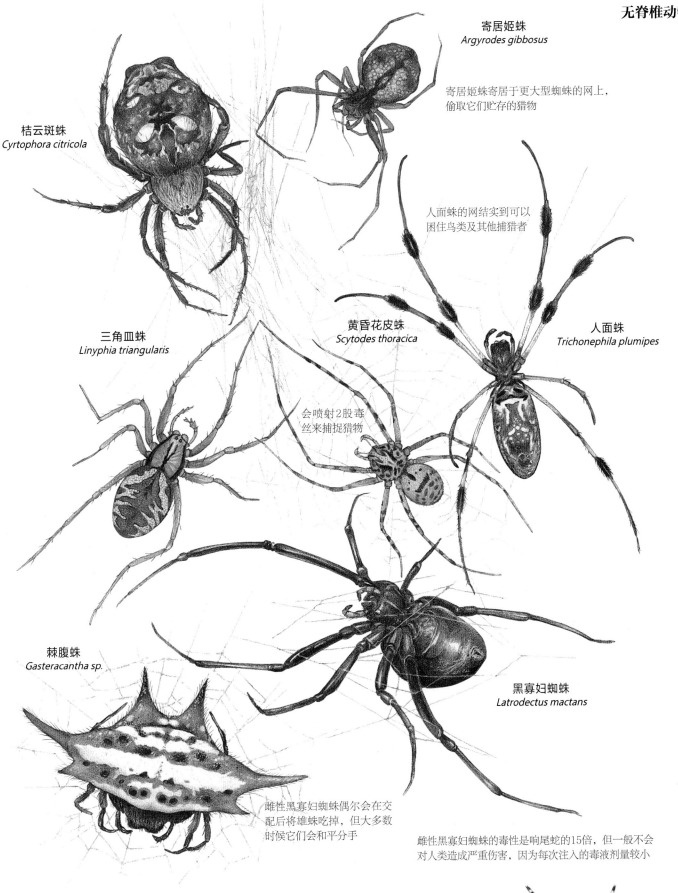

寄居姬蛛
Argyrodes gibbosus

寄居姬蛛寄居于更大型蜘蛛的网上，偷取它们贮存的猎物

桔云斑蛛
Cyrtophora citricola

人面蛛的网结实到可以困住鸟类及其他捕猎者

三角皿蛛
Linyphia triangularis

黄昏花皮蛛
Scytodes thoracica

人面蛛
Trichonephila plumipes

会喷射2股毒丝来捕捉猎物

棘腹蛛
Gasteracantha sp.

黑寡妇蜘蛛
Latrodectus mactans

雌性黑寡妇蜘蛛偶尔会在交配后将雄蛛吃掉，但大多数时候它们会和平分手

雌性黑寡妇蜘蛛的毒性是响尾蛇的15倍，但一般不会对人类造成严重伤害，因为每次注入的毒液剂量较小

致命毒素：虽然很多蜘蛛的螯咬都会让人感觉疼痛，但只有少数蜘蛛的毒素可对人造成严重伤害。最具潜在危险的蜘蛛包括斗网蛛、黑寡妇蜘蛛、一些狼蛛和棕色遁蛛。

致命螯咬：悉尼斗网蛛（*Atrax robustus*）可能是世界上最致命的蜘蛛。

求偶仪式：当雄蛛准备交配时，它会将自己的精囊灌入须肢中，然后开始沿着成熟雌性发出的信息素寻找雌蛛。雄蛛的求偶仪式很复杂，包括特殊的舞蹈、用足部敲打地面、拉拽雌蛛的网，或者不断触摸雌蛛。

爱在眼前：跳蛛的视觉非常好，因此雄蛛在求偶时会向雌蛛展示非常复杂的舞蹈。

刺足根螨
Rhizoglyphus echinopus

普通盲蛛
Phalangium opilio

壁刺盲蛛
Opilio parietinus

盲蛛在遇到威胁时会从气
味腺中释放刺激性的气体

毛爪避日蛛是爬行速度最快
的节肢动物之一。仅用3对
步足爬行,第一对步足的作
用类似触角,用来探测小
鼠、蜥蜴等猎物的信息

三突盲蛛
Trogulus tricarinatus

毛爪避日蛛
Galeodes arabs

何氏盲蛛
Ischyropsalis hellwigii

卷甲螨
Phthiracarus sp.

鸽锐缘蜱
Argas reflexus

边缘革蜱
Dermacentor marginatus

鸽锐缘蜱可传播
回归热等疾病

蜱螨亚纲:包括蜱和螨两大类的蜱螨亚纲是蛛形纲中成员
数量最多且最多样化的亚纲。它们在地球上的几乎每一种
栖息地繁荣兴旺,从极地到沙漠,从温泉到海沟。有的极
小型的种类甚至寄生于人类的毛囊之中。事实上,螨都是
几乎难以被察觉的小生物。蜱体形稍大,但也少见超过1厘
米长的。

粉螨:粗足粉螨(*Acarus siro*)被发现
于粮食的灰尘中、动物笼子里和食品
店内。

疾病传播者:大部分蜱螨亚纲生存于土
壤、落叶层或水中,也有些种类寄生于其
他动物或植物体内。寄生于脊椎动物体内
的蜱或螨会传播可能使人类患上致命疾病
的细菌。

种:30000

世界范围

致病的蜱虫:有的
蜱会传播莱姆病等
疾病。

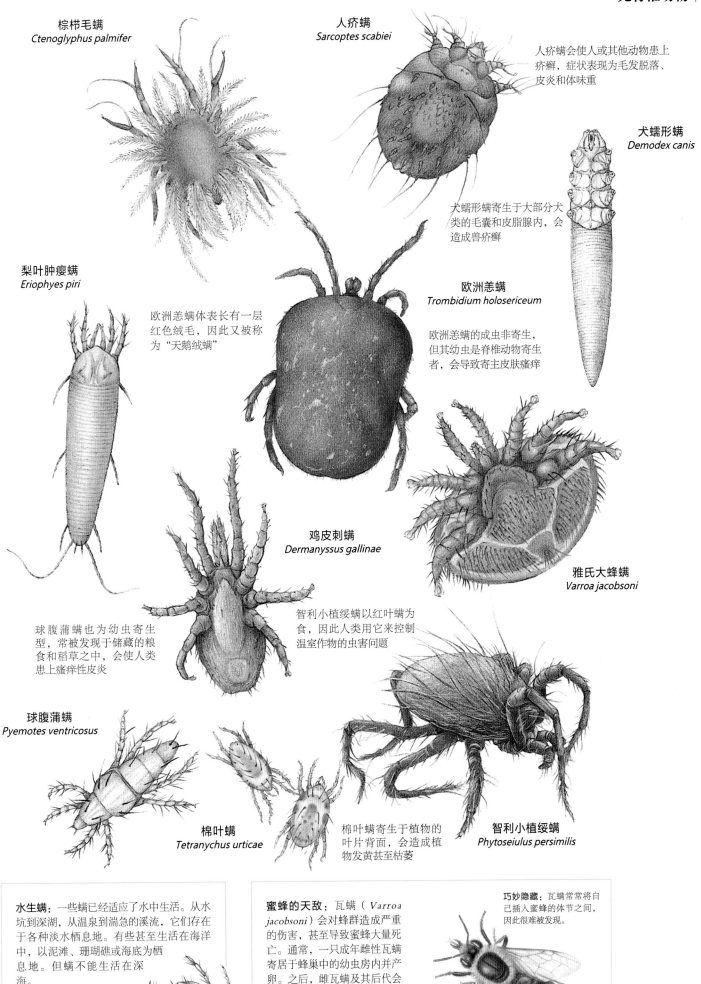

棕榈毛螨
Ctenoglyphus palmifer

人疥螨
Sarcoptes scabiei

人疥螨会使人或其他动物患上疥癣，症状表现为毛发脱落、皮炎和体味重

犬蠕形螨
Demodex canis

犬蠕形螨寄生于大部分犬类的毛囊和皮脂腺内，会造成兽疥癣

梨叶肿瘿螨
Eriophyes piri

欧洲恙螨体表长有一层红色绒毛，因此又被称为"天鹅绒螨"

欧洲恙螨
Trombidium holosericeum

欧洲恙螨的成虫非寄生，但其幼虫是脊椎动物寄生者，会导致寄主皮肤瘙痒

鸡皮刺螨
Dermanyssus gallinae

雅氏大蜂螨
Varroa jacobsoni

球腹蒲螨也为幼虫寄生型，常被发现于储藏的粮食和稻草之中，会使人类患上瘙痒性皮炎

智利小植绥螨以红叶螨为食，因此人类用它来控制温室作物的虫害问题

球腹蒲螨
Pyemotes ventricosus

棉叶螨
Tetranychus urticae

棉叶螨寄生于植物的叶片背面，会造成植物发黄甚至枯萎

智利小植绥螨
Phytoseiulus persimilis

水生螨： 一些螨已经适应了水中生活。从水坑到深湖，从温泉到湍急的溪流，它们存在于各种淡水栖息地。有些甚至生活在海洋中，以泥滩、珊瑚礁或海底为栖息地。但螨不能生活在深海。

蜜蜂的天敌： 瓦螨（*Varroa jacobsoni*）会对蜂群造成严重的伤害，甚至导致蜜蜂大量死亡。通常，一只成年雌性瓦螨寄居于蜂巢中的幼虫房内并产卵。之后，雌瓦螨及其后代会以蜜蜂幼虫为食。瓦螨后代会继续在蜂巢中交配，交配后雄性就会死去，雌性则会寄生于成年蜜蜂身上。

巧妙隐藏： 瓦螨常常将自己插入蜜蜂的体节之间，因此很难被发现。

鲎

门：	节肢动物门
亚门：	螯肢亚门
纲：	肢口纲
目：	剑尾目
科：	鲎科
种：	4

属于肢口纲的鲎在亲缘关系上更接近蛛形纲而非甲壳亚门。这种古老的生物在过去的2亿年间几乎没有什么变化。现存的4种鲎分布于北美洲东海岸和亚洲地区的海洋中。它们的身体分为头胸部和腹部两个体节，均被坚硬的外壳保护着。在其马蹄形的头胸部长有一对钳子状的螯肢，用于从海底的淤泥中攫取蠕虫和其他猎物；其余5对附肢则用于行走和处理食物。看起来令人生畏的尾剑（或称尾节）并不是鲎的武器，而是用于保持平衡和挖掘泥沙。

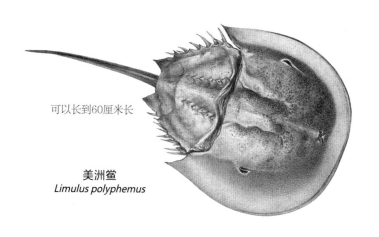

可以长到60厘米长

美洲鲎
Limulus polyphemus

海和岸

鲎一生的绝大部分时间都生活在海洋30米深处，靠长在腹部的书鳃呼吸。它们可以穿过泥沙，仰着游泳，也能爬行。

每到春季，鲎都会上岸繁殖。体形较小的雄鲎会紧紧抱住雌鲎的背部，随着潮汐爬上岸。雌鲎会在沙滩上挖出数个小洞并在每个洞中产下300枚以上的卵，雄鲎用精子将卵覆盖使之受精。幼鲎要经过大约16次蜕皮，在9～12岁时达到成熟。

海蜘蛛

门：	节肢动物门
亚门：	螯肢亚门
纲：	海蜘蛛纲
目：	海蜘蛛目
科：	9
种：	1000

虽然海蜘蛛的长足使它看起来很像蜘蛛，但它其实与蜘蛛毫无关系。海蜘蛛的身体严重退化，被称为头盾的头部很小，长有口、位于其前端的长吻、4只单眼、两只用来抓取猎物的螯肢和两只作为感应器的须肢，以及第一对步足和一对携卵足；分节的躯干上长有其余3对步足，腹部很小，位于躯干后端。因为腹部太小，消化及生殖器官都延生到了步足上。

底栖居民

海蜘蛛分布在全球几乎所有海域，从温暖浅滩到7000米以下的冰冷深海。大部分体形很小，但一些深海种类的足长可以超过70厘米。有的海蜘蛛可以游水，不过多数都是底栖生物，以海绵、珊瑚虫等软体无脊椎动物为食。

繁殖时，雌性海蜘蛛会把卵子排入水中，由雄性海蜘蛛用精子将卵子覆盖，之后它会用携卵足将受精卵随身携带，直至孵化。

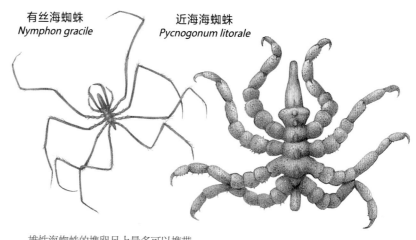

有丝海蜘蛛
Nymphon gracile

近海海蜘蛛
Pycnogonum litorale

雄性海蜘蛛的携卵足上最多可以携带
4个来自不同雌性海蜘蛛的卵团

多足类动物

| 门：节肢动物门 |
| 亚门：多足亚门 |
| 纲：4 |
| 目：20 |
| 科：140 |
| 种：13500 |

多足亚门包括唇足纲、倍足纲、少足纲和综合纲4纲，共同特点是长且分为多节的身体、多只单眼、一对多关节的触角，以及数对步足。大多数唇足纲，尤其是蜈蚣都是食肉动物，在落叶层寻找其他小型无脊椎动物为食。它们的一对毒牙长于头部下面，向猎物注入毒液使之麻痹——蜈蚣的毒液对人类也会造成影响。倍足纲都以植物为食，不会叮咬，但许多种类在受到威胁时会将身体蜷成一团，同时释放有毒物质。少足纲和综合纲的动物看起来就像小型蜈蚣，生活在落叶层和土壤中，以腐烂的植物为食。

热带物种：绝大多数唇足纲动物都生活在热带森林之中。它们的多对步足有的短且呈钩状，有的长且细。最后一对步足看起来很像触角或螯肢。

多足生物

唇足纲的身体由多个扁平、蠕虫状的分节组成，除最后一节外的每个体节上都长有一对步足，至少15对，最多可达191对。体形最大的唇足纲动物是北美巨蜈蚣，体长28厘米，以小鼠、青蛙和其他小型脊椎动物为食。

倍足纲的体形较圆，双体节，每个双体节上长有2对步足。体形大小从0.2厘米到28厘米不等，最多可有200对步足。

综合纲的大小均不超过1厘米，长有12对步足。少足纲体形更小，不足2毫米长，长有9对步足。

多足类多为夜行性动物，栖息于潮湿森林之中，躲藏在落叶层、土壤中，或岩石、原木下；也有一些被发现于草原或沙漠环境。它们通常将卵产在其土壤中的巢穴内，有些蜈蚣会用身体环绕卵或幼虫以保护它们。

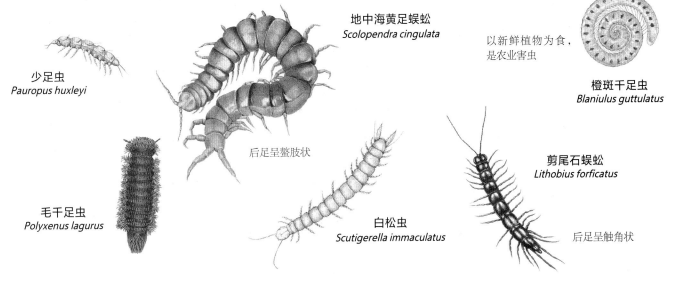

少足虫
Pauropus huxleyi

毛千足虫
Polyxenus lagurus

地中海黄足蜈蚣
Scolopendra cingulata

后足呈螯肢状

白松虫
Scutigerella immaculatus

以新鲜植物为食，是农业害虫

橙斑千足虫
Blaniulus guttulatus

剪尾石蜈蚣
Lithobius forficatus

后足呈触角状

甲壳动物

门：	节肢动物门
亚门：	甲壳亚门
纲：	11
目：	37
科：	540
种：	42000

从不足0.25毫米长的水蚤到足长可达3.7米的巨型蜘蛛蟹，甲壳类动物的成员形态极其丰富。虽然有些种类已经适应了陆地生活，但是大部分甲壳动物还是生活在水中，并且通过逐步进化，遍布于全球各个海洋及淡水环境之中。可以自由游动的浮游物种，如磷虾，是水生食物链的重要环节；蟹类和其他底栖生物会在海底沉积物中穴居或爬行；藤壶一般固定在一处不动，靠过滤水中的浮游生物为食。也有一些甲壳动物为寄生物种，其成体形式就像寄主体内的一个细胞集合。

独特的身体结构

和其他节肢动物一样，甲壳动物拥有分节的身体、多关节的足、外骨骼，生长过程中要蜕皮。甲壳动物的外骨骼有的很薄且灵活，如水蚤，有的很坚硬且已经钙化，如蟹类。它们的身体通常分为三部分：头部、胸部和腹部，但是许多大型种类头部和胸部融合形成了头胸部，并且有盾形甲壳保护。腹部通常会延长形成尾节。

典型甲壳动物的头部长有2对触角、1对复眼（通常长在眼柄上），以及3对咀嚼式口器。胸部（及部分种类的腹部）长有附肢，且常保持原始的双肢型。许多种类的附肢已经进化为只具有单一功能，分别用于行走、游泳、收集食物和防御等。例如蟹类的第一对附肢已经特化为钳子状的螯足。

有些雌性甲壳动物将卵产在水中，也有许多在体内孵化。有些种类的甲壳动物孵化出的是无节幼虫，具有2对触角、1对下颚和1只单眼。但大部分甲壳动物会孵化出更高级的幼虫，甚至直接孵化为小型成虫。

引人注目的大钳子：很多甲壳动物的第一对足都已经特化成螯足。例如成年雄性招潮蟹的右侧螯足就会长得异常大，甚至可达到其体重的65%。雄蟹靠挥舞这个大螯来觅偶和与其他雄蟹决斗。另外，这个大螯也可能被用于发出声响以吸引雌蟹光顾它的洞穴。

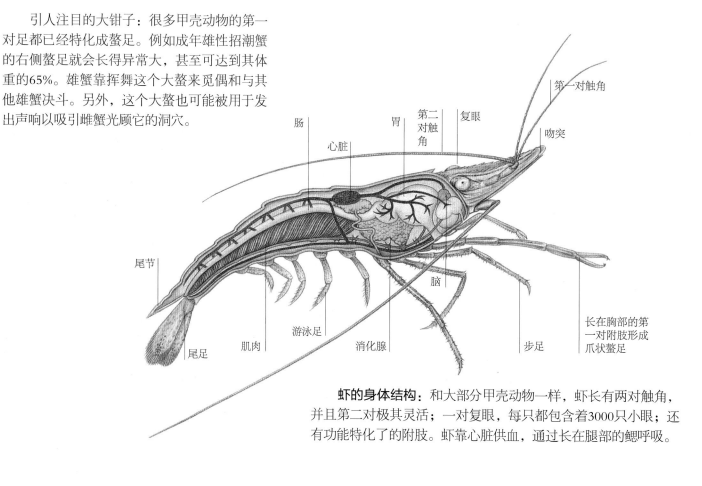

虾的身体结构：和大部分甲壳动物一样，虾长有两对触角，并且第二对极其灵活；一对复眼，每只都包含着3000只小眼；还有功能特化了的附肢。虾靠心脏供血，通过长在腿部的鳃呼吸。

（图中标注：肠、心脏、胃、第二对触角、复眼、第一对触角、吻突、脑、尾节、尾足、肌肉、游泳足、消化腺、步足、长在胸部的第一对附肢形成爪状螯足）

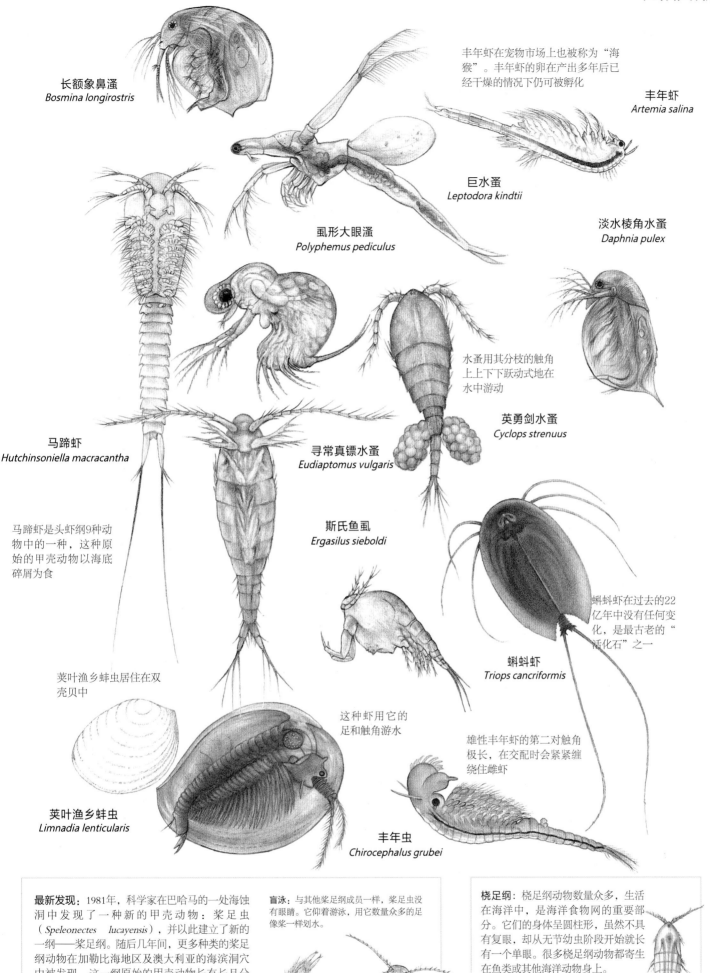

长额象鼻溞
Bosmina longirostris

丰年虾在宠物市场上也被称为"海猴"。丰年虾的卵在产出多年后已经干燥的情况下仍可被孵化

丰年虾
Artemia salina

巨水蚤
Leptodora kindtii

淡水棱角水蚤
Daphnia pulex

虱形大眼溞
Polyphemus pediculus

水蚤用其分枝的触角上上下下跃动式地在水中游动

英勇剑水蚤
Cyclops strenuus

马蹄虾
Hutchinsoniella macracantha

寻常真镖水蚤
Eudiaptomus vulgaris

马蹄虾是头虾纲9种动物中的一种,这种原始的甲壳动物以海底碎屑为食

斯氏鱼虱
Ergasilus sieboldi

蝌蚪虾在过去的22亿年中没有任何变化,是最古老的"活化石"之一

蝌蚪虾
Triops cancriformis

荚叶渔乡蚌虫居住在双壳贝中

这种虾用它的足和触角游水

雄性丰年虾的第二对触角极长,在交配时会紧紧缠绕住雌虾

荚叶渔乡蚌虫
Limnadia lenticularis

丰年虫
Chirocephalus grubei

最新发现: 1981年,科学家在巴哈马的一处海蚀洞中发现了一种新的甲壳动物:桨足虫(*Speleonectes lucayensis*),并以此建立了新的一纲——桨足纲。随后几年间,更多种类的桨足纲动物在加勒比海地区及澳大利亚的海滨洞穴中被发现。这一纲原始的甲壳动物长有长且分节的身体,拥有至少32个体节,每个体节上都长有1对足;都是食肉动物。

盲泳: 与其他桨足纲成员一样,桨足虫没有眼睛。它仰着游泳,用它数量众多的足像桨一样划水。

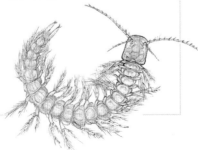

桡足纲: 桡足纲动物数量众多,生活在海洋中,是海洋食物网的重要部分。它们的身体呈圆柱形,虽然不具有复眼,却从无节幼虫阶段开始就长有一个单眼。很多桡足纲动物都寄生在鱼类或其他海洋动物身上。

种:8500

世界范围;主要集中在海洋中

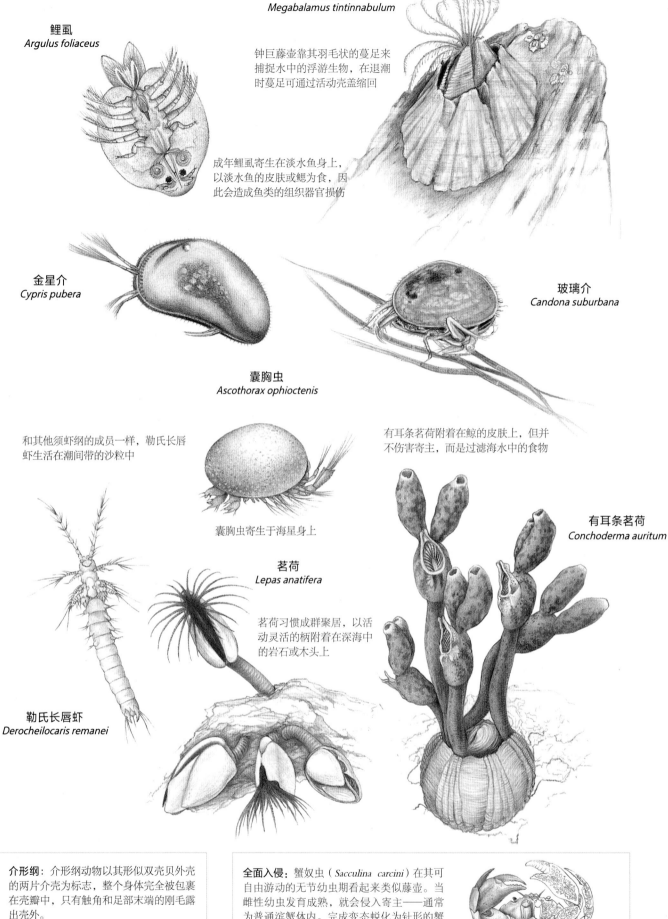

鲤虱
Argulus foliaceus

成年鲤虱寄生在淡水鱼身上，以淡水鱼的皮肤或鳃为食，因此会造成鱼类的组织器官损伤

钟巨藤壶
Megabalamus tintinnabulum

钟巨藤壶靠其羽毛状的蔓足来捕捉水中的浮游生物，在退潮时蔓足可通过活动壳盖缩回

金星介
Cypris pubera

玻璃介
Candona suburbana

囊胸虫
Ascothorax ophioctenis

和其他须虾纲的成员一样，勒氏长唇虾生活在潮间带的沙粒中

囊胸虫寄生于海星身上

有耳条茗荷附着在鲸的皮肤上，但并不伤害寄主，而是过滤海水中的食物

有耳条茗荷
Conchoderma auritum

茗荷
Lepas anatifera

茗荷习惯成群聚居，以活动灵活的柄附着在深海中的岩石或木头上

勒氏长唇虾
Derocheilocaris remanei

全面入侵：蟹奴虫（*Sacculina carcini*）在其可自由游动的无节幼虫期看起来类似藤壶。当雌性幼虫发育成熟，就会侵入寄主——通常为普通滨蟹体内。完成变态蜕化为针形的蟹奴虫会将自己的细胞刺入寄主体内，细胞就像根须一样侵入寄主身体的各个地方，直到最后形成一个繁殖体，爆出寄主的身体。

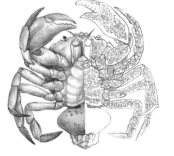

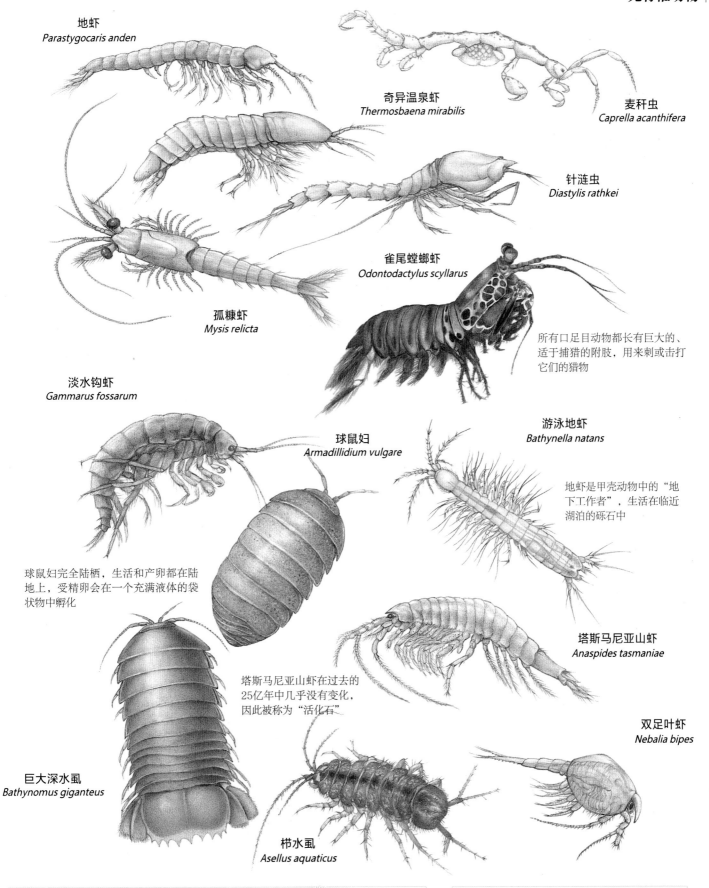

地虾
Parastygocaris anden

奇异温泉虾
Thermosbaena mirabilis

麦秆虫
Caprella acanthifera

针涟虫
Diastylis rathkei

雀尾螳螂虾
Odontodactylus scyllarus

孤糠虾
Mysis relicta

所有口足目动物都长有巨大的、适于捕猎的附肢，用来刺或击打它们的猎物

淡水钩虾
Gammarus fossarum

球鼠妇
Armadillidium vulgare

游泳地虾
Bathynella natans

地虾是甲壳动物中的"地下工作者"，生活在临近湖泊的砾石中

球鼠妇完全陆栖，生活和产卵都在陆地上，受精卵会在一个充满液体的袋状物中孵化

塔斯马尼亚山虾
Anaspides tasmaniae

双足叶虾
Nebalia bipes

塔斯马尼亚山虾在过去的25亿年中几乎没有变化，因此被称为"活化石"

巨大深水虱
Bathynomus giganteus

栉水虱
Asellus aquaticus

软甲纲：软甲纲是甲壳动物中最大的一纲，包括13科。软甲纲动物的头部分为6节体节，胸部分为8节，腹部分为6节。除了首节体节外，其他各个体节上都长有1对附肢。

种：25000

世界范围；主要为水生

相似的甲壳动物：紫光虾（*Enoplometopus daumi*）和其他龙虾类、蟹类和虾类都属于软甲纲下属的十足目。

捕食用的眼睛：口足目是软甲纲高度特殊化的一目，其代表成员是虾蛄（皮皮虾）。这一目的动物都长有复杂的复眼，以鱼、蟹和软体动物为食。

口足目的视觉：口足目动物的每只复眼中只有一宽条的部分具有颜色视觉和对比功能；眼睛的其余部分则具有单色视觉和透视功能。

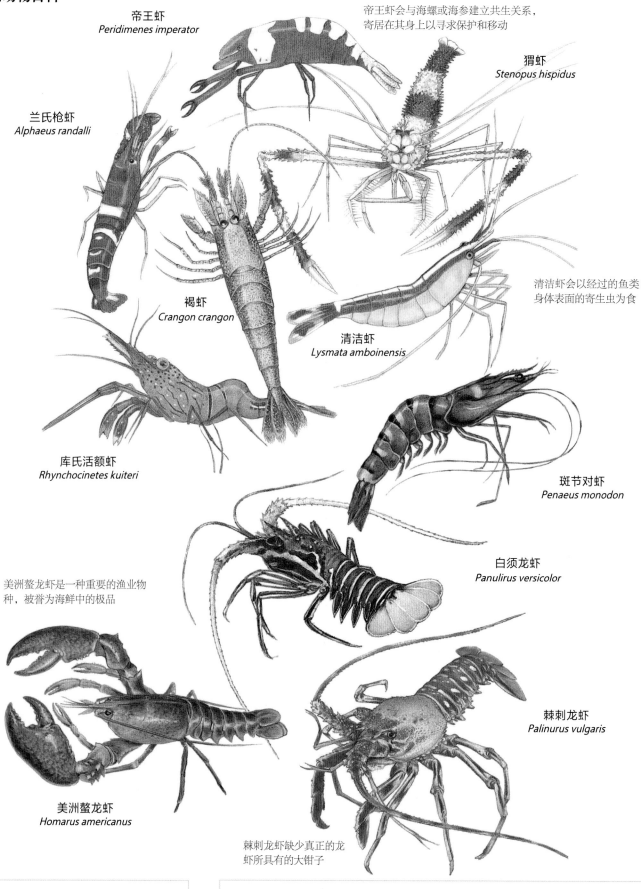

帝王虾
Peridimenes imperator

帝王虾会与海螺或海参建立共生关系，
寄居在其身上以寻求保护和移动

猬虾
Stenopus hispidus

兰氏枪虾
Alphaeus randalli

褐虾
Crangon crangon

清洁虾会以经过的鱼类
身体表面的寄生虫为食

清洁虾
Lysmata amboinensis

库氏活额虾
Rhynchocinetes kuiteri

斑节对虾
Penaeus monodon

白须龙虾
Panulirus versicolor

美洲螯龙虾是一种重要的渔业物
种，被誉为海鲜中的极品

棘刺龙虾
Palinurus vulgaris

美洲螯龙虾
Homarus americanus

棘刺龙虾缺少真正的龙
虾所具有的大钳子

十足目： 十足目动物成员数量众多，约
占甲壳动物总量的1/4，因其长有5对胸足
而得名。这一目的动物分为游泳的虾和
爬行的龙虾、蝲蛄和蟹。

种：8000

世界范围；主要在海洋中

磷虾： 规模较小的磷虾目仅包括85
种磷虾、1种虾形浮游生物。它们是
海洋食物链中的重要一环。在南极
地区，南极磷虾是当地的关键物
种。磷虾白天一般都躲在海洋深
处，晚上成群浮至海面觅食。磷虾
是多种海鸟、鱼类、乌贼、须鲸和
海豹的主要食物。

南极磷虾： 南极磷虾的生态量达到
了惊人的8亿吨，比地球上的人类总
量还多。

北极磷虾： 北极地区最主要的磷虾
种类是北方磷虾（*Meganyctiphanes
norvegica*）。

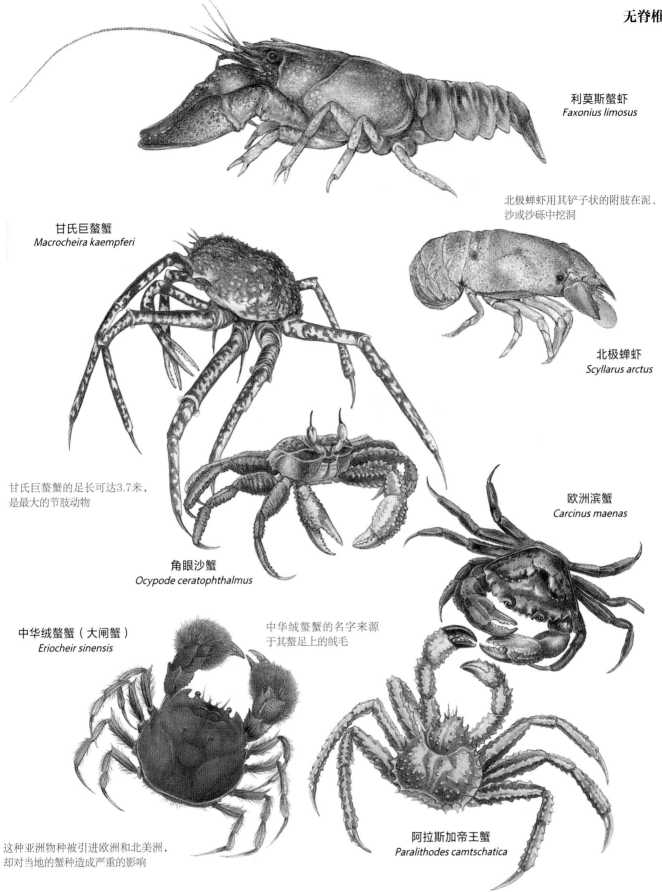

利莫斯螯虾
Faxonius limosus

北极蝉虾用其铲子状的附肢在泥、沙或沙砾中挖洞

甘氏巨螯蟹
Macrocheira kaempferi

北极蝉虾
Scyllarus arctus

甘氏巨螯蟹的足长可达3.7米，是最大的节肢动物

欧洲滨蟹
Carcinus maenas

角眼沙蟹
Ocypode ceratophthalmus

中华绒螯蟹（大闸蟹）
Eriocheir sinensis

中华绒螯蟹的名字来源于其螯足上的绒毛

阿拉斯加帝王蟹
Paralithodes camtschatica

这种亚洲物种被引进欧洲和北美洲，却对当地的蟹种造成严重的影响

甲壳动物的迁徙：陆生蟹类已经适应了陆栖生活，但有些仍要回到水中繁殖。成年陆地红蟹（*Gecarcoidea natalis*）生活在潮湿的内陆雨林地区，但当它们要产卵时，为了回到海岸，数千万只陆地红蟹会进行一周危险的旅程。

一般是雄蟹先抵达海滩，挖好产卵用的洞穴后等待雌蟹的到来。雌蟹要用2周完成孵化，然后将幼蟹放入大海。1个月后，只有少数水生幼蟹可以活着回到岸上来。上岸的幼蟹通过蜕皮成为年轻成蟹，并返回森林中。

可移动的家：为了保护自己柔软的腹部，寄居蟹和陆寄居蟹会使用腹足类动物遗弃的壳作为自己的"家"。在它们长大后，还必须寻找更大的壳，然后"搬"进去。

昆虫

门：	节肢动物门
亚门：	六足亚门
纲：	昆虫纲
目：	29
科：	949
种：	>100万

多方面的研究和统计数据表明，昆虫是生活在地球上的最成功的生物。目前，人类已知的昆虫超过100万种，占所有已知动物种类的50%以上。实际上，尚有许多昆虫种类有待发现，据估算，地球上的昆虫种类在200万~3000万种。单看其个体数量，昆虫也压倒性地超越了其他动物种类：一些科学家相信，仅蚂蚁和白蚁就占据了全球动物生态总量的20%。昆虫可以生活在最炎热的沙漠和最寒冷的极地地区，同时，在几乎所有陆地和淡水栖息地都能看到它们的身影，少数种类甚至可以适应海洋生活。

传粉者：蜜蜂吮吸花蜜时会带走很多花粉。这样当它光顾下一个花蕊时就会有少量粘带的花粉掉落入花蕊中，从而完成授粉。大部分开花植物都靠昆虫来实现传粉。

功能各异的口器：昆虫多样化的捕食习性直接体现在它们的口器形状上。蚊子长有喙状口器，可以刺入猎物的皮肤以吸食体液；蚜虫的刺吸式口器有利于其吸食植物汁液；而蛾类长有长且蜷曲的吻部，可伸展开以采集花蜜。

昆虫的成功故事

可以说，昆虫在其生物学的各个方面都获得了令人难以置信的成功。它们坚硬但灵活的外骨骼在为身体提供保护的同时不至于限制活动。外骨骼上还覆盖了一层蜡质外膜，可有效减少身体水分流失，保证其在干旱环境生存。

昆虫是第一类进化出了动力飞行能力的生物，也是无脊椎动物中唯一能够飞行的，可以更加有效地寻找食物和交配对象、躲避捕食者、开发新领地。大部分昆虫的翅膀在其休息时可折叠收起，这使得它们能够更轻松钻进那些狭窄空间探索，如树皮、粪便、落叶层或土壤。

昆虫通过长于体侧的呼吸孔呼吸，呼吸孔可以关闭，以避免水分流失。氧气通过一系列细小的气管被直接送往昆虫的各个身体器官。但这种气体传递方式只适用于较短的距离，这也许是昆虫的体形一直很小的原因。大多数昆虫的体长不过几厘米，因此它们可以充分利用各种微生境，这也是造成它们之间巨大差异性的重要因素。

昆虫的感觉器官分布在其身体各处，头部通常长有2只复眼和3只单眼；2只触角可分辨气味、味道、触觉及声音。听觉器官长于身体或足部。其他感觉器官则可察觉气压、湿度和温度变化。

许多昆虫具有快速繁殖能力，在条件适宜的情况下可大量繁殖，并在大灾难过后迅速恢复种群

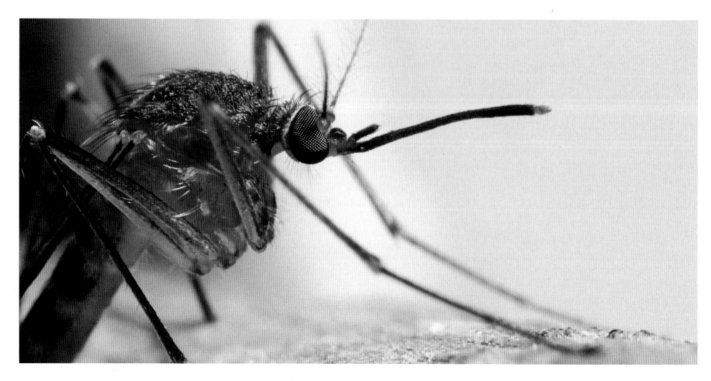

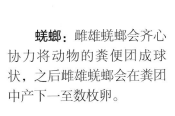

蜣螂： 雌雄蜣螂会齐心协力将动物的粪便团成球状，之后雌雄蜣螂会在粪团中产下一至数枚卵。

数量。大部分昆虫都为体内受精，但雌性可以将雄性的精子保存在体内，在自己需要的时候使用。有些昆虫，如蚜虫，可以用自体复制的方式快速增加成员数量，但同时它们也会通过有性生殖来保证基因多样性。昆虫的卵外一般包覆着壳状的绒毛膜以防止干燥，这也是有些昆虫可以生活在干旱栖息地的原因。尽管有的昆虫孵化出时就是小型成虫形态，但大部分昆虫幼虫必须经过变态阶段才能发育为成虫。昆虫幼虫和成虫通常生活在不同的生态环境之中，所吃的食物也不相同，这避免了它们之间的竞争。

因为有的昆虫种类会造成人类的不适、传播疾病、破坏庄稼和贮藏的食物，人类常将昆虫视为害虫。实际上，大部分昆虫对人类造成的损害极小，但它们却在整个地球环境中扮演着重要角色。大约3/4的开花植物依赖昆虫为之授粉，还有许多动物以昆虫为食。

昆虫的飞行

尽管有些种类的昆虫没有翅，但绝大多数的昆虫成虫都长有翅膀。甲虫和蝗虫的翅膀只能扇动4～20次每秒，因此它们的空中机动性较差；而蜂和蝇可以达到190次每秒，可以在空中盘旋和猛冲；有些蚊类的振翅频率甚至达到了1000次每秒。飞行速度最快的昆虫是蜻蜓，可以达到50千米每小时。

折叠翅： 蝗螂的后翅在不使用时可以像扇子一样折叠收起。这不但可以保护翅，而且允许它钻进狭小的空间。

平衡翅： 苍蝇看起来似乎只有一对翅，实际上，第二对翅已经退化为球状突起结构，这个结构被称为"平衡棒"，可在其飞行时保持平衡。

羽状翅： 蓟马和羽蛾的翅膀看起来更像纤细的羽毛，由通过中脉支撑的细绒毛组成。

钩翅： 胡蜂的前翅和后翅由翅钩连接着，因此可以同步振动。

分离翅： 蜻蜓的前翅和后翅既可以同步振动也可以分开振动。作为早期可以飞行的昆虫代表，蜻蜓的翅膀不能折叠收在背后。

防护翅： 瓢虫和一些甲虫的前翅已经进化成硬翅鞘，保护仍然起飞行作用的后翅。

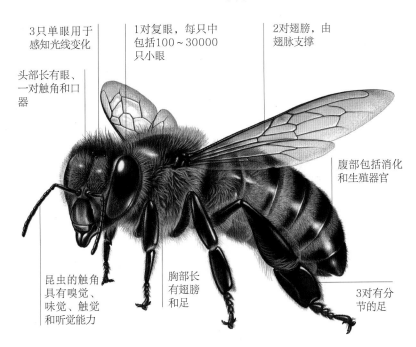

3只单眼用于感知光线变化

头部长有眼、一对触角和口器

1对复眼，每只中包括100～30000只小眼

2对翅膀，由翅脉支撑

腹部包括消化和生殖器官

昆虫的触角具有嗅觉、味觉、触觉和听觉能力

胸部长有翅膀和足

3对有分节的足

昆虫的身体结构： 尽管不同种类的昆虫在身体形状和形态方面表现出令人惊讶的差异性，但都拥有相同的基本身体结构。与其他节肢动物一样，昆虫分节的身体由头、胸、腹3部分组成，足部分节；具有坚硬的外骨骼。昆虫纲动物以长有3对步足为特征，通常拥有2对翅膀、1对触角和1对复眼。

蜻蜓和豆娘

门:	节肢动物门
亚门:	六足亚门
纲:	昆虫纲
目:	蜻蜓目
科:	30
种:	5500

最早的蜻蜓目成员出现在距今3亿年前，比恐龙的出现还要早1亿年。这一目还包括了曾经存在的体形最大的昆虫，其翼展可达70厘米。但如今的蜻蜓目动物体形都较小，翼展在18毫米～19厘米。人们常看见蜻蜓在水面附近飞行，这种贪婪的空中捕食者在除极地以外的世界范围内广泛分布，大量生活在热带地区。豆娘飞行速度较慢，休息时翅会收回，垂直立于背上。蜻蜓则是强壮、敏捷的飞翔者，休息时翅仍然伸出体外。

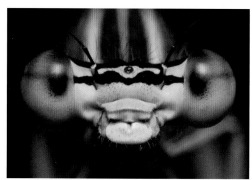

锐利的视觉：蜻蜓巨大的复眼由至少3万只小眼组成，拥有极佳的视觉和广阔的视野。强壮且锋利的口器也说明了其肉食习性。

从水生生活开始

蜻蜓和豆娘生命的大部分时间都处于水生稚虫阶段，稚虫通过鳃呼吸，以其他昆虫幼虫、蝌蚪和小鱼为食。它们的嘴长得很特别，非常靠下，就像一个面罩，但却可以突然伸出牙齿咬住猎物。不同种类的蜻蜓目动物的稚虫期在几周到8年不等，稚虫要经过17次蜕皮才能发育为成虫。最后一次蜕皮时稚虫会离开水面。成虫长有复眼、锋利的口器和2对翅膀，胸部倾斜、腹部细长。

刚完成蜕变的成虫会飞离水面，在空中捕食昆虫。为了繁殖，雄性会沿着水面占据一定领土并驱逐其他闯入的雄性。完成交配后，雄性通常会守卫着雌性直到它将卵产于水中。大部分蜻蜓目的成虫最多存活数周。

晓褐蜻
Trithemis aurora

蜻蜓休息时翅膀是展开的

阔翅豆娘
Calopteryx virgo

雌性的翅膀为金褐色，雄性的则为深彩虹色

休息时翅膀会竖起

两只复眼间的距离较大

足部位置靠前，便于捕捉猎物

天青豆娘
Coenagrion puella

两只巨大的复眼长得非常靠近

蓝额疏脉蜻
Pachydiplax longipennis

螳螂

| 门：节肢动物门 |
| 亚门：六足亚门 |
| 纲：昆虫纲 |
| 目：螳螂目 |
| 科：8 |
| 种：2000 |

为伏击猎物，螳螂可以长时间保持静止状态，两只巨大的捕捉足紧紧收缩在身前。发动袭击时，螳螂会像闪电一样突然伸出捕捉足抓住猎物。大部分螳螂都为中等身形，一般约5厘米长，也有些热带种类可以长到25厘米长——这些巨型螳螂除了昆虫，还会吃小鸟和小型蜥蜴。螳螂大多栖息于热带和亚热带地区，也有一些生活在南欧、北美、南非以及澳大利亚的温带地区。

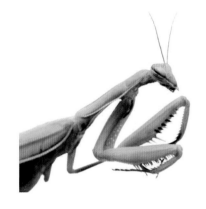

精准攻击：螳螂向前的眼睛为其提供了立体视觉。捕猎时，螳螂会用它尖利、带有弯钩的前足刺穿猎物，然后用强壮的下颌骨迅速吞下猎物。

安静的狩猎者

螳螂最擅长以隐藏自己来躲避捕食者和捕捉猎物。它们是唯一不转动身体其他部位就可以使头部旋转任意角度的昆虫，也因此能够安静地观察潜在猎物。有些种类的螳螂具有隐匿色，能够隐藏于草、树叶、树枝和花朵等环境之中。受到惊吓时，螳螂会振动翅膀发出沙沙声，并展示出鲜明的警戒色。螳螂是蝙蝠夜间捕食的对象，为躲避天敌，螳螂胸部的"耳朵"可以察觉蝙蝠的超声波信号。

有些种类的雌螳螂在交配时会将雄螳螂吃掉。虽然雌螳螂一生只交配一次，却可以产下至少20个具有坚硬外壳的卵鞘，每个可容纳30～300枚卵。刚孵化的螳螂若虫没有翅，但外形与成虫已十分相似。若虫可以自主捕食，甚至会自相残杀。经历数次蜕皮后，若虫发育成熟，长出翅膀及成虫的隐匿色。

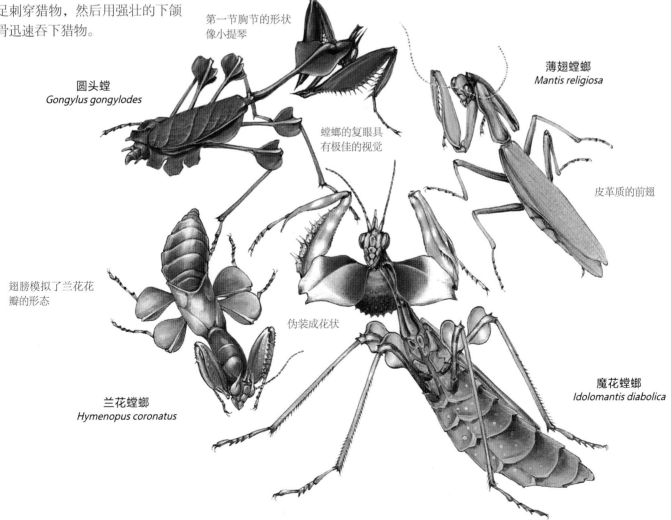

第一节胸节的形状像小提琴

圆头螳
Gongylus gongylodes

螳螂的复眼具有极佳的视觉

薄翅螳螂
Mantis religiosa

皮革质的前翅

翅膀模拟了兰花花瓣的形态

伪装成花状

兰花螳螂
Hymenopus coronatus

魔花螳螂
Idolomantis diabolica

蟑螂

| 门：节肢动物门 |
| 亚门：六足亚门 |
| 纲：昆虫纲 |
| 目：蜚蠊目 |
| 科：6 |
| 种：4000 |

俗称蟑螂的蜚蠊目动物是一种清道夫昆虫，几乎任何植物或动物制品它们都吃，包括储存的食物、垃圾、纸张、衣物等。有的蟑螂广泛分布于人类生活环境之中，并被视为令人厌恶的害虫。事实上，只有不到1%的蟑螂属于害虫——其余成员在森林及其他栖息地起着将落叶和动物粪便循环再利用的重要生态作用。多数蟑螂生活于热带地区，还有约25种被人类无意中通过船只传播到了世界各地。蟑螂是现存最原始的昆虫，它们在过去3亿多年的时间中基本没有变化。

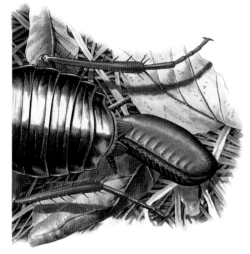

敏感的昆虫

一系列的感觉器官可以帮助蟑螂察觉周围环境的细微变化。长长的触角能够发现食物和水分。足部和腹部的感觉器官能收集到细微的空气流动，提醒这种昆虫在一瞬间逃离危险。扁圆的体形则可以使得它们钻进狭小的缝隙。不是所有蟑螂都有翅，但有翅种类的前翅通常坚硬且不透明，保护着半透明、用于飞行的后翅。

蟑螂的交配通常由雌蟑螂发出信息素以吸引雄性开始。雌性一般一次产下14～32个卵鞘，卵鞘或自行孵化，或由雌蟑螂拖带于腹部下端孵化；还有的雌蟑螂会将产出的卵鞘收缩进体内的"育室"中，直到若虫孵出。若虫需要经过13次蜕皮才能发育成熟。蟑螂的寿命一般为2～4年。

蟑螂的卵：雌蟑螂会将卵产在卵鞘中。刚孵化的蟑螂若虫身体柔软，呈白色，但很快就会变硬且转为棕色。它们以卵鞘作为自己的第一餐。

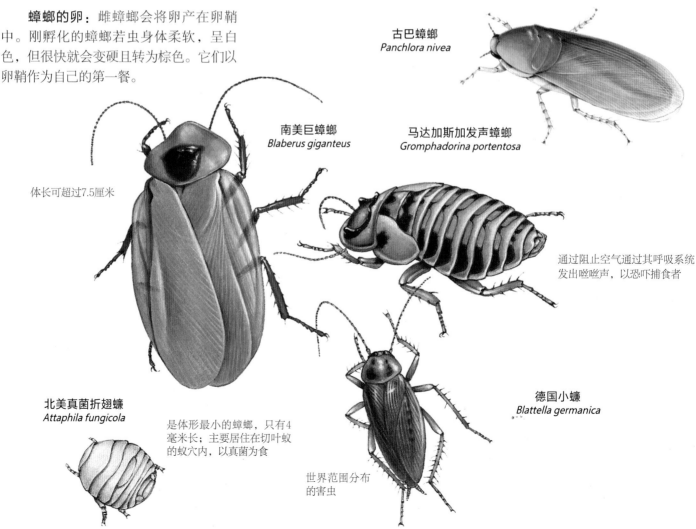

古巴蟑螂
Panchlora nivea

南美巨蟑螂
Blaberus giganteus

体长可超过7.5厘米

马达加斯加发声蟑螂
Gromphadorina portentosa

通过阻止空气通过其呼吸系统发出咝咝声，以恐吓捕食者

北美真菌折翅蠊
Attaphila fungicola

是体形最小的蟑螂，只有4毫米长；主要居住在切叶蚁的蚁穴内，以真菌为食

德国小蠊
Blattella germanica

世界范围分布的害虫

白蚁

门:	节肢动物门
亚门:	六足亚门
纲:	昆虫纲
目:	等翅目
科:	7
种:	2750

等翅目通称白蚁，是世界上最标准的一夫一妻制动物，一个高度社会化的白蚁王国由一个蚁王和一个蚁后带领它们数以百万计的后代组成。虽然这种小昆虫从名称到社会系统和身体结构均与蚂蚁相似，但作为独立的一目，它们反而与蟑螂的关系更密切。白蚁遍布全球，更多地集中在热带雨林之中，每1万平方千米面积的个体数量可以达到1万只之多。它们以枯木为食，对其栖息地的生态循环起到积极作用，但居住在城市环境中的白蚁也会严重破坏人类建筑。

蚁穴内部：每处蚁穴都是一个稳定、拥有湿润微气候的封闭环境。虽然有些白蚁将巢穴安置在树内，大部分蚁穴都建在地下，并会有部分突出地面形成一个土丘。工蚁用唾液或粪便将土壤颗粒或木屑黏合在一起，建造坚硬的外墙来保护蚁穴内部的"房间"网络。

外部泥墙可以高达6米

通过多孔墙壁上的通风管，新鲜空气进入，废气被排出

热空气通过中心通风管道上升

冷空气下沉至地下的生活区，帮助整个蚁穴保持在一个稳定的温度

等级社会

一个成熟的白蚁群体包括3个等级：繁殖蚁、工蚁和兵蚁。创造出这一白蚁群体的其他成员的主要繁殖者是蚁王和蚁后，它们的寿命长达25年。一旦有一方死去，就会有新的蚁王或蚁后接替它的位置。

工蚁和兵蚁既有雌性也有雄性，没有翅，通常缺少眼睛和成熟的生殖器官，寿命一般为5年。工蚁体色较暗，身体柔软，它们要负责喂养群体的其他成员，修筑、维护巢穴。兵蚁负责巢穴的保卫工作，有力的下颚就是它们的武器。白蚁若虫可以根据群体需要发展为任一等级的成员。

在每年的特殊时期，一大群长有翅膀的雌雄白蚁会飞出巢穴，四散到各处。之后它们的翅膀脱落，寻找到配偶，成为新群体的蚁王和蚁后。

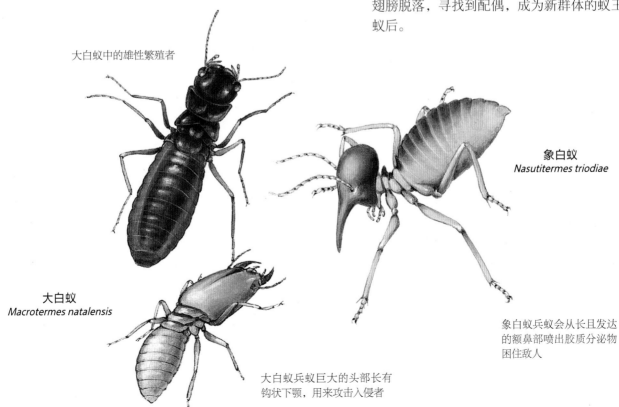

大白蚁中的雄性繁殖者

象白蚁
Nasutitermes triodiae

大白蚁
Macrotermes natalensis

象白蚁兵蚁会从长且发达的额鼻部喷出胶质分泌物困住敌人

大白蚁兵蚁巨大的头部长有钩状下颚，用来攻击入侵者

蟋蟀和蝗虫

| 门：节肢动物门 |
| 亚门：六足亚门 |
| 纲：昆虫纲 |
| 目：直翅目 |
| 科：28 |
| 种：>20000 |

直翅目包括蝗虫、蟋蟀、螽斯、蝼蛄及其近亲，这一目的生物以鸣叫和跳跃的能力著称，标志性特点是细长、善于跳跃的后足（跳跃足）。大部分种类长有翅膀，细长但富韧性的前翅保护着膜质的扇形后翅。尽管大部分直翅目生活于草地和森林中的地面，也有一些树栖、穴居或半水生，所以它们可见于沙漠、洞穴、沼泽和海滨地区。蝗虫和少数螽斯是食草动物，其余直翅目均为杂食动物。

会唱歌的昆虫

许多雄性直翅目昆虫都能通过摩擦身体的两个部分发出声音，这种技巧被称为"摩擦发音"。蟋蟀和螽斯以左、右翅相互摩擦发音，蝗虫则以足腿节内侧的音齿与前翅相互摩擦发音。同时，它们可通过长于前足或腹部的听器听见彼此发出的声音。

雄性直翅目的"歌声"可大致分为三种：召唤歌，用来吸引远处的雌性；求爱歌，诱惑附近的雌性前来交配；战斗歌，用来恐吓其他雄性竞争者。它们的有些叫声因为频率过高无法被人耳听见。蟋蟀的叫声还会受天气状况的影响，温度越高叫声越频繁。

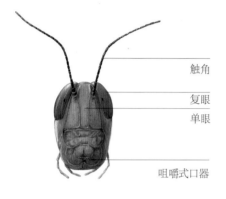

触角
复眼
单眼

咀嚼式口器

信息收集器：直翅目动物的头长有1对敏感的触角、1对巨大的复眼和咀嚼植物用的口器。

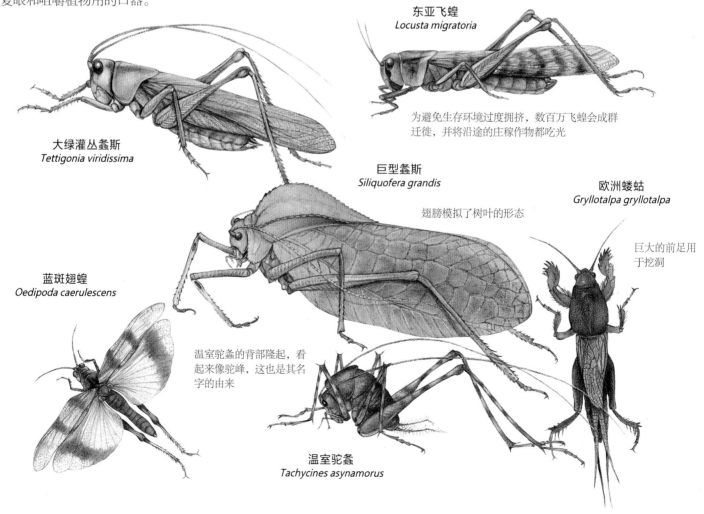

东亚飞蝗
Locusta migratoria

为避免生存环境过度拥挤，数百万飞蝗会成群迁徙，并将沿途的庄稼作物都吃光

大绿灌丛螽斯
Tettigonia viridissima

巨型螽斯
Siliquofera grandis

翅膀模拟了树叶的形态

欧洲蝼蛄
Gryllotalpa gryllotalpa

巨大的前足用于挖洞

蓝斑翅蝗
Oedipoda caerulescens

温室驼螽的背部隆起，看起来像驼峰，这也是其名字的由来

温室驼螽
Tachycines asynamorus

半翅目昆虫

门：	节肢动物门
亚门：	六足亚门
纲：	昆虫纲
目：	半翅目
科：	134
种：	>80000

顾名思义，半翅目是指其大部分成员（不是全部）的前翅基部增厚为革质，端部为膜质。这一目昆虫极其多样化，既有体形微小且无翅的蚜虫，也有可以捕食青蛙的巨型水蝽；但它们的共同特点是长有刺吸式口器，可刺入捕食对象的体表。口器会注入帮助消化的唾液，吸食对方体液。大部分半翅目昆虫以植物汁液为食，其中一些是严重危害农业的害虫；其他种类或吸食脊椎动物的血液，或捕食其他昆虫。

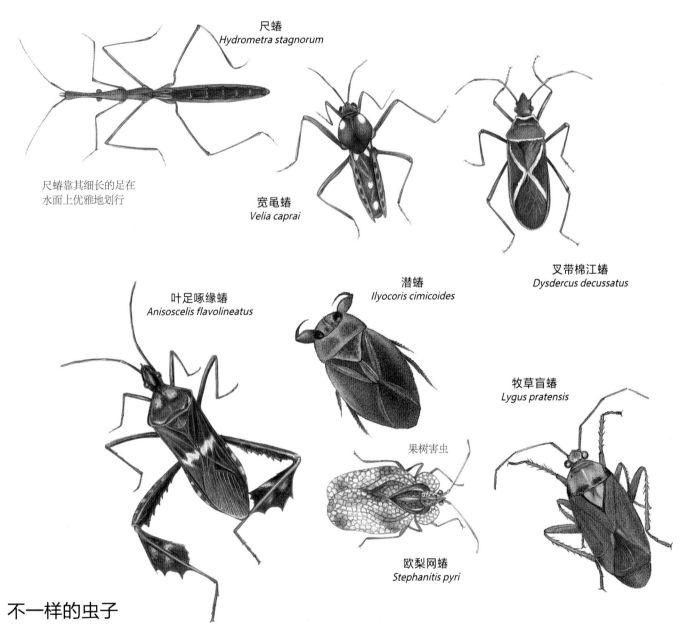

尺蝽
Hydrometra stagnorum

尺蝽靠其细长的足在水面上优雅地划行

宽黾蝽
Velia caprai

叉带棉红蝽
Dysdercus decussatus

叶足啄缘蝽
Anisoscelis flavolineatus

潜蝽
Ilyocoris cimicoides

牧草盲蝽
Lygus pratensis

果树害虫

欧梨网蝽
Stephanitis pyri

不一样的虫子

半翅目昆虫的体形大小1毫米～11厘米不等，广泛分布于世界各地，可以适应几乎各种陆地栖息地。此外，还有些种类是专门的水生生物，其中海黾是目前发现的唯一能够生活在深海的昆虫。这一目的昆虫均为不完全变态发育，若虫看起来就是没有翅膀的小型成虫。

除了蝉和其他少数种类，半翅目昆虫的穴居若虫与其成虫的外表截然不同。

半翅目又分为异翅亚目、颈喙亚目、胸喙亚目、鞘喙亚目4个亚目。异翅亚目通称蝽，前翅基部为革质、端部为膜质，后翅则全部为膜质；它们的头部和口器可以向前伸，且许多都

具有臭腺。颈喙亚目包括各种蝉类，两片前翅覆盖在背上，就像帐篷的形状；口器伸向腹部后方。胸喙亚目则包括蚜虫、介壳虫、粉蚧、粉虱及其近亲，大部分身体柔软，靠覆盖体表的蜡质或泡沫状物质保持身体湿润；成虫的翅膀通常已经退化或缩小。鞘喙亚目目前只有鞘喙蝽科一科。

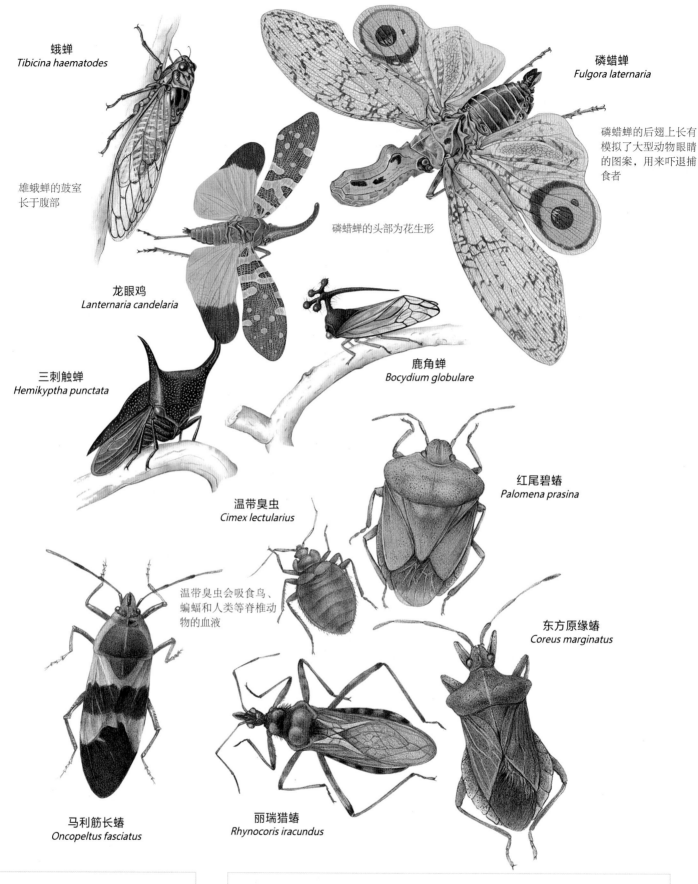

蛾蝉
Tibicina haematodes

雄蛾蝉的鼓室
长于腹部

磷蜡蝉
Fulgora laternaria

磷蜡蝉的后翅上长有
模拟了大型动物眼睛
的图案，用来吓退捕
食者

龙眼鸡
Lanternaria candelaria

磷蜡蝉的头部为花生形

鹿角蝉
Bocydium globulare

三刺触蝉
Hemikyptha punctata

红尾碧蝽
Palomena prasina

温带臭虫
Cimex lectularius

温带臭虫会吸食鸟、
蝙蝠和人类等脊椎动
物的血液

东方原缘蝽
Coreus marginatus

马利筋长蝽
Oncopeltus fasciatus

丽瑞猎蝽
Rhynocoris iracundus

猎蝽科：这一科的昆虫通常以其他昆虫为食，但有时也会吸食脊椎动物的血液。它们会将自己弯曲的口器向前刺入猎物体内并且注射具有麻醉作用的唾液，然后吸食猎物的体液。

接吻虫：吸血锥蝽（*Triatroma sanguisuga*）是一种吸血昆虫，有时会叮咬熟睡者唇边的皮肤，因此得名接吻虫。

周期蝉：蝉是世界上最聒噪的昆虫。雄蝉通过长于腹部的发音器（鼓室）制造声音。尽管很多蝉类的寿命可长达8年以上，但其生命的大部分时间都作为若虫生活在地下。北美洲的周期蝉更是以其成员遵循同步的生命周期而闻名。这些周期蝉会在地下蛰伏13～17年，然后同种蝉的若虫会同时破土而出。

成虫

最后的蜕变：北美洲的周期蝉会在地下蛰伏13～17年，然后破土而出，蜕皮变为成虫。

蝉的若虫

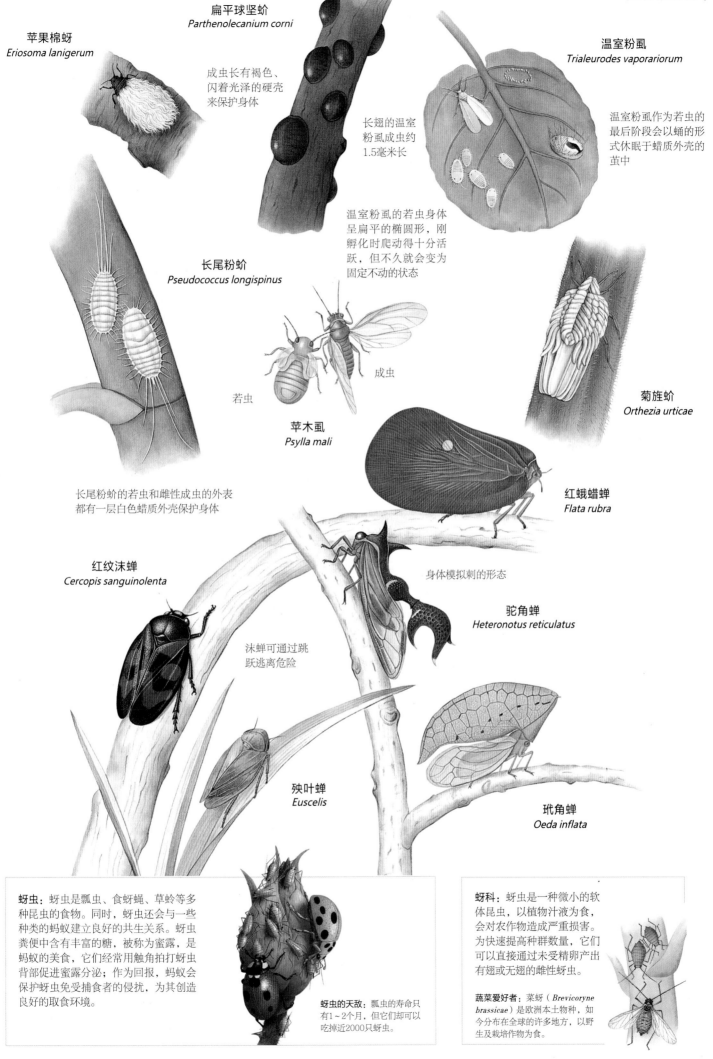

苹果棉蚜
Eriosoma lanigerum

扁平球坚蚧
Parthenolecanium corni

成虫长有褐色、闪着光泽的硬壳来保护身体

温室粉虱
Trialeurodes vaporariorum

温室粉虱作为若虫的最后阶段会以蛹的形式休眠于蜡质外壳的茧中

长翅的温室粉虱成虫约1.5毫米长

温室粉虱的若虫身体呈扁平的椭圆形，刚孵化时爬动得十分活跃，但不久就会变为固定不动的状态

长尾粉蚧
Pseudococcus longispinus

若虫

成虫

苹木虱
Psylla mali

菊旌蚧
Orthezia urticae

长尾粉蚧的若虫和雌性成虫的外表都有一层白色蜡质外壳保护身体

红蛾蜡蝉
Flata rubra

红纹沫蝉
Cercopis sanguinolenta

身体模拟刺的形态

驼角蝉
Heteronotus reticulatus

沫蝉可通过跳跃逃离危险

殃叶蝉
Euscelis

玳角蝉
Oeda inflata

蚜虫：蚜虫是瓢虫、食蚜蝇、草蛉等多种昆虫的食物。同时，蚜虫还会与一些种类的蚂蚁建立良好的共生关系。蚜虫粪便中含有丰富的糖，被称为蜜露，是蚂蚁的美食，它们经常用触角拍打蚜虫背部促进蜜露分泌；作为回报，蚂蚁会保护蚜虫免受捕食者的侵扰，为其创造良好的取食环境。

蚜虫的天敌：瓢虫的寿命只有1~2个月，但它们却可以吃掉近2000只蚜虫。

蚜科：蚜虫是一种微小的软体昆虫，以植物汁液为食，会对农作物造成严重损害。为快速提高种群数量，它们可以直接通过未受精卵产出有翅或无翅的雌性蚜虫。

蔬菜爱好者：菜蚜（*Brevicoryne brassicae*）是欧洲本土物种，如今分布在全球的许多地方，以野生及栽培作物为食。

水生昆虫

　　只有大约3%的昆虫种类（约为3万种）在其生命周期中至少有部分时间真正生活在水中。水生昆虫不得不适应水中稀薄的氧气，克服在水中身体不受控制等难题。有的昆虫，例如水黾，只生活在水面；还有许多昆虫，如仰泳蝽，在需要潜入水中时会随身携带空气；另一些，如蜻蜓稚虫，会一直生活在水下，用鳃呼吸水中的氧气。绝大多数水生昆虫生活在淡水中，仅有约300种可以生活在咸水环境中——这大概是因为甲壳纲动物最早在海中进化，因此带来了太多的竞争。

水生运动方式：水生昆虫进化出了多种水中运动方式，潜蝽可以游泳，但经常在池塘的水底爬行，花费大量时间挂在水草上等待伏击猎物。划蝽长有长且多毛的后肢，可以有力地在水中划行。水黾的足部长有细绒毛，可以沿着水面进行小幅度的跳跃。

气泡式呼吸：龙虱基本上完全生活在水中。成虫会到水面收集空气，储藏于其鞘翅（前翅）下的贮气囊中。它们使用长有浓密纤毛的后肢游泳。

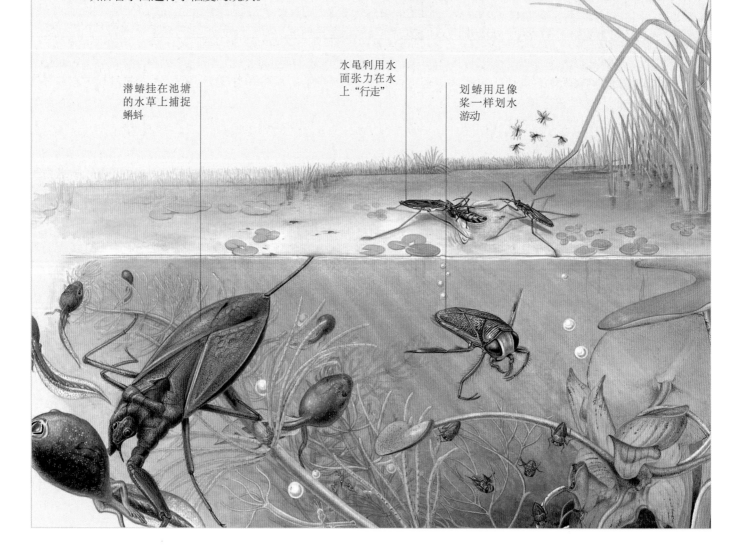

潜蝽挂在池塘的水草上捕捉蝌蚪

水黾利用水面张力在水上"行走"

划蝽用足像桨一样划水游动

甲虫

门：	节肢动物门
亚门：	六足亚门
纲：	昆虫纲
目：	鞘翅目
科：	166
种：	>370000

地球上的每四种已知动物中就有一种属于鞘翅目。这种通称甲虫的昆虫广泛分布于全球各地，从北极冻原、裸露的山顶到沙漠、草原、森林和湖泊都能见到它们，但甲虫更多地集中在茂密的热带森林之中。大多数甲虫以坚硬的革质前翅——鞘翅为特征，鞘翅不但可以保护其膜质、用于飞行的后翅，并且能允许这种昆虫钻进树皮下或落叶层中等狭小空间内。

求偶竞争：雄性锹甲呈分枝状的下颚长得非常像鹿角，也和鹿角的用处相近，都是在与同类争夺交配权时使用。

不同的形态

从瓢虫到龙虱，从圣甲虫到萤火虫，从只有0.25毫米大的缨甲到体长可达16厘米的泰坦大天牛，鞘翅目昆虫向我们展示了多样化的形态特征。成年甲虫的体形或扁圆或细长，还有的呈圆拱形。虽然少数甲虫是出色的飞行员，但鞘翅目的大部分成员都不善于飞行，一些甚至没有翅膀，无法飞行。

鞘翅目动物都具有咀嚼式口器，但具体功能不尽相同。食草类甲虫以植物的根、茎、叶、花、果实、种子或树干为食；食肉类甲虫会捕食小型无脊椎动物；而食腐类甲虫具有非常重要的生态价值，它们可以让死去的动植物、排泄物和其他垃圾被循环再利用。

大部分甲虫生活在地面，但也有一些在树上、水中或者地下活动——少数甚至居住在蚂蚁和白蚁巢穴中。

甲虫的发育过程十分复杂，幼虫形态与成虫截然不同，并且要通过不进食的蛹化过程蜕变为成虫。

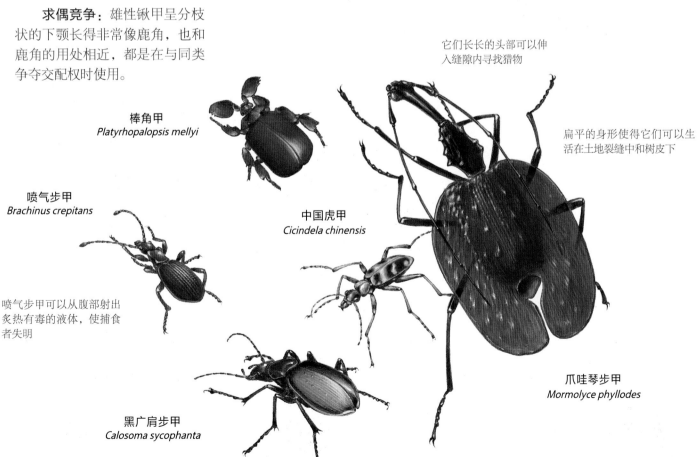

它们长长的头部可以伸入缝隙内寻找猎物

扁平的身形使得它们可以生活在土地裂缝中和树皮下

棒角甲
Platyrhopalopsis mellyi

喷气步甲
Brachinus crepitans

喷气步甲可以从腹部射出炙热有毒的液体，使捕食者失明

中国虎甲
Cicindela chinensis

爪哇琴步甲
Mormolyce phyllodes

黑广肩步甲
Calosoma sycophanta

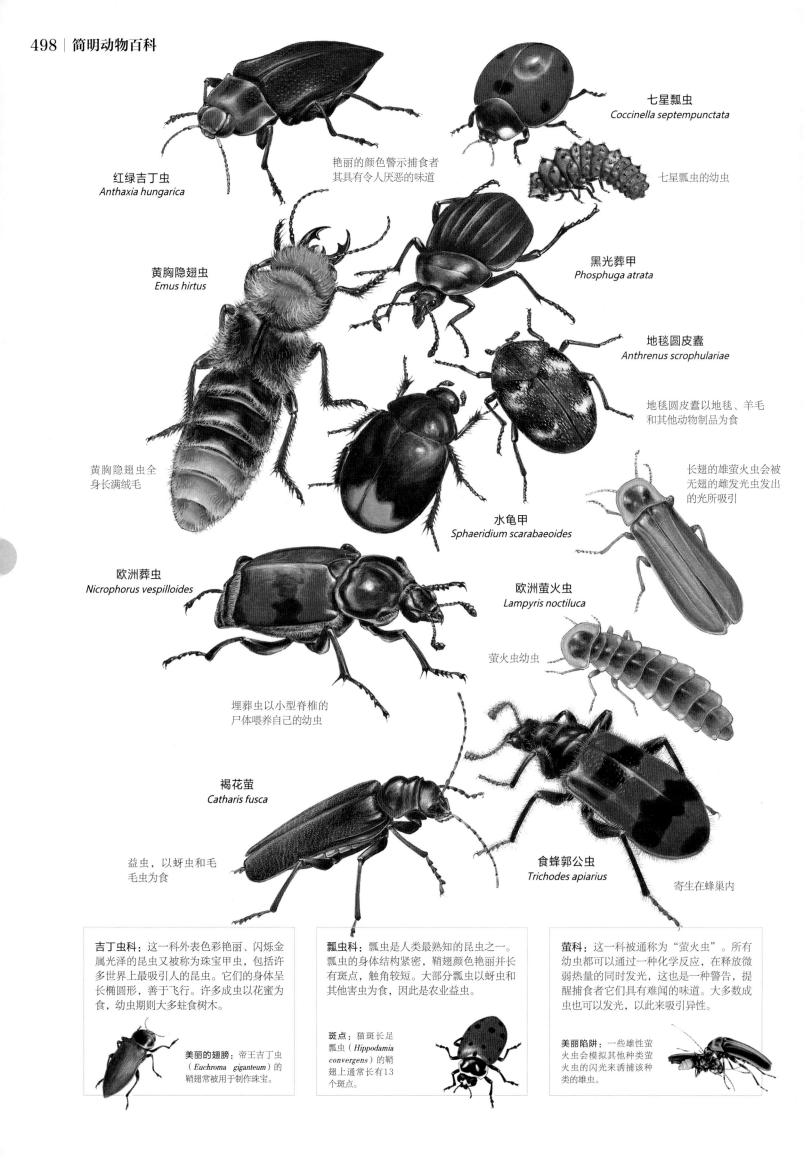

红绿吉丁虫
Anthaxia hungarica

七星瓢虫
Coccinella septempunctata

艳丽的颜色警示捕食者
其具有令人厌恶的味道

七星瓢虫的幼虫

黄胸隐翅虫
Emus hirtus

黑光葬甲
Phosphuga atrata

地毯圆皮蠹
Anthrenus scrophulariae

地毯圆皮蠹以地毯、羊毛
和其他动物制品为食

黄胸隐翅虫全
身长满绒毛

水龟甲
Sphaeridium scarabaeoides

长翅的雄萤火虫会被
无翅的雌发光虫发出
的光所吸引

欧洲葬虫
Nicrophorus vespilloides

欧洲萤火虫
Lampyris noctiluca

萤火虫幼虫

埋葬虫以小型脊椎的
尸体喂养自己的幼虫

褐花萤
Catharis fusca

食蜂郭公虫
Trichodes apiarius

益虫，以蚜虫和毛
毛虫为食

寄生在蜂巢内

吉丁虫科：这一科外表色彩艳丽、闪烁金属光泽的昆虫又被称为珠宝甲虫，包括许多世界上最吸引人的昆虫。它们的身体呈长椭圆形，善于飞行。许多成虫以花蜜为食，幼虫期则大多蛀食树木。

美丽的翅膀：帝王吉丁虫（*Euchroma giganteum*）的鞘翅常被用于制作珠宝。

瓢虫科：瓢虫是人类最熟知的昆虫之一。瓢虫的身体结构紧密，鞘翅颜色艳丽并长有斑点，触角较短。大部分瓢虫以蚜虫和其他害虫为食，因此是农业益虫。

斑点：猫斑长足瓢虫（*Hippodamia convergens*）的鞘翅上通常长有13个斑点。

萤科：这一科被通称为"萤火虫"。所有幼虫都可以通过一种化学反应，在释放微弱热量的同时发光，这也是一种警告，提醒捕食者它们具有难闻的味道。大多数成虫也可以发光，以此来吸引异性。

美丽陷阱：一些雄性萤火虫会模拟其他种类萤火虫的闪光来诱捕该种类的雄虫。

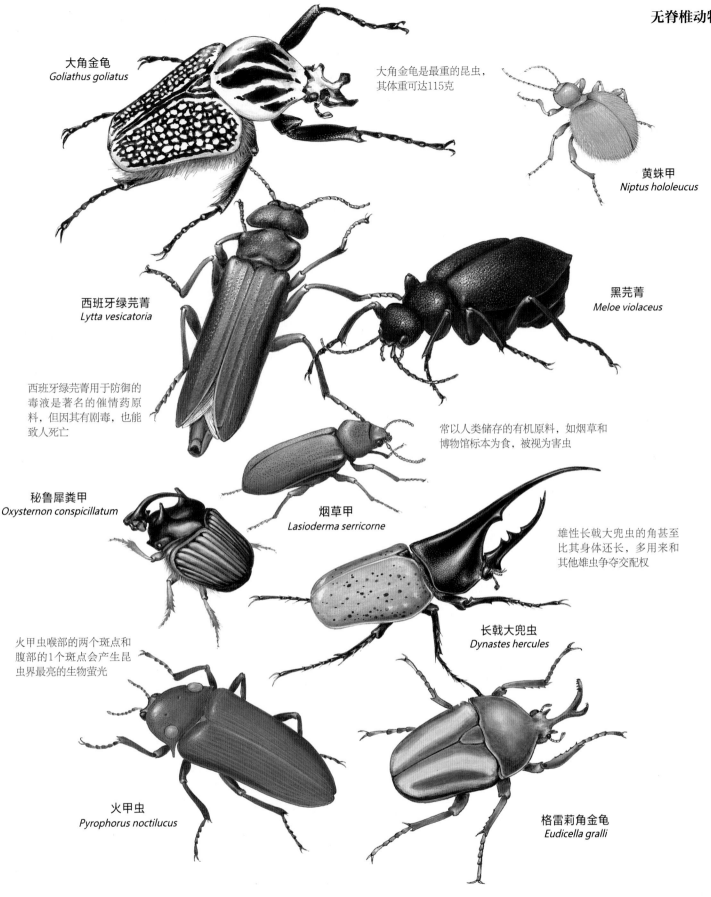

大角金龟
Goliathus goliatus

大角金龟是最重的昆虫，其体重可达115克

黄蛛甲
Niptus hololeucus

西班牙绿芜菁
Lytta vesicatoria

黑芜菁
Meloe violaceus

西班牙绿芜菁用于防御的毒液是著名的催情药原料，但因其有剧毒，也能致人死亡

常以人类储存的有机原料，如烟草和博物馆标本为食，被视为害虫

秘鲁犀粪甲
Oxysternon conspicillatum

烟草甲
Lasioderma serricorne

雄性长戟大兜虫的角甚至比其身体还长，多用来和其他雄虫争夺交配权

长戟大兜虫
Dynastes hercules

火甲虫喉部的两个斑点和腹部的1个斑点会产生昆虫界最亮的生物萤光

火甲虫
Pyrophorus noctilucus

格雷莉角金龟
Eudicella gralli

甲虫的一生：甲虫都是完全变态发育，且大部分种类都由受精卵发育而成。卵孵化为幼虫，但除了拥有咀嚼式口器，幼虫与成虫再无相似之处。幼虫要经过数次蜕皮，逐渐长大，直到准备好化蛹；并在蛹化过程中发育为成虫形态，最终破茧而出。刚蜕出的成虫身体柔软且暗淡，但很快就会变得坚硬且色彩鲜艳。

卵

幼虫

成虫

蛹

叩甲科：叩甲（叩头虫）的前胸腹部长有一个合页似的关节，当它仰卧在地上时，它会将自己的头用力向后仰，拱起体背，然后猛地一缩，通过反作用力弹向空中以完成翻身动作。叩甲的成虫以树叶为食，幼虫则生活在土中，以植物根茎为食。

种：9000

世界范围：植物附近及土壤中

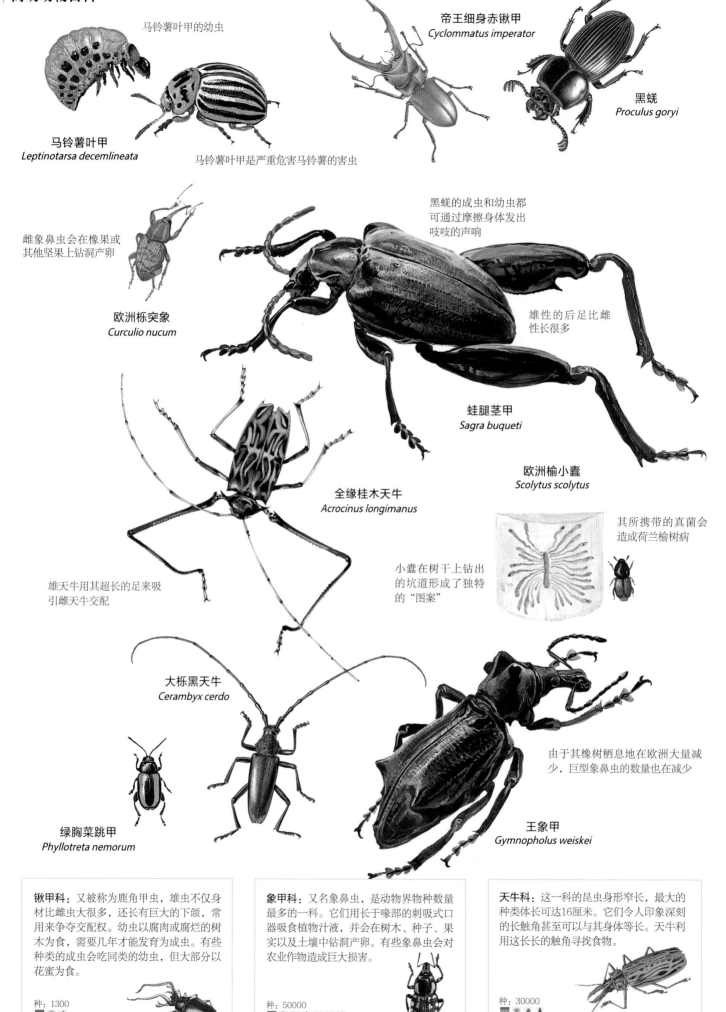

马铃薯叶甲的幼虫

帝王细身赤锹甲
Cyclommatus imperator

黑蜣
Proculus goryi

马铃薯叶甲
Leptinotarsa decemlineata

马铃薯叶甲是严重危害马铃薯的害虫

雌象鼻虫会在橡果或
其他坚果上钻洞产卵

黑蜣的成虫和幼虫都
可通过摩擦身体发出
吱吱的声响

欧洲栎突象
Curculio nucum

雄性的后足比雌
性长很多

蛙腿茎甲
Sagra buqueti

欧洲榆小蠹
Scolytus scolytus

全缘桂木天牛
Acrocinus longimanus

其所携带的真菌会
造成荷兰榆树病

小蠹在树干上钻出
的坑道形成了独特
的"图案"

雄天牛用其超长的足来吸
引雌天牛交配

大栎黑天牛
Cerambyx cerdo

由于其橡树栖息地在欧洲大量减
少，巨型象鼻虫的数量也在减少

绿胸菜跳甲
Phyllotreta nemorum

王象甲
Gymnopholus weiskei

锹甲科：又被称为鹿角甲虫，雄虫不仅身
材比雌虫大很多，还长有巨大的下颌，常
用来争夺交配权。幼虫以腐肉或腐烂的树
木为食，需要几年才能发育为成虫。有些
种类的成虫会吃同类的幼虫，但大部分以
花蜜为食。

种：1300
世界范围；树

象甲科：又名象鼻虫，是动物界物种数量
最多的一科。它们用长于喙部的刺吸式口
器吸食植物汁液，并会在树木、种子、果
实以及土壤中钻洞产卵。有些象鼻虫会对
农业作物造成巨大损害。

种：50000
世界范围；植物附近

天牛科：这一科的昆虫身形窄长，最大的
种类体长可达16厘米。它们令人印象深刻
的长触角甚至可以与其身体等长。天牛利
用这长长的触角寻找食物。

种：30000
世界范围；以花和树汁为食

双翅目昆虫

门：	节肢动物门
亚门：	六足亚门
纲：	昆虫纲
目：	双翅目
科：	130
种：	120000

家蝇和蚊子是双翅目数量最多的两类昆虫，这一目的其余成员还包括蚋、蠓、丽蝇、果蝇、大蚊、虻、食蚜蝇及其他蝇类。与大部分昆虫利用2对翅膀飞行不同，双翅目只有一对功能性的翅膀，后翅已经退化为小型的平衡棒，会随着前翅一起上下振动来帮助前翅在飞行中保持平衡。也有一些种类的翅膀完全退化，已经无法飞行。虽然经常被与潮湿的环境和腐烂的东西联系在一起，但其实大部分双翅目昆虫广泛分布于地球除南极以外的各个地方。

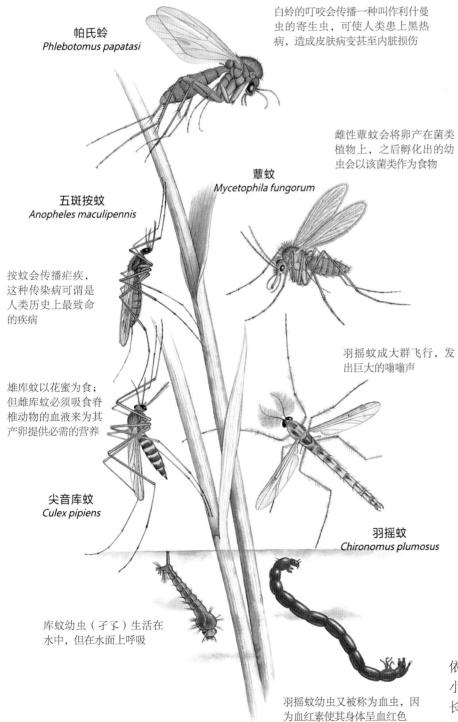

帕氏蛉
Phlebotomus papatasi

白蛉的叮咬会传播一种叫作利什曼虫的寄生虫，可使人类患上黑热病，造成皮肤病变甚至内脏损伤

五斑按蚊
Anopheles maculipennis

按蚊会传播疟疾，这种传染病可谓是人类历史上最致命的疾病

雌性蕈蚊会将卵产在菌类植物上，之后孵化出的幼虫会以该菌类作为食物

蕈蚊
Mycetophila fungorum

雄库蚊以花蜜为食；但雌库蚊必须吸食脊椎动物的血液来为其产卵提供必需的营养

羽摇蚊成大群飞行，发出巨大的嗡嗡声

尖音库蚊
Culex pipiens

羽摇蚊
Chironomus plumosus

库蚊幼虫（孑孓）生活在水中，但在水面上呼吸

羽摇蚊幼虫又被称为血虫，因为血红素使其身体呈血红色

重要的昆虫

双翅目昆虫体形较小，最小的蠓体长只有1毫米，最大的食虫虻也不过7厘米长。它们的足部长有具有黏性的足垫和细爪，因此可以在光滑表面爬行，甚至倒挂在天花板上。

双翅目的口器为刺吸式或舐吸式，只能进食液体。家蝇的肉质唇瓣能舐舔食物；蚊子的刺吸式口器用于吸食花蜜或血液；食虫虻的口器则可以直接刺杀猎物。

双翅目都为卵生，孵化出的幼虫被称为蛆，通常是无足的灰白色软虫，在经过几次蜕皮后才能蛹化为成虫。

双翅目的觅食对象多样且分布广泛，会传播疟疾、昏睡病等致命疾病；但这一目昆虫同样扮演着重要的生态角色——传粉者、有机物分解者，也是食物链的重要一环。

舐吸式口器　复眼　前翅

眼睛和翅膀： 蝇类大都在白天活动，依靠巨大的复眼（每只复眼中都有4000只小眼）寻找食物。它们的胸部第一体节变长，长有大量肌肉，用于推动前翅。

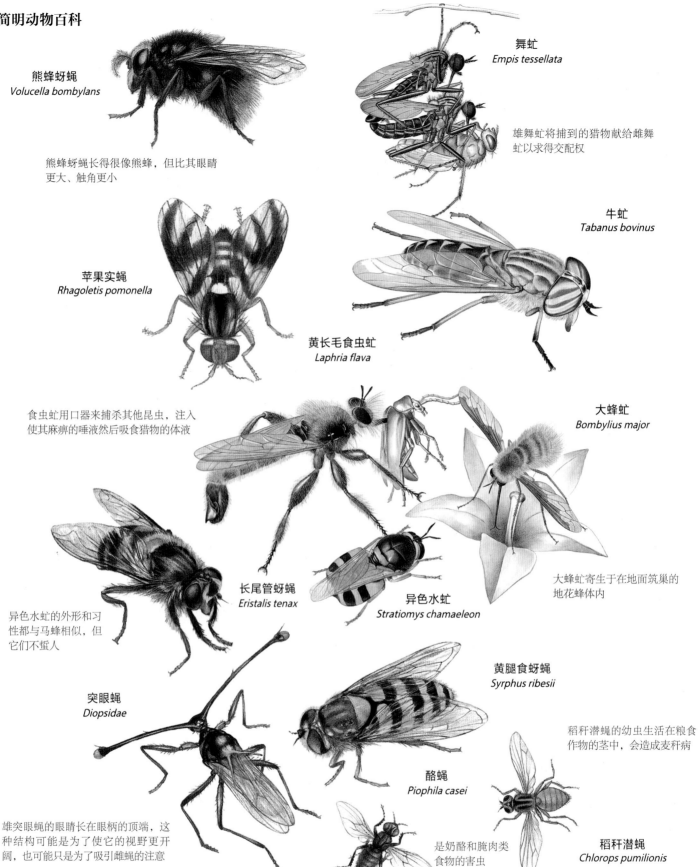

熊蜂蚜蝇
Volucella bombylans

熊蜂蚜蝇长得很像熊蜂，但比其眼睛
更大、触角更小

舞虻
Empis tessellata

雄舞虻将捕到的猎物献给雌舞
虻以求得交配权

苹果实蝇
Rhagoletis pomonella

牛虻
Tabanus bovinus

黄长毛食虫虻
Laphria flava

食虫虻用口器来捕杀其他昆虫，注入
使其麻痹的唾液然后吸食猎物的体液

大蜂虻
Bombylius major

长尾管蚜蝇
Eristalis tenax

异色水虻
Stratiomys chamaeleon

大蜂虻寄生于在地面筑巢的
地花蜂体内

异色水虻的外形和习
性都与马蜂相似，但
它们不蜇人

黄腿食蚜蝇
Syrphus ribesii

突眼蝇
Diopsidae

稻秆潜蝇的幼虫生活在粮食
作物的茎中，会造成麦秆病

酪蝇
Piophila casei

雄突眼蝇的眼睛长在眼柄的顶端，这
种结构可能是为了使它的视野更开
阔，也可能只是为了吸引雌蝇的注意

是奶酪和腌肉类
食物的害虫

稻秆潜蝇
Chlorops pumilionis

不能飞的双翅目昆虫：许多种类的双翅
目昆虫的翅膀都已经退化，失去了飞行
的能力，例如大蚊科的雪蚊。因为不能
飞行，这种昆虫可以忍受−7℃的低温环
境，以躲避那些在更温暖的月份才会出
现的捕食者。

传粉的害虫：水仙球蝇（*Merodon
equestris*）幼虫因以植物鳞茎为食
而被人类视为害虫，但同其他食蚜
蝇一样，其成虫是重要的传粉者。

食蚜蝇科：食蚜蝇在飞行时可以悬停在空
中，然后突然向前方或者侧面猛冲。大部
分食蚜蝇的幼虫都会捕食蚜虫，成虫则以
花粉和花蜜为食。

种：6000
世界范围；花朵附近

没有翅膀的寄生虫：蜂虱蝇（*Braula
coeca*）没有翅膀，将卵产在蜂巢中，
幼虫以蜂蜜为食。

虻科：雄虻以花蜜和植物汁液为食，雌虻
却必须吸食血液，以保证产卵所需的蛋白
质。雌虻会用它刀片状的口器划开哺乳动
物的皮肤来吸血。

种：4000
世界范围；哺乳动物周围
通称：虻属的动物通常被叫作牛虻。

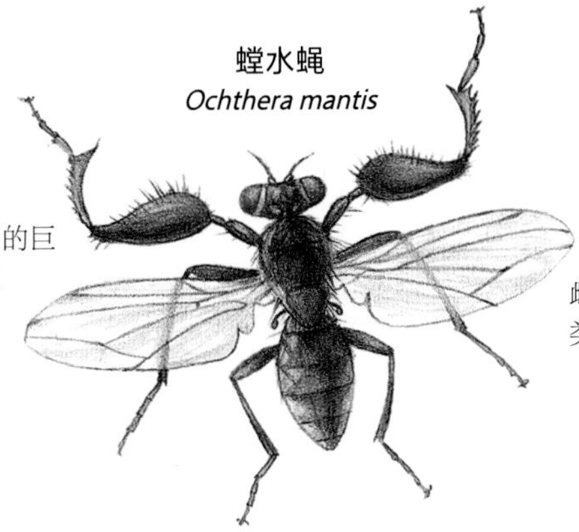

螳水蝇
Ochthera mantis

捕食用的巨大前肢

螳水蝇的成虫和幼虫都以生活在地面的蜘蛛、蜘蛛卵为食

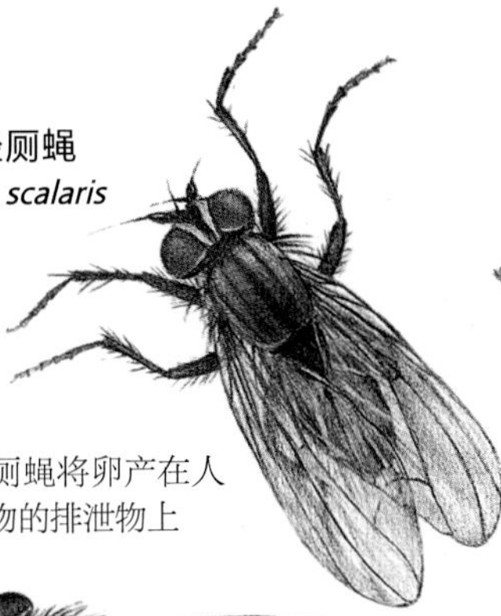

瘤胫厕蝇
Fannia scalaris

雌瘤胫厕蝇将卵产在人类和动物的排泄物上

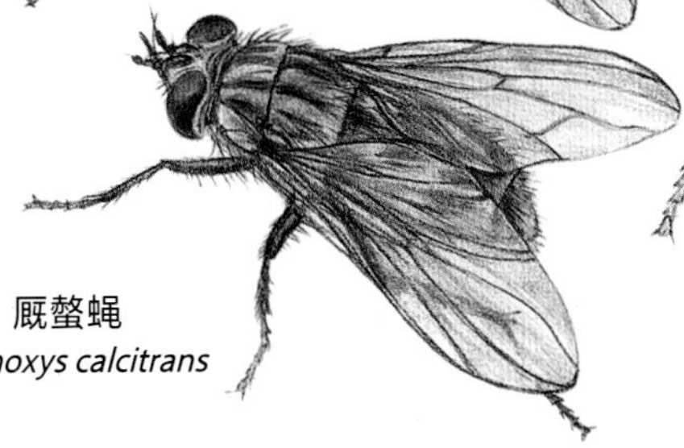

厩螫蝇
Stomoxys calcitrans

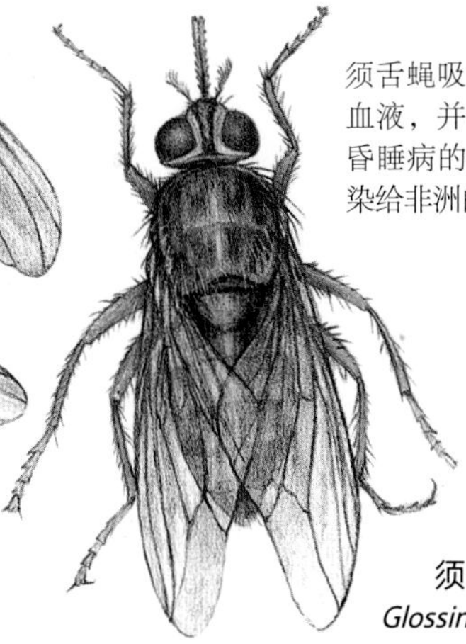

须舌蝇吸食大型哺乳动物的血液，并会将可造成致命的昏睡病的寄生虫——锥虫传染给非洲的人类和家畜

须舌蝇
Glossina palpalis

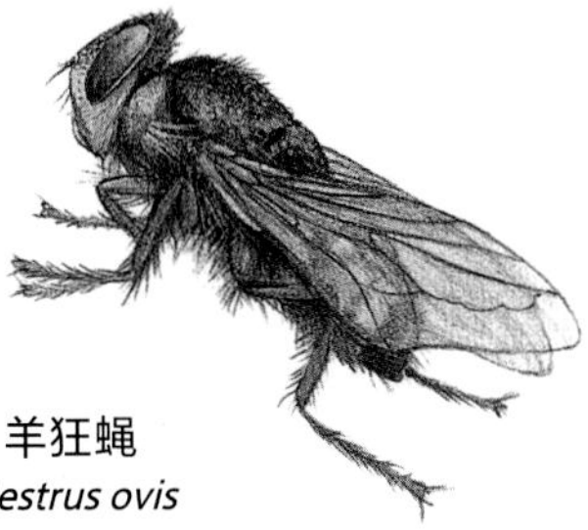

羊狂蝇
Oestrus ovis

雌羊狂蝇会将幼虫产在绵羊或小羊的鼻孔附近，幼虫则以羊鼻腔中的黏液为食

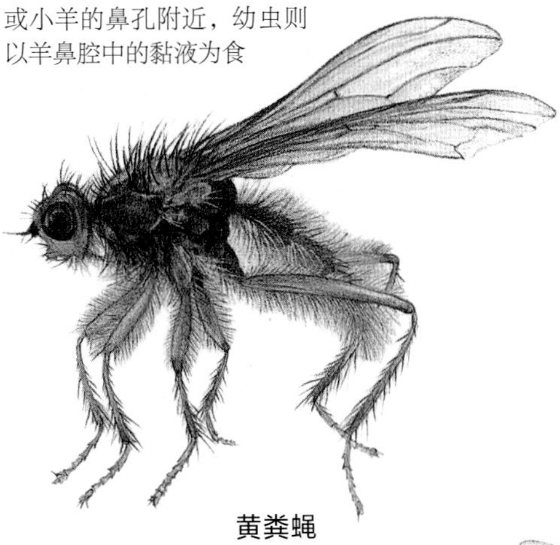

黄粪蝇的幼虫以粪便为食，成虫则以其他来吃粪便的蝇类为食

黄粪蝇
Scahophaga stercoraria

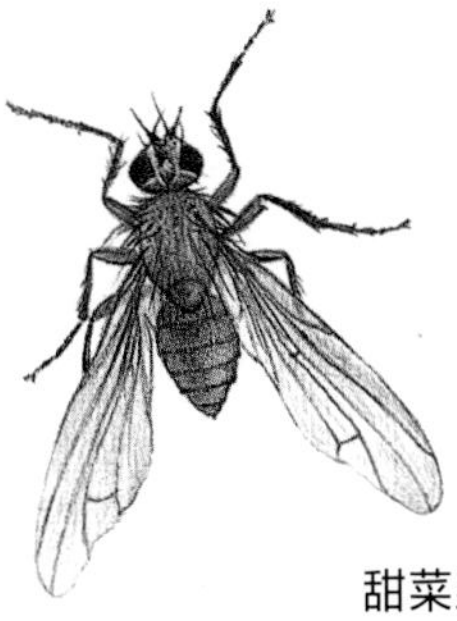

甜菜泉蝇
Pegomya betae

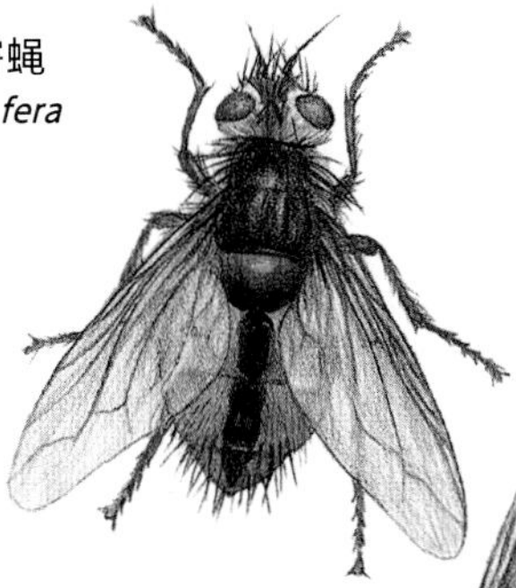

黄跗寄蝇
Tachina fera

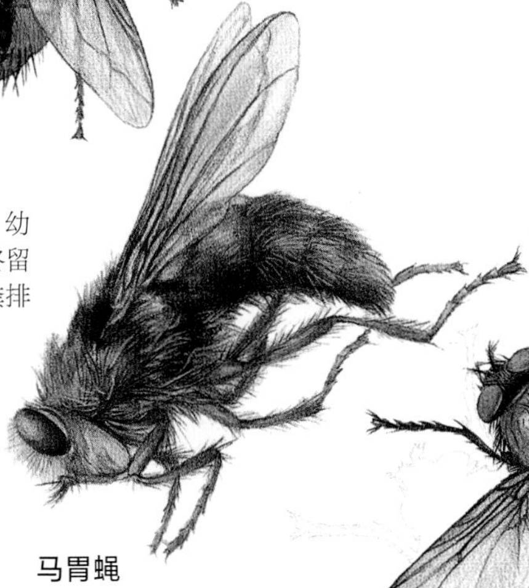

雌马胃蝇将卵产在马的毛皮上，幼虫孵化后转移至马的嘴里，最终留在马胃中长达1年，然后随马粪排出体外，并会很快蜕变为成虫

马胃蝇
Gasterophilus intestinalis

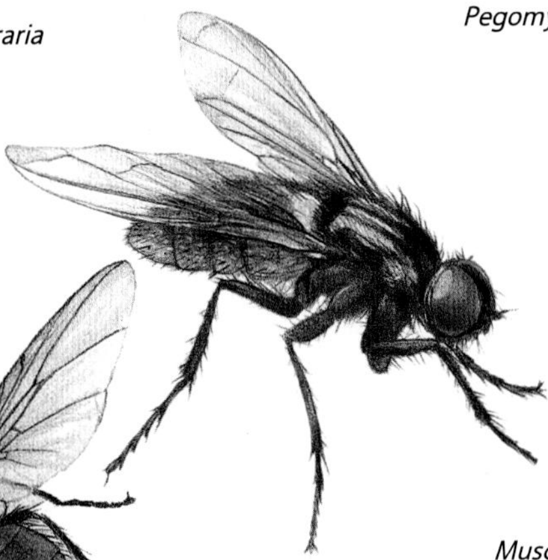

家蝇
Musca domestica

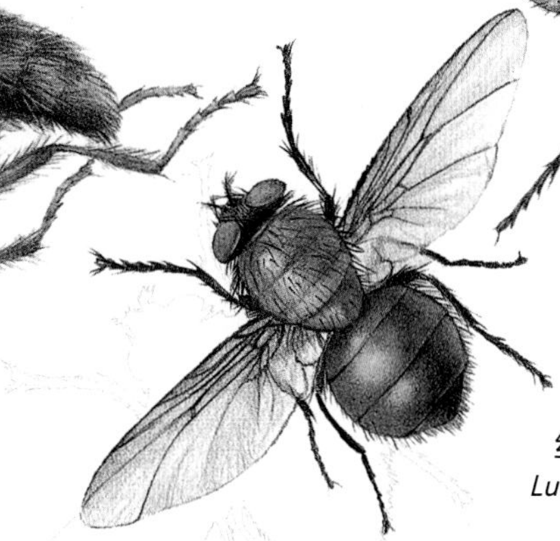

丝光绿蝇
Lucilia sericata

蝇类提供的线索：法医昆虫学家通过研究尸体上的蝇蛆确定生物具体死亡时间或其他相关信息。这是因为食腐的蝇类会在可预计的时间内来吃尸体。家蝇和绿头蝇是最早可以闻到腐肉味道的蝇类，它们会将卵产在尸体上，根据卵孵化及发育的阶段，就可以推断出尸体的具体死亡时间。麻蝇则会出现得更晚一些。

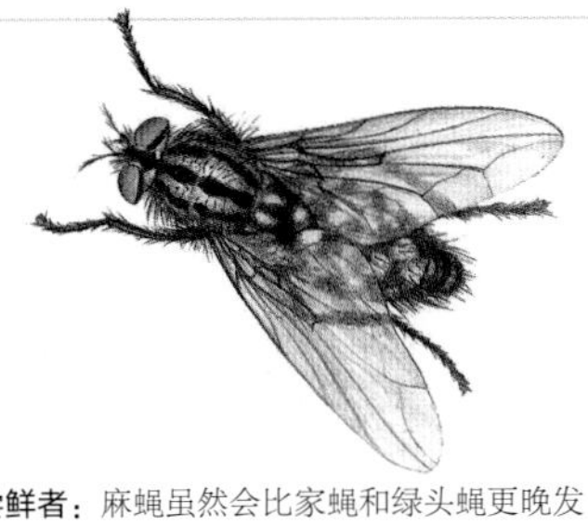

尝鲜者：麻蝇虽然会比家蝇和绿头蝇更晚发现腐肉，但它们可以直接产出幼虫。因此它们的幼虫是第一批“尝鲜者”。

狂蝇科：成年狂蝇缺少功能性的口器，因此无法进食。它们的寿命非常短，只是用来完成繁衍后代的使命。狂蝇会将卵产在羊或者鹿身上，幼虫则生活在寄主的鼻孔附近，以黏液为食，或者钻入寄主体内。

种：70

世界范围；寄生于绵羊、山羊和鹿体内

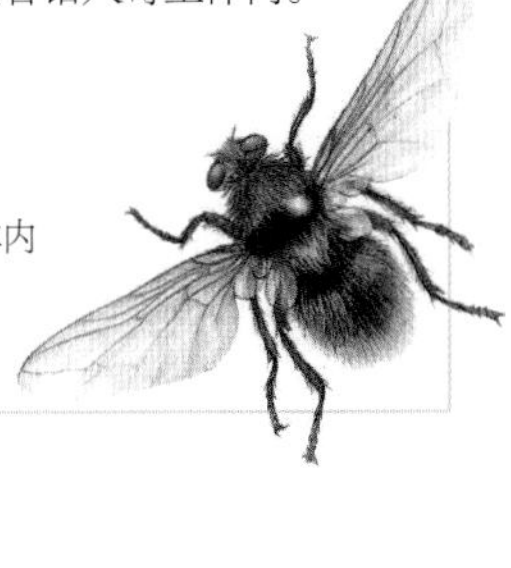

蝶和蛾

门：	节肢动物门
亚门：	六足亚门
纲：	昆虫纲
目：	鳞翅目
科：	131
种：	165000

鳞翅目包括蝶和蛾两类昆虫，拥有优雅的飞行姿态和复杂的翅膀图案。鳞翅目都长有4片宽大的翅膀，布满细小且相互叠加的翅鳞——中空、扁平的鳞毛为昼行性种类增加了美丽的色彩和光泽。几乎所有鳞翅目都是植食性，被称为毛毛虫的幼虫长有咀嚼式口器，啃食植物，被人类视为害虫；大部分成虫的虹吸式口器长且可卷曲，用于吸食花蜜，因此是重要的传粉者。也有个别种类口器退化，根本不进食。

食蜜者：为了吸食花蜜，蝶和蛾长有长长的虹吸式口器，在不使用时会像弹簧一样卷起。许多开花植物为了吸引这些传粉者，进化出了特别的颜色和形状。

受人喜爱的昆虫

除极地冰盖和海洋，几乎只要有陆生植物的地方都能看到蝶和蛾的身影，但蝶和蛾主要集中于热带地区。大部分物种已高度特化，仅以特定种类花朵为食。

蝶和蛾的成虫身体细长、翅膀宽大（不同种类的翅展从6毫米～30厘米不等），触角很长，长有两只巨大的复眼。超过85%的鳞翅目为蛾类，大部分为夜行性，它们的翅膀颜色灰暗，前后翅通过翅缰相连。蝶类都为昼行性，翅膀颜色艳丽，长有棒状触角，没有翅缰。也有一些昼行性蛾类拥有美丽的外表。

毛毛虫的体表均覆有刚毛，依靠3对真足和数对伪足爬行。当它们准备化蛹时，会从特殊的唾液腺中吐丝制作茧或蛹将自己封闭其中。鳞翅目昆虫的总寿命在几周到几年不等。

欧洲松梢卷叶蛾幼虫以松树嫩枝为食，会对松树林造成严重危害

欧洲松梢卷叶蛾
Rhyacionia buoliana

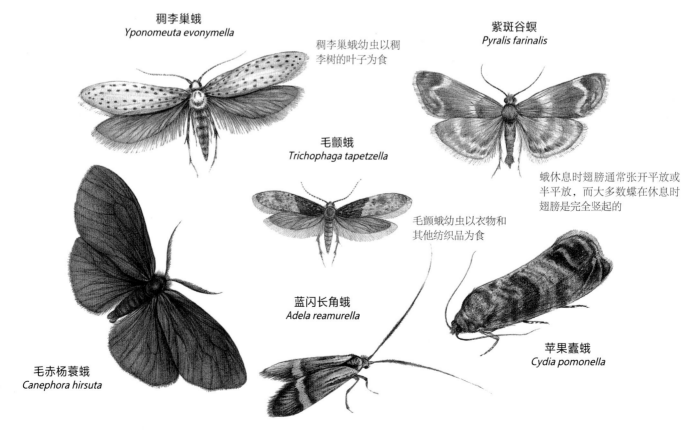

稠李巢蛾
Yponomeuta evonymella

稠李巢蛾幼虫以稠李树的叶子为食

紫斑谷螟
Pyralis farinalis

毛颤蛾
Trichophaga tapetzella

毛颤蛾幼虫以衣物和其他纺织品为食

蛾休息时翅膀通常张开平放或半平放，而大多数蝶在休息时翅膀是完全竖起的

蓝闪长角蛾
Adela reamurella

毛赤杨蓑蛾
Canephora hirsuta

苹果蠹蛾
Cydia pomonella

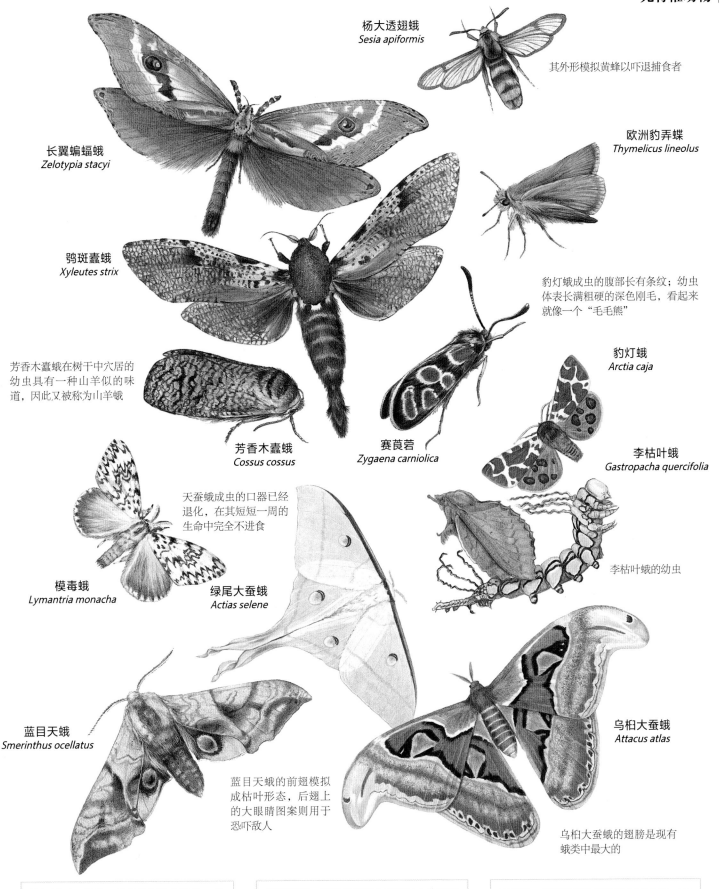

杨大透翅蛾
Sesia apiformis

其外形模拟黄蜂以吓退捕食者

长翼蝙蝠蛾
Zelotypia stacyi

欧洲豹弄蝶
Thymelicus lineolus

鸮斑蠹蛾
Xyleutes strix

豹灯蛾成虫的腹部长有条纹；幼虫体表长满粗硬的深色刚毛，看起来就像一个"毛毛熊"

芳香木蠹蛾在树干中穴居的幼虫具有一种山羊似的味道，因此又被称为山羊蛾

豹灯蛾
Arctia caja

芳香木蠹蛾
Cossus cossus

赛莨菪
Zygaena carniolica

李枯叶蛾
Gastropacha quercifolia

天蚕蛾成虫的口器已经退化，在其短短一周的生命中完全不进食

李枯叶蛾的幼虫

模毒蛾
Lymantria monacha

绿尾大蚕蛾
Actias selene

蓝目天蛾
Smerinthus ocellatus

蓝目天蛾的前翅模拟成枯叶形态，后翅上的大眼睛图案则用于恐吓敌人

乌桕大蚕蛾
Attacus atlas

乌桕大蚕蛾的翅膀是现有蛾类中最大的

蝙蝠蛾科：这是一科非常原始的蛾类。成虫缺少功能性的口器，因此不能进食，它生存的全部时间都用来繁殖。雌虫会产下大量的卵，有的种类甚至可以产下超过3万枚的卵。

种：500
除非洲中西部和马达加斯加外的世界各地

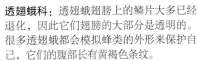

透翅蛾科：透翅蛾翅膀上的鳞片大多已经退化，因此它们翅膀的大部分是透明的。很多透翅蛾都会模拟蜂类的外形来保护自己，它们的腹部长有黄褐色条纹。

种：1000
世界范围；花朵附近

弄蝶科：弄蝶可以快速穿梭于花丛间，飞行的姿态类似跳跃。它们被认为是蝶和蛾之间的过渡物种。弄蝶缺少许多蛾类所具有的翅缰，在休息时翅膀是竖立的。

种：3000
除新西兰外的世界各地

拟蛾小灰蝶
Liphyra brassolis

拟蛾小灰蝶的幼虫以黄柑蚁的幼虫为食；厚硬的外皮可以保护其免受蚁类的叮咬

非洲大凤蝶
Papilio antimachus

欧洲粉蝶
Pieris brassicae

南美大黄蝶
Phoebis philea

非洲凤蝶是非洲最大的蝴蝶。其翅宽可达25厘米甚至更宽

黑星琉璃小灰蝶
Phengaris arion

斑貉灰蝶
Lycaena virgaureae

红带粉蝶
Delias mysis

强喙夜蛾
Thysania agrippina

强喙夜蛾的翅宽可达30厘米，是鳞翅目中最大的

多尾凤蝶
Bhutanitis lidderdalii

布冈夜蛾
Agrotis infusa

刚完成蜕变的布冈夜蛾成虫为了躲避夏日的高温，会迁徙至山洞中休眠，直到秋季来临，才飞回平原进行繁殖

阿波罗绢蝶
Parnassius apollo

落叶松尺蛾
Erannis defoliaria

杨裳夜蛾
Catocala nupta

只有雄性落叶松尺蛾可以飞行，雌性没有翅膀

凤蝶科：凤蝶科因其大部分种类的后翅具有凤尾形的延长而得名。所有凤蝶幼虫在其头顶部都长有可发出恶臭的器官，作为防御的工具。

种：600
世界范围；花朵附近
艳丽的翅膀：凤蝶艳丽的翅膀警告捕食者它们具有难闻的味道。

夜蛾科：夜蛾科是鳞翅目成员数量最多的一科。它们的胸部长有听觉器官，可以捕捉到它们的主要天敌——蝙蝠发出的回声定位信号。

种：35000
世界范围；植物上
伪装：许多夜蛾的翅膀上都具有斑驳的图案，帮助它们更好地隐藏于林地栖息地环境之中。

尺蛾科：这一科的蛾类体形小巧，身体细长。它们的幼虫缺少至少一对中间的伪足，在休息时经常伪装成一截细树枝的形态。

种：20000
世界范围；叶子上
伪装成树叶：一线沙尺蛾（*Sarcinodes restitutaria*）的翅膀看起来很像树叶。

后翅上的大眼睛图案可以有效地恐吓捕食者

猫头鹰环蝶
Caligo idomeneus

成年猫头鹰环蝶以腐烂的果实为食

诗神袖蝶
Heliconius melpomene

雄性

所有美洲蓝闪蝶的翅膀都是黄褐色的，但是雄性翅膀鳞片间的气室会散射光线，制造出蓝色彩虹般的光泽

美洲蓝闪蝶
Morpho rhetenor

雌性

枯叶蛱蝶
Kallima inachus

枯叶蛱蝶的翅膀内侧伪装成枯树的样子来迷惑敌人

绿豹蛱蝶
Argynnis paphia

枯叶蛱蝶在飞舞

非洲金斑蝶
Danaus chrysippus

褐箭环蝶
Stichophthalma camadeva

雌金斑蛱蝶是美味的猎物，却会伪装成难吃的金斑蝶来使猎食者放弃攻击

金斑蛱蝶
Hypolimnas misippus

雌性

雄性

雄金斑蛱蝶一般落在地面上等待雌蝶，这样高处的雌蝶就可以清楚看到其绚丽的背部花纹

茧和蛹：当毛毛虫准备蜕变为成虫时，它们会停止进食，寻找一个安全的地方。有些会选择没有任何保护地直接躲在地下完成蛹化。大部分蛾类毛毛虫会吐丝作茧，藏身其间；而几乎所有蝶类毛毛虫都会利用自身皮肤制作蝶蛹，然后吐丝固定在树枝上。

黏糊糊的茧：常绿树蓑蛾（*Thyridopteryx ephemeraeformis*）幼虫会吐丝制作各种形状的蓑囊，表面沾满各种植物碎屑。幼虫平时生活在蓑囊中，在它准备好要蛹化时，蓑囊会硬化成为茧。

蛹的变化：君主斑蝶浅绿色的蛹在其准备化蛹成蝶时会变透明。

蛱蝶科：这科的蝶类都长有小且多毛的前足，爬行时仅使用中足和后足。它们的翅膀背面多为暗淡的土褐色，正面却拥有强对比度的鲜艳色彩。

种：5200

世界范围；花朵附近

蜜蜂、胡蜂、蚂蚁和叶蜂

| 门：节肢动物门 |
| 亚门：六足亚门 |
| 纲：昆虫纲 |
| 目：膜翅目 |
| 科：91 |
| 种：198000 |

膜翅目的大部分昆虫都长有2对透明的翅膀，这也是这一目名称的由来。许多蜜蜂、胡蜂和叶蜂都是独居生物，但有些蜜蜂以及所有的蚂蚁都生活在高度社会化的群体中，数千甚至上百万只的成员分属不同的社会等级，承担特定的任务。这一目的许多昆虫都是益虫。蜜蜂和一些胡蜂是植物的主要传粉者，许多寄生性的叶蜂对控制其他昆虫的数量起到了非常重要的作用。

松叶蜂
Diprion pini

松叶蜂将卵产在松针中

蔷薇三节叶蜂的幼虫

蔷薇三节叶蜂
Arge ochropus

身体结构和生命周期

膜翅目通常为小型或中等大小的昆虫，其中寄生的缨翅赤眼蜂只有0.17毫米长，是世界上最小的昆虫之一。膜翅目的前翅较大，前后翅以翅钩列连锁，可以同步振翅。较为原始的叶蜂类及其近亲与蜜蜂、胡蜂和蚂蚁相比缺少分隔头部和胸部的细腰状连接。

膜翅目的口器一般为咀嚼式或嚼吸式。叶蜂、瘦蜂和一些种类的蚂蚁及蜜蜂是食草性的，但大部分膜翅目成员都为肉食性或寄生性。有些雌性膜翅目昆虫的产卵器已经特化——叶蜂用它锯开植物的茎以便将卵产在其中；蜜蜂、胡蜂和蚂蚁则常用产卵器作为刺杀捕食者或猎物的工具。

雌性膜翅目昆虫会将卵产在土壤、植物、巢穴、蜂房，或其昆虫寄主体内。有的种类由雌性决定卵子是否受精，受精卵会发育成雄性，未受精卵则会发育成雌性。那些独居种类会将卵产在食物源附近，幼虫自行孵化并独立发育；而群居种类的幼虫通常都会得到成虫的照料。所有膜翅目昆虫都是完全变态发育昆虫，幼虫要通过蛹化过程蜕变为成虫。

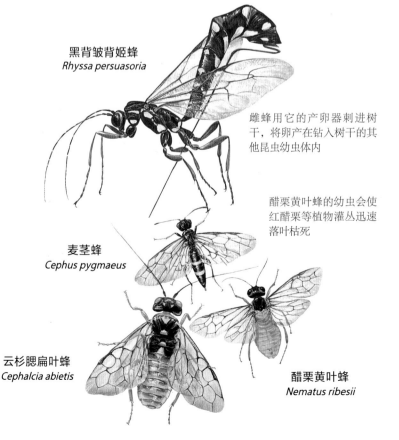

黑背皱背姬蜂
Rhyssa persuasoria

雌蜂用它的产卵器刺进树干，将卵产在钻入树干的其他昆虫幼虫体内

醋栗黄叶蜂的幼虫会使红醋栗等植物灌丛迅速落叶枯死

麦茎蜂
Cephus pygmaeus

云杉腮扁叶蜂
Cephalcia abietis

醋栗黄叶蜂
Nematus ribesii

采蜜者：蜜蜂会被花朵的颜色和气味吸引，使用它们长长的吻部吸取花蜜。花蜜先被储藏在蜜胃中，之后再进行反刍。其后肢长满长毛，被称为"花粉筐"，可将花粉带回蜂巢。

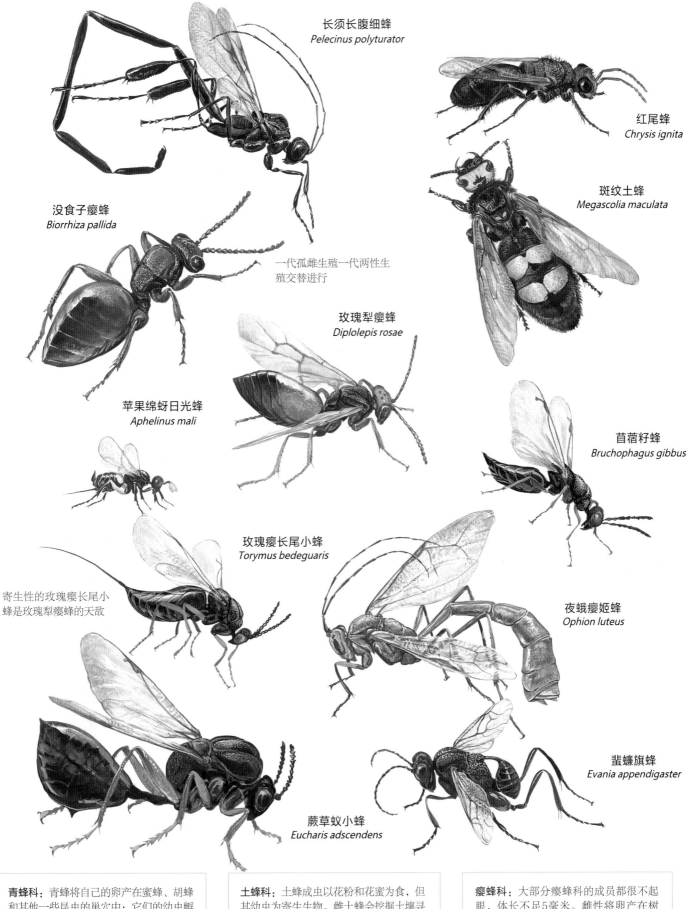

长须长腹细蜂
Pelecinus polyturator

红尾蜂
Chrysis ignita

斑纹土蜂
Megascolia maculata

没食子瘿蜂
Biorrhiza pallida

一代孤雌生殖一代两性生殖交替进行

玫瑰犁瘿蜂
Diplolepis rosae

苹果绵蚜日光蜂
Aphelinus mali

苜蓿籽蜂
Bruchophagus gibbus

玫瑰瘿长尾小蜂
Torymus bedeguaris

寄生性的玫瑰瘿长尾小蜂是玫瑰犁瘿蜂的天敌

夜蛾瘿姬蜂
Ophion luteus

蜚蠊旗蜂
Evania appendigaster

蕨草蚁小蜂
Eucharis adscendens

青蜂科：青蜂将自己的卵产在蜜蜂、胡蜂和其他一些昆虫的巢穴中；它们的幼虫孵化后就会吃掉巢中的其他幼虫，或者抢夺为其他幼虫准备的食物。

种：3000

世界范围；花朵附近或昆虫巢穴中

土蜂科：土蜂成虫以花粉和花蜜为食，但其幼虫为寄生生物。雌土蜂会挖掘土壤寻找蛴螬（金龟子的幼虫），然后用螫针将蛴螬麻痹，并在每只蛴螬体内产下一枚卵。孵化出的土蜂幼虫会以被麻痹的蛴螬为食。

种：8000

世界范围；幼虫以蛴螬为寄主

瘿蜂科：大部分瘿蜂科的成员都很不起眼，体长不足5毫米。雌性将卵产在树上，幼虫孵化后会分泌唾液刺激植物局部肿胀，形成可保护它们的虫瘿（长于植物上的瘤状物）。之后幼虫会生活在虫瘿中并以之为食，直到发育为成虫。

种：1400

主要分布于北半球；树上

充满生机的蜂巢

蜜蜂的社会组织形态是动物界中最复杂的。一只蜂后一天可以产1500枚卵。其中受精卵可以发育为工蜂或蜂后，未受精卵则成为雄蜂。孵化出的幼虫会由工蜂来喂养，直至其化蛹。当一个蜂巢的成员数量达到最大限度时就要分群：老蜂后会带领数千只工蜂飞离旧巢去另成立新群；而原来的旧巢则由新的蜂后统领。

蜜蜂的"8"字舞：当工蜂找到蜜源后，它们会通过跳"8"字舞来向同伴报告蜜源的远近和方向。它们用身体摇摆的频率来表示蜜源的远近，跳舞时身体与太阳的角度则表示蜜源的方向。

蜂巢的内部结构：所有雄蜂和工蜂都是蜂后的子孙。蜂后的唯一职责就是产卵；而雄蜂的唯一职责就是和新蜂后交配。工蜂则负责觅食、筑巢，以及保育蜂后和幼虫。工蜂的头部有乳腺，可以分泌蜂王浆来喂养幼虫。另外，它们还要通过反刍花蜜来酿造蜂蜜，并将蜂蜜用蜂蜡封在巢孔内使其风干。

蜂后：是蜂巢内体形最大的蜂。一般可以存活5年左右。

工蜂：是一种缺乏生殖能力的雌性蜜蜂，寿命一般只有几周。

幼虫：当幼虫还处于由防水的蜂蜡密封的巢孔中时，由工蜂负责喂养它们。之后幼虫会成熟化蛹（上图），羽化成蜂之后破茧而出。

育蜂房：多数雌蜂在幼虫时期仅有最初几天可被喂食蜂王浆，之后改喂食一般的蜂蜜，因而无法完成生殖能力的发育，最后便会成为工蜂；若能持续食用蜂王浆，雌蜂便会发育成为蜂后。

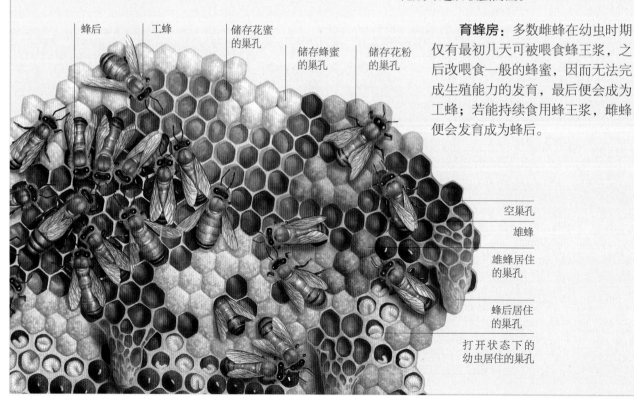

蜂后　工蜂　储存花蜜的巢孔　储存蜂蜜的巢孔　储存花粉的巢孔

空巢孔
雄蜂
雄蜂居住的巢孔
蜂后居住的巢孔
打开状态下的幼虫居住的巢孔

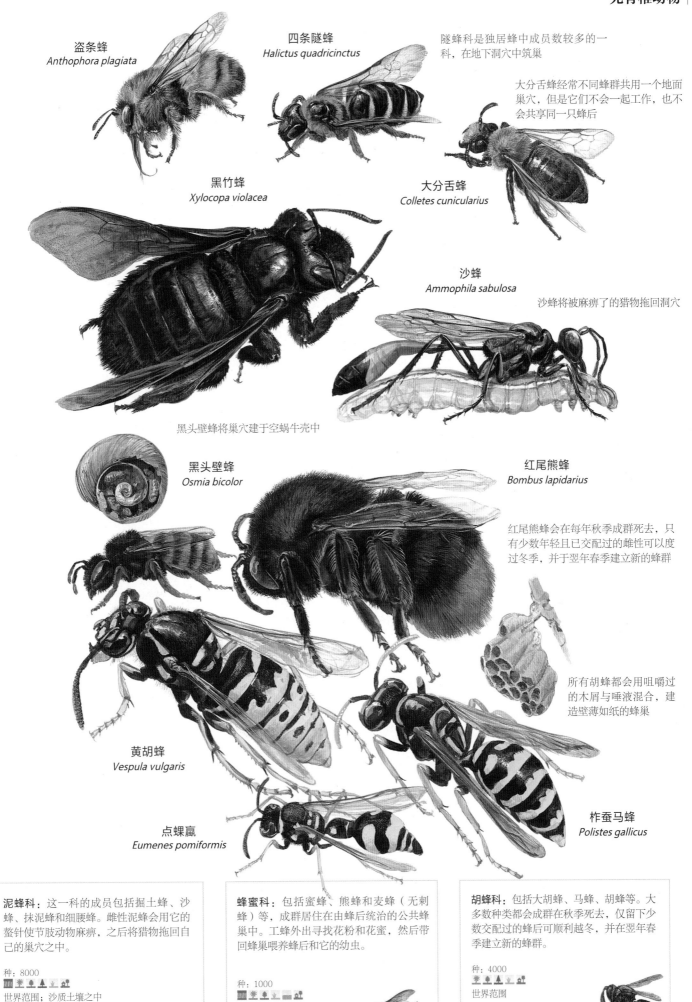

盗条蜂
Anthophora plagiata

四条隧蜂
Halictus quadricinctus

隧蜂科是独居蜂中成员数较多的一科，在地下洞穴中筑巢

大分舌蜂经常不同蜂群共用一个地面巢穴，但是它们不会一起工作，也不会共享同一只蜂后

黑竹蜂
Xylocopa violacea

大分舌蜂
Colletes cunicularius

沙蜂
Ammophila sabulosa

沙蜂将被麻痹了的猎物拖回洞穴

黑头壁蜂将巢穴建于空蜗牛壳中

黑头壁蜂
Osmia bicolor

红尾熊蜂
Bombus lapidarius

红尾熊蜂会在每年秋季成群死去，只有少数年轻且已交配过的雌性可以度过冬季，并于翌年春季建立新的蜂群

所有胡蜂都会用咀嚼过的木屑与唾液混合，建造壁薄如纸的蜂巢

黄胡蜂
Vespula vulgaris

柞蚕马蜂
Polistes gallicus

点蜾蠃
Eumenes pomiformis

泥蜂科：这一科的成员包括掘土蜂、沙蜂、抹泥蜂和细腰蜂。雌性泥蜂会用它的螫针使节肢动物麻痹，之后将猎物拖回自己的巢穴之中。

种：8000
世界范围；沙质土壤之中
独居的猎手：贪婪的雌性泥蜂也会捕食蜜蜂，将之麻痹后拖回自己的沙土洞穴。

蜂蜜科：包括蜜蜂、熊蜂和麦蜂（无刺蜂）等，成群居住在由蜂后统治的公共蜂巢中。工蜂外出寻找花粉和花蜜，然后带回蜂巢喂养蜂后和它的幼虫。

种：1000
世界范围；花朵附近
暴躁的蜜蜂：一群东南亚巨蜂的攻击足以让一个人死亡。

胡蜂科：包括大胡蜂、马蜂、胡蜂等。大多数种类都会成群在秋季死去，仅留下少数交配过的蜂后可顺利越冬，并在翌年春季建立新的蜂群。

种：4000
世界范围
自我牺牲：为了守护蜂群，工蜂会用螫针蜇刺进攻者，但是在它射出螫针后，自己也会死去。

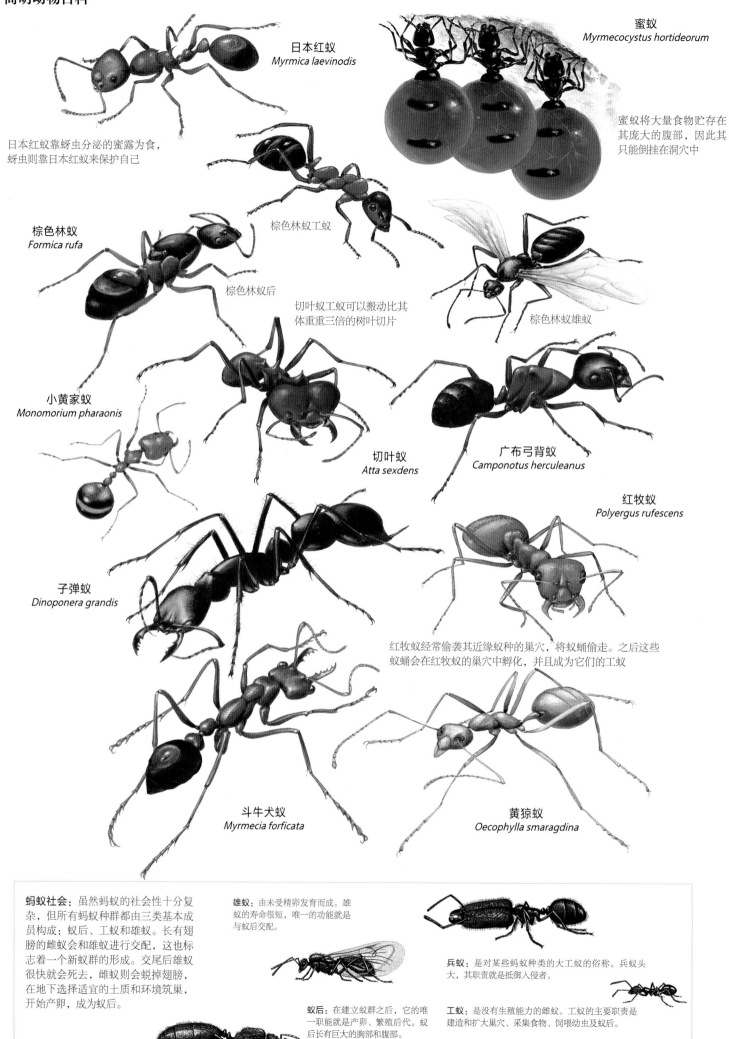

日本红蚁
Myrmica laevinodis

蜜蚁
Myrmecocystus hortideorum

日本红蚁靠蚜虫分泌的蜜露为食，蚜虫则靠日本红蚁来保护自己

蜜蚁将大量食物贮存在其庞大的腹部，因此其只能倒挂在洞穴中

棕色林蚁工蚁

棕色林蚁
Formica rufa

棕色林蚁后

切叶蚁工蚁可以搬动比其体重重三倍的树叶切片

棕色林蚁雄蚁

小黄家蚁
Monomorium pharaonis

切叶蚁
Atta sexdens

广布弓背蚁
Camponotus herculeanus

红牧蚁
Polyergus rufescens

子弹蚁
Dinoponera grandis

红牧蚁经常偷袭其近缘蚁种的巢穴，将蚁蛹偷走。之后这些蚁蛹会在红牧蚁的巢穴中孵化，并且成为它们的工蚁

斗牛犬蚁
Myrmecia forficata

黄猄蚁
Oecophylla smaragdina

蚂蚁社会： 虽然蚂蚁的社会性十分复杂，但所有蚂蚁种群都由三类基本成员构成：蚁后、工蚁和雄蚁。长有翅膀的雌蚁和雄蚁进行交配，这也标志着一个新蚁群的形成。交尾后雄蚁很快就会死去，雌蚁则会蜕掉翅膀，在地下选择适宜的土质和环境筑巢，开始产卵，成为蚁后。

雄蚁： 由未受精卵发育而成。雄蚁的寿命很短，唯一的功能就是与蚁后交配。

兵蚁： 是对某些蚂蚁种类的大工蚁的俗称。兵蚁头大，其职责就是抵御入侵者。

蚁后： 在建立蚁群之后，它的唯一职能就是产卵、繁殖后代。蚁后长有巨大的胸部和腹部。

工蚁： 是没有生殖能力的雌蚁。工蚁的主要职责是建造和扩大巢穴、采集食物、饲喂幼虫及蚁后。

其他昆虫

门：节肢动物门	
亚门：六足亚门	
纲：昆虫纲	
目：19	
科：218	
种：>3000	

除了我们前面介绍的昆虫种类，还有19个目形态各异、习性不一的昆虫。包括原始且无翅的衣鱼和石蛃，以哺乳动物为寄主的跳蚤和虱子，以昆虫为寄主的捻翅目昆虫，粮食害虫蓟马，基本水生的蜉蝣、石蚕蛾、鱼蛉和石蝇，等等。竹节虫和叶䗛以植物为食，缺翅虫、蛇蛉、蚁蛉、草蛉和蝎蛉会捕食其他无脊椎动物，还有一些书虱以纸张和贮存的谷物为食，而食腐性的蚤蠓、足丝蚁、螱蝎对生态循环起着重要作用。

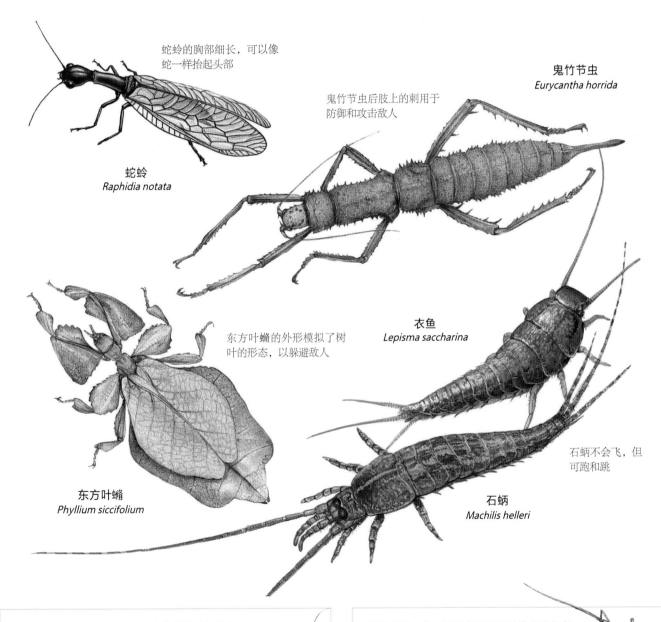

蛇蛉的胸部细长，可以像蛇一样抬起头部

蛇蛉
Raphidia notata

鬼竹节虫
Eurycantha horrida

鬼竹节虫后肢上的刺用于防御和攻击敌人

东方叶䗛的外形模拟了树叶的形态，以躲避敌人

衣鱼
Lepisma saccharina

东方叶䗛
Phyllium siccifolium

石蛃
Machilis helleri

石蛃不会飞，但可跑和跳

缨尾目：这一目的成员包括衣鱼和其他无翅昆虫，外形看起来与最早期的昆虫非常相似。它们的头部长有长长的触角，还有3条"尾巴"从腹部后端延伸出来。衣鱼会将卵产在临近食物源的缝隙中。

不速之客：衣鱼经常被发现于人类的房屋中，会以纸张、图书装帧用的胶水、上过浆的服装以及干燥的食物为食。

种：370

世界范围；树皮下、洞穴中和建筑物内

竹节虫目：这一目的竹节虫和叶䗛是模仿高手，它们都以植物叶子为食。大部分种类没有翅膀，且只有雄性才可能拥有发育完全的功能性翅膀。许多雌性都能通过未受精卵繁殖后代。

竹节拟态：当竹节虫遇到威胁时，可数小时保持静止不动，甚至能够像树枝一样随风摇摆。

种：3000

世界范围，尤其是热带地区；植物附近

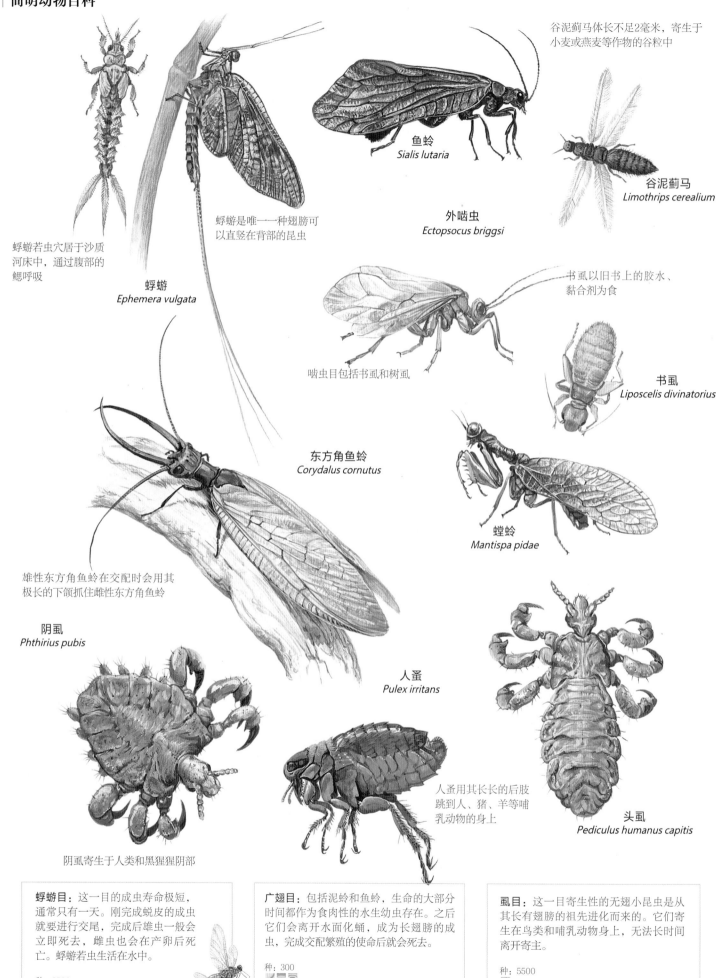

谷泥蓟马体长不足2毫米，寄生于小麦或燕麦等作物的谷粒中

鱼蛉
Sialis lutaria

谷泥蓟马
Limothrips cerealium

外啮虫
Ectopsocus briggsi

蜉蝣是唯一一种翅膀可以直竖在背部的昆虫

蜉蝣若虫穴居于沙质河床中，通过腹部的鳃呼吸

蜉蝣
Ephemera vulgata

书虱以旧书上的胶水、黏合剂为食

啮虫目包括书虱和树虱

书虱
Liposcelis divinatorius

东方角鱼蛉
Corydalus cornutus

螳蛉
Mantispa pidae

雄性东方角鱼蛉在交配时会用其极长的下颌抓住雌性东方角鱼蛉

阴虱
Phthirius pubis

人蚤
Pulex irritans

头虱
Pediculus humanus capitis

人蚤用其长长的后肢跳到人、猪、羊等哺乳动物的身上

阴虱寄生于人类和黑猩猩阴部

蜉蝣目：这一目的成虫寿命极短，通常只有一天。刚完成蜕皮的成虫就要进行交尾，完成后雄虫一般会立即死去，雌虫也会在产卵后死亡。蜉蝣若虫生活在水中。

种：2500

世界范围：淡水或淡盐水中

浪漫的飞舞：蜉蝣成虫在空中飞行交尾，雄虫会用前足抓住雌虫。

广翅目：包括泥蛉和鱼蛉，生命的大部分时间都作为食肉性的水生幼虫存在。之后它们会离开水面化蛹，成为长翅膀的成虫，完成交配繁殖的使命后就会死去。

种：300

世界范围：淡水中

幼虫的呼吸：广翅目昆虫的幼虫依靠其腹部腿状的鳃呼吸。

虱目：这一目寄生性的无翅小昆虫是从其长有翅膀的祖先进化而来的。它们寄生在鸟类和哺乳动物身上，无法长时间离开寄主。

种：5500

世界范围：以鸟或哺乳动物为寄主

咬人的小虫：虱目昆虫终生寄生于寄主体表，以寄主的毛发、血液和皮屑为食。

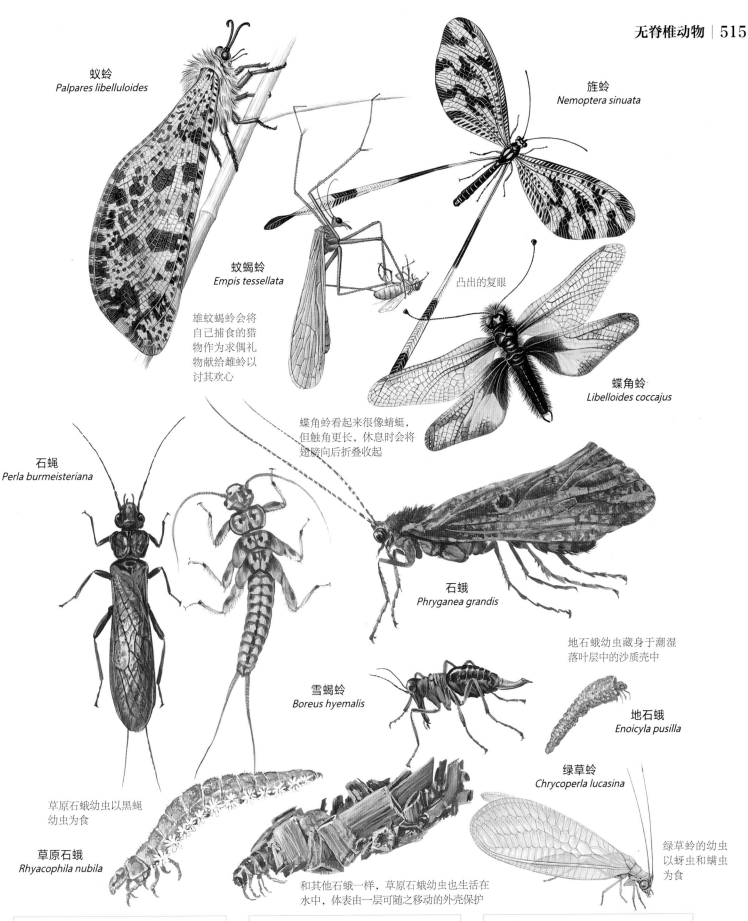

蚁蛉
Palpares libelluloides

旌蛉
Nemoptera sinuata

蚊蝎蛉
Empis tessellata

雄蚊蝎蛉会将
自己捕食的猎
物作为求偶礼
物献给雌蛉以
讨其欢心

凸出的复眼

蝶角蛉
Libelloides coccajus

蝶角蛉看起来很像蜻蜓，
但触角更长，休息时会将
翅膀向后折叠收起

石蝇
Perla burmeisteriana

石蛾
Phryganea grandis

地石蛾幼虫藏身于潮湿
落叶层中的沙质壳中

雪蝎蛉
Boreus hyemalis

地石蛾
Enoicyla pusilla

绿草蛉
Chrycoperla lucasina

草原石蛾幼虫以黑蝇
幼虫为食

草原石蛾
Rhyacophila nubila

和其他石蛾一样，草原石蛾幼虫也生活在
水中，体表由一层可随之移动的外壳保护

绿草蛉的幼虫
以蚜虫和螨虫
为食

脉翅目：这一目昆虫的翅膀上都有复杂的网状脉纹。其中，草蛉幼虫以蚜虫、螨虫以及介壳虫为食；蚁蛉幼虫生活在沙地中，主要捕食蚂蚁。

种：4000
世界范围；常见于植物附近

陷阱：蚁蛉幼虫会在松软的沙土中挖陷阱来捕捉蚂蚁或其他猎物。

长翅目：这一目的昆虫被通称为蝎蛉，因为雄性位于腹部末端的外生殖器膨大呈球状，并如蝎尾状上举而得名。蚊蝎蛉会倒挂在树叶上捕猎和交配。

种：500
世界范围；潮湿植被附近

相似的外形：雄性斑翅蝎蛉（*Panorpa communis*）膨大的"尾巴"看起来很像蝎子的毒刺，但它是无毒的，也不会用于攻击。

襀翅目：这一目的石蝇的幼虫只能生活在凉爽、洁净且含氧量极高的流水中，因此其数量可以作为环境状况的参考指标。

种：3000
除了澳大利亚以外的世界各地；流动的淡水附近

捕食习性：石蝇属的石蝇成虫完全不进食，但其幼虫会以其他昆虫的幼虫为食。

昆虫的近亲

六足亚门是节肢动物门物种数量最多的一个群类，其成员的共同特征是六足，身体分为头、胸、腹三部分。除了昆虫，这一门还包括其他三纲非昆虫的六足节肢动物：弹尾纲、原尾纲和双尾纲。这些小巧的生物多栖息于土壤或者落叶层中，体长0.5毫米~3厘米不等。它们与昆虫的区别主要在于，它们的口器完全藏于头部（昆虫的口器外露）。这些土地居民跟最原始的昆虫——衣鱼和石蛃一样，由无翅的祖先进化而来，并且会终身蜕皮。

门：	节肢动物门
亚门：	六足亚门
纲：	3
目：	5
科：	31
种：	8300

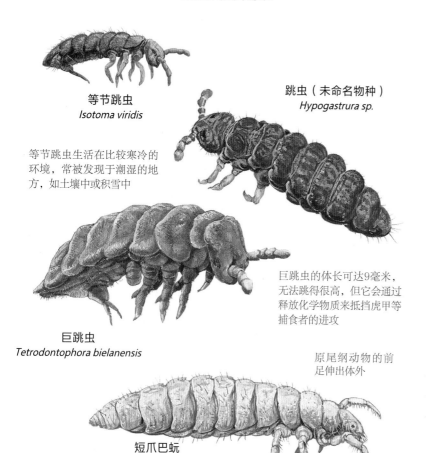

等节跳虫
Isotoma viridis

等节跳虫生活在比较寒冷的环境，常被发现于潮湿的地方，如土壤中或积雪中

跳虫（未命名物种）
Hypogastrura sp.

巨跳虫
Tetrodontophora bielanensis

巨跳虫的体长可达9毫米，无法跳得很高，但它会通过释放化学物质来抵挡虎甲等捕食者的进攻

短爪巴蚖
Baculentulus breviunguis

原尾纲动物的前足伸出体外

原始的六足节肢动物

弹尾纲动物也被称为跳虫，因其腹部的叉形器官而得名，这个器官（弹器）可以使它们跳起高度达到其体长的100倍，从而迅速逃离危险。弹尾纲可以算是世界上物种数量最庞大的一纲，在一些草原栖息地，其个体数量甚至可以达到每公顷7.5亿个。

原尾纲动物的体长不超过2毫米，因此很难被发现，甚至人们对它们的研究直到1907年才开始。它们生活在土壤和落叶层中，以菌类及腐殖质为食。原尾纲动物是最原始的六足节肢动物，缺少眼睛和触角，取而代之的是，它们的前足具有感觉功能，因此总是伸出体外而不是用于爬行。每蜕皮一次，原尾纲动物的腹部体节都会增加一节。

双尾纲动物缺少眼睛，但可以依靠其长长的触角和两条尾须在土壤或落叶层中确定方位。肉食性双尾纲动物的尾须十分发达，呈钳子状，用于捕捉其他生活在土中的生物；其余种类则为草食性，以土中的菌类或腐殖质为食。双尾纲动物的某些身体部位可以再生。

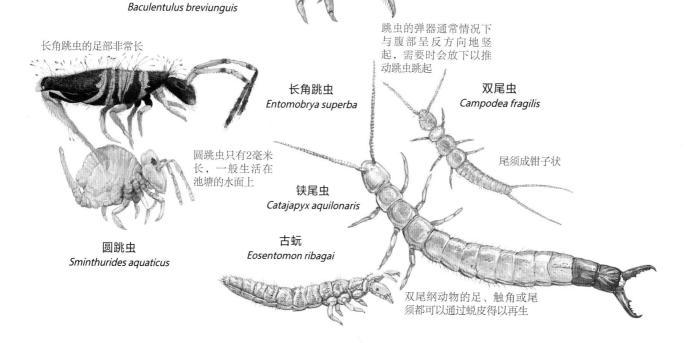

长角跳虫的足部非常长

长角跳虫
Entomobrya superba

圆跳虫只有2毫米长，一般生活在池塘的水面上

铁尾虫
Catajapyx aquilonaris

圆跳虫
Sminthurides aquaticus

古蚖
Eosentomon ribagai

跳虫的弹器通常情况下与腹部呈反方向地竖起，需要时会放下以推动跳虫跳起

双尾虫
Campodea fragilis

尾须成钳子状

双尾纲动物的足、触角或尾须都可以通过蜕皮得以再生

棘皮动物

门：棘皮动物门
纲：5
目：36
科：145
种：6000

棘皮动物门包括海星、海胆、海蛇尾、海百合、海参五纲，虽然它们的外观差别很大，但身体构造基本一致：成体的身体基本都为五辐射对称型，大部分内部器官也依此排列。石灰质的内骨骼结构为身体提供了保护和支撑；内骨骼向外突起在体表形成的棘状突，则是棘皮动物名称的由来。棘皮动物体腔内具有特殊的水管系统，充满体液，形成具有运动、捕食、呼吸及感觉功能的管足。

辐射对称：大部分棘皮动物的身体都呈五辐射对称（沿着体轴，整个身体由相似的五部分组成），但红梅花海（参下图）的五辐射对称只体现于身体内部，骨骼也已退化。

多刺的海底居民

棘皮动物广泛分布于世界各海域的各个深度，大部分可自由移动，生活在海底；只有海百合大多由长柄固定，还有少数种类的海参漂浮在开放海域。海胆和海星常见于海岸附近。

海百合纲包括固定的柄海百合和可移动的海羊齿，都为滤食性动物，且与其他棘皮动物不同，口部长于身体正面。其他四纲棘皮动物则包括食肉的、食海藻的和以海底沉积物为食的。海星纲和蛇尾纲都具有从体盘辐射状伸出的腕，身体骨骼通过肌肉相结合，行动灵活。海胆纲的骨骼已经融合为球形或扁平的僵硬壳板，其上布满棘状突起。海参纲的身体十分柔软，它们的骨骼已经退化，成为细小的石灰质骨针或骨片。

虽然少数可以无性繁殖，但大部分棘皮动物都为雌雄异体，分别将精子和卵子产在水中以完成受精。幼体通常可自由游动，通过变态过程发育为在海底生活的成体。也有一些种类不存在幼体阶段，直接孵化为小型成体。

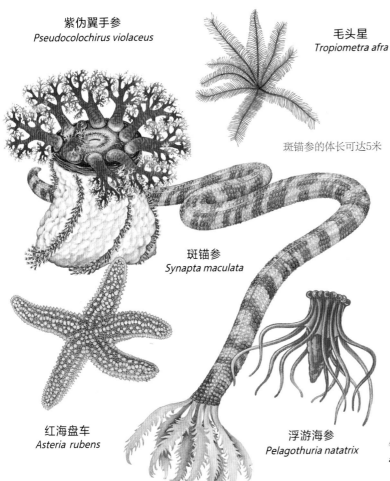

紫伪翼手参
Pseudocolochirus violaceus

毛头星
Tropiometra afra

斑锚参的体长可达5米

斑锚参
Synapta maculata

红海盘车
Asteria rubens

浮游海参
Pelagothuria natatrix

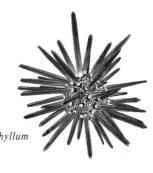

铅笔海胆
Heterocentrotus mammillatus

铅笔海胆常与蜜蜂虾（*Gnathophyllum americanum*）共生

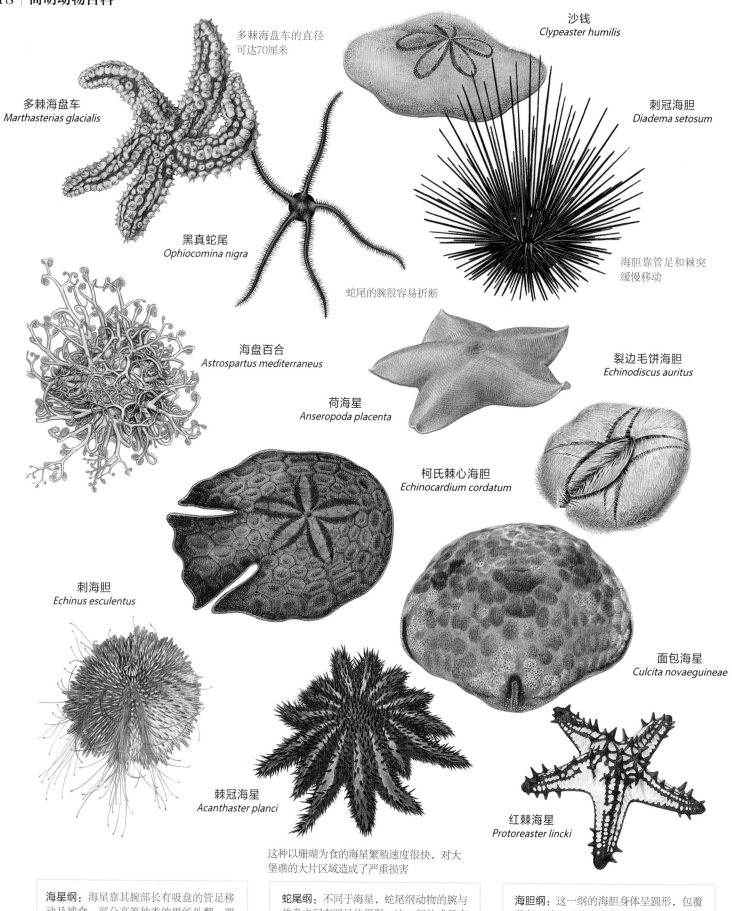

多棘海盘车
Marthasterias glacialis

多棘海盘车的直径
可达70厘米

沙钱
Clypeaster humilis

刺冠海胆
Diadema setosum

黑真蛇尾
Ophiocomina nigra

海胆靠管足和棘突
缓慢移动

蛇尾的腕很容易折断

海盘百合
Astrospartus mediterraneus

荷海星
Anseropoda placenta

裂边毛饼海胆
Echinodiscus auritus

柯氏棘心海胆
Echinocardium cordatum

刺海胆
Echinus esculentus

面包海星
Culcita novaeguineae

棘冠海星
Acanthaster planci

红棘海星
Protoreaster lincki

这种以珊瑚为食的海星繁殖速度很快，对大堡礁的大片区域造成了严重损害

海星纲：海星靠其腕部长有吸盘的管足移动及捕食，部分高等种类的胃能外翻，覆盖于固定或缓慢移动的猎物上方，直接进行体外消化。

种：1500

世界范围；海底

多腕的海星：棘轮海星（*Crossaster papposus*）的腕可以多达40条。

蛇尾纲：不同于海星，蛇尾纲动物的腕与体盘之间有明显的界限。这一纲的成员中既有食肉动物，也有食腐的"清道夫"，还有滤食性动物。

种：2000

世界范围；海底

表面居民：真蛇尾（*Ophiura ophiura*）通常生活在沙质或泥质海底沉积物的表面。

海胆纲：这一纲的海胆身体呈圆形，包覆着坚硬的骨质外壳，其上覆盖着可移动的棘突。沙钱较为扁平，外壳上的棘突更小。

种：950

世界范围；海底表面或泥沙中

穴居者：生活在沿海的普通海胆（*Paracentrotus lividus*）用棘突和牙齿在松软的岩石上挖洞。

其他无脊椎动物

门：小型无脊椎动物门
纲：25
目：>40
科：>60
种：>12000

在之前的内容中，我们主要介绍了8个重要的无脊椎动物门以及2个无脊椎的脊索动物亚门。除此以外，还有其他25门的无脊椎动物——其中的许多成员在本章之前的内容中已有简单涉及。虽然外肛动物门的现生种有近5000种，但这25门无脊椎动物中的大部分都为小型群体，例如帚虫动物门，下属只有20个物种。而且这些无脊椎动物的体形大都极小，许多要用显微镜才能看到。它们大多为海洋生物，也有一些生活在淡水中或陆地环境中。虽然外肛动物门经常被人们忽视，但这些微小的无脊椎动物依靠各种生存策略，极好地适应着各自生存的环境。

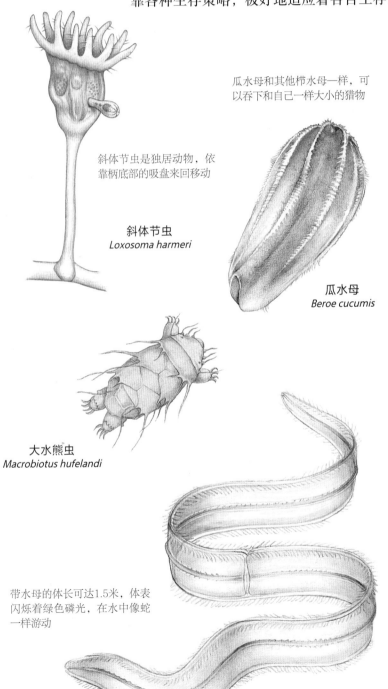

瓜水母和其他栉水母一样，可以吞下和自己一样大小的猎物

斜体节虫是独居动物，依靠柄底部的吸盘来回移动

斜体节虫
Loxosoma harmeri

瓜水母
Beroe cucumis

大水熊虫
Macrobiotus hufelandi

带水母的体长可达1.5米，体表闪烁着绿色磷光，在水中像蛇一样游动

带水母
Cestus veneris

内肛动物门： 这一门动物的身体由蓴部和柄部组成，固着生活。用可分泌黏液的触手环从水中过滤食物。大部分种类为群生型。

种：150

世界范围：大部分在海底

缓步动物门： 直到1773年显微镜的发明，这一门动物才开始被人了解。这种微小的生物生于几乎各种水域以及潮湿的陆地环境，在海底沉积物、土壤以及植物上缓慢地用熊一样的步态爬行。

种：600

世界范围：水中或潮湿的陆地栖息地

栉板动物门： 栉水母生活在海洋中，体表具有排列成纵行的8条纤毛带，通过振动纤毛带游动。它们会将猎物直接吞下，或者用一对具有黏性、伸缩自如的触手捕捉猎物。

种：100

世界范围：大部分漂浮于水中

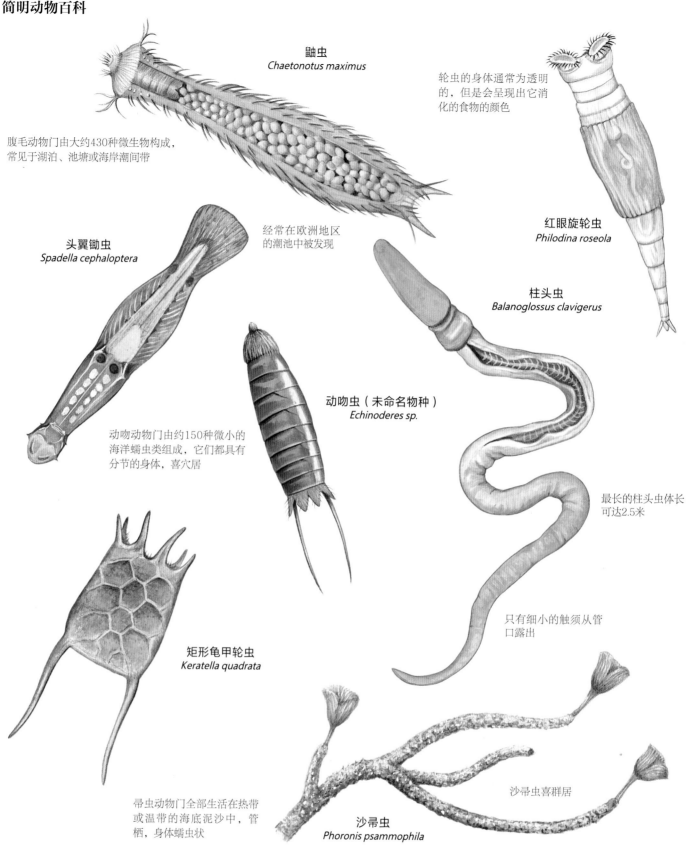

鼬虫
Chaetonotus maximus

轮虫的身体通常为透明的，但是会呈现出它消化的食物的颜色

腹毛动物门由大约430种微生物构成，常见于湖泊、池塘或海岸潮间带

头翼锄虫
Spadella cephaloptera

经常在欧洲地区的潮池中被发现

红眼旋轮虫
Philodina roseola

柱头虫
Balanoglossus clavigerus

动吻虫（未命名物种）
Echinoderes sp.

动吻动物门由约150种微小的海洋蠕虫类组成，它们都具有分节的身体，喜穴居

最长的柱头虫体长可达2.5米

只有细小的触须从管口露出

矩形龟甲轮虫
Keratella quadrata

沙帚虫喜群居

帚虫动物门全部生活在热带或温带的海底泥沙中，管栖，身体蠕虫状

沙帚虫
Phoronis psammophila

轮虫动物门：轮虫是一种微型水生生物，因其环绕口部的头冠上长有形似芭轮的纤毛环而得名。它们通过快速摆动纤毛环来收集食物，带动身体移动。

种：1800

世界范围；水生植物中或潮湿的陆地栖息地

半索动物门：半索动物门的成员身体都分为长吻、领和躯干三部分。有的种类领部还长有触须。消化及生殖器官都长在躯干部分。

种：90

世界范围；海底

毛颚动物门：这一纲的动物都是贪婪的肉食性动物，头部两侧长有数条巨大的镰刀状颚毛，用于捕捉小鱼等猎物。颚毛不使用时，一层可自由伸缩的头巾状表皮组织可覆盖头部，以保护颚毛。

种：90

世界范围；漂浮或生活在海底

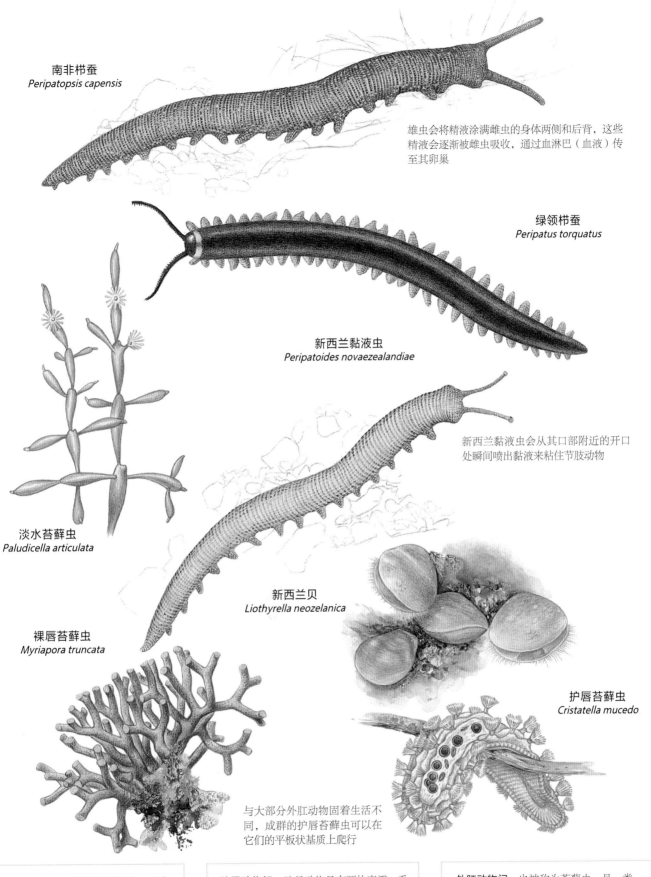

南非栉蚕
Peripatopsis capensis

雄虫会将精液涂满雌虫的身体两侧和后背，这些精液会逐渐被雌虫吸收，通过血淋巴（血液）传至其卵巢

绿领栉蚕
Peripatus torquatus

新西兰黏液虫
Peripatoides novaezealandiae

新西兰黏液虫会从其口部附近的开口处瞬间喷出黏液来粘住节肢动物

淡水苔藓虫
Paludicella articulata

新西兰贝
Liothyrella neozelanica

裸唇苔藓虫
Myriapora truncata

护唇苔藓虫
Cristatella mucedo

与大部分外肛动物固着生活不同，成群的护唇苔藓虫可以在它们的平板状基质上爬行

有爪动物门：又被称为天鹅绒虫，因为它们薄且无蜡质的表皮不能防止皮肤水分流失，只能生活在潮湿的陆地栖息地。天鹅绒虫会从其口部附近的黏液腺喷出黏稠的液体来捕捉猎物。

种：70

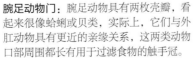

热带及南半球温带地区

腕足动物门：腕足动物具有两枚壳瓣，看起来很像蛤蜊或贝类，实际上，它们与外肛动物具有更近的亲缘关系，这两类动物口部周围都长有用于过滤食物的触手冠。

种：350

世界范围；广泛分布于各深度的海底

外肛动物门：也被称为苔藓虫，是一类微小的水生生物。大部分都会分泌一个保护性的外壳藏身其中，仅留一个开口供过滤食物的触手冠伸缩。成群固着生活。

种：5000

世界范围

致谢

PHOTOGRAPHS

All photographs © iStockphoto.com and Shutterstock, except p 422 and p 430 Sea Pics.

ILLUSTRATIONS

All species gallery illustrations © MagicGroup s.r.o. (Czech Republic)—www.magicgroup.cz

Pavel Dvorský, Eva Göndörová, Petr Hloušek, Pavla Hochmanová, Jan Hošek, Jaromír a Libuše Knotkovi, Milada Kudrnová, Petr Liška, Jan Maget, Vlasta Matoušová, Jiří Moravec, Pavel Procházka, Petr Rob, Přemysl Vranovský, Lenka Vybíralová.

Additional illustrations © Weldon Owen Pty Ltd by:
Susanna Addario, Alistair Barnard, Priscilla Barret, Andre Boos, Anne Bowman, Peter Bull Art Studio, Leonello Calvetti, Martin Camm, Barry Croucher, Andrew Davies/Creative Communication, Kevin Deacon, Fiammetta Dogi, Sandra Doyle, Simone End, Christer Eriksson, Alan Ewart, John Francis, Giuliano Fornari, Jon Gittoes, Mike Golding, Ray Grinaway, Gino Hasler, Phil Hood, Robert Hynes, Ian Jackson, Frits Jan Maas, David Kirshner, Frank Knight, Alex Lavroff, John Mac, Robert Mancini, Map Illustrations, James McKinnon, Karel Mauer, Ken Oliver, Erik van Ommen, Sandra Pond, Mick Posen, Tony Pyrzakowski, John Richards, Edwina Riddell, Barbara Rodanska, Trevor Ruth, Peter Schouten, Peter Scott, Chris Shields, Kevin Stead, Roger Swainston, Guy Troughton, Chris Turnbull, Trevor Weekes, Rod Westblade, Wildlife Art Ltd.

MAPS/GRAPHICS

All maps and information graphics © Weldon Owen Pty Ltd by Andrew Davies/Creative Communication, except maps pp 388–435 by Brian Johnston.

INDEX

Puddingburn Publishing Services.

The publishers wish to thank Brendan Cotter, Helen Flint, Frankfurt Zoological Society, Maria Harding, Tanzania National Parks, and Shan Wolody for their assistance in the preparation of this volume.